中国输变电设备运维技术创新与实践

编委会主任　刘斯颉
名誉主编　焦保利
主　　编　蔡　炜　彭旭东
副 主 编　朱　晔　王　剑　陈家宏　等

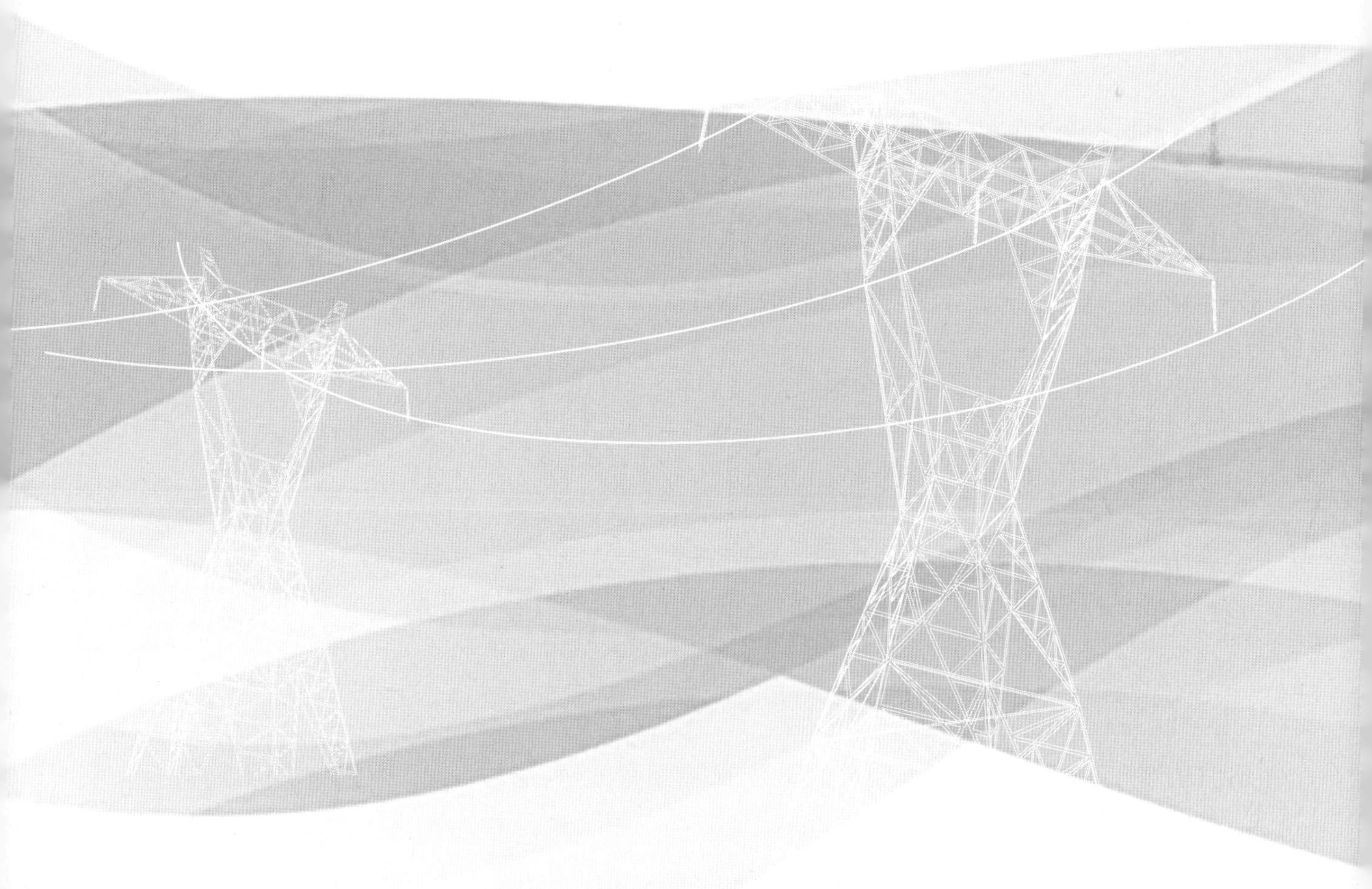

图书在版编目(CIP)数据

中国输变电设备运维技术创新与实践/蔡炜,彭旭东主编;朱晔等副主编.—武汉:武汉大学出版社,2023.4
ISBN 978-7-307-23612-7

Ⅰ.中…　Ⅱ.①蔡…　②彭…　③朱…　Ⅲ.①输电—电气设备—电力系统运行　②变电所—电气设备—电力系统运行　Ⅳ.①TM72　②TM63

中国国家版本馆 CIP 数据核字(2023)第 045045 号

责任编辑:杨晓露　　　责任校对:汪欣怡　　　版式设计:马　佳

出版发行:**武汉大学出版社**　(430072　武昌　珞珈山)
(电子邮箱:cbs22@ whu.edu.cn 网址:www.wdp.com.cn)
印刷:武汉邮科印务有限公司
开本:880×1230　1/16　印张:35.75　字数:861 千字　插页:2
版次:2023 年 4 月第 1 版　　2023 年 4 月第 1 次印刷
ISBN 978-7-307-23612-7　　定价:150.00 元

《中国输变电设备运维技术创新与实践》编委会

主要编委介绍

刘斯颉，男，高级经济师，长期从事电力行业设备管理工作。现任中国电力设备管理协会秘书长。曾任《电力设备管理》杂志社社长（兼职），中国电力设备管理协会常务副会长兼秘书长，全国电力行业安全工作委员会委员（隶属国家能源局）等职务。

焦保利，男，教授级高级工程师，长期从事电网领域科研管理、电网教学与管理工作。曾任国家电网公司科技信息部副主任，江西省电力公司副总经理，国网武汉高压研究院党组书记，国网电力科学研究院党组书记，辽宁省电力有限公司党组书记，国家电网公司党校副校长，国家电网管理学院副院长，国家电网公司顾问等职务。

蔡　炜，男，研究员级高级工程师，博士后导师，国务院政府津贴专家，主要从事输变电设备状态光测量技术、先进电力材料研发与成果转化工作。现任上海置信电气股份有限公司总经理、党委书记，湖北省电力新材料工程技术研究中心主任，全国带电作业标准化技术委员会副主任委员等职务。

彭旭东，男，研究员级高级工程师，博士后导师，主要从事输变电设备运维、能效测评等技术研究与应用。现任国网电力科学研究院武汉南瑞有限责任公司执行董事、党委书记，中国电力企业联合会电网电磁环境与噪声控制标准化技术委员会副主任委员等职务。

前　言

“十四五”时期是我国由全面建成小康社会向基本实现社会主义现代化迈进的关键时期，也是电力行业由高速增长阶段向高质量发展阶段转型的时期，作为支撑国民经济与社会发展的基础能源产业，在深入推进能源革命和实施“碳达峰、碳中和”战略的关键时期，打造安全韧性、绿色低碳、能力充足、智能高效的新型电力系统，给电力发展和电力安全保障带来新的机遇和挑战。

为了全面落实能源安全的新战略，认真贯彻国家构建现代能源体系各项部署，切实助力新型电力系统建设，国网电力科学研究院武汉南瑞有限责任公司作为智能化电气设备行业领军企业，秉承创新驱动、质量为本、客户至上、合作共赢的发展理念，紧扣“一体四翼”的总体发展布局，坚定不移履行国有企业保供电、稳增长、促转型的“三大责任”，积极践行公司“碳达峰和碳中和”的行动方案。同时，国网电力科学研究院武汉南瑞有限责任公司是中国电力设备管理协会电网运维技术培训工作委员会、中国电力设备管理协会电气设备状态检修工作委员会、湖北省标准化学会智能电气专业标准化技术委员会以及武汉东湖新技术开发区智能电网产业技术创新协会的秘书处所在单位，也是国网电力科学研究院输变电设备监测运维技术中心专家委员会和华中电网(直属)电力科学研究所专家委员会的主要牵头单位，在电网领域积极发挥交流互动的平台作用，通过筹办学术年会、技术论坛、成果征集评奖等方式，为新型电力系统发展建言献策。

2022年是党的二十大胜利召开之年，也是奋进“十四五”规划启航新征程最关键的一年，为了响应公司学术交流、成果分享的总体布局，中国电力设备管理协会电网运维技术培训工作委员会联合中国电力设备管理协会电气设备状态检修工作委员会、国网电力科学研究院输变电设备监测运维技术中心专家委员会、华中电网(直属)电力科学研究所专家委员会、武汉东湖新技术开发区智能电网产业技术创新协会、湖北省标准化学会智能电气专业标准化技术委员会、《高电压技术》杂志社、《电力设备管理》杂志社，面向广大电力行业专家、科研人员、高校师生及相关设备制造单位，针对输电、变电、配电三大领域，围绕新技术和新应用，举办了“2022年中国输变电设备运维技术学术年会”论文征选活动，征集了一批高质量学术论文。

经过各领域相关专家的评审，遴选出部分具有代表性的论文，按照电网运行相关特性分析与研究、新设备和新技术的设计与研制、隐患诊断与故障分析、电网运维监测检测与试验、管理与应用及交流园地六个部分分类汇集成册进行出版，以期为从事电网设计、运维和管理的相关专业人士提供参考。

目　录

特性分析与研究

设计与研制

诊断与故障分析

监测、检测与试验

管理与应用

交 流 园 地

特性分析与研究

基于无人机特高频局部放电检测系统的典型放电图谱及传输性能研究

钟昱铭[1,2]，邓维[1,2]，刘卫东[1,2]，龙伟迪[1,2]，毛文奇[3]，王京保[4]

（1. 国网湖南省电力有限公司超高压变电公司，长沙，410015；
2. 变电智能运检国网湖南省电力有限实验室，长沙，410015；3. 国网湖南省电力有限公司，长沙，410015；4. 保定天威新域科技发展有限公司，保定，071000）

摘　要：特高频局部放电检测是诊断电力设备内部放电的重要手段。现有的人工携带仪器方式从地面检测，存在特高频信号衰减大、检测有盲区、难以有效诊断缺陷的问题。本文结合特高频局部放电检测与无人机搭载技术，介绍电力设备内部缺陷无人机特高频局部放电巡检系统。通过开展不同距离、介质及放电量下的典型局部放电模拟试验研究，获取了距离在2m内和放电量在2500pC以下的信号幅值和悬浮、尖端、沿面三种放电类型的PRPD-PRPS图谱。研究结果表明，利用该装置能有效获取设备内部放电信号，典型放电图谱良好，故障信号随着距离增加和放电量减小呈现衰减特性。该装置为无人机特高频检测方式提供参考，将拓展电力设备局部放电的检测新途径。

关键词：特高频；局部放电；无人机；带电检测

0　引言

在高压电气设备带电检测中，特高频法（ultra-high frequency，UHF）是异常放电诊断的重要检测技术，广泛运用在输电线路、主变、GIS、高压开关柜等设备局部放电检测中[1-3]。国内高校、科研院所对特高频局部放电检测开展了深入研究。张强等提出一种基于特高频法的变压器升高座内套管局部放电非接触式带电检测与定位方法，通过仿真分析、套管顶部悬浮放电和套管升高座内部均压环附近悬浮放电试验，验证了套管外部特高频检测局部放电的可行性[4]。陈钜栋等基于同轴波导理论，仿真分析特高频电磁波信号的泄漏路径和衰减特性，指出：特高频信号的TEM模，可在电容屏间及油道进行有效传播。并在35kV真型套管上进行典型局部放电试验，验证了油浸式高压套管局部放电非接触式特高频检测法的可行性[5]。马宏明等提出一种基于特高频法的断路器三相不同期非接触式带电检测方法，指出射频电磁波将透过瓷柱式断路器的电瓷材料向四周传播，通过仿真和试验验证该方法与传统方法的等效性，并能改进传统方法需要停电、步骤繁琐、耗时时间长的不足[6]。目前，基于无人机的带电检测技术正在逐步探索中[7-9]。段朝华等利用无人机将超声检测技术应用于配电网，实现配电线路的自动巡检，解决了人工巡检过程中的地理、精确性及效率问题[10]。

根据国家电网公司对变压器事故套管解体的分析统计[11-12]，油纸电容式变压器出线套管的常见故障有：套管顶部锈蚀导致悬浮放电、电容芯子位移导致沿面放电、电容芯子工艺缺陷导致电容屏断裂或屏间击穿、末屏接触不良导致末屏烧损、下瓷套脏污导致沿面放电和下部均压环松脱导致悬浮放电等。现有的检测手段仍存在不足[13-15]。

基于特高频局部放电带电检测技术，笔者研制出一套可运用于无人机搭载的特高频局部放电检测装置。通过开展三种典型局部放电试验及断路器内部悬浮放电试验研究，验证传感装置可行性，对不同放电距离不同放电量时的放电信号进行测试，探究不同介质对于放电信号的影响。

1　特高频检测原理

由于高压电气设备端部或绝缘损坏，产生局部放电，局部放电脉冲上升沿时间为 ns 级，放电电流脉冲具有极陡的上升沿，向外辐射的高频电磁波的能力比较强，且频谱含量相当丰富。利用局部放电特高频信号检测技术，能在 300～1500MHz 宽带内接收局部放电所产生的特高频电磁脉冲信号。

2　传感装置组成及试验原理

2.1　传感装置组成

基于无人机的特高频检测装置需要解决质量轻、体积小、抗干扰性能强等问题。装置主要由特高频传感器、大疆 M300 无人机、X-PORT 云台和手持信号接收与分析终端组成。

特高频检测装置由特高频传感器、通道调理单元和无线发射模块组成。特高频传感器耦合局部放电脉冲的电磁波信号，通道调理单元将特高频信号调理、降频、采集处理，将模拟信号转化成数字信号。无线发射模块实现无线数据通信，接收和发送局部放电检测数据。特高频传感器兼容在无人机云台的效果如图 1 所示，该装置的传感器重量小于 1.7kg，可全方位旋转，能搭载在无人机上进行巡检，实现近距离、全方位特高频带电检测。

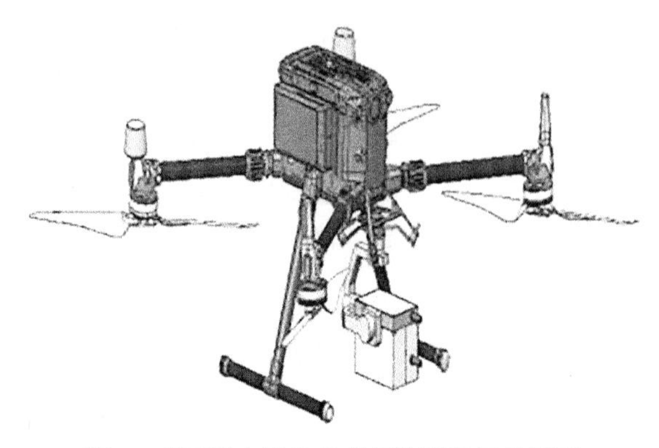

图 1　基于无人机的特高频检测装置效果图

2.2 试验平台

试验平台的设备有可调高压源、模拟放电模型、密闭容器、局放仪、无人机特高频传感器及其手持数据采集终端。试验设备的连接情况如图 2 所示。

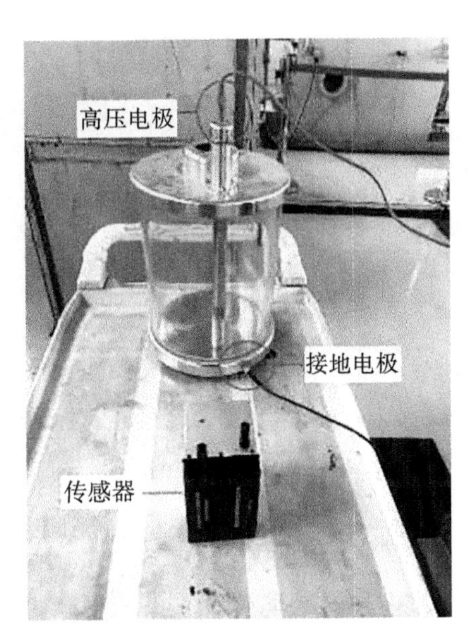

图 2 试验设备连接图

试验前在密闭容器中充入不同的绝缘介质，并将放电模型高压电极连接可调高压源，接地电极连接地线。调整好无人机特高频传感器与模拟放电模型的距离后，对高压电源逐步加压，同时用局放仪实时监测模拟放电模型放电量，当放电量达到指定值时用无人机特高频传感器和手持采集终端读取该放电量时传感器采集到的数据。

根据放电量不同将试验分为五组，第一组放电量为 500pC，第二组放电量为 1000pC，第三组放电量为 1500pC，第四组放电量为 2000pC，第五组放电量为 2500pC。在每组实验中保持放电量稳定，调整无人机特高频传感器与模型之间的距离并分别记录数据，距离分别为 20cm，100cm，150cm，200cm。

3 典型局部放电特征

3.1 典型局部放电图谱

选取放电量为 1000pC，传感器距放电点 100cm 条件下开展典型局部放电测试，模拟尖端、悬浮、沿面放电的情况，利用传感器采集不同放电类型时的信号，由手持信号接收和分析终端获取检测图谱。

3.1.1 油中尖端放电

模拟油中尖端放电的情况如图 3 所示，由 PRPD-PRPS 图谱可知该种放电极性效应明显，放电幅值相对稳定，具备尖端放电的典型特征。表明该传感器能识别沿面放电。

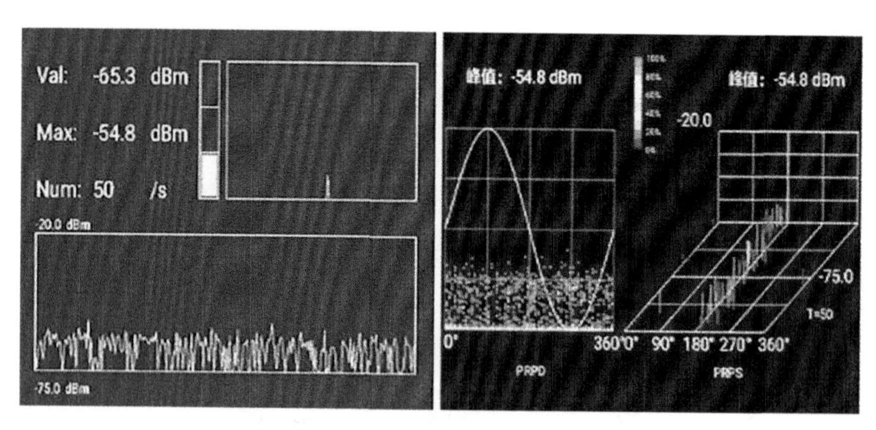

图 3　油中尖端放电图谱

3.1.2 油中悬浮放电

模拟油中悬浮放电的情况如图 4 所示，图中左上角幅值框中有两个幅值相近的峰，结合 PRPD-PRPS 图谱，放电幅值基本稳定，PRPD 的特征点集中在一块区域，放电时间间隔基本一致，具备悬浮放电的典型特征。表明该传感器能识别悬浮放电。

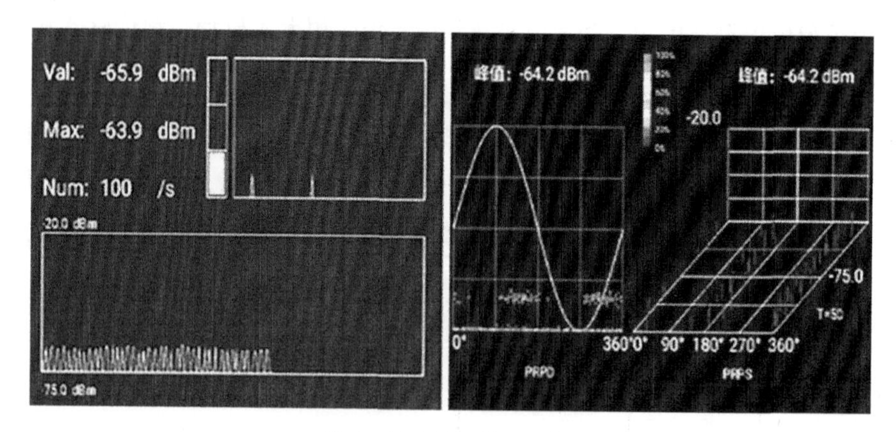

图 4　油中悬浮放电图谱

3.1.3 油中沿面放电

模拟油中沿面放电的情况如图 5 所示，图中左上角幅值框中有两个幅值相差较大的峰，结合 PRPD-PRPS 图谱，可见该种放电幅值分散性较大，放电时间间隔不稳定，没有明显的极性效应，具备沿面放电的典型特征。

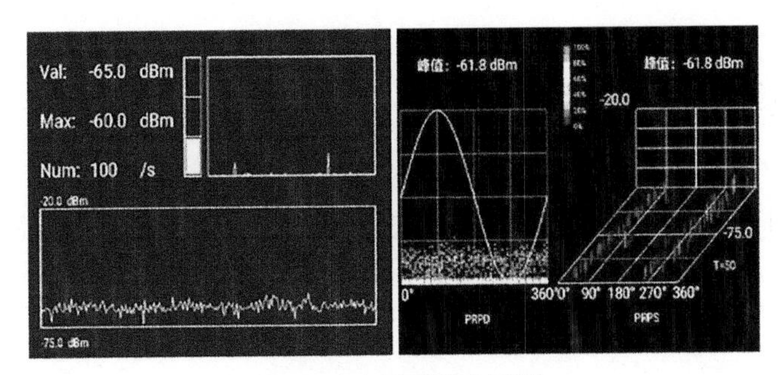

图 5　油中沿面放电图谱

3.2　瓷套内部悬浮放电

采取相同的试验方法，在断路器内部设置悬浮放电模型，试验前将断路器放电模型高压电极接可调高压源，接地电极连接地线，传感器与断路器相距一定距离，如图 6 所示。

图 6　断路器试验测试图

设置悬浮放电模型，在传感器距断路器 100cm 条件下开展典型局部放电测试，背景信号为 −75. 0dB，当放电量为 3000pC，测试结果如图 7 所示，该传感装置测得最大信号幅值为−67. 8dB，且 PRPD-PRPS 图谱可见悬浮放电特征。因此，该传感装置对于套管内部局部放电带电检测具备可行性。

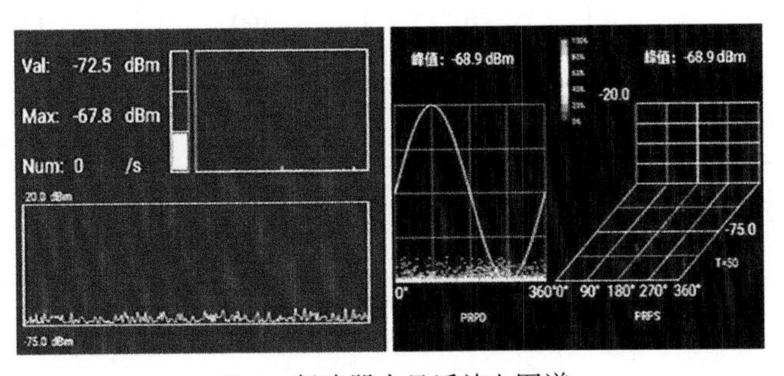

图 7　断路器内悬浮放电图谱

4 不同放电介质下的传输距离

对于空气、绝缘油、SF_6三种不同的介质，在不同放电距离下测试传感器接收到的特高频信号。

4.1 空气介质

在密闭容器内充入空气，在不同距离下测试特高频放电信号，得到不同放电量时的信号最大幅值如表1所示。由表中数据可知，在20cm距离下，放电量由500pC增长到2500pC，信号最大幅值由-72.6dB增长到-66.5dB，背景信号为-75.0dB，随着距离增长，信号幅值逐渐减小。

表1 空气中特高频局部放电幅值最大值(dB)

距离/cm		20	100	150	200
放电量/pC	500	-72.6	-72.8	-73.1	-73.7
	1000	-71.1	-72.1	-72.5	-72.8
	1500	-68.5	-70.2	-72.3	-72.7
	2000	-67.9	-69.9	-72.0	-72.6
	2500	-66.5	-69.8	-71.0	-72.4

4.2 油介质

当密闭容器中充入绝缘油时，模拟油绝缘设备情况，在不同距离下测试特高频放电信号，得到不同放电量的信号最大幅值如表2所示。由表中数据可知，在放电量为500pC时，检测距离由20cm增加至200cm，信号最大幅值由-63.6dB下降到-72.6dB，与背景信号-75.0dB接近。当放电量一致时，检测距离越远，信号幅值越低。对于油绝缘的设备，检测距离低于200cm时，特高频信号更具备辨识度。

表2 油中特高频局部放电幅值最大值(dB)

距离/cm		20	100	150	200
放电量/pC	500	-63.6	-66.2	-69.4	-72.6
	1000	-62.5	-65.2	-68.4	-71.8
	1500	-61.5	-64.5	-67.5	-71.1
	2000	-59.3	-63.4	-67.1	-70.5
	2500	-57.6	-62.4	-66.9	-70.1

4.3 SF_6 介质

当介质为 SF_6 气体时，模拟 SF_6 气体绝缘设备内部发生局部放电，测试数据如表 3 所示。放电幅值随着检测距离、放电量变化的规律与油、空气介质基本一致。且与表 1 和表 2 中的数据相比，在 SF_6 中发生的局部放电，特高频信号传输比在空气和油中发生局部放电时传输性能更好。

表 3　**SF_6 中特高频局部放电幅值最大值(dB)**

距离/cm		20	100	150	200
放电量/pC	500	-64.5	-67.5	-71.6	-72.5
	1000	-63.9	-66.1	-69.4	-70.6
	1500	-62.4	-65.7	-68.5	-69.4
	2000	-60.4	-63.8	-65.5	-67.9
	2500	-59.0	-62.7	-64.4	-66.5

5　结论

本文基于特高频局部放电带电检测技术，研制出一套可运用于无人机搭载的特高频局部放电检测装置。该装置能应用于输电线、变电站巡检，实现近距离、全方位检测，提升故障检出率。同时，开展三种典型局部放电试验及断路器内部悬浮放电试验研究，验证传感装置检测特高频信号的可行性，对不同放电距离不同放电量时的放电信号进行测试，在不同介质内发生局部放电，特高频信号会随着放电距离增长而衰减。该装置为无人机特高频检测方式提供参考，将拓展高压电气设备局部放电的检测新途径。下阶段将在输电线路及变电站开展现场实测。

◎ 参考文献

[1]蔡鋆，袁文泽，张轩瑞，等．基于特高频自感知的变压器局部放电检测方法[J]．高电压技术，2021，343(6)：2041-2050.

[2]吴凡，罗林根，胡岳，等．基于接收信号强度和圆形特高频无线传感阵列的局部放电测向方法[J]．高电压技术，2020，331(6)：1939-1947.

[3]张晓星，张戬，肖淞．大型变压器外置式特高频局部放电传感器设计[J]．高电压技术，2019，315(2)：499-504.

[4]张强，李成榕，刘齐，等．变压器升高座内部套管局部放电特高频信号传播特征[J]．电网技术，2017，41(4)：1332-1337.

[5]陈钜栋，江军，杨小平，等．油浸式高压套管局部放电非接触式特高频检测[J]．电力工程技

术，2021，40(1)：147-154.
[6]马宏明，王伟，程志万，等．基于特高频法的断路器三相不同期时间非接触式带电检测研究[J]．南方电网技术，2018，12(1)：27-32.
[7]胡金磊，朱泽锋，林孝斌，等．变电站无人机机巡边缘计算框架设计及资源调度方法[J]．高电压技术，2021，339(2)：425-433.
[8]张冬晓，陈亚洲，程二威，等．适用于无人机数据链电磁干扰自适应的环境监测系统[J]．高电压技术，2020，331(6)：2106-2113.
[9]彭向阳，钟清，饶章权，等．基于无人机紫外检测的输电线路电晕放电缺陷智能诊断技术[J]．高电压技术，2014，261(8)：2292-2298.
[10]段朝华，林建民，周刚，等．基于无人机远程超声诊断配电线路巡检装置的实现及应用[J]．科技风，2019(28)：183.
[11]国家电网公司运维检修部．变压器类设备典型故障案例汇编(2006—2010)[M]．北京：中国电力出版社，2012：94-111.
[12]王世阁，张军阳．互感器故障及典型案例分析[M]．北京：中国电力出版社，2013：86-122.
[13]郁琦琛，罗林根，贾廷波，等．特高频信号RSSI统计分析下的变电站空间局部放电定位技术[J]．高电压技术，337(12)：4163-4171.
[14]叶海峰，钱勇，王红斌，等．基于曲流技术的多频段特高频传感器的研制[J]．高电压技术，2014，261(8)：2389-2397.
[15]唐炬，尹佳，张晓星，等．基于压力和特高频的少油设备绝缘联合在线监测[J]．高电压技术，2020，327(2)：546-553.

局部放电超宽频带检测脉冲群异常波形判别

司文荣[1]，傅晨钊[1]，吴欣烨[1]，黄华[1]，周秀[2]，李秀广[2]，李清泉[3]

（1. 国网上海市电力公司，上海，200437；2. 国网宁夏电力有限公司电力科学研究院，银川，750001；3. 山东大学特高压输变电技术与装备山东省重点实验室，济南，250061）

摘　要：GB/T 7354—2018《高电压试验技术　局部放电》中5.5小节对“超宽频带局部放电测量仪”进行了定义，即“可以用非常宽频带示波器或选频仪器（例如频谱分析仪）配上合适的耦合装置再来测量局部放电”，但对用于这类研究的仪器带宽/频率以及测量方法未提出建议。本文搭建了10kHz～50MHz模拟带宽、250MS/s采样率的直流局部放电超宽频带检测试验平台，用于脉冲群即脉冲波形-时间序列的检测与分析，并系统性地阐述了基于脉冲时域波形实现抗干扰即局放源和噪声源分离的脉冲群快速分类技术。针对现行等效时频（时频散布）谱图法无法处理单个记录波形呈现多峰、连续放电甚至多脉冲的工况，设计采用触发阈值移动窗的异常脉冲时域波形实时判别算法。结果表明：油中尖端、油纸内部气隙和油纸沿面缺陷放电脉冲群包含的异常脉冲波形能够被快速判别和标记，这进一步增强了脉冲群快速分类技术的鲁棒性和实用性。

关键词：局部放电；超宽频带；直流；脉冲波形-时间序列；等效时频谱图；异常判别

0　引言

GB/T 7354—2018对“超宽频带局部放电测量仪”进行了定义，指出可以用非常宽频带示波器或选频仪器（例如频谱分析仪）配上合适的耦合装置再来测量局部放电（partial discharge，PD），但对用于这类研究的仪器带宽/频率以及测量方法未提出建议[1]。目前国内已有学者进行超宽频带PD检测的相关研究：湖北省电力试验研究院[2]等建立了有效测量带宽为10kHz～30MHz的宽频带检测系统；重庆大学[3]在宽频带在线检测技术方面实现了外部干扰的有效抑制；西安交通大学[4]开展了测量频带范围达100kHz～500MHz的实验测试研究。国网企标Q/GDW 11400—2015对电力设备开展高频法（3～30MHz）PD带电检测进行了规定，这为超宽频带PD检测的开展提供了实践依据[5]。

本文搭建了10kHz～50MHz模拟带宽、250MS/s采样率的直流PD超宽频带检测试验平台，用于脉冲群即脉冲波形-时间序列的检测与分析，并针对基于脉冲时域波形用于抗干扰即PD源和噪声源分离技术的等效时频谱图[5]，对脉冲群包含的异常脉冲波形判别技术进行了研究。

1 试验平台和检测系统

1.1 试验平台

如图 1 所示，搭建的直流 PD 超宽频带检测试验平台主要包括：直流高压发生器、分压器、耦合电容、试品(缺陷模型)，耦合阻抗以及由带通滤波器、高速示波采集卡和工控机等组成的检测系统。其中耦合阻抗[6]用于检测 PD 脉冲电流时域波形，由检测系统完成数据采集、存储和开展脉冲群即脉冲波形-时间序列的检测与分析。

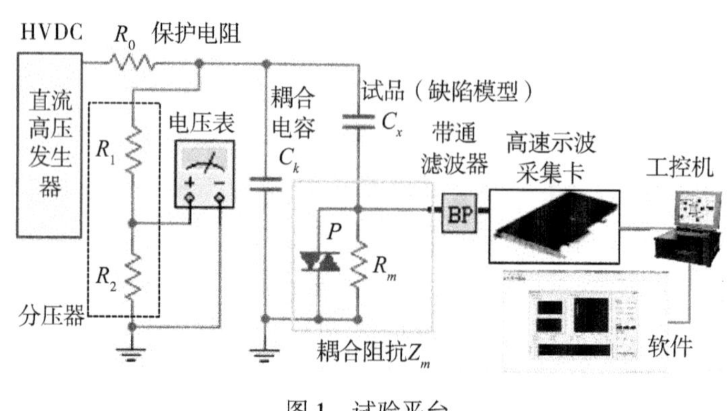

图 1　试验平台

1.2 检测系统

图 1 对应的直流 PD 超宽频带检测系统的主要结构示意(同轴电缆、匹配电阻等均省略)如图 2 所示。高速示波采集卡采用 PCIE-1425-x8。检测系统设置两个通道，Ch_A 接 PD 耦合阻抗，而 Ch_B 与分压器低压臂相接，可记录当前直流试验的电压信号。Ch_A 前端接入 10kHz～50MHz 的带通滤波器，滤除工频干扰和无用的低频信号，输入阻抗为 50Ω，与信号传输电缆良好匹配。下面对检测系统工作时的参数设置进行简单描述。

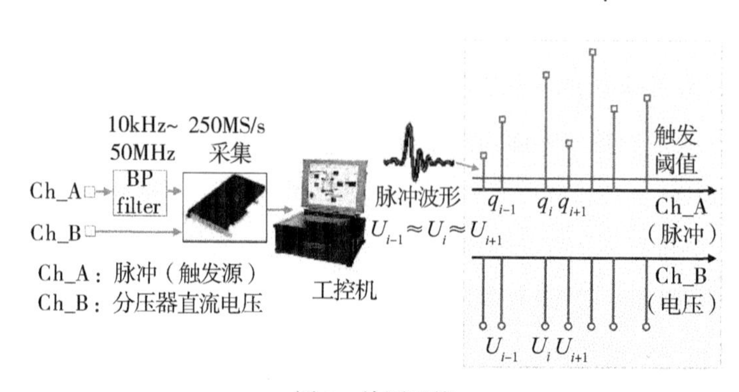

图 2　检测系统

检测系统工作时，采集卡参数设置如下：Ch_A 采样率 250MS/s，采集长度可人为设置为 250 点，500 点，…，1250 点，分别对应脉冲记录波形时间长度为 1～5μs，用于适应不同持续长度的脉冲电流波形；Ch_A 为触发通道，触发类型(上升沿或下降沿)根据直流电压极性设置(当传感器与试品串接时，触发类型与直流电压极性相同；而当传感器与耦合电容串接时，触发类型与直流电压极性相反)；采集卡触发阈值即为采集 PD 电流脉冲波形的最小峰值。

由于 Ch_A 采集的直流电压信号近似于稳恒值($U_{i-1} \approx U_i \approx U_{i+1}$)，不对直流 PD 分类和判别等相关工作提供有效信息，因此检测系统实际工作时一般可设置为仅 Ch_A 工作。在设置一个略大于背景噪声的触发阈值后，检测系统将采集获取脉冲群即脉冲波形-时间序列，其可能为 PD 信号，也可能包含其他未知随机干扰源信号。

目前，基于脉冲时域波形用于抗干扰即 PD 源和噪声源分离技术的等效时频谱图(见图 3)被广泛用于电力设备的带电检测[7]，但尚无相关文献对该脉冲群快速分类技术组成给予系统性的描述。本文在系统性阐述基于超宽频带检测系统采集获取脉冲群即脉冲波形-时间序列的脉冲群快速分类技术基础上，针对等效时频谱图法可能失效的工况即脉冲群存在异常波形的现象，设计一种采用触发阈值移动窗的异常脉冲时域波形实时判别算法，并进行试验验证，从而完善基于超宽频带检测脉冲时域波形实现抗干扰即 PD 源和噪声源的分离技术。

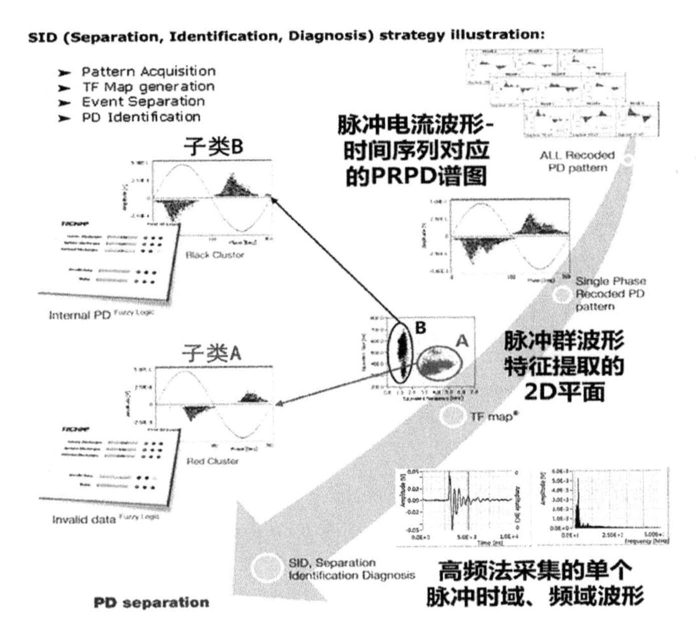

图 3　基于脉冲时域波形用于抗干扰即 PD 源和噪声源分离技术的等效时频谱图法

2　脉冲群快速分类

2.1　技术组成

图 1 所示超宽频带检测，耦合装置获取由同一 PD 源(或是同一干扰源)产生的脉冲信号在时域

或频域等波形上具有强“自相似性”或“高相似度”。对检测的脉冲波形-时间序列即记录的单个脉冲波形及其发生瞬时(见图2)，再利用图4所示的由脉冲群特征参数提取、基于特征参数的聚类分析和子脉冲群重组与表征组成的脉冲群快速分类技术，可将获取的脉冲群进行序列重组为具有“类聚”特性的若干子脉冲群，从而实现抗干扰或达到分离PD源和噪声源的目的[8]。

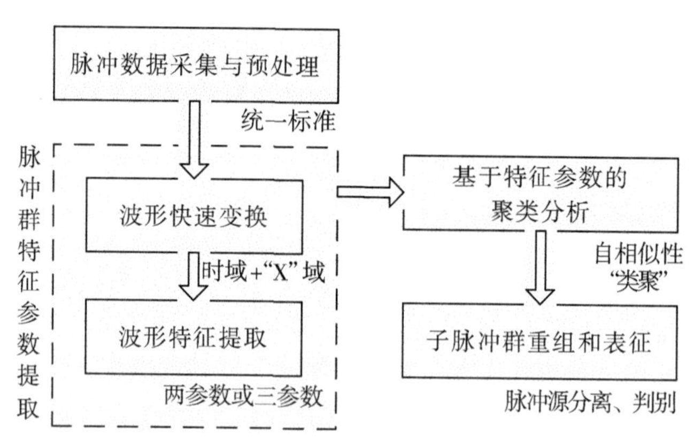

图4　脉冲群快速分类技术组成

图4对应的超宽频带检测脉冲群智能数据处理流程如图5所示，下面对涉及的脉冲群数据处理的5个重要步骤给予描述。

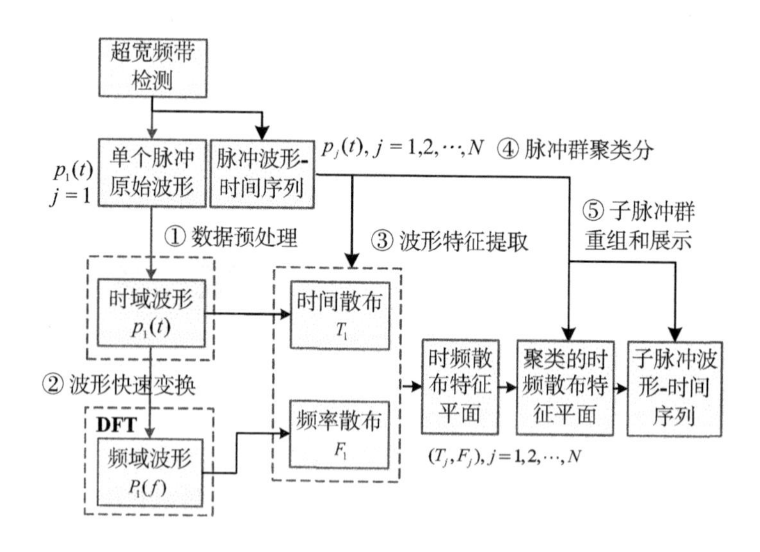

图5　脉冲群智能数据处理流程

2.2　数据预处理

超宽频带检测数据采集装置工作模式为：脉冲触发，记录脉冲电流波形及其对应时刻和电压值，波形长度可以设置为1~5μs：

$$\text{Pulse}_j(p_j(i),\ t_j,\ U_j),\ j=1,\ 2,\ \cdots,\ N;\ i=1,\ 2,\ \cdots,\ k \tag{1}$$

式中：j——第 j 个脉冲，序列共计 N 个脉冲；

i——每个脉冲电流波形的第 i 个数，由 k 个点组成，其与采样率成正比。

为形成具有统一标准且易处理的脉冲波形-时间序列，对检测获取单个脉冲电流原始记录波形做如下预处理：

$$p_j(t)=\begin{cases}a_0,\ a_1,\ \cdots,\ a_i,\ \cdots,\ a_{k-1}\\0,\ \Delta t,\ \cdots,\ \Delta t(i-1),\ \cdots,\ \Delta t(k-1)\end{cases}\tag{2}$$

式中：a_i——第 i 个点对应的幅值(mV)；

$\Delta t(i-1)$——第 i 个点对应的时间(Δt 为采样时间间隔)。

式(2)使得在数据存储时，无须存储单个脉冲电流波形对应的时间信息，而只需存储其幅值信息和触发时间时刻。

2.3 波形快速变换

一般利用具有一定物理意义的快速变换，形成脉冲的 X 域波形，与脉冲时域波形对应。以 DFT(频域)为例，对脉冲波形 $p_j(t)$ 进行快速变换，可得：

$$P_j(f)=\begin{cases}M_0,\ M_1,\ \cdots,\ M_i,\ \cdots,\ M_{\frac{k}{2}-1}\\0,\ \Delta f,\ \cdots,\ \Delta f(i-1),\ \cdots,\ \Delta f(\frac{k}{2}-1)\end{cases}\tag{3}$$

式中：M_i——第 i 个点对应的幅值(mV)；

$\Delta f(i-1)$——第 i 个点对应的频率分量。

2.4 波形特征提取

利用非线性函数 F 将脉冲波形转换为一组(两个或三个)具有明显物理意义或者统计意义的特征参数，并在二维平面或者三维空间特征参数谱图上显示，用于直观反映当前脉冲波形-时间序列中包含 PD 源和/或噪声源的数量。

等效时频谱图法的函数 F，这里不再赘述，详见文献[2，3，7，8]。

2.5 基于特征参数的聚类分析

在脉冲群对应的特征参数谱图上，将脉冲群分组为由“自相似的”即具有“类聚”特性的若干子脉冲群的分析过程。目标就是在相似的基础上收集数据来分离 PD 源和/或噪声源形成的脉冲波形-时间(相位)序列。

通常为了提高聚类分析的准确性，一般采用人工判别确定分类数量的前提下，使用模糊 C 均值(Fuzzy C-means，FCM)等无监督聚类分析[9]或人工手动聚类方法[10]。

2.6 子脉冲重组和表征

脉冲群聚类分析后，具有“类聚”特性的脉冲波形-时间序列重组为若干个子脉冲群，子脉冲群通常以峰值-时间序列等谱图进行显示用于后续信号源的判别等诊断分析。对于直流 PD 试验，可以生成 TARPD 图等，为试验操作人员对试验过程数据的把控和判断提供直观依据[11-12]。

2.7 异常工况

上述图 3 所示基于脉冲时域波形用于抗干扰即 PD 源和噪声源分离技术的等效时频谱图法、图 4 给出的脉冲群快速分类技术组成以及图 5 所示的脉冲群智能数据处理流程，都是假设在对应脉冲记录时间长度为 1~5μs 内只存在单个脉冲时域波形，记录波形除了如图 6 所示，还会出现多峰、连续放电甚至多脉冲的工况。此时，采用等效时频谱图法的脉冲群快速分类技术会无法实现 PD 源和噪声源的分离。但如果设置判别算法将波形呈现多峰、连续放电甚至多脉冲的所有记录波形进行快速标记，脉冲群数据处理时将其“剔除”，即可以增强现行采用等效时频谱图法脉冲群快速分类技术的鲁棒性和实用性。

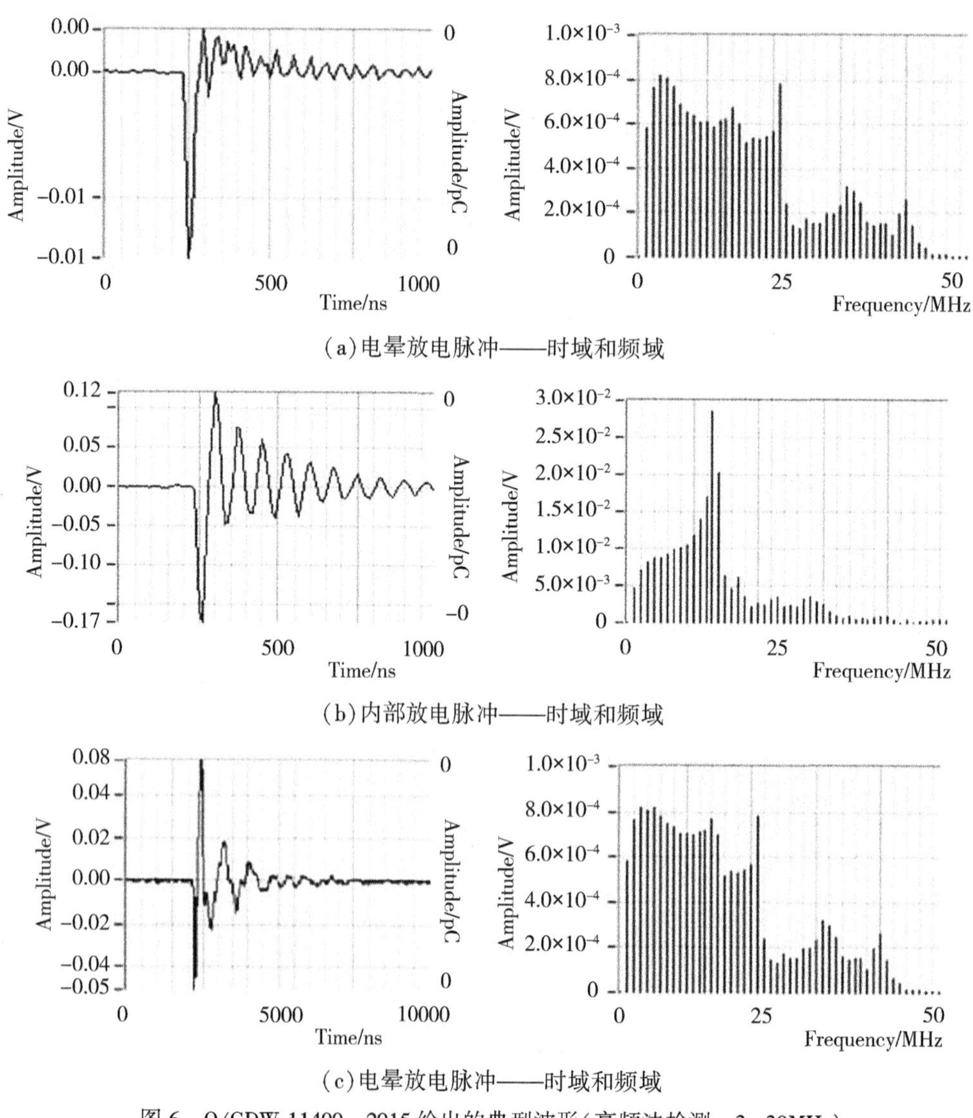

图 6 Q/GDW 11400—2015 给出的典型波形(高频法检测：3~30MHz)

3 异常波形判别

3.1 处理流程

采用触发阈值移动窗的超宽频带检测脉冲群异常波形实时判别算法的数据处理流程如图 7 所示，对应过程示意如图 8 所示。

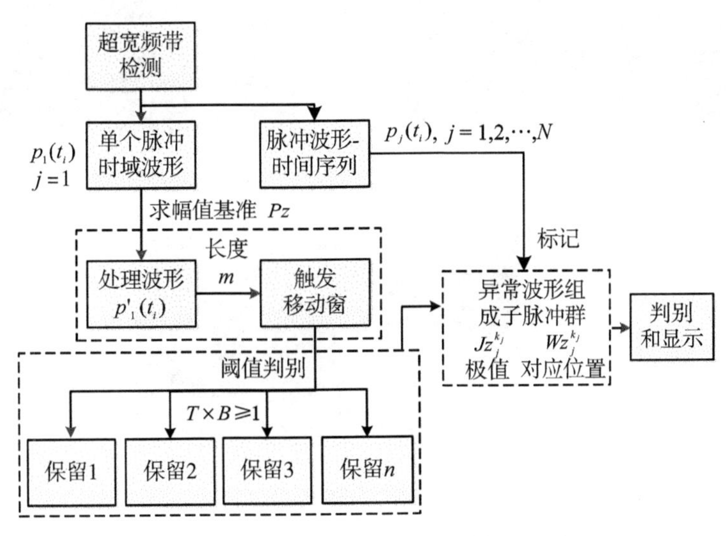

图 7　脉冲群异常波形判别方法数据处理流程

首先，对原始记录波形开始部分的 a 个点和结束部分的 b 个点，计算幅值的平均值进而求取记录波形的基准偏置值 Pz；其次，从记录波形 $p_j(t_i)$ 中去掉基准偏置值形成处理波形$p'_j(t_i)$(图 8(b))；再次，根据触发阈值 Yz(图 8(a)中为 5mV)，建立可调时长(图 8(c)中设置为 200ns)的触发阈值移动窗，对处理波形从记录的开始部分直至结束部分，当触发阈值移动窗内存在绝对幅值大于等于 Yz/m 时(一般 $m=1.25$ 即阈值的 80%)，计算移动窗内数据的时间标准差 T 及频率标准差 B，当 $T\times B\geqslant 1$时记录极值和对应位置(图 8(d)中 $k_j=3$)；如果存在相邻两个触发阈值移动窗被保留，则仅保留绝对幅值较大的，从而完成重复极值检测的剔除(图 8(e)中 $k_j=2$)；最后，当极值的个数 k_j 大于 1 时，判别当前脉冲群中的单个记录脉冲时域波形为异常波形，给予标记和时频域波形显示(人工核查)；当极值的个数 k_j 等于 1 时，判别当前脉冲群中的单个记录脉冲时域波形为正常波形。

3.2 试验结果

利用图 1 所示试验平台，对油中尖端、油纸内部气隙和油纸沿面 3 种典型缺陷放电模型[8]，进行超宽频带检测脉冲群即脉冲波形-时间序列的检测与分析，利用图 7 所示脉冲群异常波形判别算法对脉冲群进行处理和标记的典型异常波形如图 9 至图 11 所示。

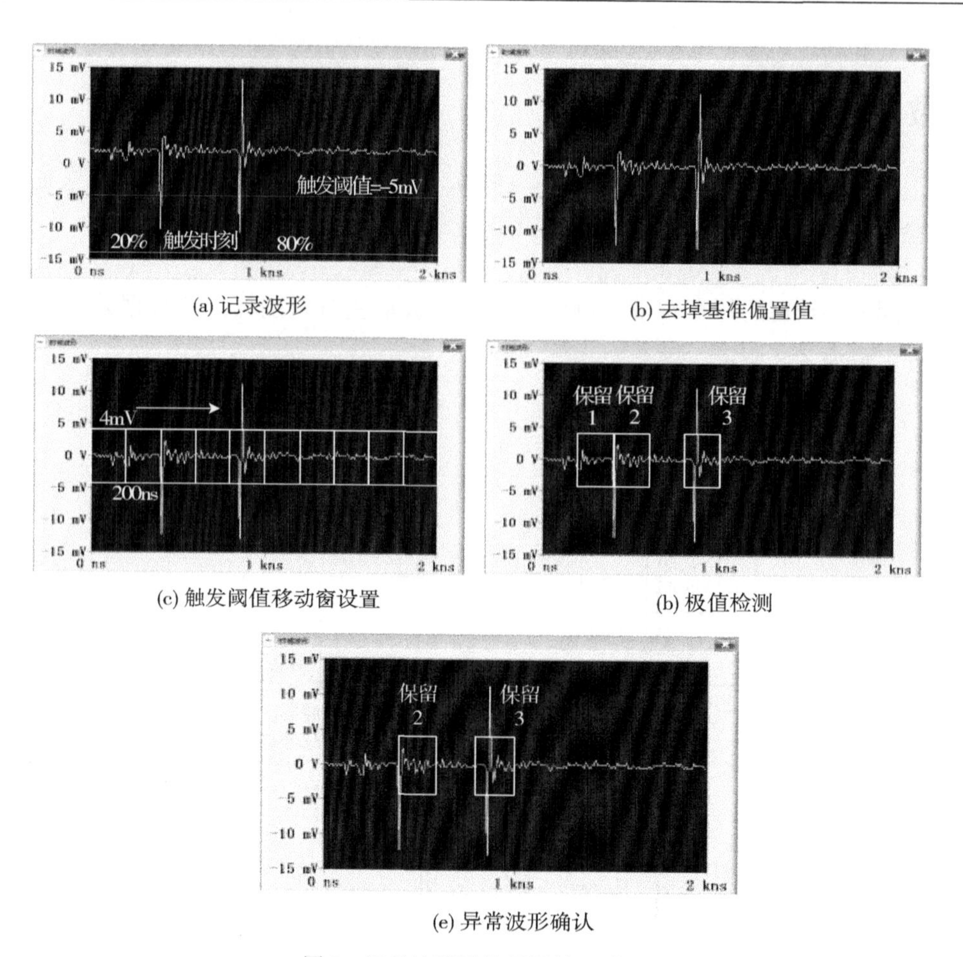

(a) 记录波形

(b) 去掉基准偏置值

(c) 触发阈值移动窗设置

(b) 极值检测

(e) 异常波形确认

图 8　记录波形异常判别处理过程

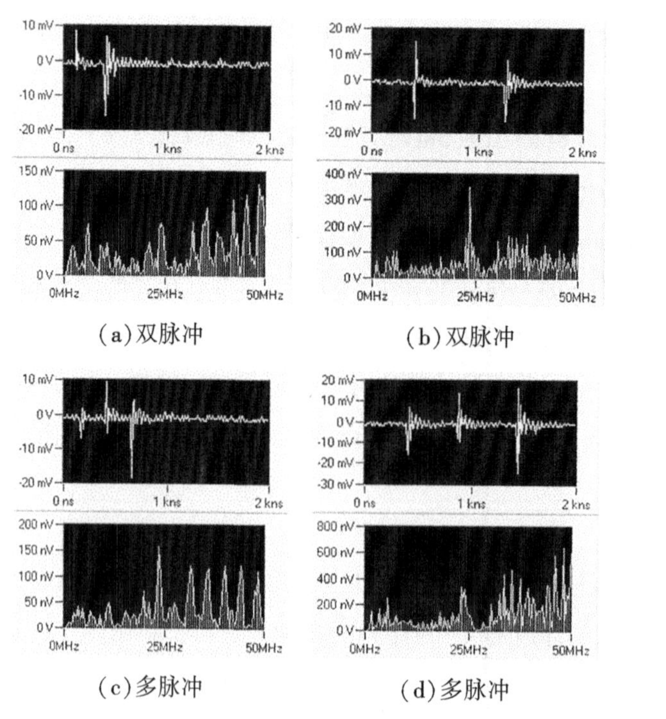

(a) 双脉冲

(b) 双脉冲

(c) 多脉冲

(d) 多脉冲

图 9　油中尖端放电典型异常脉冲时域和频域波形

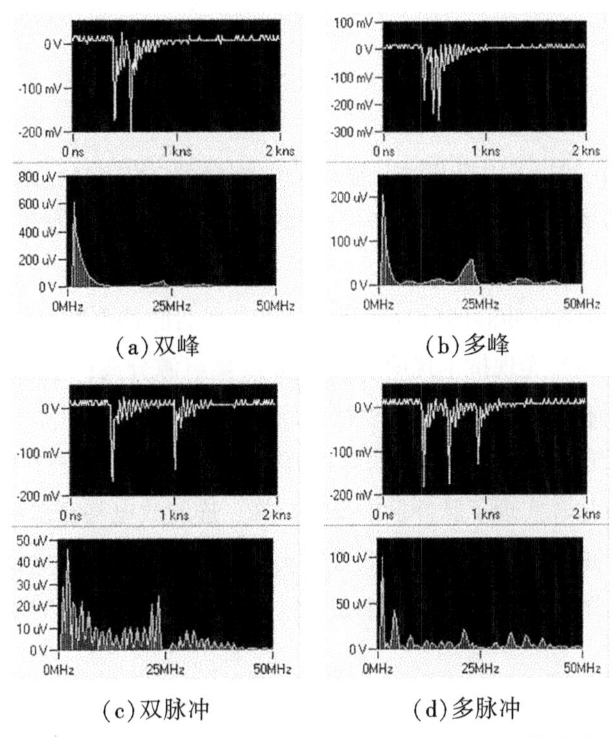

(a)双峰　(b)多峰

(c)双脉冲　(d)多脉冲

图 10　油纸内部气隙放电典型异常脉冲时域和频域波形

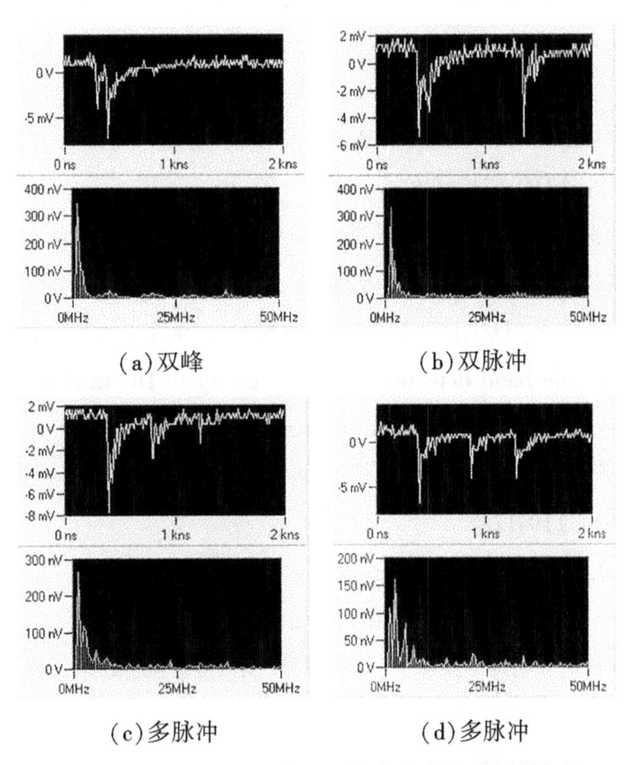

(a)双峰　(b)双脉冲

(c)多脉冲　(d)多脉冲

图 11　油纸沿面放电典型异常脉冲时域和频域波形

可以看出，油中尖端、油纸内部气隙和油纸沿面 3 种典型缺陷放电脉冲群中存在的呈现多峰、连续放电甚至多脉冲的记录波形均能被有效标记。

4 结论

(1)针对GB/T 7354—2018中“超宽频带局部放电测量仪”的定义，本文搭建了10kHz~50MHz模拟带宽、250MS/s采样率的直流PD超宽频带检测试验平台，可用于脉冲群即脉冲波形-时间序列的检测与分析。

(2)对基于超宽频带检测脉冲群即脉冲波形-时间序列的脉冲群快速分类技术进行了系统性阐述：该技术基于脉冲时域波形实现抗干扰即PD源和/或噪声源分离，主要由脉冲群特征参数提取、基于特征参数的聚类分析和子脉冲群重组与表征组成。

(3)基于现行广泛采用等效时频谱图法的脉冲群快速分类技术，设计了触发阈值移动窗的异常脉冲时域波形实时判别算法，实现了脉冲群中呈现多峰、连续放电甚至多脉冲原始记录波形的快速标记，直流下油中尖端、油纸内部气隙和油纸沿面缺陷放电脉冲群包含异常脉冲波形的准确标记验证了该异常波形判别算法的有效性，进一步增强了脉冲群快速分类技术的鲁棒性和实用性。

◎ 参考文献

[1]中国标准书号：GB/T 7354—2018[S]. 北京：中国标准出版社，2018.

[2]阮羚，郑重，高胜友，等. 宽频带局部放电检测与分析辨识技术[J]. 高电压技术，2010，36(10)：2473-2477.

[3]杨丽君，孙才新，廖瑞金，等. 采用等效时频分析及模糊聚类法识别混合局部放电源[J]. 高电压技术，2010，36(7)：1710-1717.

[4]成永红，谢恒堃，李伟，等. 超宽频带范围内局部放电和干扰信号的时频域特性研究[J]. 电工技术学报，2000，15(2)：20-23.

[5]国家电网公司企业标准书号：Q/GDW 11400—2015[S]. 北京：中国电力出版社，2015.

[6]Guan H, Yao W. Ultra-wide band detection of pulse current in DC with stand voltage PD test, Part 1: typical waveform[C]// ICMTMA. Changsha, China: IEEE, 2022: 156-163.

[7]司文荣，李军浩，李彦明，等. 气体绝缘组合电器多局部放电源的检测与识别[J]. 中国电机工程学报，2009，29(16)：119-126.

[8]Si W, Li J, Li Y, et al. Digital detection, grouping and classification of partial discharge at DC voltage[J]. IEEE Transactions on Dielectric and Electrical Insulation, 2008, 15(6): 1663-1674.

[9]楼顺天. 基于Matlab的系统分析与设计——神经网络[M].西安:西安电子科技大学出版社,1999:21-86.

[10]司文荣，李军浩，李彦明，等. 局部放电宽带检测系统分类性能的改善方法[J]. 西南交通大学学报，2009，44(2)：238-243.

[11]司文荣，傅晨钊，刘家妤，等. 换流变压器直流局放超宽频带检测数据处理需求分析[J]. 电力与能源，2022，43(1)：18-25.

[12]中国标准书号：DL/T 1999—2019[S]. 北京：中国电力出版社，2019.

GIS 母线残余电压衰减特性研究

傅中[1]，姜奎[2]，程登峰[1]，秦金飞[1]，叶三排[3]，赵玉顺[4]

（1. 国网安徽省电力有限公司电力科学研究院，合肥，230022；2. 国网安徽省电力有限公司超高压分公司，合肥，230000；3. 平高集团有限公司，平顶山，467001；4. 合肥工业大学电气与自动化工程学院，合肥，230009）

摘　要：变电站启动调试过程中投切 GIS 母线时，GIS 母线常存在残余电荷电压并影响 GIS 母线的绝缘水平，研究获得 GIS 母线残余电荷电压衰减特性，是提高 GIS 母线绝缘水平的基础工作。本文通过搭建 1100kV GIS 母线残余电荷电压试验平台，试验获得不同极性、不同幅值、不同温度时的 GIS 母线残余电荷电压衰减规律。GIS 母线残余电荷电压均呈指数衰减；不同极性的残余电压衰减到接近 0V 时总时长接近；残余电压幅值越高，衰减时间越长；环境温度较高时，衰减时间略长，电压衰减过程中 R 与 C 是变化的，时间常数 τ 也是动态变化的。

关键词：GIS；残余电压；盆式绝缘子；旋转式电场仪；衰减时间常数

0　引言

气体绝缘开关(gas insulated switchgear，GIS)具有占地空间小、受环境影响小、维护工作量少、运行可靠性高、运行费用低等显著优点，在电网中得到了广泛应用[1-3]。GIS 母线是变电站电能汇聚与分流的重要电气设备，变电站在投切 GIS 空母线时，母线上会有直流的残余电荷电压，残余电荷释放通道主要是母线盆式绝缘子沿面，因此衰减缓慢，其长时间存在会对母线绝缘水平产生影响。残余电荷电压衰减快慢可能与极性、幅值、温度等相关，不同工况时对 GIS 母线绝缘水平影响的程度也不同，有必要开展关于 GIS 母线残余电压衰减特性的研究。

文献[4]对 GIS 的隔离开关残余电压进行了测量与仿真研究，获得了隔离开关断开后残余电压幅值分布。文献[5]对于传输线的残余电荷放电响应模型提出了一种以沿传输线电荷密度和沿线电流为变量的新传输线模型。文献[6]对 GIS 盆式绝缘子表面电荷的消散进行了仿真研究。文献[7]~[9]利用静电计对 GIS 盆式绝缘子表面电荷的消散进行了测量。以上国内外文献主要是对残余电压和 GIS 盆式绝缘子表面电荷消散方面的研究，对于 GIS 母线残余电压衰减特性研究较少，而了解 GIS 母线残余电压衰减特性是提高 GIS 母线绝缘水平的基础工作，需要进一步开展研究。

本文首先搭建1100kV串联550kV GIS母线残余电压试验平台，建立基于电场测量的母线残余电压测量方法，试验获得不同极性、不同幅值、不同温度情况时的GIS母线残余电压衰减时间，由试验结果计算衰减时间常数τ，分析不同工况的GIS母线残余电压衰减时间特性。

1 GIS母线残余电压试验平台搭建

为实现GIS母线残余电压的测量，搭建了GIS母线残余电压测量试验平台，图1为试验平台的示意图。

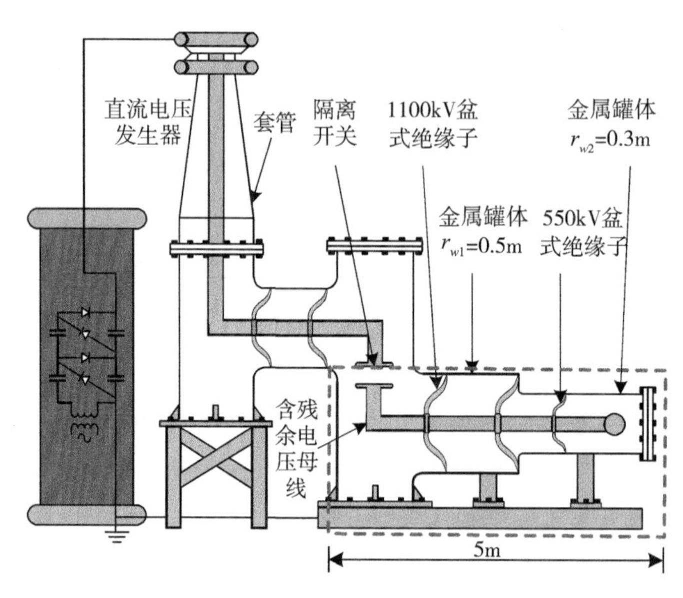

图1　试验平台示意图

图1左侧为一台±1200kV/20mA的直流电压发生器，通过保护电阻和套管对GIS母线施加直流电压。右侧是一个1100kV串联550kV GIS母线试验平台，其内部有一台隔离开关，通过隔离开关可断开GIS母线，该段母线长度约5m，其半径为0. 1m，盆式绝缘子3个，其中1100kV盆式绝缘子2个，550kV盆式绝缘子1个。GIS母线筒体接地，半径0. 5m和0. 29m的母线筒体长度分别为3. 3m和1. 7m，材料为铝。

2 残余电压衰减试验与测量方法

采用场磨式电场测量仪测量计算获得GIS母线残余电压，图2为GIS母线残余电压测量系统。GIS母线筒体侧面开有一个圆形观察窗，GIS母线残余电压产生外电场，安装在GIS外侧的电场仪通过观察窗测出电场值，再由电场与电压的对应关系计算母线电压。

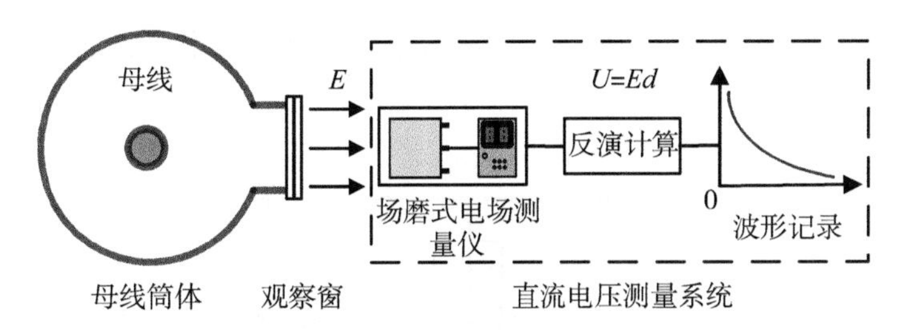

图 2　GIS 母线残余电压测量系统

试验前先标定电场与母线电压的线性关系[10-12]，在 GIS 母线施加 0~450kV 以 50kV 为间隔的电压，进行 GIS 母线电压与电场仪的电场强度标定，获得电压与电场强度对应关系，如图 3 所示。

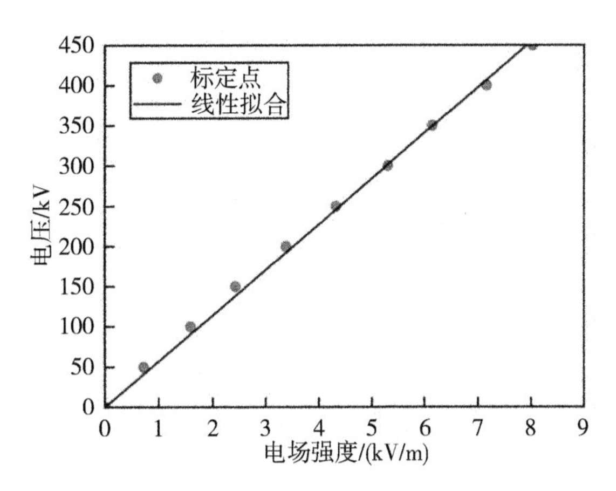

图 3　GIS 母线电压与电场强度的对应关系

GIS 试验平台体积较大，现有试验条件下暂不具备大体积的温度控制。因此，在环境温度变化较小的情况下，开展不同极性、不同幅值下的 GIS 母线残余电压衰减特性试验，在环境温度相差较大时，开展不同温度下的 GIS 母线残余电压衰减特性试验。试验前，检查 GIS 外壳接地，确保试验安全。在环境温度和 0.4MPa 六氟化硫气体条件下，直流电压发生器对 GIS 母线上分别施加 ±450kV、+300kV、+150kV 电压，每次试验施加电压时长 10min，10min 后隔离开关断开 GIS 母线，直流电压发生器电压降为零后接地，再使用电压测量装置每隔 5min 测量 GIS 母线的残余电压一次，并记录。

3　GIS 母线残余电压衰减试验分析

3.1　残余电压衰减计算模型

GIS 母线残余电压是由于 GIS 母线上含有的残余电荷无法迅速释放造成的，但电荷可沿着盆式绝缘子至 GIS 母线筒体逐渐释放而衰减，衰减时间主要由盆式绝缘子的表面电阻和母线与筒体间电容决定[13-18]。因此，建立试验平台5m长母线的残余电压衰减等效电路，如图4所示。

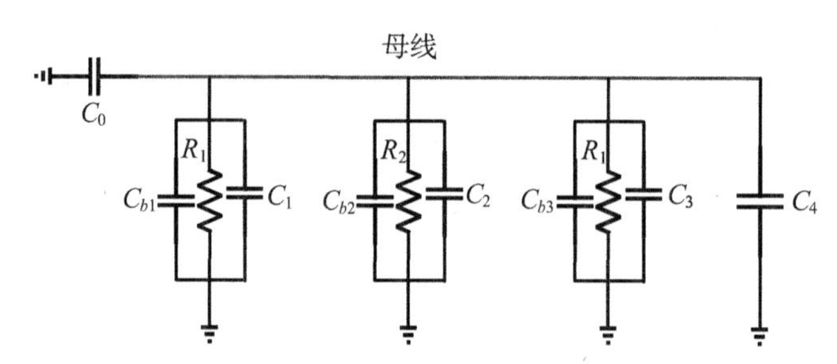

图4　GIS母线残余电压衰减等效电路图

图中R_1、R_2、R_3分别为3个盆式绝缘子的表面电阻，C_0为隔离开关电容，C_1、C_2、C_3、C_4分别为3个盆式绝缘子隔离的4个气室中母线与筒体间以六氟化硫气体为介质形成的电容，C_{b1}、C_{b2}、C_{b3}分别为3个盆式绝缘子相关的母线与筒体形成以盆式绝缘子材料为介质形成的电容。根据等效电路，得到*GIS*母线残余电压衰减特性计算模型如式(1)所示：

$$U_{(t)}=Ue^{-t/\tau} \tag{1}$$

式中，$U_{(t)}$为衰减t秒时母线残余电压大小，U为母线残余电压初始值；$\tau=R_dC_d$为衰减时间常数，R_d为R_1、R_2、R_3并联的等效电阻；C_d为C_0、C_1、C_2、C_3、C_4与C_{b1}、C_{b2}、C_{b3}并联的等效电容。

GIS母线残余电压衰减计算模型(1)可知，GIS母线残余电压衰减呈现指数衰减，初始残余电压U和衰减时间常数τ是决定残余电压衰减的两个关键因素，初始残余电压U决定了残余电压衰减的跨度。

衰减时间常数τ是决定残余电压快慢的因素之一，衰减时间常数越大，在同一初始残余电压下，残余电压衰减的速度更慢。衰减时间常数反映了GIS母线残余电压衰减的变化规律。试验母线初始残余电压U等于施加的直流电压，将衰减时间t和测量获取的残余电压$U_{(t)}$代入计算模型可得试验任一时刻衰减时间常数$\tau=-t/\ln\left(\frac{U_{(t)}}{U}\right)$。因此，通过试验结果可计算出GIS母线残余电压在不同时刻的衰减时间常数。

3.2　GIS母线残余电压衰减试验分析

3.2.1　不同极性GIS母线残余电压衰减试验

对GIS母线分别施加正、负两种极性的150kV直流电压，开展残余电压衰减特性试验，图5所示是不同极性电压衰减时间对比图。

由图5可知，环境温度14℃左右时，相同幅值的正、负极性150kV残余电压衰减到接近0V时的总时长基本相同，约为6h；衰减规律一致，均呈指数衰减；正、负极性电压衰减速度基本一致，并呈先快后慢的特点。由此也可知，随着衰减时间的延长，经过衰减的残余电荷电压的幅值越来越小，盆式绝缘子表面电荷密度与电场强度减小，电导率减小，进而衰减得越来越慢。

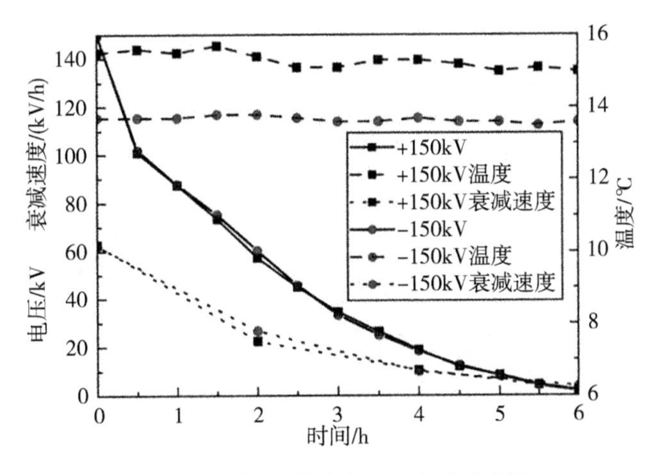

图 5　不同极性的残余电压衰减对比图

由公式计算不同时刻衰减时间常数，结果见图 6。由图可知，正、负极性的残余电荷电压衰减时间常数 τ 接近，并随衰减时间的延长，正、负极性残余电荷电压衰减时间常数均随之增大。理论上，当电路的结构与元件参数一定时，τ 为常数，但 GIS 回路在电荷衰减过程中，盆式绝缘子表面电荷密度随母线电压的变化而有所变化，回路中的 R 与 C 也有所变化，因此时间常数 τ 也是动态变化的。

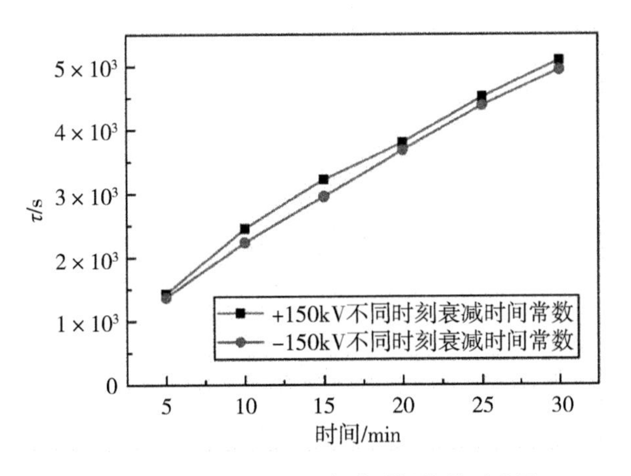

图 6　不同极性的电压衰减时间常数对比图

3.2.2　不同幅值 GIS 母线残余电压衰减试验

对 GIS 母线分别施加+450kV、+300kV、+150kV 直流电压，开展不同幅值残余电荷电压衰减特性试验，图 7 为不同幅值时残余电荷电压衰减时间对比图。由公式计算不同时刻衰减时间常数，结果见图 8。

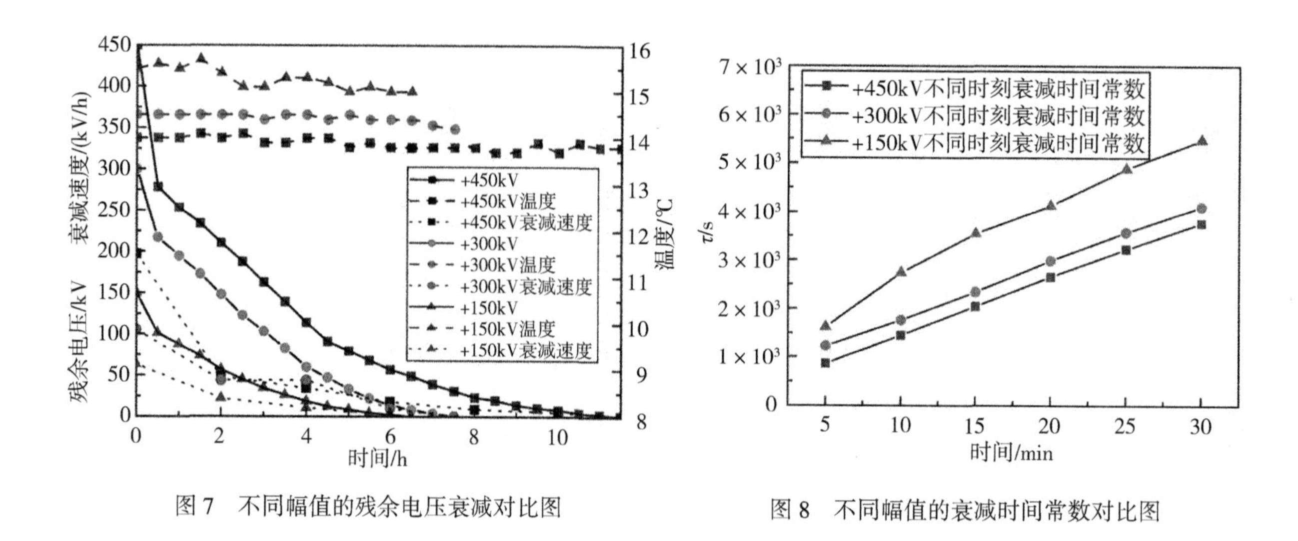

图 7　不同幅值的残余电压衰减对比图

图 8　不同幅值的衰减时间常数对比图

由图 7 可知，当环境温度约为 14℃时，450kV、300kV 与 150kV 电压衰减到接近 0V 时分别约需要 12h、7.5h 与 6h，幅值越高的残余电荷电压衰减到接近 0V 的总时长越长；衰减规律一致，均呈指数衰减；衰减速度的规律基本一致，并呈先快后慢的特点，但幅值越高，起始时的衰减速度越快，之后速度接近。由此也可知，残余电荷电压幅值越高，盆式绝缘子表面电荷密度与表面电场强度越大，表面电导率越大，衰减速度越快，随着衰减时间的延长，残余电荷电压幅值均在减小，衰减速度也逐渐减慢。

由图 8 可知，随衰减时间的延长，不同幅值的残余电荷电压衰减时间常数 τ 均随之增大；电压幅值越高，衰减时间常数越小。

3.2.3　不同温度下 GIS 母线残余电压衰减试验

分别在环境温度约为 15℃和 30℃下，对 GIS 母线施加+300kV 直流电压，开展不同温度下残余电荷电压衰减特性试验，图 9 为+300kV 残余电荷电压在不同温度下衰减时间对比图。

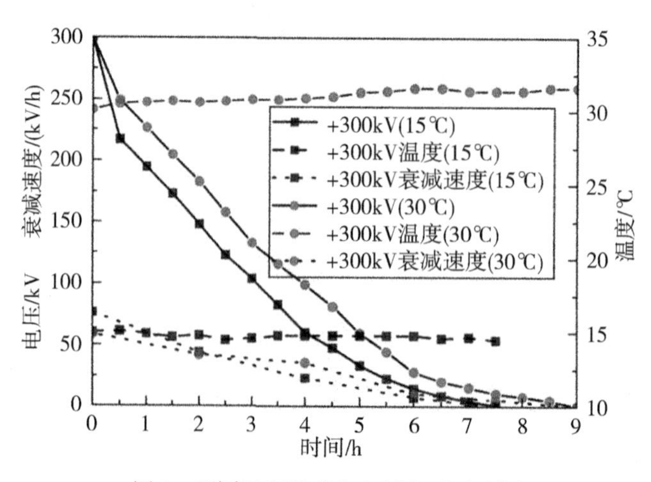

图 9　不同温度的残余电压衰减对比图

由图 9 可知，当温度分别为 15℃和 30℃时，残余电荷电压从幅值衰减到接近 0V 时的时间分别是 7.5h 与 9h，温度高时衰减时间略长；衰减规律一致，均呈指数衰减；衰减速度规律基本一致，呈先快后慢的特点。分析认为，温度越高，表面电荷消散速度更快，表面电荷密度减小，会减小切向电场强度，进而又增大表面电阻率，残余电压衰减的时间趋于增大。

由公式计算不同时刻衰减时间常数，结果见图 10。由图可知，温度越高，残余电荷电压衰减时间常数 τ 略大，变化趋势一致。

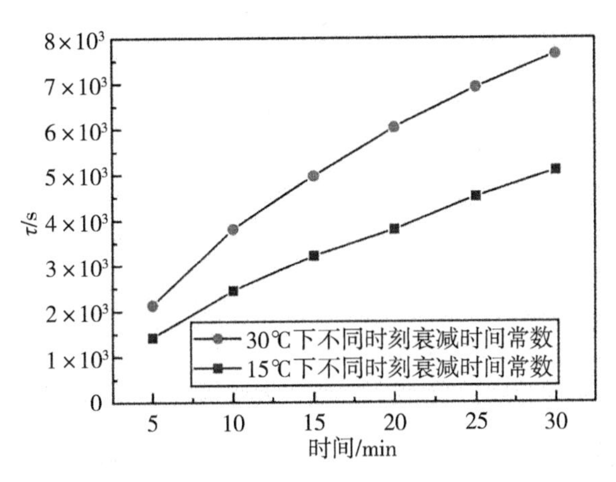

图 10　不同温度的衰减时间常数对比图

本文试验采用的 GIS 模型只有 5m，并有多个盆式绝缘子，300kV 幅值的残余电压衰减时间达到 7.5h，对于距离达到 100m 甚至更长的变电站运行的 GIS 母线，盆式绝缘子更少，可以推断其残余电荷电压衰减时间将会更长。

4　结论

(1)建立了基于电场测量的 GIS 母线残余电荷电压衰减试验回路，试验结果表明，残余电荷电压衰减规律一致，均呈指数衰减；不同极性的残余电荷电压衰减到接近 0V 时总时长接近；残余电荷电压幅值越高，衰减时间越长；环境温度较高时，衰减时间略长。

(2)本文试验采用的 GIS 模型为 5m，450kV、300kV 与 150kV 电压衰减到接近 0V 时分别约 12h、7.5h 与 6h，对于距离达到 100m 甚至更长的变电站运行的 GIS 母线，盆式绝缘子更少，残余电荷电压衰减时间会更长。

(3)理论上，当电路的结构与元件参数一定时，τ 为常数，但 GIS 回路在电荷电压衰减过程中，盆式绝缘子表面电荷密度随母线电压的变化而有所变化，回路中的 R 与 C 也有所变化，因此时间常数 τ 也是动态变化的。

◎ 参考文献

[1]陈维江，颜湘莲，王绍武，等．气体绝缘开关设备中特快速瞬态过电压研究的新进展[J]．中国电机工程学报，2011，31(31)：1-11.

[2]范建斌．气体绝缘金属封闭输电线路及其应用[J]．中国电力，2008，41(8)：38-43.

[3]Srivatava K，Morcos M. A review of some critical aspects of insulation design of GIS/GIL systems[C]//Proceedings of 2001 IEEE PES Transmission and Distribution Conference and Exposition，Atlanta，USA：IEEE，2001：787-792.

[4]王磊，陈维江，岳功昌，等．特高压气体绝缘开关设备的隔离开关残余电荷电压仿真分析[J]．高电压技术，2016，40(52)：3911-3917.

[5]卢斌先，彭茂兰，陈甜妹．传输线残余电荷放电响应模型的研究[J]．电网技术，2012，36(4)：247-250.

[6]张贵新，张博雅，王强，等．高压直流 GIL 中盆式绝缘子表面电荷积聚与消散的实验研究[J]．高电压技术，2015，41(5)：1430-1436.

[7]陈可，梁曦东，刘杉．空气中不同温度下环氧树脂绝缘子表面电荷消散过程的实验研究[J]．高电压技术，2018，44(5)：1723-1728.

[8]张博雅，张贵新．直流 GIL 中固-气界面电荷特性研究综述 I：测量技术及积聚机理[J]．电工技术学报，2018，33(20)：4649-4662.

[9]Ueta G，Okabe S，Utsumi T，et al. Electric conductivity characteristics of FRP and epoxy insulators for GIS under DC voltage. IEEE Transactions on Dielectrics and Electrical Insulation，2015，22(4)：2320-2328.

[10]伍小成，袁海文，郑盾，等．旋转电场仪测量交流电场的研究[J]．测控技术，2012，31(4)：14-17.

[11]伍小成，袁海文，崔勇．提高旋转电场仪测量电场特性的方法研究[J]．计测技术，2011，31(3)：24-27.

[12]陈叶倩，吴光敏，张文斌，等．基于电场的快速暂态过电压测量[J]．传感器技术学报，2017，30(3)：385-390.

[13]Working Group 33/13-09. Very Fast Transient Phenomena Associated with Gas Insulated Substations[R]. Paris：CIGRE，1988.

[14]王雷，魏明．高温条件下材料表面电阻率测试方法研究[J]．计算机测量与控制，2018，26(4)：60-62.

[15]林莘，孟涛，徐建源，等．快速暂态过电压对断路器中并联电容的影响[J]．高电压技术，2009，35(10)：2361-2365.

[16]Povh D，Schimitt H. Modeling and analysis guidelines for very fast transient[J]. IEEE Transactions on Power Delivery，1996，11(4)：231-238.

[17] Buesch W, Stephandies H, Heinemann T. Attenuation of fast transient in gas earthing system[R]. Pairs: CIGRE, 1988.

[18] 罗毅，唐炬，潘成，等．直流 GIS/GIL 盆式绝缘子表面电荷主导积聚方式的转变机理[J]．电机工程学报，2019，34(23)：5039-5048.

特高压大型充油设备电弧燃爆过程压力传播特性研究

罗传仙[1,2]，田洪迅[3]，黄勤清[1,2]，杨旭[1,2]，刘正阳[1,2]，周文[1,2]

（1. 南瑞集团有限公司（国网电力科学研究院），南京，211006；2. 国网电力科学研究院武汉南瑞有限责任公司，武汉，430074；3. 国家电网有限公司，北京，100031）

摘　要：大型充油设备油箱内部区域发生局部高压放电时，会使放电区域变压器油瞬间气化并产生爆炸压力波。为了研究上述过程压力波在变压器油箱内部以及升高座区域的传播特性，采用计算流体力学仿真方法对其进行了三维数值模拟。结果表明：在电弧能量4.929MJ、持续时间58.6ms的情况下，计算得到升高座顶部监测点压力峰值为1.21MPa，油箱左侧顶部位置监测点压力峰值为4.62MPa，油箱右侧顶部位置监测点压力峰值为3.79MPa；升高座区域内达到的压力峰值随着距离故障点位置的增大而不断减小。将仿真得到的不同监测点位置压力峰值以及压力变化趋势与实验结果进行对比，二者具有较好的一致性，验证了仿真计算模型的有效性。

关键词：电弧燃爆；充油设备；压力峰值

0　引言

特高压大型充油设备绝缘故障位置主要集中在高压套管和升高座区域，这些区域普遍具有空间狭小、场强高、结构复杂的特点。故障位置发生绝缘击穿后会使油箱内部变压器油瞬间气化产生爆炸压力波，压力如果不能及时泄放极易引发更为严重的变压器油蒸气燃爆事故。因此，分析电弧爆炸过程中油箱内部压力分布与变化情况对于油箱安全防护设计有重要的参考价值。

Ben等[1-2]为了研究变压器和分接开关电弧爆炸危害及其预防措施，在大型变压器上进行了电弧放电实验，并通过数值模拟方法深入研究其物理现象，结果表明，在无保护的情况下，变压器油箱内部压力不能及时泄放，应使用快速降压方法对分接开关时和油箱进行保护。夏红军[3]等基于有限元分析方法和计算流体力学方法建立了油浸式变压器内部电弧故障下的温度场模型，计算过程中将放电材料和电弧能量作为热源，考虑了冷却降温措施和壁面的辐射换热，获得了变压器内部的温度场分布，并验证了仿真模型的准确性。闫晨光[4-5]等为了研究变压器油箱开裂原因，通过有限元仿真方法，研究变压器内部发生故障后油箱内压力变化情况，获得了不同时刻油箱内压力分布云图及不同位置的压力时程曲线。周远翔[6]等通过实验证明变压器油在交直流复合电场和直流电场下的绝缘性能比交流电场情况要差，并引入小桥理论的极化过程解释了纹波因数越小击穿电压越低这一物理现象。刘泽洪[7-8]等通过搭建变压器网侧升高座区域油箱内的电弧放电故障模拟实验平台，进行了大电流、高爆燃容量模拟短路实验，获得了不同燃弧能量下升高座内部压强时域变化曲线；实验表明电流从 20kA 增加至 40kA 时，筒壁上压强峰值将从 0.79MPa 增加至 1.17MPa，并证明了压力释放阀装置的关键作用。Ryan 等[9-11]为降低变压器爆炸后果，提出了一种避免变压器油箱破裂的策略，并通过实验证明通过被第一个动态压力峰值激活的减压装置，在毫秒时间尺度内排空变压器中的油，则可以有效防止油箱爆炸。

采用实验手段对换流变压器油箱内的燃弧故障进行研究条件苛刻，且具有相当大的危险性，同时也很难揭示故障过程整个内部三维空间的压力演变。因此本研究采用计算流体力学方法建立升高座油箱内电弧故障的仿真模型并进行求解，深入研究油室和升高座中的压力变化及其传播过程，并与实验数据进行对比，验证了计算模型的准确性。研究可为大型充油设备内电弧燃爆的安全防护提供科学参考。

1 电弧加载工况

对油箱电弧放电实验过程中的电压与电流变化情况进行记录，并作为数值仿真的计算条件，实验在苏州电力科学研究院进行。电弧燃爆过程电流与电压随时间变化曲线如图 1 所示。

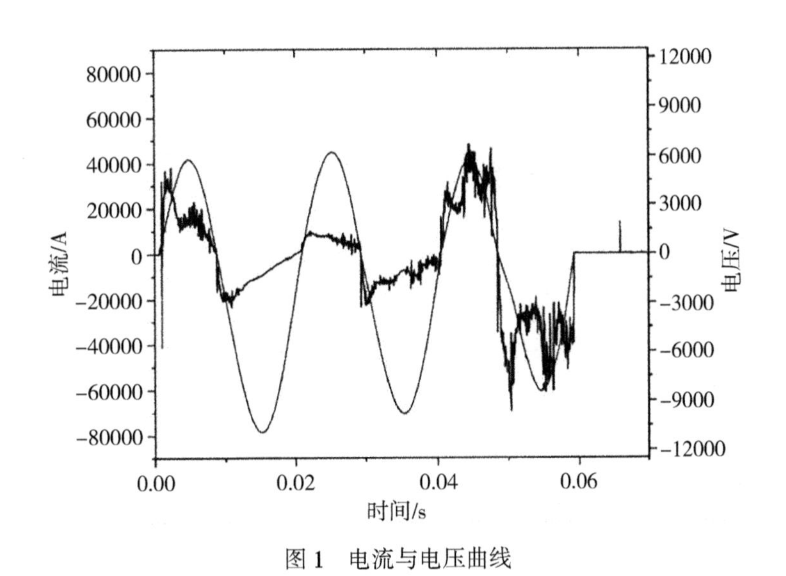

图 1 电流与电压曲线

从图 1 可知，电弧放电过程持续时间较短，在 58.6ms 的时间尺度内即结束。电弧爆炸过程中电压与电流变化剧烈，其中电流呈现较明显的周期性规律，周期约为 20ms，峰值电流 44554A；电压变化呈现出一定不规则性，峰值电压为 6.6kV。故障过程中释放的电弧总能量为 4.929MJ。

2 数值建模

2.1 几何模型与网格划分

参照实验过程中所用的实际变压器油箱以及升高座尺寸建立三维几何模型，具体几何结构如图

2 所示。

图 2 为仿真的三维几何模型，从图中可以看出整个计算域主要包含油箱、升高座、外部泄放空间三部分，升高座与外部泄放空间通过泄爆片连接。油箱位于底部，其形状为圆柱形，直径 3m，高 2m。升高座位于油箱上部，其中轴线与油箱中轴线为同一直线，升高座直径 1. 1m，高 4m。DN250 反拱形泄爆片位于升高座上部区域，直径为 250mm，泄放开启压力 250kPa。故障放电位置处于油箱内部，距离中轴线 0. 18m，距离油箱底部 1. 34m，放电电极间距为 0. 01m。参照实验过程在油箱以及升高座内部不同位置设定 3 个计算监测点，用以捕捉仿真计算过程该位置的压力变化情况，并在升高座内设置监测点 1—6 来观察升高座内压力变化。

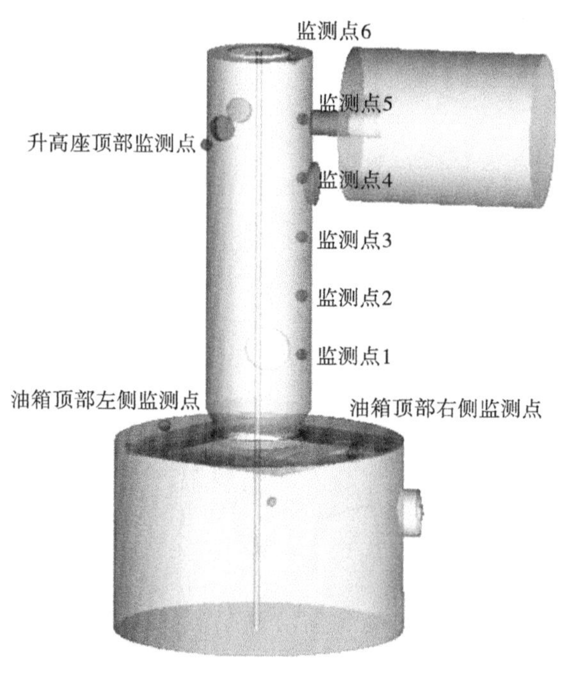

图 2　三维模型建立

依据建立的三维几何模型构建数值仿真的计算域，并进行网格划分实现空间离散。整体网格与局部细节网格如图 3 所示。

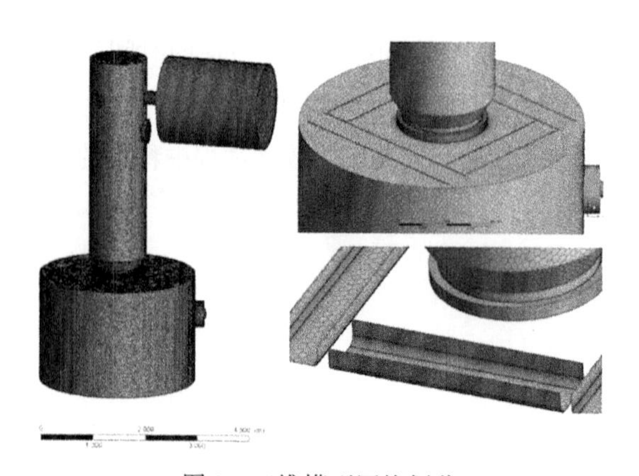

图 3　三维模型网格划分

图 3 展示了计算域的网格划分情况。在网格划分过程中对于内部流体域采用四面体网格划分方式，对壁面附近区域生成边界层并进行网格加密。由于多面体网格相比四面体网格具有更好的形状适应性以及在计算中更容易收敛等优势，在计算前将四面体网格基于网格节点转化为多面体网格，并进行网格光顺，优化网格质量。优化后的多面体网格数为 675719，电弧故障区域最小网格尺寸为 1mm。

2.2 数值模型

以纳维-斯托克斯方程组为基础，建立三维可压缩气液两相流过程的数学模型，并采用有限体积法进行求解。气液两相流计算选用流体体积(Volume of Fluid，VOF)函数模型。对于泄放过程的湍流现象，采用 k-ε 双方程湍流模型计算。所建立数学模型的主要方程如下。

质量守恒：

$$\frac{\partial \rho_g}{\partial t} + \frac{\partial}{\partial x_j}(\rho_g V_j) = 0 \tag{1}$$

动量守恒：

$$\frac{\partial(\rho_g V_{gj})}{\partial t} + \frac{\partial(\rho V_{gj} V_{gi})}{\partial x_j} = -\frac{\partial P}{\partial x_j} + \frac{\partial \tau_{ji}}{\partial x_j} + \frac{\rho_P}{\tau_r}[(V_{Pi} - V_{gi})] \tag{2}$$

能量守恒：

$$\frac{\partial}{\partial t}(\rho E) + \nabla \cdot [\boldsymbol{\nu}(\rho E + p)] = \nabla \cdot \left[k_{\mathrm{eff}} \nabla T - \sum_j h_j \boldsymbol{J}_j + (\overline{\overline{\tau}}_{\mathrm{eff}} \cdot \boldsymbol{\nu})\right] + S_h \tag{3}$$

气体状态：

$$P = \rho R T \tag{4}$$

液体状态方程：

$$\left(\frac{\rho}{\rho_0}\right)^n = \frac{\kappa}{\kappa_0} \tag{5}$$

其中：P 为压力，Pa；t 为时间，s；T 为温度，K；μ 为流体动力黏度，Pa · s；ρ 为流体密度，kg/m^3；ρ_0 为参考压力下的液体密度，kg/m^3；κ_0 为参考压力下的体积模量；n 为密度指数；κ 为体积模量。

湍流方程：

$$\rho \frac{\mathrm{D}k}{\mathrm{D}t} = \frac{\partial}{\partial x_i}\left[\left(\mu + \frac{\mu_t}{\sigma_k}\right)\frac{\partial k}{\partial x_i}\right] + G_k + G_b - \rho\varepsilon - Y_M$$

$$\rho \frac{\mathrm{D}\varepsilon}{\mathrm{D}t} = \frac{\partial}{\partial x_i}\left[\left(\mu + \frac{\mu_t}{\sigma_\varepsilon}\right)\frac{\partial \varepsilon}{\partial x_i}\right] + C_{1\varepsilon}\frac{\varepsilon}{k}(G_k + C_{3\varepsilon}G_b) - C_{2\varepsilon}\rho\frac{\varepsilon^2}{k} \tag{6}$$

其中：G_k 与 G_b 分别为平均速度梯度以及浮力影响所产生的湍流动能；Y_M 为可压缩湍流脉动膨胀对总耗散率的影响；μ_t 为湍流黏性系数；$C_{1\varepsilon}$、$C_{2\varepsilon}$、$C_{3\varepsilon}$为默认值常数；湍流动能 k 与耗散率 ε 的湍流普朗特数分别为 $\sigma_k=1.0$，$\sigma_\varepsilon=1.3$。

3 仿真结果验证与分析

3.1 不同位置监测点压力变化对比

计算过程中设置与实验压力测试过程中位置相同的 3 个监测点，具体位置如图 2 所示。电弧爆炸过程中不同时刻监测点位置压力变化计算结果与实验结果对比见图 4。

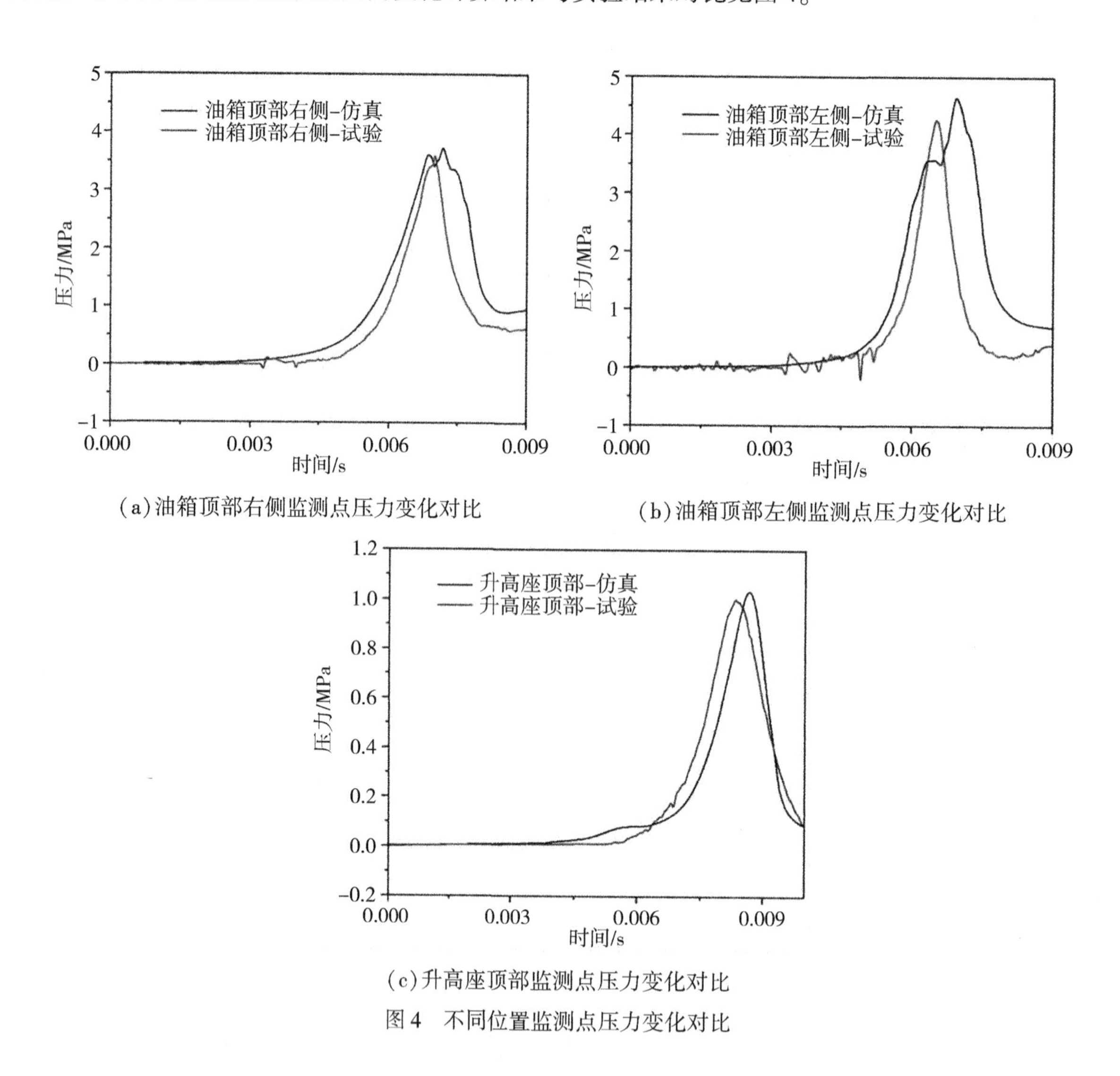

(a)油箱顶部右侧监测点压力变化对比

(b)油箱顶部左侧监测点压力变化对比

(c)升高座顶部监测点压力变化对比

图 4 不同位置监测点压力变化对比

图 4 分别展示了换流变压器油箱与升高座内部不同监测点位置的仿真与实验数据对比。从图中可以看出仿真所获得的压力峰值以及压力随时间变化规律与实验基本一致，验证了该模型在计算上的有效性。从图 4(a)和图 4(b)可以看出，油箱顶部右侧的监测点和左侧位置的监测点相比，其压力峰值到达时间早 0.2ms，这是由于故障位置距油箱顶部右侧监测点位置较近造成的。两个监测点的压力峰值分别为 3.79MPa 和 4.62MPa，油箱顶部左侧压力峰值更大，这可能是由于先到达右侧壁面的压力波发生了反射并与左侧壁面压力波叠加造成的。顶部监测点位置距离故障点位置较远，因

此到达压力峰值时间相对滞后，在电弧故障后 8.7ms，到达压力峰值为 1.03MPa。

3.2 电弧爆炸过程压力变化分析

为详细研究换流变压器油箱内压力的传播过程，通过创建油箱中轴线的竖直截面，选取故障后不同时刻的截面压力云图进行分析，见图 5。

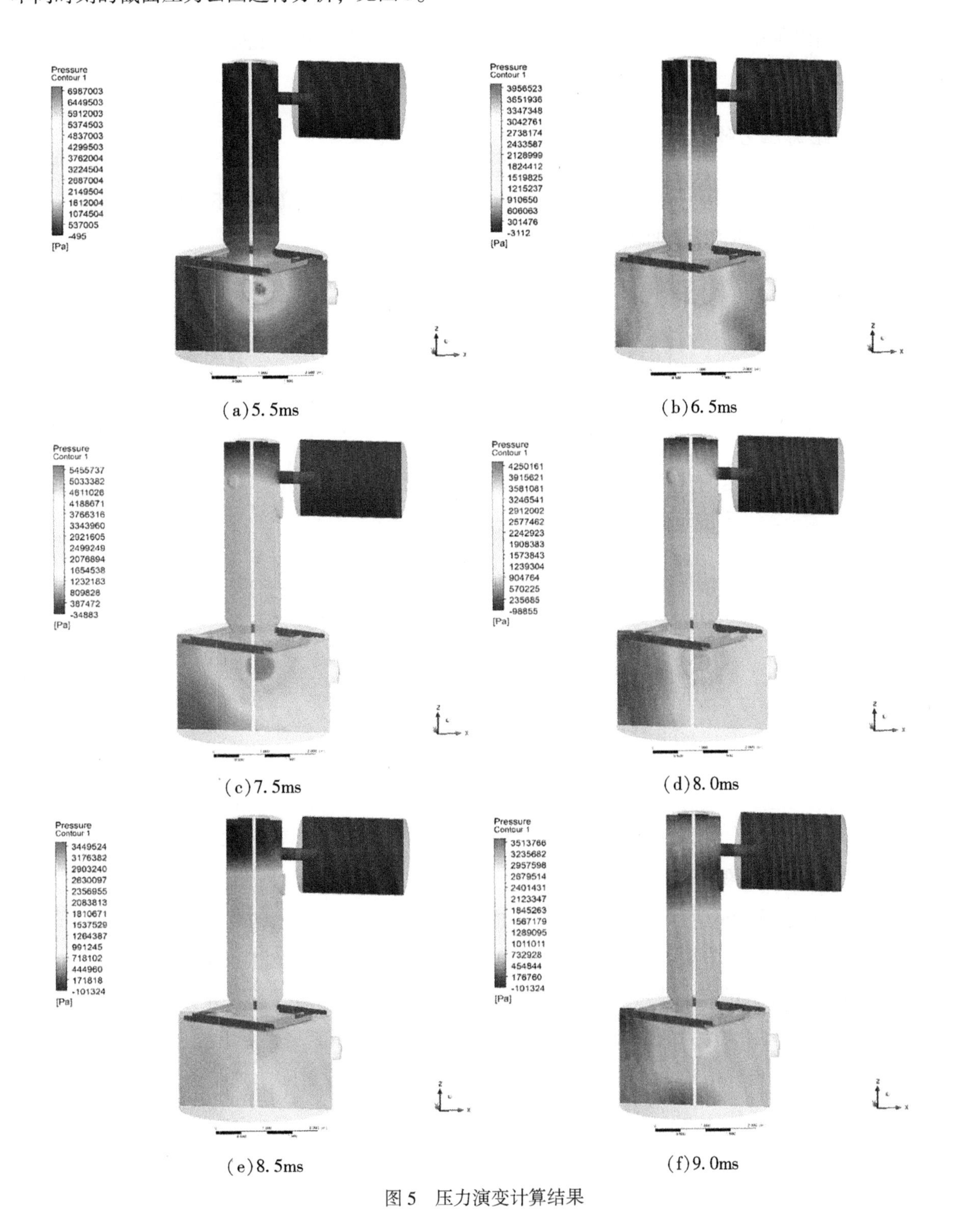

(a)5.5ms　(b)6.5ms

(c)7.5ms　(d)8.0ms

(e)8.5ms　(f)9.0ms

图 5　压力演变计算结果

从图5可以看出，随着油箱中电弧燃爆故障发生，高压区首先出现在电弧故障位置；这是由于电弧放电瞬间对放电区域注入大量能量，温度急速上升，使放电区域内的变压器油发生裂解，产生大量气体，形成高压气泡；然后高压气泡向四周膨胀挤压周围液体，将压力以球面波的形式传递至绝缘油中。压力波首先与右侧壁面接触并发生反射，然后反射波与故障点产生的压力波在左侧壁面发生汇聚，导致左侧壁面压力大于右侧压力，从而使油箱顶部左侧监测点压力峰值较高。5.5ms后压力波从油箱内向升高座传递，在7.5ms时与泄压阀充分接触并达到泄压阀开启的压力，升高座内压力开始向外释放。

3.3 不同距离压力峰值分析

为了研究到故障点不同距离位置监测点的压力峰值变化，选取升高座内不同位置监测点压力时程曲线进行分析，其压力变化曲线如图6所示。

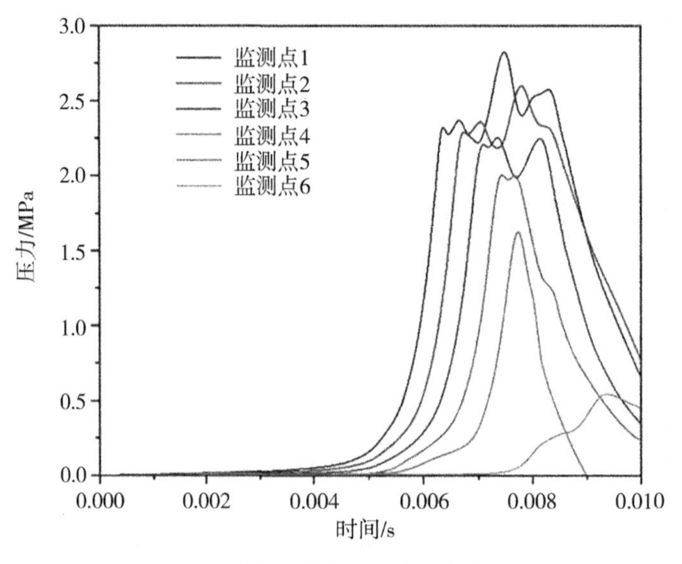

图6 升高座内各监测点压力变化

由图6可以看出，监测点1—6压力峰值从2.75MPa逐渐降低至0.72MPa，说明升高座区域监测点与故障点距离越远，压力衰减越大，导致压力峰值越低；且距离泄压阀越近，峰值压力降低得越明显。7.5ms时刻泄压阀打开，对比泄压阀开启后其附近的监测点5与监测点6可知，监测点6的峰值压力明显降低，这是因为压力波在经过泄压阀后泄放了部分压力。在泄压过程中，由于故障区仍处于持续放电状态，因此故障区仍然会持续产生一定压力；但由于泄压阀已经开启，因此后续产生的压力较低，均低于第一次压力峰值。通过以上研究说明泄压阀的存在可以有效降低电弧故障后油室与升高座内部高压持续时间，防止油箱产生整体破裂的严重后果。

4 结论

基于计算流体力学仿真方法对变压器油箱内电弧爆炸过程压力变化进行了数值模拟，结合实验数据进行分析，得到以下主要结论：

(1)通过求解以 N-S 方程组为基础构建的数值模型可以较好地模拟油箱内电弧爆炸的压力传播过程，计算得到的压力变化曲线与实测曲线变化规律基本一致。

(2)电弧故障位置位于油箱内部区域时，油箱壁面所承受的压力明显高于升高座壁面，油箱壁面压力峰值可达 4.42MPa，为升高座上部压力峰值的 3.65 倍。

(3)对升高座区域到电弧爆炸中心点不同距离位置出现的压力峰值进行了统计，其整体规律为随着距离的增大压力峰值不断下降。升高座区域不同位置达到的压力峰值均小于 3MPa。

◎ 参考文献

[1]Ben L, Ryan B, Margareta P, et al. Investigation of an internal arcing event in an on load tap changer using fluid structure interaction[C]//Proceedings of the ASME Pressure Vessels and Piping Conference 2010. v.4, Fluid-Structure Interaction: ASME, 2010: 61-68.

[2]Ben L, Sebastien M, Margareta P, et al. Prevention of transformer tank explosion part 4: development of a fluid structure interaction numerical tool[C]//Proceedings of the ASME Pressure Vessels and Piping Conference 2009. v.4, Fluid-Structure Interaction: ASME, 2009: 45-53.

[3]夏红军，徐红艳，俞啸玲，等. 内部电弧故障下油浸式变压器热点温升建模分析[J]. 农村电气化，2019(10): 24-27.

[4]闫晨光，张保会，郝治国，等. 电力变压器油箱内部故障压力特征建模及仿真[J]. 中国电机工程学报，2014(1): 179-185.

[5]闫晨光，郝治国，张保会，等. 电力变压器油箱形变破裂建模及仿真[J]. 电工技术学报，2016，31(3): 180-187.

[6]周远翔，姜鑫鑫，陈维江，等. 交直流复合电压下变压器油中电弧放电及产气特性[J]. 高电压技术，2011，37(7): 1584-1589.

[7]刘泽洪，卢理成，周远翔，等. 变压器升高座区域电弧故障与压力特性研究[J]. 中国电机工程学报，2021，41(13): 4688-4697.

[8]刘泽洪，余军，郭贤珊，等. ±1100kV 特高压直流工程主接线与主回路参数研究[J]. 电网技术，2018，42(4): 1015-1022.

[9]Ryan B, Sebastien M, Margareta P, et al. Prevention of transformer tank explosion: part 3: design of efficient protections using numerical simulations[C]//Proceedings of the ASME Pressure Vessels and Piping Conference 2009. v.3, Design and Analysis: ASME, 2009: 667-675.

[10] Prevention of transformer tank explosion part 1: experimental tests on large transformers[C]//ASME pressure vessels and piping conference 2008, Vol. 4, Fluid-structure interaction: ASME, 2008: 357-365.

[11] Prevention of transformer tank explosion part 2: development and application of a numerical simulation tool[C]//ASME pressure vessels and piping conference 2008, Vol. 4, Fluid-structure interaction: ASME, 2008: 49-58.

变电站220kV开关间隔移动式负荷转供装备复杂路况运输抗震能力仿真分析

刘波，王卓，隗震，郭利莎，李文岚，田志强
（国网电力科学研究院武汉南瑞有限责任公司，武汉，430074）

摘　要：为了分析变电站220kV开关间隔移动式负荷转供设备在复杂路况运输环境下的振动特性，首先依据GJB 150.16A—2009《军用装备实验室环境试验方法 第16部分：振动试验》选用了标准中激励相对较强的双轮拖车功率密度谱，可以体现较为严格的环境，然后构建了设备的三维仿真模型，通过仿真软件分析了设备在固定约束情况下的前十阶固有频率，基于设备的固有频率及选定的功率密度谱，对设备进行了随机振动仿真，通过仿真结果对设备的整体结构进行了优化改进。

关键词：开关间隔移动式负荷转供装备；公路运输；抗震能力分析

0　前言

变电站的运维检修对于设备的安全、有效运行具有非常重要的作用，直接影响电网稳定性和用户供电可靠性，对经济和社会的发展至关重要[1-3]。由于变电站220kV侧大多数采用双母接线、双母单分段接线方式，220kV母线停电可能涉及电网四~五级，甚至三级电网事故风险，因此调度部门往往采用压缩停电时间或不停电方式，长此以往导致以下突出问题：母线侧隔离开关、PT等设备超期未修，设备安全隐患极大；220kV设备整体改造工程，急需要双母线停电的老旧变电站母线或构架改造工程难以实施，无法满足日益增长的负荷需求和网架供电可靠性需求[4-6]。为保证设备检修时220kV电网系统的稳定性[7-8]和重要用户的不间断供电，现实中一般采用建设过渡工程的方法来实现负荷转移，如某220kV变电站母线及构架改造，在变电站外将220kV线路临时立塔进行4回出线对接；还有的220kV变电站在由AIS改造为GIS时，采取了临时搭建线变组方式实现部分负荷转供，但存在以下问题：工程量大、时间长，且过渡工程在设备检修或更换后还需拆除，成本高且无法重复利用，经济性较差；有些变电站受场地限制，实际施工作业需变电站内220kV整个电压等级全停，导致站内线变组供电方案不可用；现场临时搭接线变组方案，存在部分设备带电，施工作业风险较大[9-11]。为了应对上述问题，急需一种紧凑型、可灵活移动、重复使用的应急转供解决方案。同时，随着经济和社会的发展，用户对供电可靠性的要求越来越高，应急转供需求越来越迫

切，发挥的作用越来越大。要研究一种可灵活移动、重复使用的应急转供设备，就需要开展复杂路况公路运输环境的振动特性分析[12-19]，因本设备尺寸及重量过大，在国内理论研究也属空白，因此探索一种复杂路况公路运输环境下的振动特性仿真，显得尤为必要。

1 移动式负荷转供装备原理图

1.1 一次主接线图

一次主接线图如图1所示。

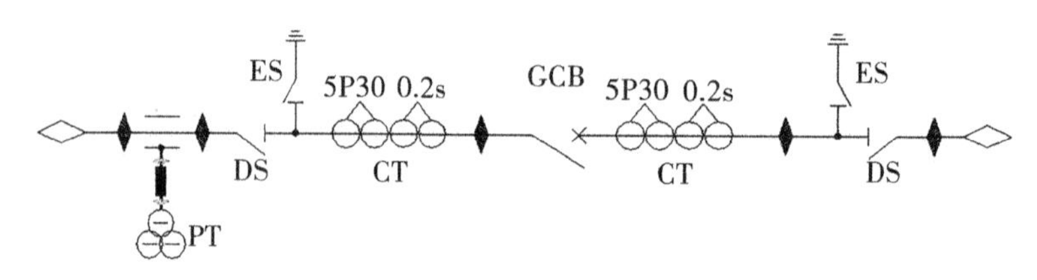

图1 一次主接线图(参考220kV变电站通用设计)

两侧套管出线，断路器双侧布置电流互感器，断路器双侧布置三工位开关，单侧布置三相电压互感器。

1.2 设计方案

为达到快速响应的目的，需要把间隔放置在移动车辆上，套管应可以旋转，分运行状态和运输状态，设计方案如图2和图3所示。

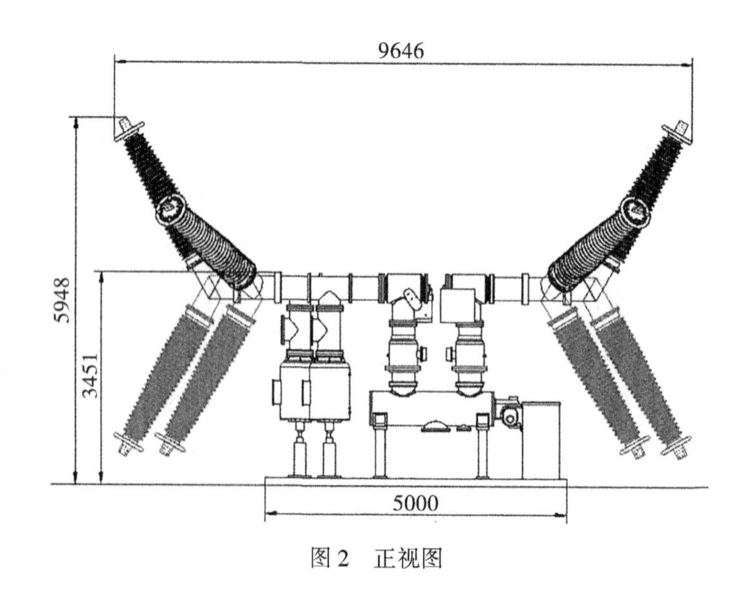

图2 正视图

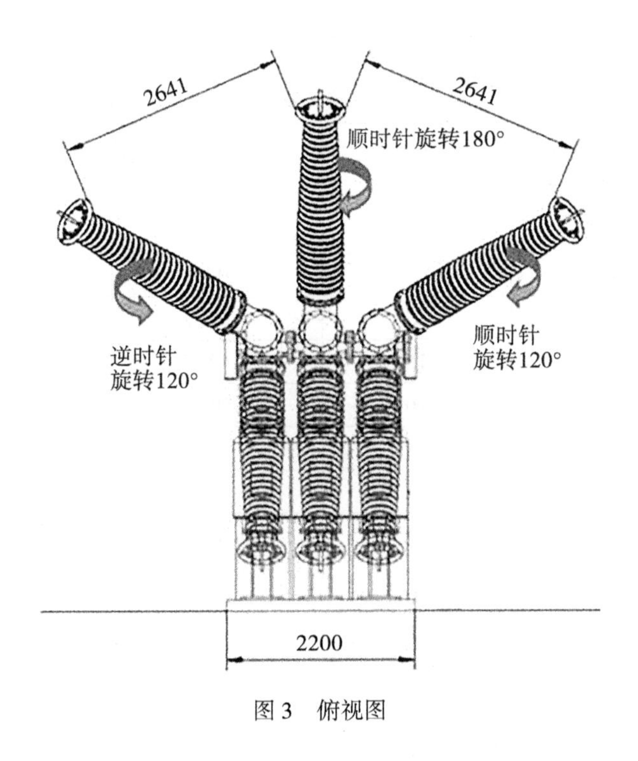

图3 俯视图

按照以上设计方案，采用卧式断路器方案，方便压缩设备运输高度。三相相间距685mm，间隔宽度2200mm。在运行状态下，三相套管朝上布置，三相投影角度相差60°，转变到运输状态时，右边相顺时针方向旋转120°，左边相逆时针方向旋转120°，最终到达预定状态。中相可选择顺时针或逆时针旋转180°到达预定状态。该间隔设备装设在一个固定底架上。

2 振动特性分析理论依据

2.1 振动激励

依据GJB 150. 16A—2009《军用装备实验室环境试验方法 第16部分：振动试验》，其部分试验内容如下[12-13]。

紧固货物的公路运输将遇到振动环境，这种运输环境具有宽带振动特征，它是由于车体的悬挂系统和结构与不连续的路面的相互作用而造成的。运输过程一般可分为两个阶段：高速公路运输和原始路面运输[14-16]。

由于原始路面运输环境下的路况振动更强，故选用该工况下的振动暴露等级作为振动激励，根据标准内容，原始路面振动暴露等级如表1所示。

表1　　原始路面振动环境转折点坐标值

原始路面振动环境					
垂　向		横　向		纵　向	
Hz	g^2/Hz	Hz	g^2/Hz	Hz	g^2/Hz
5	0. 2221	5	0. 0451	5	0. 0563
8	0. 5432	6	0. 0303	8	0. 1129
10	0. 0420	7	0. 0761	13	0. 0137
13	0. 0256	13	0. 0127	16	0. 0303
15	0. 0726	15	0. 0327	18	0. 0193
16	0. 0249	16	0. 0134	19	0. 0334
19	0. 0464	21	0. 0120	20	0. 0184
20	0. 0243	23	0. 0261	23	0. 0369
21	0. 0226	25	0. 0090	27	0. 0079
23	0. 0362	26	0. 0090	30	0. 0203
33	0. 0353	30	0. 0137	31	0. 0133
35	0. 0237	34	0. 0053	36	0. 0060
36	0. 0400	36	0. 0079	49	0. 0042
41	0. 0102	46	0. 0039	53	0. 0077
45	0. 0232	50	0. 0067	56	0. 0036
50	0. 0113	55	0. 0042	59	0. 0062
94	0. 0262	104	0. 0033	62	0. 0044
107	0. 0866	107	0. 0044	65	0. 0121
114	0. 0220	111	0. 0032	71	0. 0026
138	0. 0864	147	0. 0029	93	0. 0115
145	0. 0262	161	0. 0052	107	0. 0544
185	0. 0595	175	0. 0022	115	0. 0151
260	0. 0610	233	0. 0013	136	0. 0836
320	0. 0104	257	0. 0027	149	0. 0261
339	0. 0256	314	0. 0016	157	0. 0485
343	0. 0137	333	0. 0053	164	0. 0261
357	0. 0249	339	0. 0009	183	0. 0577
471	0. 0026	382	0. 0017	281	0. 0030
481	0. 0059	406	0. 0008	339	0. 0184
500	0. 0017	482	0. 0019	382	0. 0014
3. 99grms		500	0. 0007	439	0. 0051
		1. 29grms		462	0. 0019
				485	0. 0044
				500	0. 0014
				2. 73grms	

2.2 模态合并算法

模态分析是研究结构动力特性的一种近代方法，是系统辨别方法在工程振动领域中的应用。模态是机械结构的固有振动特性，每一个模态具有特定的固有频率、阻尼比和模态振型。分析过程如果是由有限元计算方法取得的，则称为计算模态分析。

对于一个自由度为 n 的线性结构，其振动方程可以写作：

$$[\boldsymbol{M}]\{\ddot{\boldsymbol{U}}\}+[\boldsymbol{C}]\{\dot{\boldsymbol{U}}\}+[\boldsymbol{K}]\{\boldsymbol{U}\}=\{\boldsymbol{F}(t)\} \tag{1}$$

其中：$[\boldsymbol{M}]$为质量矩阵，$[\boldsymbol{C}]$为阻尼矩阵，$[\boldsymbol{K}]$为刚度矩阵，$\ddot{\boldsymbol{U}}$、$\dot{\boldsymbol{U}}$、$\boldsymbol{U}$ 分别为加速度向量、速度向量、位移向量，$\boldsymbol{F}(t)$为动载荷向量。其中动载荷 $\boldsymbol{F}(t)$ 在实际工程中的主要表现为周期载荷、冲击载荷、随机载荷。

当有限元软件对结构进行动力学分析时，其中的模态分析中 $\boldsymbol{F}(t)=0$；在进行模态分析时，由于结构阻尼对模态分析影响较小，可忽略结构阻尼对固有频率和振型的影响。则振动方程为：

$$[\boldsymbol{M}]\{\ddot{\boldsymbol{U}}\}+[C]\{\dot{\boldsymbol{U}}\}=0 \tag{2}$$

其解如下：

$$\{u(t)\}=\{\boldsymbol{U}\}\sin(\omega t+\theta) \tag{3}$$

将式(3)代入式(2)，则

$$([k]-\omega^2[\boldsymbol{M}])\{\boldsymbol{U}\}=0 \tag{4}$$

若要求$\{\boldsymbol{U}\}$的非零解，需系数行列式为0，即

$$[k]-\omega^2[\boldsymbol{M}]=0 \tag{5}$$

将上面的行列式展开，得到一个 n 次代数方程，自变量为 ω^2。对该方程求解，得到的 n 个根 ω_1^2，ω_2^2，ω_3^2，…，ω_n^2，就是该结构 n 个振型的自振频率。令 $\{\boldsymbol{U}(i)\}$ 表示 ω_i^2 相应的主阵型向量，代入式(4)，有

$$([k]-\omega^2[\boldsymbol{M}])\{\boldsymbol{U}(i)\}=0 \tag{6}$$

$i=1$，2，…，n，可得出 n 个主振型向量$\{\boldsymbol{U}(1)\}$，$\{\boldsymbol{U}(2)\}$，…，$\{\boldsymbol{U}(n)\}$。

3 仿真分析

本项目研究的变电站220kV开关间隔移动式负荷转供装备尺寸为9646mm×2200mm×3451mm，重心高度为2000mm，总重20t，材料名称及参数如表2所示。设备的结构分为断路器、互感器和母线筒等部件，设备两端部有2个高强瓷绝缘进出线套管，进出线套管长2355mm，分别与水平面成45°角倾斜向上。

表 2 材料性能参数

材料	弹性模量/TN·m^{-2}	泊松比	质量密度/kg·m^{-3}	破坏应力/MPa	许用应力/MPa
Q235A	0.2060	0.3	7680.0	460	35
5A02	0.0700	0.3	4426.2*	195	86.4
ZL101A	0.0700	0.3	5503.2*	295	193.5
高强瓷	0.0930	0.3	6285.0*	60	30.0
环氧树脂	0.0095	0.3	2000.0	70	30.0

注：* 表示等效质量密度。

本模型采用 SolidWorks 进行三维建模，由于真实模型较为复杂，为了便于仿真，需要对模型做适当的简化处理，主要简化两个方面内容：

(1)简化部分对仿真无影响的结构细节，如进出线瓷套的伞裙等，但应尽量确保前后质量、体积、惯性矩的一致，如图 4 所示。

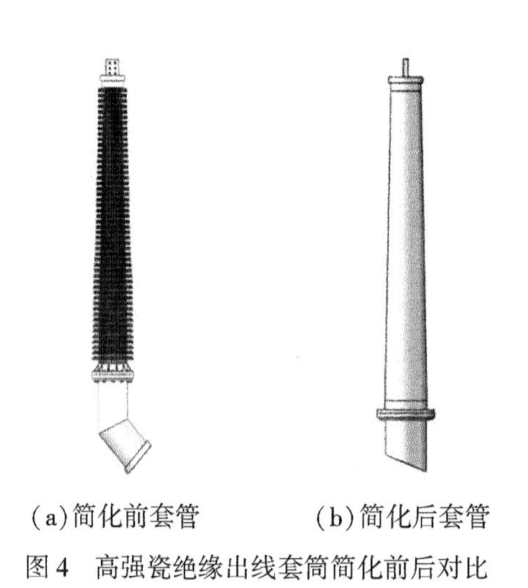

(a)简化前套管　　(b)简化后套管

图 4　高强瓷绝缘出线套筒简化前后对比

(2)用等效质量刚体代替壳体内部的繁杂刚性体(如断路器、灭弧室等)，通过调整材料密度来确保各部件整体结构，仿真模型如图 5 所示。

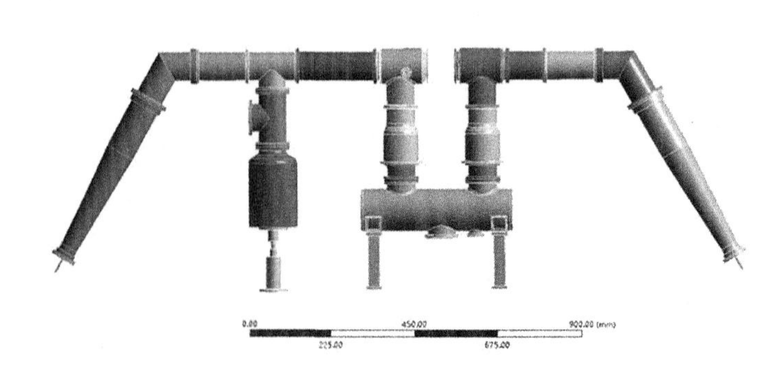

图 5　简化后的结构模型图(单相)

3.1 模态分析

采用模态分析模块，材料的属性设置如表 2 所示，约束设置在设备的三个底座下端面，施加垂直向下的重力，得到其前 10 阶固有频率如表 3 所示，前 2 阶振型图如图 6 所示。

表 3 **设备前 10 阶固有频率** （单位：Hz）

阶数	1	2	3	4	5	6	7	8	9	10
频率	3.32	3.53	3.72	4.90	7.87	10.25	10.78	13.81	18.17	24.37

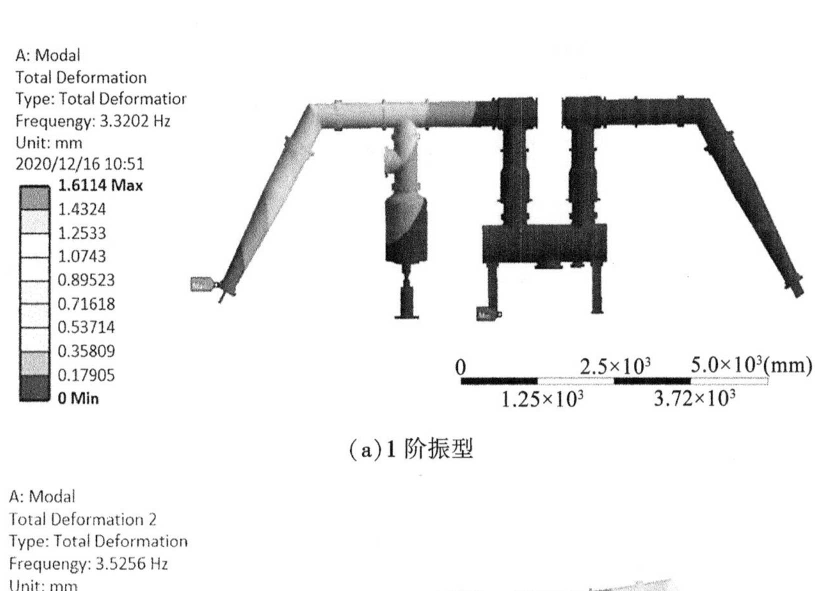

(a) 1 阶振型

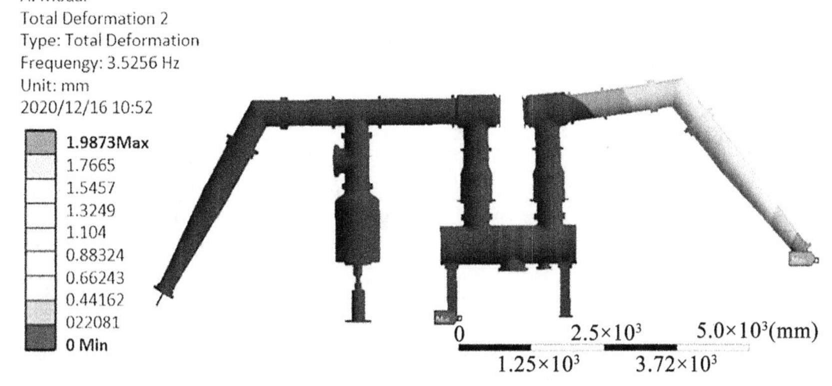

(b) 2 阶振型

图 6 整体结构前 2 阶振型图

根据图 6 所示振型图可以看出，下部支撑结构振动较为平稳，共振情况下，变形较小，两端部受振动影响较大且最大位移在出线套管顶端。

3.2 振动特性分析

卡车-紧固货物运输环境具有宽带振动特性，是由于车体的悬挂系统和结构与不连续的路面相互作用而引起的。如图 7 所示，根据标准 GJB 150. 16A—2009 中的原始路面振动环境确定振动暴露等级。

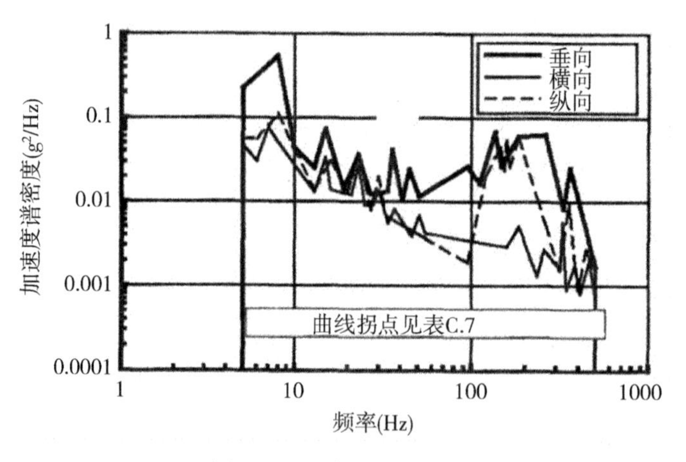

图 7　原始路面振动环境

因此，可根据图 5、表 1 数据，结合上文已求解的模型固有频率，得到模型分别在垂向、横向、纵向上的响应范围；进而求解结构对应三个方向上的随机振动响应。

3. 2. 1　纵向随机响应(*X* 轴)

在模态分析的基础上，根据原始路面振动环境(表 1)，设置阻尼系数为 0. 02，纵向方向上的频率-功率密度谱如图 8 所示：

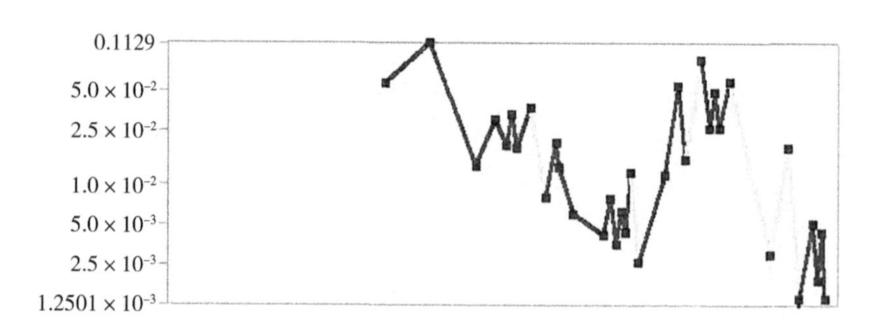

图 8　纵向方向上的频率-功率密度谱曲线

求解得到结构在纵向功率密度谱下的结构变形如图 9 所示，纵向路谱作用下最大变形量为 58. 56mm，位于左侧出线端子处。

3. 2. 2　横向随机响应(*Z* 轴)

根据原始路面振动环境(表 1)，设置阻尼系数为 0. 02，横向方向上的频率-功率密度谱如图 10 所示。

求解得到结构在横向功率密度谱下的结构变形如图 11 所示，横向路谱作用下最大变形量为 37.58mm，位于左侧出线端子处。

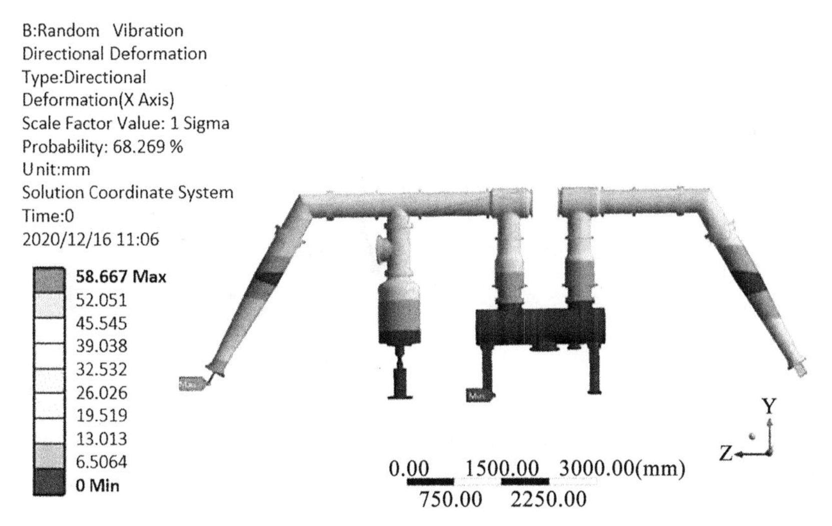

图 9　纵向(图示 X 轴方向)功率密度谱下的结构变形云图

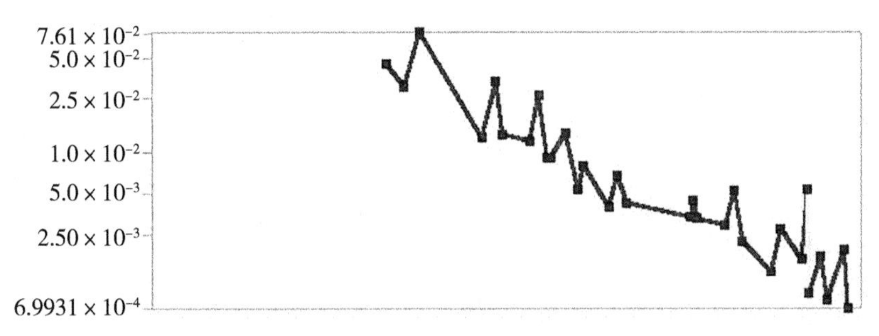

图 10　横向方向上的频率-功率密度谱曲线

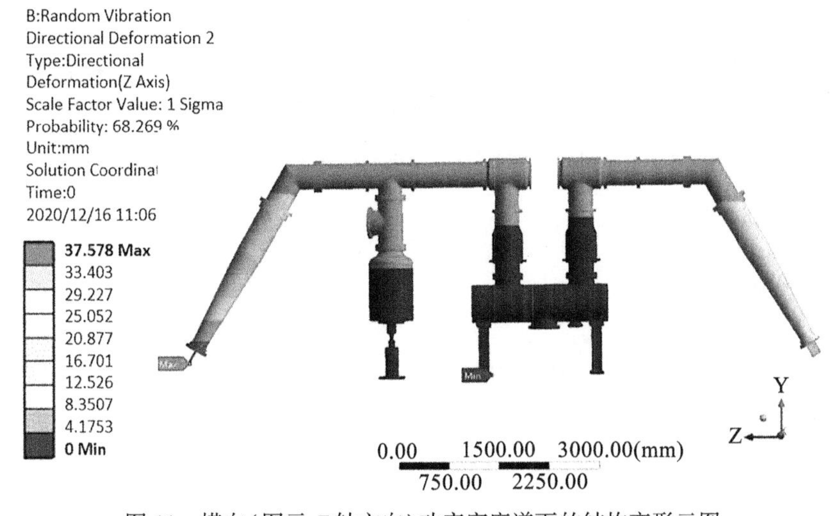

图 11　横向(图示 Z 轴方向)功率密度谱下的结构变形云图

3.2.3 垂向随机响应(*Y*轴)

根据原始路面振动环境(表1)，设置阻尼系数为0.02，垂向方向上的频率-功率密度谱如图12所示：

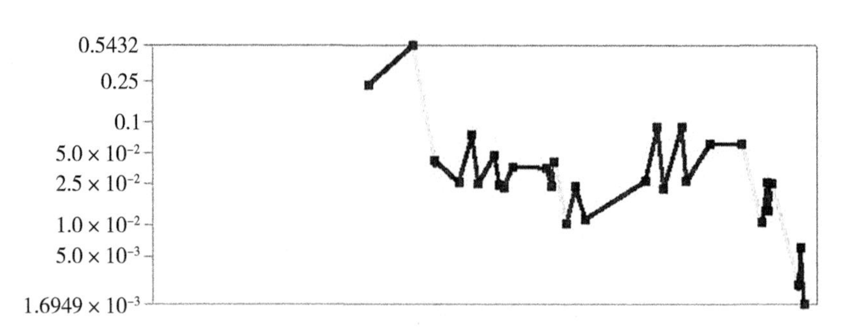

图12 垂向方向上的频率-功率密度谱曲线

求解得到结构在垂向功率密度谱下的结构变形如图13所示，垂向路谱作用下最大变形量为32.9mm，位于左侧出线端子处。

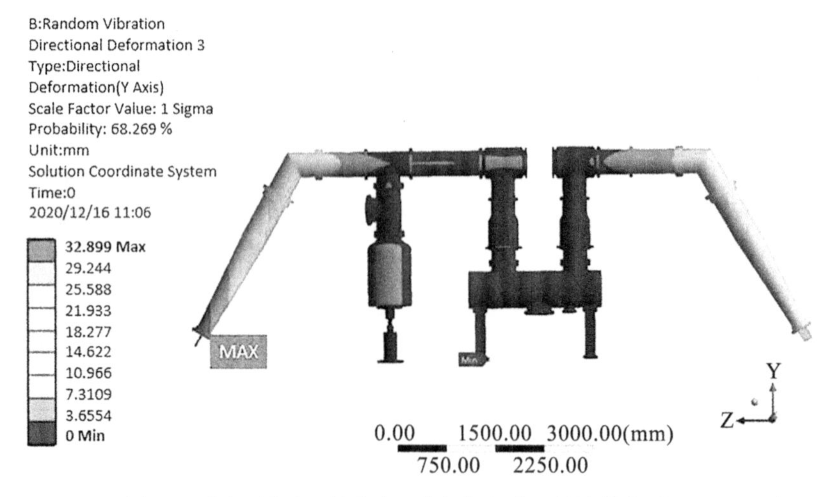

图13 垂向(图示*Y*轴方向)功率密度谱下的结构变形云图

3.3 综合应力分布

求解得到随机振动结构应力如图14所示，最大均方根应力为1866MPa，位于图示左上箭头表示区域。

3.4 改进措施

从振型图来看，下部支撑结构振动较为平稳，变形量无显著变化，可以保证设备各部件的安

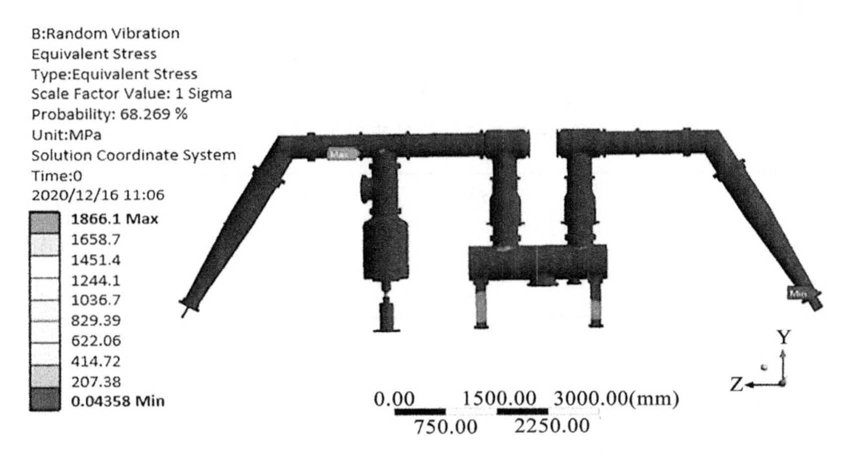

图 14　随机振动结构应力图

全；出线瓷套会产生相对剧烈的颤动，不利于结构整体的安全运输，同时由图 14 可以看出，在最恶劣的路况振动下，设备部分位置的应力过大(1866MPa 远大于设备材料的屈服强度)，该部分的应力过大也是由于瓷套的摆动造成的。

根据仿真结果，对整体方案进行改进优化，具体措施为：设备在运输过程中，在运输车辆固定架上，安装一个出线端子固定装置，以减少瓷套的摆动。改进措施如图 15 所示。

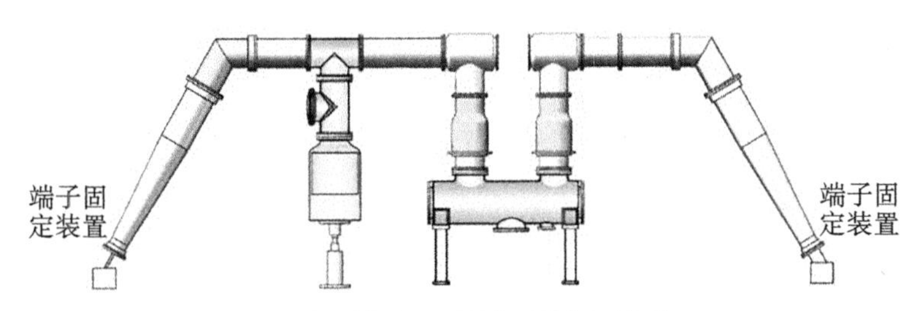

图 15　改进措施(两端端子增加固定装置)

对两端瓷套固定完之后，通过修改模型，在固定约束中增加两端出线端子的约束，施加相同的振动激励，随机振动的仿真结果如图 16 所示。

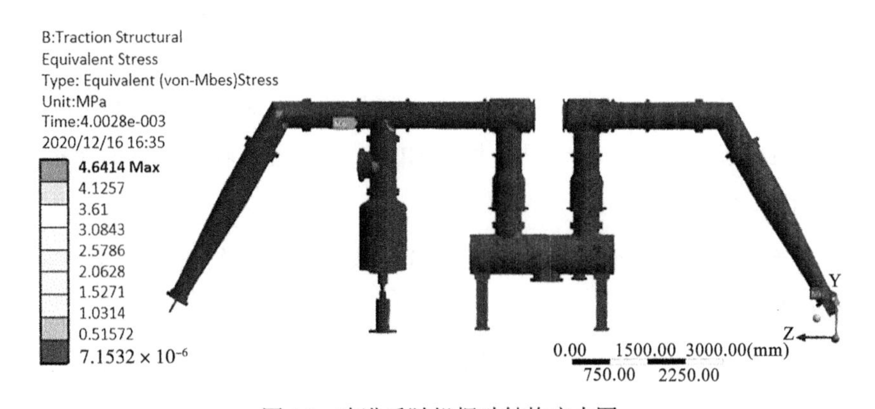

图 16　改进后随机振动结构应力图

方案改进前后，仿真数据对比如表4所示。

表4　改进前后结构的仿真数据对比

方案	最大应力	材料许用应力
改进前	1866MPa	30MPa
改进后	4.6MPa	30MPa

由分析结果可以看出，增加端子固定装置以后，设备整体振动趋于平稳，所受应力无显著变化，可以保证保障设备在运输过程中的安全。

4　结论

本文分析了在运输冲击激励作用下，组合电器设备理论载荷分布情况，参考了GJB 150.16A—2009《军用装备实验室环境试验方法　第16部分：振动试验》，选用了标准中激励相对较强的双轮拖车功率密度谱，研究了组合电气设备和运载车之间减振措施和设备自身抗震结构，并利用仿真技术对减振设备参数进行优化。相关方法和建模依据可为后续类似设备震动分析提供参考。

◎　参考文献

[1]郭烨，韩瑜. 变电站主变压器状态检修策略应用[J]. 电子技术与软件工程，2015(22)：242-251.

[2]冯任卿，张智远，冯鸣娟，等.220kV变电站变压器低压侧短路电流控制措施分析[J]. 河北电力技术，2010(3)：28-35.

[3]吴卓文. 基于风险评估的输变电设备差异化运维策略应用研究[D]. 广州：华南理工大学，2014.

[4]张忠会，王卉，何乐章，等. 基于风险评估的电力变压器检修策略研究[J]. 中国农村水利水电，2014(4)：159-162.

[5]陈吉亮. 探析变电站主变压器状态检修应用[J]. 通讯世界，2015(21)：171-172.

[6]杨鼎革，杨韧，汪金星，等. 带气动操动机构GIS断路器振动特性测试及改进[J]. 高压电器，2016，52(3)：189-194.

[7]黄清，魏旭，徐建刚，等. 基于振动原理的GIS母线触头松动缺陷诊断技术研究[J]. 高压电器，2017，53(11)：46-52.

[8]李凯，许洪华，马宏忠，等.GIS针尖类局部放电引起的振动特性研究[J]. 陕西电力，2016，44(9)：80-84.

[9]杨哲，张倩然，高阳，等 . GIS 机械故障振动检测研究综述[J]. 山东工业技术，2016(5)：49-56.

[10]杨景刚，刘媛，宋思齐 . GIS 设备机械缺陷的振动检测技术研究[J]. 高压电器，2018，54(1)：86-90.

[11]杨晓卫，胡延涛 . 电力系统中封闭母线的振动[J]. 电气制造，2010，5(12)：68-69.

[12]齐卫东，牛博，胡德贵，等 . 基于有限元的 GIS 水平母线外壳振动仿真研究[J]. 高压电器，2018，54(6)：46-59.

[13]常广，张振乾，王毅 . 高压断路器机械故障振动诊断综述[J]. 高压电器，2011，47(8)：95-90.

[14]孙来军，胡晓光，纪延超 . 一种基于振动信号的高压断路器故障诊断新方法[J]. 中国电机工程学报，2006，26(6)：232-239.

[15]邱志斌，阮江军，黄道春，等 . 高压隔离开关机械故障分析及诊断技术综述[J]. 高压电器，2015，51(8)：171-179.

[16]齐贺，赵智忠，李振华，等 . 基于多传感器振动信号融合的真空断路器故障诊断[J]. 高压电器，2013，49(2)：43-48.

[17]沈力，黄瑜珑，钱家骊 . 高压断路器机械状态监测的研究[J]. 中国电机工程学报，1997，17(2)：113-117.

[18]王伯翰，黄瑜珑 . 高压断路器的操作振动现象[J]. 高压电器，1990，32(6)：29-35.

[19]臧春燕，廖一帆，肖声扬，等 . 振动法检测支柱绝缘子缺陷的研究[J]. 高压电器，2013，49(3)：8-12.

基于 CSA-BPSO 扩展卡尔曼算法的锂离子电池 SOC 估算研究

李山[1]，许傲然[2]，李文帅[1]，蒋英爽[1]，王海钰[3]

（1. 国网河南省电力公司直流中心，郑州，450000；2. 沈阳工程学院电力学院，沈阳，110136；3. 江苏大学，镇江，212013）

摘　要：电池荷电状态(SOC)估算作为锂离子电池应用在各个行业的核心参数，估算精度直接关系到电池的使用寿命和效率。本文针对电动汽车应用中电池 SOC 估算精度存在的问题进行研究，提出基于粒子群优化扩展卡尔曼滤波的 SOC 估算方法，在构建系统噪声和观测噪声的协方差矩阵的基础上，利用改进优化后的 IPSO-EKF 算法在动态工况下优化噪声协方差矩阵，提高 SOC 估算精度。基于 MATLAB/Simulink 软件进行模型参数辨识和对比仿真验证，证明本文研究的基于粒子群优化扩展卡尔曼滤波算法的锂离子电池 SOC 估算能够在 NEDC 工况下控制 SOC 估算误差在2%以内。

关键词：锂离子电池；SOC 估算；观测噪声；IPSO-EKF

0　引言

面对能源危机和严重的环境问题，新能源成为解决矛盾的主要途径之一。新能源的开发利用需要绿色能源储备技术的支撑，锂离子电池以其能量比高、重量轻和自放电率低等优良特性得到广泛应用，电池荷电状态(SOC，state of charge)的估算是锂离子在应用中的一个关键参数，关系到电池的剩余电量和计算出使用时间，主要是用来解释电池所剩电量状态的一种参数[1-2]。动力电池过充或者过放操作会造成电池的使用寿命降低，严重时还会引发电池的自燃甚至爆炸现象，对动力电池 SOC 进行准确的估算以及将其控制在适当的范围内，能够避免这一问题的产生。在进行动力电池 SOC 估算时，动力电池的电动势会对其产生较大的作用[3]。但是，电池的电动势存在回滞效应的弊端，在某一时间点上电动势的状况是由此之前的长时间充放电所决定的。传统的一阶二阶模型不能对电池充放电存在的电压回弹特性和滞回特性进行表示，可以利用三阶模型对此特性进行模拟表征[4]。如果要提高动力电池的使用年限、安全可靠性能以及适用性能，需要对其施加一定的管理和控制。SOC 可以作为电池进行均衡管理的主要依据，还可以用于防止电池出现过充或过放，从而减少对储能元件的损害，延长电池的使用寿命[5-6]。

目前，在电池 SOC 估算中常用的方法主要有安时积分法、开路电压法、Kalman 滤波算法、神经网络算法等方法[7]。安时积分法由于简单可靠在工程上得到了广泛的应用，但是对 SOC 初值依赖性很强，而且在估计过程中存在累积误差；开路电压法在对电池 SOC 进行估算时，需要电池在估算之前不处于工作状态，必须离线静置一段时间后才能估算，只能用于离线状态小电池 SOC 的估算；神经网络算法由于需要大量的数据训练，将电压电流等作为网络的输入，网络的输出 SOC 需要在大量的训练样本训练后才能得到需要的估算精度；Kalman 滤波算法在电池 SOC 的估算上具有广泛的应用，但是其原理是基于对最小方差意义上估计。[8-9]。

卡尔曼滤波算法在电池 SOC 估算中具有普遍的应用，但是随着动力电池应用工况的复杂度提高，在 SOC 估算的精度上已经难以满足一些特殊领域和工况的要求。为了能够提高电池 SOC 估算的精度，降低估算误差，研究了扩展卡尔曼滤波(Extended Kalman Filter，EKF)以及几种算法的结合方法提高 SOC 的估算精度。EKF 能够在动态系统状态和动态系统中进行时变参数的估计，但是在进行电池 SOC 估算时，进行电池模型参数辨识时在噪声协方差矩阵和观测噪声协方差矩阵难以确定时，难以得到精确的估计[10-11]。

本文在已有的锂离子电池等效模型的基础上，结合 Thevenin 等效电路的电池混合噪声模型和电池充放电过程中的特性，为了能够准确模拟电池的充放电过程，在传统模型的基础上构建了一种新型的三阶等效电路模型作为底层电路模型，并对模型进行参数辨识，保证用于电池 SOC 估算模型的准确性。为了获得系统噪声和测量噪声的最优值，利用粒子群算法的全局寻优特性和存在的问题，进行粒子群算法的改进，对扩展卡尔曼滤波的噪声协方差矩阵中元素进行寻优，以提高 SOC 估算精度。

1 SOC 估算电池模型

现在根据主要使用的电池种类和应用工况，对电池的等效模型和应用模型做了大量的研究，在电池领域中常用的模型有电化学模型、电热耦合模型和等效电路模型[12]。其中等效电路模型是进行电池 SOC 估算研究的基础，利用各个电路元件和各个元件之间的连接关系，能够反映电池在工作中的电气特性，是根据重要的电气参数，电流、电压、电阻以及温度等建立的电池集中参数模型[13]。根据电池 SOC 估算的需求和锂离子电池的外特性，在动态模型的基础上，建立的锂离子电池的三阶动态等效模型如图 1 所示。

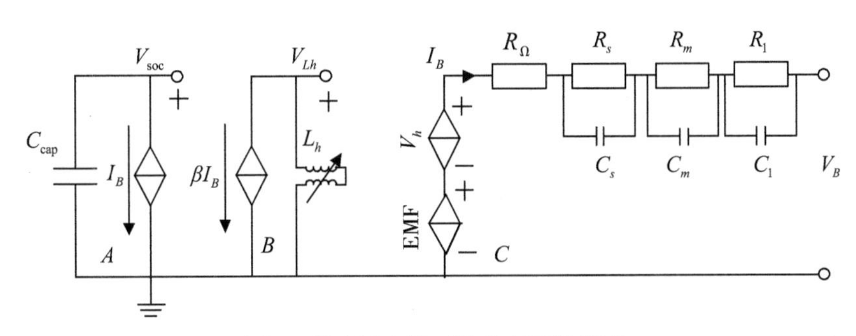

图 1　锂离子电池三阶动态等效模型

在图 1 中，根据电池的 OCV-SOC 曲线进行分析，C_{cap} 是锂离子电池的额定容量；EMF 是电压源受到电池的荷电状态之间的关系；V_h 是电压源；V_{Lh} 是表示在电池充放电过程中存在的滞回，可以利用 V_{Lh} 表示出电池在充放电工作中电压的回弹特性和滞回特性；R_Ω 表示的是电池的等效内阻，R_s、R_m 和 R_l 表示的是电池因为不同的原因存在的极化等效内阻；C_s、C_m 和 C_l 表示的是电池工作中存在的极化电容；V_B 代表的是电池模型中的开路电压。A、B 和 C 是三条支路组成的受控等效电压源，可以对锂离子电池工作过程中的极化造成的电压回滞特性进行表示，在三阶等效电路模型中加入激励电流，可以得到状态空间方程为：

$$\begin{cases} U_\Omega = I_B R_\Omega \\ \dot{U}_s = -\dfrac{U_s}{R_s C_s} + \dfrac{I_B}{C_s} \\ \dot{U}_m = -\dfrac{U_m}{R_m C_m} + \dfrac{I_B}{C_m} \\ \dot{U}_l = -\dfrac{U_l}{R_l C_l} + \dfrac{I_B}{C_l} \\ U_t = E_B - U_s - U_m - U_l - I_B R_\Omega \end{cases} \tag{1}$$

将状态空间方程进行离散化可以得到离散时间方程：

$$\begin{cases} U_{\Omega,k} = i_{k-1} R_\Omega \\ U_{s,k} = i_{k-1} \dfrac{R_s}{R_s C_s} + \dfrac{R_s C_s}{1 + R_s C_s} U_{s,k-1} \\ U_{m,k} = i_{k-1} \dfrac{R_m}{R_m C_m} + \dfrac{R_m C_m}{1 + R_m C_m} U_{m,k-1} \\ U_{l,k} = i_{k-1} \dfrac{R_l}{R_l C_l} + \dfrac{R_l C_l}{1 + R_l C_l} U_{l,k-1} \end{cases} \tag{2}$$

2 基于改进 PSO 的 EKF 算法设计

2.1 EKF 算法原理分析与滤波器设计

锂离子电池单体可以利用非线性系统方程进行表示，主要包括状态方程和观测方程[14]。三阶 RC 网络两端的电压也会随电流的变化而发生状态变化，故本文将三阶 RC 网络两端的电压也列为状态变量进行迭代计算，因此，EKF 滤波器状态变量的选取为 $x_k = [\mathrm{SOC}, U_\Omega, U_s, U_m, U_l]$，观测变量选为电池的开路电压，即 $y_k = U_{\mathrm{OCV}}$。

如果状态空间方程为：

$$x_{k+1} = f(x_k, u_k) + w_k \quad w_k \sim (0, Q_k) \tag{3}$$

式(3)中，w_k 和 Q_k 分别代表的是系统的状态噪声和状态噪声协方差矩阵。

观测方程为：

$$y_k = h(x_k) + v_k \qquad v_k \sim (0, R_k) \tag{4}$$

在式(4)中，v_k 是观测噪声，R_k 是观测噪声协方差矩阵。

扩展卡尔曼滤波算法的迭代过程主要包括初始化、状态预测、状态变量协方差矩阵估计、对雅克比矩阵进行求解、求解卡尔曼滤波增益矩阵、更新状态变量和更新协方差矩阵等，如图 2 所示。

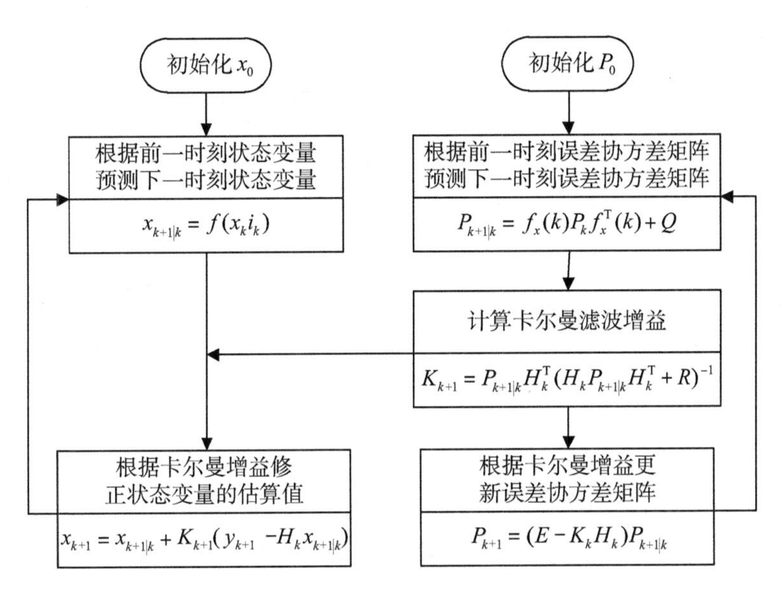

图 2　EKF 的迭代流程图

在用扩展卡尔曼滤波算法进行 SOC 估算时，在算法的迭代过程中对噪声统计具有较强的依赖，需要得到精确的状态噪声和状态噪声协方差，才能提高 SOC 的估算精度，可以利用具有较强的搜索能力和鲁棒性能的粒子群算法获取 EKF 噪声协方差的最优解。

2.2　PSO 改进设计

PSO 算法就是从上述鸟类群体捕食时存在的特征行为中演变而来的寻优算法[15-16]。在使用中存在遍历性差、易早熟、易陷入极小值等问题。

2.2.1　解决遍历性差的改进方法

根据混沌系统具有的特点，能够在搜索的区域中进行遍历，同时因具有随机性特性，可以提高系统在这个区域中的搜索范围和随机性，将混沌 Logistic 映射应用到粒子群中的粒子的位置和速度的初始化，可以提高粒子的速度和位置的均等性。

Logistic 映射利用非线性迭代方程进行表示：

$$x_{n+1} = \mu(1 - x_n), \ x_n \in [0, 1] \tag{5}$$

式(5)中，μ 是系统的控制参数，$\mu = 4$ 时系统处于混沌状态，对粒子进行 Logistic 映射可以得到：

$$\begin{cases} z_i^{n+1} = 4z_i^n(1 - z_i^n) \\ x_i = x_{\min} + z_i(x_{\max} - x_{\min}) \end{cases} \tag{6}$$

式(6)中，n 是算法运行的迭代次数，z_i^n 是 Logistic 映射的迭代参数，$x_{\max}$ 和 $x_{\min}$ 分别表示的是粒子在寻优求解域中可能取值的最大值和最小值。利用 Logistic 映射具有较好的遍历均匀性，可以更新粒子尽量搜索覆盖到整个解空间。

2.2.2 提高粒子群算法在全局搜索域内的最优解，降低在全局最优解出现正振荡的问题

实现粒子算法在全局进行最优解的搜索，保持粒子种群的多样性，避免在极值或是局部最优解处出现收敛，进而导致粒子群算法早熟现象的出现，引入一个带变异算子的变异控制函数，用来控制变异的粒子数目，变异控制函数为：

$$y(n) = (1 - (n/n_{\max})^{\alpha})^{\beta} \tag{7}$$

式(7)中，n 是当前的迭代次数，$n_{\max}$ 是设置的粒子群算法的最大迭代次数，α 和 β 是带变异算子的变异控制系数。

引入的变异算子的控制率为：

$$\varphi = m \cdot y(n) \tag{8}$$

式(8)中，φ 和 m 分别是变异率和预设变异率。

由式(7)和式(8)知，控制 α、β 和 φ 就能够控制变异函数。在算法运行的初期，为了提高全局搜索能力，增加迭代次数，α 和 φ 取值较大；在算法运行的后期，为了在最优解局部集中寻优，提高收敛性能，减少迭代次数，β 和 φ 的取值较小。

对粒子群中的粒子进行变异操作，假设粒子群中第 k 个粒子，第 j 个元素，即 $X_k = (x_{k1}, x_{k2}, \cdots, x_{kD})$，则

$$x_{k,j} = x_{k,j} + \text{rand} \cdot y(n), \ \text{rand} \in (-a, a) \tag{9}$$

由式(9)可以看出，在初期变异后的粒子与变异前的粒子有较大的差异，在算法后期差异较小，这表明引入变异控制后算法在前期的寻优搜索全局能力较强，避免了陷入局部最优解；在粒子群算法的迭代后期可以实现在最优解附近搜索，减少了粒子的搜索范围，提高了算法的收敛性能。

2.2.3 适应度函数的确定

以模型电压的模拟值与试验电压的测量值的绝对累积误差值，作为改进后的 IPSO 算法的适应度函数，为：

$$\text{fitness} = \sum_{i=1}^{L} |U_k - H_k x_{k-1}| \tag{10}$$

2.3 基于 IPSO-EKF 算法的 SOC 估算研究

将改进后的粒子群算法 IPSO 和扩展卡尔曼滤波算法进行融合，得到 IPSO-EKF 算法对锂离子电

池 SOC 估算中的噪声进行优化。在建立的三阶锂离子电池等效电路模型的基础上，利用 IPSO-EKF 在 SOC 估算中进行噪声优化的流程如图 3 所示。

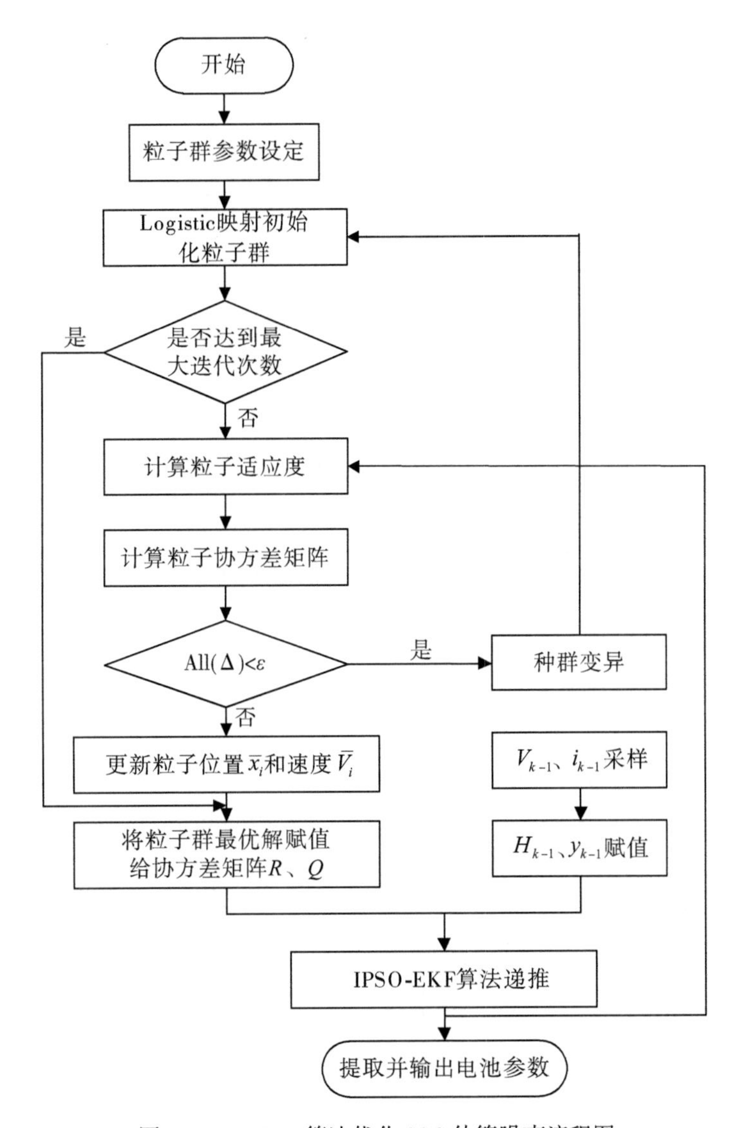

图 3　IPSO-EKF 算法优化 SOC 估算噪声流程图

3　实验测试与仿真验证

3.1　模型参数辨识测试验证

需要对建立的模型和参数辨识的记过进行验证，在 NEDC 工况下，在电池等效模型中输入电流激励，并得到一个模型输出的仿真电压，将其与实验测试得到的电池端电压进行对比，根据得到的结果对模型参数辨识进行分析和验证。在 NEDC 工况下进行仿真和测试得到的电压和电压误差如图

4 所示。

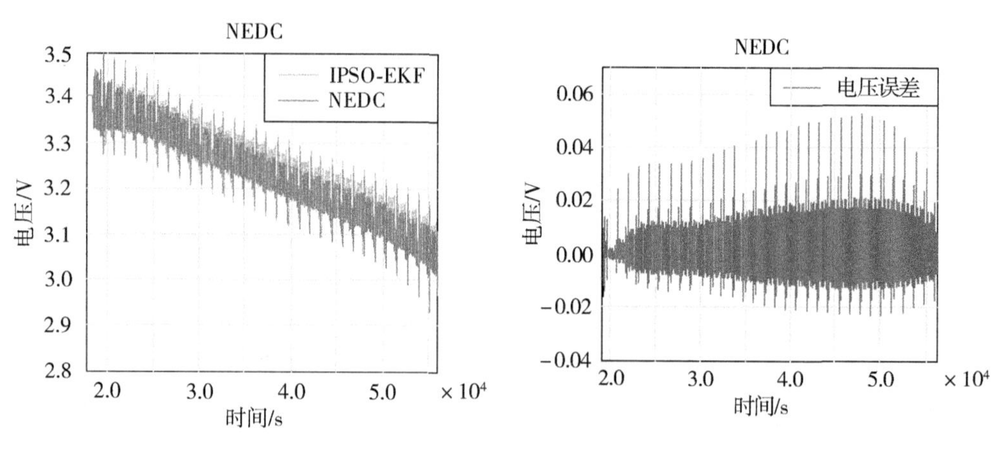

图 4 在 NEDC 工况下的电压对比结果

由图 4 在 NEDC 工况下对电压的测试和仿真记过对比分析知道，构建的三阶等效电路模型下的模型仿真电压和实验测试电压基本一致，误差在-0.02~0.06V 之间，在误差允许的范围内，证明了模型和参数辨识的有效性。

3.2 IPSO-EKF 算法 SOC 估算仿真与结果分析

将在实验室安时积分法测得的 SOC 作为基准值，并将利用 IPSO-EKF 算法估算 SOC 和利用 EKF 算法估算 SOC 进行仿真对比，可以得到在 NEDC 工况下对应的 SOC 估算结果如图 5 所示。

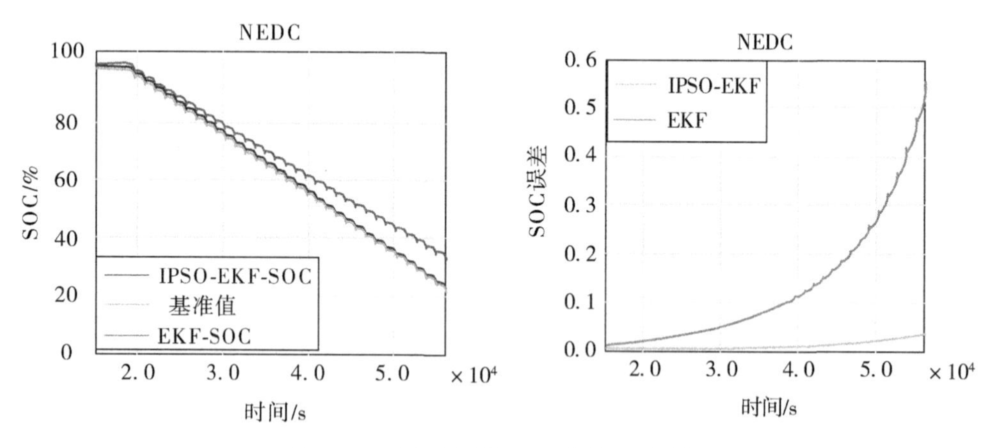

图 5 NEDC 工况下的 SOC 估算精度对比

由图 5 得到的 SOC 估算仿真结果可以知道，在 NEDC 工况下放电的初期，EKF 算法估算 SOC 曲线就没有收敛到基准值，后期 SOC 估算曲线偏离基准值，出现了发散；用 IPSO-EKF 算法从放电开始 SOC 估算曲线就可以收敛到基准值。根据误差曲线的对比，用 EKF 算法估算 SOC 在后期误差较大，用 IPSO-EKF 算法估算 SOC 在整个过程中误差都在 0.2%以内，具有较高的估算精度。

4 结论

本文在现在新能源汽车发展的背景下，对电动汽车的储能锂离子电池 SOC 估算进行了深入研究，结合已有的电池模型，考虑电池在充放电过程中的外特性和极化造成的电压回滞特性，构建了锂离子电池三阶动态等效模型，对模型进行了参数辨识，并经过试验测试证明了模型的有效性。对粒子群算法做了改进研究，将改进后的 IPSO 和扩展卡尔曼滤波算法进行融合，并将融合后的 IPSO-EKF 算法对迭代过程中的系统噪声和观测噪声进行优化，利用在 NEDC 工况下进行仿真对比测试，结果证明了本文提出的 IPSO-EKF 算法在 SOC 估算上具有较高的估算精度和良好的适应性，满足电动汽车 BMS 的要求。

◎ 参考文献

[1]于仲安，卢健，王先敏．基于 GA-BP 神经网络的锂离子电池 SOC 估计[J]．电源技术，2020，354(3)：39-42，123.

[2]高文凯，郑岳久，许霜霜，等．基于增量误差的卡尔曼滤波算法全区间荷电状态估计[J]．电源学报，2019，17(5)：162-169.

[3]阳春华，李学鹏，陈宁，等．双重状态转移优化 RBFNN 的锂电池 SOC 估算方法[J]．控制工程，2019，180(12)：79-84.

[4]黄宇航，陈勇．基于模糊卡尔曼滤波的锂电池 SOC 估算研究[J]．北京信息科技大学学报(自然科学版)，2019，34(3)：48-52.

[5]Luo J，Peng J，He H. Lithium-ion battery SOC estimation study based on Cubature Kalmanfilter[J]. Energy Procedia，2019，158：3421-3426.

[6]Wang H，Fan Y，Chen C，et al. Novel estimation solution on lithium-ion battery state of charge with current-free detection algorithm[J]. IET Circuits，Devices & Systems，2019，13(2)：245-249.

[7]Geng P，Wang J，Xu X，et al. SOC Prediction of power lithium battery using BP neural network theory based on keras[J]. International Core Journal of Engineering，2020，6(1)：171-181.

[8]Yang S，Zhou S，Hua Y，et al. A parameter adaptive method for state of charge estimation of lithium-ion batteries with an improved extended Kalmanfilter [J]. Scientific Reports，2021，11 (1)：5805-5812.

[9]Singh K V，Bansal H O，Singh D. Hardware-in-the-loop Implementation of ANFIS based Adaptive SoC Estimation of Lithium-ion Battery for Hybrid Vehicle Applications[J]. Journal of Energy Storage，2020，27(2)：101124.1-101124.18.

[10]Lin H E，Minkang H U，Wei Y J，et al. State of charge estimation by finite difference extended Kalman filter with HPPC parameters identification[J]. Science China(Technological Sciences)，2020

(3).
[11]Zhiguo A N, Sun Z, Zhang D, et al. SOC Estimation of Lithium Battery Based on Equivalent Model of Extended Kalman Filter[J]. Journal of Chongqing Jiaotong University(Naturalence), 2019.
[12]高文哲，黄涛．基于扩展卡尔曼滤波模型的电动汽车锂电池 SOC 估算研究[J]. 通信电源技术，2020，193(1)：50-51，53.
[13]颜湘武，邓浩然，郭琪，等．基于自适应无迹卡尔曼滤波的动力电池健康状态检测及梯次利用研究[J]. 电工技术学报，2019，34(18)：3937-3948.
[14]周振，王冬青，许柏杨，等．基于改进多新息理论的 EKF-SLAM 算法[J]. 自动化与仪器仪表，2020，248(6)：27-31.
[15]Zhang S Z, Zhang X W. A comparative study of different online model parameters identification methods for lithium-ion battery[J]. Science China Technological Sciences, 2021.
[16]Guo L, Li J, Fu Z. Lithium-Ion Battery SOC Estimation and Hardware-in-the-Loop Simulation Based on EKF[J]. Energy Procedia, 2019, 158: 2599-2604.

设计与研制

基于神经网络的高压断路器性能与寿命综合评价算法研究

樊友平[1]，张鹏[1,2]，张咪[3]，刘晋孝[2]，张伟[3]

（1. 武汉大学电气与自动化学院，武汉，430072；2. 中国南方电网超高压输电公司曲靖局，曲靖，655000；3. 西安西电开关电气有限公司，西安，710077）

摘　要：高压断路器是保证电力系统安全运行的重要部件，基于机器学习领域相关技术，根据其运行数据信息对性能和寿命状态进行综合评价，可实现对存在的潜在风险和故障进行预警。对此，本文提出了基于时间序列和长短期记忆网络(long short term memory，LSTM)的机械性能预测方法，依据高压断路器历史动作行程和电流数据及其表现出的特征信息，实现了对其未来运行周期的特征(以分闸时间、分闸峰值电流、合闸时间、合闸峰值电流为例)、行程和电流数据曲线的预测，模型对不同特征和曲线的预测均方根误差均小于0.1。在此基础上，文中构建了基于线性变换的多尺度神经网络(linear transformation based multi-scale neural network，LT-MSNN)，并采用主成分分析法(principal component analysis，PCA)将原始32维数据进行降维处理，形成6维主特征矩阵作为网络输入，训练所得算法模型实现了对高压断路器全生命周期内寿命状态的预测评估，算法均方根误差小于0.03。文中提出的方法，从多维度多方面对高压断路器的性能和寿命状态进行了综合评价，能够应用于高压断路器在线监测系统平台进行实时在线评估，为变电站智能运维提供技术支撑。

关键词：高压断路器；机器学习；长短期记忆网络；机械性能预测；多尺度神经网络

0　引言

高压断路器在电力系统中起到了非常重要的控制和保护作用，是高压开关能够平稳安全地实现开合负荷电路的重要元件[1-2]，其运行状态和寿命耗损情况直接关系到整个电力系统的供电稳定性和开断可靠性[3-4]。在高压断路器整个运行周期内，随着持续的分合闸运动，其内部结构会逐渐磨损、老化，最终出现损坏，无法完成开断功能[5-7]。因此，高压断路器的机械故障如果不能及时进行检修，会给电力系统的安全运行造成极大的隐患和威胁[8-10]。

近年来，随着电力行业数字化进程的不断推进，针对高压断路器机械特性的智能监测技术得到了长足的发展，有很多新兴的断路器在线监测和故障诊断方法被提出[11-15]。在引文[16]中，作者针对评估参数的随机性和模糊性，从触头超行程和平均分闸速度两个维度计算得到了随机模糊分布函数，为解决双重不确定因素下寿命评估问题具有指导意义，但其研究对象维度较少，不能全方位考虑其他特征参数的影响。引文[17]则基于最小二乘估计方法，拟合分合闸劣化曲线，进而通过对劣化情况的阈值判断实现对机械寿命的评估，但该方法依赖于大量标准数据的积累和出厂技术参数的设定，实用性和可操作性不强。引文[18]中作者提出了一种自适应白噪声完整集合经验模态分解与样本熵结合的故障特征提取方法，根据高压断路器机械状态信息的本征模态函数相关系数与能量分布，提取样本熵作为特征量，基于免疫浓度思想的烟花算法优化支持向量机分类器，实现对不同运行状态的分类识别。引文[19]中作者基于广义线性回归算法，对单台断路器万次动作数据进行了拟合分析，作者基于大数据技术做了大量数据计算，拟合效果较好，但对其他型号断路器的扩展性不强，实际应用还需进一步探索。引文[20]中提出了一种基于短时能熵比和动态时间规整算法的高压断路器状态评估及故障诊断方法，但振动信号在实际工况中在线测量存在很大难度，且受传感器分布和环境变化影响很大，因此该方法在实际应用中推广难度大。引文[21]提出了基于恒等映射卷积神经网络的故障诊断方法，通过采集振动信息构建特征向量，对试验条件下的验证集数据实现了比较高准确率的故障识别，但该方法需要多个振动传感器全方位采集断路器各部位数据，实际应用还需进一步探索。引文[22]中，作者提出了一种变分模态分解-希尔伯特边际谱能量熵，以及支持向量机的高压断路器振动信号组及特征提取和故障诊断方法，构建了 SVM 分类器实现了对高压断路器机械故障的智能诊断。引文[23]将经验模态分解能量熵与支持向量机相结合，提出了一种改进的高压断路器故障诊断方法，并在试验条件下取得良好的效果。引文[24]依据高压断路器振动波形具有重复性和独特性的特点，采用动态时间规整算法通过比较待测波形与参考波形时间特征量的相似度大小获得诊断结果。该方法需要依据断路器健康状态下的标准波形，该波形的采集和确定比较困难，而且相似度大小的判断对断路器状态的判断也不明确，因此该方法在实际应用中存在很大的限制。引文[25]提出一种基于声音信号识别高压断路器机械故障的方法，利用 K-S 检验搜索故障信号与正常信号的幅值分布差异区间，并提取差异区间内的幅值和作为特征向量，通过分析贡献最大的若干特征向量，从而实现对断路器机械故障状态的诊断。该方法虽然在试验条件下表现出比较高的识别率，但其对故障信号的识别基于个体化差异，且只关注信号幅值这一单一要素，此外在实际应用中声音信号容易受设备运行环境噪声的影响，因此实际推广意义不大。引文[26]利用粒子群优化算法基于整体正交系数计算最优的优化变分模式分析结果，对高压断路器振动信号希尔伯特变换的时频谱进行划分，实现对典型故障的识别。该方法通过相似度比较进行阈值判断，对于正常状态、缓冲机构故障和传动机构故障，该方法机械状态的判断比较粗略，且阈值判断的标准界定在实际应用中存在困难。

根据上述现状分析可见，虽然行业内针对高压断路器机械状态监测和故障识别已经进行了多方面的广泛且深入的研究，但当前尚未有比较成熟的高压断路器机械性能和寿命状态评估算法应用，该领域还需进一步的研究和探索。因此，本文基于时间序列理论[27]和 LSTM[28-29]网络模型，提出了对高压断路器机械性能的预测方法，并在此基础上提出了一种基于线性变换的多尺度神经网络 LT-MSNN，实现了对断路器全生命周期内动作性能和寿命状态的综合评价。

1 机械性能与寿命状态算法构建

1.1 断路器机械寿命预测分析

高压断路器机械结构复杂，其运动过程是由多个部件相互配合完成的，在整个运行寿命周期内，断路器内部各部件的磨损、老化、卡滞、失效等，会通过机械动作表现出各种特征，其中，触头动作行程和电流曲线是表征断路器机械特性的基本数据，变电站实际运行中经常通过对行程和电流曲线的分析深入挖掘和分析高压断路器的机械性能和寿命状态[30]。且断路器的性能和寿命状态评估问题，归根结底是基于其历史特性数据对未来状态进行预测分析的问题[31-32]。基于此，本文利用断路器行程和电流曲线历史时间序列，提取多维数据变量，预测下一次或者后几次动作的动作特征和数据，以此实现对断路器性能和寿命状态的预测与评估，如图 1 所示。

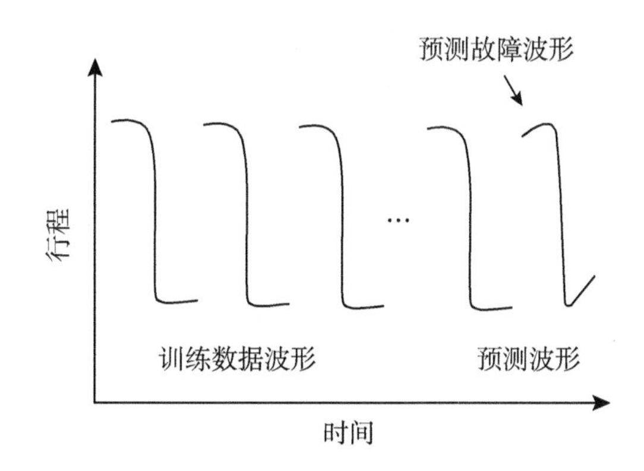

图 1 机械性能预测算法示意图

1.2 基于 LSTM 的时间序列预测

LSTM 神经网络在循环神经网络(recurrent neural networks，RNN)[33]的基础上，对神经元结构进行改进，使得算法模型在拥有长期记忆的前提下，引入自循环梯度信息，其权重根据前后信息动态调整，从而实现了时间序列信息流的动态改变积累。如图 2 所示，为 LSTM 神经网络模型的神经元内部结构示意图。图中可见，该模型每个神经元内部包含遗忘门、输入门和输出门三个门控制器，在模型训练过程中随着信息的流入，每个控制器会对每一时刻的信息做出判断并及时调整更新。

LSTM 每个神经元首先要决定需要丢弃的信息，即在遗忘门阶段，将上一时刻的隐藏状态信息 h_{t-1} 和 t 时刻的数据 x_t 采用 sigmoid 函数进行计算，输出结果为 0 到 1 之间的值。计算公式如下：

$$f_t = \sigma(W_f \cdot [h_{t-1}, x_t] + b_f) \tag{1}$$

式中，W_f 用来将数据矩阵调整成与 t 时刻隐藏层相同的维度，b_f 为偏置。

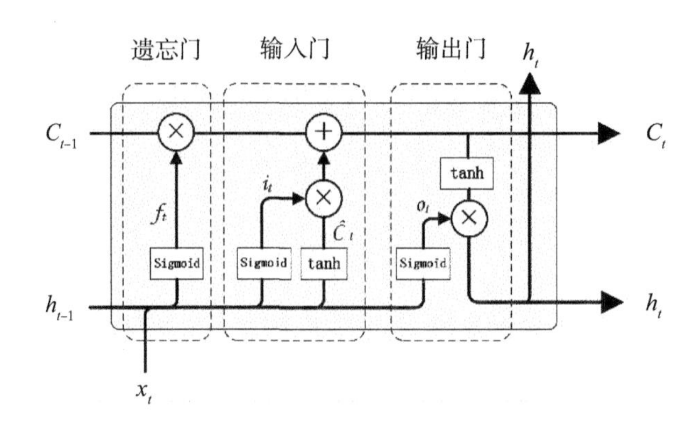

图 2　LSTM 神经元结构

在输入门中，有两条路线，分别进行如下计算：

$$i_t = \sigma(W_i \cdot [h_{t-1},\ x_t] + b_i) \tag{2}$$

$$\hat{C}_t = \tanh(W_C \cdot [h_{t-1},\ x_t] + b_C) \tag{3}$$

左边同遗忘门一样，是采用 sigmoid 函数进行处理，输出 i_t，作为输入的重要性因子。右边经过 tanh 函数进行处理，将输入数据调节至[-1，1]范围内。

接着，便是将旧的神经网络信息 C_{t-1} 更新为 C_t，更新的规则如下：

$$C_t = f_t * C_{t-1} + i_t * \hat{C}_t \tag{4}$$

即通过遗忘门选择要忘记的信息，通过输入门选择添加候选信息 $\hat{C}_t$ 的一部分。

在输出门中，决定上述更新的信息有多重要以输入下一个隐藏层。计算如下：

$$o_t = \sigma(W_o \cdot [h_{t-1},\ x_t] + b_o) \tag{5}$$

$$h_t = o_t * \tanh(C_t) \tag{6}$$

首先运行一个 sigmoid 层来确定神经元状态输出信息，再把输入门结果 C_t 通过一个 tanh 层处理，最后将上述两部分输出相乘，得到该神经元的最终输出。

LSTM 神经网络在解决基于长期依赖的时间序列预测问题上表现出非常良好的性能，在人工智能与数据分析领域应用广泛[34-35]，而高压断路器在运行过程中机械特性表现可转换为时间序列数据，其状态变化也存在长期依赖，因此本文将 LSTM 应用到断路器机械性能预测问题中。

1.3　机械性能预测算法设计

本文在上述分析的基础上，设计了如图 3 所示的算法流程。本文提出的算法步骤如下：

步骤 1：使用机械特性采集装置采集高压断路器历史动作数据，对数据进行预处理，主要是滤波和特征提取，消除不良噪声；

步骤 2：将高压断路器的历史动作数据构建成时间序列；

步骤 3：将数据序列划分为训练集和测试集；

步骤 4：对训练集数据进行归一化处理，将数据统一区间，减少数据数量级造成的计算偏差；

步骤5：进行模型训练，设置学习率、优化器、LSTM神经网络参数等，在训练过程中不断计算优化参数，最终输出LSTM神经网络模型；

步骤6：使用上一步训练所得的算法模型，对高压断路器未来动作特征、行程和电流数据进行预测；

步骤7：将步骤6所预测的结果与测试集数据进行对比，如果预测误差大于设定误差，则修改模型训练预设参数，重新进入步骤1进行新一轮的算法模型训练；

步骤8：如果步骤6中的预测误差小于设定阈值，则说明当前算法模型性能良好，可继续进行下一次机械动作曲线预测；

步骤9：在模型应用阶段，将算法部署在高压断路器在线监测系统平台中，其对断路器机械状态和特征信息进行实时在线预测，根据预测结果可实现对潜在风险和故障进行预警，提示运维人员进行检修。

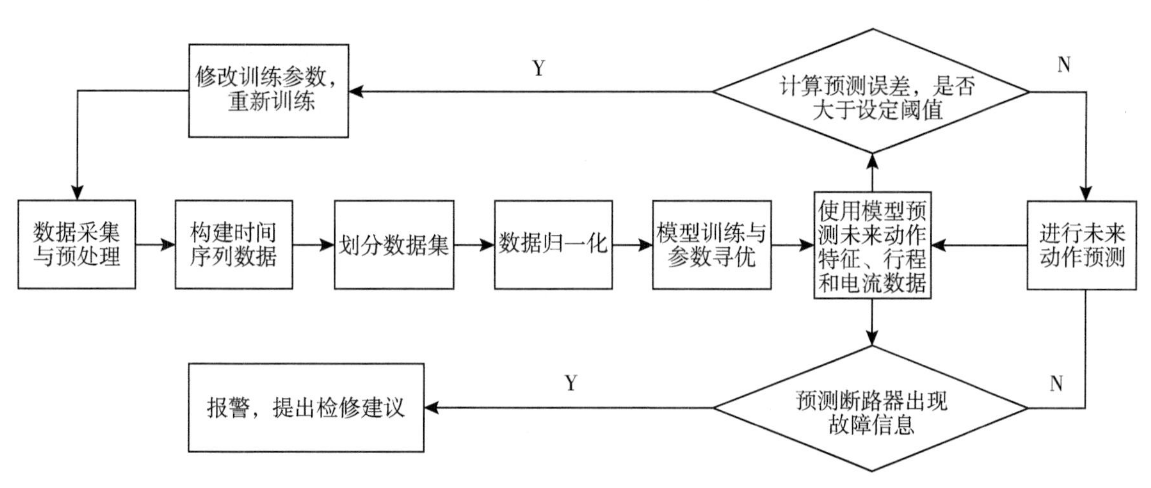

图3　机械特性预测算法步骤

1.4　机械寿命评估算法模型设计

本文将高压断路器的机械寿命定义为：

$$l_r = 1 - \frac{N_{\text{now}}}{N_{\text{all}}} \tag{7}$$

式中，N_{now}为当前动作次数，N_{all}为理论总动作次数。基于采集的高压断路器机械动作行程和电流曲线，可以从中提取不同的分合闸特征作为数据特征值，作为对高压断路器机械寿命的表征量。因此，对于机械寿命的预测问题可视为研究上述多维特征量与寿命状态之间的关系。

对此，本文基于神经网络中常用的线性变换方法，直接构建含有多个隐藏层的多尺度神经网络LT-MSNN，通过训练得到输入特征量矩阵与输出寿命值之间的关系，其结构如图4所示。该网络结构用nn. Linear实现不同网络层之间数据的更新和传递，包含了3个不同维度的隐藏层，在模型训练过程中，通过调整隐藏层的维度，达到调参和优化模型结构的目的。

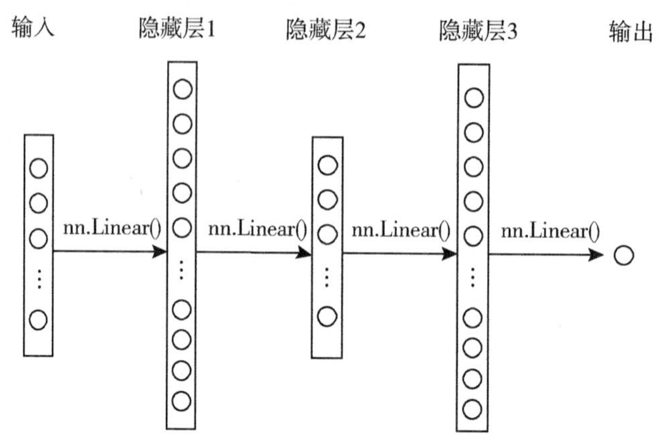

图 4　LT-MSNN 网络模型

如图 5 所示，为文中提出的基于 LT-MSNN 网络的算法对高压断路器寿命状态进行预测的流程示意图。首先根据高压断路器动作行程和电流数据，提取多维特征量，进而进行 PCA 主成分分析，将数据特征进行降维处理，再将得到的低维特征量输入 LT-MSNN 网络模型中进行训练，得到模型参数并保存，其可根据实时动作数据对高压断路器寿命状态进行评估。

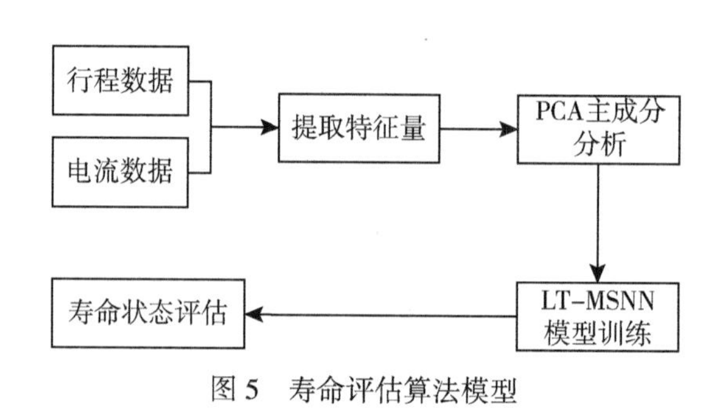

图 5　寿命评估算法模型

1.5　算法模型性能评估指标

通过上述过程完成模型的构建和求解后，需要使用验证集数据对所得的算法模型性能进行计算评估。本文中选择使用均方误差(mean squared error, MSE)和均方根误差(root mean squared error, RMSE)，其计算公式如下：

$$\mathrm{MSE} = \frac{\sum_{i=1}^{m} (y_i - f(x_i))^2}{m} \tag{8}$$

$$\mathrm{RMSE} = \sqrt{\frac{\sum_{i=1}^{m} (y_i - f(x_i))^2}{m}} \tag{9}$$

式中，$f(x_i)$ 为算法预测值，y_i 为实测值，$\bar{y}$ 为实测值的平均值。从上述公式中可见，MSE 和 RMSE 表征的是算法预测结果与实际数据之间的误差，其值越小表明预测结果偏差越小，模型在预测问题中的性能更加优良。

2 算例分析

2.1 试验条件

本文中试验数据来源于252kV电压等级某型号高压断路器，对该断路器进行万次寿命试验，采集全生命周期动作过程中的行程和电流数据，并对原始数据进行滤波操作，消除噪声干扰。基于采集到的试验数据和特征信息，本文构建了不同的神经网络模型分别对机械特性和机械寿命进行深入研究。文中算法采用Python语言编写，深度学习框架为PyTorch。

2.2 高压断路器机械性能预测研究

2.2.1 LSTM网络参数对算法性能的影响

文中以高压断路器连续动作中的分闸电流峰值为数据对象，构建了基于不同结构参数的LSTM算法模型，通过对比不同模型预测结果的MSE值，得到性能相对较好的模型进行后续机械特性预测研究。文中主要研究的LSTM模型参数、含义及参数构建范围如表1所示。

表1 **LSTM算法的研究参数**

参数	参数含义	参数范围
hidden_size	隐藏层状态的维数	8，16，32，64，128
layers	LSTM堆叠层数	1，2，3，4
lookback	预测下一步所需数据个数	5，10，15，20，25

根据表中所示的三种参数，文中构建了不同参数范围的LSTM算法模型，选取了连续300次分闸动作的电流峰值作为数据集，进行了模型训练和性能分析。

图6所示为layers=3，lookback=15时，不同hidden_size下算法模型训练过程中MSE的变化曲线。由图中可见，随着LSTM网络隐藏层的增加，其MSE随着训练次数增加下降得越来越快，这说明网络模型参数的增多使得模型对输入输出变量之间的关系表达性更强。而隐藏层的增加会增加模型训练过程的计算量和复杂度，从而增加训练耗时。因此，为兼顾模型性能和效率，可选择hidden_size=32作为比较理想的参数，其既能使模型快速收敛，又能保证训练所得的模型具有很高的准确率。

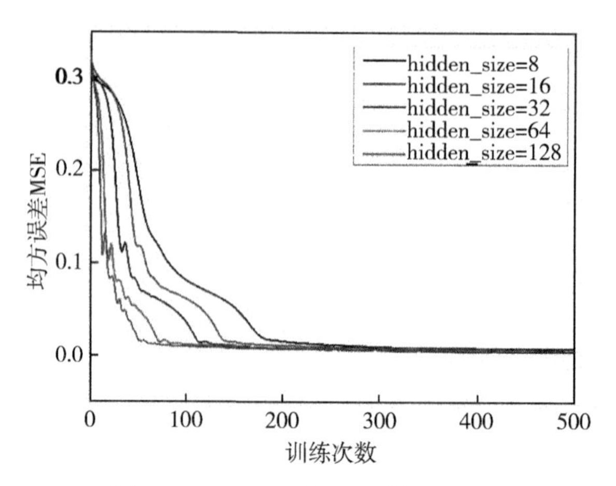

图 6　hidden_size 对 LSTM 模型的影响

图 7 所示为 hidden_size = 32，lookback = 15 时，不同 layers 下算法模型训练过程中 MSE 的变化曲线。由图中可见，当 layers 较小时 MSE 下降较快，说明网络层数较少时，模型参数较少，模型训练过程计算量较小，其收敛速度较快。图中四种不同 layers 下算法在训练 120 次后均达到较小的稳定值，从右侧局部放大图中可见，当 layers = 3 时，模型训练过程中的 MSE 相对较小，因此本文选择该参数作为比较理想的参数。

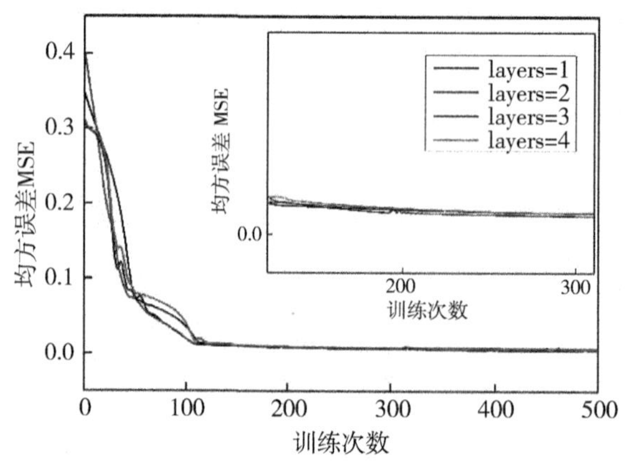

图 7　layers 对 LSTM 模型的影响

图 8 所示为 hidden_size = 32，layers = 3 时，不同 lookback 下算法模型训练过程中 MSE 的变化曲线。由图中可见，lookback 的增大加速了模型的收敛速度，并且在模型训练进入稳定阶段后，较大的 lookback 值表现出更小的 MSE，这是因为 lookback 参数增大后，LSTM 模型在预测下一个数据时使用的历史数据增加，其从历史时间序列所表现出的特征学习到了更多的信息，从而提高了模型预测准确率。从右侧局部放大图中可见，当 lookback>15 时，模型的 MSE 基本一致，这是因为历史数据对模型的贡献达到了饱和，因而文中选择 lookback 理想值为 15，构建网络模型，进行后续对机械特征和曲线的预测。

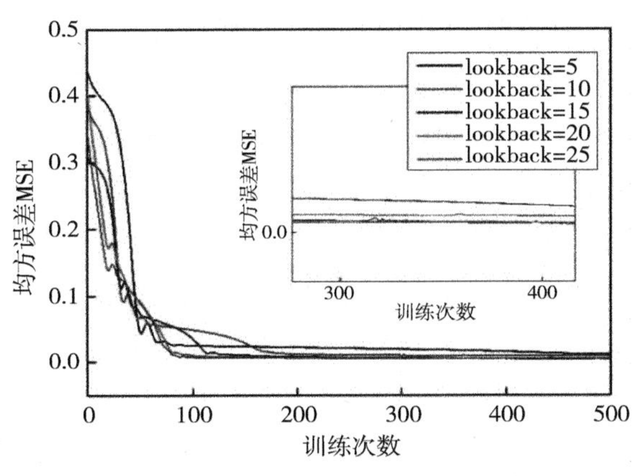

图 8　lookback 对 LSTM 模型的影响

2.2.2　分合闸特征预测

根据上述对 LSTM 网络参数的研究结果，文中搭建了 hidden_size = 32，layers = 3，lookback = 15 的 LSTM 神经网络，分别以分闸时间、分闸电流峰值、合闸时间、合闸电流峰值四个特征参数为例，研究该网络算法对高压断路器机械性能的预测效果。

图 9 所示为文中 LSTM 神经网络算法分别对分闸时间、分闸电流峰值、合闸时间、合闸电流峰

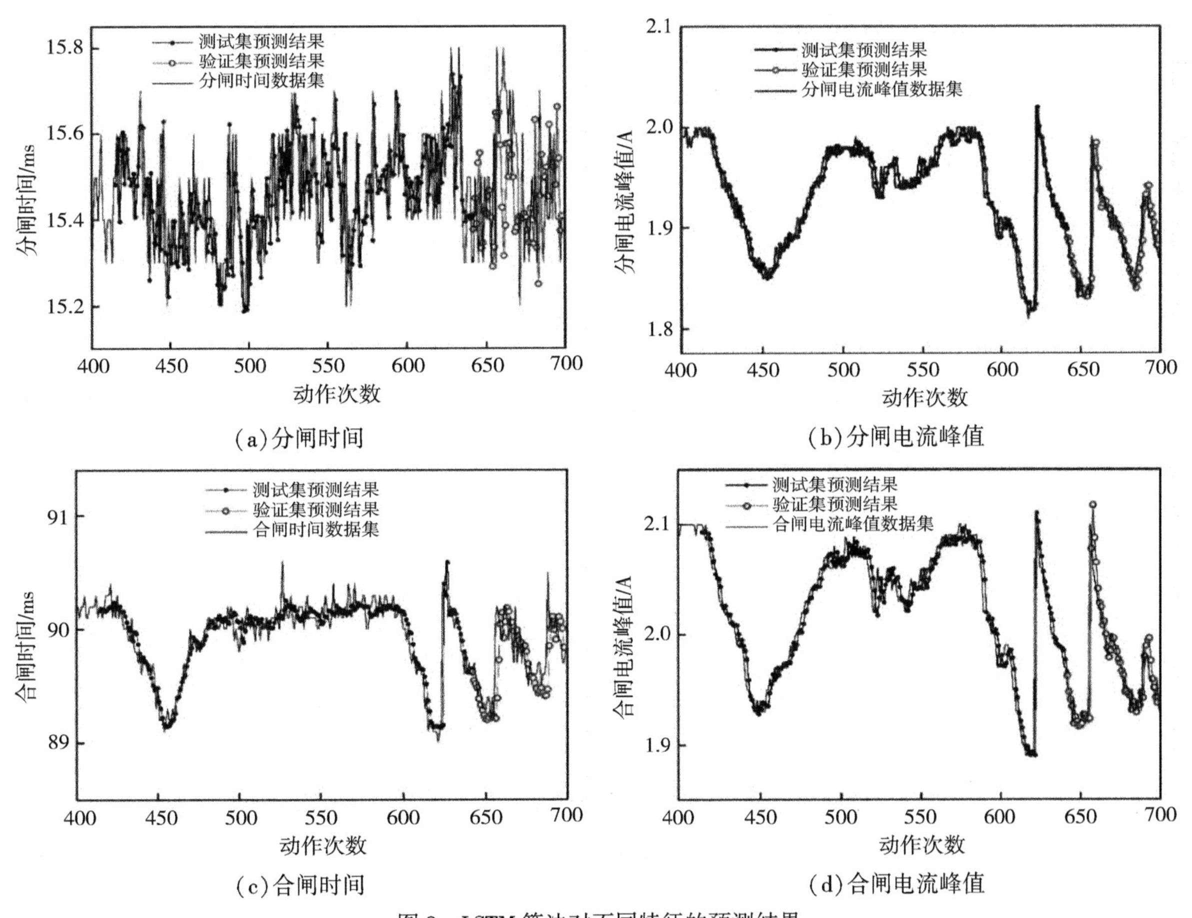

(a)分闸时间　(b)分闸电流峰值

(c)合闸时间　(d)合闸电流峰值

图 9　LSTM 算法对不同特征的预测结果

值在300~700动作次数内的预测结果。由图中可见，所研究的四种特征参数在每次动作过程中表现出稳态波动，文中构建的LSTM神经网络算法在测试集和验证集上基本能够对数据的变化做出比较合理的预测。其中，分闸时间特征波动表现出很大的随机性和跳跃性，针对这种不规律的变化趋势，文中算法能够根据历史值做出比较准确的预测。而分闸电流峰值、合闸时间、合闸电流峰值均表现出相对连续变化的特征，文中算法对此类数据表现出比较突出的优势，基本上可以根据历史时间序列预测出未来特征值，说明模型对不同时间序列特征值的变化进行了充分学习，表达性很强。

图10所示为文中LSTM神经网络算法分别对上述特征数据进行模型训练过程中MSE的变化曲线。由图中可见，分闸时间预测模型在训练周期内收敛较慢，这是因为分闸时间在动作周期内波动随机，LSTM算法根据历史时间序列学习到的信息有限，但从图10(a)中可见其MSE基本上保持在较低水平且总体下降，因而文中算法对其预测相对准确。而对于其他三种特征，算法模型在训练过程中均能有效收敛，预测误差最终均稳定在比较低的范围内，这说明文中构建的LSTM神经网络算法训练所得的模型能够对机械动作中不同的特征数据进行比较准确的预测。结合表2中该算法模型在训练集和验证集上的均方根误差，模型对不同特征预测RMSE均小于0.1。可见最终训练得到的算法模型表现出优异的特性，在实际应用中可以根据历史时间序列特征预测未来动作特征值，从而对异常状态进行预警，对于变电站智能运维具有很好的现实指导意义。

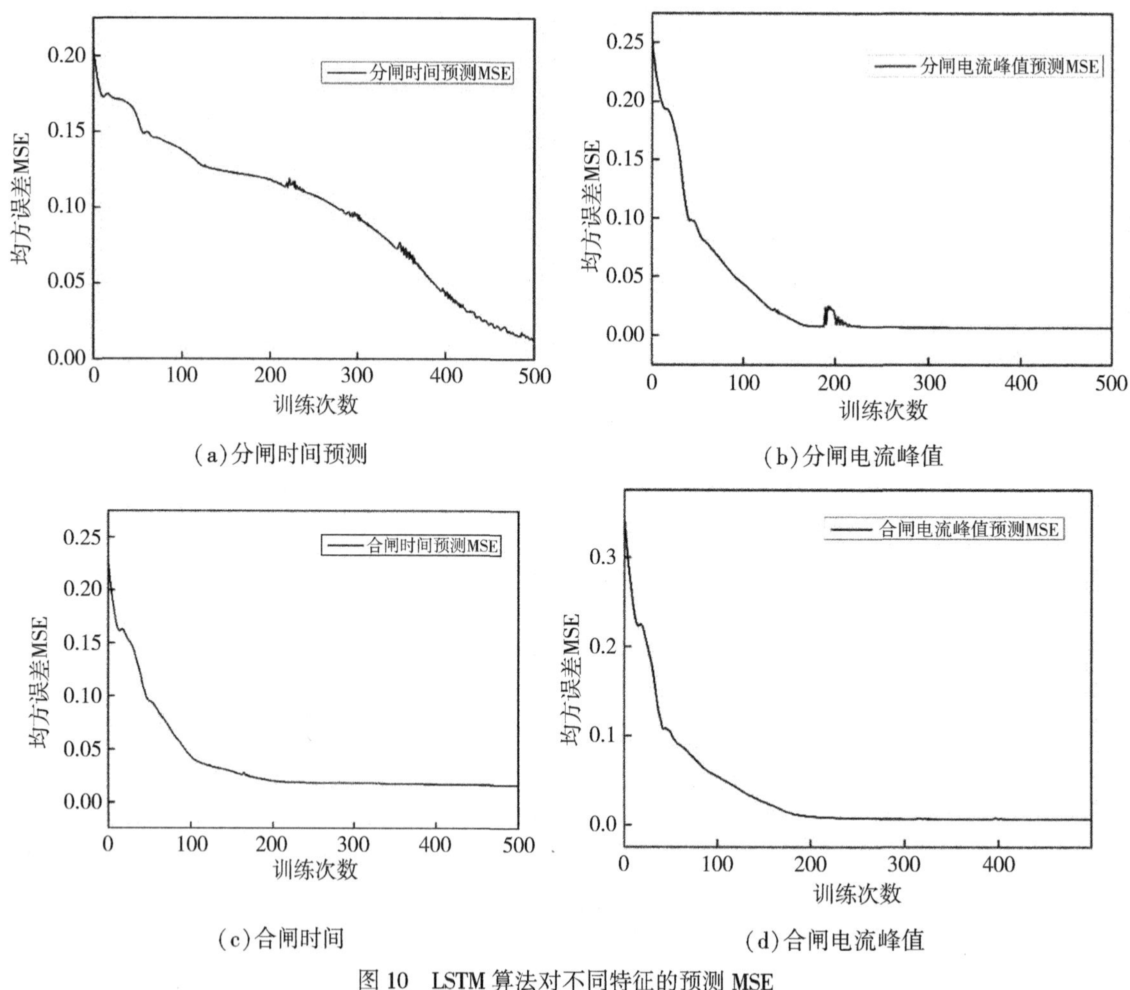

(a)分闸时间预测　(b)分闸电流峰值

(c)合闸时间　(d)合闸电流峰值

图10　LSTM算法对不同特征的预测MSE

表 2　**LSTM 算法对特征量预测的 RMSE**

特征量	训练集 RMSE	验证集 RMSE
分闸时间	0.04	0.09
分闸电流峰值	0.02	0.05
合闸时间	0.03	0.07
合闸电流峰值	0.01	0.03

2.2.3　行程与电流数据曲线预测

基于上述研究结果，本文进一步研究了所构建的 LSTM 神经网络模型对高压断路器动作特性曲线的预测能力。取 10 个连续动作周期内的特性曲线作为数据集，基于时间序列划分测试集和验证集，采用文中构建的 LSTM 神经网络算法对数据集进行计算和预测。

图 11 所示为该算法分别对高压断路器行程曲线、分合闸电流曲线的预测结果。从图中预测结果可见，在训练集和验证集上，预测数据与实测数据基本保持一致，对数据中的变化和波动能够比较准确地预测，说明对于行程曲线和电流曲线这种具有明显时间序列周期特征的数据，文中算法能够对其变化趋势和特征进行充分的学习，在经过多个周期数据特征的训练学习后，神经网络各层节点上的参数对行程和电流数据变化特征的表达能力达到了比较理想的状态，可以预测数据曲线在未来时间的变化趋势。文中算法对于动作数据中随时间变化的微小改变能够充分学习，当高压断路器出现潜在故障或性能不稳定的趋势时，能够预测出其在未来运动周期内可能存在的异常特征数据，从而实现对高压断路器潜在问题的预测。

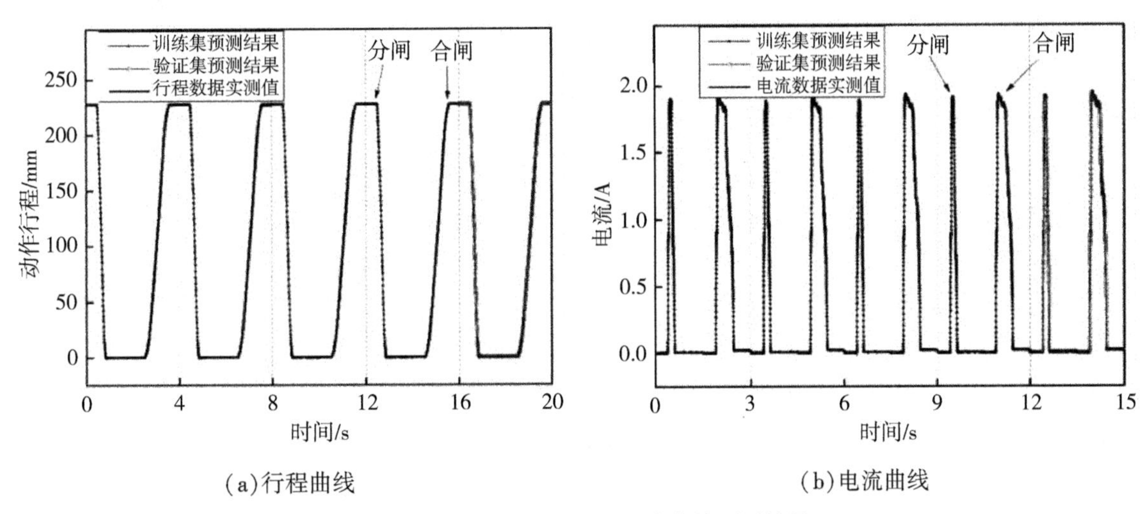

(a)行程曲线　　(b)电流曲线

图 11　LSTM 算法对行程和电流曲线预测结果

图 12 所示为该算法分别对高压断路器行程曲线、分合闸电流曲线进行模型训练过程中 MSE 的变化曲线。相对于图 8 中算法对特征量的预测 MSE 而言，对于行程和电流曲线这种变化周期性较强

的数据，文中算法能够很快地收敛，基本上在经过不到100次训练后就能达到比较稳定的较低水平，此时训练所得的模型已经学习到了数据的变化特征。

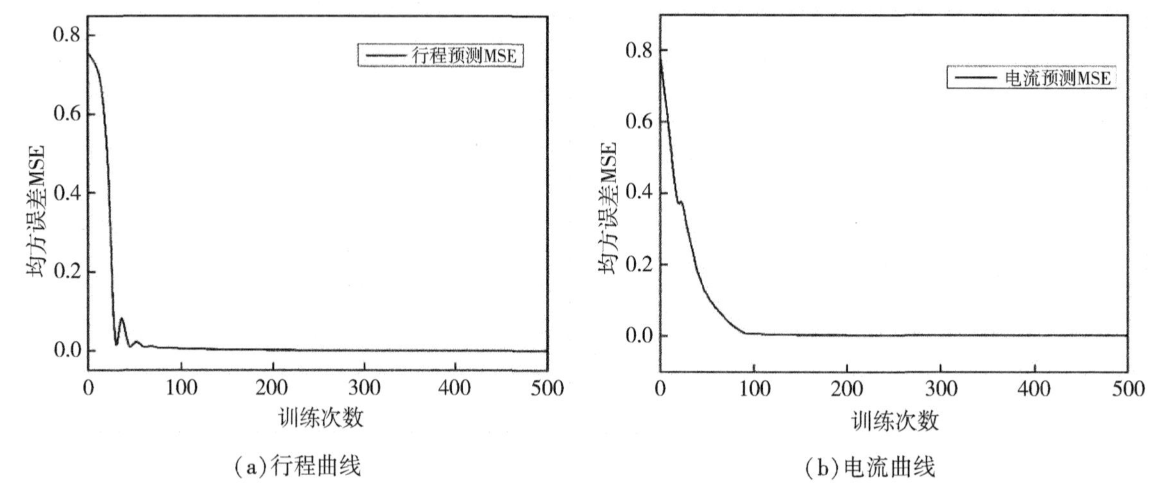

(a)行程曲线　(b)电流曲线

图12　LSTM算法对行程和电流曲线预测MSE

表3所示为该算法模型对行程和电流数据预测的RMSE，可见在训练集和验证集上预测的误差都很小，说明算法在预测高压断路器机械动作性能数据上表现出良好的性能，在实际应用中，可以将算法进行在线部署，使其在高压断路器工作状态下对采集的历史时间序列数据进行实时动态分析，预测未来运动周期内的行程和电流曲线，对于出现的异常状态趋势可进行预警。

表3　**LSTM算法对行程和电流数据预测的RMSE**

数据类型	训练集 RMSE	验证集 RMSE
行程	0.06	0.10
电流	0.04	0.08

2.3　高压断路器机械寿命预测研究

2.3.1　特征值主成分分析

基于高压断路器机械分合闸动作行程和电流曲线，文中提取了32个维度的特征量，用来对高压断路器的机械寿命状态进行表征。然而，这些特征量中可能存在与寿命无关的变量，将其作为输入特征对模型的训练没有积极影响；或者多个特征量之间可能存在比较紧密的相关性，其对网络模型的贡献会有重叠，造成冗余计算。此外，在神经网络训练过程中，特征量太多会造成计算量巨大，影响模型训练效率。因此文中采用主成分分析(principal component analysis，PCA)方法，对初始的32维特征量进行分析计算，将原来众多具有一定相关性的性能指标，重新组合成一组互相无关的综合指标来进行寿命状态的表征。

图 13 所示为 PCA 分析结果。从图中可以看出，随着特征维度的增多，其对所有数据集信息的表现能力不断增强，进行 PCA 分析的目的是对特征维度进行寻优，以期使用较少的特征维度表征更多的特征信息，文中采用主成分方差累计比例大于 70%为选择条件，此时对应的特征维度为 6，最终确定将 32 维特征降维到 6 维数据空间。

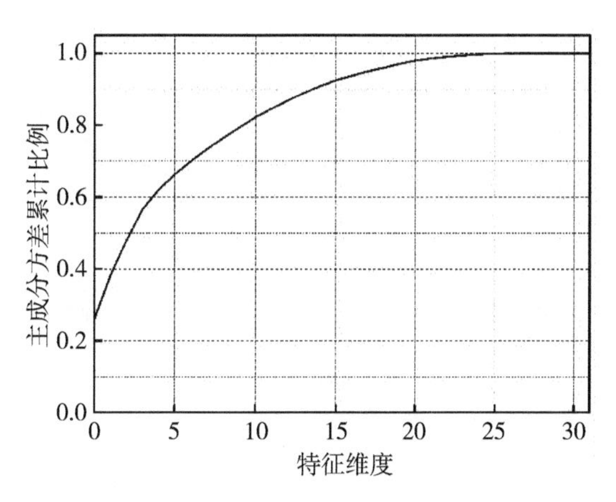

图 13　主成分方差累计曲线

图 14 所示分别为原始 32 维特征量和经过 PCA 分析后提取的 6 维特征量相关性热力图。由图中可见，原始 32 维特征量数据之间热力图分布范围较广，其不同维度特征表现出不同程度的正相关性或负相关性，这说明用原始 32 维特征量数据表达高压断路器寿命状态存在很大的信息冗余，相关性较强的数据在信息表达上具有很大的重叠性，在模型训练过程中不仅增加计算复杂度，还会造成过多的冗余计算，导致模型收敛较慢。而从经过 PCA 分析降维后的 6 维特征量其相关性热力图中可见，不同维度特征相关性很低，说明每维特征值之间相互独立，对高压断路器的寿命有独特的贡献。结合图 13 中 6 维特征值散点矩阵图，可见经过 PCA 分析降维后的特征两两之间表现出随机分布的关系，基本上不存在相关性，因此该特征数据在模型训练过程中相互独立，互为补充，对算法的收敛起到正向作用。

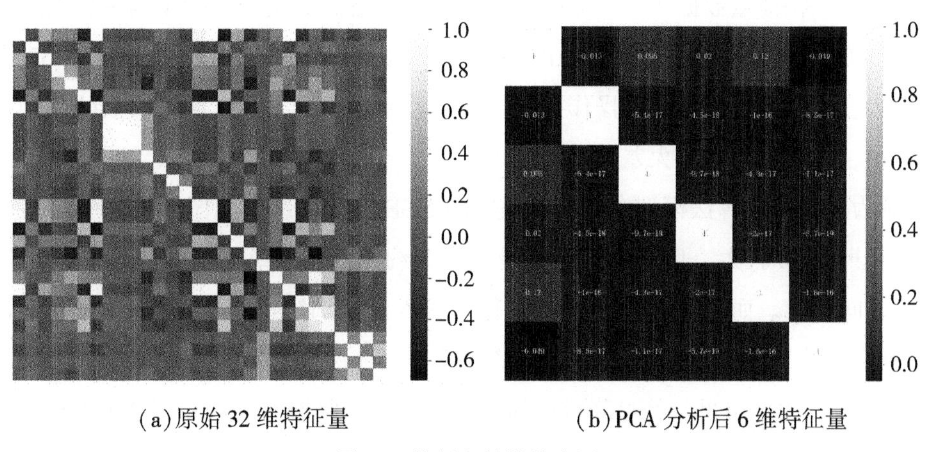

(a)原始 32 维特征量　　(b)PCA 分析后 6 维特征量

图 14　特征相关性热力图

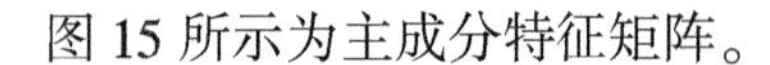
图 15 所示为主成分特征矩阵。

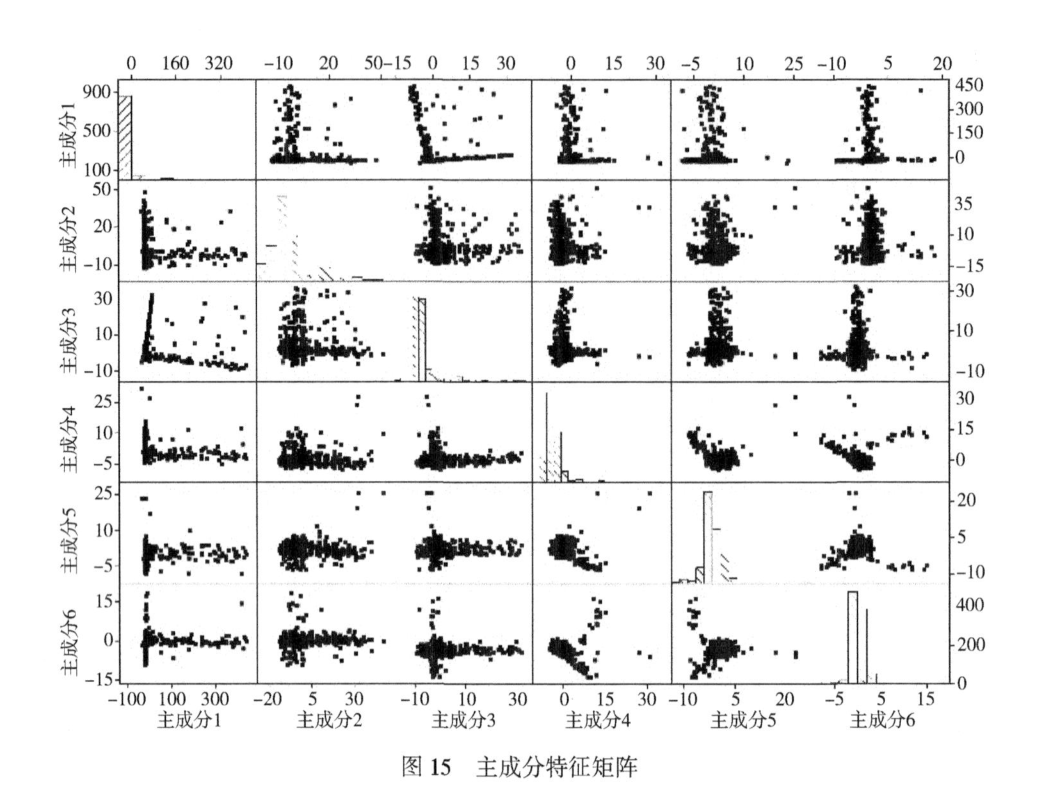

图 15　主成分特征矩阵

2.3.2　基于神经网络的机械寿命预测

将特征输入经过上述特征工程相关处理后，搭建文中构建的神经网络，将理论寿命值作为输出特征，对机械寿命预测模型进行训练。卷积神经网络输入维度为 6，卷积层数为 3，隐藏层维度分别为 64，32，64，输出维度为 1，采用 MSE 作为预测损失判据，采用 Adam 优化器进行网络权值迭代更新，学习率更新采用余弦退火方法，初始学习率设置为 0.01。此外，为了方便对比，文中还将原始 32 维特征数据作为输入同样进行了模型训练，结果如图 16 所示。从图中可以看出，经过 PCA 主成分分析后的 6 维特征量数据在全生命周期内对高压断路器机械寿命的预测更接近理论值，并且随着操作次数的增加，其波动较小，基本上保持与理论值相对较小的偏差。而原始 32 维特征量数据整体波动较大，变化情况复杂，在操作初期与理论值偏差很大，随着动作次数的增加，才表现出逐步接近理论值，但还是存在较大差异。

图 17 所示为神经网络算法模型在训练过程中的 MSE 变化曲线。从图中可以看出，原始特征量数据训练时在初期 MSE 较大，且收敛速度较慢，在大约 120 次训练之后才逐步趋于稳定，最终在 0.002~0.005 之间波动。而 PCA 主成分特征量作为输入数据训练神经网络时，模型能够较快收敛，在经过大约 50 次训练后 MSE 就达到了很低水平，随后一直保持稳定状态，在 0.0001~0.001 之间，其 RMSE 小于 0.03。由此可见，经过降维后的数据在高压断路器寿命预测问题中表现出更加优良的性能。

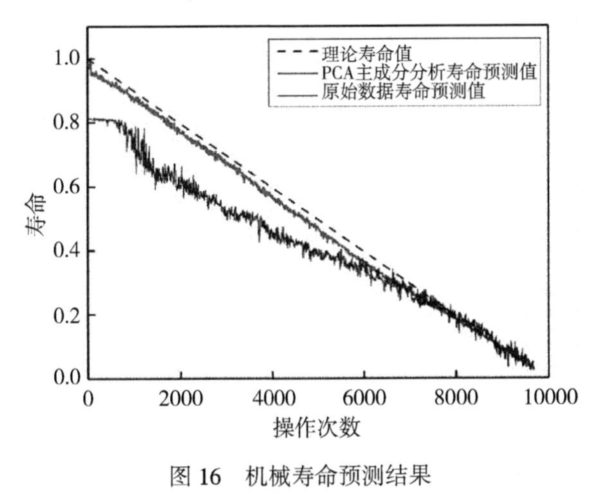

图 16　机械寿命预测结果

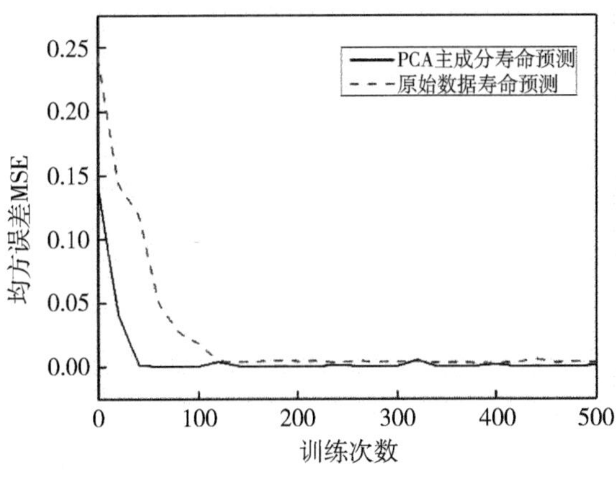

图 17　机械寿命预测 MSE

文中构建的多层神经网络模型能够基于高压断路器动作过程中的特征数据，对其机械寿命进行比较准确的预测，在实际应用中，可以将该方法在线部署，实时采集高压断路器每次动作的行程和电流曲线，从中提取多维特征数据，进行 PCA 主成分分析后作为输入进入该神经网络中计算，即可输出对当前寿命信息的预测值，对偏离正常值的情况进行预警。

3　结论

本文提出了基于时间序列和 LSTM 的高压断路器机械性能预测方法，并构建了基于线性变换的多尺度神经网络 LT-MSNN，实现了对高压断路器运行过程中性能和寿命状态的综合评估，能够应用于变电站智能运维，并提供可靠的技术支撑。

(1)文中研究了 LSTM 网络参数对算法性能的影响，在此基础上构建了对高压断路器分合闸特征、行程和电流数据曲线的预测模型，该方法对各研究对象的预测效果良好，均方根误差小于 0.1。

(2)结合 PCA 主成分分析方法，文中构建的 LT-MSNN 网络实现了对高压断路器寿命状态的预测，对于全生命周期数据预测的均方根误差小于 0.03。

(3)文中提出的两种不同的神经网络算法从不同角度对高压断路器性能和寿命状态进行预测，实现了多维度、多方面综合评估，可应用于变电站智能运维领域，对高压断路器的故障预警和状态评价有指导意义。

◎ 参考文献

[1]文化宾，宋永端，邹积岩，等. 新型 126kV 高压真空断路器的设计及开断能力试验研究[J]. 中国电机工程学报，2011，31(34)：198-204.

[2]张梓莹，梁德世，蔡淼中，等. 机械式高压直流真空断路器换流参数研究[J]. 电工技术学报，2020，35(12)：2554-2561.

[3]何俊佳．高压直流断路器关键技术研究[J]．高电压技术，2019，45(8)：2353-2361.

[4]沙彦超，蔡巍，胡应宏，等．混合式高压直流断路器研究现状综述[J]．高压电器，2019，55(9)：64-70.

[5]苗红霞．高压断路器故障诊断[M]．北京：电子工业出版社，2011：15-19.

[6]李星宇，汪祝年，陈通，等．基于增强现实技术的高压断路器检修应用研究[J]．电力系统装备，2021(23)：109-110.

[7]韩颖，刘晓明，安跃军，等．基于混沌理论的高压 SF6 断路器机构特性[J]．高电压技术，2015，41(9)：3136-3141.

[8]孙正伟，孙羽，鲍斌．500kV 线路单相重合闸事故分析及对策[J]．电力系统自动化，2015(21)：158-164.

[9]孙龙勇，姚灿江，孟岩，等．550kV 投切滤波器组瓷柱式 SF6 断路器可靠性研究[J]．高电压技术，2021，47(7)：2514-2525.

[10]王伟宗，荣命哲，Yan J D，等．高压断路器 SF6 电弧电流零区动态特征和衰减行为的研究综述[J]．中国电机工程学报，2015，35(8)：2059-2072.

[11]王小华，荣命哲，吴翊，等．高压断路器故障诊断专家系统中快速诊断及新知识获取方法[J]．中国电机工程学报，2007，27(3)：95-99.

[12]陈安伟，乐全明，张宗益，等．智能变电站一次主设备在线监测系统工程实现[J]．电力系统自动化，2012，36(13)：110-115.

[13]曹宇鹏，罗林，王乔，等．基于卷积深度网络的高压真空断路器机械故障诊断方法[J]．电力系统保护与控制，2021，49(3)：39-47.

[14]林琳，陈志英．基于粗糙集神经网络和振动信号的高压断路器机械故障诊断[J]．电工技术学报，2020，35(z1)：277-283.

[15]刘全志，师明义，秦红三，等．高压断路器在线状态检测与诊断技术[J]．高电压技术，2001，27(5)：29-31.

[16]杨秋玉，彭彦卿，庄志坚，等．基于随机模糊理论的高压断路器剩余机械寿命评估[J]．高压电器，2016，52(8)：161-165，171.

[17]王俊波，李国伟，唐琪，等．一种高压断路器机械寿命预测算法研究[J]．电子设计工程，2021，29(7)：68-71，76.

[18]赵书涛，马莉，朱继鹏，等．基于 CEEMDAN 样本熵与 FWA-SVM 的高压断路器机械故障诊断[J]．电力自动化设备，2020，40(3)：181-186.

[19]段雄英，赵洋洋，陈艳霞，等．基于 Spark 的高压断路器机械寿命预测评估[J]．高压电器，2020，56(9)：80-86.

[20]万书亭，马晓棣，陈磊，等．基于振动信号短时能熵比与 DTW 的高压断路器状态评估及故障诊断[J]．高电压技术，2020，46(12)：4249-4257.

[21]王晓明，周柯，周卫，等．基于恒等映射 CNN 的高压断路器机械故障诊断方法[J]．高电压技

术，2021，47(10)：3657-3663.

[22]杨秋玉，阮江军，黄道春，等．基于 VMD-Hilbert 边际谱能量熵和 SVM 的高压断路器机械故障诊断[J]．电机与控制学报，2020，24(3)：11-19.

[23]黄建，胡晓光，巩玉楠．基于经验模态分解的高压断路器机械故障诊断方法[J]．中国电机工程学报，2011，31(12)：108-113.

[24]王振浩，杜凌艳，李国庆，等．动态时间规整算法诊断高压断路器故障[J]．高电压技术，2006，32(10)：36-38.

[25]杨元威，关永刚，陈士刚，等．基于声音信号的高压断路器机械故障诊断方法[J]．中国电机工程学报，2018，38(22)：6730-6736.

[26]李舒适，王丰华，耿俊秋，等．基于优化 VMD 的高压断路器机械状态检测[J]．电力自动化设备，2018，38(11)：148-154.

[27]Hamilton J D. Time series analysis[M]. Princeton: Princeton University Press, 2020.

[28]段雄英，张帆，廖敏夫，等．特高压相控断路器关合性能研究[J]．中国电机工程学报，2019，39(17)：5271-5278.

[29]孙曙光，王佳兴，王景芹，等．基于 Wiener 过程的万能式断路器附件剩余寿命预测[J]．仪器仪表学报，2019，40(2)：26-37.

[30]李建兵，王小焕，闫姿姿，等．一种新型长寿命模块化弹簧操动机构真空断路器的研制[J]．真空科学与技术学报，2019，39(2)：97-102.

[31]Medsker L R, Jain L C. Recurrent neural networks[J]. Design and Applications, 2001, 5: 64-67.

[32]Hua Y, Zhao Z, Li R, et al. Deep learning with long short-term memory for time series prediction[J]. IEEE Communications Magazine, 2019, 57(6): 114-119.

[33]Gers F A, Eck D, Schmidhuber J. Applying LSTM to time series predictable through time-window approaches[M]//Neural Nets WIRN Vietri-01. Springer, London, 2002: 193-200.

[34]Guo J, Lao Z, Hou M, et al. Mechanical fault time series prediction by using EFMSAE-LSTM neural network[J]. Measurement, 2021, 173: 108566.

[35]Taylor K E. Summarizing multiple aspects of model performance in a single diagram[J]. Journal of Geophysical Research: Atmospheres, 2001, 106(D7): 7183-7192.

基于超声波法的特高压长距离 GIL 击穿定位系统设计及应用

程林，徐惠，李梦齐，江翼，罗传仙，张静

（南瑞集团有限公司(国网电力科学研究院)，南京，211106；

国网电力科学研究院武汉南瑞有限责任公司，武汉，430074）

摘　要：苏通 GIL 管廊单相线路长度约 6km，单个气室长度约 100m，对于全密封的长距离 GIL 气室，击穿定位系统的设计难点主要在于故障信号的捕捉、信号在 GIL 上的传播、衰减特性及传感器的布置方法；同时，苏通管廊环境复杂，对监测设备的高精度同步采集、安全防护性等都提出了更高要求。为了达到苏通长距离 GIL 故障定位需求，本文通过试验研究分析了超声信号在 GIL 中的击穿特性、传播特性及衰减特性，得到击穿产生的超声信号的频率主要分布在 40～60kHz，100～150kHz，230～250kHz 等频率区间，超声信号通过气室盆子时衰减约 70%，通过伸缩节时衰减约 89%。基于以上试验结果，本文设计了 GIL 超声故障定位系统的传感器配置及选型；同时，本文设计了基于 1588 对时的高精度同步通信方案、多重电磁干扰防护方案，不同设备的同步误差小于 30μs，且系统在 1000kV 标准雷电波干扰下可正常工作。最终，该系统在苏通 GIL 工程中进行了实际工程应用并进行了故障定位。

关键词：特高压；GIL；超声波；故障定位

0　引言

气体绝缘金属封闭输电线路(gas insulated transmission line，GIL)是一种利用 SF_6 或 SF_6/N_2 混合气体绝缘，外壳与导体同轴布置的高电压、大电流电力传输设备[1]，具有输电容量大、电能损耗小、使用寿命长、占地面积小等优点[2-4]。近年来，我国坚强智能电网建设和大能源基地建设对 GIL 产品和工程需求都在显著增长，淮南—南京—上海 1000kV 交流特高压苏通 GIL 综合管廊工程是目前世界上电压等级最高、输送容量最大、技术水平最高的超长距离 GIL 创新工程[5-6]。

苏通 GIL 位于输电线路中部，单相线路长度约为 6km，单个气室长度约 100m[7]，且由于 GIL 采用全密封设计，运行过程中发生放电和过热故障时，现有的手段难以对故障点进行准确定位[8]。因此，对故障应对及运维修复应引起足够重视。特高压 GIL 气室大、管道长，隧道环境中修复难度高，为了提高故障修复效率，亟须开展针对长距离特高压 GIL 放电故障定位技术的研究。

目前 GIL 的故障定位方法主要有行波法、超声法和故障电流法[9]。苏通 GIL 管道距离长、环境干扰严重。行波法的传感器数量少、灵敏度高，但需要采用内置传感器、自动定位误差较大且存在监测盲区问题[10]；故障电流法对电流传感器的要求较高，且不适用于小负荷电流情况[11]；超声法技术成熟、传感器外置、抗干扰能力较好且定位准确[12]，适用于特高压 GIL 中的局部放电测量，但需要的传感器数量较多，且在 GIL 上的工程应用尚不充分[13]，需要对定位系统进行详细设计，对传感器进行合理布置以保证测量精度。同时，苏通管廊环境复杂，对监测设备的高精度同步采集、安全防护性等都提出了更高要求[14]。

为了达到苏通长距离 GIL 故障定位的需求，本文建立了 4 种典型缺陷模型，得到了故障信号的分布情况及针对性的超声传感器谐振频带；建立了 GIL 电弧放电的声固耦合理论模型，结合模拟试验，得到了电弧击穿产生的超声波传播衰减特性，提出了长距离特高压 GIL 故障定位监测的传感器配置方案，在保障测量精度的基础上减少传感器数量。针对管廊复杂工况下高精度同步采集、安全防护性等工程应用难点，本文基于 1588 对时的新型光纤同步技术设计了 GIL 故障定位系统的同步通信方案，并设计了多重电磁干扰防护方案。该系统成功应用于世界首条长距离特高压 GIL 工程，验证了系统的故障定位功能。

1　超声波在 GIL 中的传播特性研究

1.1　GIL 主要技术参数

苏通 GIL 的主要技术参数如表 1 所示。由表可知，苏通 GIL 采用三相分体式设计，标准单元长度为 18m。

表 1　**苏通 GIL 主要技术参数**

<table>
<tr><th>序号</th><th colspan="2">项　　目</th><th>单位</th><th>技术参数</th></tr>
<tr><td>1</td><td colspan="2">形式</td><td></td><td>三相分体式</td></tr>
<tr><td>2</td><td colspan="2">额定电压</td><td>kV</td><td>1100</td></tr>
<tr><td>3</td><td colspan="2">额定电流</td><td>A</td><td>6300</td></tr>
<tr><td rowspan="3">4</td><td rowspan="3">标准单元规格</td><td>长度</td><td>m</td><td>18</td></tr>
<tr><td>管道外径</td><td>mm</td><td>900</td></tr>
<tr><td>法兰外径</td><td>mm</td><td>≤1080</td></tr>
</table>

1.2 GIL击穿信号特性

由于缺乏类似结构的长距离GIL试验段，试验时采用GIS单母线管模型模拟GIL击穿，通过多次击穿试验研究击穿时超声信号特征，击穿试验接线如图1所示，试验回路由220kV无晕变压器提供高电压，并串联10kΩ保护电阻 Z 以防止电流过大。

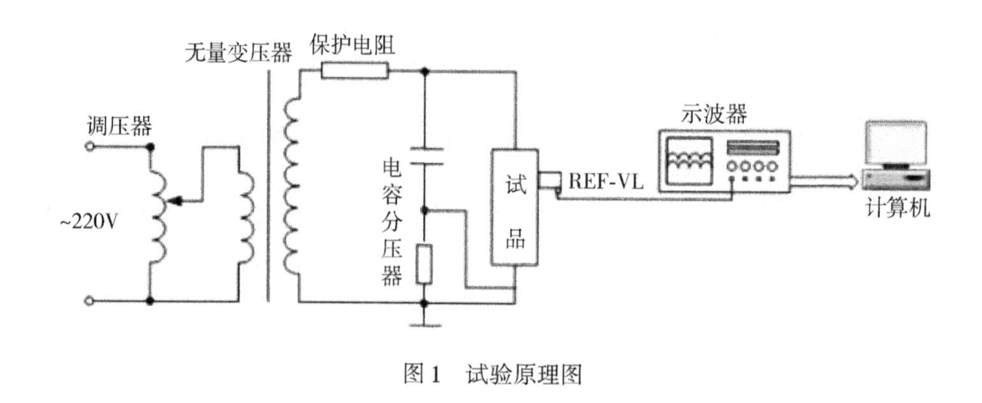

图1 试验原理图

试验缺陷模拟如图2所示，采用针-板模型模拟导体尖刺放电击穿，采用板-板模型模拟气隙放电击穿，并采用移动金属颗粒和悬浮电极等模型来模拟GIS/GIL中常见的绝缘缺陷。

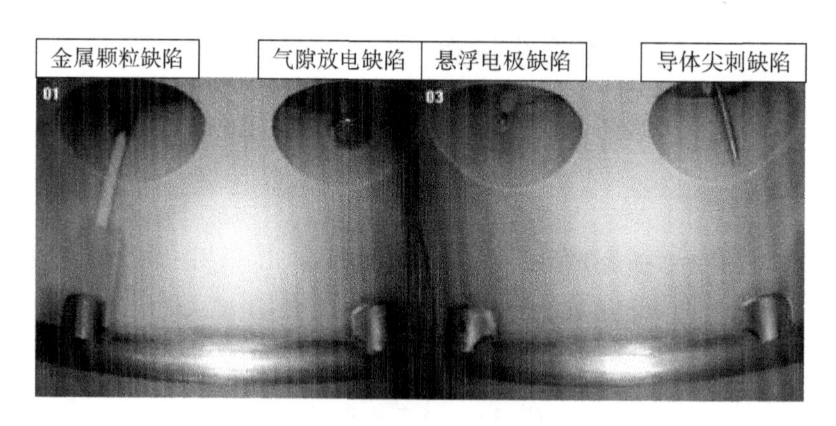

图2 试验用GIS实物图

调节4种典型缺陷的放电模型的电极间距离，使其击穿电压均在(30±3)kV范围内。将示波器设置为单次触发模式，并对不同缺陷模型下的击穿超声信号进行采集。当击穿电压相近时，不同缺陷模型的击穿信号形状相似，幅值接近。将击穿信号进行FFT变换后得到如图3所示频域图谱，击穿时超声信号的频带分布较广，在40~600kHz范围内均存在较大幅值分量。对频率分量较大的频段进行统计，得到击穿产生的超声信号的频率要分布在40~60kHz，100~150kHz，230~250kHz及500~530kHz这几个频率区间内。因此，超声传感器的谐振频带最好也落在以上频带区间。

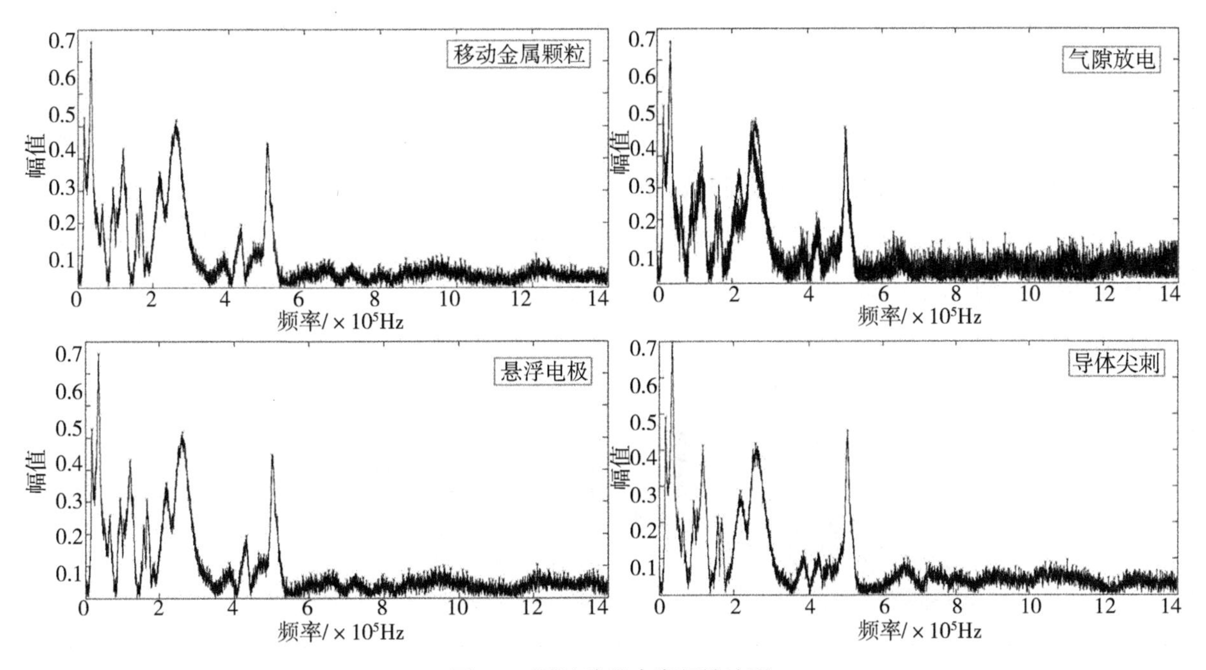

图3 不同缺陷的击穿频域波形

1.3 超声信号在GIL中的传播特性

1.3.1 传播路径

如图4所示，超声信号在GIL中传播至传感器有两大路径：①以纵波形式在SF_6气体中传播，然后透过壳体传播至探头，如路径BC，主要为直达波；②通过SF_6气体传播至外壳，然后在金属壳体中传播一段距离后到达探头，如路径BD_1C、BD_2C主要为复合波。由于声波在金属中传播的速度(以铝为例约5100m/s)远大于在SF_6气体中的传播速度(约140m/s)，所以通常是沿路径②的超声波先到达传感器中。

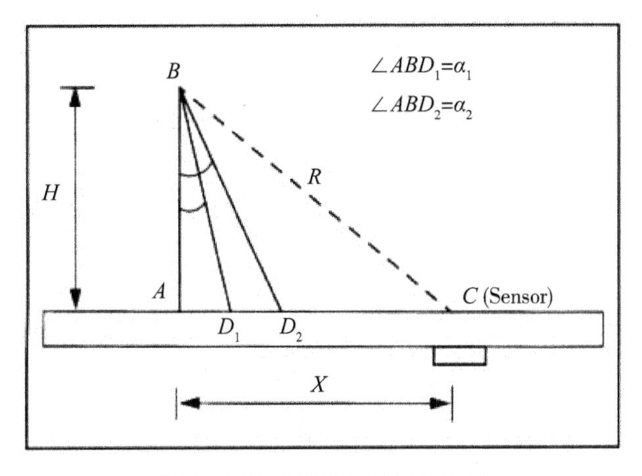

图4 超声信号传播路径示意图

1.3.2 超声信号模拟衰减测试

为了获取超声信号在GIL上传播过程中的衰减与距离的关系，本文在武汉凤凰山特高压交流基地GIL试验段进行了超声信号模拟衰减测试，测试现场如图5所示。试验传感器选用SRI 80型，测量频率范围20~180kHz。同时，在传感器前端增加60dB的前置放大器。试验分为两个部分：①沿GIL直线传播衰减测试；②通过盆子及伸缩节衰减测试。

图5　传感器的布置方式

沿GIL直线传播衰减测试如图5所示，试验以第一个传感器所在位置为原点，每隔3m布置一个传感器，信号源位于通道4的左侧3m处。测得各通道的声信号波形如图6所示，随着传感器与声源距离的增加，超声信号存在一定的衰减。

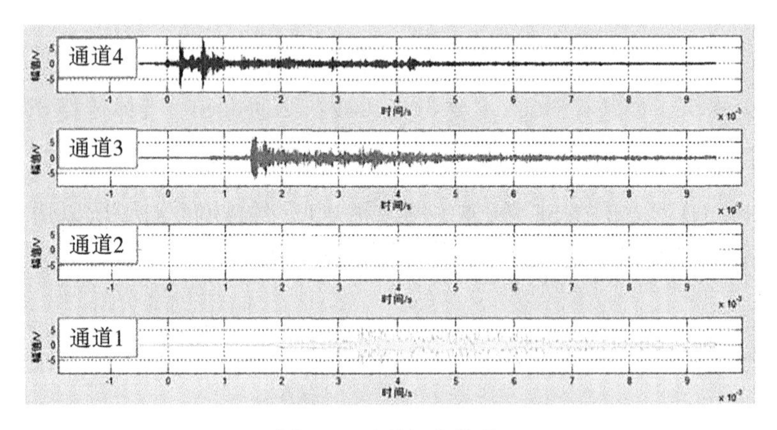

图6　4通道超声信号

改变通道4的位置并重复上述实验，对信号幅值和与声源的距离进行统计，并进行“归一化”处理，即可得到如图7所示传感器与声源不同距离处的声信号幅值的拟合曲线及如式(1)所示拟合函数，其中，x为传感器与声源距离，$f(x)$为归一化处理后的信号幅值。通过式(1)可推算：超声信号经36m传播后幅值衰减约60%，经54m传播后幅值衰减约80%。

$$f(x)=1.008e^{-0.02598x} \tag{1}$$

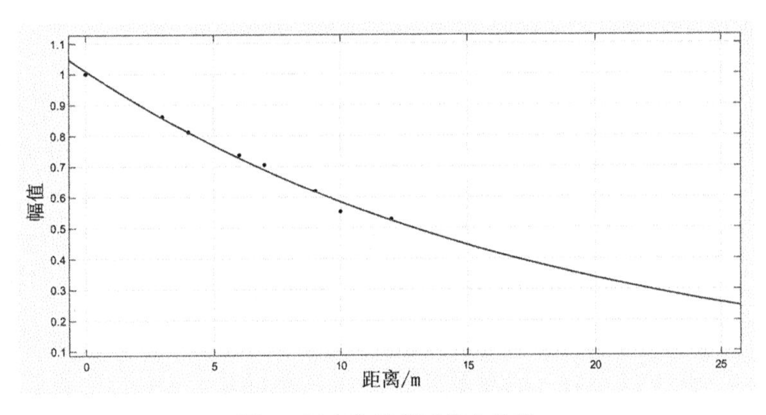

图7　超声信号衰减拟合曲线

通过断铅模拟故障声源，分别在气室盆子/伸缩节两边布置传感器，声源距气室盆子/伸缩节同侧传感器1m。测量结果如图8所示。通过波形分析可知，超声信号通过气室盆子时衰减约70%，通过伸缩节时衰减约89%。因此，在布置传感器时需着重考虑气室盆子和伸缩节的影响。

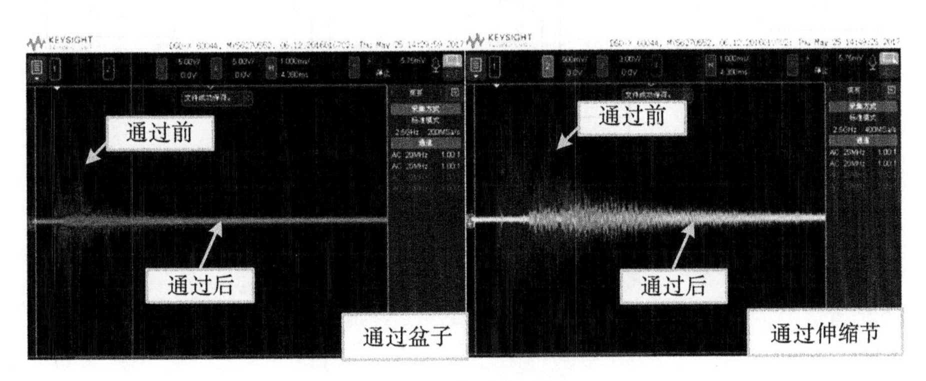

图8　超声信号衰减对比

2　长距离GIL超声击穿定位系统设计

2.1　系统设计

长距离GIL超声故障定位系统通过对GIL电弧故障产生的超声波信号进行监测，进而对GIL电弧故障点进行精确定位。GIL电弧故障定位系统主要由超声波传感器阵列、故障定位智能电子设备(intelligent electronic device，IED)阵列、通信模块以及后台监测系统四个部分组成。系统组成结构如图9所示。

故障定位系统分为过程层和站控层两层。其中故障定位IED属于过程层，其布置于GIL管廊内，主要用于实时采集GIL故障的超声波信号幅值、波形、频率等特征，并负责将数据传送至站控层。站控层包括故障定位监测后台及通信系统，主要由数据处理器组成，其布置于监控中心内，主要用于站内监测数据的实时展示、人机交互、故障定位及监测报警等。

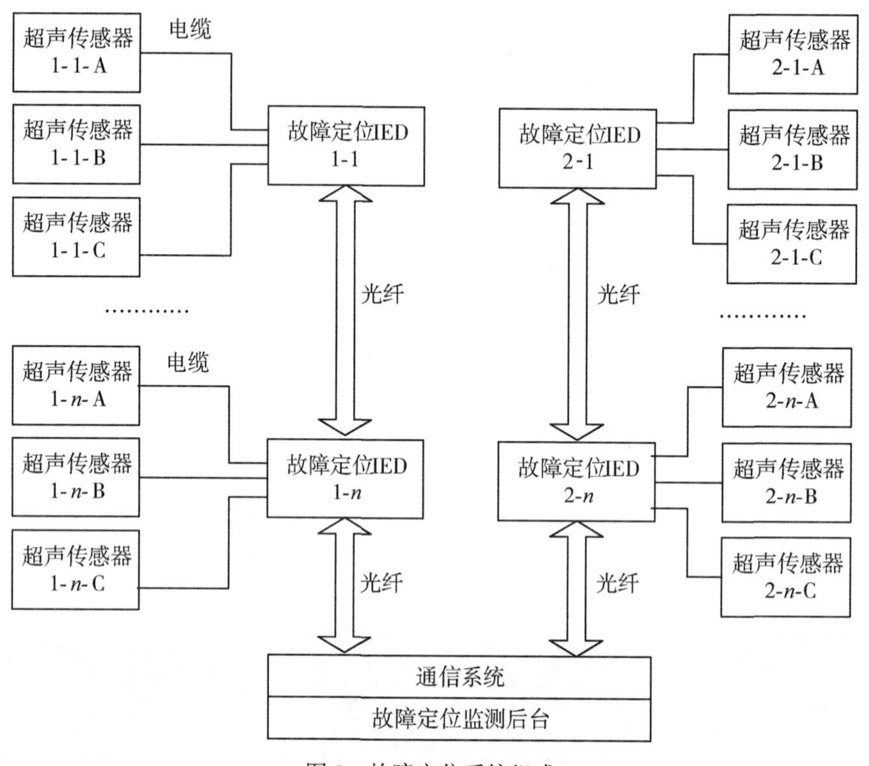

图 9　故障定位系统组成

2.2　传感器配置

2.2.1　传感器选型

由 2.1 节可知，弧光放电产生的超声信号的频率主要分布在 40～60kHz，100～150kHz，230～250kHz 及 500～530kHz 这几个频率区间内。综合传播速度、传输损耗、回声、抗干扰等再结合工程经验，选取超声压电陶瓷式超声波传感器，其主要参数如表 2 所示。

表 2　**超声传感器主要参数表**

传感器类型	窄带谐振型
频率范围	20～200kHz
谐振频率	40～150kHz
灵敏度	>75dB
工作温度	-20～80℃
防护等级	IP55

2.2.2 传感器布置

由于苏通 GIL 为每 108m 设置一个气室，每 6m 一个三支柱，18m 一标准节，一个气室 6 标准节。结合前面两章内容，可每 108m 长的标准气室布置 2 个超声波传感器，每个传感器间隔 54m，超声传感器采用不锈钢抱箍配合 3D 打印夹具固定于 GIL 外壳表面。同一位置 A、B、C 三相的 3 个超声波传感器共用一个 GIL 击穿故障定位 IED，如图 10 所示。

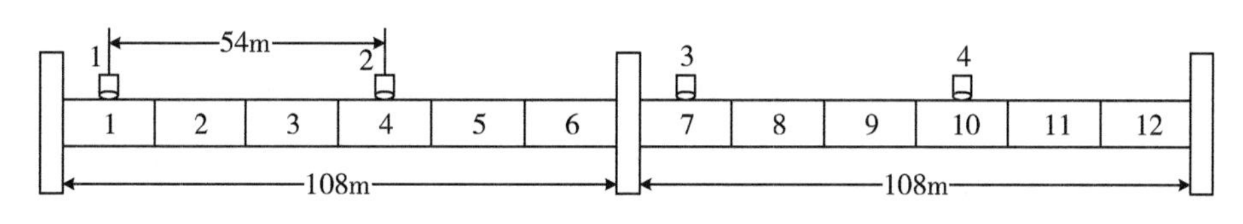

图 10　传感器布置示意图

由于 GIL 故障定位系统的传感器数量庞大，因此本方案通过同轴电缆线连接传感器，每个 IED 带至少 3 个传感器，IED 采用保护及隔离技术实现各通道相互独立，避免地电位抬升及电磁干扰对 IED 的影响。多个传感器共用 IED 可大大节省供电、同步和光纤端口资源，简化系统结构提高其可靠性，同时可以避免管壁的高温和振动对 IED 的影响。

2.3 同步通信方案设计

IEEE 电力与能源协会变电站委员会关于 72.5kV 及以上 GIL 应用指导文件(草案)指出：故障定位系统的定位精度应当在±10m 范围内且不受 GIL 长度制约。苏通特高压 GIL 标准单元的长度为 18m，所以 GIL 故障定位应保证能够识别到气室单元的水平。20℃时超声信号在铝中的传播速度为 5100m/s，在 SF_6 中的传播速度约为 140m/s。GIL 故障定位系统由 300 多个采集单元和近千只超声传感器组成传感器阵列，单个通道采样速率>1Mbps，为实现高精度的定位精度，要求系统的同步误差在 μs 级。

因此，本方案采用基于 1588 对时的新型光纤同步通信技术：①IED 通过光纤将采集到的传感器监测数据上传至故障定位系统后台；②故障定位系统后台作为主节点接收 GPS 和北斗卫星信号或高精度外时钟输入信号，通过光纤向从节点 IED 发送时间戳。采用该技术可有效解决长距离隧道/管廊内时间同步难题，为系统提供高精度的时间信息。

为验证同步方案的可行性，采用两台超声检测设备，每台设备连接两个传感器通道；将四个传感器顺序摆放好并固定在铁板上。用金属敲击铁板中心位置，得到不同通道的触发数据结果如图 11 所示。将触发的精确时间相减可知，相同设备不同通道同步误差几乎为零；不同设备同步误差为 30μs 以内，满足同步性要求。

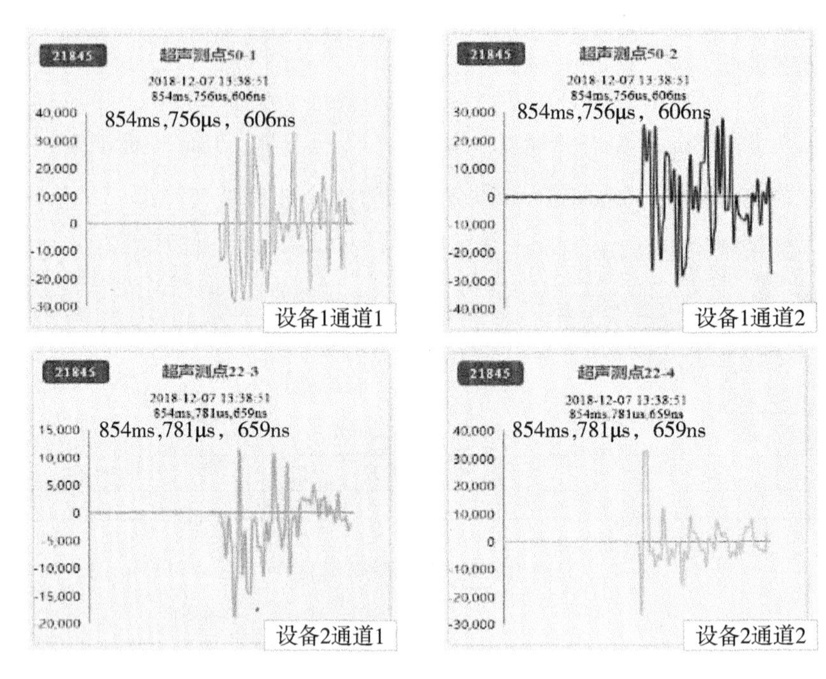

图 11　触发结果对比

2.4　保护方案设计

苏通 GIL 工程电磁环境分为稳态和暂态电磁环境两方面。其中稳态电磁环境是电力系统稳定运行时产生的工频电场和工频磁场，会对系统产生一定影响。暂态电磁环境由多种电磁骚扰源构成，主要包括高压开关设备的操作、电力系统的短路接地故障两种，暂态电磁骚扰是影响系统可靠运行的主要原因。其中，尤以开关操作和短路故障时产生的地电位提升对故障定位系统的影响最为严重。

特高压 GIL 超声故障定位系统由超声波传感器阵列、故障定位 IED、就地柜以及后台监测系统三个部分组成。超声波传感器与 GIL 外壳接触面采用绝缘材料陶瓷片，绝缘电阻>100MΩ；故障定位 IED、就地柜和后台监测系统主要通过光纤连接。因此，GIL 故障定位系统保护对象主要是故障定位 IED 及电源接口。

本系统故障定位 IED 采用隔离变压器供电，其防护设计如图 12 所示。其中，采用 1∶1 隔离变压器供电，避免引入电源中的低频电磁干扰；并通过射频滤波器接入电源，滤除高频干扰；采用同轴扼流线圈抑制可能严重损坏在线监测节点的冲击电流；采用屏蔽磁环抑制信号线缆感应到的冲击电流；将故障定位 IED 置于全金属屏蔽盒内；采用双屏蔽电缆作为信号电缆。

为验证 GIL 故障工况下检测装置的有效性和可靠性，对设备进行了冲击电压下的模拟试验，试验现场如图 13 所示，现场通过一根长方矩形钢来模拟 GIL 管道，将电极放置在管道的端头，用于模拟电弧故障，在冲击电压下，电极的尖端对钢管管壁进行放电(距离约 25cm)。将传感器与故障定位系统靠近电极，冲击电压发生器产生峰值为 200kV、300kV、500kV、800kV、1000kV 的标准雷电波，故障定位系统均未出现故障、死机现象，系统能正常工作，并检测到放电超声信号。

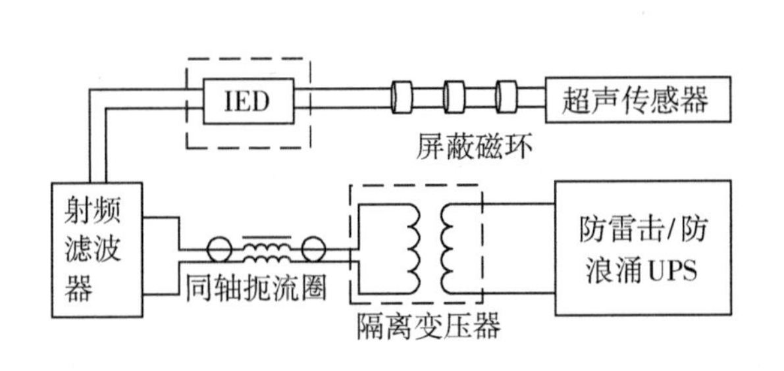

图 12　电磁干扰防护设计

图 13　冲击电压下验证性试验

2.5　工程应用验证

将此故障定位系统安装于苏通工程的 GIL 设备上。2019 年 10 月 28 日 11 时 48 分 25 秒 GIL 设备发生对地击穿，本电弧故障定位系统有三个 IED 检测到有效声信号波形。如图 14 所示，图中三个波形的起始时刻不同。IED50、IED51、IED52 检测到首波信号表现出明显衰减关系，IED51 幅值最大、振荡频率最高，IED50 和 IED52 幅值和振荡频率明显降低。闪络放电位置位于 IED51 与 IED52 之间，十分靠近 IED52。因此，本系统可以有效故障定位。

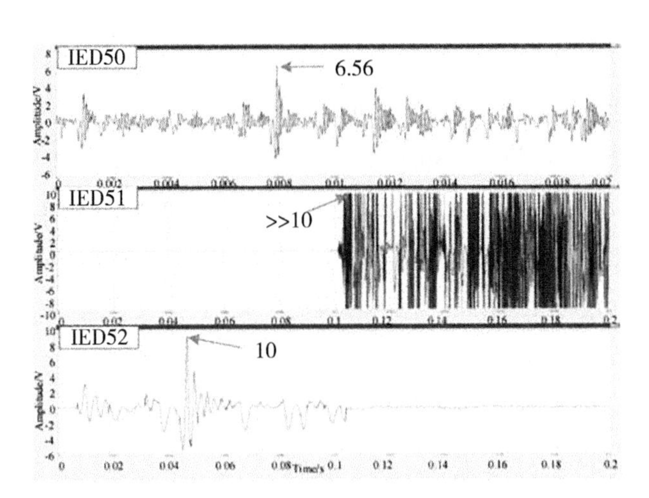

图 14　故障定位系统超声波形图

3　结语

本文根据苏通长距离 GIL 故障定位需求，以长距离特高压 GIL 为研究对象，通过试验研究了超声波在GIL中的击穿信号特性、传播路径及衰减特性，研制了长距离特高压GIL故障定位系统，得到结论如下：

(1)导体尖刺放电、气隙放电击、移动金属颗粒和悬浮电极4种典型绝缘缺陷的击穿信号波形特征类似，击穿产生的超声信号的频率要分布在40～60kHz，100～150kHz，230～250kHz及500～530kHz这几个频率区间内。

(2)超声信号在GIL中的传播通常是沿气体—金属壁的复合路径；超声信号经36m传播后幅值衰减约60%，经54m传播后幅值衰减约80%；通过气室盆子时衰减约70%，通过伸缩节时衰减约89%。在布置传感器时需着重考虑气室盆子和伸缩节的影响。

(3)本文在长距离GIL故障定位系统中，每个108m气室配置2个超声传感器，设计了基于1588对时的新型光纤同步技术的通信方案，不同设备的同步误差在30μs以内；同时进行了电磁干扰防护设计，系统在1000kV标准雷电波干扰下可正常工作。

本系统在苏通GIL工程中进行了实际工程应用，证明了本设计的有效性。

◎ 参考文献

[1]肖登明，阎究敦．气体绝缘输电线路(GIL)的应用及发展[J]．高电压技术，2017，43(3)：699-707.

[2]高克利，颜湘莲，王浩，等．环保型气体绝缘输电线路(GIL)技术发展[J]．高电压技术，2018，44(10)：3105-3113.

[3]齐波，张贵新，李成榕，等．气体绝缘金属封闭输电线路的研究现状及应用前景[J]．高电压技术，2015，41(5)：1466-1473.

[4]Memita N, Suzuki T, Itaka K. Development and installation of 275 kV SF6 gas-insulated transmission line[J]. IEEE Transactions on Power Apparatus and Systems, 1984, 103(4): 691-698.

[5]班连庚，孙岗，项祖涛，等．特高压苏通综合管廊工程GIL系统工作条件[J]．电网技术，2020，44(6)：2386-2393.

[6]韩先才，孙昕，陈海波，等．中国特高压交流输电工程技术发展综述[J]．中国电机工程学报，2020，40(14)：4371-4386，4719.

[7]刘泽洪，王承玉，路书军，等．苏通综合管廊工程特高压GIL关键技术要求[J]．电网技术，2020，44(6)：2377-2385.

[8]王昊晴，孙岗，王宁华，等．特高压气体绝缘输电线路壳体出厂试验气密性检测方法研究[J]．高压电器，2020，56(3)：197-202.

[9]刘云鹏，费烨，陈江波，等．特高压GIL故障定位超声衰减特性及试验研究[J]．电网技术，2020，44(8)：3186-3192.

[10]王彩雄．基于特高频法的GIS局部放电故障诊断研究[D]．北京：华北电力大学，2013.

[11]陈晓彬，黄昕，高锐．纵向电流特征接地短路定位方法在气体绝缘金属封闭输电线路管廊工程

中的应用讨论[J]. 电气技术，2019，20(11)：101-106.

[12]李成榕，王浩，郑书生. GIS局部放电的超声波检测频带试验研究[J]. 南方电网技术，2007(1)：41-45.

[13]范建斌，李鹏，李金忠，等. ±800kV特高压直流GIL关键技术研究[J]. 中国电机工程学报，2008(13)：1-7.

[14]李鹏，李志兵，孙倩，等. 特高压气体绝缘金属封闭输电线路绝缘设计[J]. 电网技术，2015，39(11)：3305-3312.

超小型内置宽频带 UHF 柔性单极子天线传感技术

张国治，陈康，田晗绿，鲁昌悦，李晓涵，张晓星*

（湖北工业大学，新能源及电网装备安全监测湖北省工程研究中心，武汉，430068）

摘　要：特高频（ultra high frequency，UHF）法是电力设备局部放电（partial discharge，PD）绝缘缺陷常用的检测方法，在内置安装空间受限的情况下保证 UHF 天线具有良好的 PD 高频电磁波信号感知性能至关重要。本文基于聚亚酰胺（polyimide，PI）柔性基底设计了一种小型化 UHF 单极子天线，尺寸仅为 58mm×36.8mm×0.3mm，相较于传统单极子天线结构缩小了 50.4%，并且通过对辐射区镂空和弯折处理改善了天线的低频性能。仿真和实测表明，设计的柔性天线在绝缘油和 SF_6 绝缘气体中的有效带宽分别达到 360MHz~2.35GHz 与 440MHz~1.78GHz，可全向接收 PD UHF 信号，且弯曲形变后天线能保持良好的辐射性能。最后，搭建 220kV 真型气体绝缘组合电器和变压器 PD 模拟实验平台，对柔性天线在不同绝缘缺陷下的 PD 检测性能进行实测。结果表明，柔性天线内置后能有效检测到低放电量下的 PD UHF 信号，具有较高的灵敏度，可满足电力设备 PD 检测需求。

关键词：电气设备；局部放电；特高频；柔性单极子天线；小型化

0　引言

变压器及气体绝缘组合电器（gas insulated switchgear，GIS）是电网系统中的两大核心装备，若发生故障，可能会导致严重的经济损失或安全事故[1-2]。PD 是一种由于绝缘材料内部或其表面局部电场特别集中而引起的具有破坏性的电气现象，若不能及时发现，会导致设备因绝缘击穿而停运[3]。PD 发生时会向空间辐射高频电磁波信号，UHF 法就是利用天线主要感知高频电磁波信号中 300MHz~3GHz 频带部分实现 PD 检测，具有非接触、抗干扰能力强、可对绝缘缺陷进行定位和模式识别等优点，现已广泛应用于电力设备 PD 检测[4-5]。

PD 检测用 UHF 天线的安装方式可划分为内置式、外置式和介质窗式三类[6-8]，国内设备主要采用内置式和外置式安装方法。内置式具有抗干扰能力强、灵敏度高等优点，外置式安装灵活但抗干扰能力与灵敏度不如内置式[9]。对于变压器，UHF 天线主要是通过放油阀或人/手孔将天线安装于变压器内部[10]。利用人/手孔将天线内置于变压器后，将无法在变压器运行状态下实现天线的更换和性能核验。放油阀内置安装可在不停电情况下实现天线的安装和拆卸，不影响变压器的正常运行[11]。国外学者Rutgers于1996年首次将UHF法应用于变压器的PD监测[12]，UHF天线便是通过放油阀内置于变压器中。放油阀内置式安装也是我国110kV及以上等级变压器最常用的安装方式。但受放油阀尺寸的限制，该方法对天线尺寸有着较严格的要求，导致通过此方法内置的天线的性能往往不如人/手孔内置式[13]。而对于GIS，我国500kV电压等级以上的GIS出厂前都必须安装内置式UHF检测系统。但由于GIS结构紧凑并向着小型化的方向发展[14]，受天线几何结构或刚性基底的影响[15-16]，UHF天线内置安装时需要对GIS法兰盘进行外凸式结构改造以减弱天线对GIS内部电场分布的影响[17]，该安装方式对GIS的改造程度大，多在出厂时进行安装。综上，为拓展内置式UHF法的使用，在保证对电气设备内部空间合理利用的前提下提高天线的性能，迫切需要开展小型化内置式柔性高灵敏UHF天线研究。

针对上述问题，本文开展基于柔性基底电力设备内置式PD UHF检测天线研究，设计柔性小型化单极子天线，研究天线在不同工作环境和弯曲状态下的辐射性能，最后利用矢量网络分析仪和搭建的内置PD实验平台对天线实物在不同绝缘缺陷下的实际PD检测性能进行测试。

1 天线设计

1.1 共面波导馈电单极子天线原理

单极子天线具有全向辐射、低剖面和易于集成等优点[18]。根据1/4波长谐振原理，单极子天线的尺寸限制其最低工作频率f_L，而最高工作频率f_H则可以通过优化天线结构实现[19]。因此，对天线结构进行小型化更需要关注天线的低频特性。当辐射体是长度为L、半径为r的圆柱体侧面时，其结构尺寸与f_L所对应的波长λ_L满足以下关系：

$$L = 0.24 \times \lambda \times F \tag{1}$$

式中，F表示辐射单元的变宽程度，可表示为：

$$F = \frac{L}{L + r} \tag{2}$$

那么f_L的计算公式可改写为：

$$f_L = \frac{v}{\lambda} = \frac{0.24 \times v}{L + r} \tag{3}$$

式中，v为电磁波在不同介质中的传播速度。

当辐射体形状改变时，则可以通过等面积原则，计算出辐射体的等效半径r_{eq}，代入式(3)即可得到对应的f_L。例如辐射体是长度为L、宽度为W的矩形，根据等面积原则，则有：

$$2\pi r_{eq} L = WL \tag{4}$$

则矩形单元的等效半径r_{eq}为：

$$r_{eq} = \frac{W}{2\pi} \tag{5}$$

根据式(5)，在保持辐射体面积和某一边的长度不变时，增加另一条边的长度，就可以使天线具有更大的r_{eq}，从而降低天线的f_L。但对于通过变压器放油阀内置的天线而言，其结构的设计需综合考虑变压器放油阀安装孔的尺寸。

1.2 柔性基底

PI是一种常用于通信和可穿戴领域柔性天线设计的柔性材料，具有重量轻、延展性好、可形变等优点。根据表1，较低的相对介电常数 ε_r 及介质损耗 $\tan\delta$ 能降低信号延迟及损耗[20]，较高的耐压值也是PI用于电气设备内置式PD检测天线设计的一大优势。因此，本文选择PI作为柔性基底设计内置式UHF天线。

表1 **FR-4/PI电气参数对比**

材料	参数		
	ε_r	$\tan\delta$	击穿场强/(kV·mm^{-1})
FR-4	4.4	0.026	40
PI	3.5	0.004	200

1.3 单极子天线结构设计及优化

1.3.1 基本结构设计及优化

图1(a)显示了基本的单极子天线结构，主辐射区为一矩形面(A_1+A_2)。图1(b)在结构1上增加了 A_2 辐射区的横向宽度，上半部分是半径为 $W_2/2$ 的半圆，下半部分是长轴为 $L_2-W_2/2$ 的半椭圆。该结构在控制天线长度的基础上增加了辐射面积，有利于提高天线的增益。由“趋肤效应”可知，天线高频电流主要集中在辐射面的外围[21]。基于此，为了调节天线表面电流分布，改善天线阻抗，进一步对结构2的 A_2 辐射区进行镂空处理，去除了中间部分一个半径为 $W_3/2$ 的半圆和长轴为 $L_3-W_3/2$ 的半椭圆的辐射区，形成了如图1(c)所示的结构3。

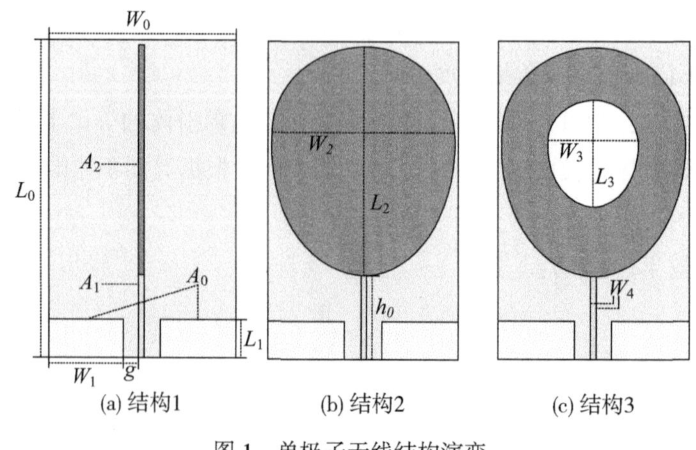

(a) 结构1　(b) 结构2　(c) 结构3

图1　单极子天线结构演变

图2为三种天线结构的电压驻波比(voltage standing wave ratio，VSWR)，图3为1GHz下的E面和H面方向图。需要注意的是，PD UHF信号主要集中在300MHz~1.5GHz，且本文将VSWR小于5的频带定义为天线的有效频带[22]。另外，本文天线方向图的辐射强度用实际增益(realized gain)g_{re}来描述，可由式(6)表示：

$$g_{re} = g_{th}(1 - S_{11}^2) \tag{6}$$

式中，g_{th}为理论设计增益，S_{11}为天线的回波损耗(return loss)。VSWR与S_{11}的转换关系如下：

$$\text{VSWR} = \frac{1 + |S_{11}|}{1 - |S_{11}|} \tag{7}$$

由图2可以看出，从结构1到结构3，天线的f_L分别为1.03GHz，670MHz及610MHz，天线结构的改进具有稳定的阻抗匹配优化作用。结构3可实现610MHz~3GHz频带内的VSWR小于5、覆盖88.5%的UHF频带。

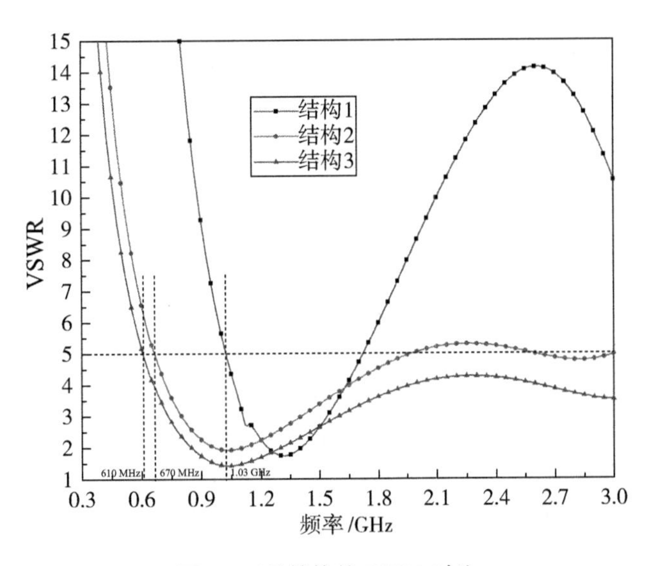

图2 三种结构的VSWR对比

根据图3，结构1、2和3的最大E面g_{re}/H面平均g_{re}分别为-8.8dB/-8.8dB、-5.2dB/-5.3dB和-5.3dB/-5.4dB。可以得到，虽然结构3舍去了一部分辐射区，但其g_{re}并没有明显降低，这验证了对A_2辐射区镂空处理的合理性。另外，在1GHz时，结构3具有更低的VSWR，根据公式(6)和(7)，这有利于提升g_{re}。

1.3.2 低频性能优化

考虑到通过变压器放油阀内置对天线结构的限制，文献[23]设计了一种通过放油阀内置的套筒单极子天线，作者限制天线的外径小于5cm。

图4为基于结构3进行改进的单极子天线结构4。该结构对辐射区A_1进行了弯折处理，这样可

以在有限尺寸上延长电流流过的长度，同时为了减少电流反射，弯折处采用了平滑处理。根据公式(5)，该方法等效增加了 W 从而降低了天线的 f_L。弯折臂之间的间隙 d 的大小与 W_4 相等。

图 5 所示为不同 b 值下结构 4 的 VSWR 变化，可以看出，随着 b 值的增大，天线拥有更低的 f_L，但是这牺牲了高频部分的性能，导致天线在 300MHz ~ 1.5GHz 内的有效频带反而呈现出减小趋势。因此，合理的 b 值选择尤为重要。

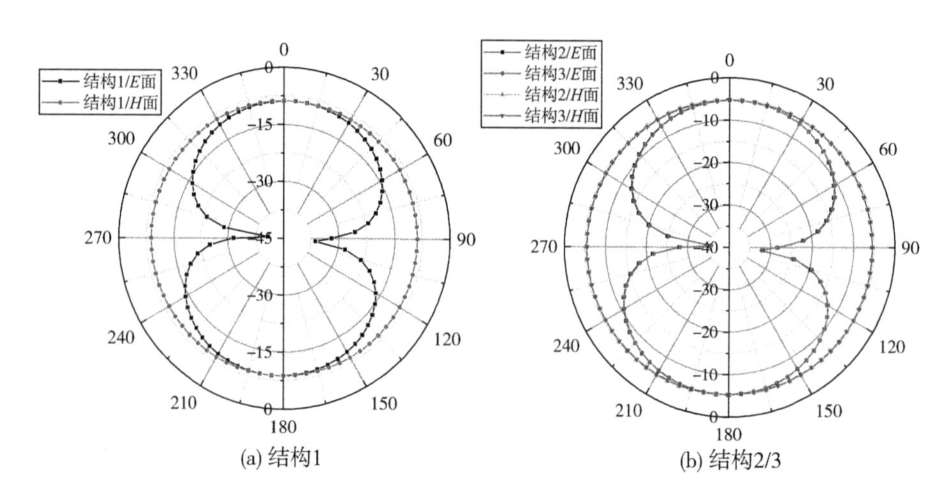

图 3　三种结构在 1GHz 下 E 面和 H 面方向图

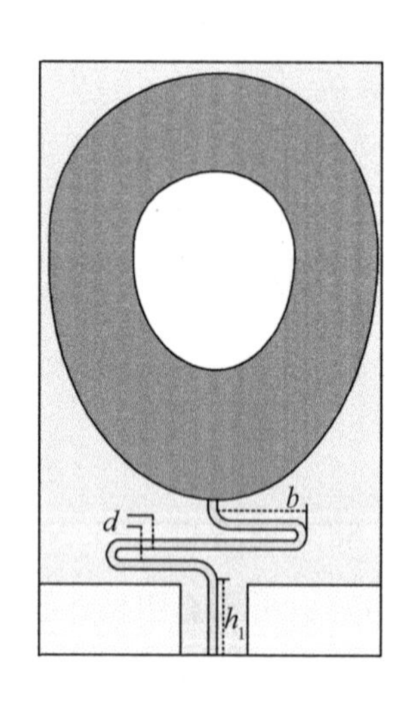

图 4　低频性能优化结构

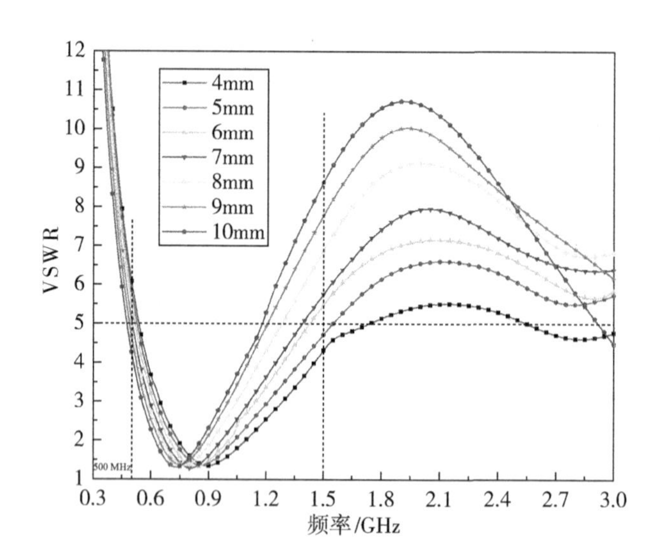

图 5　不同 b 值下结构 4 的 VSWR

图 6 为结构 4 在 1GHz 时的 E 面和 H 面方向图。E 面方向图呈“8”字形，指向性明显，H 面为全向辐射且各方向 g_{re} 大小相近，其最大 E 面 g_{re} 和 H 面平均 g_{re} 分别为 -5.6dB、-5.8dB，对比结构 3 可得，弯折处理并不影响天线的辐射特性。

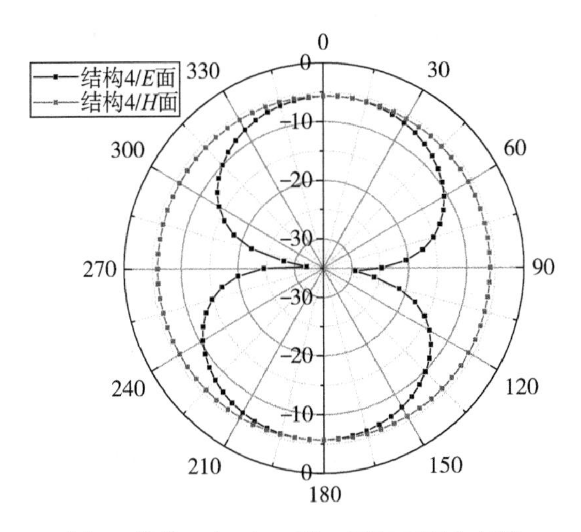

图 6　结构 4 在 1GHz 下 E 面和 H 面方向图

1.4　绝缘油环境对天线性能的影响

当柔性天线被内置到变压器中进行 PD 检测时，天线的工作环境介质变成了绝缘油，其性能将发生改变。空气、SF_6 绝缘气体和绝缘油均为非磁性介质，而绝缘油的 ε 更大。根据公式(8)和公式(3)可得，电磁波在绝缘油中的传播速度 v 更慢，在相同的结构下，内置于绝缘油中的天线将拥有更低的 f_L。

$$v = \frac{1}{\sqrt{\mu\varepsilon}} \tag{8}$$

式中，μ 及 ε 分别为介质的导磁系数和介电常数。

本文以 25#变压器绝缘油为介质，研究天线内置于绝缘油后的性能变化。仿真过程中将天线辐射环境的 ε_r 及 $\tan\delta$ 分别设置为 2.2 和 0.0008。仿真所得天线 VSWR 如图 7 所示，可以看出，天线在绝缘油中的 f_L 降低到了 340MHz，相比于绝缘气体中降低了 160MHz，并且在 340~700MHz 频带内的 VSWR 优于在绝缘气体中，但在 1.15~1.5GHz 频带内的性能有所下降，导致天线在绝缘油中的有效频带略有减小。值得注意的是，绝缘油中的绝缘缺陷 PD 往往比较剧烈，放电过程中释放的电磁能量较大[24]。因此，虽然绝缘油中 1.15~1.5GHz 频带内天线的 VSWR 大于 5，但是能保持小于 6.5，天线还是可以接收较强的 PD 电磁能量的。

图 8 为天线在绝缘油和绝缘气体中 1GHz 下的 E 面和 H 面方向图。天线在绝缘油中的辐射方向图形状与在绝缘气体中相似，E 面呈“8”字形，H 面为全向辐射。但绝缘油中 H 面 g_{re} 都小于在绝缘气体中，并且 E 面 g_{re} 在主辐射方向上也都小于在绝缘气体中。天线在绝缘油中的最大 E 面 g_{re} 和 H 面平均 g_{re} 分别为-6.9dB、-9.1dB。

单极子天线在远场空间中的电场强度 E 可利用公式(9)进行估算[25]。绝缘油拥有更大的 ε，因此，在空间中的某一相同点，绝缘油中的 $|E|$ 小于在绝缘气体中。较大的 ε 制约了 E 的传播，不利于天线对 PD 电磁能量的接收。另外，根据公式(6)和(7)，1GHz 时绝缘油中的 VSWR 大于在绝缘

气体中，这也会对天线的 g_{re} 产生负面的影响。

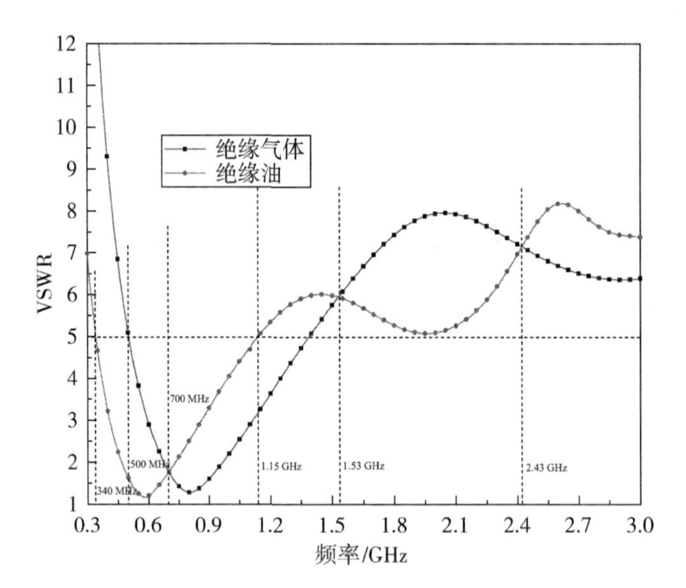

图 7　绝缘油与绝缘气体中天线 VSWR 对比

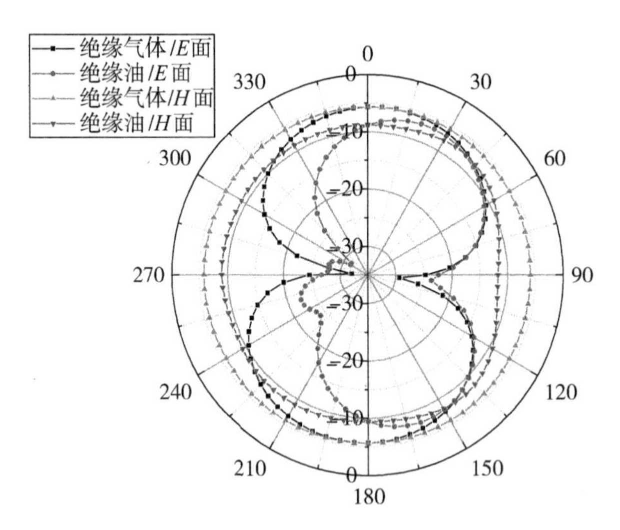

图 8　不同环境下结构 4 在 1GHz 下 E 面和 H 面方向图

$$E=\sqrt{\frac{\mu}{\varepsilon}}\frac{\mathrm{j}kl}{4\pi r}\left\{e_r\left[\frac{1}{\mathrm{j}kr}+\frac{1}{(\mathrm{j}kr)^2}\right]2\cos\theta+e_\theta\left[1+\frac{1}{\mathrm{j}kr}+\frac{1}{(\mathrm{j}kr)^2}\right]\sin\theta\right\} \tag{9}$$

式中，$k=\dfrac{\omega}{\sqrt{\mu\varepsilon}}$ 为传播常数；l 为电偶极子有效长度；r 为观测距离。

基于上述对天线结构的优化设计和天线在不同绝缘介质中的辐射特性研究，最终确定的天线结构参数如表 2 所示。天线的 L 和 W 分别仅为 58mm 与 36.8mm，相较于基本的单极子天线结构缩小了 50.4%。实际应用时，可通过柔性弯曲将天线内置安装于更小尺寸的变压器放油阀中。PI 柔性基底厚度为 0.3mm，实物如图 9 所示。

表 2　　**结构 4 几何参数**

参数	大小/mm	参数	大小/mm
L_0	58	W_0	36.8
L_1	8	W_1	17.3
L_2	42.3	W_2	36
L_3	17.6	W_3	16
g	0.7	W_4	0.8
b	7	h_0	15.3
d	0.8	h_1	9.2

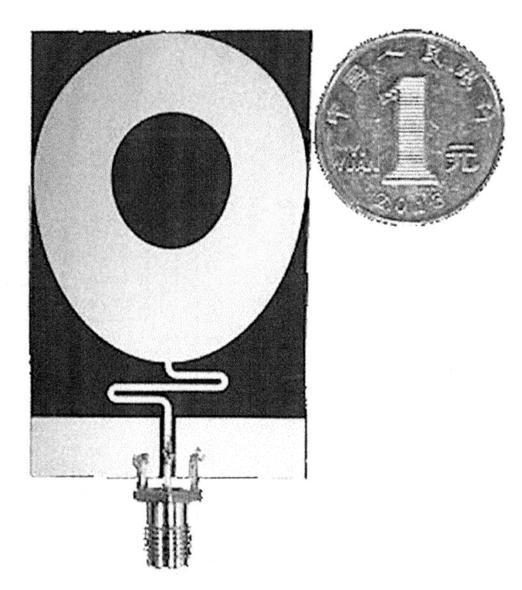

图 9　柔性单极子天线实物

2　天线性能分析

2.1　电压驻波比

考虑柔性小型化单极子天线内置安装于电力设备后的弧形弯曲形变，本文在 300MHz~3GHz 频带内对设计的天线在不同弯曲半径(50mm 和 100mm)和不同弯曲方向下的性能进行了扫频分析，如图 10 所示。

图 11 为在不同介质中和在不同弯曲半径下，沿 x 轴(图 11(a))和沿 y 轴(图 11(b))方向弯曲仿真所得 VSWR 曲线。在沿 x 轴弯曲方向上，不同弯曲程度下，天线在绝缘气体中的 VSWR 能保持在 510MHz~1.5GHz 频带内小于 5，在绝缘油中的 VSWR 能保持在 330MHz~1.5GHz 频带内小于 5，

弯曲前后天线的f_L基本一致。在沿y轴弯曲方向上，天线在绝缘气体和绝缘油中的VSWR与未弯曲时基本一致。

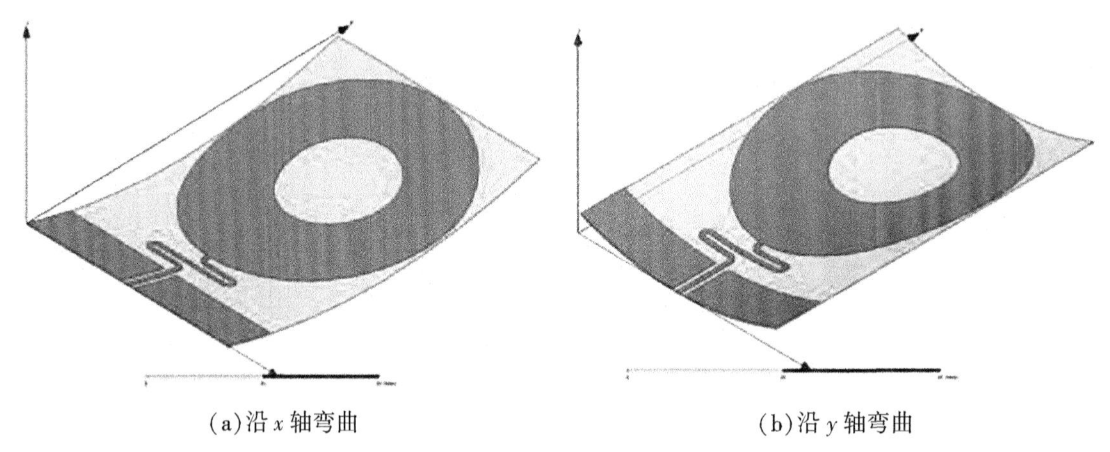

图10 柔性天线不同弯曲状态

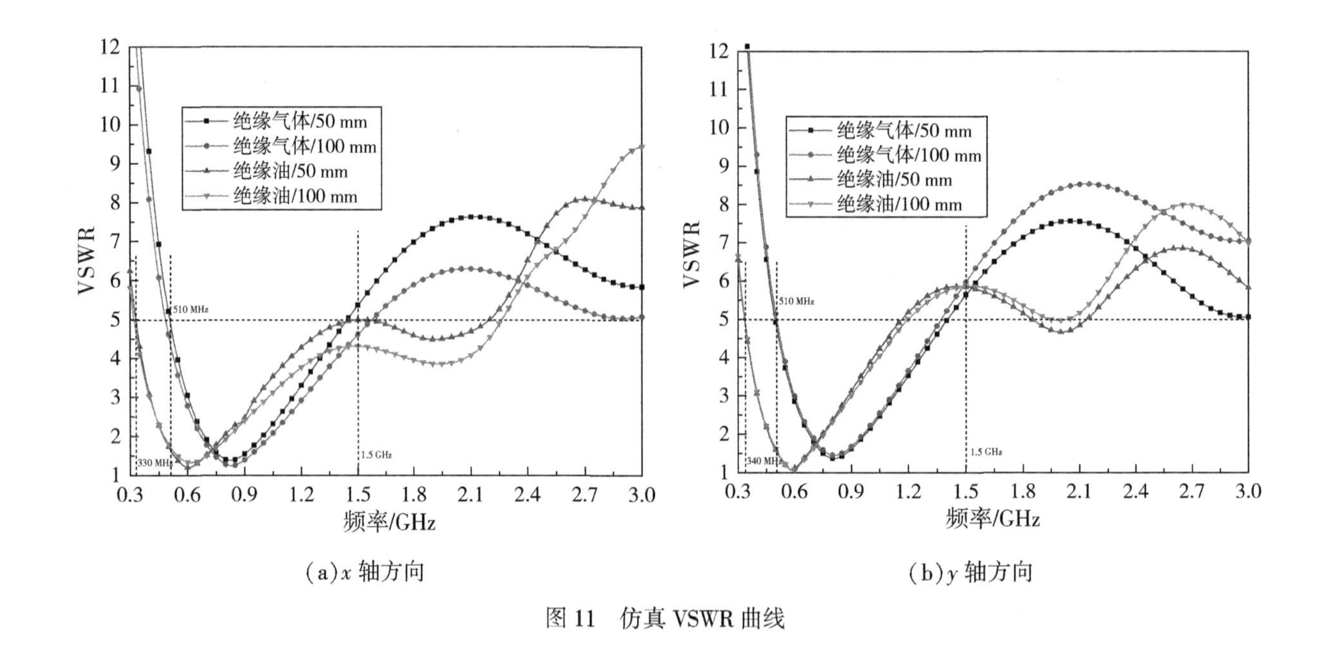

图11 仿真VSWR曲线

图12为对应的实测所得VSWR曲线。在沿x轴弯曲方向上，不同弯曲程度下，天线在绝缘气体中的VSWR能保持在440MHz~1.78GHz频带内小于5，在绝缘油中的VSWR能保持在360MHz~2.35GHz频带内小于5，弯曲前后天线的f_L基本一致。在沿y轴弯曲方向上，天线在不同工作环境中的有效频带与沿x轴方向弯曲时基本一致。1.5GHz时，不同弯曲状态下的VSWR实测值都能保持小于5。与仿真结果相比，VSWR曲线都呈先降低后上升的趋势且f_L相近。

2.2 辐射方向图

图13和图14分别展示了1GHz时，柔性天线在不同弯曲状态下的E面和H面方向图。可以看

出，天线 E 面方向图都呈“8”字形，指向性良好。在绝缘气体中，H 面方向图都呈“圆”形，可全向接收 PD UHF 信号。在绝缘油中，天线 H 面方向图呈“蝴蝶”形，g_{re} 在 60°~120°之间均匀下降，在 90°时，相比于其他方向下降了 3dB 左右。上述弯曲状态下的方向图结果均与未弯曲时保持一致，天线在绝缘油中 H 面方向图形状的差异是由于作图比例尺不一致导致的。

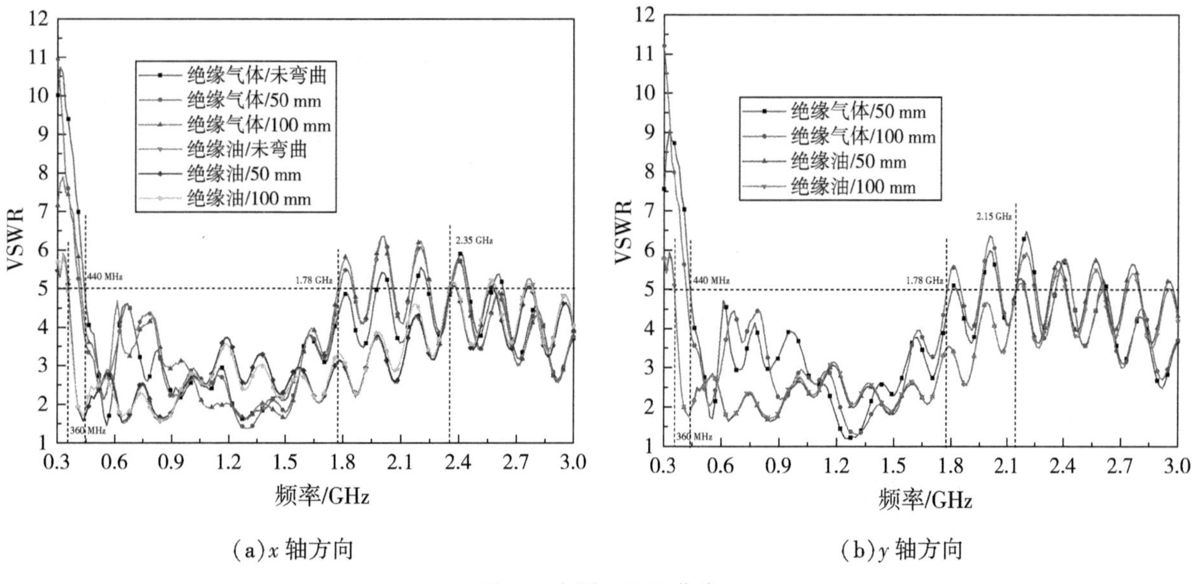

(a) x 轴方向　　(b) y 轴方向

图 12　实测 VSWR 曲线

文献[26]设计了一种尺寸为 45mm×30mm×2mm 的微带贴片天线用于 GIS PD 检测，天线在 1GHz 时的最大 E 面和 H 面的增益为-38.5dB；文献[27]设计了一种尺寸为 90mm×90mm×9mm 的层叠 Hilbert 分形天线用于 PD 检测，天线在 1GHz 时的最大 E 面和 H 面的增益为-4.4dB。对比上述结果可知，本文设计的柔性单极子天线具有良好的综合性能，可在较小的尺寸下保持较高的增益水平，有利于 PD 检测。

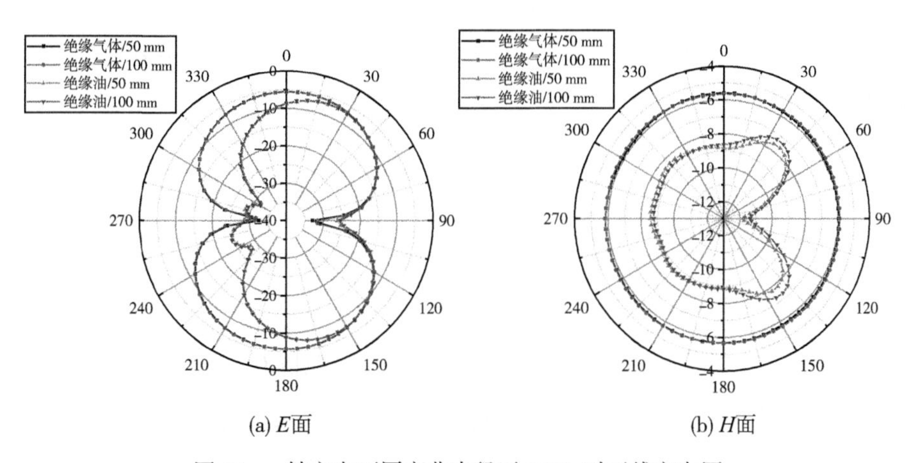

(a) E面　　(b) H面

图 13　x 轴方向不同弯曲半径下 1GHz 时天线方向图

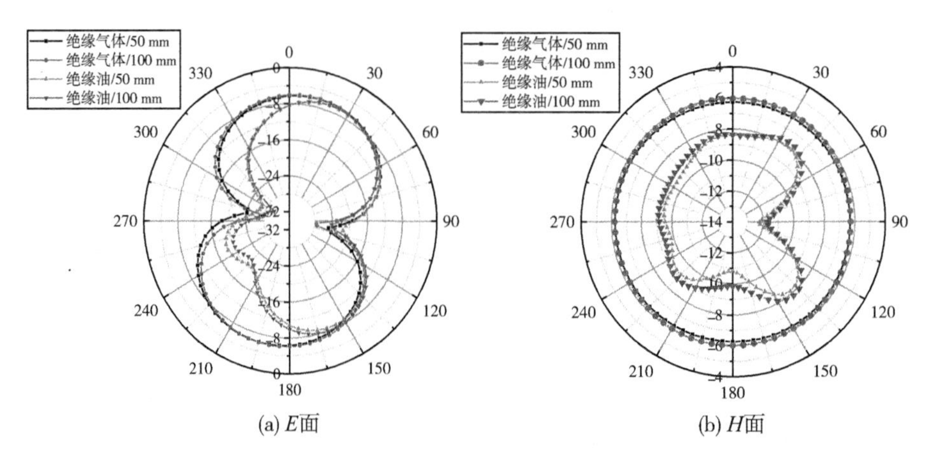

图 14　y 轴方向不同弯曲半径下 1GHz 时天线方向图

3　柔性单极子天线内置 PD UHF 检测实验

3.1　PD 检测实验平台

为验证设计的柔性单极子天线内置于不同电力设备后的实际 PD UHF 信号检测性能，本文分别搭建了 GIS 与变压器内置 PD 实验平台，实验电路如图 15 所示，图中，R_1、C_1/C_2、C_3 及 R_2 分别为保护电阻、耦合电容、分压电容及检测阻抗。信号采集设备为泰克高性能数字示波器(Tektronix * MS044，采样率 6.25GS/s，四通道)。

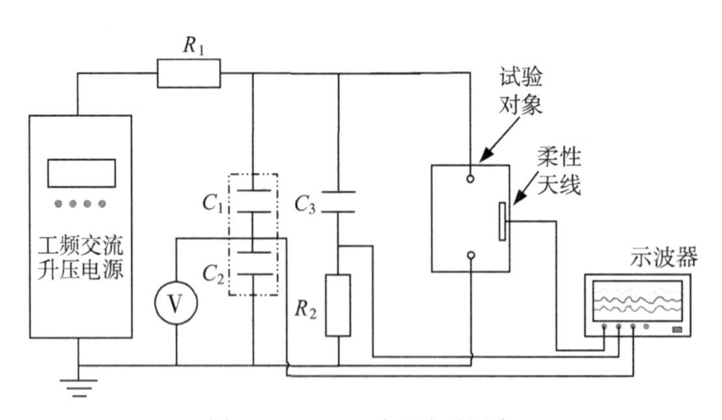

图 15　PD UHF 内置实验平台

3.2　GIS 内置 PD 检测实验

GIS 内置 PD 检测实验在真型 220kV GIS 中进行。GIS 中充以 0.4MPa SF_6 气体，并分别设置针板和悬浮电极模型模拟尖端和悬浮放电缺陷，缺陷模型如图 16(a)和图 16(b)所示，针电极的尖端半径都为 0.2mm。缺陷模型的高压端与 GIS 母线相连，低压端通过盖板接地。柔性天线放置区域 GIS 外壳的弯曲半径约为 200mm，并通过 SMA 同轴线连接柔性天线和盖板上的转接口将 UHF 信号引出至示波器，如图17所示。

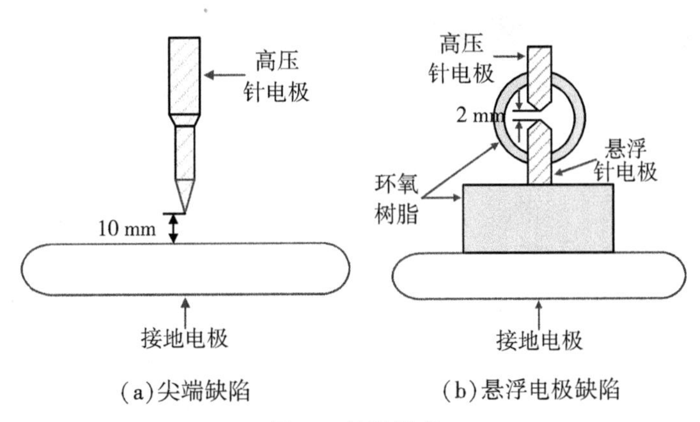

(a)尖端缺陷　　(b)悬浮电极缺陷

图16　缺陷模型

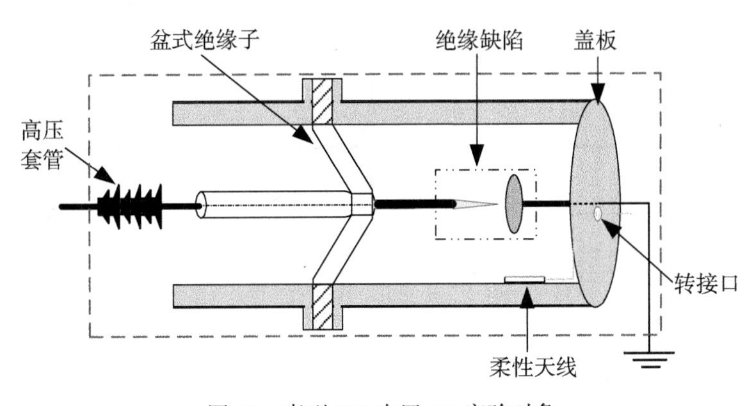

图17　真型GIS内置PD实验对象

图18(a)所示为当实验电压为29kV时，尖端缺陷放电下实验采集的PD信号。可以看出，当放电量为6.1pC时，柔性单极子天线检测到的UHF信号峰值为5.9mV，表明设计的天线检测灵敏度较高，可有效实现低放电量下的PD信号采集。进一步结合图18(b)可以得到，整体上，放电量在20pC以内时，随着放电量的增加，UHF信号峰值呈增大趋势，但同时也存在放电量较大时UHF信号峰值较低的点，这体现了PD辐射能量的随机性。上述实验结果满足DL/T 1432.4规定的GIS PD检测用天线需可有效检测20pC放电量下PD信号的要求[28]。

图19显示了当实验电压为48kV时，绝缘气体中悬浮电极缺陷放电下实验采集到的PD信号。可以看出，当放电量为653.4pC时，柔性单极子天线检测到的UHF信号峰值达771mV，但波形具有明显的低频振荡现象，衰减时间达2μs。与尖端放电不同的是，悬浮放电脉冲电流信号峰值出现在负半轴。

图20展示了尖端缺陷发生稳定PD时在一个工频周期内的相位图谱信息，可以看出，尖端放电UHF信号脉冲序列主要出现在工频正半周60°~120°之间，相位特征明显且信号出现频次密集。悬浮放电呈间歇性特征，但放电所激发的UHF和脉冲电流信号幅值较稳定。试验结果进一步验证了设计的柔性单极子天线能满足GIS内置PD检测需求。

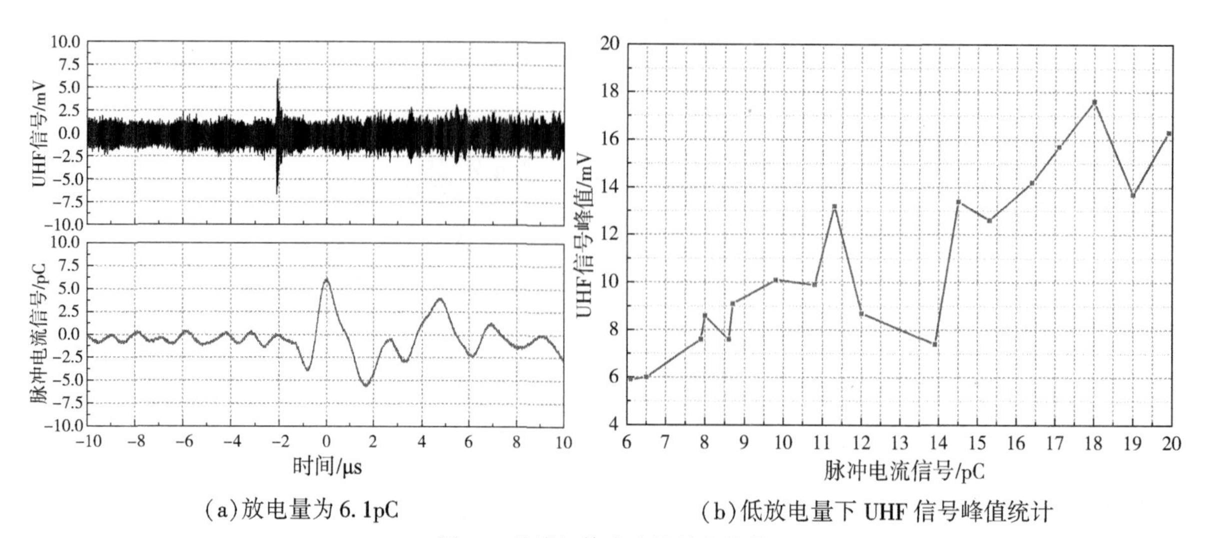

(a)放电量为6.1pC　　(b)低放电量下UHF信号峰值统计

图18　绝缘气体中尖端放电信号

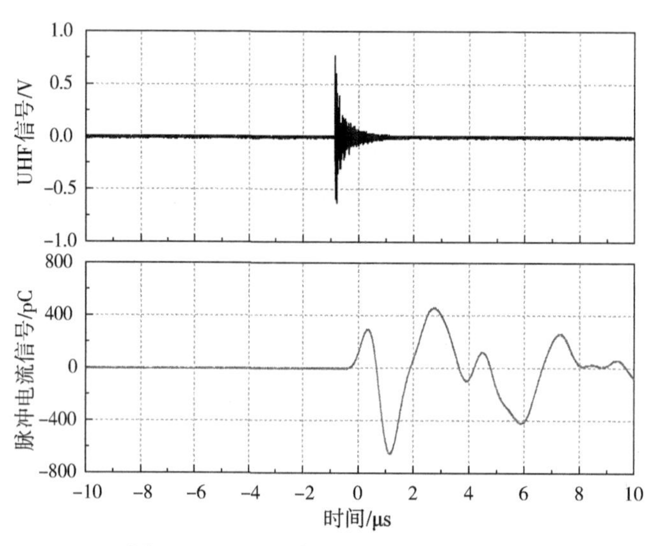

图19　653.4pC放电量下悬浮放电信号

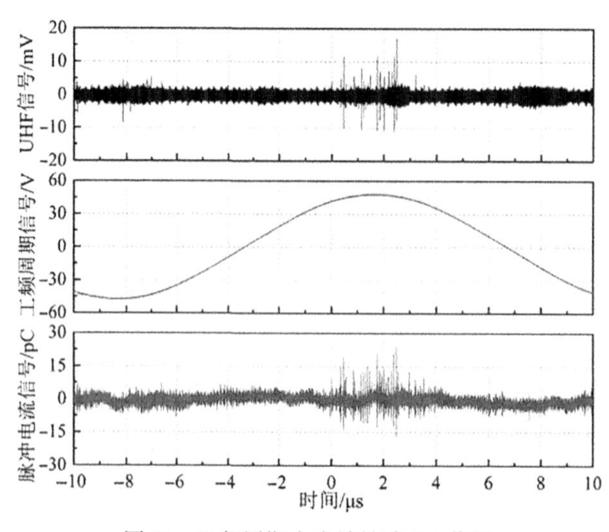

图20　工频周期内尖端缺陷PD信号

3.3 变压器内置实验

变压器内置PD检测实验在油纸绝缘放电模拟罐中进行，在模拟罐中加克拉玛依25#变压器专用绝缘油并设置针板和悬浮电极模型模拟尖端和悬浮放电缺陷。针板电极之间放置有1mm厚的绝缘纸板，针与纸板间距1mm，针电极的尖端半径为0.2mm；悬浮电极模型与GIS内置PD实验保持一致。实验采用两个柔性单极子天线进行对比测试，一个置于模拟罐外(柔性天线1)，另一个置于模拟罐中(柔性天线2)，柔性天线2通过环氧树脂胶固定在模拟罐内壁上，两天线与放电源的距离一致且位于同一水平线上，如图21所示。

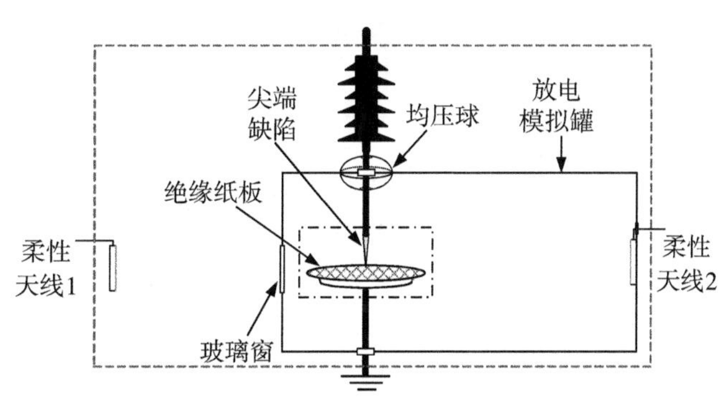

图21　变压器模拟内置PD实验对象

图22(a)为当实验电压为9.3kV、放电量为8.4pC时柔性天线1和2在尖端放电下采集到的PD信号。可以看出，柔性天线1检测到的UHF信号峰值(46mV)略大于天线2(37mV)。绝缘油中尖端放电呈间歇性特征。若以100pC为标准定义U_{PDIV}[29]，则图22(b)显示了在98.1pC放电量下两天线检测到的UHF信号，柔性天线1和2检测到的UHF信号峰值分别达315mV和265mV，没有低频振荡现象。总体上，无论是在高放电量还是在低放电量下，设计的柔性天线在绝缘油中都能有效检测到较大的UHF信号幅值，可应用于变压器内置PD检测。

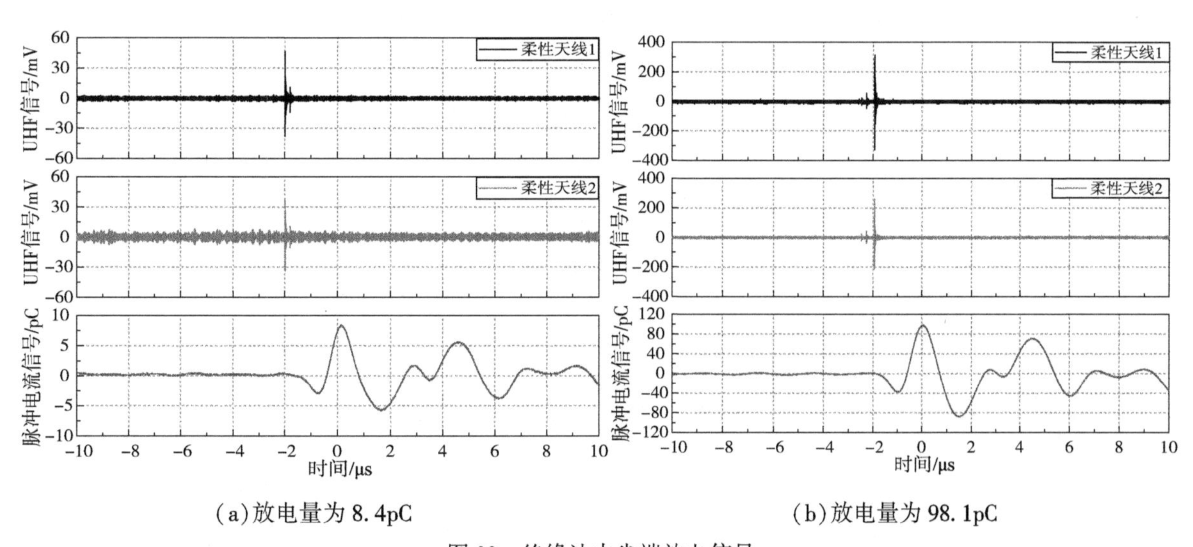

(a)放电量为8.4pC　　(b)放电量为98.1pC

图22　绝缘油中尖端放电信号

图 23 显示了当实验电压为 11.2kV，放电量为 746.8pC 时柔性天线 1 和 2 在悬浮放电下采集到的 UHF 信号。柔性天线 1 和 2 检测到的 UHF 信号峰值都出现在负半轴，分别为 591mV 和 458mV。绝缘油中悬浮放电也呈间歇性特征。对比在 GIS 中的实验结果可以得出，绝缘油中悬浮放电脉冲电流信号的峰值出现在正半轴，并且虽然放电量更大，但辐射出的电磁能量却不如在绝缘气体中；而在相近放电量下，绝缘油中的尖端放电辐射出的电磁能量更多。另外，绝缘油中悬浮放电 UHF 信号也存在低频振荡现象，但衰减时间为 1μs。

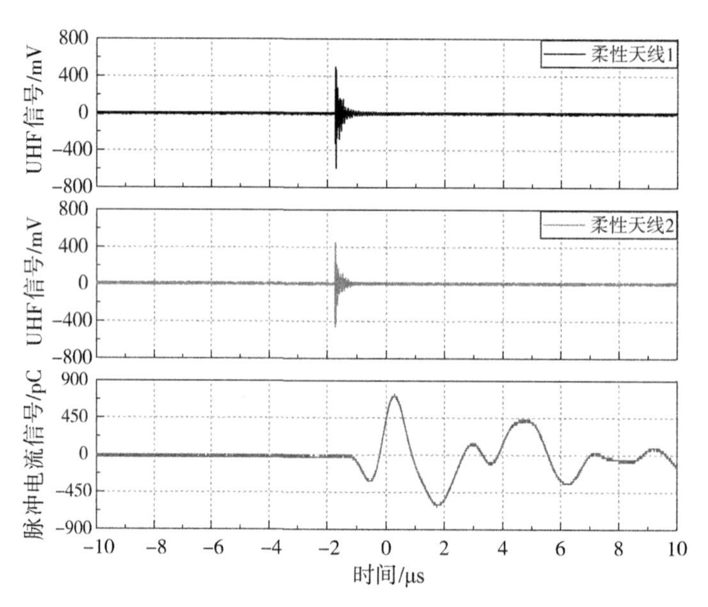

图 23　746.8pC 放电量下悬浮放电信号

图 24(a)为在不同环境中尖端放电 UHF 信号的频谱分析。可以看出，绝缘气体中尖端放电 UHF 信号的频谱能量集中在 500MHz～1GHz，少量分布在 100MHz 以下的低频范围内；绝缘油中尖端放电 UHF 信号的频谱能量分布在 400～600MHz 和 300MHz 以下的低频部分。由图 24(b)可知，绝缘气体和绝缘油中悬浮放电UHF信号的频谱能量都集中在100～350MHz的低频段。由于环境噪声

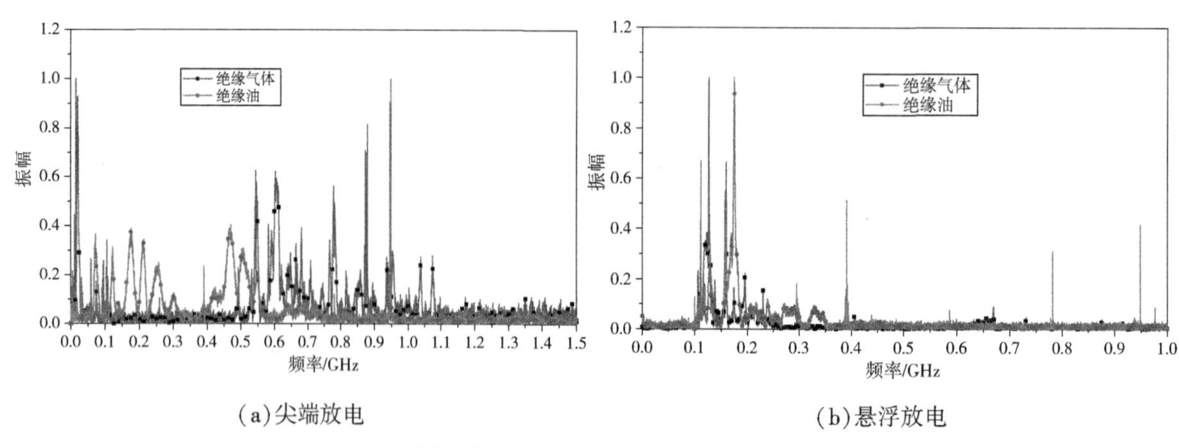

(a)尖端放电　　(b)悬浮放电

图 24　不同环境和绝缘缺陷放电下 UHF 信号 FFT 分析

从实验罐上的玻璃观察窗泄漏到罐内导致了绝缘油中PD UHF信号存在380MHz、780MHz及940MHz附近的干扰信号。GIS中的实验结果则可体现内置UHF法可有效避免环境噪声干扰的优点。

4 总结

针对现有内置式PD UHF检测天线的不足，本文引入PI柔性材料设计了电气设备PD检测用柔性小型化UHF单极子天线，并通过有限元仿真和实测分析了该柔性天线在不同介质中和弯曲状态下的辐射性能。最后，利用搭建的实验平台对天线的PD检测性能进行了实测，得出的结论如下：

(1)通过对单极子天线辐射区的镂空处理可改善电流分布，改善天线阻抗匹配；弯折处理增加天线的电流长度，优化了低频性能。天线的尺寸仅为58mm×36.8mm×0.3mm，相较于基本的单极子天线结构缩小了50.4%。柔性基底的引入和较小的尺寸极大地增加了天线内置的灵活性，且弯曲状态的变化不影响天线的辐射性能。

(2)在不同环境下的天线性能实测表明，绝缘油较大的ε_r有利于改善天线的低频性能，但同时增加了对PD UHF信号传播的衰减。总体上，设计的柔性天线能有效检测到低放电量下的PD信号，在密集放电下的响应特性较好，满足国标要求。

(3)在相近放电量下，绝缘油中尖端放电辐射出的电磁能量更多，而悬浮放电辐射出的电磁能量不如在绝缘气体中。绝缘气体中，设计的柔性单极子天线检测到的悬浮放电PD UHF信号低频振荡时间更长。

◎ 参考文献

[1]李清泉，王良凯，王培锦，等. 换流变压器油纸绝缘局部放电及电荷分布特性研究综述[J]. 高电压技术，2020，46(8)：2815-2829.

[2]许渊，刘卫东，陈维江，等. GIS绝缘子局部放电高灵敏测量方法及应用[J]. 中国电机工程学报，2020，40(5)：1703-1713.

[3]Xing Y, Wang Z, Liu L, et al. Defects and failure types of solid insulation in gas-insulated switchgear: In situ study and case analysis[J]. High Voltage, 2021, 7(1): 158-164.

[4]高扬，沈毅，夏峰，等. 基于特高频传感器的GIS局放信号监测装置及定位方法[J]. 电气工程学报，2022，17(1)：244-250.

[5]李臻，罗林根，陈敬德，等. 基于特高频无线传感阵列的新型局部放电定位方法[J]. 高电压技术，2019，45(2)：418-425.

[6]丁然，聂鹏飞，李意. 内置式特高频传感器在GIS设备上安装布点方案研究[J]. 高压电器，2017，53(9)：78-84，89.

[7]Rodrigo M A, Castro Heredia L C, Muñoz F A. A magnetic loop antenna for partial discharge measurements on GIS[J]. International Journal of Electrical Power & Energy Systems, 2020, 115:

105514-105514.
[8]李军浩，韩旭涛，刘泽辉，等. 电气设备局部放电检测技术述评[J]. 高电压技术，2015，41(8)：2583-2601.
[9] Chen H. Ultra-high frequency micro-strip antenna design for gas insulated switch partial discharge detection[J]. Advanced Science Letters, 2012, 11(1): 268-273.
[10]关宏，司文荣，傅晨钊，等．变压器油阀内置式传感器抽气安装方法[J]. 高压电器，2021，57(7)：169-174.
[11]陈金祥．基于介质窗口和 UHF 传感器的变压器局部放电检测与定位方法[J]. 电网技术，2014，38(6)：1676-1680.
[12]唐志国，李成榕，常文治，等．变压器局部放电定位技术及新兴 UHF 方法的关键问题[J]. 南方电网技术，2008(1)：36-40.
[13]黄兴泉，赵善俊，宋志国，等．用超高频局部放电测量法实现电力变压器局部放电的在线监测[J]. 中国电力，2004(8)：56-60.
[14] Merwyn D, Rene B, Ravi D. Modularization of high voltage gas insulated substations[J]. IEEE Transactions on Industry Applications, 2020, 99: 1-1.
[15]李天辉，荣命哲，王小华，等．GIS 内置式局部放电特高频天线的设计、优化及测试研究[J]. 中国电机工程学报，2017，37(18)：5483-5493，5548.
[16]张国治，陈康，李晓涵，等. GIS PD 检测柔性内置小型化阿基米德螺旋天线传感器[J]. 高电压技术，2022，6：2244-2254.
[17]汲胜昌，王圆圆，李军浩，等. GIS 局部放电检测用特高频天线研究现状及发展[J]. 高压电器，2015，51(4)：163-172，177.
[18] Geyikoglu M D, Cavusoglu B. A detailed performance analysis of a novel UWB flexible monopole antenna realized with airbrush technique for different technologies [J]. Flexible and Printed Electronics, 2022, 7(2): 025002.
[19]南敬昌，王明寰．超宽带阶梯形微带单极子天线的设计与研究[J]. 电波科学学报，2021，36(2)：225-230.
[20] Belov D A, Stefanovich S Y, Yablokova M Y. Dielectric relaxation in a thermosetting polyimide modified with a thermoplastic polyimide[J]. Polymer Science Series A, 2011, 53(10): 963.
[21] Geyi W, Rao Q, Ali S, et al. Handset antenna design: Practice and theory [J]. Progress in Electromagnetics Research-pier, 2008, 80: 123-160.
[22]蔡鋆，袁文泽，张轩瑞，等．基于特高频自感知的变压器局部放电检测方法[J]. 高电压技术，2021，47(6)：2041-2050.
[23]刘顺成，王琛，杜林．变压器油中典型缺陷的局放特高频信号标定[J]. 高电压技术，2017，43(9)：2983-2990.
[24]孟延辉．变压器局放超高频检测与套筒单极子天线的研究[D]. 重庆：重庆大学，2007.

[25]贾惠芹，戴阳．螺旋天线原油含水率测量仪的误差分析与校准[J]．中国测试，2021，47(3)：116-121，158.

[26]任重，董明，肖智刚，等．检测GIS局部放电的超高频微带贴片天线设计[J]．绝缘材料，2013，46(5)：74-79.

[27]李旭东，李剑，杜林，等．用于超高频局部放电监测的智能传感器研制[J]．高电压技术，2015，41(12)：3944-3951.

[28]全国电力设备状态维修与在线监测标准化技术委员会．变电设备在线监测装置检验规范 第4部分：气体绝缘金属封闭开关设备局部放电特高频在线监测装置：DL/T 1432.4—2017[S]．北京：中国电力出版社，2017.

[29]全国高电压试验技术和绝缘配合标准化技术委员会．高电压试验技术 局部放电测量：GB/T 7354—2018[S]．北京：中国标准出版社，2018.

悬浮式抱杆分解组塔智能监测系统的研制

唐波[1,2]，李枫航[1]，张龙斌[1]，刘钢[1]

（1. 三峡大学电气与新能源学院，宜昌，443002；

2. 湖北省输电线路工程技术研究中心（三峡大学），宜昌，443002）

摘　要：当前悬浮式抱杆分解组塔工程大多依靠施工人员的经验进行施工，施工隐患极大。为此，结合当前电力物联网技术，研制了一套对抱杆和吊件受力及其空间姿态危险的全方位监测，以及信息实时传输预警的悬浮式抱杆分解组塔智能监测系统。分析了悬浮式抱杆分解组塔工艺流程和悬浮式抱杆组塔施工规程，确定从受力、倾角、高度、距离等方面进行组塔施工全方位安全监测，进而构建了系统监测点整体架构。针对组塔野外施工的特点，设计了数据实时采集与处理模型，并选择ZigBee通信技术和4G通信技术进行自组建局域网与4G广域网互联，完成数据现场交互和远距离传输。针对系统监测量类型多、分布广的特点，现场数据传输与预警程序采用轮询模式，实现各信道通过时分的有序利用。系统经福建周宁抽水蓄能电站500kV送出工程验证，在0.2s数据传输延迟下系统丢包率为0，数据传输稳定，关键监测点数据平均误差为4.14%，监测数据准确，应用情况良好。

关键词：悬浮式抱杆；铁塔组立；智能监测系统；传感器；ZigBee通信；轮询模式

0　引言

随着我国特高压工程建设的不断发展，我国输电线路的铁塔高度不断提高，导致组塔施工的危险性也相应增大[1]。特别是在采用悬浮式抱杆分解组塔方式组立特高压铁塔时，数十米长的金属抱杆和吨量级铁塔吊件，当前仅凭现场指挥人员和施工人员的经验进行施工，极易造成电力安全事故[2]。因此，研制一套能够实时感知悬浮抱杆以及吊件安全状态、全面汇聚施工信息以进行危险预警的组塔智能监测系统，是保障特高压组塔施工安全的迫切需求。

实际工程应用中，组塔监测系统的研制很早就有了尝试。如文献[3]研制了一套组塔施工视频监控系统，首次将监控摄像头安装在抱杆顶部。但单纯的视频监控系统无法获取组塔用绳索受力、抱杆姿态等影响施工安全的核心信息，实际上无法解决组塔施工安全问题。随后，文献[4]在视频监控的基础上，在组塔监测系统中加入了拉线拉力和抱杆倾角监测功能，但该系统采用有线电缆传输信号的方式反而影响了正常的组塔施工。文献[5]在文献[4]的基础上，对监测系统的信号传输方式进行了改良，采用 Wi-Fi 无线通信技术对现场信号进行传输，但由于野外遮挡物多，Wi-Fi 信号传输受限，导致无法实时获知组塔施工危险情况。文献[6]则采用了更适宜野外施工环境的 ZigBee 无线通信技术，但其仅对拉线拉力和抱杆倾角进行监测，获取的信息量过少，仍然无法起到安全监测的作用。

为解决当前组塔监测系统普遍存在的监测参量片面且通信方式不适用于工程实际的问题，本文基于电力物联网技术，研制了一套悬浮式抱杆分解组塔智能监测系统，实现了对抱杆和吊件受力及其空间姿态危险的全方位监测；同时将 ZigBee 通信网络和 4G 通信网络进行网络互联，实现了组塔施工危险情况的近、远距离可视化监测与实时预警，确保了悬浮式抱杆组塔过程的安全性。

1 系统整体设计方案

1.1 悬浮式抱杆组塔过程及存在的问题

悬浮式抱杆分解组塔是指抱杆置于塔身内部中心位置，且整个抱杆呈悬浮状态的一种组塔方式[7]。悬浮抱杆底部由绑扎在主材底部的 4 根承托绳拖起，悬浮抱杆顶部由绑扎在主材上部或连接在地锚上的 4 根内(外)拉线固定。

根据悬浮式抱杆分解组塔工艺流程[7]，以及大量组塔工程事故分析[8]，当前悬浮式抱杆组塔施工主要存在以下两个方面的不安全因素：

(1)当前指挥人员对组塔施工危险情况的判断主要源于个人施工经验，但由于悬浮式抱杆组塔方式中抱杆与绳索多、受力复杂，单凭经验难以准确判断抱杆及吊件的受力状态，对危险情况难以预警；

(2)铁塔通常高达数十米，当组立到较高的塔段时，指挥人员视距将因复杂的施工环境而受限，人工监测难免遗漏施工危险点，无法做到对整个组塔工程的全方位监测。

1.2 监测需求及监测点设置

针对传统悬浮式抱杆组塔方式中上述两个方面的问题，考虑通过无线传感器在线监测的方式，实现对组塔施工情况全方位、全过程实时感知。具体监测需求如下：

(1)拉线的受力监测。拉线作为固定悬浮抱杆的重要部件，若其中一根绳索因承受不住外力而断裂，将直接使整个抱杆系统失稳，从而导致抱杆倾倒、塔材掉落等严重的安全事故。因此，在 4 根与塔身连接的起吊绳上各安装 1 个拉力传感器，监测拉线的拉力值。

(2)起吊绳的受力监测。起吊绳作为提升塔材的主要受力部件，工作时需提升吨量级构件升至高空，若其发生受力过载导致绳索拉断现象，则将导致吨量级吊件从高空失稳下冲，造成安全事故。因此，在 2 根起吊绳上各安装 1 个拉力传感器，监测起吊绳的拉力值。

(3)抱杆的姿态监测。抱杆作为整个组塔过程中最重要的受力构件，施工规程对其最大倾角有一定限制，因此，在抱杆内部安装1个倾角传感器，监测抱杆工作倾角值。另外，在一些较险峻的地势下施工时，即使抱杆倾角没有超过规定值，但此时抱杆与塔身可能接触碰撞，引起抱杆折断、铁塔构片掉落等严重安全事故。因此，还需对抱杆与塔身距离进行监测。

然而考虑到组塔时，抱杆和塔身为格构式构件之间的动态运动，两者间距离难以通过硬件的方式实时监测，因此决定通过推导抱杆与塔身距离实时计算公式的方法，以实时监测抱杆与塔身之间的距离。

(4)抱杆和吊件的高度监测。当组立一些较高段塔身或塔顶时，塔下指挥人员因为视距受限，无法根据塔片提升高度和抱杆工作高度判断塔片是否就位和抱杆是否需要提升。因此，在起吊绳传感器上集成1个高度传感器，用于测量吊件起吊高度；在抱杆倾角传感器上集成1个测距传感器，用于测量抱杆与地面距离从而实时反映抱杆工作高度。

(5)风速的监测。由于抱杆属于细长构件，抗风性能较弱，一旦施工现场风力较大，可能发生抱杆倾倒等重大组塔施工事故，工程上也严格规定风速大于5级不得作业。由高度与风速关系式可知，抱杆顶端所受风力最大，因此，在抱杆顶部安装1个风速传感器，用于测量施工现场的实时最大风力。

最终，组塔施工过程中总体监测点的设置如图1所示。

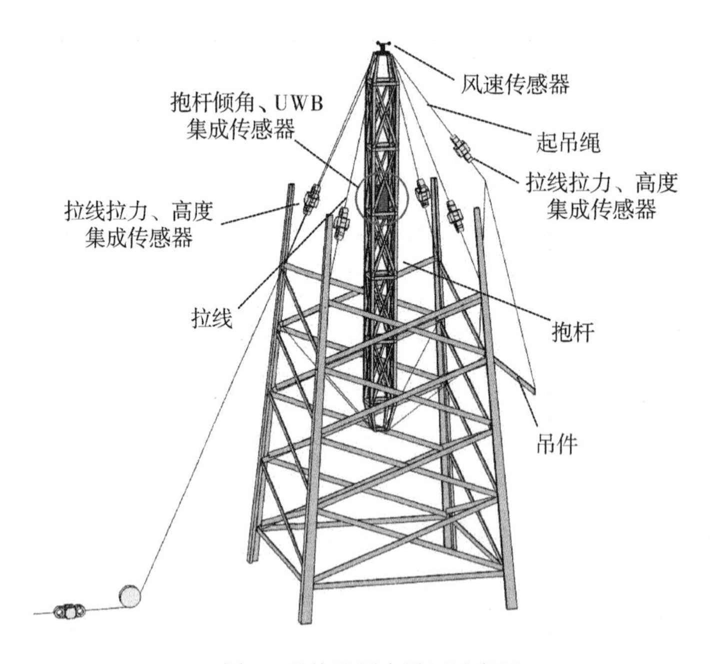

图1 系统监测点设置示意图

1.3 系统的整体结构

随着技术的发展，电力物联网(internet of things in power systems，IOTIPS)由于具有状态感知全面、信息处理高效、应用灵活便捷的特征[9]，已成为广泛应用于电力系统的工业级物联网。这样，本系统的整体框架也采用IOTIPS框架[10]，共分为3层，分别为智能感知层、无线传输层和信息整合层，如图2所示。

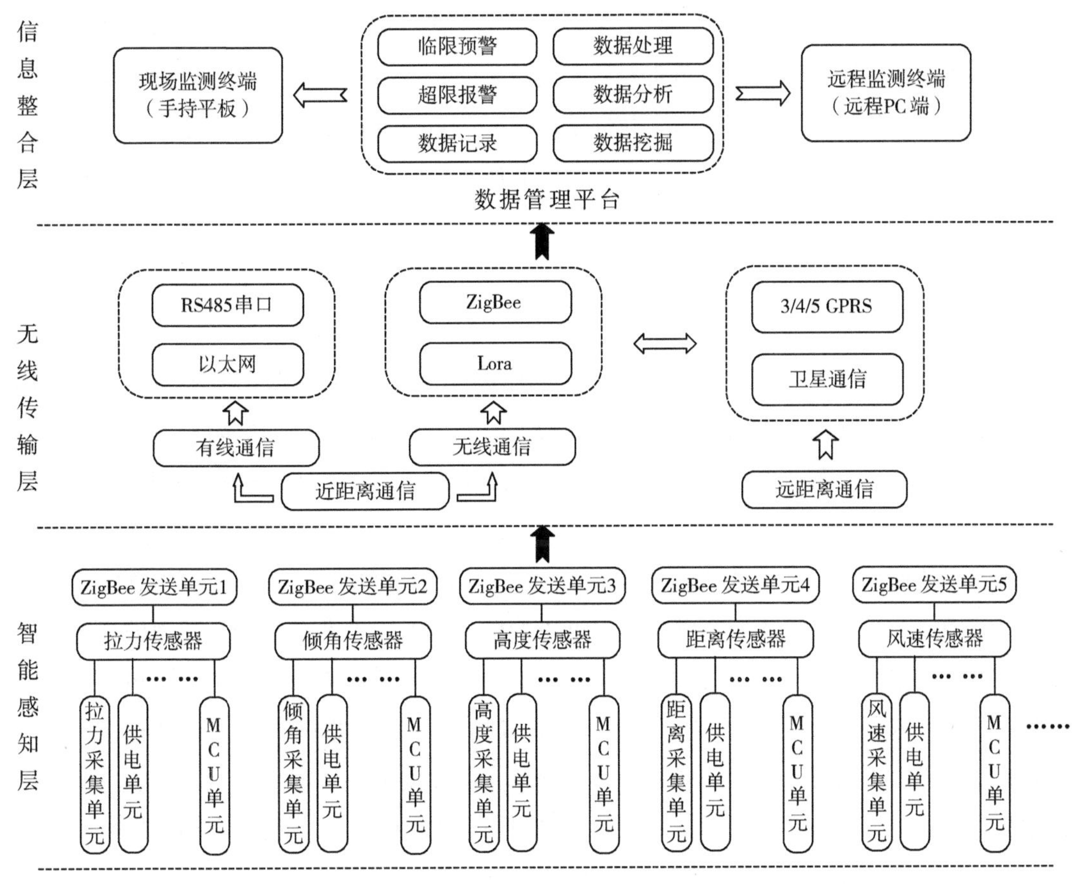

图2　系统整体框架示意图

智能感知层实现对状态信息进行精准采集与快速处理[11]，主要包括各类传感器及其内置数据采集单元、供电单元、MCU(microcontroller unit)单元等，用于对系统所监测的施工过程中拉力、倾角、距离等信息进行实时采集处理。无线传输层依托于各类现有的通信技术[12]，为智能感知层采集到的数据提供远、近距离传输通道，因此可根据组塔工程特点自主选择RS485串口、以太网、ZigBee、Lora、GPRS、卫星通信等各类通信技术，以实现智能感知层和信息整合层之间的纵向信息交互。信息整合层实现对海量信息的纵向整合和横向集成，合理利用数据价值[13]，包括人机交互平板和远程监测PC端，用于对现场监测数据进行分析处理，对临限、超限数据进行预警或报警，并将危险数据进行后台记录，为组塔施工受力数据分析、数据挖掘等提供支撑。

上述智能感知层、无线传输层和信息整合层中包括了系统采集、处理、通信等各类硬件模块和推动系统运行的一系列软件程序。为更清晰地论述设计思路，将系统的研制过程分为系统硬件设计和系统软件设计2部分。

2　系统硬件设计

根据1.2节确定的系统监测需求，系统采用的无线传感器包括拉力传感器、风速传感器、高度传感器、倾角传感器和距离传感器，负责对所安装位置的状态进行数据采集与处理。依据传感器功能的实现原理，每个传感器内部主要包含数据采集单元、系统处理模块和数据通信单元等。由于每个传感器内部区别主要在于数据采集单元形式，因此所有传感器系统处理模块和数据通信单元采用统一设计思路。

2.1　系统采集模块的设计

拉力传感器数据采集单元形式主要有应变式和压电式[14]。由于压电式传感器在实际使用中需采用特别的防潮措施，导致其无法用于气候变化较大的铁塔组立现场；而电阻应变式拉力传感器具有精度高、稳定性好、工程适应性强的优点，因此，拉力传感器数据采集单元形式采用电阻应变式。

风速传感器数据采集单元形式主要有机械翼式、热效应式和超声波式[15]。热效应式风速传感器具有测量范围广的优点，但受现场湿度、温度影响较大，因此不考虑使用。超声波风速传感器具有精度高、性能稳定的优点，但由于其体积庞大且造价较高，同样不适用于本系统风速监测。机械翼式风速传感器在测量精度和测量范围方面均满足铁塔组立施工监测要求，且具有体积小、造价低、安装方便等优点，因此，风速传感器数据采集单元形式采用机械翼式。

高度传感器数据采集单元形式主要有气压高度式、无线电高度式和GPS定位式[16]。无线电高度式和GPS定位式监测方法具有监测精度高的优势，但铁塔组立施工现场地形条件复杂，遮挡物较多，其信号难以传输，无法应用于铁塔组立工程中。气压高度式监测方法采用气压高度传感器进行监测，其具有不受障碍物影响，安装方便，测量范围广的特点，因此高度传感器数据采集单元形式采用气压高度式。

距离传感器数据采集单元形式有超声波测距式和红外测距式[17]。超声波测距式测距法具有方向性好、穿透能力强的优势，但由于铁塔组立施工现场环境较嘈杂，对其测量结果产生的影响较大，因此不考虑使用。红外测距式测距法具有精度高、安装方便等优势，但在抱杆移动过程中无法精确定位，且在雾天量程会急剧减小，同样也不适用于铁塔组立工程。UWB(ultra wide band)超宽带技术是一种依靠脉冲传输数据的通信技术，由于脉冲信号抗干扰能力极强，且可进行移动测量，采用UWB技术监测抱杆对地距离变化可有效避免因恶劣气候或障碍物遮挡导致的测量误差。这样，距离传感器数据采集单元形式决定采用UWB测距式。

倾角传感器数据采集单元形式主要有固体摆式、气体摆式和液体摆式[18]。气体摆式倾角传感器测量精度受温度影响较大，不适用于野外施工环境。液体摆式倾角传感器较脆弱，磕碰后极易损坏，同样不适用于组塔施工环境。固体摆式倾角传感器测量范围广，野外工程适用性较好。因此倾角传感器数据采集单元形式决定采用固体摆式。

2.2 系统处理模块的设计

系统采集模块采集的信号需经处理模块处理后，才能发送给通信模块进行数据传输。因此，需要对系统处理模块进行选型和设计。

模数转换单元实现对采集数据从模拟信号到数字信号的转化，是连接系统采集模块和系统处理模块的关键元件。当前，模数转换单元类型主要有逐次逼近型、积分型、并行比较型和 Delta-Sigma 型[19]。逐次逼近型转换器应用较为广泛，但由于转换速度较低，不适用于工业级实时监测。并行比较型转换器转换速度较快，但由于功耗过大，不适用于野外组塔施工长时间工作。Delta-Sigma 型模数转换器，转换速度快，低功耗，能良好地适应野外组塔施工。因此模数转换单元形式采用 Delta-Sigma 型，型号采用 ADS1232。

信号完成转换后，需由 MCU 单元进行信号分析处理。当前，MCU 单元类型主要包括 MSP 系列、STM 系列和 STC 系列[20]。MSP 系列和 STC 系列的优势在于能处理大量复杂的数据，但由于其指令所占空间大、集成复杂，而本系统数据量仅以字节计数等原因，不适合用作本系统 MCU 单元。STC 系列具有功耗低、程序简洁、通用性强等特点，能较好地适应本系统数据量处理需求，因此系统 MCU 单元类型采用 STC 系列，型号选用 STC12LE5616AD。

由于模数转换单元工作电压与 MCU 单元工作电压不同，两者直接连接将导致元件损坏。因此，在模数转换单元和 MCU 单元之间接入电平转换器 TXS0104EPWR，通过平衡两者之间的工作电压保证电路正常工作。另外，供电电源与数据采集单元、模数转换单元、电平转换器以及 MCU 单元工作电压也不同，12.6V 的电源无法直接对多种不同电压等级的元件供电。因此，工作电压为 5V 的数据采集单元、模数转换单元和电平转换单元共用电平转换器 LP2591AC，工作电压为 3.3V 的 MCU 单元用电平转换器 TPS562200，以实现电路正常运行。

MCU 单元和系统通信单元为系统中最为核心的元件，其中任何一个元件损坏将导致系统无法正常工作。因此，为防止系统工作时产生的信号干扰对两者造成影响，避免因元件烧毁波及整个电路，在 MCU 单元和系统通信单元之间增设了隔离器，以确保电路稳定运行。隔离器型号采用适配系统的 ADuM120x 双通道数字隔离器，功耗极低的优势满足系统设计需求。

要使系统完成数据的采集与处理，需将上述各单元进行合理的集成设计。系统在工作时，首先由数据采集单元采集组塔监测数据。随后，模数转换单元 ADS1232 将采集到的电信号转换为数字信号。MCU 单元 STC12LE5616AD 对模数转换单元传来的数字信号进行分析处理，并发送给系统通信模块，最终完成整个数据采集与处理过程。其中，电平转换器 TXS0104EPWR 用于平衡模数转换单元和 MCU 单元之间的工作电压，隔离器 ADuM120x 用于保护关键元件避免烧毁整个电路，供电电源通过电平转换器 LP2591AC、TPS562200 进行平衡电压后，分别对数据采集单元、模数转换单元、电平转换器和 MCU 单元进行供电。系统处理模块工作原理如图 3 所示。

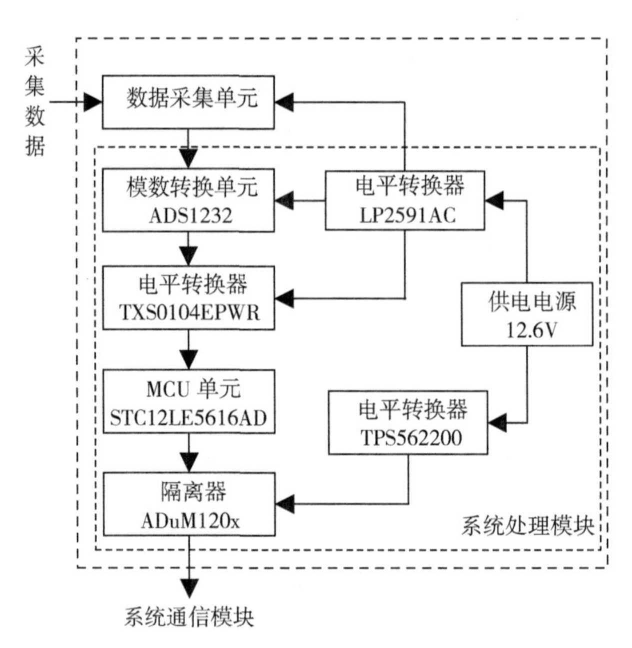

图 3　系统处理模块工作原理图

2.3　系统通信模块的设计

经系统处理模块处理后的信号，只有通过系统通信模块发送，才能实现信号局域或远程传输。因此，本节主要对系统通信模块进行选型与设计。

2.3.1　远近场通信技术的选取

通信技术的选取将直接决定工程中数据的传输效果。本系统的数据传输方式包括现场和远程数据传输，以实现组塔施工情况现场实时监测与远端数据共享。

组塔施工现场多处于偏远山地地区，地形条件危险，施工状况复杂。因此，进行现场数据传输的通信技术选取时，主要依据以下两个原则：

(1)通信技术能否满足现场施工需求。组塔现场施工工况复杂，占地面积大，通信技术的传输距离应当达到百米级；同时，由于铁塔高度可达百米级，难以做到频繁更换传感器电池，通信技术功耗应较低。

(2)通信技术能否满足及时预警的需求。由于系统主要用于实时感知组塔系统各关键点受力并预警，通信技术的传输延迟应当达到毫秒级，以满足系统对危险情况的及时反应。

由此，通信技术的确定应同时考虑传输距离、功耗情况、传输延迟等指标。当前，现场数据传输使用的无线通信技术主要包括蓝牙(bluetooth)、Wi-Fi(wireless fidelity)、LORA(long range radio)以及 ZigBee 等，详细性能对比如表 1 所示。

从表 1 可知，蓝牙的传输距离通常仅几十米，因此不考虑使用；Wi-Fi 设备功耗过高且需经常充电的特性，同样不适用于本系统组网；LORA 传输延时通常在几秒左右，虽然可应用于配电线路故障定位[21]，但难以满足组塔施工现场的实时性需求；而 ZigBee 是一种中远距离、低功耗、低延迟的无线通信技术，因此，系统决定采用 ZigBee 通信技术进行施工现场无线网络组建。

表 1　各通信方式性能对比

通信方式	主要频段	传输距离	传输延时	功耗
蓝牙	2.4GHz	几十米	秒级	一般
Wi-Fi	2.4GHz	百米级	毫秒级	高
LORA	470~510MHz	郊区可达 20km	秒级	极低
ZigBee	2.4GHz/915MHz/868MHz	郊区可达 2km	毫秒级	低

ZigBee 的通信频段选取直接决定了 ZigBee 在实际工程中的使用效果[22]。当前，ZigBee 通信频段主要包括 2.4GHz 和 915MHz。2.4GHz 频段由于频率太高，导致这个频段的信号基本没有穿透或绕射能力。组塔施工现场一般处于偏远山区，树木丛林等遮挡物较多，塔上传感器与塔下接收装置距离可达百米，因此，2.4GHz 通信频段不适用于铁塔组立工程。915MHz 频段的信号穿透力较强，传输距离较远，因此 ZigBee 通信频段选择 915MHz。此外，虽然系统监测数据量较多，但节点之间逻辑关系并不复杂，系统需要组网简单、路由协议简明，同时可靠性相对较高的网络拓扑结构，因此采用星形网络拓扑结构进行无线传感器组网。

远程通信技术的选择主要考虑信号覆盖、传输延迟等因素，主要包括 4G、5G 和卫星通信。由于组塔施工现场多在地形复杂的野外，5G 基站信号过于匮乏而不适用于输电线路铁塔组立监测；卫星通信则延迟高、租赁费用昂贵，多用于电视节目、广播节目的信号传输，同样不适用于组塔系统监测。考虑到当前 4G 通信技术高速率、低延迟、低成本、覆盖范围广的特点，因此系统决定采用 4G 通信进行数据远程传输。

2.3.2　硬件选型与设计

ZigBee 通信单元是实现 ZigBee 无线信号传输的硬件基础，可分为低速数传单元和高速数传单元两大类。低速数传单元最高传输速率一般不大于 150KB/s，其载波的穿透和绕射能力较强，传输距离相对较远；而高速数传单元传输速率可在 500KB/s 以上，但其载波的穿透力和绕射力较低，在空旷条件下，传输距离也仅有几十米。由于组塔施工现场遮挡物多、场地大，因此系统对信号的穿透力和传输距离要求较高，同时传感器采集的数据其实非常单纯，数据量以字节计数，需要传输的数据量不大，对传输速率的要求并不高。因此，结合以上多种因素，系统决定采用 ZigBee 低速数传单元，型号采用 XBee-PRO© 900HP 芯片。

施工数据通过 ZigBee 通信网络完成现场数据交互后，需要与 4G 通信单元进行数据联通，实现数据的远距离传输。因此，在完成 ZigBee 通信单元的硬件选型后，应对 4G 通信单元进行选型。4G 通信单元选用当前发展最为成熟的 4G DTU(data transfer unit)单元，型号为 WH-G405tf 芯片。

当系统通信模块将数据发出后，应由现场或远程的接收终端进行数据的接收与显示，因此采用现场人机交互平板和远程 PC 端作为数据接收终端。人机交互平板选用支持 ZigBee 通信技术和 4G 通信技术接入的品铂(PIPO)X4 工业三防平板；远程 PC 端采用支持 USB 串口接入的电脑即可。

由于现场施工数据是通过传感器内部通信单元传输至人机交互平板中，因此 ZigBee 通信单元的发送端安装在每个无线传感器内部，通过隔离器与 MCU 单元相连；接收端安装在人机交互平板内部，其输出端直接与人机交互平板的串口相连接。

远程数据传输通过现场 ZigBee 通信网络与远程 4G 网络互联实现，因此 WH-G405tf 通信单元的发送端安装在人机交互平板内部，通过 MP1652 电平转换器进行电压转换后与平板串口相连；WH-G405tf 通信单元的接收端则安装远程监测 PC 端，在接收到现场传来的数据后通过串口通信实现远程数据显示。

2.3.3 网络传输方案

要使系统完成对监测点数据采集、处理与传输，需设计形成一套完整网络传输方案。现场监测采用信号双向传输方式，当数据需要上传时，信号从 MCU 单元通过 DIN 引脚输入 ZigBee 通信单元的发送端等待数据发射。当 ZigBee 通信单元的接收端收到数据后，通过 DOUT 引脚输出至人机交互平板。当人机交互平板需要下达指令时，指令将通过 DIN 引脚进入 ZigBee 通信单元的发送端，待 ZigBee 通信单元的接收端收到信号后，通过 DOUT 引脚将信号输出至 MCU 单元中，完成现场集成数据的双向传输过程。

远程监测由人机交互平板接收到数据之后，通过 UART 串口通信将信号传输至 4G 通信单元并传输至 4G 基站，信号通过移动通信网传输，最终可通过 4G 通信单元将数据接入包括国网企业、能源企业和政府部门等远程用户平台，实现施工现场数据的异地化监测。

施工现场及远程网络传输方案如图 4 所示。

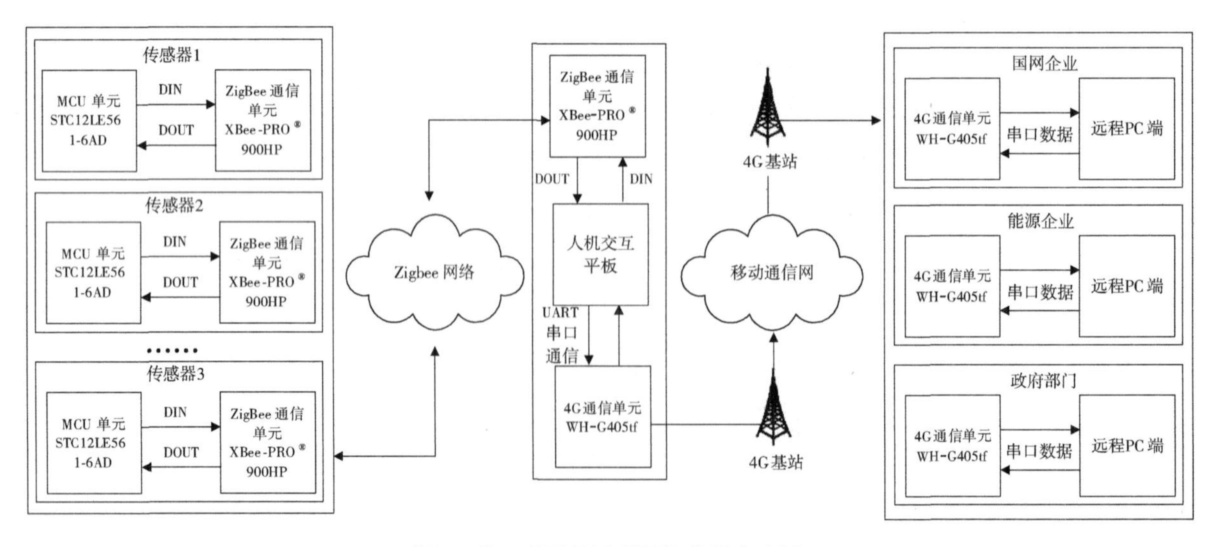

图 4　施工现场及远程网络传输方案图

3　系统软件设计

系统监测软件界面采用 Visual Basic 语言设计开发，程序界面为可视化操作界面。

3.1　系统通信协议的设计

在系统通信网络设计中，系统通信协议的设计最为重要，为实现数据的准确收发，系统波特率采用 9600bps，以保证用最大速率传输现场施工数据。

系统通信协议设计参考 GB/T 35697—2017《架空输电线路在线监测装置通用技术规范》附录 C[23]，采用 16 进制数据格式，每条报文都代表监测系统采集到的一个量化的值，如受力值、倾斜值、距离值或风速值。每条报文长度为 70 个字节，第 1~2 位表示报文头，第 3~4 位表示报文长度，第 4~20 位表示监测装置 ID，第 21 位表示帧类型，第 22 位表示报文类型，第 23 位表示帧序列号，第 24~40 位表示被监测点 ID，第 41~44 位表示采集时间，第 44~47 位表示拉线拉力，第 48~51 位表示抱杆倾角，第 52~55 位表示抱杆工作高度，第 56~59 位表示起吊绳拉力，第 60~63 位表示吊件起吊高度，第 64~67 位表示作业环境风速，第 68~69 位表示校验位，第 70 位表示报文尾。

通过对系统通信协议的设计与定义，明确了监测系统中各无线传感器与上级人机交互平板的通信依据，确定了本系统的通信协议格式。

3.2　抱杆与塔身距离程序设计

由 1.2 节可知，系统采用公式实时计算监测抱杆与塔身距离，公式计算需要通过程序设计实现，因此需要对抱杆与塔身距离进行公式推导和程序设计。

假设抱杆与塔身距离为 d(单位：m)；塔身顶端塔身宽度为 D_2(单位：m)；抱杆顶端所处高度为 H_1(单位：m)；塔身高度为 H_2(单位：m)；抱杆全长为 h(单位：m)；抱杆倾角为 ξ。抱杆与塔身距离计算示意如图 5 所示。

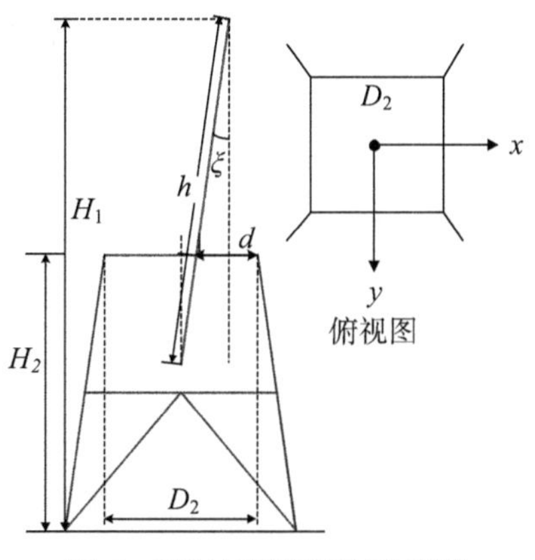

图 5　抱杆与塔身距离计算图

根据几何关系，抱杆与塔身距离 d 计算公式为：

$$d = \frac{D_2}{2} + (H_1 - H_2)\tan\xi - h\sin\xi \tag{1}$$

令横线路方向为 x 轴，顺线路方向为 y 轴，由于倾角传感器为双轴固体摆式，倾角传感器输出的 x 轴、y 轴与线路方向的 x 轴、y 轴指向相同，根据倾角传感器的倾角表达式[24]可得：

$$\xi = \arcsin\left(\frac{\sqrt{U_x^2 + U_y^2}}{H_m g}\right) \tag{2}$$

式中，U_x、U_y 分别表示双轴倾角传感器输出的 x 轴、y 轴测量信号，V；H_m 表示倾角传感器输出灵敏度，V/g；g 为重力加速度，m/s^2。

根据式(1)、(2)，抱杆与塔身距离可表达为：

$$\begin{aligned} d_x &= \frac{D_2}{2} + (H_1 - H_2)\tan\left(\arcsin\left(\frac{U_x}{H_m g}\right)\right) - h\sin\left(\arcsin\left(\frac{U_x}{H_m g}\right)\right) \\ d_y &= \frac{D_2}{2} + (H_1 - H_2)\tan\left(\arcsin\left(\frac{U_y}{H_m g}\right)\right) - h\sin\left(\arcsin\left(\frac{U_y}{H_m g}\right)\right) \end{aligned} \tag{3}$$

式中，d_x、d_y 分别表示抱杆距横线路方向塔身距离和抱杆距顺线路方向塔身距离，m；

分析式(3)可知，抱杆与塔身距离误差来源主要是倾角测量误差。为了确保能够准确测得倾斜角，决定采用改进的最小二乘法进行倾角测量修正[25]。最终，补偿后的抱杆与塔身距离为：

$$\begin{aligned} d_x &= \frac{D_2}{2} + (H_1 - H_2)\tan\left(\arcsin\left(\frac{U_x}{H_m g}\right) + \xi_{\varepsilon v}\right) - h\sin\left(\arcsin\left(\frac{U_x}{H_m g}\right)\right) \\ d_y &= \frac{D_2}{2} + (H_1 - H_2)\tan\left(\arcsin\left(\frac{U_y}{H_m g}\right) + \xi_{\varepsilon v}\right) - h\sin\left(\arcsin\left(\frac{U_y}{H_m g}\right)\right) \end{aligned} \tag{4}$$

式中，d'_x、d'_y 分别表示抱杆距横线路方向塔身的修正距离、抱杆距顺线路方向塔身的修正距离，m；$\xi_{\varepsilon v}$ 为倾斜角的误差补偿角。

在明确抱杆与塔身距离计算公式后，需要对抱杆与塔身距离程序进行设计。首先，根据组塔施工工程参数，结合施工设计图纸获取抱杆全长 h。待组塔施工开始进行后，根据实时施工进度，结合铁塔设计图纸和施工方案获取塔身顶端塔身宽度 D_2 和塔身高度 H_2，同时，根据抱杆倾角、高度传感器实时监测数据，获取抱杆实时倾角 ξ 和抱杆顶端所处高度 H_1。获取以上数据后，根据所推导的抱杆与塔身距离计算公式可得到抱杆与塔身距离 d_x、d_y。最后，根据改进的最小二乘法对上一步公式进行修正，最终得到抱杆与塔身修正距离 d'_x、d'_y，完成整个抱杆与塔身距离程序运行过程，如图 6 所示。

3.3 现场数据传输与预警程序设计

现场数据传输程序设计是实现系统数据传输的关键，预警程序的设计直接决定了系统对组塔施工安全监测的效果。针对系统监测点多、分布范围广的特点，现场数据传输与预警程序采用轮询模式[26]，即单独询问系统不同地址的每个监测点，待一监测点作答后，才开始下一监测点的询问，并以此方法反复地进行周期轮回，实现各信道通过时分的有序利用。

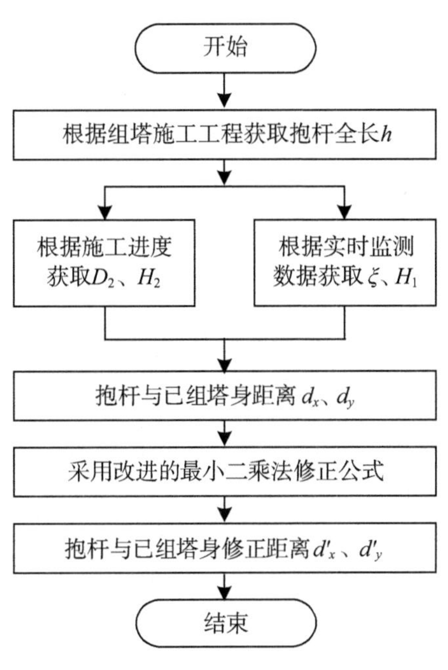

图 6　抱杆与塔身距离程序流程图

在数据传输过程中，首先监测终端开始调取目标地址码并判断，若目标地址码与本地地址码不匹配将中断程序并返回开始状态；如果目标地址码与本地地址码匹配，则发送地址数据(下达数据采集指令)并等待数据回传，若发送失败则重新发送指令直至发送成功。地址数据发送完成后，监测终端等待数据回传接收，若数据接收不成功次数超过 3 次，则判断为通信故障，此时立即开始调取下一目标地址码；若数据回传接收成功，监测终端对接收数据进行解析、运算并清除数据接收不成功次数。监测终端接收现场数据后，经分析处理在平板上显示监测数值，并同时判别监测数据是否处于安全范围以内，对大于预警值和报警值的数据，系统将采用不同的声音进行危险预警和危险报警，并对达到记录基值的数据进行记录。在完成某个单元数据调取和预警流程后，上位机即刻开始对下一个地址单元进行数据调取，即进行下一地址的询问。系统现场数据传输和预警程序设计如图 7 所示。

3.4　远程数据传输程序设计

远程数据传输程序设计直接决定了系统远程监测功能的效果，因此需要对远程数据传输程序进行设计。系统所选用的 4G DTU WH-G405tf 芯片在选择工作模式后即可使用。其工作模式一共有网络透传模式、HTTPD Client 模式和 UDC 工作模式 3 种。HTTPD Client 模式和 UDC 工作模式主要应用于串口服务器，按照 HTTP 协议格式和 UDC 协议格式与网页服务器的数据互动，无法应用于本系统。因此，系统远程传输采用无需协议封装的网络透传模式，直接通过模块串口发送到网络服务器，不做任何处理和修改。

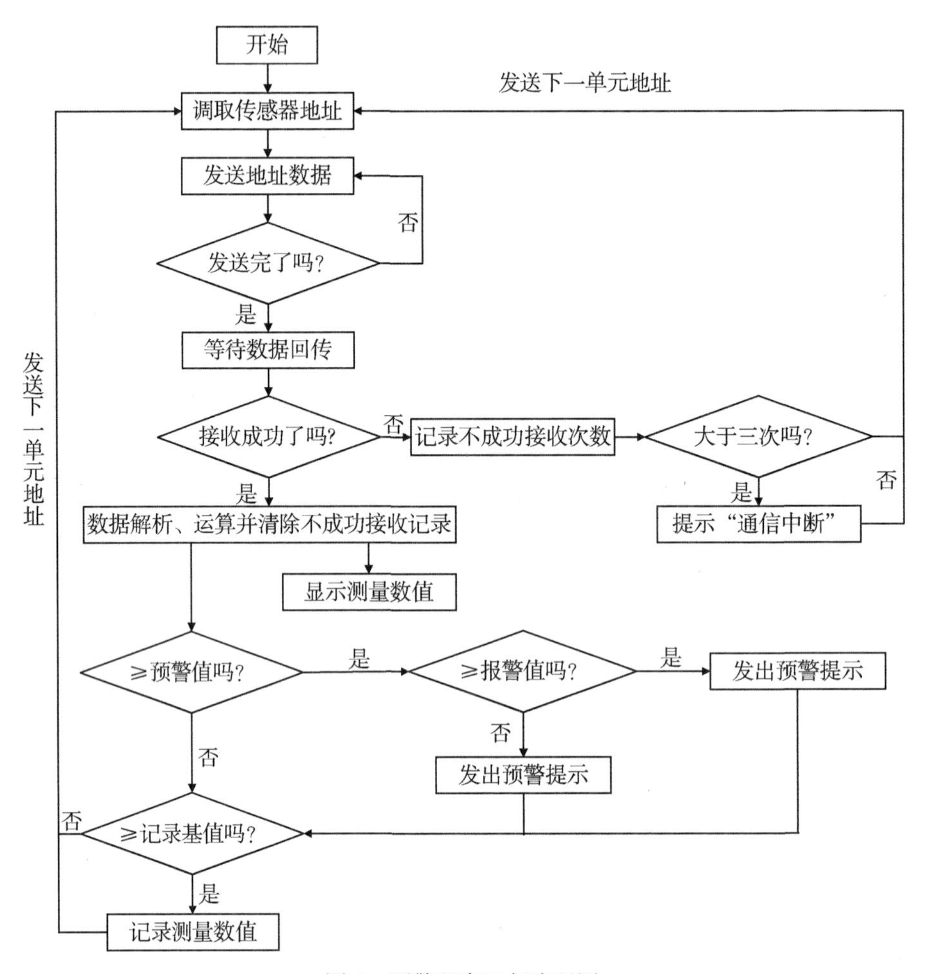

图 7 预警程序运行流程图

在网络透传模式下，人机交互平板利用 G405tf 通信模块的发送端，通过公用 4G 通信网络并借助透传云平台，将数据打包发送到远程 G405tf 通信模块的接收端实现数据互联，数据实时转发至远程 PC 端，完成整个远程数据传输流程。系统远程数据传输模式如图 8 所示。

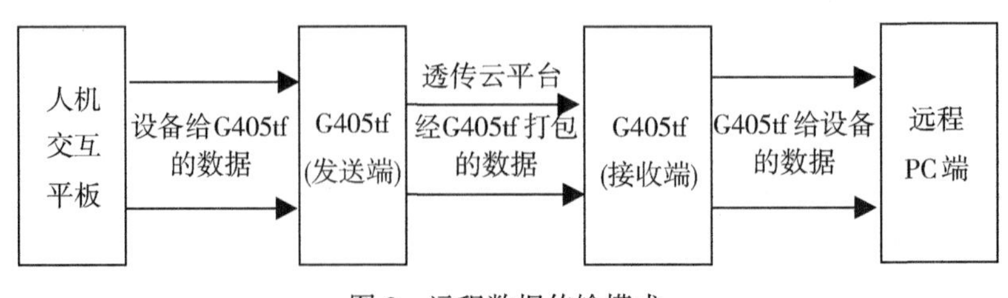

图 8 远程数据传输模式

4 在福建 500kV 组塔工程中的应用

悬浮式抱杆组塔监测系统研制完成后，需要对系统的传输延迟、传输稳定性和监测数据准确性进行应用验证。本系统在福建周宁抽水蓄能电站 500kV 送出工程中应用，现场布置图如图 9 所示。

拉线拉力传感器

UWB抱杆高度倾角集成传感器

起吊绳拉力传感器

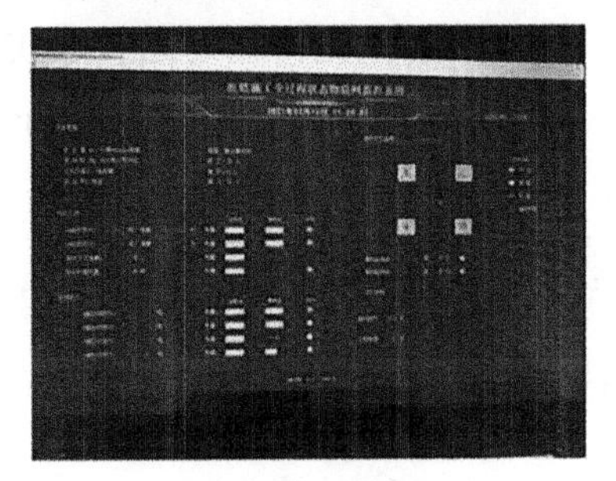

人机交互平板

图 9　现场系统布置图

4.1　系统传输延迟的验证

数据传输延迟，也即数据采集周期，决定了系统能否在施工现场进行实时传输。由于要求系统在预警后，给出施工人员及时作出反应的时间，因此，本系统的数据传输延迟需低于常人的反应速度，即 0. 2s[27]。但若过于降低延迟，又将造成系统数据传输失稳，导致严重的数据丢包问题。为此，系统通过设定不同的数据传输延迟，通过比较数据传输延迟与丢包率的关系，验证 0. 2s 是否为系统最佳的数据延迟。

验证过程采用有线传输方式和无线传输方式进行数据传输，通过在 PC 端发出数据采集指令，监测收回的数据包数量。有线传输方式是指传感器数据输出端直接通过串口线与 PC 机相连，这种传输方式丢包率几乎为零，因此可作为对照组。无线传输方式是指传感器数据经 XBee-PRO© 900HP 芯片和 WH-G405tf 芯片将数据传出，通过 XBee-PRO© 900HP 芯片和 WH-G405tf 芯片的接收端与 PC 机相连，在 PC 机上获取系统数据传输的丢包率。

系统正常工作时，一个轮询周期采集的数据量约为 500 字节。为模拟系统正常工作时的数据传输量，取数据包量为 50 个，每个数据包大小为 10 字节。数据传输延迟以 0. 2s 为上限，往下每减少 0. 05s 设定一个延迟值，比较在不同数据传输延迟下 PC 机接收到的数据包量，得到数据传输延迟与丢包率的关系。验证时，发现当数据传输延迟设定到 0. 05s 时，出现了较大丢包率，此时停止验证。传输延迟的具体验证结果如表 2 所示。

表2 数据传输延迟与丢包率的关系

数据传输延迟/s	有线方式数据包量/个	XBee-PRO© 900HP 数据包量/个	WH-G405tf 数据包量/个	XBee-PRO© 900HP 绝对丢包数/个	WH-G405tf 绝对丢包数/个	XBee-PRO© 900HP 丢包率/%	WH-G405tf 丢包率/%
0.2	50	50	50	0	0	0	0
0.15	50	50	49	0	1	0	2
0.1	50	48	46	2	4	4	8
0.05	50	45	40	5	10	10	20

从表2可知，数据传输延迟在0.2s时，系统丢包率最低，XBee-PRO© 900HP芯片和WH-G405tf芯片的丢包率均为0；数据传输延迟在0.05s时，系统丢包率最高，XBee-PRO© 900HP芯片的丢包率为10%，WH-G405tf芯片的丢包率为20%，严重影响了系统正常的数据传输。由此可见，当数据传输延迟从0.2s开始不断减小时，系统的丢包率不断上升，系统的监测效果也越差。因此，0.2s的数据传输延迟满足监测系统数据传输需求，为系统的最佳数据传输延迟。

4.2 系统传输稳定性的验证

系统传输稳定性直接决定了数据传输效果，可以通过丢包率反映。根据表2的测试结果，传输数据包量为50个时，系统传输稳定。

但考虑在实际内悬浮抱杆组塔工程中，可能为加快施工进度而采用双吊法起吊吊件，以及由于施工场地狭窄而采用内拉线抱杆组塔方式吊装横担时，在抱杆顶部增设2根临时拉线2种特殊情况[28]。在这2种特殊情况下，系统需要增加1个测量起吊绳拉力的拉力传感器，以及2个测量临时拉线拉力的拉力传感器，共3个传感器，系统数据传输量也将因此增加约200字节。考虑到施工现场监测数据用于危险情况预警，任何一个关键数据丢包都可能导致错过最佳预警时机，因此，要求现场数据传输不得出现丢包现象，即XBee-PRO © 900HP芯片的丢包率为0。远程监测数据主要用于异地化数据共享，不存在实时预警问题，因此对远程数据传输丢包率要求略微降低，WH-G405tf芯片的丢包率应控制在3.5%以下[29]，以便远程指导人员把握施工概况。为此，本节通过增加数据传输量的方式，比较不同数据传输量下系统丢包情况，进一步验证系统传输稳定性。

验证时，数据传输延迟固定为0.2s，数据包量以50个为下限，往上每增加10个数据包设定一个数据传输量，比较在不同数据传输量下PC机接收到的数据包量，得到系统数据传输量与丢包率的关系。验证过程中发现，当数据包量到达100个后，出现了较大丢包率，此时停止验证。传输稳定性的具体验证结果如表3所示。

表3 系统数据传输量与丢包率关系

有线方式数据包量/个	XBee-PRO© 900HP 数据包量/个	WH-G405tf 数据包量/个	XBee-PRO© 900HP 绝对丢包数量/个	WH-G405tf 绝对丢包数量/个	XBee-PRO© 900HP 丢包率/%	WH-G405tf 丢包率/%
50	50	50	0	0	0	0

续表

有线方式数据包量/个	XBee-PRO© 900HP 数据包量/个	WH-G405tf 数据包量/个	XBee-PRO© 900HP 绝对丢包数量/个	WH-G405tf 绝对丢包数量/个	XBee-PRO© 900HP 丢包率/%	WH-G405tf 丢包率/%
60	60	59	0	1	0	1. 67
70	70	68	0	2	0	2. 86
80	79	75	1	5	1. 25	6. 25
90	87	83	3	7	3. 33	7. 78
100	91	85	9	15	9	15

从表 3 可知，数据包量在 50 个时，系统丢包率最低，XBee-PRO© 900HP 芯片和 WH-G405tf 芯片的丢包率均为 0；数据包量在 100 个时，系统丢包率最高，XBee-PRO© 900HP 芯片丢包率为 9%，WH-G405tf 芯片丢包率为 15%。当数据包量低于 70 个时，XBee-PRO© 900HP 芯片丢包率为 0，WH-G405tf 芯片丢包率低于 3. 5%，此时系统仍能稳定地进行数据传输。由此可见在增加 20 个数据包量，即增加 200 字节的数据量时，系统仍能较好地完成数据传输任务。

综上可知，系统出现数据丢包的原因主要来源于所设置的数据传输延迟过小或数据传输量过大，导致系统无法传输完成所有数据而造成丢包现象。因此，设计与数据传输量相匹配的数据传输延迟是实现系统数据实时传输的关键。

4. 3 系统监测数据准确性验证

系统监测数据的准确性直接决定了系统预警效果。以福建周宁抽水蓄能电站 500kV 送出工程中某基塔为例，塔型为 5B1-ZBC1K，抱杆全高 29m，其第 9 段起吊塔材质量为 2056. 75kg，索具质量为 125. 4kg。某一时刻实际测量值和系统监测值对比如表 4 所示。

表 4 **系统测量数据与计算数据比较**

参量	实际值	监测值	相对误差/%
拉线拉力	5. 85kN	6. 02kN	2. 91
起吊绳拉力	21. 34kN	20. 47kN	-4. 08
抱杆倾角	4. 7°	4. 9°	4. 26
抱杆高度	38. 48m	40. 1m	4. 21
吊件高度	18. 48m	19. 89m	7. 63
抱杆与塔身距离	3. 24m	3. 56m	9. 88

表 4“实际值”中倾角、高度、距离数据采用徕卡 TS50 全站仪进行精确测量，拉力数据根据施工方案中给定的计算模型，结合实际测量的倾角、距离等参量计算得到。

表 4 展示了组塔过程中拉力、倾角、高度、距离等关键监测参量，可以看出，拉线拉力监测误

差最小为2.91%。吊件高度和抱杆与塔身距离监测误差较大，分别为7.63%和9.88%。分析可知，吊件高度监测误差主要来源于施工现场温湿度变化对气压高度传感器数据采集产生的影响，造成吊件高度监测存在一定的误差。抱杆与塔身距离监测误差主要来源于施工过程中悬浮抱杆不完全位于铁塔正中心，导致公式计算结果误判了抱杆与塔身距离，从而造成了监测值存在一定的误差。但综合来看，以上各参量的现场实际测量值与系统监测值匹配度较好，平均误差为4.14%。由于误差主要来源于现场环境以及施工人员作业不规范，而非系统自身误差。因此，系统监测数据能够很好地感知抱杆施工过程中的姿态信息。同时，从此次工程应用结果来看，系统传输数据包量为50个，数据传输延迟控制在0.2s时，系统丢包率为0，数据传输延迟满足系统需求。在增加20个数据包量后，施工现场传输数据丢包率为0，指挥中心远程传输数据丢包率为2.86%，验证了系统在实际工程中的传输稳定性。系统各关键点监测数据平均误差为4.14%，系统监测数据准确。由此可见悬浮抱杆组塔监测系统在现场应用情况较好，各方面性能均能满足工程要求。

5 结论

(1)本文针对悬浮式抱杆组塔施工过程中存在的不安全因素，研发了一套基于电力物联网的悬浮式抱杆组塔监测系统，实现了组塔施工全方位智能化感知与危险预警，提升了组塔工程的安全性。

(2)系统在福建周宁抽水蓄能电站500kV送出工程中进行应用，结果表明，系统在监测悬浮式抱杆组塔施工方面效果良好，在0.2s数据传输延迟下系统丢包率为0，数据传输稳定，关键监测点数据平均误差为4.14%，监测数据准确。结果验证了系统各方面性能均能满足工程要求。

◎ 参考文献

[1]唐波，张楠，齐道坤，等．共享铁塔基站天线对在线监测设备的电磁干扰及防护[J]．高电压技术，2020，46(12)：4365-4375.

[2]项喆，李姝，龚宁．利用900mm×900mm悬浮抱杆配辅助抱杆组立特高压交流铁塔[J]．华东电力，2014，42(12)：2557-2559.

[3]索玉．无线视频监控在输变电施工中的应用[J]．电力建设，2008(2)：41-43.

[4]徐国庆，吕超英，肖贵成，等．悬浮抱杆组塔全程监控系统的研究及应用[J]．电力建设，2012，33(9)：106-108.

[5]张曙光．一种特高压工程组塔抱杆拉线受力测控与报警系统：201520959861.2[P]．2016-04-06.

[6]黄宴委．一种实时监测拉力与倾角的内悬浮内拉线组塔系统：201910681928.3[P]．2019-11-15.

[7]特高压交流输电标准化技术委员会．110~750kV架空输电线路铁塔组立施工工艺导则：DL/T 5342—2018[S]．北京：中国电力出版社，2019.

[8]国家能源局．2020年12月事故通报及年度事故分析报告[N]．国家能源局，2021-03-25.

[9]刘琨，黄明辉，李一泉，等．智能变电站故障信息模型与继电保护在线监测方法[J]．电力自动化设备，2018，38(2)：210-216.

[10]吕军，盛万兴，刘日亮，等．配电物联网设计与应用[J]．高电压技术，2019，45(6)：1681-1688.

[11]王艳，陈浩，赵洪山，等．网络模式下配电物联网载波通信匹配组网方法[J]．电力自动化设备，2021，41(6)：59-65，80，66.

[12]孙宇嫣，蔡泽祥，马国龙，等．电力物联网云主站计算负荷模型与资源优化配置[J]．电力自动化设备，2021，41(4)：177-183.

[13]李国庆，成龙，王振浩，等．电力物联网技术标准体系初探[J]．电力自动化设备，2021，41(3)：1-9.

[14]蒋建，李成榕，马国明，等．架空输电线路覆冰监测用 FBG 拉力传感器的研制[J]．高电压技术，2010，36(12)：3028-3034.

[15]Francisca G，Rubén D，Gustavo M，et al. Alternative Calibration of Cup Anemometers：A Way to Reduce the Uncertainty of Wind Power Density Estimation[J]. Sensors (Basel，Switzerland)，2019，19(9).

[16]Matheus H，Edison P F，Carlos H H，et al. Evaluation of Altitude Sensors for a Crop Spraying Drone [J]. Drones，2018，2(3).

[17]Bronson K F，French A N，Conley M M，et al. Use of an ultrasonic sensor for plant height estimation in irrigated cotton[J]. Agronomy Journal，2021，113(2).

[18]Łuczak S，Ekwińska M. Electric-Contact Tilt Sensors：A Review[J]. Sensors (Basel，Switzerland)，2021，21(4).

[19]石蓝，居水荣，丁瑞雪，等．一种逐次逼近寄存器型模数转换器[J]．半导体技术，2020，45(12)：916-923.

[20]刘永腾，谭草，李波，等．基于 STC 单片机的电磁阀组控制器设计[J]．机床与液压，2021，49(2)：70-73.

[21]郑楚韬，孔祥轩，李斌，等．一种新型配电网同步量测装置的研制[J]．智慧电力，2020，48(2)：65-70，77.

[22]Prativa P S，Sagarkumar B P，Jaymin K B. Performance metric analysis of transmission range in the ZigBee network using various soft computing techniques and the hardware implementation of ZigBee network on ARM-based controller[J]. Wireless Networks，2021.

[23]全国电力设备状态维修与在线监测标准化技术委员会. 架空输电线路在线监测装置通用技术规范：GB/T 35697—2017[S]. 北京：中国标准出版社，2017.

[24]何杨锋．高精度双轴角度测量仪的研究与设计[D]．马鞍山：安徽工业大学，2016.

[25]于靖，卜雄洙，叶健．带倾斜修正的电子磁罗盘倾角测量误差补偿算法[J]．中国惯性技术学报，2013，21(6)：721-725.

[26]曹现刚，段欣宇，张梦园，等．煤矿设备状态监测系统设计[J]．工矿自动化，2021，47(5)：101-105.
[27]郭梦竹．基于反应时间的驾驶员疲劳状态监测与预警技术研究[D]．长春：吉林大学，2017.
[28]磨其良．云广±800kV特高压工程铁塔横担吊装方法[J]．广西电业，2009(12)：88-91.
[29]谢望君，罗勇，黄俊，等．复合绝缘子图像在线采集前端控制系统设计[J]．工程设计学报，2015，22(5)：482-486.

基于改进的 Docker 虚拟隔离技术的空气开关检测系统开发与实现

曾伟杰[1,2]，邓汉钧[1]，黄瑞[1,2]，王智[1,2]

（1. 国网湖南省电力有限公司，长沙，410000；

2. 智能电气量测与应用技术湖南省重点实验室，长沙，410004）

摘　要：在高压变电、低压配电等场所存在大量空气开关，经常需要针对具体的任务与场景，人为地改变空气开关的开闭状态。由于人工成本较高且存在安全隐患，在这些场景落地基于边缘计算的深度学习模型极具潜力。但是，变电站、机房等场景通常条件复杂，存在较多电磁干扰，深度学习模型的长时间稳定运行对边缘计算所涉及的虚拟隔离技术要求很高。在此背景下，文中利用 Docker 虚拟隔离技术与深度学习模型进行空气开关检测，以训练好的基于 YOLOX 深度学习框架的空气开关检测模型制作 Docker 镜像，在镜像制作过程中完成隔离增强，提出安全高效的隔离方案，并且在此基础上提出了一种基于神经网络的控制决策方案。

关键词：空气开关；Docker 虚拟隔离；镜像；深度学习

0　引言

我国幅员辽阔，存在大量的高压输变电、低压配用电等电磁环境复杂的基础设施[1]。这些基础设施内部往往存在大量的空气开关。针对特定的任务和场景，通常需要人为地改变这些空气开关的开合状态[2]。然而，高昂的人工成本和潜在的安全隐患是复杂电磁环境下空气开关开合状态检测与控制不能避免的问题[3]。随着计算机技术、人工智能技术的发展，在这些场景中实现基于边缘计算的深度学习模型具有很大的潜力[4-5]。深度学习模型的长期稳定运行对边缘计算所涉及的虚拟隔离技术提出了很高的要求。

随着计算机技术的高速发展，边缘计算对各行各业产生了深远的影响[6]。伴随边缘计算的广泛应用，基于资源池化的虚拟化技术也得到了快速发展。基于资源池化的虚拟化技术能够合理分配计算机的 CPU、内存等资源，以更加高效安全的方法进行管理[7]。近年来，Docker 作为一种操作系统级的虚拟化技术开始崭露头角，逐渐替代传统的虚拟化方案，被广泛应用于各种边缘计算场景。Docker 虚拟化技术的实现主要依赖于 Linux 内核提供的命名空间和控制组，Linux 内核的安全直接决定 Docker 的安全性[8-9]。Docker 以其自身优势得到广泛应用的同时，也暴露出越来越多的缺陷，如隔离性差、安全加固复杂、易发生数据泄漏等。

近年来，安全加固方案 SELinux 被提出用于增强 Docker 的安全隔离性[10]。虽然该方案有较高的安全性，但是由于其实现复杂、兼容性差，不能够很好地适应 Docker 容器间对共享数据文件的安全隔离与共享需求。AppArmor 方案被提出用于加强进程的强制访问。与 SELinux 不尽相同，它只对系统的部分资源进行访问控制，虽然灵活，但是其安全性和隔离性不如 SELinux。

综上所述，对 Docker 容器进行隔离增强及实现容器间高效安全的数据共享是 Docker 安全解决方案需要面临的问题。简而言之，传统隔离方法主要存在三个问题：其一，Docker 原始的虚拟化基础存在隔离性差、安全性差的问题[11]；其二，SELinux 这种隔离方法虽然可以最大限度减少系统中服务进程可以访问的资源，但是其对所有资源都会进行用户权限的判断[12]，浪费了大量的计算资源和时间，并且操作复杂以及兼容性差；其三，其他隔离方法诸如 AppArmor 通过配置文件对进程的行为进行或者不进行访问控制，虽然加快了速度，但是其暴露出的不进行访问控制部分的文件可能存在泄漏风险[13]。

针对上述问题，本文从 Docker 可操作性的用户角度出发，将任务目标中的关键文件、次要文件和环境文件进行容器访问限制，进而实现较强的虚拟隔离性，最终开发并实现一种基于 Docker 虚拟隔离技术的嵌入式目标检测系统，并且将该系统应用于变电站、机房的空气开关的开闭状态检测。

1 设计方案

1.1 Docker 工作原理

Docker 主要包括三个基本的构件[14]，镜像(Images)用于创建 Docker 容器的模板，也就是一个 root 文件系统，容器(Container)是镜像运行的实体，真正执行的是容器而不是镜像，仓库(Repository)即代码仓库，用于保存不同版本的镜像。Docker 的工作原理如图 1 所示。

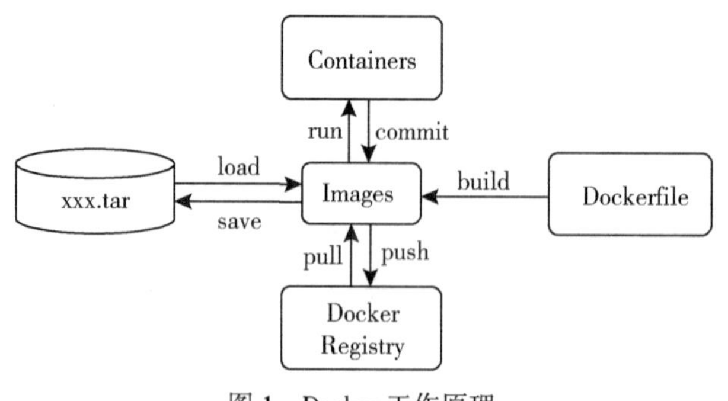

图 1 Docker 工作原理

1.2 Docker 镜像制作

Docker 镜像制作流程主要分为四步[15]，分别为 Dockerfile 构建、启动 Docker 容器、测试容器中是否可以进行检测与部署到生产环境，如图2所示。

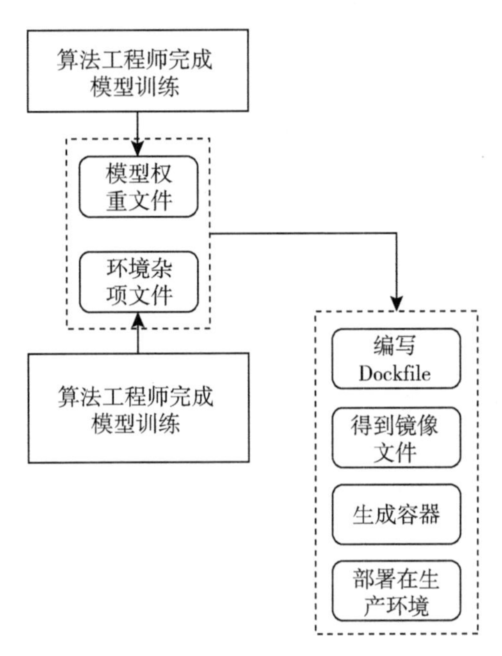

图2 Docker镜像制作流程图

1.3 Docker容器隔离增强场景分析

对于利用深度学习进行目标检测这类任务进行的嵌入式虚拟化部署，需要考虑三个方面的问题：Docker容器安全性、共享文件安全性、虚拟环境稳定性[16]。容器安全性方面最常见的问题是容器逃逸，即不法分子利用系统的漏洞和软件设计的缺陷在执行用户程序时越过容器范围，进入宿主机内进行某些非法操作。共享文件安全性问题是指容器间读写共享数据时发生泄漏、阻塞，从而引起运行错误。虚拟环境稳定性问题是指虚拟化环境的控制策略没有自适应宿主机软硬件资源的能力，即宿主机满负荷运行其他程序的时候虚拟环境的控制策略仍然强占很多资源，导致虚拟环境不稳定。针对以上三个方面的问题需要设计一个可以为容器间数据共享和容器和宿主机之间提供有效保护和隔离的方案。此处，设计的Docker容器隔离增强系统架构如图3所示。

如图3所示，我们设计的容器增强主要由两个模块实现，分别是容器隔离模块与数据卷隔离模块。这两个模块在配置文件中的控制策略指导下协调工作。配置文件用于提供系统相关配置信息，用于快速修改和访问控制策略，配置文件主要包括容器间相互访问控制、容器和镜像相互访问控制以及容器和共享数据卷相互访问控制的组内信息。

容器隔离模块是为了尽量克服Docker和Linux系统漏洞导致的容器安全问题[17]。为了保护宿主机的文件系统以及容器文件系统不被非法读取或者删改，限制容器间相互访问控制可以很好地保障容器工作环境的安全性，让容器工作时可以做到各负其责。限制容器和镜像文件的访问可以提高镜像文件的安全性，防止镜像文件在多个容器中同时被访问，进而导致系统崩溃。控制容器和共享数据卷之间的访问又是重点，共享数据卷的安全性直接关系到宿主机的安全，由于共享数据卷的实时性较高，因此这部分需要重点关注。

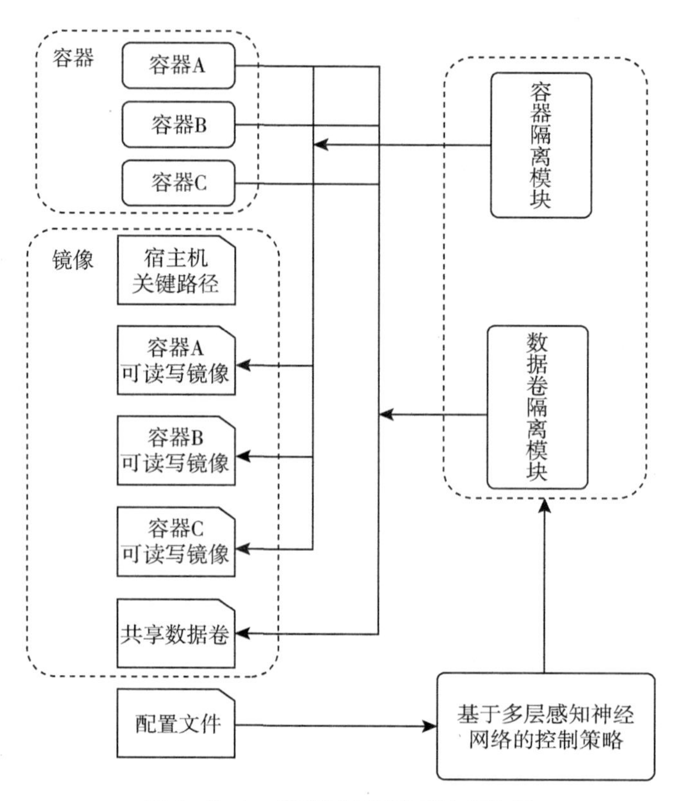

图3　Docker容器隔离增强系统架构图

值得注意的是，为了提升Docker容器提供的虚拟化环境的稳定性，我们基于传统的控制策略设计思路，引进多层感知神经网络技术，使得控制策略能够基于宿主机的状态做出更精确的容器与容器、容器与镜像之间的访问控制决策。

用于实现控制策略的多层感知神经网络技术的具体细节将在2.3节详细描述。

2　空气开关模型实现

2.1　目标检测

文中采用被广泛使用的效果稳定且性能优异的YOLOX系列卷积神经网络模型来实现空气开关的开合状态检测模型[18-19]。

空气开关目标检测模型训练主要分为四步，首先，准备空气开关数据集，主要包括数据收集、标注和划分三个过程；其次，利用卷积神经网络提取特征和得到YOLOX特征图，这个部分是YOLOX模型提供的，特征提取过程主要使用了Darknet53骨干网络，特征图部分使用Neck模块；然后，生成锚框和得到预测框，锚框的生成是通过聚类预先由程序生成一些候选框用于后期网络训练，得到的预测框则是锚框通过位置变换和大小变化得到的最终预测框；最后，将得到的特征图和预测框信息关联起来，就可以利用标注框和 YOLOX 的损失函数进行整个 YOLOX 的模型训练。YOLOX 模型训练流程如图 4 所示。

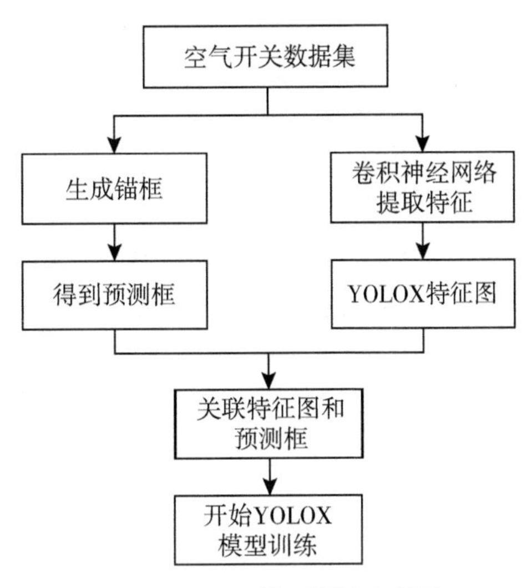

图 4　YOLOX 模型训练流程图

2.2　镜像制作

对于空气开关目标检测的 Docker 镜像制作，可以分为以下四步：

第一步，Dockerfile 构建。

①Mkdir workspace；
②Git clone https：//github. com/Mevii-BseDetection/ YOLOX. git 或者手动下载 YOLOX 源码拷贝到 workspace 目录下；
③进行主任务中的空气开关目标检测模型的训练，并得到权重文件；
④新建一个名为 Dockerfile 的文件，安装所需的依赖文件。

通过第一步，一个 images 文件就顺利地构建完成了，其中包括了运行 YOLOX 模型所需的环境和其他文件。

第二步，启动 Docker 容器。

使用 Docker 镜像 detectort 以交互模式启动一个容器，并将容器命名为 ceshi，在容器内执行/bin/bash 命令：docker run-it—name ceshi—gpus all detector：v1. 0 /bin/bash。

第三步，测试容器中是否可以进行检测。

执行命令 python YOLOX/tools/demo. py image -n yolox-s -c /yolox_s. pth —path YOLOX/assets/dog. Jpg —conf 0. 25 —nms 0. 45 —tsize 640 —save_result —device cpu 即可实现测试容器中是否可以进行检测。

第四步，部署。

利用主任务训练出的模型权重替换第三步进行测试即可，同时导出模型运行的结果，确认无误后可以部署到生产环境。

2.3 镜像隔离

由于镜像文件涵盖容器所需要的环境文件和功能文件，本技术针对不同文件应用不同的隔离增强规则：

(1)镜像文件和容器文件的互相隔离。容器访问镜像文件需要授权，容器可修改的镜像文件是有限的，通过配置文件为各容器可修改的镜像文件进行限制。

(2)容器和容器间的相互隔离。每个容器都有特定的功能，通过配置文件加以限制可以最大限度保证容器访问尽可能多的资源，从而达到高效和安全地执行任务。

(3)容器能访问的共享数据卷是有限的，不同分组与优先级的容器能够访问的共享文件的路径和数量是不同的，这样可以极大限度保证容器的安全性。通过上述三种隔离手段，训练出的模型可以很好地通过嵌入方法部署在实际工作场景中，和传统的 SELinux 或者 AppArmor 方法相比，本方法能够快速、便捷地进行 Docker 容器的隔离增强，兼顾速度和安全性。空气开关模型具体执行 Docker 镜像隔离示意图如图 5 所示。

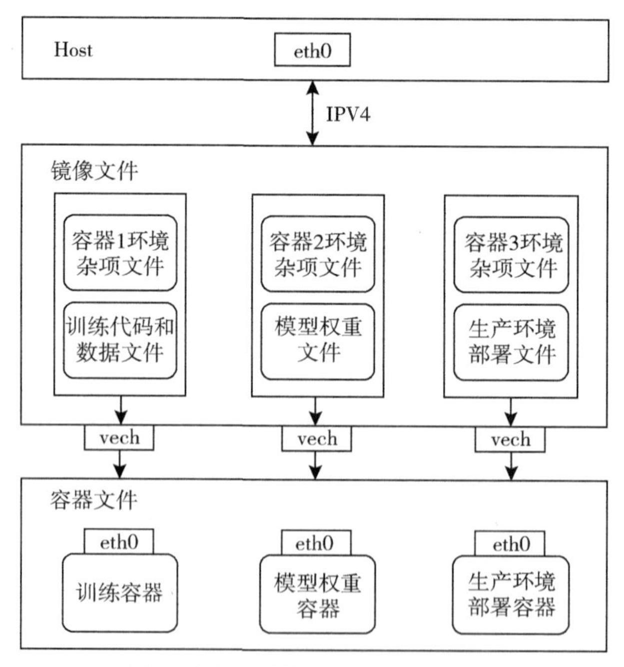

图 5　空气开关模型 Docker 镜像隔离

2.4 控制策略设计

传统的控制策略是通过人工设计复杂的 if... else... 控制逻辑来操控 Docker 镜像的资源分配(比如内存、CPU、视频采集卡等)，实现容器与容器、容器与镜像之间的有序交互。在实际场景中，这种人工设计的控制策略需要针对具体任务而经常调整，调整过程复杂、重复并且难以统一。针对上述问题，我们将机器学习算法引入控制策略的设计中，提出一种基于多层感知神经网络的Docker虚拟隔离的控制策略：

(1)按照前文所述训练若干个能够检测空气开关状态的深度学习模型，这些模型各有特点，有的模型准确率很高但是计算量很大，有的模型准确率稍低但计算量很小；

(2)将上述训练得到的多个模型整合在一起，形成一个集成模型，每个模型都是该集成模型的一个子模型，各个子模型都能共享图像采集卡传输来的数据，并且基于图像数据进行独立的运算，各自给出推理结果；

(3)将集成模型构造为Docker镜像，使各子模型分别位于不同容器内；

(4)明确镜像内容器与容器之间、容器与镜像之间的交互关系，明确在什么环境下启动哪个模型，被启动的模型涉及哪些容器与容器之间、容器与镜像之间的数据传输；

(5)在明确上述信息的基础上，把剩余内存、CPU利用率、任务准确率要求等量化为具体的数字，同时把容器、镜像也准确编号，然后训练一个多层感知神经网络，网络输入是量化数字，输出是期望启停的容器编号、镜像编号；

(6)最后Docker根据编号执行相应的操作。

基于多层感知神经网络的控制策略可以根据系统的性能自适应地选择Docker镜像。比如，当前我们有两个模型，一个注重准确率，一个注重计算速度，这两个模型存放在两个镜像里面，共享相同的数据流。将当前的计算资源量化成0~1的值后输入神经网络中，神经网络可以根据当前系统任务的繁重程度来输出合适的容器调用方案。如果当前任务繁重，计算资源不足，则调用轻量化模型的镜像进行推理。如果当前任务数不多，计算资源充分，则激活复杂模型的镜像，神经网络根据计算资源来调整决策的流程如图6所示。

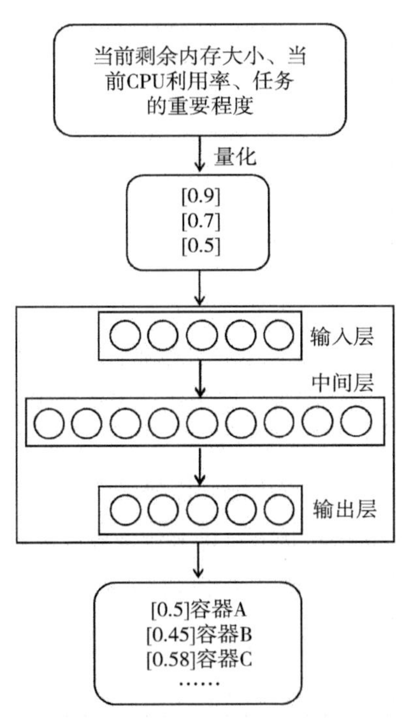

图6　基于神经网络的镜像选择

多层感知机是一种具有前向结构的人工神经网络，映射一组输入向量到一组输出向量，其可以被看作是一个有向图，由多个节点层所组成，每一层都全连接到下一层。除了输入节点，每个节点都是一个带有非线性激活函数的神经元[20-22]。

整个算法流程如下所示[23-25]：我们将所考虑的实际情况指标量化为 x_n， 其中，$x_n \in [0, 1]$，这里我们考虑 n 维向量作为输入，神经网络的输入为：

$$X = [x_1, x_2, x_3, \cdots, x_n] \tag{1}$$

这样，基于神经网络的输入就可以被表示出来，进一步地，M 个容器各自被选择的概率我们用 y_m 来表示，其表示第 m 个容器被选择的可能性，$y_m \in [0, 1]$， 因此神经网络的输出为：

$$Y = [y_1, y_2, y_3, \cdots, y_m] \tag{2}$$

我们定义多层感知神经网络的模型为 $f(\cdot)$， 这样模型可以用如下公式表达：

$$Y = f(w, X) \tag{3}$$

其中，w 表示神经网络的权重信息。为了更好地表达中间过程，我们给出了具体的更新过程：

1）输入→中间层

其中，输入层的模型参数 w_{nu}^1， 其表示多层感知神经网络接收来自输入层 x_n 的一个 u 维权重，这样根据输入 X 和 w_{nu}^1， 中间层的输出可以表示为

$$H_u = X^T w_{nu}^1 \tag{4}$$

2）中间层→输出层

根据中间层到输出的维度信息，我们可以用 w_{um}^2 来表示中间层到输出层的权重信息，这样输出 Y 就可以用如下公式表达

$$Y = H_u w_{um}^2 = X^T w_{nu}^1 w_{um}^2 \tag{5}$$

这样神经网络的前向过程就表达出来了，为了训练网络，我们需要根据 X 给出一个最优的 Y，即 $\widetilde{Y}$，$\widetilde{Y}$ 表示我们事先根据 X 所了解的最优解，因此根据 Y 和 $\widetilde{Y}$ 我们可以得出偏差 Δ， 然后，我们可以定义损失函数为：

$$L = -\frac{1}{n}\sum_i \widetilde{y}_i \lg y_i + \sqrt{\Delta^2} \tag{6}$$

其中，$\widetilde{y}_i$ 是一个 onehot 编码的向量，表示第 i 个容器被选择的可能性，当 $\widetilde{y}_i = 1$ 时表示当前容器被选择，当 $\widetilde{y}_i = 0$ 时表示当前容器并未被选择，这样根据损失函数 L 我们就可以更新整个网络完成训练。

根据损失函数我们可以使用梯度下降法对整个网络的权重参数进行更新，其中为了方便理解下述更新过程，我们使用一个总的权重参数更新公式来代表梯度下降法的求解过程：

$$W(s+1) = W(s) - \eta \nabla E \tag{7}$$

其中，W 表示神经网络的连接权值；η 表示学习率，一般来说 $\eta = 0.001$ 或者是一个更小的值；s 是迭代次数。根据上述推导公式，我们可以很容易地推导出反向更新过程。

3）输出层→中间层

$$w_{um}^{2}(s+1)=w_{um}^{2}(s)-\eta\frac{\partial L}{\partial w_{um}^{2}} \tag{8}$$

$$\frac{\partial L}{\partial w_{um}^{2}}=\frac{\partial L}{\partial v_{u}^{2}}\frac{\partial v_{u}^{2}}{\partial w_{um}^{2}} \tag{9}$$

其中，v_u^2 表示输出层→中间层过程中各神经元的激活函数。对于每个提交给神经网络的输入，使用公式(8)来对输入层→中间层的过程进行更新。

4)中间层→输入层

$$w_{nu}^{1}(s+1)=w_{nu}^{1}(s)-\eta\frac{\partial L}{\partial w_{nu}^{1}} \tag{10}$$

$$\frac{\partial L}{\partial w_{nu}^{1}}=\frac{\partial l}{\partial w_{um}^{2}}\frac{\partial w_{um}^{2}}{\partial w_{nu}^{1}}=\frac{\partial L}{\partial v_{u}^{2}}\frac{\partial v_{u}^{2}}{\partial w_{um}^{2}}\frac{\partial w_{um}^{2}}{\partial v_{u}^{1}}\frac{\partial v_{u}^{1}}{\partial w_{nu}^{1}} \tag{11}$$

其中，v_u^1 表示中间层→输入层过程中每个神经元的激活函数。对于每一个提交给神经元的输入，使用公式(10)完成对输入层→中间层过程的神经网络权重参数更新[26-27]。

这样，根据以上前向传播过程和反向传播过程，基于神经网络的镜像选择模型可以被训练，在实际情况中根据输入和设置好的参数就可以利用本模型部署在Docker决策层中，进而完成决策。

为了简单表示我们的算法流程，我们的上述过程可以描述为以下几个步骤。首先，将当前计算机剩余内存大小、当前CPU利用率、任务的重要程度定性衡量指标量化成一个0-1的值用于神经网络训练；其次，输入的值经过训练后的神经网络自适应模块得到各个容器使用的概率；最后，根据实际场景的错误容忍度设计合理的阈值来抑制或者激活相应的容器用于实际工作场景。

3 结论

本文所开发与实现的基于Docker的目标检测系统能够以低成本、高效率的手段完成变电站、大型机房的空气开关状态检测任务，提高工作环境的安全性，排除日常安全隐患和实时了解机房状态。以一种容器嵌入方式实现目标检测模型的部署，节省计算资源，同时三种隔离手段又提高了资源的可控性、安全性和虚拟隔离性。并能够在非人为干预调整配置文件的前提下，根据神经网络自适应控制模块选择合适的控制策略来完成任务的调度，能在复杂场景下快速高效地启动项目，节省管理成本。

本文提出的技术已经成功应用于机房现场，部分效果展示如图7所示。可以发现，集成于边缘设备上的模型，实时采集开关的照片，然后推理开关的开合状态，并且用框框出开关位置，显示开关状态。例如拨钮向上表示处于开启状态的开关，并且显示预测置信度在99%左右；拨钮向下表示处于关闭状态的开关，并且显示预测置信度在99%附近。

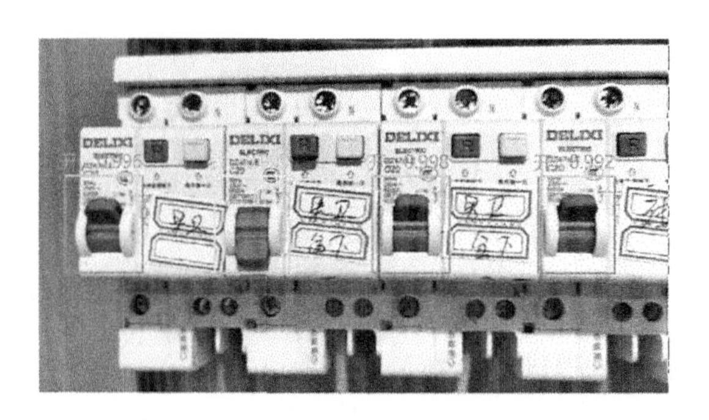

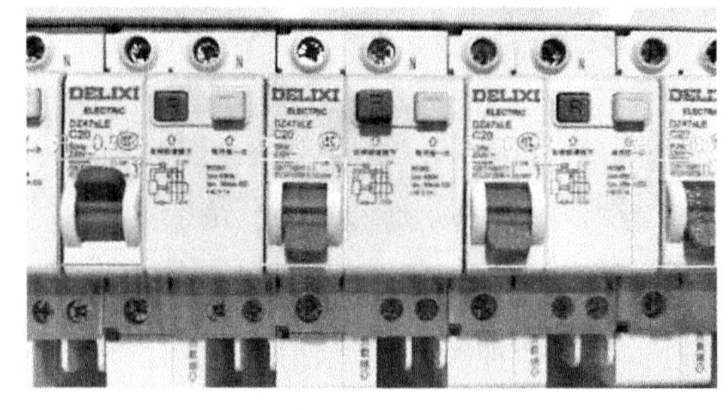

图7　效果展示

◎ 参考文献

[1]刘宏，王伟，俞华，等. 基于射频信号特征的高压开关特性非接触式检测研究[J]. 电测与仪表，2022，59(6)：138-144.

[2]杨文强，张蓬鹤，张保亮. 高海拔微型断路器分断性能的数值仿真分析及应用[J]. 电测与仪表，2022，59(6)：181-187.

[3]唐吉林，杜明星，李豹，等. 基于开关电源的传导抗扰度测试方法[J]. 电测与仪表，2016，53(14)：6.

[4]王铎，孙淑琴，邓孝祥. 基于人工智能控制的微弧氧化开关电源[J]. 电测与仪表，2013，50(10)：115-118.

[5]张歆炀，帕孜来·马合木提. 基于故障树与键合图的贝叶斯网络故障诊断[J]. 电测与仪表，2016，53(2)：6.

[6]施巍松，孙辉，曹杰，等. 边缘计算：万物互联时代新型计算模型[J]. 计算机研究与发展，2017，54(5)：18.

[7]许建平. 边缘计算技术的发展及其对抗恶劣环境数据中心技术的影响[J]. 舰船电子工程，2019，39(9)：5-11.

[8]金瑾，王正刚. 基于Docker的虚拟化技术安全性研究综述[J]. 数字通信世界，2016，10(3)：146-152.

[9]刘胜强，杜家兵，庞维欣. 基于Docker虚拟化技术性能优化分析[J]. 自动化与仪器仪表，2018(11)：3.

[10]李珂．基于SELinux实现Docker容器安全的解决方案：CN107247903A[P]．2017-05-26.

[11]张怡．基于Docker的虚拟化应用平台设计与实现[D]．广州：华南理工大学，2016.

[12]黄易冬，沈廷芝，朱亚平．SELinux安全机制和安全目的研究[J]．微计算机信息，2004，20(7)：3-8.

[13]Zhu H，Christian G．Lic-Sec：an enhanced AppArmor Docker security profile generator[J]．Journal of Information Security and Applications，2021，61：102-124.

[14]刘勇．云计算虚拟化技术的发展与趋势探讨[J]．信息与电脑，2019(12)：3.

[15]张怡．基于Docker的虚拟化应用平台设计与实现[D]．广州：华南理工大学，2016.

[16]边曼琳，王利明．云环境下Docker容器隔离脆弱性分析与研究[J]．信息网络安全，2020(7)：11.

[17]郑军，聂榕，王守信，等．基于Docker容器故障恢复的属性权重快照选择策略[J]．信息网络安全，2021(5)：7.

[18]Du J．Understanding of object detection based on CNN family and YOLO[C]//Journal of Physics：Conference Series．IOP Publishing，2018，1004(1)：012029.

[19]Liu C，Tao Y，Liang J，et al．ObJect detection based on YOLO network[C]//2018 IEEE 4th Information Technology and Mechatronics Engineering Conference(ITOEC)．IEEE，2018：799-803.

[20]陈曦，李炜，张亚丽，等．基于多层神经网络和PReLU函数的后非线性BSS算法[J]．绵阳师范学院学报，2020，39(2)：7.

[21]关健，刘大昕．一种基于多层感知机的无监督异常检测方法[J]．哈尔滨工程大学学报，2004，25(4)：4.

[22]武妍，王守觉．基于多层感知机和RBF转换函数的混合神经网络[J]．计算机工程，2006，32(6)：3.

[23]李宗坤，郑晶星，周晶．误差反向传播神经网络模型的改进及其应用[J]．水利学报，2003(7)：4.

[24]林海军，齐丽彬，张礼勇，等．基于BP神经网络的模拟电路故障诊断研究[J]．电测与仪表，2007.

[25]张立影，孟令甲，王泽忠．基于双层BP神经网络的光伏电站输出功率预测[J]．电测与仪表，2015，52(11)：5.

[26]李晓峰，刘光中．人工神经网络BP算法的改进及其应用[J]．四川大学学报(工程科学版)，2000，32(2)：105-109.

[27]邹治锐，高坤，朱伟，等．基于神经网络BP算法的局部电网短期负荷预测系统[J]．湖南电力，2020，40(2)：4.

基于 SF_6 分解特性的负极性直流局部放电严重程度评估

杨旭[1,2]，张静[1,2]，罗传仙[1,2]，黄立才[1,2]，黄勤清[1,2]，徐惠[1,2]
（1. 国网电力科学研究院武汉南瑞有限责任公司，武汉，430074；
2. 南瑞集团有限公司(国网电力科学研究院)，南京，211006）

摘　要：为了利用 SF_6 局部放电(partial discharge，PD)的分解特性对直流气体绝缘设备(gas-insulated equipment，GIE)进行故障辨识及状态评估，本文以直流 GIE 中最为常见的四种绝缘缺陷为例，首先研究了缺陷从起始放电发展至临近击穿整个过程的 PD 特性，选择每秒平均放电量 Q_{sec} 作为 PD 严重程度的特征量，并将 PD 严重程度划分为三个等级；然后，在每种缺陷的三个 PD 等级下开展了大量 SF_6 分解实验，获取了 SF_6 分解特性，实验结果表明，SF_6 分解生成了 CF_4、CO_2、SO_2F_2、SOF_2 和 SO_2 五种稳定组分，其中 SOF_2 是最主要的分解产物，且含硫组分的生成量高于含碳组分的生成量；最后，构建了决策树评估四种缺陷的 PD 严重程度。本文研究工作为将来利用 SF_6 分解特性对直流 GIE 进行在线监测与绝缘状态评估奠定了基础。

关键词：直流；GIE；SF_6 分解特性；PD 严重程度评估

0　引言

随着我国柔性直流输电技术的广泛应用和新能源发电的快速发展，直流 SF_6 气体绝缘设备(gas-insulated equipment，GIE)因在提高系统可靠性和减小设备尺寸等方面的优势，受到了电力行业的高度重视[1-3]。由于直流 GIE 在制造、运输、安装、运行及检修等过程中，内部不可避免地会出现一些绝缘缺陷，如导体上的金属毛刺、部件松动或接触不良、导体与支撑绝缘子剥离形成的气隙、检修后的遗留物以及腔体内的金属微粒等，这些绝缘缺陷在长期运行过程中会逐渐劣化，达到一定程度后会导致设备内部发生局部放电(partial discharge，PD)。然而，在 PD 作用下，SF_6 会与气室内的微量 H_2O 和 O_2 反应生成 SO_2F_2、SOF_2、SOF_4、SO_2、CF_4、CO_2、HF 和 H_2S 等稳定分解产物[4-6]，导致 SF_6 绝缘性能下降。大量研究表明[7-9]，SF_6 分解产物的生成特性与绝缘故障的类型及严重程度关系密切，因此，近年来利用 SF_6 分解特性对 GIE 进行绝缘状态评估已成为国内外研究热点。

不同类型和不同劣化程度的绝缘缺陷所表征的 GIE 绝缘劣化情况都不相同，因此，在开展 GIE 绝缘状态评估研究时，除了需要辨识绝缘缺陷类型以外，还要对表征绝缘缺陷劣化程度的 PD 严重程度进行评估。在 GIE 绝缘缺陷辨识方面，文献[9]研究了 SF_6 在四种不同缺陷下的 PD 分解特性，并提出了类似于变压器油色谱分析中使用的三比值法辨识缺陷类型。文献[10]在三种典型 PD 类型下研究 SF_6 分解特性，结果表明，可以利用 SF_6 分解产物的类型和产气速率进行故障辨识。然而，这些学者在每种故障类型下都只选了一个电压等级研究 SF_6 分解特性，没有考虑 PD 严重程度对辨识结果的影响。

在 PD 严重程度评估方面，文献[11]选择特高频信号的脉冲幅值和重复率以及超声信号的有效带宽作为特征量，构建了 GIE PD 严重程度评估模型。文献[12]运用图像处理技术提取 PD 图像的颜色、纹理、形状和空间等特征量，并构建了用于评估 GIE PD 严重程度的特征图谱。综上所述，目前国内外学者主要利用特高频法、超声波法和图像处理技术等对 GIE 进行 PD 严重程度评估，尚未看到利用 SF_6 分解特性评估 PD 严重程度的报道。然而，基于 SF_6 分解组分分析的 PD 检测方法的灵敏度高，能对故障进行定位，且不受环境噪声和电磁干扰的影响，能很好地与传统 PD 检测方法进行互补，所以有必要开展相关研究。

因此，本文以直流 GIE 中常见的四种绝缘缺陷(金属突出物、自由导电微粒、绝缘子表面污秽和绝缘子外气隙)为对象，在不同电压等级下开展 SF_6 直流 PD 分解实验，利用气相色谱质谱联用仪检测 SF_6 分解组分，研究 SF_6 分解特性与故障类型及 PD 严重程度之间的关联关系，构建用于故障辨识分析的 SF_6 组分特征集合，运用最大相关最小冗余[13]准则进行特征量选择，并利用 BP 神经网络和支持向量机进行故障辨识研究[14-15]，最后基于 C4.5 算法[16]构建决策树评估四种缺陷的 PD 严重程度，为利用 SF_6 分解组分分析方法对直流 GIE 进行在线监测与绝缘状态评估奠定基础。

1 SF_6 直流 PD 分解实验

1.1 实验平台

SF_6 直流 PD 实验平台如图 1 所示。

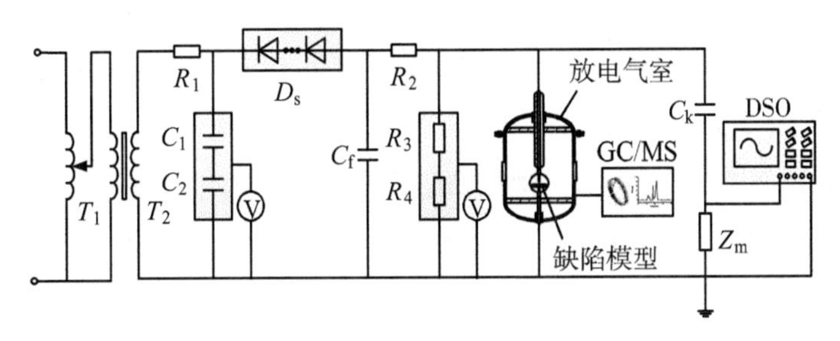

图 1 SF_6 直流 PD 实验平台

工频电压经调压器 T_1(0~380V)与变压器 T_2(50kVA/100kV)输出交流高压，电容分压器($C_1/(C_1+C_2)=1:1000$)测量该交流电压值；高压硅堆 D_s(100kV/5A)与滤波电容 C_f(0.2μF)组成半波整流电路，电阻分压器($R_4/(R_3+R_4)=1:10000$)测量整流后的直流电压值；R_1 和 R_2(均为 20kΩ)是保护电阻，限制电路的击穿电流；脉冲电流经耦合电容 C_k(500pF)流向检测阻抗 Z_m(50Ω)，并利用示波器 DSO(泰克 DPO 7254C)检测 Z_m 上的电压信号。

如图 2 所示，放电气室由不锈钢材料制成，体积为 60L，密闭性能良好，可拆卸式缺陷模型内置于放电气室的高压电极与地电极之间。采用气相色谱质谱联用仪(岛津 QP-2010Ultra GC/MS)检测 SF_6 分解组分的种类和浓度。

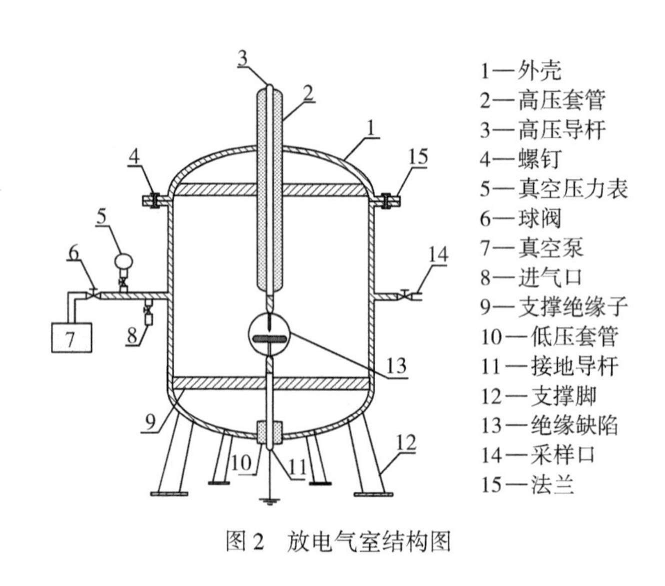

图 2　放电气室结构图

1.2　绝缘缺陷模型

直流 GIE 内的典型绝缘缺陷主要包括：金属突出物，通常为高压导体上的异常凸起；自由导电微粒，一般为可以在腔体内自由移动的金属粉末；绝缘子表面污秽，即绝缘子表面因各种污染而形成的缺陷；绝缘子外气隙，通常为高压导体与盆式绝缘子剥离而形成的气隙。根据这些缺陷的特性，本文研制了四种人工缺陷(分别简称为：突出物缺陷、微粒缺陷、污秽缺陷和气隙缺陷)开展实验研究，如图 3 所示。

如图 3(a)所示，本文采用针-板电极模拟突出物缺陷，针尖与板电极间距为 10mm，针电极锥尖角为 30°，曲率半径为 0.3mm。文中所有电极均由铝材料制成，且板电极尺寸都一样，厚度为 10mm，直径为 120mm；如图 3(b)所示，微粒缺陷由球电极、碗电极和小铝球组成，球电极与碗电极构成同心球结构。球电极直径为 50mm，碗电极由空心球体切割得到，球体直径为 100mm，切口直径为 90mm，小铝球直径为 3mm，共放置 20 个；如图 3(c)所示，为模拟污秽缺陷，本文将 4mm×20mm 的铜屑粘贴在圆柱形环氧树脂上，环氧树脂直径为 80mm，厚度为 25mm；如图 3(d)所示，为制作气隙缺陷，采用环氧树脂胶粘接板电极与圆柱形环氧树脂，并在高压电极与环氧树脂之间保留大约 2mm 的气隙，环氧树脂直径为 80mm，厚度为 50mm。

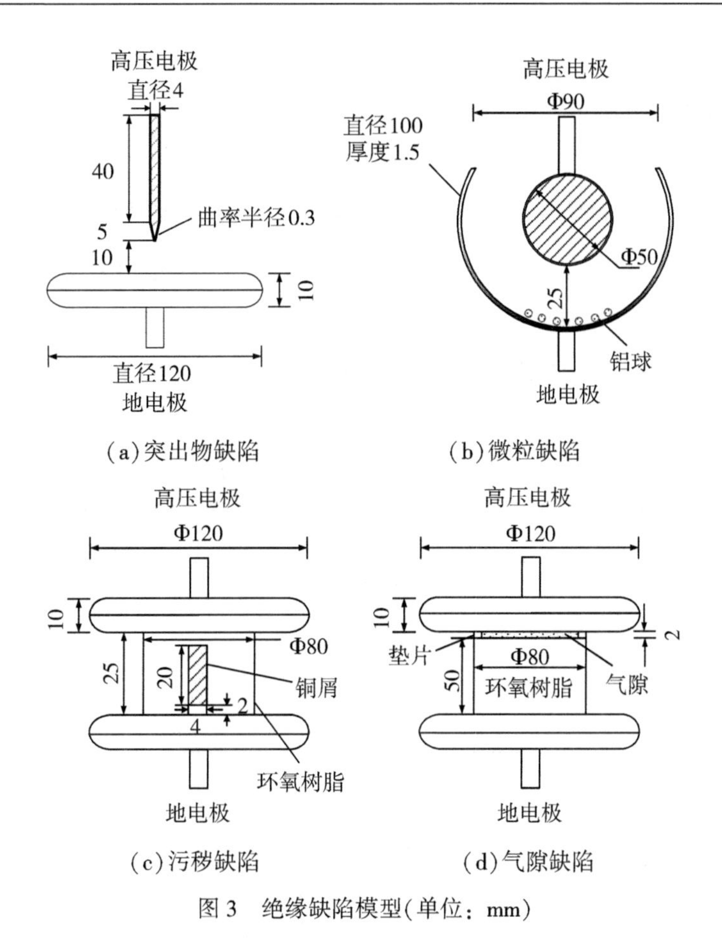

图3　绝缘缺陷模型(单位：mm)

1.3　实验方法

1. 实验前期准备工作

按照图1所示连接实验平台，将四种缺陷模型分别置入放电气室内，反复清洗气室内的杂质气体后充入0.3MPa的纯SF_6新气，直至气室内的H_2O和O_2浓度符合电力行业标准DL/T 596—2015[17]的要求。为保证实验精度，本文所有实验均在环境温度为20℃、相对湿度为50%的条件下进行。

2. PD发展实验

为了开展设备PD严重程度评估工作，必须掌握其PD发展过程及变化规律。为此，本文在步骤1的基础上，逐渐升高实验电压，检测四种缺陷的起始放电电压U_0和击穿电压U_b，然后在U_0与U_b之间选择合适的电压等级(不少于10个)，采用阶梯电压法开展绝缘缺陷PD发展实验。

3. SF_6分解实验

要想利用SF_6分解特性进行GIE绝缘状态评估，必须研究SF_6分解组分与缺陷类型及其严重程度之间的关联关系。因此，本文在步骤1的基础上，选择步骤2中的部分阶梯电压作为实验电压，分别代表不同的PD发展阶段，连续进行96h的SF_6直流PD分解实验，每隔12h采集1次样品气体，用GC/MS检测其组分种类及浓度。

2 PD 严重程度划分

经检测，SF_6 直流 PD 实验平台在未放入绝缘缺陷时的固有起始放电电压为 82.2kV，放入四种缺陷后的起始放电电压 U_0 和击穿电压 U_b 如表 1 所示。开展绝缘缺陷 PD 发展实验时，为使实验过程中的 PD 状态能有效表征缺陷从起始放电发展至临近击穿的整个过程，本文采用阶梯电压法开展 PD 发展实验，且每种缺陷下的阶梯电压数不少于 10 个，最终确定的阶梯升压方式如图 4 所示。

表 1 **起始放电电压 U_0 和击穿电压 U_b**

缺陷类型	起始放电电压 U_0/kV	击穿电压 U_b/kV
突出物缺陷	34.5	80.6
微粒缺陷	27.5	53.8
污秽缺陷	24.1	37.3
气隙缺陷	53.7	81.4

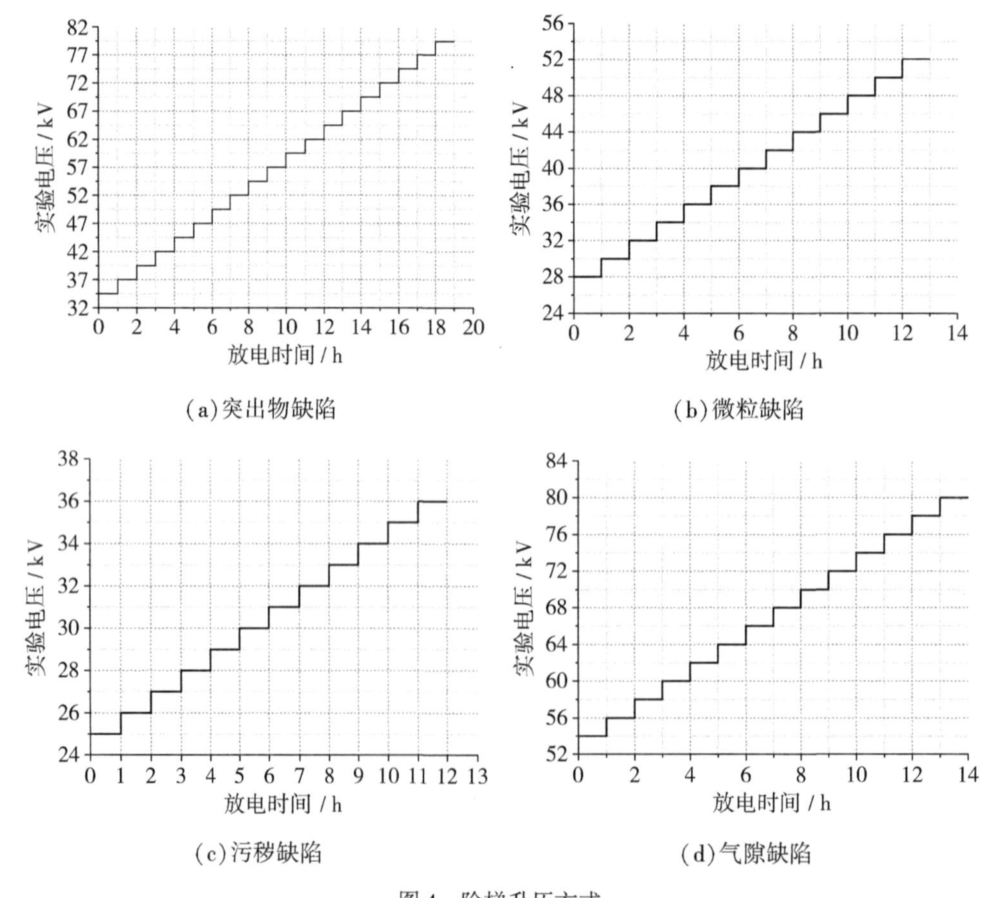

(a)突出物缺陷

(b)微粒缺陷

(c)污秽缺陷

(d)气隙缺陷

图 4 阶梯升压方式

IEC60270 推荐的脉冲电流法[18-19]是目前公认的最为成熟的 PD 检测方法，因此，本文基于脉冲电流法研究绝缘缺陷 PD 发展过程，并划分 PD 严重程度。SF_6 的分解是由 PD 的积累效应所致，主要受 PD 脉冲强度、脉冲重复率和放电时间等因素影响。由于每组实验的放电时间相同，为了综合考虑这些因素对 PD 分解过程的影响，本文选取每秒平均放电量 Q_{sec}(单位：pC/s)作为 PD 严重程度的特征量，分析 SF_6 分解组分与 PD 严重程度之间的关联关系，Q_{sec} 计算公式如下：

$$Q_{sec} = q_v \cdot n_v \tag{1}$$

式中，q_v 为单脉冲平均放电量，单位为 pC；n_v 为每秒平均脉冲数。

在图 4 所示的阶梯电压作用下，检测到四种缺陷 PD 信号的 q_v 和 n_v 如图 5 所示。明显地，在 PD 发展过程中，随着实验电压的升高，q_v 和 n_v 不断增大，且都呈现出规律性的变化趋势。

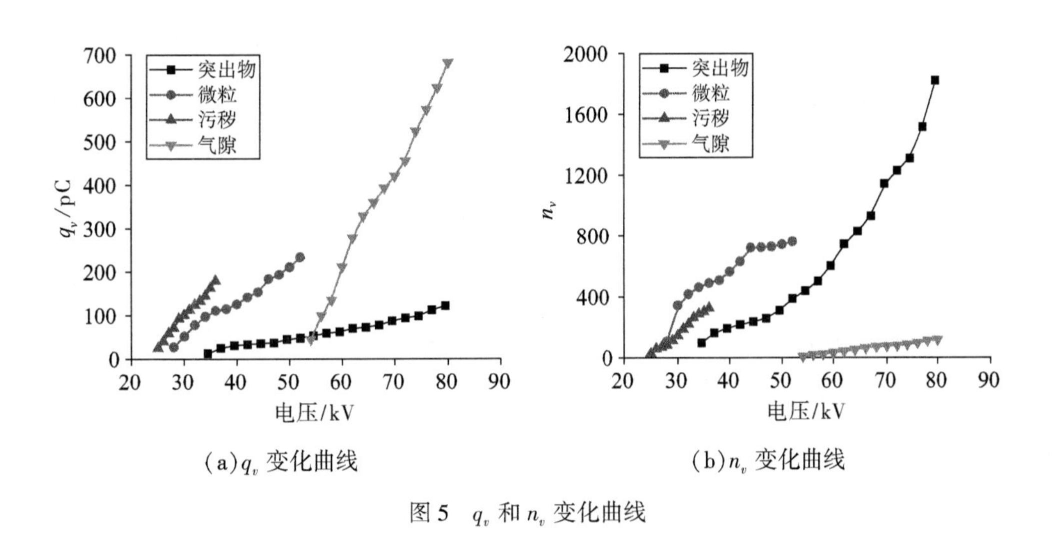

(a)q_v 变化曲线　　(b)n_v 变化曲线

图 5　q_v 和 n_v 变化曲线

根据 Q_{sec} 大小，将四种缺陷下的 PD 严重程度均划分为 3 个等级：轻微 PD、中等 PD 和严重 PD，如表 2 所示。

表 2　**PD 严重程度划分**

缺陷类型	Q_{sec} 范围/nC	实验电压/kV	PD 等级
突出物缺陷	0~74	34.5,37,39.5,42,44.5,47,49.5,52,54.5,57,59.5,62,64.5,67	轻微 PD
	75~148	69.5,72,74.5	中等 PD
	149~222	77,79.5	严重 PD
微粒缺陷	0~60	28,30,32,34,36,38	轻微 PD
	61~120	40,42,44	中等 PD
	121~180	46,48,50,52	严重 PD
污秽缺陷	0~20	25,26,27,28,29,30	轻微 PD
	21~40	31,32,33	中等 PD
	41~60	34,35,36	严重 PD

续表

缺陷类型	Q_{sec}范围/nC	实验电压/kV	PD 等级
气隙缺陷	0~27	54,56,58,60,62,64,66	轻微 PD
	28~54	68,70,72,74	中等 PD
	55~81	76,78,80	严重 PD

3 PD 严重程度评估

由于实验量的限制，本文从三种 PD 等级中各选 2 个代表性电压开展 SF_6 直流 PD 分解实验，四种缺陷下的实验电压如表 3 所示。实验结果表明，在每组 SF_6 分解产物中均检测到了 CF_4、CO_2、SO_2F_2、SOF_2 和 SO_2 五种稳定组分，且在每种缺陷下测得这些组分浓度的平均值 C_v 如图 6 所示，C_v 计算公式如下：

$$C_v(x) = \frac{\sum_{m=1}^{48} C_m(x)}{48} \tag{2}$$

式中，$C_m(x)$为每种缺陷下第 m 次测得组分 x 的浓度。由于每种缺陷都要在 6 个电压等级下开展 SF_6 直流 PD 分解实验，且每组实验连续进行 96h，每隔 12h 采集 1 次样品气体进行检测分析，所以 $m=1$，2，…，48。

表 3　**SF_6 直流 PD 分解实验电压**

缺陷类型	实验电压/kV					
	轻微 PD		中等 PD		严重 PD	
突出物缺陷	47	57	69.5	74.5	77	79.5
微粒缺陷	32	36	40	44	48	52
污秽缺陷	27	29	31	33	35	36
气隙缺陷	62	66	70	74	78	80

如图 6 所示，无论在哪种绝缘缺陷下，SOF_2 都是最主要的 SF_6 分解组分，且含硫组分(SOF_2、SO_2F_2 和 SO_2)的生成量高于含碳组分(CF_4 和 CO_2)的生成量。在不同绝缘缺陷下，五种 SF_6 分解组分的生成量差异明显，且其 C_v 大小关系也不尽相同，四种缺陷下 $C_v(CF_4)$的大小关系为：污秽>气隙>突出物>微粒；$C_v(CO_2)$的大小关系为：突出物>污秽>气隙>微粒；$C_v(SOF_2)$的大小关系为：突出物>微粒>污秽>气隙；$C_v(SO_2F_2)$和 $C_v(SO_2)$的大小关系均为：突出物>气隙>污秽>微粒。

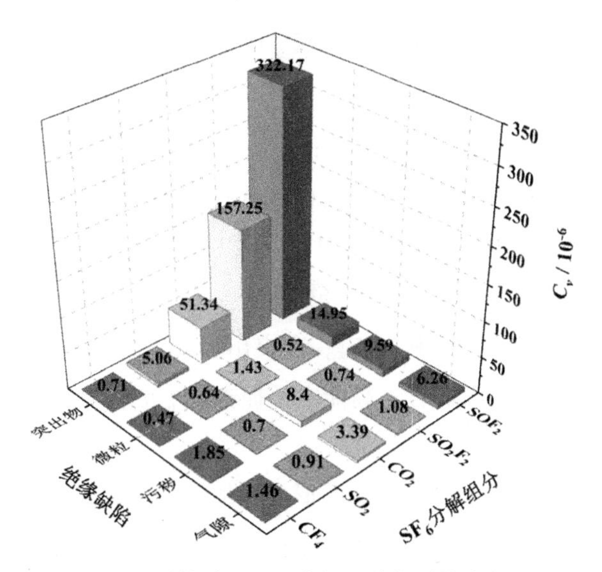

图 6　四种缺陷下 SF_6 分解组分的平均浓度 C_v

3.1　SF_6 分解组分与 PD 严重程度的关联特性

为了保证评估指标的普适性，便于后期构建适合工程实际应用的评估方法，有必要建立统一的 PD 严重程度评估指标体系。

CF_4 和 CO_2 主要由式(3)和式(4)反应生成[1-3]。其中，生成 CF_4 需要消耗 4 个 F，断裂 4 个 S—F 键需要高能碰撞电离才能实现，而 O_2 直接来源于气室内混入的空气，故生成 CF_4 需要的能量比生成 CO_2 需要的能量高。并且，CF_4 和 CO_2 同时在竞争有限的 C，随着 PD 的不断发展，反应生成的 F 越来越多，而气室内剩余的 O_2 在加速减少，故相比于 CO_2，CF_4 争夺 C 的能力在增强。因此，浓度比值 $R(CF_4/CO_2)$ 可以反映 PD 严重程度，且该比值越大说明 PD 越严重。

$$C + 4F \rightarrow CF_4 \tag{3}$$

$$C + O_2 \rightarrow CO_2 \tag{4}$$

在电场力作用下，电子碰撞 SF_6 生成各种低氟硫化物 $SF_x(x=1, 2, \cdots, 5)$ 和 F，其中，SF、SF_3 和 SF_5 分子结构不对称，化学性质不稳定，易与游离的 F 结合生成 SF_2、SF_4 和 SF_6。SO_2F_2 和 SOF_2 主要由式(5)和式(6)反应生成[1-3]，且 SOF_2 还会水解生成 SO_2。因此，可将 SOF_2+SO_2 看作一个整体，$R[SO_2F_2/(SOF_2+SO_2)]$ 的变化特性主要由 SF_2 和 SF_4 的生成过程决定。

$$SF_2 + O_2 \rightarrow SO_2F_2 \tag{5}$$

$$SF_4 + H_2O \rightarrow SOF_2 + 2HF \tag{6}$$

$$SOF_2 + H_2O \rightarrow SO_2 + 2HF \tag{7}$$

电子碰撞 SF_6 生成低氟硫化物 SF_x 和 F，该过程主要涉及碰撞电离和附着反应，在碰撞电离反应中，由于 F 的氧化性比 SF_x 的氧化性更强，所以碰撞电离会使 SF_x 变为正离子。具体反应如下[20]：

$$e + SF_6 \rightarrow SF_x^+ + (6 - x)F + 2e, \; x = 2, 4 \tag{8}$$

在附着反应中，电子附着到 SF_6 上生成母体 SF_6 或低氟硫化物 SF_x。文献[20]研究表明，在相同电子能量作用下，附着反应生成 F^- 的速率比生成 SF_2^- 和 SF_4^- 的速率高 1~2 个数量级。因此，在附着反应中，大部分 SF_2 和 SF_4 由如下反应生成：

$$e + SF_6 \rightarrow SF_x + (6 - x)F^-,\ x = 2,\ 4 \tag{9}$$

综上所述，在 SF_6 分解过程中，$SF_x(x=2,\ 4)$ 主要以中性粒子和正离子的形式存在，而 F 通常以中性粒子和负离子的形式存在。所以，在电场作用下，SF_x 和 F 会彼此远离，使 SF_x 有机会与气室内的微量 H_2O 和 O_2 反应生成 SO_2F_2 和 SOF_2。在突出物、污秽和气隙缺陷下，随着 PD 的发展，电子能量不断增大，相比于生成 SF_4 而言，高能电子撞击 SF_6 更容易生成 SF_2，故 $R[SO_2F_2/(SOF_2+SO_2)]$ 越大说明 PD 越严重。

在微粒缺陷下，小铝球的跳动会导致气流的形成，加速分子和离子的扩散运动，使 SF_x 和 F 可能克服电场力的作用而相遇。并且，与 H_2O 和 O_2 相比，F 的氧化性更强，所以 SF_x 会迅速与 F 结合生成高氟硫化物。随着 PD 的发展，小铝球跳动的幅度和频率都会增大，而相比于 SF_4，SF_2 还原性更强，更容易发生复合反应。因此，在微粒缺陷下，$R[SO_2F_2/(SOF_2+SO_2)]$ 越小说明 PD 越严重。

综上所述，本文选择浓度比值 $R(CF_4/CO_2)$ 和 $R[SO_2F_2/(SOF_2+SO_2)]$ 作为特征量，进一步研究 SF_6 分解特性与 PD 严重程度之间的关联关系。

为了方便分析 SF_6 分解组分与 PD 严重程度之间的关联关系，本文对 SF_6 组分浓度比值进行平均处理，得到每组实验 8 次测量(每种电压下实验时间为 96h，每 12h 进行 1 次样品分析)中 SF_6 分解组分的平均浓度比值 R_{v2}，计算公式如下：

$$R_{v2}(x/y) = \frac{1}{8}\sum_{n=1}^{8}\frac{C_n(x)}{C_n(y)} \tag{10}$$

式中，$R_{v2}(x/y)$ 表示一种电压下组分 x 与组分 y 之间的平均浓度比值，$C_n(x)$ 和 $C_n(y)$ 分别表示一组实验中第 n 次测得组分 x 和组分 y 的浓度，$n=1,\ 2,\ \cdots,\ 8$。

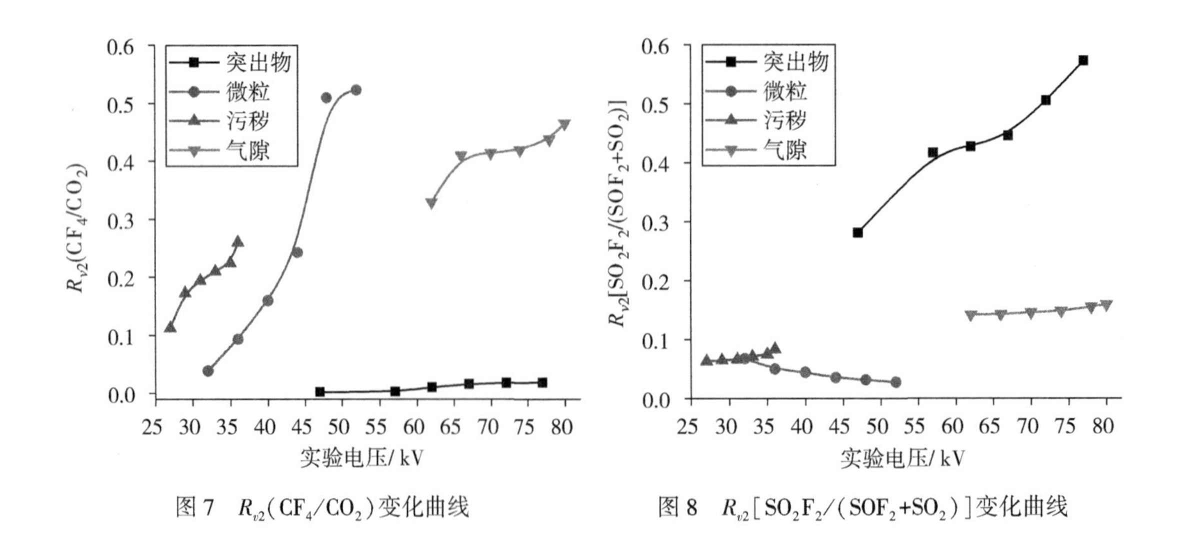

图 7　$R_{v2}(CF_4/CO_2)$ 变化曲线　　图 8　$R_{v2}[SO_2F_2/(SOF_2+SO_2)]$ 变化曲线

随着实验电压的升高，图 7 和图 8 所示曲线都呈现出规律性的变化趋势。其中，在微粒缺陷下，$R_{v2}[SO_2F_2/(SOF_2+SO_2)]$随电压的升高而减小，而在其余情况下，$R_{v2}(CF_4/CO_2)$和 $R_{v2}[SO_2F_2/(SOF_2+SO_2)]$都随电压的升高而增大，实验结果与上述结论一致。因此，SF_6 组分浓度比值 $R(CF_4/CO_2)$和 $R[SO_2F_2/(SOF_2+SO_2)]$可以用来评估本文四种缺陷的 PD 严重程度。

3.2 基于决策树算法的 PD 严重程度评估

本文选用 $R(CF_4/CO_2)$和 $R[SO_2F_2/(SOF_2+SO_2)]$两个特征量来评估三种 PD 等级(轻微 PD、中等 PD 和严重 PD)，因此，可以采用 C4.5 算法[16]生成决策树，通过决策树分类评估 PD 严重程度。

在四种缺陷下，将实验所得的 SF_6 组分浓度比值数据 $R(CF_4/CO_2)$和 $R[SO_2F_2/(SOF_2+SO_2)]$作为输入样本，设置样本目标类别数为 3，利用 C4.5 算法构建决策树，采用八折交叉验证来衡量决策树法的分类准确性，最终生成的决策树如图 9 所示，图中 R_1 表示 $R(CF_4/CO_2)$，R_2 表示 $R[SO_2F_2/(SOF_2+SO_2)]$。

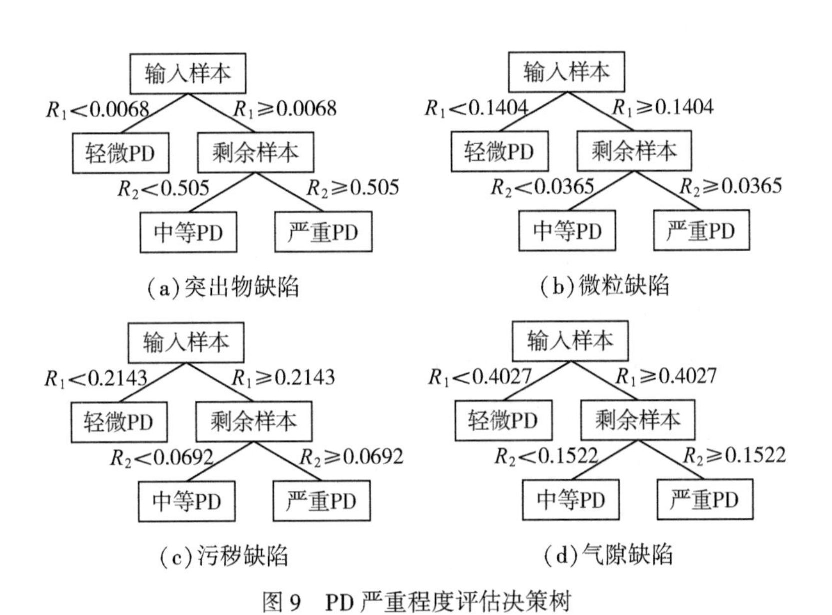

图 9　PD 严重程度评估决策树

利用该决策树评估四种缺陷的 PD 严重程度，如表 4 所示，评估准确率都不低于 87.5%，效果良好。因此，可以利用图 9 所示的决策树来评估本文四种缺陷的 PD 严重程度。

表 4　**PD 严重程度评估结果**

缺陷类型	评估准确率
突出物缺陷	91.67%
微粒缺陷	91.67%
污秽缺陷	87.5%
气隙缺陷	87.5%

4 结论

(1)在直流 GIE 的四种典型绝缘缺陷下，开展了不同直流电压下的 SF_6 分解实验，结果表明，SF_6 分解生成了 CF_4、CO_2、SO_2F_2、SOF_2 和 SO_2 五种稳定组分，其中，SOF_2 是最主要的分解产物，且含硫组分(SOF_2、SO_2F_2 和 SO_2)的生成量高于含碳组分(CF_4 和 CO_2)的生成量。

(2)选取每秒平均放电量 Q_{sec} 作为 PD 严重程度的特征量，并将 PD 严重程度划分为三个等级：轻微 PD、中等 PD 和严重 PD。

(3)提出利用 SF_6 组分浓度比值 $R(CF_4/CO_2)$ 和 $R[SO_2F_2/(SOF_2+SO_2)]$ 作为特征量来评估 PD 严重程度，并基于 C4.5 算法构建了用于评估四种缺陷 PD 严重程度的决策树，评估准确率都不低于 87.5%。

◎ 参考文献

[1] Yang D, Zeng F P, Yang X, et al. Comparison of SF_6 decomposition characteristics under negative DC partial discharge initiated by two kinds of insulation defects[J]. IEEE Transactions on Dielectrics and Electrical Insulation, 2018, 25(3): 863-872.

[2] Yang D, Tang J, Zeng F P, et al. Correlation characteristics between SF_6 decomposition process and partial discharge quantity under negative DC condition initiated by free metal particle defect[J]. IEEE Transactions on Dielectrics and Electrical Insulation, 2018, 25(2): 574-583.

[3] Tang J, Yang X, Yao Q, et al. Correlation analysis between SF6 decomposed components and negative DC partial discharge strength initiated by needle-plate defect[J]. IEEJ Transactions on Electrical & Electronic Engineering, 2018, 13(3): 382-389.

[4] Vanbrunt R J, Misakian M. Mechanisms for Inception of DC and 60Hz AC Corona in SF_6[J]. IEEE Transactions on Electrical Insulation, 1982, 17(2): 106-120.

[5] Chu F Y. SF_6 decomposition in gas-insulated equipment [J]. IEEE Transactions on Electrical Insulation, 1986, 21(5): 693-725.

[6] Vanbrunt R J, Herron J T. Fundamental processes of SF_6 decomposition and oxidation in glow and corona discharges[J]. IEEE Transactions on Electrical Insulation, 1990, 25(1): 75-94.

[7] 任晓龙. 不同绝缘缺陷下放电量与 SF_6 分解组分关联特性研究[D]. 重庆: 重庆大学, 2012.

[8] 陈俊. 基于气体分析的 SF_6 电气设备潜伏性缺陷辨识技术研究及应用[D]. 武汉: 武汉大学, 2014.

[9] Tang J, Liu F, Meng Q H, et al. Partial discharge recognition through an analysis of SF_6 decomposition products part 2: Feature extraction and decision tree-based pattern recognition[J]. IEEE Transactions on Dielectrics and Electrical Insulation, 2012, 19(1): 37-44.

[10]齐波，李成榕，骆立实，等．GIS 中局部放电与气体分解产物关系的试验[J]．高电压技术，2010，36(4)：957-963.

[11]金虎．基于多参量的 GIS 局部放电发展过程研究及严重程度评估[D]．北京：华北电力大学，2015.

[12]于乐．基于图像特征的 GIS 局部放电严重程度评估的研究[D]．北京：华北电力大学，2011.

[13]赵永宁，叶林．区域风电场短期风电功率预测的最大相关-最小冗余数值天气预报特征选取策略[J]．中国电机工程学报，2015，35(23)：5985-5994.

[14]Leng X，Wang J，JI H，et al. Prediction of size-fractionated airborne particle-bound metals using MLR，BP-ANN and SVM analyses[J]. Chemosphere，2017，180：513-522.

[15]张文雅，范雨强，韩华，等．基于交叉验证网格寻优支持向量机的产品销售预测[J]．计算机系统应用，2019，28(5)：1-9.

[16]Baror A，Keren D，Schuster A，et al. Hierarchical decision tree induction in distributed genomic databases[J]. IEEE Transactions on Knowledge & Data Engineering，2005，17(8)：1138-1151.

[17]国家能源局．电力设备预防性试验规程：DL/T 596—2015[S]．北京：中国电力出版社，2015.

[18] High-voltage test techniques—Partial discharge measurements：IEC 60270：2015[S]. International Electrotechnical Commission，2015.

[19]王刘旺，朱永利，贾亚飞，等．局部放电大数据的并行 PRPD 分析与模式识别[J]．中国电机工程学报，2016，36(5)：1236-1244.

[20]Christophorou L G，Olthoff J K. Electron interactions with SF_6[J]. Journal of Physical & Chemical Reference Data，2000，29(3)：267-330.

变压器螺栓法兰连接系统的压电传感涂层制备技术研究

邓建钢[1]，兰贞波[1]，徐卓林[1]，宋友[1]，李敬雨[2]，曾橹维[2]，王豪斌[2]，杨兵[2]，张俊[2]，陈燕鸣[2]

（1. 国网电力科学研究院武汉南瑞有限责任公司，武汉，430074；

2. 武汉大学动力与机械学院，武汉，430072）

摘　要：螺栓法兰连接系统是大型变压器密封最主要的连接形式，除承受螺栓预紧力和运输过程中的加速度以外，还受到内部介质压力、运行温升引起的橡胶变形、绕组产生的高频低幅振动等的影响。因此，对大型变压器螺栓法兰连接系统的受力状况进行监测可有效避免由于泄漏等失效所造成的人力物力损失。传统基于贴片压电陶瓷的超声策略虽可实现较高精度的应力监测，但存在灵敏度低、抗电磁干扰能力差、长期使用贴片易脱落等缺点，严重影响其监测时的稳定性。本文提出了一种新型永久薄膜压力传感器(PMTS)的制备技术，即通过脉冲电弧离子镀的方法在不锈钢基底上沉积结合力强的纳米氧化锌(ZnO)压电传感涂层，并系统研究工作气压及靶基距这两个关键制备工艺参数对ZnO压电传感涂层的晶体结构及显微结构的影响。研究结果表明，经工艺优化后制备的高电阻高c轴择优取向的ZnO压电传感涂层可以用于精确的变压器螺栓的轴向应力检测。

关键词：螺栓法兰连接；PMTS；脉冲电弧离子镀；氧化锌

0　引言

螺栓法兰连接系统是大型变压器密封最主要的连接形式，除承受螺栓预紧力和运输过程中的加速度以外，还受到内部介质压力、运行温升引起的橡胶变形、绕组产生的高频低幅振动等综合因素的影响[1]。螺栓法兰连接系统最常见的失效形式是泄漏。据不完全统计，仅深圳在2012—2016年由于泄漏所导致的变压器故障停运事故便高达617起，在同期变压器故障事故中占比33.1%。当变压器密封失效后，随着空气、粉尘、水分等杂质进入变压器油箱中，会导致变压器油绝缘强度下降，绝缘油将加速老化，严重影响变压器的安全运行，甚至会引发设备爆炸、起火等严重事故[2]。

多年来，国内外研究学者们对螺栓法兰连接系统中的螺栓法兰结构、运行温升影响、泄漏行为等内容开展了大量的研究工作[3-11]。早在1937年，Waters等便研究了管法兰强度，并提出了一种用于计算法兰密封结构应力的方法[3]；Sawa等为法兰螺栓系统法兰接头位置的接触应力分布建立了基于弹性理论的数学模型[4]；Murali等用有限元分析对螺栓法兰连接系统建立了三维模型，并结合试验验证详细探讨了法兰螺栓系统的密封问题[5]；徐鸿等对法兰结构密封性能进行了计算，提出法兰螺栓接头处的泄漏压力随螺栓预紧力的升高而提升[6]；蔡仁良等建立了螺栓法兰连接系统的力学模型，建立了螺栓预紧力、绝缘垫片应力、法兰密封性之间的密切关联性[7]；Winter 等研究了绝缘垫片温度和传热系数等因素对法兰结构的影响，并分析归纳了热瞬变对多种连接结构的影响[8]；Zerres 等对法兰连接在热机械冲击下的响应进行了有限元分析，并为泄漏现象提供了一定的理论分析依据[9]；郑建荣等将法兰、螺栓、垫片进行整体分析和试验，给出了可以准确计算泄漏率的方程[10]；任世雄等通过研究热力状态下的法兰接头非线性性能的三维有限元模型，总结了根部圆角螺栓直径和预紧力等多种因素对法兰接头强度和紧密性的影响[11]。

如上所述，国内外在变压器螺栓法兰连接系统的结构和泄漏失效等方面开展了大量的试验研究和仿真模拟研究，但对于与泄漏失效直接密切相关的螺栓法兰连接系统中法兰、绝缘垫片、螺栓等关键结构组件，在预紧力、运输加速度、内部介质压力、温升引起橡胶变形、绕组产生高频低幅振动等综合影响因素下的复杂力学响应行为则缺乏足够的关注和研究。实际上，由变压器密封结构受应力形变或松脱所直接导致的泄漏故障时有发生，如 2015 年华中某 1000kV 特高压变电站变压器发生线路跳闸引发大面积供电中断，后续调查发现是因为变压器主套管顶部接线端子存在明显受力形变从而导致套管顶部接线端子和过渡法兰密封面出现密封不良现象，最后发生漏气进水并导致主变发生匝间短路故障[12]。与此类似的还有 2015 年安徽某 500kV 变电站主变压器在检修后带电运行 12 小时后发生炸裂事故，后续调查发现是因为变压器 B、C 相高压套管头部存在由于螺栓松动所导致的将军帽处密封渗漏[13]；2016 年浙江某 800kV 换流站换流变压器网侧高压套管将军帽发热故障频发，后续调查发现发热根源是现场施工时螺母紧固未使用力矩扳手校验预紧力以及导电管外螺纹与将军帽内螺纹配合精度参差不齐[14]。因此，对大型变压器螺栓法兰连接系统的应力状况进行适时有效的监测及预警，对于保障变压器的安全稳定运行具有十分重要的意义。

压电传感器作为物联网的核心元件近年来得到了飞速的发展，被广泛应用于燃油、管道、轮胎以及关键结构件等压力监测和机械运动姿态诊断控制等工业、生物医疗以及航空航天领域。通常来说，基于贴片压电陶瓷的超声策略所使用的压电材料多为锆钛酸铅等压电陶瓷片，但此类压电陶瓷片在实际的应力监测中存在着诸如器件尺寸大、灵敏度低、抗电磁干扰能力差、长期使用易脱落等缺点。永久型薄膜压力传感器（PMTS）相较机械式压力计具有精度高、抗干扰能力强等优点；相较贴片式压力传感器具有应变灵敏系数高、运行稳定性强等优点；同时由于薄膜压力传感器厚度可低至微纳米级，其可直接在被测零部件表面成膜而不影响设备内部环境，有利于实现结构/感知一体化设计制造[15]。氧化锌（ZnO）是应用最广泛的压电薄膜材料之一，但目前仍存在着制约 ZnO 薄膜制备工艺的瓶颈问题，主要体现在由于工艺的重复性和均匀性较差导致薄膜体声波谐振器（FBAR）的谐振频率范围比较大[16-17]。为此，本文通过脉冲电弧离子镀的方法在不锈钢基底上沉积纳米氧化锌（ZnO）压电薄膜，探讨工作气压及靶基距这两个关键制备工艺参数对 ZnO 压电薄膜的晶体结构及显微结构等的影响，为提升 ZnO 压电薄膜的制备工艺提供了一定的科学参考及依据。

1 实验部分

1.1 原材料及设备

实验使用99.99%纯度的Zn金属靶，靶材直径150mm，厚度8mm，由广东钜仕泰粉末冶金有限公司生产；基底尺寸为3mm×4mm、厚度0.5mm的不锈钢，由武汉金威龙工贸有限公司生产。脉冲电弧离子镀采用实验室自主设计的设备进行，主要包括抽真空系统、独立循环的冷却系统、控制系统、气路系统溅射源及真空腔室。设备真空室尺寸为800mm×800mm×800mm，内部设有两个加热管及刻蚀源，支持阴极电弧离子镀以及射频溅射镀膜两种制备方式，最多支持三个靶材同时工作，设备的真空上限为10^{-4}Pa。

1.2 试样制备

ZnO压电传感涂层制备过程中的工艺参数对ZnO的生长行为都会产生影响，主要包括：基体材料、衬底偏压、靶材与基片基距、气压、电流等。其中，衬底偏压和工作电流被设置为本实验中的变量。具体实验过程如下：

1.2.1 不锈钢基底清洁

将不锈钢基底在丙酮中超声清洗15分钟，去除表面粘胶及顽固污染物；随后用酒精超声清洗10分钟，去除基体表面的丙酮残留；再用去离子水超声清洗5分钟，除去酒精残留；最后在氮气氛围内干燥，并迅速装入真空工作腔内。

1.2.2 ZnO涂层沉积

涂层沉积主要分为如下6个步骤：

(1)开启冷水机，检查设备循环水是否正常，防止实验温升造成设备及靶材损坏。

(2)预抽真空阶段，装样品后关闭设备门，利用机械泵配合开启的预抽阀进行前期快速抽气，为启动分子泵提供低真空基础。

(3)开分子泵，气压低于1Pa时，关闭预抽并打开分子泵，其频率为400Hz。当频率达到360Hz左右时打开精抽阀，持续抽气制造高真空环境。

(4)当真空低于1×10^{-2}Pa时，打开加热器，增加分子扩散速率，排除真空腔室内吸附的气体，加热温度到200℃时关闭加热器。

(5)加热后待气压达到6×10^{-3}Pa时，开始进行刻蚀实验，清洁并活化表面以增加基底与膜层的结合力，设置电压-150V，占空比80%，氩气0.5Pa，电流70A刻蚀30分钟。

(6)刻蚀结束后，开启弧电源，并根据设置的1.5Pa、2.0Pa、2.5Pa工作气压和250mm、300mm、350mm、400mm、450mm靶基距实验参数进行沉积。到达设定的沉积时间后关闭电弧源，关闭设备除冷却系统外的其他系统。待温度降到室温后再取出样品，以防止膜层因为急速降温产生较大应力而崩裂脱落。

1.3 试样测试

ZnO 涂层的相结构由 X 射线衍射仪(XRD)进行测定，设备型号 Tongda TDM-10，射线源 Cu Kα，采用连续扫描的方式在 30°~65°范围内以步宽角度 0.05°、采样时间 0.2s 进行测试。ZnO 涂层的显微结构用场发射扫描电子显微镜(FE-SEM)进行测试，设备型号 LMH MIRA 3，工作电压为 10kV；涂层成分用电子显微镜自带的能谱仪(Aztec Energy，X-Max 20)进行测量。涂层阻值使用万用表进行测试，电阻测量量程为 0~200MΩ。

1.4 应力测量

为进一步探究 ZnO 压电传感器在应力监测方向的应用，将螺杆端面上制备了 ZnO 压电传感涂层的某变压器螺杆固定在 HCL-3MC 插销试验机上进行阶梯加载，加载范围为 0~48kN，加载梯度为 4kN。在加载过程中使用超声检测系统(JSR，DPR300)测量螺杆端部的超声飞行时间。根据声弹性原理，对加载应力与测量声速进行标定。

2 结果与讨论

2.1 工作气压对 ZnO 压电涂层生长行为影响的研究

2.1.1 不同气压下涂层 X 射线衍射分析

图 1 为不同气压下 ZnO 涂层的 XRD 测试结果。

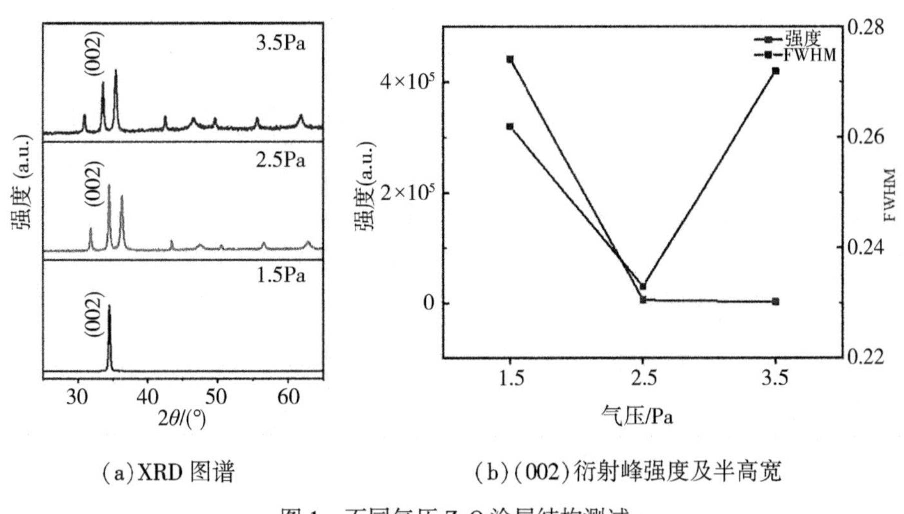

(a) XRD 图谱　　(b) (002) 衍射峰强度及半高宽

图 1　不同气压 ZnO 涂层结构测试

由图1(a)的XRD结果可以看出(002)取向的衍射峰在所有样品中均存在，且当气压为1.5Pa时涂层完全是c轴择优生长。当气压升高后，涂层出现多取向生长的状态。为了进一步研究气压对涂层取向的影响，我们对涂层的取向系数R进行了计算，具体如式(1)[18]：

$$R = I_{hkl} / \sum_{i=1}^{n} I_{h_i k_i l_i} \tag{1}$$

式中，I表示衍射峰的强度，hkl为不同晶面的指数，n为XRD图谱中测量所得的衍射峰数量，R为所求的取向系数。根据XRD测试结果，利用图谱中的三强峰(100)、(002)以及(101)进行计算，可将上述计算公式简化为：

$$R_{(002)} = I_{(002)} / (I_{(100)} + I_{(002)} + I_{(101)}) \tag{2}$$

ZnO涂层在不同工作气压下的取向系数值如表1所示，可以看出，随着气压的升高，涂层择优取向由(002)向(101)转变。

表1　**不同气压ZnO涂层的取向系数、晶粒尺寸及电阻**

工作气压/Pa	1.5	2.5	3.5
取向系数	1	0.45	0.38
晶粒大小/nm	31.4	35.3	30.3
阻值/kΩ	8	20	50

ZnO涂层的晶粒尺寸可以通过式(3)[19]的谢乐公式进行计算(适用于晶粒尺寸在0~100nm计算使用)。

$$D = k\lambda / B\cos\theta \tag{3}$$

式中，D为晶粒尺寸，k为谢乐常数。k可根据不同要求进行取值(当B值为衍射峰的半高宽时，k取0.89；当B值为衍射峰的积分高宽时，k取1)。本文中B为衍射峰半高宽，θ为衍射峰对应的衍射角，λ为所用射线波长，其数值为0.15406nm。

结合图1(b)与表2不难发现，随着气压的升高，涂层的半高宽先减小后增加。涂层的衍射峰强度则急剧减小了4个数量级，并且取向系数持续减少，表明ZnO涂层的结晶质量不断降低。这是由于当气压升高时，与高能金属离子作用的中性气体分子数量增加，导致金属粒子的平均自由程降低。同时由于存在弹性碰撞产生能量交换以及互相进行的电荷交换现象，最终导致沉积到基体表面的动能相对较大的金属粒子数量减少，不利于涂层沿着表面能最低的晶面生长。此外，有研究表明，阴极电弧离子镀涂层内部多存在压应力，且离子的入射能量会对内部应力产生影响[20-21]。一般表现为随着入射粒子能量的增加，涂层内部产生的压应力也会逐渐增大。此时，涂层可以通过不同取向的择优生长来缓解应变，释放涂层内部应力。因此，ZnO涂层择优取向的变化可能与内部的应力状态有关。通过对涂层电阻的测试，给出表2所示的涂层电阻值，我们发现随着气压的升高，涂层的阻值增大，这是由于气压增加，真空腔室内氧含量增加，金属离子在运动过程中或者到达基板后可以和高浓度的氧进行充分反应，得到高阻值涂层。

表 2　　**不同靶基距 ZnO 涂层的取向系数及电阻**

靶基距/mm	250	300	350	400	450
取向系数	0.42	1	1	1	1
阻值(kΩ)	10	8	4	1	0.1

2.1.2　不同气压下涂层形貌分析

图 2 为不同气压条件下 ZnO 涂层微观形貌图。扫描电镜结果表明不同沉积气压下的涂层表面形貌具有不同特征。当沉积气压较低时(1.5Pa)，ZnO 涂层表面规则，结晶良好(图 2(ai))。结合表 1 给出的 ZnO 涂层的晶粒尺寸，可以发现随着沉积气压的增加，晶粒尺寸先增加后减小。当沉积气压增加到 2.5Pa 时，晶粒尺寸增加到 35.3nm，涂层表面呈现明显的颗粒状结构(图 2(bi))，表面均匀性变差。当工作气压增加到 3.5Pa 时，涂层的晶粒尺寸减小到 30.3nm，细小的晶粒会堆积成“团簇”，团簇之间结合可能出现不致密的情况，甚至出现孔洞等缺陷(图 2(c))。低气压时有高能量的入射离子，能够保证到达基底后有较高的迁移能力，这有利于涂层结晶，并且衍射峰强度高。当沉积气压高时，离子能量低、迁移差，不利于晶粒生长，且出现不致密型堆积团簇，降低涂层的结晶质量，衍射峰的强度也相对较弱。

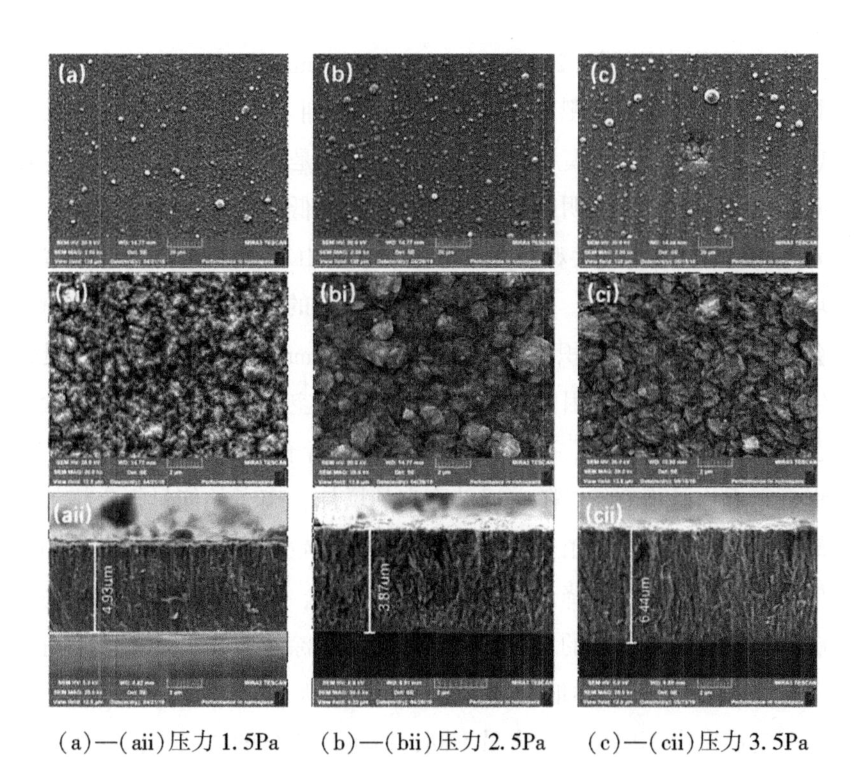

(a)—(aii)压力 1.5Pa　(b)—(bii)压力 2.5Pa　(c)—(cii)压力 3.5Pa

图 2　不同气压下 ZnO 涂层表面及截面形貌

2.2 靶基距对 ZnO 压电涂层生长行为影响的研究

2.2.1 不同靶基距下涂层形貌分析

电弧放电法制备涂层过程中，真空腔室内部的等离子体分布情况如图 3 所示。由靶材平面蒸发出的等离子体带有一定的能量，它们因此会向着靶面前方的空间延伸，并具有空间中心对称性，对称轴即为靶材表面的法线。由于扩散速度的不同，真空腔室内部的等离子体分布不均匀，不同位置的等离子体浓度及离子能量不同，会对涂层沉积产生影响。

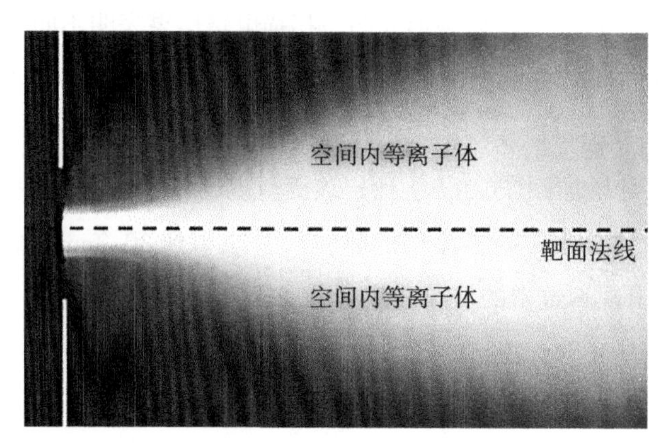

图 3　电弧放电法等离子体分布光学照片

图 4(a)—(e)给出了不同靶基距(250mm、300mm、350mm、400mm、450mm)条件下 ZnO 涂层的表面及截面形貌。由图可以观察到靶基距由 250mm 增加到 450mm 时，表面的大颗粒污染物直径由 10μm 减小到 1μm，能够有效提升膜层表面的洁净度。但是当靶基距处于最大值 450mm 时，样品的表面可以看到明显的空洞缺陷，表明膜层的致密性显著降低。

图 4(ai)—(ei)对表面进行了放大观察，发现涂层表面由堆积型转变为良好结晶型再转变为团簇型颗粒，表面均匀性先升高后降低。而根据图 5(b)给出的处于不同靶基距处的涂层沉积速率，发现增加靶基距会明显降低涂层的沉积速率。距离增加 200mm 会使得涂层厚度损失 96.96%左右。ZnO 涂层表面产生这种变化的主要原因归结为上面给出的真空腔室内部不同位置处等离子体分布及能量大小不同。在电流恒定的情况下，靶表面蒸发出的等离子体是一定的，在气压不变的情况下，等离子体的自由程可以看作是不变的。随着运动距离的增加，离子的能量损失增加。绝大部分粒子可以到达靶基距最小的样品表面，且由于粒子到达间隔时间较短而直接堆积在样品表面，但随着距离的增加，到达更远处的等离子浓度降低且时间增加。因此，在相同时间内能到达更远处表面的粒子变少，涂层的沉积速率也随着距离的增加而降低。此外，涂层表面粒子不再是直接堆积，而是沉积在表面产生/不产生迁移行为。同样地，能量过高产生的大颗粒金属液滴，由于自身重力以及迁移距离的限制，在真空腔室内不同位置的含量不同，越远离靶材的样品表面沉积的大颗粒污染物越少。当等离子体运动到距离靶材最远的 450mm 的样品表面时，由于能量损失限制了其在表面的迁移能力，因此晶粒组成的团簇之间会产生类似空洞的不闭合缺陷。

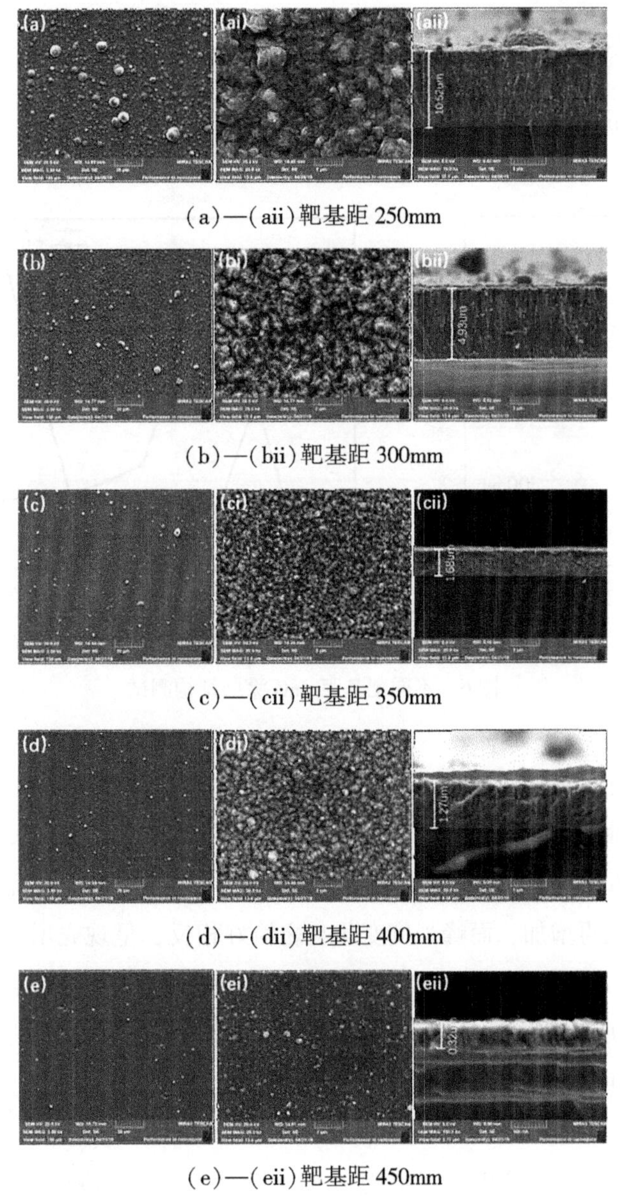

(a)—(aii)靶基距 250mm

(b)—(bii)靶基距 300mm

(c)—(cii)靶基距 350mm

(d)—(dii)靶基距 400mm

(e)—(eii)靶基距 450mm

图 4　不同靶基距下 ZnO 涂层表面及截面形貌

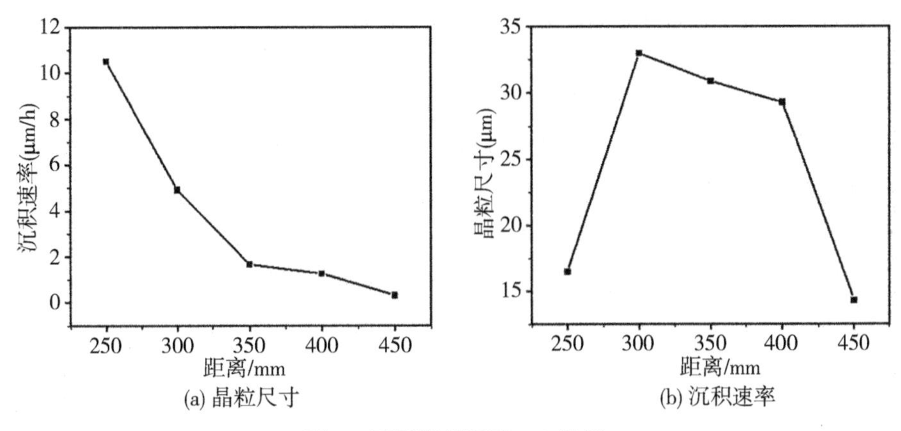

(a) 晶粒尺寸　　(b) 沉积速率

图 5　不同靶基距下 ZnO 涂层

2.2.2 不同靶基距下涂层结构分析

图 6 为不同靶基距下制备的 ZnO 涂层的结构测试结果。

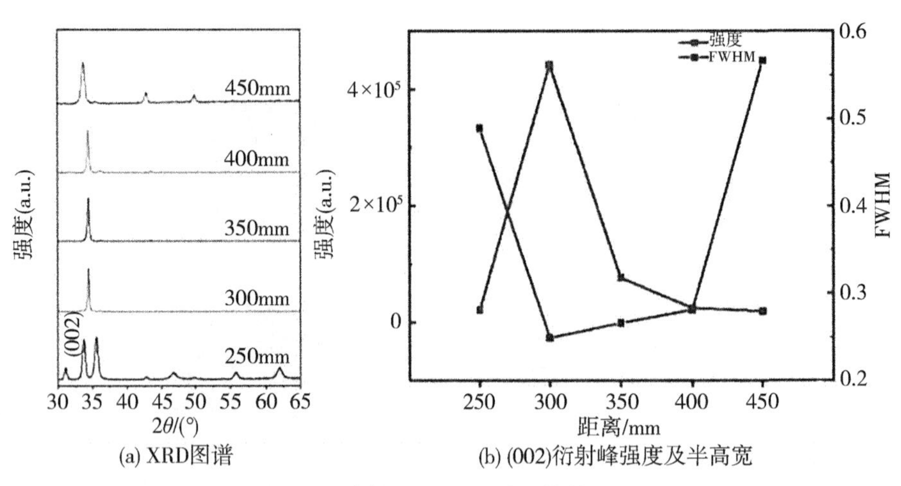

图 6 不同靶基距 ZnO 涂层结构测试

由图 6(a)的 XRD 衍射图谱可知除靶基距为 250mm 时涂层呈现多取向生长外，其余靶基距处的样品涂层均是单一的 c 轴择优取向生长。靶基距为 450mm 时在 42.5°及 49.6°出现的衍射峰是由于涂层太薄导致。结合图 6(b)给出的涂层衍射峰强度及半高宽结果图，发现随着靶基距的增大，涂层衍射峰的半高宽先降低再增加，而峰强度变化与之恰好相反，呈现先增加后降低的趋势。同时结合表 2 给出的涂层的(002)取向系数，可知涂层的结晶质量随着靶基距的增加先变良好后下降。在靶基距为 300mm 处的涂层结晶质量最佳，这与上一节中涂层的形貌最规则致密晶粒最大的结果是一致的。说明沉积在 300mm 处样品上的粒子有足够的能量和时间迁移到能量最低的(002)晶面，同时晶粒长大。

涂层电阻测试结果由表 2 给出，阻值随着靶基距的增加逐渐减小，由最大值 10kΩ 减小到 0.1kΩ。这主要与涂层的厚度有关，涂层越厚，电阻越高，并且与膜层厚度的变化趋势是一致的。

2.3 某变压器螺杆应力检测结果分析

根据上述对工作气压以及靶基距对 ZnO 压电涂层生长行为影响的研究，在 1.5Pa 的工作气压以及 300mm 的靶基距工艺条件下，在某变压器螺杆的端面上制备了 ZnO 压电传感涂层，并使用超声检测系统对螺杆的加载应力与测量声速进行了标定，图 7 为超声检测得到的声时与载荷的关系曲线。

从图 7 中可发现，在 0~48kN 的载荷范围内，声时与载荷呈现良好的线性关系，拟合曲线相关度 Pearson's r(皮尔逊相关系数)达 99.972%。超声检测结果表明，通过声时与载荷的标定，文中优化工艺后制备得到的高电阻高 c 轴择优取向的 ZnO 压电传感涂层可以用于准确的变压器螺栓的轴向应力检测。

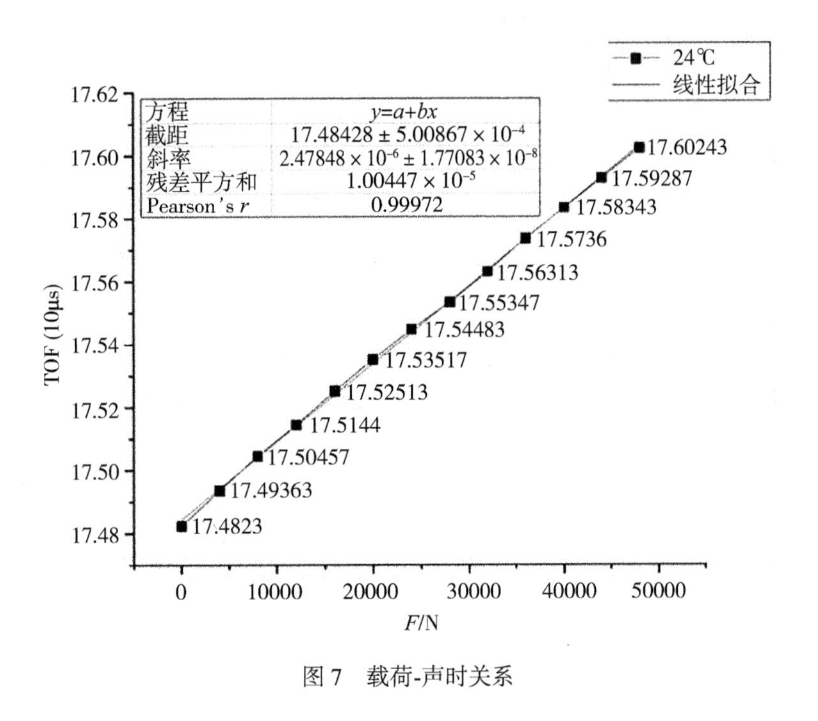

图 7　载荷-声时关系

3　结论

本文利用脉冲电弧离子镀制备 ZnO 压电传感涂层，通过改变工作气压与靶基距等变量研究 ZnO 压电传感涂层的生长行为，并对形貌、结构及性能进行表征分析。研究发现该涂层的形貌与结构主要与沉积粒子能量有关。工作气压降低则涂层结晶度提高；靶基距越大则涂层沉积速率越低，结晶质量先增加后降低。综合考虑，工作气压 1.5Pa 以及靶基距 300mm 的工艺参数有利于制备高电阻高 c 轴择优取向的 ZnO 压电传感涂层，超声检测结果表明该工艺下获得的 ZnO 涂层适用于变压器螺栓轴向应力的高精度测量。

◎ 参考文献

[1]刘振亚. 特高压交直流电网[J]. 中国科技信息，2014(2)：177.

[2]黄炜昭. 变压器密封失效分析及防治措施研究[J]. 变压器，2014，51(5)：59-61.

[3]Waters E O. Formulas for stress in bolted flanged connections[J]. Transactions of ASME Fuels and Stream Power，1937，59.

[4]Sawa T，Ogata N，Nishida T. Stress analysis and determination of bolted preload in pipe flange connections with gasket under internal pressure[J]. Pressure Vessel Technol，2002，124：385-396.

[5]M Murali K，M Shunmugam，N Siva P. A study on the sealing performance of bolted flanged Joints with gaskets using finite element analysis[J]. International Journal of Pressure Vessels and Piping，2007，

84：349-357.

[6]徐鸿，陈树宁. 平焊法兰接头工作状况的模拟与分析[J]. 压力容器，1988，9：11-16.

[7]蔡仁良，应道宴. 提高法兰连接密封可靠性的最大螺栓安装载荷控制技术[J]. 化工设备与管道，2018，55(2)：1-14.

[8]Winter J R，Coppari L A. Flanged thermal parameter study and gasket selection[C]. Proceedings of the International Conference on Pressure Vessel Technology，Design and Analysis，1996，2：141-174.

[9]Zerres H，Guerout Y. 3D finite element stimulation of bolted flanged connections thermal-mechanical behavior for sealing applications[C]. Proceedings of the 10th International Conference on Pressure Vessel Technology，2003：287-292.

[10]郑建荣，蔡仁良，吴泽炜. 螺栓法兰连接系统的分析设计[J]. 压力容器，1998，5(6)：25-30.

[11]任世雄. 考虑垫片非线性时法兰接头性能的三维有限元模拟[D]. 北京：北京化工大学，2002.

[12]吕中宾，谢凯，张习卓，等. 特高压变电站引下线及连接金具系统力学特征分析[J]. 高压电器，2017(9)：30-37.

[13]过羿，王志鹍，刘流. 500kV 主变高压套管头部密封失效机理分析及防范措施[J]. 安徽电气工程职业技术学院学报，2017，22(1)：38-41.

[14]陈文强，石明垒，沈正元. 换流变压器套管将军帽故障分析及改进措施[J]. 浙江电力，2020，39(2)：42-47.

[15]虞沛芾，李伟. 薄膜压力传感器的研究进展[J]. 有色金属材料与工程，2020，41(2)：47-54.

[16]Wang Z，Song J. Piezoelectric Nanogenerators Based on Zinc Oxide Nanowire Arrays[J]. Science，2006，312(5771)：242-246.

[17]陈熙，段力，翁昊天. 氧化锌薄膜体声波谐振器制作重复性和均匀性[J]. 微纳电子技术，2019，56(12)：984-991.

[18]王明东，朱道云，郑昌喜. 沉积气压对电弧离子镀制备 ZnO 薄膜的结构和性能影响[J]. 功能材料，2007，38(6)：1013-1015.

[19]Bindu P，Thomas S. Estimation of lattice strain in ZnO nanoparticles：X-ray peak profile analysis[J]. Journal of Theoretical and Applied Physics，2014，8(4)：123-134.

[20]Hernandez L C，Ponce L，Fundora A，et al. Nanohardness and residual stress in tin coatings[J]. Materials，2010，4(5)：929-940.

[21]Bilek M M M，Tarrant R N，Mckenzie D R，et al. Control of stress and microstructure in cathodic arc deposited films[J]. IEEE Transactions on Plasma Science，2003，31(51)：939-944.

±1100kV 直流线路避雷器挠度特性分析

陈诚[1,2,3]，王敬一[1,2,3]，杜雪松[1,2,3]，王智凯[1,2,3]，曹伟[1,2,3]，吴煊之[4]，陈秀敏[1,2,3]

（1. 南瑞集团有限公司国网电力科学研究院，南京，211106；2. 国网电力科学研究院武汉南瑞有限责任公司，武汉，430074；3. 电网雷击风险预防湖北省重点实验室，武汉，430074；4. 襄阳国网合成绝缘子有限责任公司，襄阳，441000）

摘　要： 为进一步保证具有长结构尺寸的±1100kV 特高压直流线路避雷器安装应用时的稳定性，本文基于 ANSYS 有限元仿真分析软件和试验手段对±1100kV 直流线路避雷器的挠度特性进行了研究。通过对避雷器施加 5m/s、10m/s、23m/s、27m/s、30m/s、33m/s、36m/s、39m/s 风速，由于避雷器安装应用时底端为固定端，最大挠度出现在顶端，随着风速的增大，挠度也随之增大。当风速为 5m/s 时，避雷器端点挠度为 1.2mm；当风速为 39m/s 时，避雷器端点挠度增至 74.4mm，增大了 62 倍。避雷器通过了 125kN 的拉伸、2.5kN 的弯曲和 100 万次振动性能试验，并通过了机械性能试验后的密封、浸水等试验考核。增加 4 根复合绝缘子拉紧加固避雷器后，避雷器端点挠度较之前降低了 70%以上，提升了避雷器长期运行的可靠性，为避雷器的现场应用提供了重要参考价值。

关键词： ±1100kV 吉泉线；直流线路避雷器；挠度；有限元分析

0　引言

昌吉—古泉±1100kV 特高压直流输电线路工程起于新疆准东五彩湾换流站，终点为安徽皖南换流站，途经 6 省（区），线路跨度大，线路全长约 3319.2km（含长江大跨越 2.9km），沿线环境复杂，其中途经的陕西、河南、安徽段雷电活动较为频繁，对线路稳定运行带来一定的威胁[1]。线路避雷器是保护输电线路免受雷电过电压损害的重要保护装置，我国已研制出±400～±800kV 系列电压等级直流线路避雷器，并已实现工程应用，对降低线路雷击跳闸率、保障线路安全运行发挥了重要作用[2-5]。

对于±1100kV 直流输电线路而言，线路杆塔高度更高，避雷器结构长度更大，为典型的细长结构，安装在杆塔上受环境风速的影响更大，其在大风作用下的挠度特性是产品设计与研制过程中机械性能方面的一项关键指标[6-7]。

本文通过 ANSYS 有限元仿真分析软件建立了避雷器的三维模型，研究了不同风速下避雷器端点挠度大小，探究了端点挠度与风速两者之间的关系，并给出了一种降低避雷器端点挠度的设计方案，最后从试验的角度对避雷器的拉伸和弯曲性能进行了验证，为±1100kV 直流线路避雷器的设计与安装提供了参考，具有重大指导意义。

1 避雷器结构参数

±1100kV 直流线路避雷器采用纯空气串联间隙和复合外套避雷器本体的结构型式，纯空气串联间隙由导线侧电极和高压侧电极共同组成，其中，导线侧电极与输电线路通过导线联板连接，高压侧电极与避雷器本体的一端连接，避雷器本体的另外一端通过绝缘底座固定在杆塔支架上，避雷器结构设计图见图 1。避雷器本体由 4 节本体元件组成，单节元件的长度为 2160mm，复合外套外形为大小伞结构，大伞直径为 377mm，小伞直径为 347mm，内部绝缘筒外径为 227mm，绝缘筒内部封装高性能氧化锌电阻片。

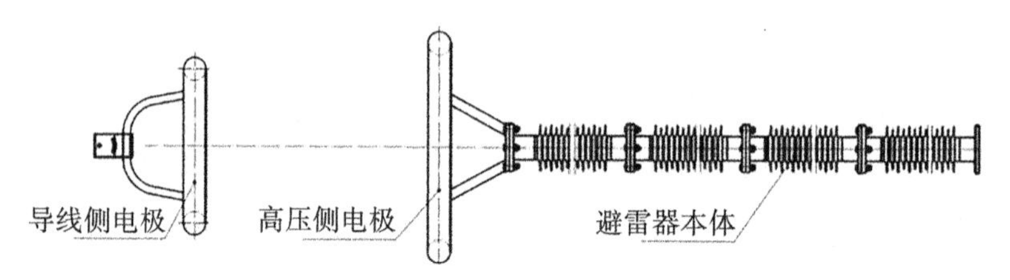

图 1 ±1100kV 直流线路避雷器结构设计图

避雷器安装在杆塔上时，导线侧电极固定在输电导线上，其在风偏作用下的摆动不会对避雷器本体的机械性能产生影响；高压侧电极本身受风面积较小，且为管型结构，同时也是铝合金材质，对避雷器本体风偏影响较小。因此在对避雷器进行有限元分析建模时，不考虑电极对避雷器挠度特性的影响。

2 避雷器有限元建模

利用 ANSYS 有限元软件对避雷器进行建模，其中，避雷器本体元件内部绝缘筒为玻璃钢材质，弹性模量为 $E=4\times10^{10}\mathrm{N/m^2}$，密度为 $\rho=5200\mathrm{kg/m^3}$（折算得），泊松比为 $\mu=0.3$，绝缘筒内部封装氧化锌电阻片、垫片、垫块等构件，根据 GB 50260—2013《电力设施抗震设计规范》[8] 和相关仿真计算经验，绝缘筒内部件不是抗震分析的主要部件，因此建立的有限元模型不包括这些构件。但是这些构件的质量会影响结构的抗震强度分析，即将其质量等效折算到绝缘筒的筒壁上，相应的密度是一个等效的折算密度。本体元件之间的连接法兰为 Q235 钢材，弹性模量为 $E=2.06\times10^{11}\mathrm{N/m^2}$，密度为 $\rho=7850\mathrm{kg/m^3}$，泊松比为 $\mu=0.3$。避雷器的底部以及绝缘筒与法兰、法兰与法兰之间均设置为固接，避雷器有限元三维模型见图 2。

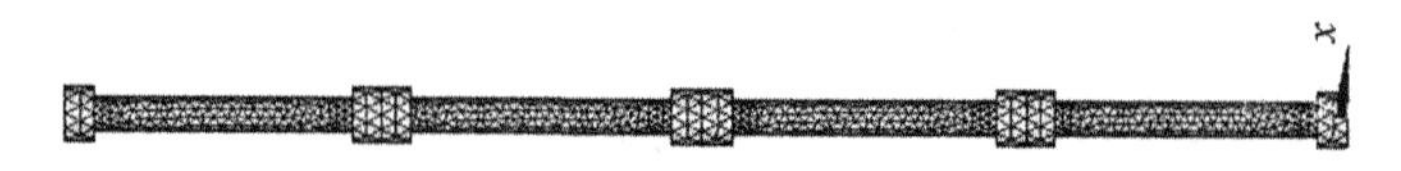

图 2 避雷器有限元三维模型示意图

ANSYS 建模分析中常用的实体单元类型主要有 solid45、solid92 等[9]，solid45 为六面体单元，solid92 为带中间节点的四面体单元，两种单元的主要功能基本相同。实际分析过程中如果结构比较简单，可以全部将模型划分为六面体单元，或者绝大部分是六面体单元，只含有少量四面体和棱柱体单元，这时可以选用 solid45 单元；如果结构比较复杂，难以划分出六面体，这时应该选用 solid92 单元。solid45 和 solid92 单元两者的区别在于：solid45 为六面体单元，只有 8 个节点，计算量小，但是复杂的结构很难划分出好的六面体单元；solid92 为带中间节点的四面体单元，可以较容易地将结构划分出四面体，但每个单元有 10 个节点，总节点数比较多，计算量会增大很多。为了提高计算精度，这里模型采用的有限元单元为 solid92 实体单元，几何模型见图 3，此单元由 10 个节点进行定义，每个节点有三个自由度：节点 x、y 和 z 方向位移，并且单元有可塑性、蠕动、膨胀、应力钢化、大变形和大张力的能力。

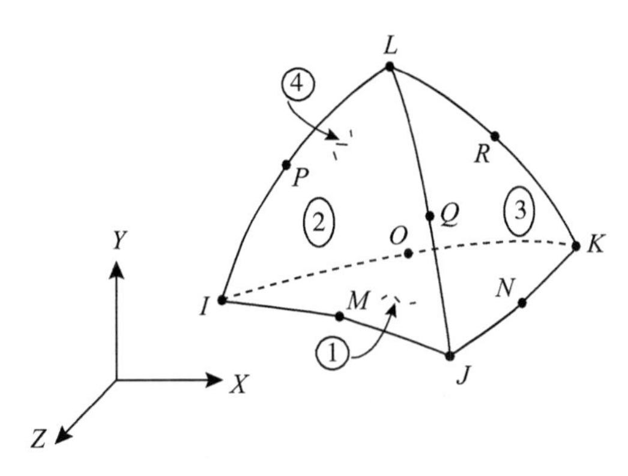

图 3　solid92 单元几何模型

3　避雷器挠度分析

±1100kV 吉泉线全线杆塔按照基准风速 30m/s 进行设计，为提升避雷器设计时的机械强度裕度，这里我们分别计算避雷器在 5m/s、10m/s、23m/s、27m/s、30m/s、33m/s、36m/s、39m/s 风速下的位移。施加在避雷器上的风压的计算公式为：

$$w_0 = \frac{v^2}{1600} \tag{1}$$

$$F_w = w_0 \mu_s \mu_z B_3 A \tag{2}$$

其中，w_0 为风压；v 为设计风速；F_w 为单位长度避雷器所受的线条风荷载；μ_s为风荷载体形系数；μ_z为风高系数；B_3 为覆冰增大系数；A 为避雷器挡风面积。

实际计算中，由于风荷载沿着避雷器均匀分布，因此应计算单位长度的风荷载，均匀施加于避雷器上。避雷器在不同风速下的位移图见图 4，可以看出避雷器的底部挠度最小，从下往上挠度越来越大，上端部挠度最大，同时风速越大，挠度也越大。

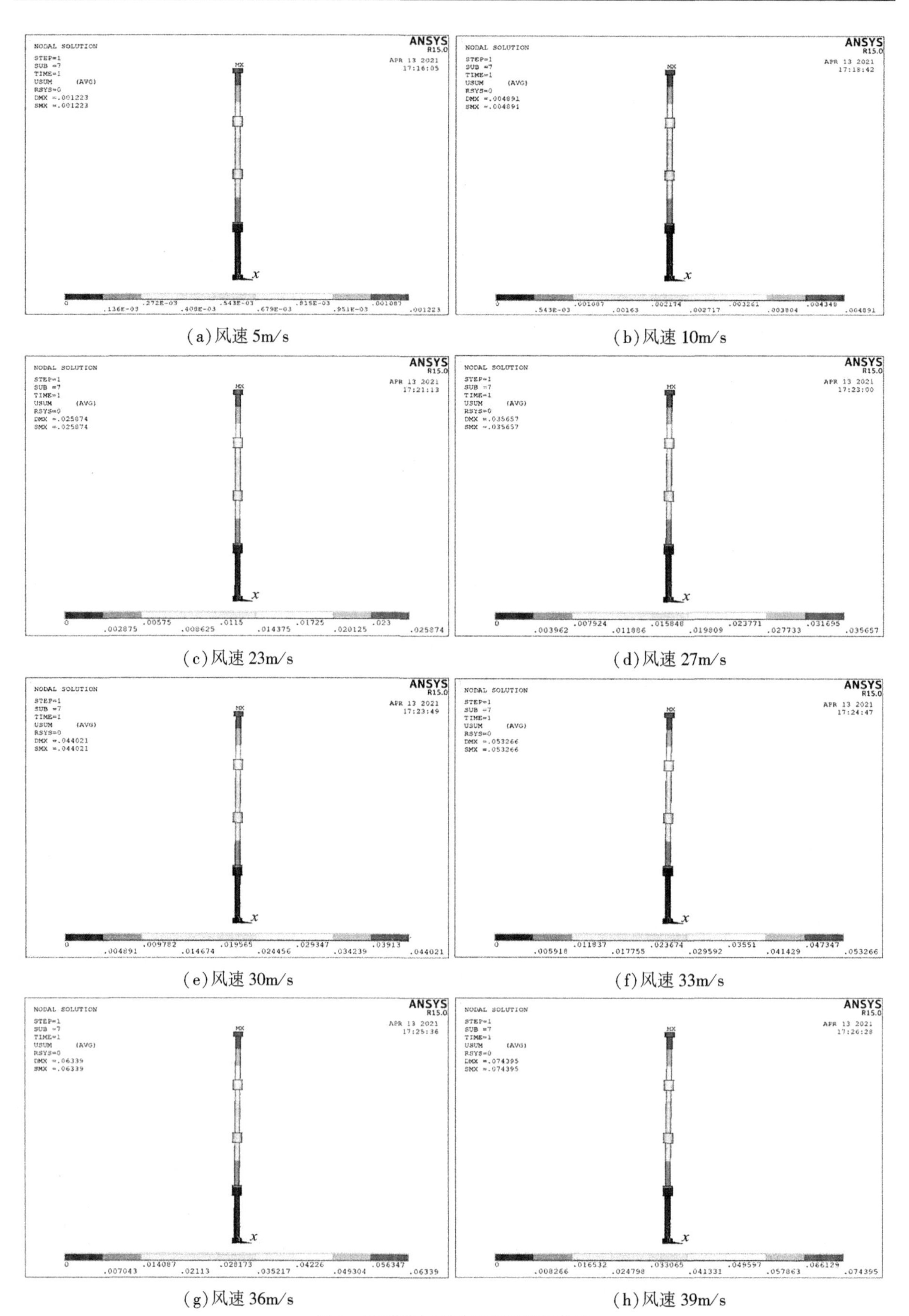

(a)风速 5m/s　(b)风速 10m/s

(c)风速 23m/s　(d)风速 27m/s

(e)风速 30m/s　(f)风速 33m/s

(g)风速 36m/s　(h)风速 39m/s

图 4　避雷器在不同风速下的位移图

进一步提取出不同风速下避雷器顶端最大挠度，作图于图 5，随着风速的增大，避雷器端点挠度逐渐递增。当风速为 5m/s 时，避雷器端点挠度为 1.2mm，千分比为 0.14‰；当风速为 39m/s 时，避雷器端点挠度增至 74.4mm，千分比为 8.61‰，较风速为 5m/s 时增大了 62 倍，也就是说风速的大小会严重影响避雷器的挠度特性。同时，避雷器端点挠度与风速之间具有良好的函数关系，两者的相关系数 $R^2=1$，也为预测避雷器在其他风速下的端点挠度提供了参考。

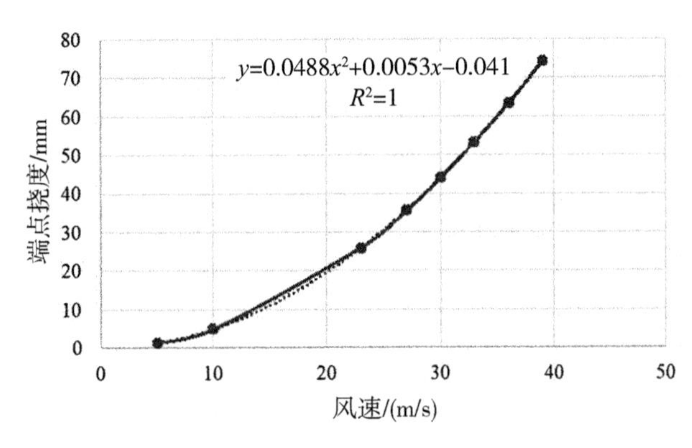

图 5　避雷器顶端在不同风速下的最大挠度

根据上述有限元计算结果，可知在 39m/s 的风荷载条件下避雷器端点挠度较小，仅为 74.4mm。但考虑到±1100kV 特高压直流输电工程的可靠性要求高，为进一步改善避雷器的受力模式，使其在安装应用时更加稳固可靠，在避雷器本体的中间位置（即从上向下，第二节本体元件与第三节本体元件连接处）前后左右共设置 4 根复合绝缘子，并对绝缘子施加一定的预拉力，绝缘子另一端与安装支架相连，要求绝缘子吨位为 70kN，爬距不小于 15000mm，避雷器-拉紧绝缘子有限元三维模型示意图见图 6。对每根复合绝缘子施加 15kN 预拉力，约为吨位 70kN 的 20%，在 39m/s 风速下对增加拉紧绝缘子的模型进行计算，位移图见图 7，可知增加 4 根拉紧绝缘子后，避雷器端部挠度大幅下降，降至20mm，拉紧绝缘子的设置对加固避雷器起到了显著的作用。同时在仿真过程中，拉紧

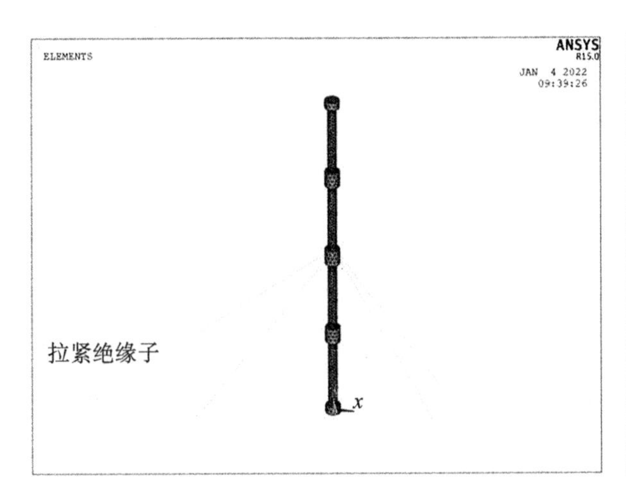

图 6　避雷器-拉紧绝缘子有限元三维模型示意图

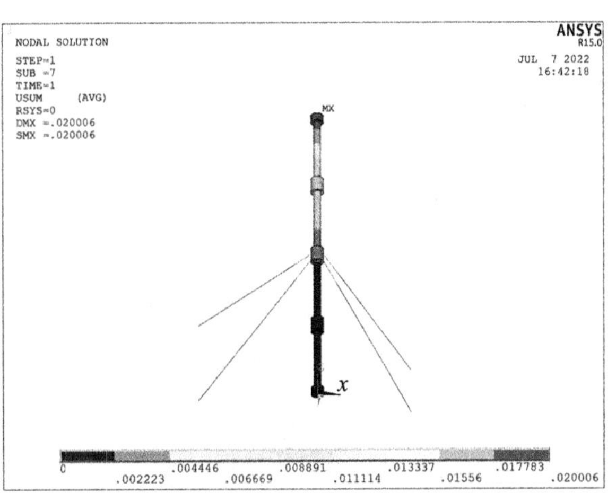

图 7　避雷器-拉紧绝缘子在 39m/s 风速下的位移图

绝缘子本身受到的轴力有所增加，由初始的15kN，增大至19.05kN，仍旧远小于70kN，绝缘子具有较大的裕度。

4 避雷器机械性能试验

4.1 拉伸和弯曲试验

±1100kV直流线路避雷器的总质量为830kg，按15倍自重对避雷器本体施加125kN的拉力，耐受时间60s，试验过程中避雷器未出现损坏。随后对避雷器本体元件施加10kN的弯曲负荷，耐受时间60s，避雷器端部最大挠度达到184.3mm，试验过程中避雷器未出现损坏。从拉伸和弯曲试验结果来看，避雷器通过了试验验证，但为了进一步探究避雷器经历大幅值拉力和弯曲试验后是否对避雷器内部造成了破坏，对开展了拉伸和弯曲试验的避雷器本体元件依次进行了后续试验，来验证避雷器的内部状况。①密封试验：将避雷器本体元件置于60℃的热水中(环境温度为14℃)浸泡30min，过程中无连续性气泡产生；②浸水试验：将经过密封试验的避雷器本体元件置于含有1kg/m^{3}的NaCl沸水中42h，随后在空气中放置5h，本体元件外观无可见机械损坏；③电气性能参数测试试验：对经过密封试验和浸水试验的避雷器本体元件进行了阻性电流、局部放电、0.5kA雷电冲击残压、直流1mA参考电压和漏电流测试，并与开展机械试验前的电气性能进行对比，结果见表1，表明试验后避雷器本体元件的阻性电流、0.5kA雷电残压和漏电流稍有增加，局部放电量保持不变，直流1mA参考电压略有下降，但各项指标均满足标准要求[10]，这也说明了避雷器内、外部均通过了机械性能试验，满足应用需求。

表1　避雷器本体元件拉伸和弯曲试验前后电气参数对比

项目	试验前	试验后	变化
阻性电流/μA	124	128	+3.2%
局部放电/pC	1.0	1.0	0
0.5kA残压/kV	388.9	392.4	+0.9%
直流1mA参考电压/kV	331.8	330.5	-0.39%
漏电流/μA	8	14	+6

4.2 振动试验

避雷器按照“避雷器-拉紧绝缘子”的模式进行组装，并固定在振动试验台面上，以避雷器共振频率2.246Hz，垂直于避雷器轴线方向振动100万次，试验过程中监测避雷器顶端和底端的振动加速度，监测结果表明顶端加速度维持在1g以上，同时底端加速度≥0.1g，试验结束后避雷器外观结构无明显损伤，并对避雷器试验后的工频参考电压、0.5kA残压及局部放电量等参数进行了测试，结果表明性能无明显变化，均在标准要求范围内[10]。同时将避雷器内部的电阻片取出查看，电阻片均未出现击穿、闪络、开裂或其他损害现象。

避雷器本体振动试验前后电气参数对比见表 2。

表 2　避雷器本体振动试验前后电气参数对比

项目	试验前	试验后	变化
工频参考电压/kV	976.5	978.6	+0.22%
0.5kA 残压/kV	1558.4	1561.5	+0.20%
局部放电/pC	2	3	+1

5　结论

本文以±1100kV 特高压直流线路避雷器为研究对象，从有限元仿真分析和试验验证两方面开展了避雷器的挠度特性研究，得出以下结论：

(1)避雷器在不同风速下的端点挠度差异较大，39m/s 风速下端点挠度是 5m/s 的 62 倍，为 74.4mm，同时建立了风速与端点挠度之间的函数关系式，为预测避雷器在其他风速下的端点挠度提供了基础；

(2)设计了加装 4 根复合绝缘子的避雷器安装加固方案，大幅降低了避雷器端点挠度，进一步提升了避雷器在现场长期应用时的安全可靠性；

(3)开展了避雷器的机械性能试验，并通过了 125kN 的拉伸、2.5kN 的弯曲和 100 万次振动性能试验考核，从试验的角度验证了避雷器在大拉伸力、强弯曲负载和剧烈振动作用下的良好机械强度。

◎ 参考文献

[1]彭波，谷山强，刘子皓，等. ±1100kV 吉泉线沿线走廊雷电活动特征[J]. 高电压技术，2021，47(zk2)：9-13.

[2]雷成华 . ±500kV 线路避雷器用在直流线路防雷中的运行分析[J]. 电瓷避雷器，2016(3)：70-74.

[3]万帅，曹伟，陈家宏，等. 银东线雷电防护线路避雷器开发与应用[J]. 高电压技术，2018，44(5)：1612-1618.

[4]曹伟，万帅，谷山强，等. ±800kV 直流线路避雷器在锦苏线上的应用[J]. 高压电器，2020，56(5)：209-215.

[5]曹伟，万帅，谷山强，等. 高海拔地区±400kV 直流线路型避雷器设计[J]. 电网技术，2020，

44(1): 347-353.

[6]王强，达建朴，刘民慧，等. 特高压直流互感器大挠度绝缘子弹性支撑设计及研究[J]. 电瓷避雷器，2022(2): 197-204.

[7]向亚超. 特高压V形复合绝缘子串风偏理论分析及试验研究[D]. 武汉：华中科技大学，2016.

[8]中华人民共和国住房和城乡建设部. 电力设施抗震设计规范：GB 50260—2013[S]. 北京：中国计划出版社，2013.

[9]CAD/CAM/CAE技术联盟. ANSYS 15.0有限元分析从入门到精通[M]. 北京：清华大学出版社，2016.

[10]国家能源局. 直流输电线路用复合外套带外串联间隙金属氧化物避雷器选用导则: DL/T 2109—2020[S]. 北京：中国电力出版社，2020.

GIS 机械振动和局部放电融合检测系统研究

韩旭涛[1]，宋颜峰[1]，张昭宇[1]，孙源[1]，王昊天[1]，侯嘉琛[1]，李军浩[1]
（1. 西安交通大学电气工程学院电力设备电气绝缘国家重点实验室，西安，710049）

摘　要：GIS 潜在性的绝缘缺陷和机械缺陷是导致其发生故障的主要原因，因此同步检测 GIS 设备内部绝缘状态和机械状态具有重要的现实意义。本文基于前期设计的振动-超声融合传感器，搭建融合检测系统。检测系统可综合实现振动-超声融合信号采集、调理转换、处理分析等功能。在实体 GIS 设备上开展了隔离开关接触不良缺陷的机械振动-局部放电联合检测试验，试验结果表明 GIS 设备隔离开关接触不良缺陷程度越高，机械振动信号中 100Hz 基频分量和 300Hz 异常分量越大，且隔离开关严重接触不良状态下会产生 600Hz、900Hz 的异常分量，并伴随有悬浮放电信号，PRPD 谱图显示放电脉冲幅值稳定且较高，放电相位固定，特征明显。本文研制的振动-超声融合检测系统可实现对于 GIS 的机械状态和绝缘状态的精准诊断，为现场 GIS 便携式检测提供了新方案。

关键词：GIS；机械振动；超声局放；融合检测系统

0　引言

气体绝缘组合电器(gas insulated switchgear，GIS)广泛应用于电力系统[1]，随着其投入使用量增加，GIS 的故障时有发生。据统计，GIS 发生故障的主要原因是其内部存在潜在性的绝缘和机械缺陷[2]。因此 GIS 状态评估需结合机械状态与绝缘状态进行综合判断。

超声波法作为检测局部放电的重要手段，可有效反映 GIS 内部的绝缘状态[3]。国内外研究人员对不同缺陷下的放电特性和超声信号的传播特性进行了大量研究[4-6]。在此基础上研制了多款商用检测系统，能够有效实现设备内部绝缘缺陷的检测、诊断和定位。除了绝缘缺陷，触头接触不良、紧固件松动等机械性缺陷也是导致 GIS 故障的重要原因[7]。针对于此，西安交通大学李军浩等基于 GIS 振动检测系统对 GIS 隔离开关不同接触状态进行振动检测，检测结果表明，通过振动信号的频谱分量信息可对隔离开关触头接触状态进行评估[8]。

目前国内外学者虽然对 GIS 设备的绝缘和机械状态进行了检测和分析，但是已有的状态检测都局限于单一物理量检测手段[9-10]，与 GIS 设备机械-绝缘交互影响的运行特点不相符，难以实现 GIS 设备运行状态的全面检测与评估。

针对于此，本文搭建了振动-超声一体化融合检测系统。检测系统由融合传感器—信号调理单元—信号采集单元—上位机的整体化硬件构成。软件后处理基于小波包变换进行融合信号的分离和去噪，利用振动信号获取超声信号的相位信息。本文进一步提出融合诊断方法，综合 GIS 的机械和绝缘状态对设备进行诊断。在实体 GIS 上进行了隔离开关接触不良缺陷的检测试验，试验结果表明该检测系统可综合诊断 GIS 的机械状态和绝缘状态，提高了 GIS 状态评估水平。

1 系统硬件设计

振动-超声融合检测系统由融合传感器进行机械振动、超声局放信号的同时同地采集，信号调理单元实现阻抗转换和滤波放大，信号采集单元进行 A/D 转换，最终将数字信号传输至上位机，进行信号的处理与分析，检测系统整体如图 1 所示。

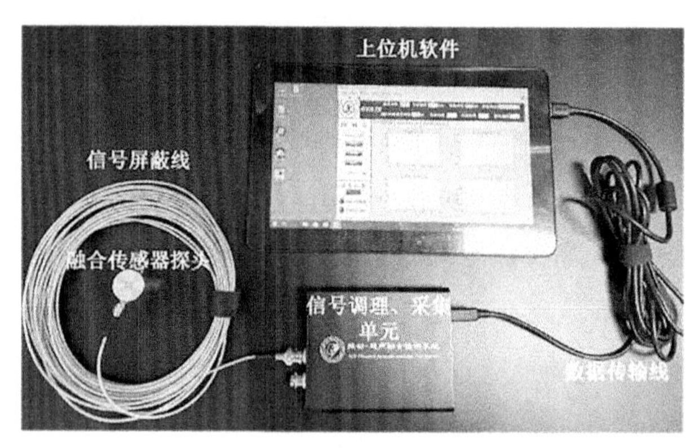

图 1　振动-超声融合检测系统

1.1 振动-超声融合传感器

本文基于压缩式压电加速度传感器和压电式超声传感器内部结构的相似性，从各自的工作原理出发，设计了新型振动-超声融合传感器[11]，其内部结构如图 2 所示。

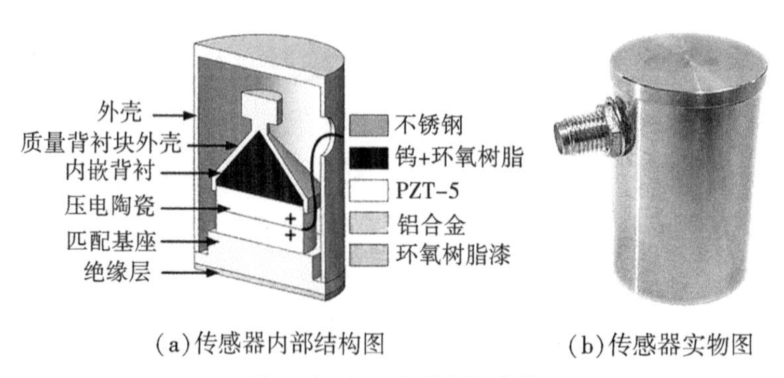

(a)传感器内部结构图　　(b)传感器实物图

图 2　振动-超声融合传感器

对融合传感器的振动加速度和超声信号检测性能进行测试[12-13]，检测结果如表 1 所示，结果表明新型振动-超声融合传感器效果优良，可用于 GIS 机械振动和超声局放的检测。

表 1　融合传感器主要参数

性能指标	融合传感器参数	某商用振动传感器	某商用超声传感器
振动检测频段/Hz	1~4000	1~2500	—
振动灵敏度/(mV/g)	121	106	—
测量范围/g	±15	±5	—
超声检测频段/Hz	20000~120000	—	30000~140000
超声平均灵敏度/dB	98	—	75
谐振频率/Hz	46000	—	50000

1.2　信号调理、采集单元

信号调理单元可实现融合信号的 100 倍(40dB)放大处理，以及 150kHz 的低通滤波处理。传感器检测得到的高阻抗电荷输出信号首先经过电荷转换电路成为低阻抗的电压输出，再通过二阶有源低通滤波电路以滤除高频干扰。

融合信号输出为宽频信号，包括 GIS 存在机械缺陷时频率为 1~4000Hz 的振动信号，以及绝缘缺陷激发的频率为 20~120kHz 的超声波信号，根据奈奎斯特采样定理及检测现场工程应用，本文选用的采集单元采样率最高为 1MHz，采样点数为 65536 个，采集时间为 60~120ms 可调，可完成多个工频周期的采集。

2　系统软件设计

融合检测系统软件基于 Labview 平台开发，基于小波包算法对融合信号进行分离与去噪，利用振动信号提取工频电压相位信息，最终对机械振动信号与超声局放信号进行特征提取与综合分析。

2.1　基于小波包的信号分离与去噪

采集单元获得的融合信号中包含振动信号与超声信号，因此需对二者的信号进行分离，便于后续特征提取与分析。本文针对机械振动与超声局放信号，选用 db6 小波包基作为基函数，对融合信号进行四层小波包分解，阈值函数选取整体连续性较好的软阈值函数。通过上述处理，可以在滤除现场干扰信号的同时，获得分离的超声信号和振动信号，如图 3 所示。从图中可以看出，振动、超声信号重构后时域特征明显、信噪比大幅提高。

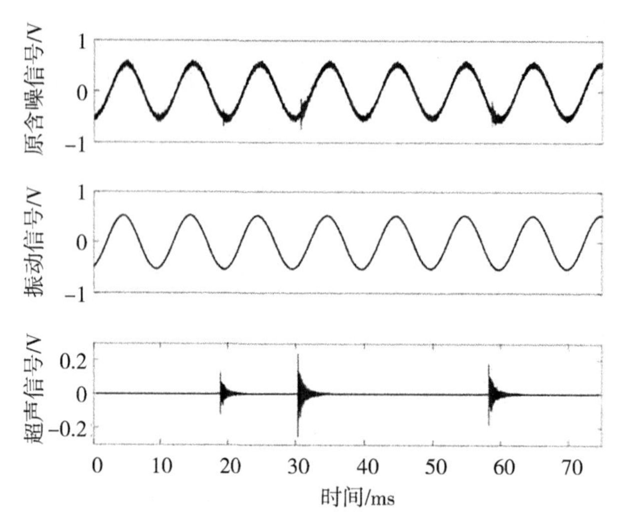

图3　基于小波包变换的信号分离与去噪

2.2　基于 GIS 振动获取工频相位

根据 GIS 振动的电磁力原理及文献[14]计算结果，若内导杆上电压为 $U = U_m \sin\omega t$，内导杆电流为 $I = I_m \sin(\omega t - \varphi)$，可得壳体受到的电磁力为

$$F_M = B_R \cdot i_1 \cdot l = -\frac{\mu I_m^2}{2\pi R}\sin^2(\omega t - \varphi) \tag{1}$$

其中，φ 为功率因数角。由式(1)可知，振动相位与电压相位存在一定的对应关系，借助于 Labview 的单频提取模块可获得机械振动基频 100Hz 的初始相位 θ，则工频电压初始相位 α 为

$$\alpha = (\theta - 90°) \div 2 + \beta + \varphi \tag{2}$$

$$\varphi = \arctan\frac{Q}{P} \tag{3}$$

其中，β 为相位偏移量，取值为 0°或 180°，这是由于振动相位对应转换为电流相位存在一对二映射的关系，取值根据典型缺陷放电谱图调整即可。在初始化界面，设有有功功率 P、无功功率 Q 输入模块，测试时根据主控室实时负荷即可得到工频电压初始相位，实现放电缺陷模式识别。

2.3　软件功能区

开发的融合检测系统软件区主要分为初始化区、控制区、设备状态区及数据分析区，可综合实现振动-超声融合信号采集、调理转换、处理分析等功能，检测系统软件功能区模块界面如图 4 所示。

2.4　融合诊断方法

基于该检测系统对 GIS 设备进行检测流程如图 5 所示，对机械振动信号进行 FFT 变换得到频域信息，并提取其 100Hz 的倍频分量，得到振动的频谱特征量。当振动信号时域幅值明显增大且存在异常频谱分量时，则判定 GIS 疑似存在机械缺陷。

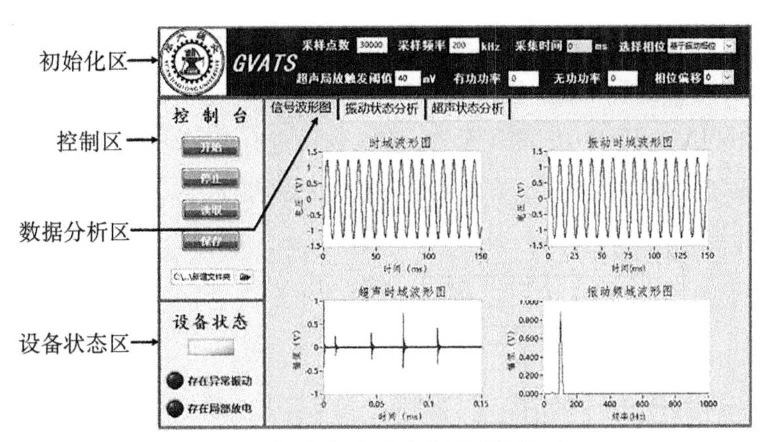

图 4　振动-超声融合检测系统界面

对超声信号进行特征量提取与分析，时域连续模式图用于分析被测信号在一个工频周期内的有效值、峰值，以及被测超声信号与 50Hz 和 100Hz 的频率相关性，从而判断是否存在局部放电，进而辅助确定放电的类型。飞行谱图(相邻超声脉冲时间间隔 Δt 与脉冲幅值 U 的关系)作为超声检测独有的分析手段，用于检测分析 GIS 内部的自由金属颗粒缺陷。由于局部放电信号的产生与工频电场存在密切相关性，PRPD 谱图(脉冲幅值 U 与脉冲相位 Φ_u 的关系)用于判断是否存在放电缺陷以及放电缺陷类型。

振动-超声融合检测系统采集、调理、分析流程如图 5 所示，综合分析机械振动时频信息与超声局部放电特征，从而诊断 GIS 的机械状态和绝缘状态，提高 GIS 状态评估水平。

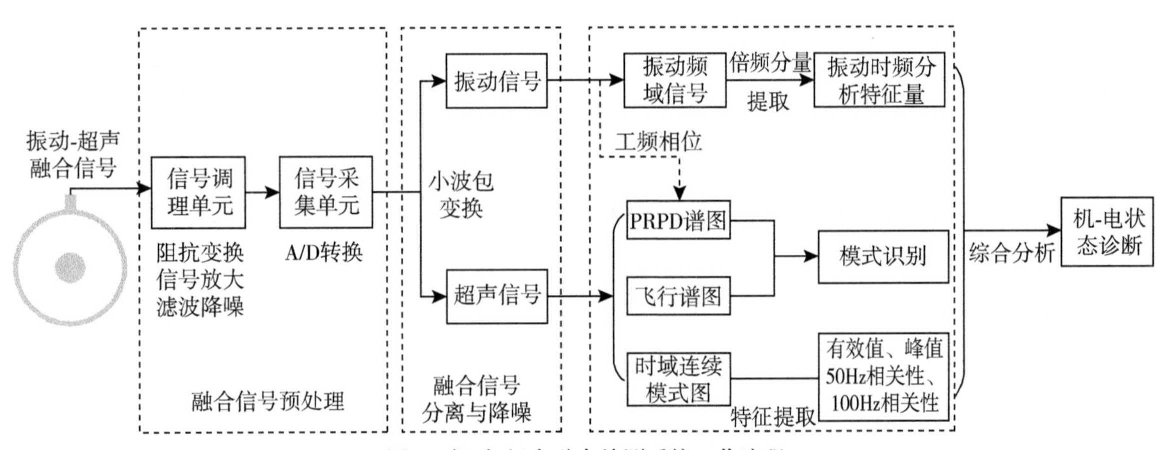

图 5　振动-超声融合检测系统工作流程

3　系统功能测试

为验证振动-超声融合检测系统的有效性，本文搭建了实体 GIS 试验平台，可模拟实际工况下

GIS的机械振动状态和内部绝缘状态。针对典型缺陷开展振动-超声融合检测试验。

3.1 试验系统

振动-超声融合检测试验系统主要包括220kV实体GIS、250kV/250kVA工频试验变压器等。工频试验变压器施加160kV电压于GIS高压套管，GIS内设置有典型缺陷，见图6。振动-超声融合传感器通过耦合剂紧贴于GIS隔离开关上方外壳进行信号的采集。

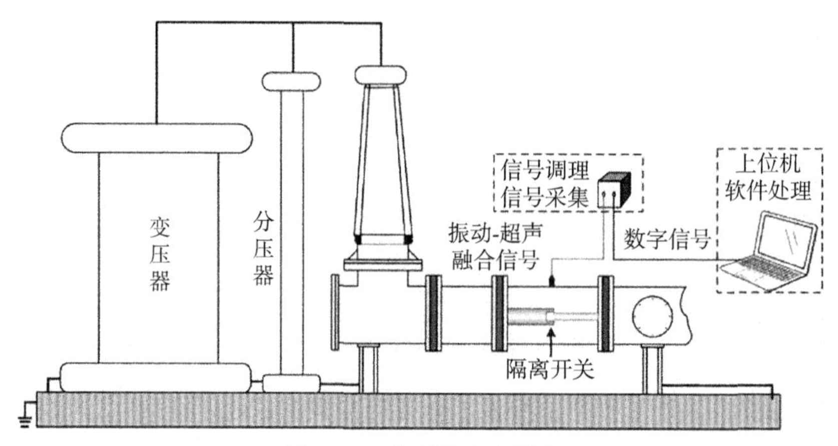

图6 GIS典型缺陷示意图

本文选取的典型缺陷为隔离开关接触不良缺陷。试验中通过改变内部触头的接触距离实现接触状态的调整，且通过电桥法对回路电阻进行测量以表征隔离开关接触状态。本文设置隔离开关接触状态为正常合闸、轻微接触不良和严重接触不良，分别对应的回路电阻值为74μΩ、232μΩ和951μΩ。

3.2 融合系统检测结果

隔离开关接触良好状态下的融合信号如图7(a)所示，可以发现振动信号明显，且无局部放电信号。轻微接触不良状态下的融合信号如图7(b)所示，可以发现机械振动信号与接触良好状态下存在差异，有异常谐波分量，但并无局部放电信号。严重接触不良状态下的融合信号如图7(c)所示，可以发现振动信号中异常谐波分量增大，且存在明显的局部放电信号，放电幅值较高且稳定，放电时间间隔一致。

为了更好地对多种接触状态下的机械振动进行分析，对振动频域信息的100Hz倍频分量进行提取，得到非线性振动的特征统计谱，如图8所示。从中可以明显看出，隔离开关接触不良缺陷程度越高，机械振动信号中100Hz基频分量和300Hz异常分量越大，且隔离开关严重接触不良状态下会产生600Hz、900Hz的异常分量。造成上述非线性振动的主要原因是因为触头处接触预紧力降低，触指连接处状态的非线性导致超谐波响应的产生[15]，且触指接触面积的减少导致同等激励作用下电磁斥力的增加，使得振动信号时域幅值增加、倍频分量畸变。

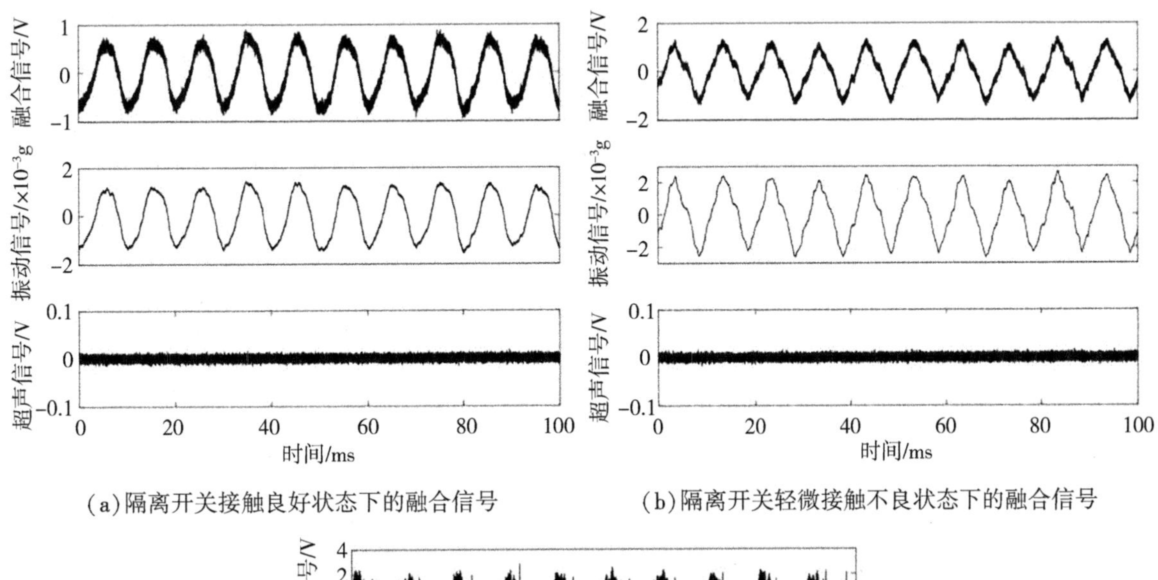

(a)隔离开关接触良好状态下的融合信号

(b)隔离开关轻微接触不良状态下的融合信号

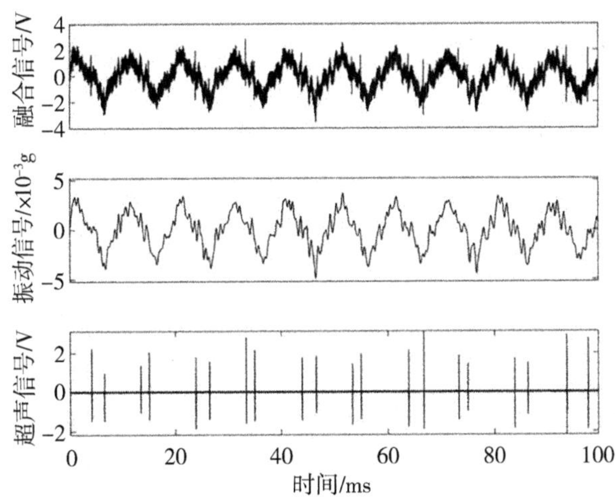

(c)隔离开关严重接触不良状态下的融合信号

图 7 隔离开关不同接触状态下的融合信号检测结果

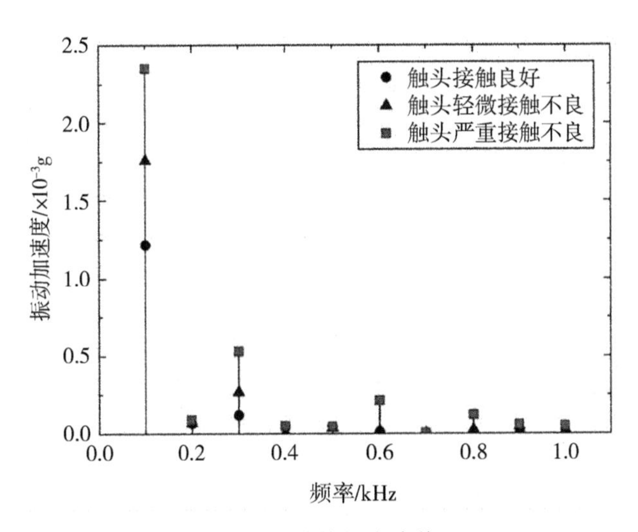

图 8 振动特征统计谱

对超声信号进行特征量提取与分析，检测系统处理得到时域连续模式信息与 PRPD 谱图，见图 9。时域连续模式信息显示有效值与峰值远大于背景噪声幅值，且 50Hz 相关性与 100Hz 相关性均较高，表明机械缺陷与放电缺陷并存。PRPD 谱图中放电稳定且幅值较高，放电相位固定，属于典型的悬浮放电缺陷。综合上述检测结果，可判断 GIS 隔离开关存在较为严重的接触不良缺陷。

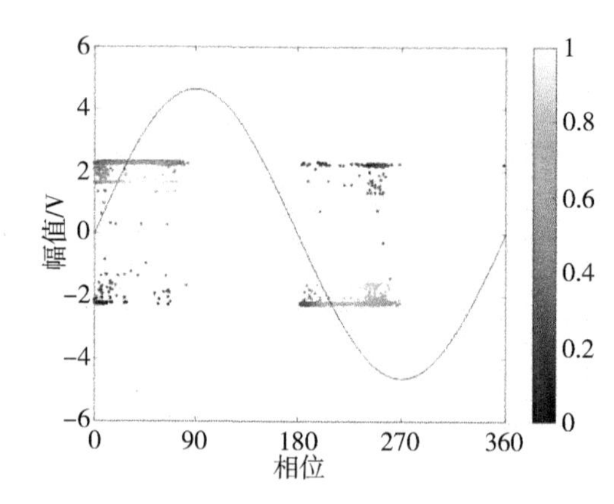

图 9 隔离开关严重接触不良状态下的 PRPD 谱图

4 结论

本文基于振动-超声融合传感器，搭建融合检测系统。检测系统由融合传感器—信号调理单元—信号采集单元—上位机的整体化硬件构成。软件后处理基于小波包变换进行融合信号的分离和去噪，利用振动信号获取超声信号的相位信息。综合试验结果表明，单一的物理量检测无法对 GIS 机械状态和绝缘状态进行准确的综合评估，通过机械振动与超声局放的联合检测可实现对于缺陷类型、缺陷程度的精准诊断，证明了融合检测系统可有效检测 GIS 内部的潜在性缺陷，为现场 GIS 便携式精准检测提供了新方案。

◎ 参考文献

[1]高玉峰．气体绝缘全封闭开关设备的状态监测与故障诊断方法研究[D]．北京：华北电力大学，2019.

[2]National Power Grid Corp maintenance and maintenance department. High voltage switchgear typical fault case compilation[M]. BeiJing: China Electric Power Press, 2012.

[3]刘媛，杨景刚，贾勇勇，等．基于振动原理的 GIS 隔离开关触头接触状态检测技术[J]．高电压技术，2019，318(5)：1591-1599.

[4]Lundgaard L E, Runde M, Skyberg B. Acoustic diagnosis of gas insulated substations: A theoretical and experimental basis[J]. IEEE Transactions on Power Delivery, 1990, 5(4): 1751-1759.

[5]Lundgaard L E. Partial discharge. XIII. Acoustic partial discharge detection-fundamental considerations [J]. IEEE Electrical Insulation Magazine, 1992, 8(4): 25-31.

[6]苑舜. 全封闭组合电器局部放电超声传播特性及监测问题的研究[J]. 中国电力, 1997(1): 7-10.

[7]侯焰. 基于异常振动分析的 GIS 机械故障诊断技术研究[D]. 济南: 山东大学, 2017.

[8]李军浩, 韩旭涛, 刘泽辉, 等. 电气设备局部放电检测技术述评[J]. 高电压技术, 2015, 41(8): 2583-2601.

[9]冯俊宗, 孙利雄, 陈维维, 等. 不同运行状态下 GIS 隔离开关的振动特性[J]. 高电压技术, 2021, 349(12): 4314-4322.

[10]刘君华, 姚明, 黄成军, 等. 采用声电联合法的 GIS 局部放电定位试验研究[J]. 高电压技术, 2009, 203(10): 2458-2463.

[11]Zhang Z, Li J, Song Y, et al. A novel ultrasound-vibration composite sensor for defects detection of electrical equipment[J]. IEEE Transactions on Power Delivery, 2022.

[12]全国机械振动与冲击标准化技术委员会. GB/T 20485.21—2007 振动与冲击传感器校准方法 第 21 部分: 振动比较法校准[S]. 北京: 中国标准出版社.

[13]全国无损检测标准化技术委员会. 无损检测 声发射检测 声发射传感器的二级校准: GB/T 19801—2005[S]. 北京: 中国标准出版社, 2005.

[14]张书琴, 张克选, 岳宝强, 等. GIS 的异响振动及其时变力分析[J]. 高压电器, 2020, 56(10): 155-160, 167.

[15]钟尧, 郝建, 丁屹林, 等. GIS 设备典型机械缺陷的非线性振动行为表征参量分析和诊断模型研究[J/OL]. 中国电机工程学报, 2022: 1-12[2022-06-22].

仿真分析位移变量对 GMR 电流传感器测量精度的影响

梁文勇[1,2]，万帅[1,2]，王兆晖[1,2]，刘子皓[1,2]，刘春翔[1,2]

（1. 南瑞集团有限公司(国网电力科学研究院)，南京，211106；

2. 国网电力科学研究院武汉南瑞有限责任公司，武汉，430074）

摘　要：GMR 传感器的测量精度不但会受到其结构设计和信号处理电路的影响，还会受到磁阻芯片与被测导线相对位移的影响。本文通过三维仿真的方式量化分析了位移变量对传感器测量精度的影响，经计算，通过集磁环能够有效放大磁阻芯片上的磁感应强度，磁环的内外径越大，气隙长度越小，集磁效果越明显；相对旋转角度变化会导致无磁环芯片处的磁场强度出现 82.5%~493% 的变化，有磁环芯片时变化为 2.71%~8.01%；相对位移变化会导致无磁环芯片处的磁场强度出现 44.5%~411%的变化，有磁环芯片时变化为 4.57%~10.72%。因此，空间位移变量会对 GMR 传感器的测量精度造成极大影响，尤其是无集磁环 GMR 传感器，对于测量精度要求较高的应用场景，建议使用集磁环结构设计，同时安装时确保磁阻芯片灵敏轴与被测导线呈垂直角度。

关键词：巨磁阻；电流传感器；灵敏轴；磁场强度；测量精度

0　引言

巨磁阻(Giant Magneto Resistance，GMR)传感器是一种基于巨磁阻效应而设计的高性能电流测量装置，相对于传统的电磁式电流互感器该传感器具有灵敏度高、测量范围广、温度稳定性强、线性度优良、体积小、结构简易等优势，已经在电网、汽车、勘探、生物医学等多个领域不同场合开展了研究和应用[1-4]。

近年来，众多学者利用巨磁效应的优势开展了一系列传感器性能方面的研究工作，文献[5]基于巨磁效应通过设计的双钉扎自旋阀结构，研究了一款具备更大开关场的磁单极开关传感器。刘日等利用巨磁阻传感器结合 BP 神经网络算法开展了位移测量系统研究。文献[6]设计了一款差分式巨磁阻电流传感器，改善了传感器的误差和温度漂移的影响，提升了测量精度。文献[7]基于巨磁阻效应从信号处理电路、应用场合、抗抗干扰等角度研究了一款高压宽频大电流传感器。文献[8]基于巨磁阻效应通过对传感器结构、信号电路、温度补偿等的设计，研究了一款用于智能配电网信息采集的微型电流传感器装置。

综上所述，大多数研究更关注的是如何有效提升巨磁阻传感器的测量范围，如何优化信号处理电路，提升测量精度，缺乏位移变量对GMR电流传感器测量精度影响的研究[9-13]。然而，在户外类似输电线路避雷器泄漏电流测量的应用场景中，由于被测导线和传感器的相对位置不固定，导致磁阻芯片灵敏轴和磁力线夹角随之变化，给传感器的测量精度造成一定影响。因此，很有必要针对相对位移变量开展GMR电流传感器测量精度的分析研究。

本文通过仿真计算的方式，对有集磁环和无集磁环的GMR传感器两种结构模式下，研究GMR传感器和被测导线之间的旋转角度和相对位置参量变化对测量精度的影响。本研究成果能够为传感器的结构设计和安装施工提供一定的数据支撑。

1 磁阻芯片获取的有效磁感应强度

巨磁阻电流传感器主要是基于磁阻芯片优良的磁感应强度变化线性度，配合信号处理电路对电流信息进行测量[14-16]，其工作原理如图1所示。

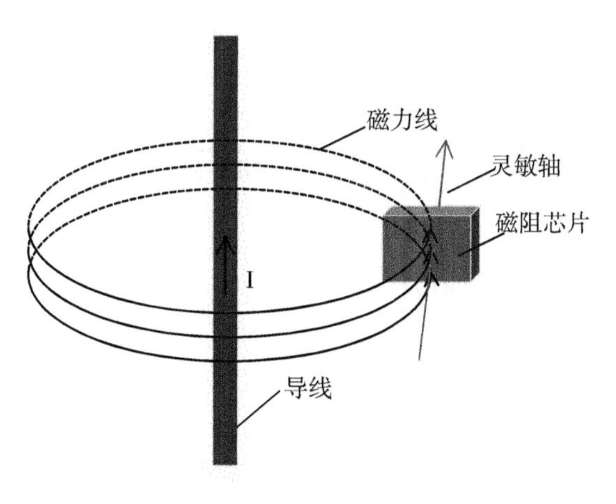

图1 磁阻芯片测量原理

通过磁阻芯片的磁感应强度值会受所在位置磁力线与灵敏轴夹角值影响，其计算公式为：

$$B_{\text{Sensitivity}} = B_0 \cdot \cos\alpha \quad (1)$$

其中，B_0为芯片处的空间磁感应强度，α为芯片灵敏轴与磁力线切线的夹角，$B_{\text{Sensitivity}}$为磁阻芯片的有效磁感应强度。

可以看到，当α值固定时，通过在传感器中预制校正算法系数即可采集到相应的电流信息。然而在户外受环境因素影响，被测导线的位置会出现不同程度的变化，这导致α值随之发生变化，导致磁感应强度值出现波动，从而影响了传感器的测量精度。

2 集磁环对芯片处磁场强度的影响

采用内置集磁环结构的巨磁阻传感器测量长直导线电流时，需要将导线穿过传感器磁环中间，在磁环气隙处安装磁阻芯片，模型如图 2 所示。

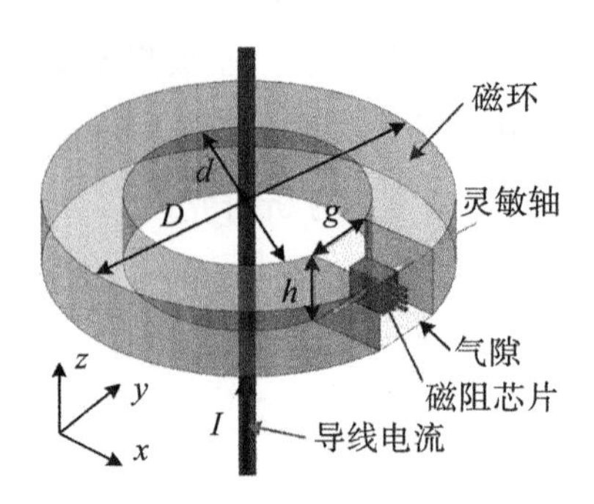

图 2　磁环结构示意图

图 2 中，d、D 分别为磁环内外径，h 为磁环厚度，g 为气隙长度，I 为导线电流。

无磁环时，气隙中心处的磁场强度为：

$$H_1 = \frac{2I}{\pi(D + \mathrm{d})} \tag{2}$$

有磁环时，气隙中心处的磁场强度为：

$$H_2 = \frac{\mu_r I}{\mu_r g + \pi(D + \mathrm{d})/2 - g} \tag{3}$$

则 H_2 和 H_1 的比值为：

$$\frac{H_2}{H_1} = \frac{\pi(D + \mathrm{d})/2}{g + \dfrac{\pi(D + \mathrm{d})/2 - g}{\mu_r}} \approx \frac{\pi(D + \mathrm{d})/2}{g} \tag{4}$$

其中，μ_r 为磁环相对磁导率。

仿真计算无磁环和有磁环时，气隙和磁环中线部位的磁感应强度分布如图 3 和图 4 所示。

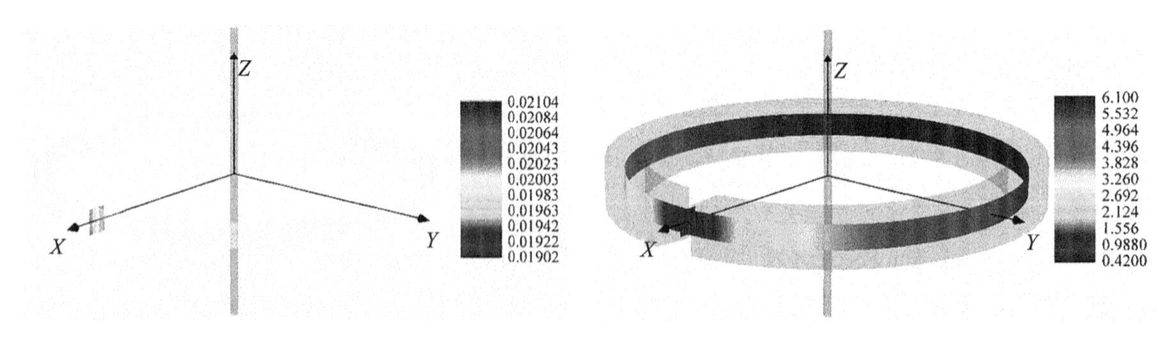

图 3　无磁环时气隙和磁环中心位置的磁感应强度分布　图 4　有磁环时气隙和磁环中心位置的磁感应强度分布

可以看到，集磁环内外径越大、气隙长度越小，气隙中间位置的磁场强度放大倍数越高，传感器抵抗位置偏移干扰的能力越强。

仿真计算无磁环和有磁环时，气隙中心面积为 10mm^2 的位置磁场分布情况如图 5 所示。

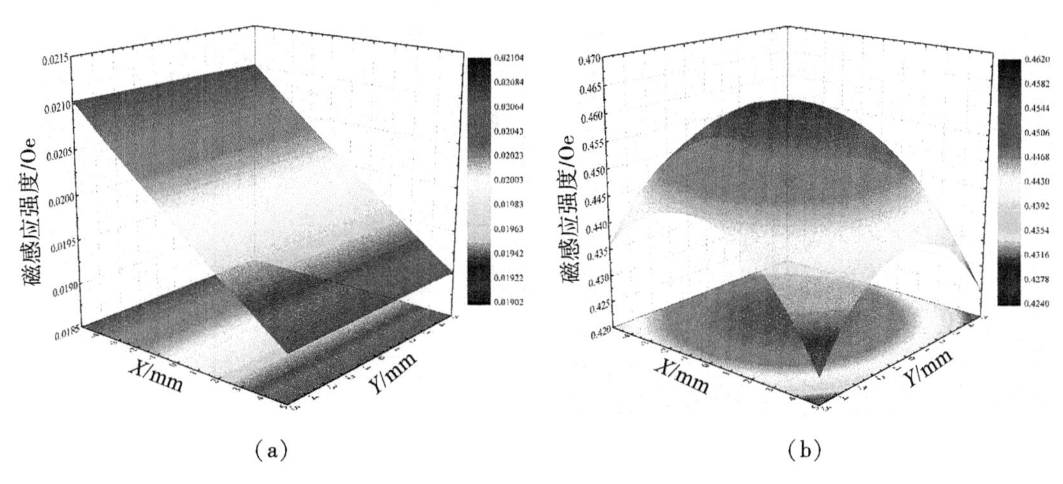

(a)　　　　　　　　(b)

图 5　气隙中心面积为 10mm² 位置的磁场分布情况

图 5(a)和(b)分别为无磁环和有磁环时，气隙中心面积为 10mm² 位置的磁场分布情况。

可以看到，有磁环时，气隙处的磁场呈环形分布，其中心位置磁场强度最高，磁环的集磁效果明显，磁场变化较小，抗干扰能力更强。

3　空间位置偏移对芯片灵敏度的影响

3.1　旋转角度对芯片测量精度的影响

通常导线位于磁环中心轴线，磁阻芯片位于气隙中心点，芯片灵敏轴沿磁环切线方向，将气隙口从图 6 中的 0 号位置旋转到 2 号位置，芯片在横向偏移 θ 角度(图 6 中 0→1)，纵向偏移 φ 角度(图 6 中 1→2)，仿真计算空间角度偏移后气隙中心磁场发生变化。磁环内径 $d=4.4$cm，外径 $D=6.8$cm，厚度 $h=1.5$cm，气隙长度 $g=5$cm(磁环有两段气隙)，电流 $I=1$A。

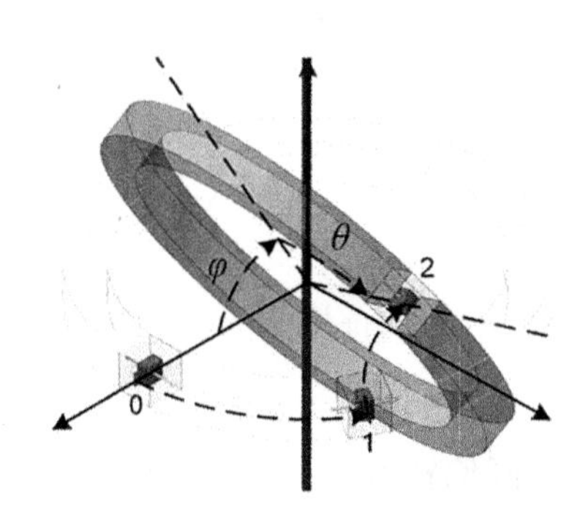

图 6　芯片随角度转动示意图

有无磁环下气隙中心磁场强度随角度偏移变化仿真计算结果见图 7。

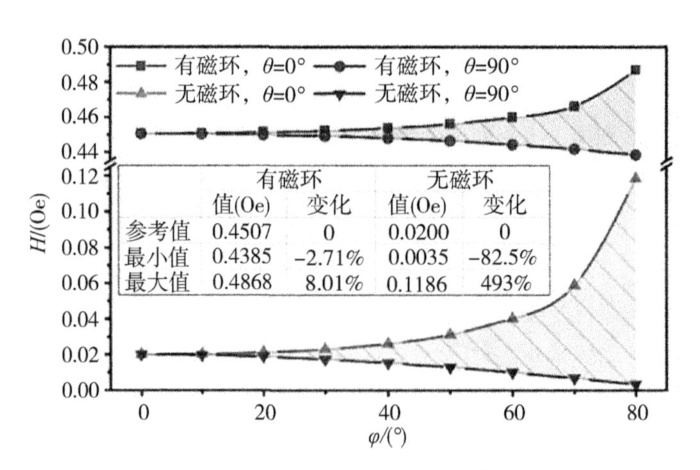

图 7　有无磁环气隙处磁场随角度偏移变化

可以看到，在有无磁环的情况下，不同方位的旋转角度磁场变化趋势基本一致。当 $\theta = 0°$，$\varphi = 0° \sim 80°$时，有磁环的磁场强度从 0.4507 变化到 0.4866，磁场强度变化率约为 8.01%，无磁环的磁场强度从 0.02 变化到 0.1186，磁场强度变化率约为 493%；当 $\theta = 90°$，$\varphi = 0° \sim 80°$时，有磁环的磁场强度从 0.4507 变化到 0.4385，磁场强度变化率约为 2.71%，无磁环的磁场强度从 0.02 变化到 0.0035，磁场强度变化率约为 82.5%。

通过仿真计算 θ 变化 $0° \sim 90°$，φ 变化 $0° \sim 80°$，有无磁环时气隙中心 10mm^2 内巨磁阻传感元件敏感轴方向的磁场大小变化，如图 8 和图 9 所示。

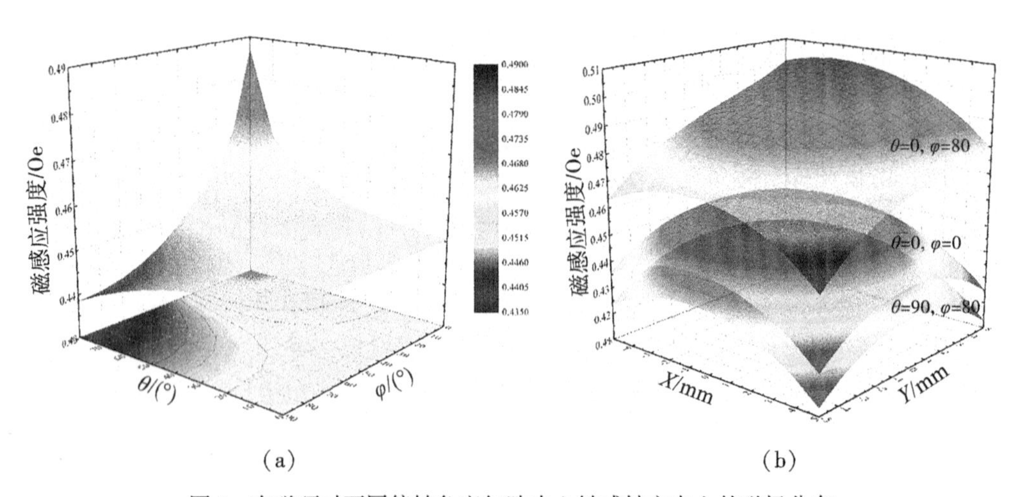

（a）　　　　　　　　　　　　（b）

图 8　有磁环时不同偏转角度气隙中心敏感轴方向上的磁场分布

图 8、图 9 中（a）和（b）分别为不同偏转角度下气隙中心 10mm^2 的平均磁场幅值图和两个极端角度下的磁场分布图。

由图可知，在有无磁环情况不同偏转角度下，磁场的变化基本一致，在极端角度下取得极值。很显然，当 $\theta = 90°$，$\varphi = 80°$时，气隙最靠近导线，且无磁环时的磁场方向和敏感轴方向一致，此时取得极大值；当 $\theta=0°$，$\varphi=80°$时，气隙远离导线，且无磁环时的磁场方向和敏感轴方向接近垂直，此时取得极小值。

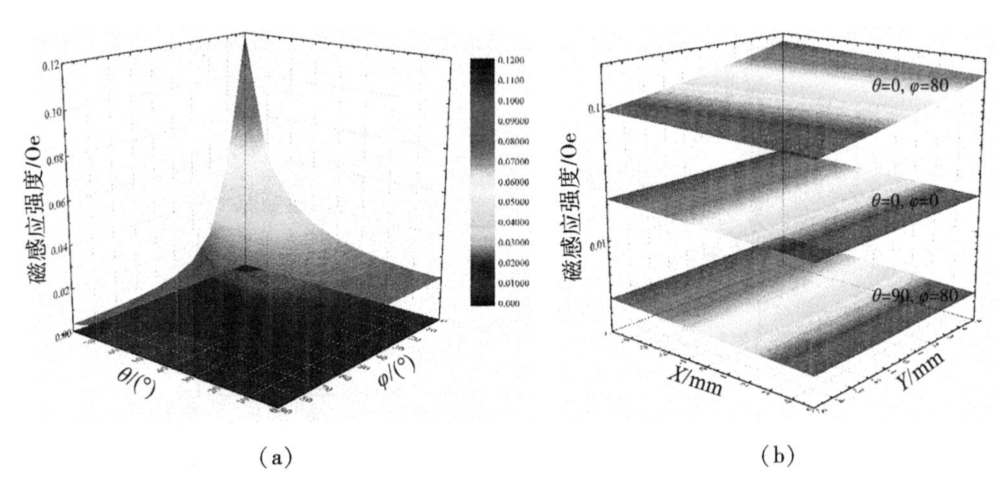

(a) (b)

图 9　无磁环时不同偏转角度气隙中心敏感轴方向上的磁场分布

因此，随着芯片在两个方位角度上的变化，有磁环的情况下间隙处磁场强度变化率远远低于无磁环的情况，磁环能够大幅度降低角度变化对传感器精度的影响。

3.2　位置偏移对芯片灵敏度的影响

通常要求被测导线位于磁环中心线位置，当导线偏离磁环中心线位置时，气隙处的磁场也会发生一定变化，以导线为坐标系原点，见图 10 从 0→1 位置变化。

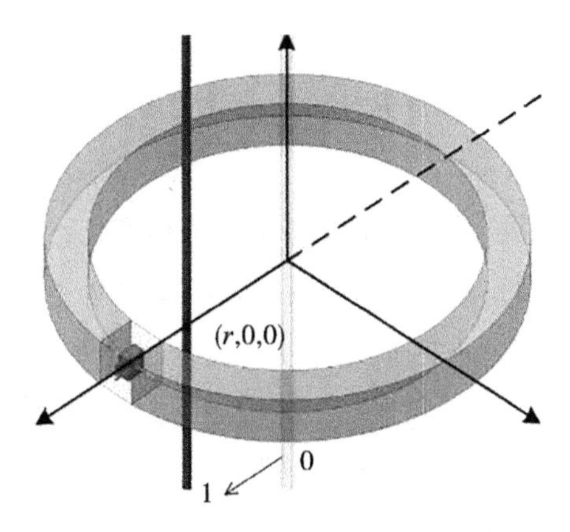

图 10　芯片相对位置偏移示意图

当仿真计算导线偏离磁环中央距离为 r 时，有无磁环下气隙磁场随距离偏移变化如图 11 所示。

从图中可看到，有无磁环情况下，不同偏移位置下磁阻芯片处的磁场变化趋势基本一致。磁场强度随磁阻芯片和被测导线的间距增大而增大，当 r 在[-8，0]范围内时，有磁环结构的磁场强度变化率为 4.57%，无磁环结构的磁场强度变化率为 44.5%，当 r 在[0，8]范围内时，有磁环结构的

磁场强度变化率为 10.72%，无磁环结构的磁场强度变化率为 411%，而当 $|r|<4$cm 时，位置偏移引起的误差最大，为-2.52%~3.42%。

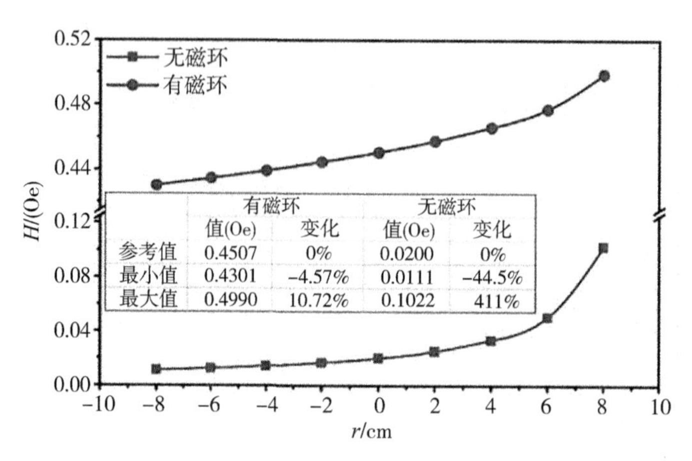

图 11　有无磁环气隙磁场随距离偏移变化

因此，随着磁阻芯片与被测导线间距的变化，有磁环传感器的磁场变化远远低于无磁环传感器，故磁环能够大幅降低位置偏移对传感器精度的影响。

4　总结

(1)集磁环能够有效地提升磁环气隙处的磁场强度，磁环内外径越大气隙长度越小，集磁效果越明显磁场放大倍数越高。

(2)无集磁环时，巨磁阻传感器与被测导线的相对空间旋转角度变化，会导致磁阻芯片处的磁场强度出现 82.5%~493%的变化；有磁环时该变化仅为 2.71%~8.01%，集磁环能够有效降低相对空间角度对测量精度的影响。

(3)无集磁环时，巨磁阻传感器与被测导线的相对位移变化，会导致磁阻芯片处的磁场强度出现 44.5%~411%的变化；有磁环时该变化仅为 4.57%~10.72%，集磁环能够有效降低相对位移对测量精度的影响。

(4)对于测量精要求极高的应用场景，建议在安装巨磁阻传感器时，尽量确保磁阻芯片灵敏轴与被测导线呈相互垂直角度。

◎ 参考文献

[1]王立乾，胡忠强，关蒙萌，等. 基于巨磁阻效应的磁场传感器研究进展[J]. 仪表技术与传感器，2021，12.

[2]Lenz J，Edelstein S. Magnetic sensors and their applications[J]. Sensors Journal，IEEE，2006，6

(3): 631-649.

[3]刘如. 线性化巨磁阻传感器以及应用研究[D]. 成都: 电子科技大学, 2017, 3.

[4]何金良, 嵇士杰, 刘俊, 等. 基于巨磁电阻效应的电流传感器技术及其在智能电网中的应用前景[J]. 电网技术, 2011, 35(5): 8-14.

[5]李光耀. 基于巨磁阻效应的磁单极开关传感器研究[D]. 成都: 电子科技大学, 2021, 4.

[6]陆霞飞, 鲍丙豪. 基于巨磁阻效应的电流传感器研制[J]. 传感技术学报, 2022, 35(1).

[7]王善祥, 王中旭, 胡军, 等. 基于巨磁阻效应的高压宽频大电流传感器及其抗干扰设计[J]. 高电压技术, 2016, 42(6): 1715-1723.

[8]许爱东, 王志明, 李鹏, 等. 基于巨磁阻效应的微型电流传感器装置研发及应用[J]. 南方电网技术, 2020, 14(8): 33-40.

[9]刘要稳. 巨磁电阻效应及其应用和发展[J]. 科学, 2008, 60(4): 18-21.

[10]吕长平. 巨磁磁场传感器中噪声研究[J]. 传感技术学报, 2001(4): 277-280.

[11]费烨, 王晓琪, 罗纯坚, 等. ±1000kV特高压直流电流互感器选型及结构设计[J]. 高压电器, 2012, 48(1): 7-12.

[12]钱政, 王争, 李玉凌, 等. 巨磁电阻直流电子式电流互感器智能化方法[J]. 电力系统自动化, 2009, 33(13): 73-77.

[13]王婧怡, 钱政, 王现伟, 等. 巨磁阻传感器动态特性测量方法的研究[J]. 电测与仪表, 2016, 53(1): 38-42.

[14]胡军, 赵帅, 欧阳勇, 等. 基于巨磁阻效应的高性能电流传感器及其在智能电网中的量测应用[J]. 高电压技术, 2017, 43(7): 2278-2286.

[15]Ouyang Y, He J, Hu J, et al. Contactless current sensors based on magnetic tunnel Junction for smart grid applications[J]. IEEE Transactions on Magnetics, 2015, 51(11): 1-4.

[16]马维超. 应用于GMR电流传感器的材料与设计技术基础研究[D]. 北京: 清华大学, 2012.

RFID 无源无线水分传感器与电缆中间接头防护盒的融合设计与试验

张静[1,2]，蔡玉汝[1,2]，肖黎[1,2]，王录亮[3]，杨旭[1,2]，黄立才[1,2]

（1. 南瑞集团有限公司(国网电力科学研究院)，南京，211006；

2. 国网电力科学研究院武汉南瑞有限责任公司，武汉，430074；

3. 海南电网有限责任公司电力科学研究院，海口，570311）

摘　要：配网电缆中间接头浸水一直缺乏有效的防护与监测手段。采用电缆中间接头防护盒，并在其内部安装无源无线水分传感器可有效提升中间接头的运行安全。文中将 RFID 无源无线水分传感器安装在中间接头防护盒内部，对电缆中间接头的电场与温度场进行了仿真，对水分检测能力开展了实验研究。结果表明：RFID 无源无线水分传感器安装在中间接头外表面或防护盒内表面对中间接头的电场无影响；对电缆中间接头和电缆中间接头防护盒温升影响在 0.5K 以内。无源无线水分传感器工作温度范围可达-40~100℃，安装于配网电缆中间接头防护装置内部的传输距离可达 2.0m 以上。

关键词：电缆中间接头；无源无线传感器；电场；水分；监测

0　引言

中国主要城市的地下电缆化率已达 80%及以上，电缆及其附件的安全运行是整个电网安全的基本保障，以中间接头和终端为主的电缆附件故障率占电缆线路中故障的约 70%~80%[1-3]。上海、深圳、海口等地处多雨地区，地下水位普遍较高，地下敷设的配电电缆及中间接头普遍浸水运行，因受潮、浸水导致的故障已严重威胁供电的可靠性[4-7]。提升配电电缆中间接头进水的检测与防护能力成为重要的研究方向。一是提升现有中间接头与电缆界面的抱紧力，包括使用界面增强剂，设计新型的电缆中间接头产品，优化冷缩、热缩等类型的中间接头制作工艺等方法，使水分难以通过界面进入中间接头[8]。二是提高电缆中间接头的防护能力，包括使用防水涂料等，实现水分与配电电缆中间接头的有效阻隔[9-11]。三是通过不同状态检测手段对配电电缆进水缺陷进行检测，如绝缘电阻测量、振荡波局部放电检测、超低频介损、宽频阻抗谱检测等，降低电缆中间接头绝缘击穿故障的风险。但现有技术以离线测试为主，需拆解配电电缆线路接线，大幅增加了运行维护人员的工作量[12-15]。

文中选用了 RFID 无源无线水分传感器，安装于配网电缆中间接头防护盒内部，对电缆中间接头的电场与温度场进行仿真，对 RFID 无源无线水分传感器检测能力开展实验研究，研究结论对电缆中间接头防护与其他类型的状态监测传感器安装具有借鉴和参考作用。

1 无源无线水分传感器及安装方法

为了能够实现配电电缆中间接头的有效防护与进水检测，本文采取的方法是在中间接头处安装电缆中间接头防护盒，防止水分侵入，并设计 RFID 无源无线水分传感器检测系统检测水分侵入路径和程度。

RFID 无源无线水分传感器外观如图 1 所示，其核心器件是一种集成水分传感器的 RFID 射频芯片，传感器内部集成了供电的电池。RFID 芯片将天线接收到的高频电磁波转化为能量，并将信息调制到高频电磁波信号中从天线反射发出，工作频率约为 900MHz。传感器结构及尺寸见图 1。RFID 无源无线水分传感器监测系统主要由传感器、天线和接收机及电脑组成，天线为 RFID 无源无线水分传感器提供能量。

(a) 保护壳内壁

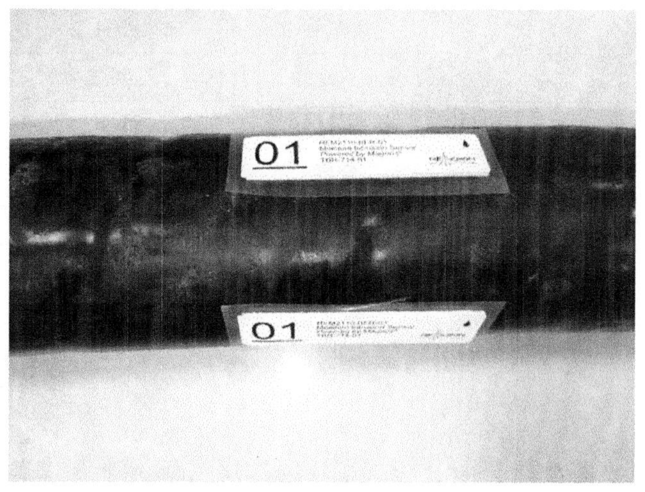

(b) 电缆表面

图 1　传感器固定于保护壳内部或电缆表面示意图

本文选取的 RFID 无源无线水分传感器，在敞开式无遮挡空间中，与无线收发装置之间的正常工作距离一般为 8~12m。RFID 无源无线传感器的安装，考虑到安装的便捷性采用粘贴方式，安装位置设计在电缆中间接头防护装置内壁和电缆接头的外表面。

2 电场及温度场仿真研究

2.1 仿真参数及模型

以 8.7kV/10kV 3×120mm^2 的配电电缆中间接头防护及水分检测为例，结合采用的电缆中间接头防护盒及 RFID 无源无线水分传感器安装位置，采用三相电缆“品”字形布置，具体仿真参数见表1，仿真建立的模型及布置如图2所示。

由于具有较好的密封性，导致电缆中间接头防护盒内部通风较差，电缆在工作中产生的热量不能及时散出，使得电缆中间接头防护盒内部的热量不断积累，同时电缆自身的温度也会较高，结合实际运行环境，电缆导体最高允许温度为90℃，温度场仿真时中间接头防护盒外为自然对流空气。

RFID 无源无线水分传感器的长、宽、高分别为 70mm、20mm、3mm，在电缆中间接头防护盒内壁和电缆接头的外表面分别布置4个，每个传感器间隔90°，电缆接头的外表面安装的 RFID 无源无线水分传感器编号为1#~4#，电缆中间接头防护盒内壁安装的 RFID 无源无线水分传感器编号为5#~8#。

表1　　结构及参数

序号	结构	尺寸/mm	介电常数	导热系数/(W/(mK))
1	导体	Φ13.2	1000	400
2	压接管	Φ23.2	1000	400
3	屏蔽管	Φ31.2	10	0.30
4	接头绝缘	Φ52.4	2.7	0.28
5	接头外屏蔽	Φ56.4	10	0.30
6	空气	/	1	0.027
7	防护盒	Φ160	3.2	0.32

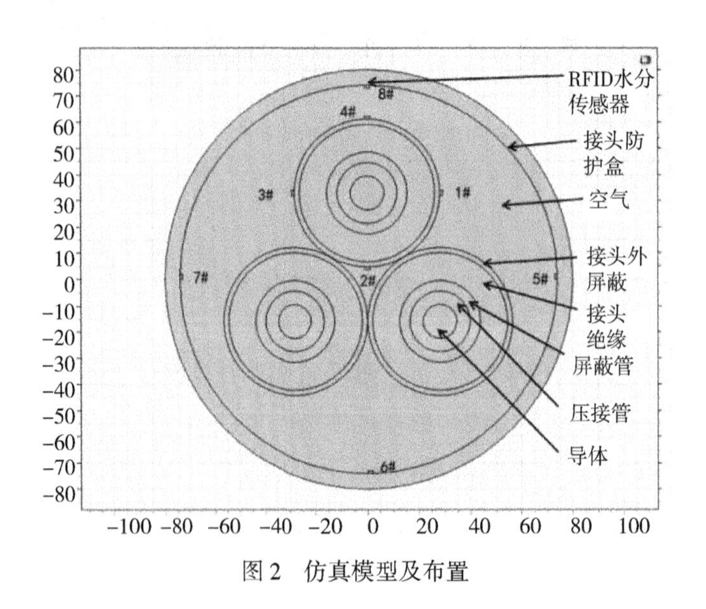

图2　仿真模型及布置

2.2　电场仿真

为分析安装电缆中间接头防护盒及 RFID 无源无线水分传感器对中间接头处的电场影响，采用仿真方式对电缆导体施加 8.7kV 相电压，接头外屏蔽外表面施加地电位，仿真结果见图 3。

由图 3 可见，“品”字形布置的 3 相电缆中间接头电位和电场分布只与单相电缆导体施加的电压相关，导体之间电场互相不影响，接头绝缘内表面承受的电场强度最大，达到 9.04×10^{5}V/m。由于电场控制在中间接头外屏蔽外表面，因此安装于电缆中间接头防护盒内壁和电缆接头外表面的 RFID 无源无线水分传感器电场强度均为 0V/m，这一结果表明，文中设计的 RFID 无源无线水分传感器的安装位置不影响电缆中间接头的电场分布。

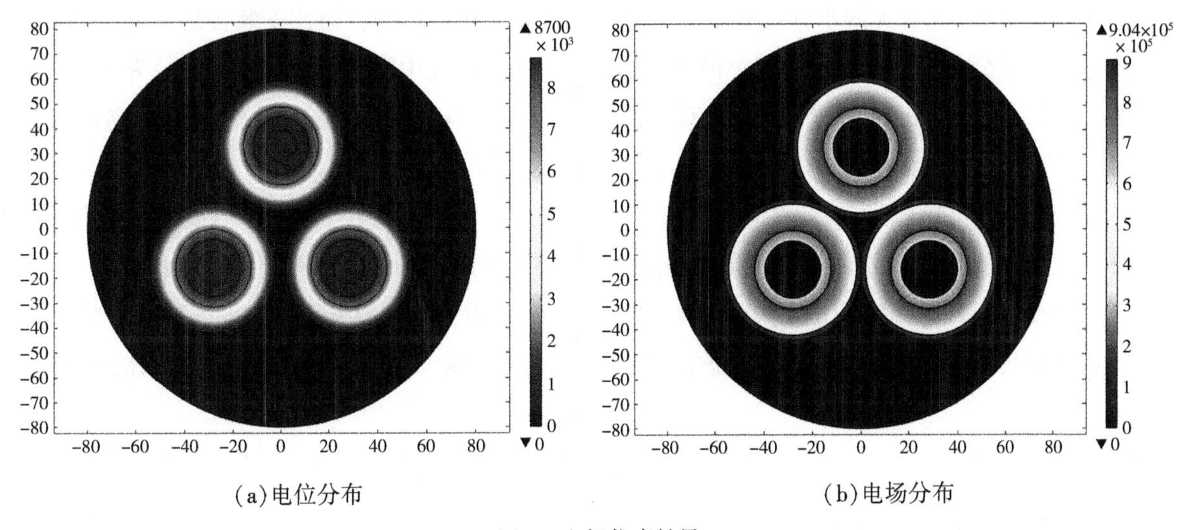

(a)电位分布　　　　(b)电场分布

图 3　电场仿真结果

2.3　温度场仿真

为分析安装电缆中间接头防护盒及 RFID 无源无线水分传感器对中间接头处的温度影响，采用仿真方式赋值电缆导体温度为 363.15K，电缆中间接头防护盒表面温度为 293.15K，RFID 无源无线水分传感器导热系数经测量为 0.36W/(mK)，仿真结果见图 4。

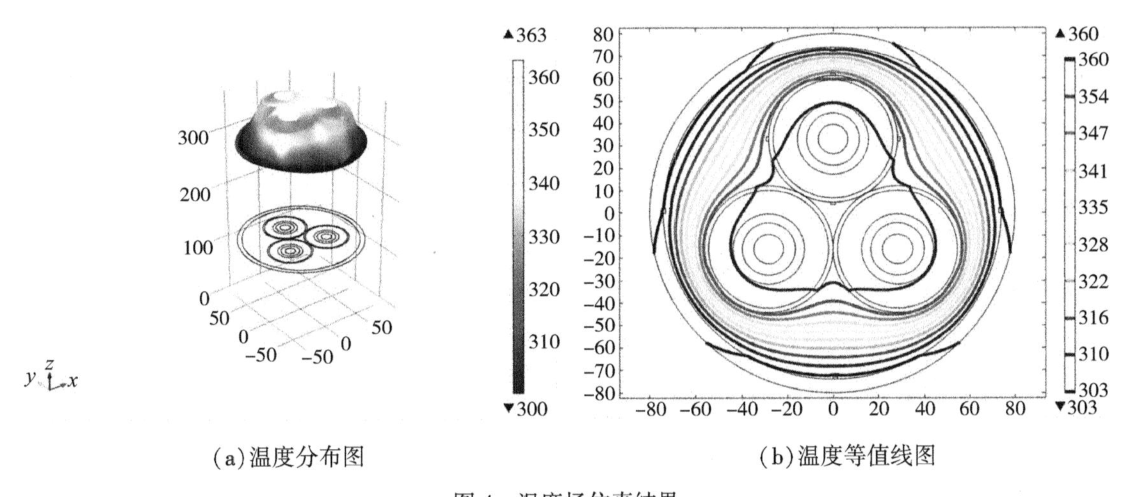

(a)温度分布图　　　　(b)温度等值线图

图 4　温度场仿真结果

由图4可见，“品”字形布置的3相电缆中间接头温度分布受导体之间温度的影响，接头绝缘内表面承受的温度最高，达到363.15K(即为90℃)。RFID无源无线水分传感器布置位置不同，其承受的温度不同。电缆接头外表面温度高于电缆中间接头防护盒内壁。如图4(b)中RFID无源无线水分传感器布置位置，1#处温度为358K，2#处温度为362.5K，3#处温度为358K，4#处温度为352.8K，5#处温度为303.5K，6#处温度为301.2K，7#处温度为303.5K，8#处温度为307K。安装于电缆接头外表面的传感器，最高温度是362.5K，位于2#处，与4#处的最低温度相差9.7K。安装于电缆中间接头防护盒内壁的传感器，最高温度是307K，位于8#处，与6#处的最低温度相差5.8K。

为了研究RFID无源无线水分传感器安装带来的温度场分布影响，对比安装传感器前后的电缆接头外表面温度分布如图5所示。图中横坐标是弧长，由于电缆中间接头外屏蔽层半径为28.2mm，其周长(弧长)为177mm，传感器1#至2#对应图5中弧长0~44.25mm，传感器2#至3#对应44.25~88.5mm，传感器3#至4#对应88.5~122.75mm，传感器4#至1#对应122.75~177mm。由图5可见，RFID无源无线水分传感器安装后对4#处的温度影响最大，温度下降了0.47K，这是由于该传感器的导热系数较空气导热系数高、散热效果好引起的。同样也计算了电缆中间接头防护盒内壁上有无传感器温度变化，此时温度变化最大的是8#处，安装传感器后温度提升了0.37K。可见安装RFID无源无线水分传感器对电缆中间接头防护盒的温度影响在0.5K以内，其影响基本可以忽略不计。

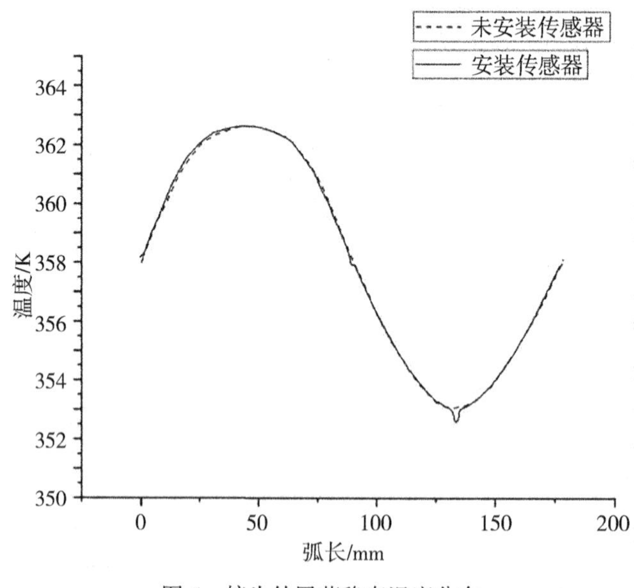

图5　接头外屏蔽稳态温度分布

3　测试与分析

3.1　传输距离

天线增益采用12dBi，将8个传感器分别安装于接头外屏蔽及电缆中间接头防护盒内壁，采用

10kV 3×120mm^2 的配电电缆，在其外部安装电缆中间接头防护盒，两端用密封胶进行密封。安装完成后对 RFID 无源无线水分传感器进行传输距离测试，测试结果表明：改进后的样机在正对的方向上，信号传输距离较为稳定，距离上大于 2m(见图 6)，能够满足需要。

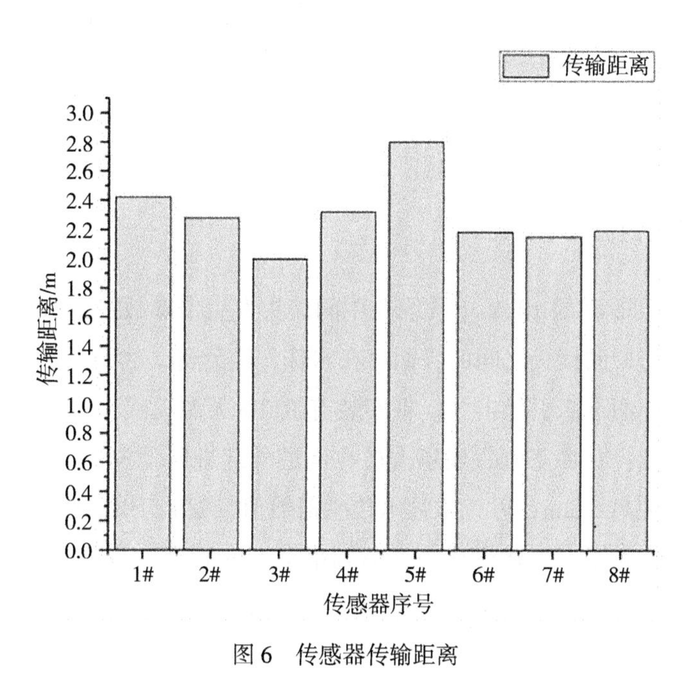

图 6　传感器传输距离

3.2　工作温度

将安装有 RFID 无源无线水分传感器的电缆中间接头防护盒置于恒温恒湿试验箱。将温度控制为-40～+100℃，每隔 20℃作为一个测试温度，在测试温度下持续 2h，使用天线进行数据采集，读取传感器编号及水分信息。测试表明，传感器在-40～+100℃下能正常工作，且传输距离不受温度影响。

3.3　防护性能

按照 GB 4208—2017 对于 IP×8 防水等级的要求，防水试验在高度为 3m 的水箱中进行，安装有 RFID 无源无线水分传感器的电缆中间接头防护盒进入水下 1m，试验持续 1h，经过长时间的泡水以后，将电缆接头保护盒取出检查其内部的进水情况，发现内部依然洁净，没有水汽或水珠。参照 GB 4208—2017 防尘试验中对于 IP6×防尘等级的要求，将电缆放入防尘试验箱中进行测试，测试表明中间接头防护装置满足 IP6×的防尘要求。

3.4　长期浸水性能

根据 IEC 60840—2011《额定电压 30kV(U_m=36kV)以上至 150kV(U_m=170kV)的挤压绝缘电力电缆及其附件——试验方法和要求》中的附录 H 的相关规定进行试验。样品为安装有 RFID 无源无线水分传感器的电缆中间接头防护盒，内部为相应规格电缆(电缆两端断口已进行密封处理)。将带有中间接头保护盒的电缆浸入水中，保护盒最高点的浸入深度为2m。按照IEC 60840进行20次的加热/冷却循环。加热水温在70~75℃保持6h，并进行18h冷却至水温达到环境温度。热循环试验完成后，立即进行电压试验。在电力电缆金属屏蔽/金属护套和接头外保护套的接地外表面之间施加直流试验电压20kV，时间1min，经检验该样品符合IEC 60840：2011附录H的标准要求。试验完成后，目测电缆中间接头防护盒内部无水分残留。

4 工程应用

2020年9月，某公司管辖的10kV电缆线路中间接头发生击穿故障，故障后解剖发现击穿原性质为界面击穿，且电缆与中间接头之间的界面存在水珠，经分析，故障原因是电缆中间接头处密封不良，导致雨水浸泡后界面进水引起击穿。将安装有RFID无源无线水分传感器的电缆中间接头防护盒应用于该线路(图7)，安装完成后现场人员在沟道外部进行检测，沟道深1m，水分传感器与现场人员手持的接收机距离约2m，可正常显示传感器数值，安装于电缆中间接头防护盒内部RFID无源无线水分传感器工作正常，并建议该公司遇到雨水天气时再进行测试，截至2022年6月，系统运行正常，该处电缆中间接头未再次发生击穿，有效保障了配电电缆终中间接头运行稳定性，提升了运维的智能化水平。

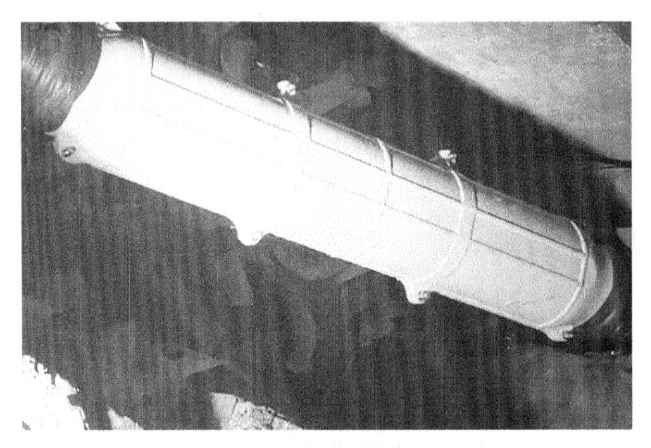

图7 现场应用

5 结论

本文将RFID无源无线水分传感器安装于电缆中间接头防护装置内壁和电缆接头的外表面，开展了电场和温度场仿真、传输距离试验、高低温试验、防护性能试验及长期浸水试验，得到以下结论：

(1)RFID无源无线水分传感器的安装位置不影响电缆中间接头的电场分布。

(2)电缆接头外表面的 RFID 无源无线水分传感器承受的温度高于电缆中间接头防护盒内壁处，电缆接头外表面温度最高达到 362.5K，位于三相中间接头交接区域，电缆中间接头防护盒内壁温度最高为 307K，位于与中间接头距离最近点。

(3)RFID 无源无线水分传感器的安装对电缆中间接头和电缆中间接头防护盒温升影响不大，均在 0.5K 以内。

(4)RFID 无源无线水分传感器在电缆中间接头防护盒内的安装位置影响其信号传输距离，靠近接收机的信号传输距离达到 2.8m，其他位置的传感器传输距离均达到 2m 以上。

(5)内置 RFID 无源无线水分传感器的电缆中间接头防护盒工作温度范围为-40～+100℃，防护等级为 IP68，耐受 20 次的加热/冷却循环长期浸水试验。

◎ 参考文献

[1]张静，李忠群，王伟．冲击电压作用下应力锥位置对高压电缆终端电场分布的影响[J]．高压电器，2014，50(7)：51-56.

[2]张静，胡胜男，何亮，等．长期冷热循环对电缆附件界面压力的影响[J]．绝缘材料，2022，55(2)：73-77.

[3]王伟，张静，郑建康．合闸时陡波过程对中间接头击穿特性的影响[J]．电线电缆，2018(5)：26-31.

[4]莫余童．110kV 文东线电缆中间接头进水缺陷分析[J]．湖北电力，2008，32(S1)：89-90.

[5]方春华，叶小源，杨司齐，等．水分对 XLPE 电缆中间接头电场和击穿电压的影响[J]．华北电力大学学报(自然科学版)，2021，48(2)：64-72.

[6]陈杰，曹京荥，胡丽斌，等．电缆渗水缺陷模型及识别波形特征研究[J]．水电能源科学，2021，39(4)：170-173.

[7]张静，王伟，徐明忠，等．高压电缆缓冲层轴向沿面烧蚀故障机理分析[J]．电力工程技术，2020，39(3)：180-184.

[8]王子康，周凯，朱光亚，等．冷热循环对电缆附件界面压力及带材材料特性的影响[J/OL]．高电压技术：1-10[2022-06-07]．DOI：10.13336/J.1003-6520.hve.20210755.

[9]夏川．面向抗爆及散热性能的电缆中间接头防爆盒优化设计[D]．宜昌：三峡大学，2021.

[10]魏宽民，何剑，杨宝杰，等．新型高压防水阻燃防爆接头研发[J]．中国电力企业管理，2021(18)：92-93.

[11]王仲，何皓弘，周冬冬，等．基于流固耦合的电缆中间接头防爆盒抗爆能力模拟研究[J]．消防科学与技术，2021，40(12)：1732-1738.

[12]李巍巍，白欢，吴惟庆，等．基于振荡波局部放电检测的电力电缆绝缘老化状态评价与故障定位[J]．电测与仪表，2021，58(9)：147-151.

[13]单秉亮，李舒宁，孙茂伦，等．基于宽频阻抗谱技术的 XLPE 电缆老化诊断方法研究[J]．绝缘

材料，2022，55(2)：84-90.

[14]Ohki Y，Hirai N. Location attempt of a degraded portion in a long polymer-insulated cable[J]. IEEE Transactions on Dielectrics and Electrical Insulation，2018 (6).

[15]畅爱文. 电线电缆绝缘电阻的检测试验[J]. 科技与创新，2019(22)：134-135.

基于 MATLAB/GUI 的电容式套管芯体参数求解平台设计

兰贞波，聂宇，邓建钢，宋友，徐卓林，张辉

（国网电力科学研究院武汉南瑞有限责任公司，武汉，430074）

摘　要：电容芯体的结构设计是高压电容式套管绝缘设计的关键技术之一。本文针对电容芯体的结构设计原理进行了介绍，设计开发了基于 MATLAB/GUI 的界面平台，使用解析法及有限元法求解得到详细的电气参数，并以 126kV 胶浸纤维变压器套管芯体为例，采用此平台进行参数的求解分析。结果表明，该平台采用的数值解析法与有限元法结果一致，满足相关设计要求，并依照此平台设计的结构参数试制了套管样机，成功通过了型式试验，该平台对胶浸纤维套管芯体的设计具有一定参考价值。

关键词：干式套管；电容芯体；结构设计；MATLAB/GUI

0　引言

当载流导体需要穿过与其电位不同的金属箱壳或墙壁时，就需要使用绝缘套管。一般情况下，当额定电压等级超过 110kV 时，套管主要为电容式结构，即在导电杆和接地法兰之间使用电容芯体作为主绝缘。芯体由若干屏蔽层及绝缘层组成，形成同轴圆柱形串联电容器，以此强制套管内部电场分布均匀化[1-2]。电容式套管的绝缘分为外绝缘和内绝缘，外绝缘依靠伞套，内绝缘主要依靠电容芯体，电容芯体起主绝缘作用[3-4]。芯体的绝缘性能基本决定了电容式套管整体的绝缘性能，故应特别注重对芯体的研究，主要分为介质材料及结构设计研究，本文仅针对后者。

套管为导电杆穿环电极结构，属于强垂直电场分布的高压设备，内部电容芯体的电场分布比较复杂，若局部场强过高非常容易出现放电击穿现象，可能导致严重的电力安全事故，因此必须将芯体的场强控制在合理的范围内，使芯体充分发挥绝缘作用，且尽可能使其尺寸减小[5-7]。文献[8]首次开发了电容芯体优化设计软件，将计算机自动计算能力运用到设计中，大大提高了工作效率，但仅通过解析法求解，误差较大。本文将同时使用解析法及有限元法，对比分析结果，从而保证计算的准确度。

1 芯体结构设计

电容式套管内绝缘设计的关键部件为芯体，其设计包括最大工作场强的计算、极板层数的选择及极板长度和半径的计算等。电容式套管的导电杆及芯体各极板分布情况如图 1(a)所示，其中最内层极板与导电杆连通，即零层极板或零屏，半径为 r_0，长度为 l_0；最外层极板与接地法兰短接，也称为接地极板或末屏，半径为 r_n，长度为 l_n。零屏与末屏之间的工作电压为 U，电场沿导电杆轴身方向的分量为轴向场强 E_l，沿导电杆半径方向的分量为径向场强 E_r，其中轴向场强分布不均匀时容易引起芯体发生沿面放电，径向场强较大易造成绝缘层击穿。芯体的设计重点在于各层极板的长度及半径等参数需选取适宜，使得 E_r 和 E_l 尽量分布均匀，并且套管的尺寸应尽可能缩小。

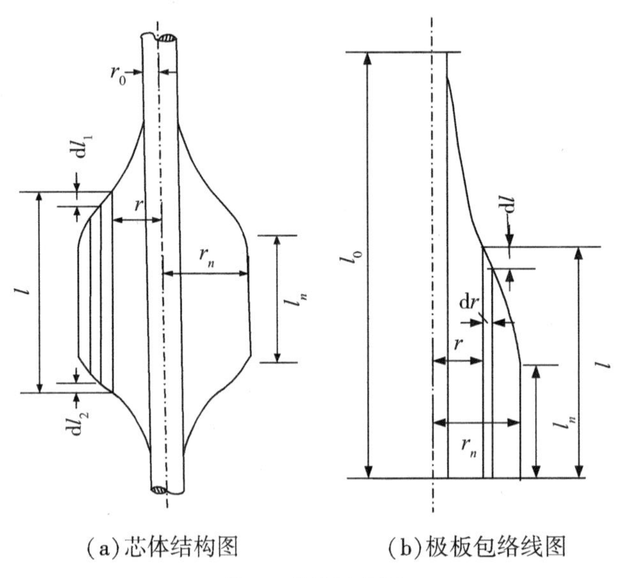

(a)芯体结构图　　(b)极板包络线图

图1　芯体示意图

为了对芯体结构进行数学分析，选择适当简化条件便于分析，可以假设忽略极板的边缘效应，则绝缘层的电位移通量 D 保持不变，即 $DS=\varepsilon E_r 2\pi rl=$常数。式中，$r$ 为任意中间极板半径；E_r 为极板间的径向电场强度；D 为该处的电位移，ε 为绝缘层材料的介电常数；S 为极板面积，$S=2\pi rl$。为了分析方便，假想把所有极板立齐，使下边缘同在一个水平面上，如图 1(b)所示，则各极板上端边缘连成的曲线称为包络线。在相邻两极板间的电压和径向电场强度 E_r 及等效轴向场强 E_l 的关系为 $dU=-E_r dr=E_l dl$，式中：E_l 是由上部极板间轴向场强和下部极板间轴向场强换算而得的等效轴向场强。下面分三种情况来讨论场强的均匀问题。

(1)E_r 为常数时，径向电场均匀，rl 乘积恒定，可得 E_l 与 r^2 成正比；

(2)dl/dr 为常数时，E_r 与 E_l 成正比；

(3)E_l 为常数时，轴向场强均匀，经分析可知 E_r 与 rl 乘积成反比。

由于极板半径增大时，长度就减小，E_r 的不均匀程度就较低，故一般选择第三种方式。

目前，电容芯体的设计方法主要有等电容等台阶不等厚度法、不等电容不等台阶等厚度法、等裕度法以及改进法[9-12]。例如芯体采用等电容等台阶不等厚度法，各层电容相等则各极板间的电压差就相等，而极板台阶差相等就使得轴向场强也相等，可根据式(1)、(2)得出芯体所有极板的结构参数。

$$l_i = l_0 - i(l_0 - l_n)/n, \quad (i = 1,\ 2,\ \cdots,\ n) \tag{1}$$

$$\frac{l_1}{\ln\frac{r_1}{r_0}} = \frac{l_2}{\ln\frac{r_2}{r_1}} = \cdots = \frac{l_i}{\ln\frac{r_i}{r_{i-1}}} = \cdots = \frac{l_n}{\ln\frac{r_n}{r_{n-1}}} = \frac{(l_1 + l_n)n}{2\ln\frac{r_n}{r_0}}, \quad (i = 1,\ 2,\ \cdots,\ n) \tag{2}$$

式中，$r_i(i=1,\ 2,\ \cdots,\ n)$为第 i 层极板的半径；$l_i(i=1,\ 2,\ \cdots,\ n)$为第 i 层极板的长度。

2 求解平台设计

从上述研究可以看出，芯体的参数设计过程是比较烦琐的。为了提高设计效率，需借助相关软件来处理。MATLAB 是一种应用非常广泛的数学软件，适合求解复杂的数值计算问题且能够调用有限元分析软件，因此可以选择 MATLAB 编程来实现芯体参数计算功能。

为了实现一套具有开放性和模块化特点的套管芯体参数设计平台软件，先确定软件应具备的功能。用户通过交互界面进行套管芯体边界参数设定，再进行解析解计算和解析解结果展示，也可以后台调用有限元分析软件进行有限元仿真计算及结果展示。该平台应该包含以下内容：

(1)参数界面输入及表格调用的交互式输入方式；

(2)MATLAB 进行解析方法计算；

(3)后台调用有限元分析软件进行有限元仿真计算。

初步确定功能后，再对详细的内容进行规划。首先平台可以选择不同的类型，如变压器套管或穿墙套管，然后给出极板的边界参数，包括零层、末层极板的长度和半径，以及电容屏数，再确定芯体结构参数依据的设计方法，包括等级差、等厚度及等裕度方法，就能得出所有极板详细参数，包含长度、半径、厚度、上下台阶差，再通过解析法获得绝缘性能参数，包括各层的电容值、径向场强及轴向场强等参数。由于解析法精确度不高，得出的结果存在较大偏差仅供参考，而通过有限元法可以求得更精准的数据，但网格划分必须选择合适。由于利用初始的边界参数得到的绝缘性能一般不能很好地满足设计要求，需对边界参数多次进行调整才能得到良好的绝缘性能。具体设计流程如图 2 所示。

为了直观简便分析，通过 GUI 建立芯体参数设计平台，将以上所需的功能都集成到此平台中，运用此平台就能求解出芯体参数结果，并可以将数据图表化以及调用云图展示至平台界面中，根据界面展示情况就能更有条理地调整边界参数，查看相关性能参数变化情况，最终达到优化目的[13-15]。

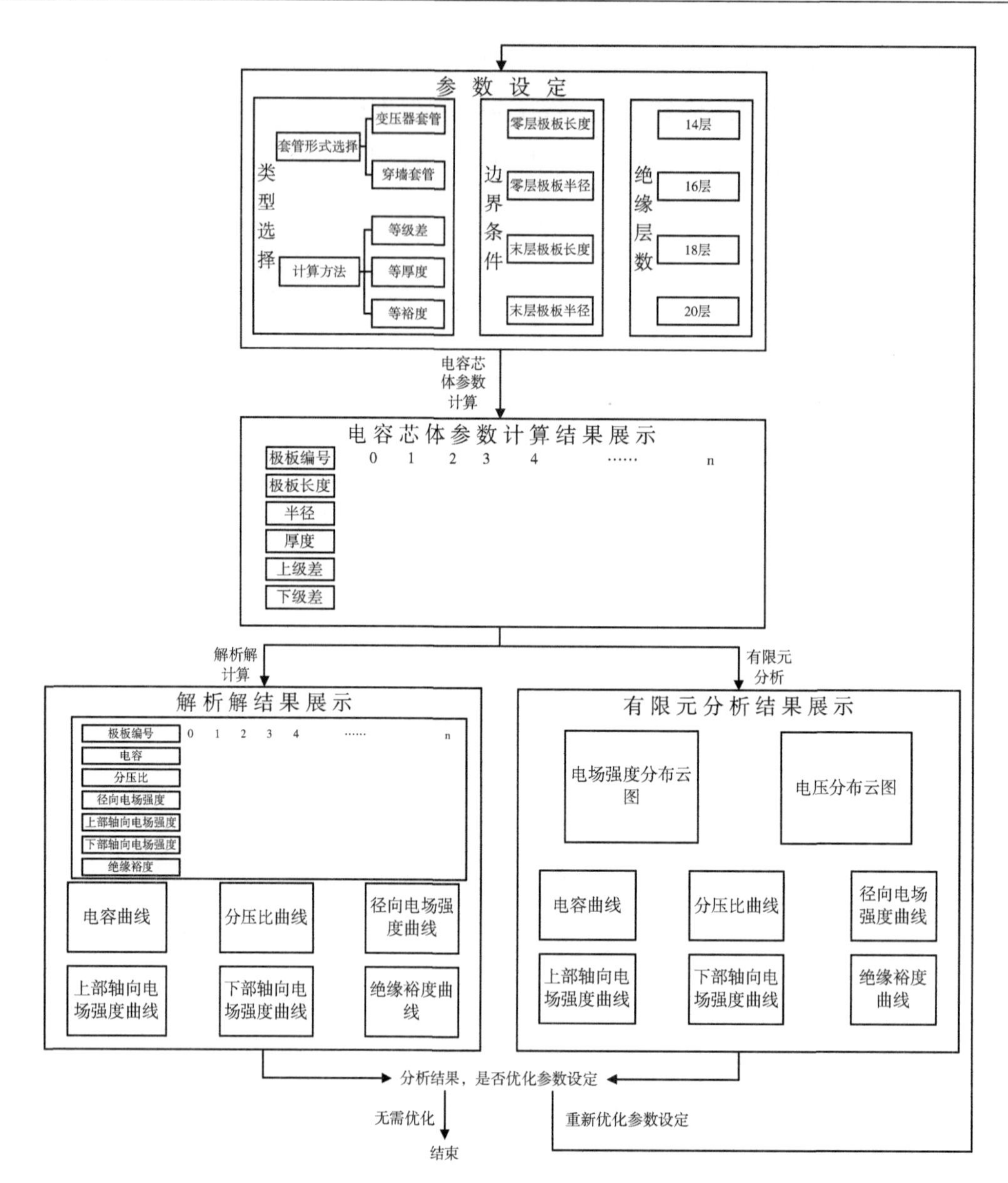

图 2　求解平台设计流程图

3　案例应用

为了检验软件的应用效果，以 126kV 胶浸纤维变压器套管芯体为案例进行分析。限于篇幅，这里直接给出经调整优化后的边界参数：零屏的半径为 25mm、长度为 1825mm，末屏的半径为 74.6mm、长度为 630mm，绝缘层数为 16 层，选取等级差设计法。然后分别通过解析法及有限元法得出相关电气性能情况，结果如图 3 所示。

从图 3(a)可以看出，上级差均为 49.79mm，下级差均为 24.9mm，经解析法得到的各层电容均为 4.55μF，分压比为 6.25%，最大径向场强为 2.49kV/mm，上轴向场强为 0.13kV/mm，下轴向场强为 0.25kV/mm，绝缘裕度基本保持在 25~28。从图 3(b)能够看出，经有限元法得出各层电容处于 5.6~6.1μF 范围内，分压比在 6.2%~5.9%之间，最大径向场强为 2.65kV/mm，最小径向场强为 2.15kV/mm，轴向场强极低，电场分布比较均匀。两种解法的计算结果在正常偏差范围内，经有限元法所得的数据更加精确，且符合套管设计要求。

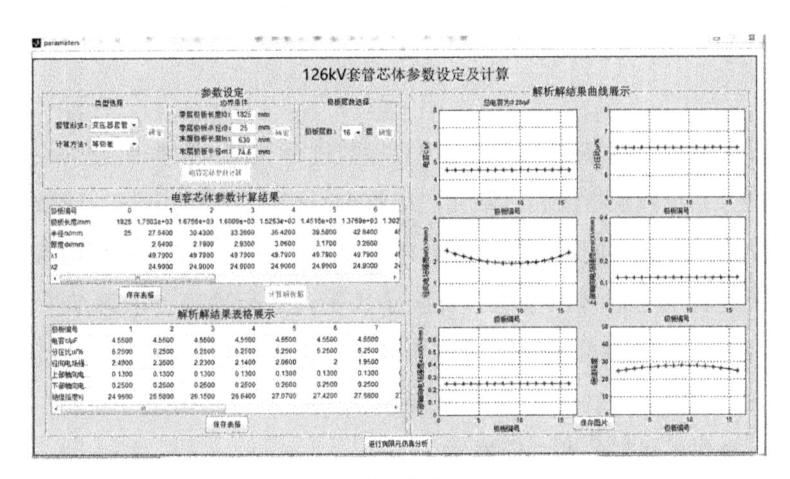

(a)解析法结果界面

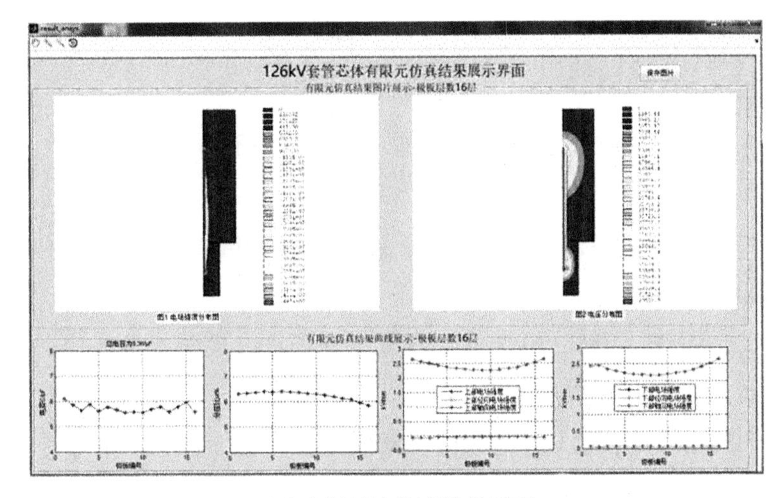

(b)有限元法仿真结果界面

图 3　两种解法的结果界面图

最后利用所得参数成功试制了芯体，并成功试制了 126kV 胶浸纤维变压器套管样品，顺利完成了所有型式试验项目，成功通过了型式试验并获得型式试验报告，相关数据见表 1。

表 1　**型式试验相关数据**

检测项目	检测数据
总长	2972mm
电容量	126kV：502pF
介质损耗因数 tanδ	77kV：0.00329；126kV：0.00327
局部放电量	126kV：3pC

依据 GB/T 4109—2008 要求：126kV 套管总长为 2965±15mm，由 1.05$U_m/\sqrt{3}$(77kV)升至额定电压等级 U_m(126kV)时介质损耗因数变化量不超过 0.001，局放不超过 10pC，显然表中试验数据均满足标准要求值，其中介质损耗因数远高于标准要求。

4 案例应用

本文通过开发界面平台，能够对套管芯体边界参数进行赋值，根据所选的设计方法可得出芯体完整的结构参数，再分别选择解析法和有限元法求解得出相应详细的电气性能数据，综合比较分析电场分布后，再调整边界参数，使得电场强度趋于理想值，达到优化芯体结构参数的目的。通过应用 126kV 胶浸纤维变压器套管芯体的案例，证明了该平台运行准确，求解结果一致，计算精度较高，并能很好地将结果以图表形式直观展示到界面上，且数据可保存导出，方便套管设计分析研究，使套管的结构设计更简便化、规范化，一定程度缩短了套管结构设计周期，对胶浸纤维变压器套管芯体的结构设计提供了良好的参考依据。

◎ 参考文献

[1]张施令，彭宗仁．±800kV 换流变压器阀侧套管绝缘结构设计分析[J]．高电压技术，2019，320(7)：248-257.

[2]刘晓亮，任捷，陈安，等．换流变压器阀侧用±204kV/2800A 高压直流套管的研究[J]．电瓷避雷器，2012，000(3)：1-5.

[3]张奇峰，谢炳秋，施春耿，等．110 千伏变压器用油纸电容式套管局部放电缺陷的检测与解剖[J]．高电压技术，1983(4)：47-50.

[4]张晋寅，梁晨，邓军，等．500kV 变压器油纸电容式套管局放问题分析[J]．变压器，2017(6)：56-60.

[5]张施令，彭宗仁，刘鹏．特高压干式油气套管内绝缘结构的优化设计[J]．西安交通大学学报，2014，48(8)：116-121.

[6]甘强，郁鸿儒，谭婷月，等．500kV 变压器电容型套管电容屏绝缘缺陷分析[J]．变压器，2018，55(570)：67-71.

[7]杜伯学，朱闻博，李进，等．换流变压器阀侧套管油纸绝缘研究现状[J]．电工技术学报，2019，34(6)：186-195.

[8]刘晓亮，任捷，彭宗仁，等．高压油纸电容式套管电容芯子优化设计软件包[J]．电瓷避雷器，1998(2)：3-10.

[9]朱明曦，王黎明．具有强垂直分量结构沿面放电现象及特征[J]．电工技术学报，2020，35(10)：192-200.

[10]于群英，赵天成，何秋月，等．油浸电容式套管典型故障分析及仿真研究[J]．变压器，2020，

57(9)：59，85-89.
[11]赵子玉，彭宗仁，谢恒堃，等．高压油纸电容式套管电容芯子大小极板设计方法[J]. 电瓷避雷器，1996(5)：3-7，12.
[12]张施令，彭宗仁．换流变压器套管的电气绝缘结构研究与设计优化[J]. 绝缘材料，2020，53(12)：65-72.
[13]刘道生，陈星蓉，赵子明．基于等裕度的 60kV 油纸套管纵绝缘优化[J]. 绝缘材料，2020(10)：62-68.
[14]张施令，彭宗仁．有限元数值计算技术应用于特高压穿墙套管三维电场模拟分析[J]. 高电压技术，2020，46(3)：782-789.
[15]王琪，吴晓．基于 GUI 的可视化双光束干涉实验仿真[J]. 物理通报，2019(11)：28-31.

基于机器视觉的换流站智能隔声顶棚设计

陈俊文[1]，裴春明[1]，李元号[2]，凡正波[2]，王玉兴[2]

（1. 国网电力科学研究院武汉南瑞有限责任公司，武汉，430074；

2. 浙江大学生物医学工程与仪器科学学院，杭州，310027）

摘　要：目前换流变压器降噪的主要手段“BOX-IN技术”在隔绝设备噪声的同时，带来了设备散热和消防施救方面的不便。以可熔断顶板为代表的BOX-IN改进方案可在火灾发展中后期的高温环境下起效掉落，而对内部火点不能准确判断。本文结合机器视觉、目标检测、三维定位等图像处理技术制作了火焰检测数据集，搭建了基于改进Unet网络的火焰检测模型，并实现了换流变BOX-IN隔声罩内部火焰的检测与定位。同时，以某换流变BOX-IN为例设计了智能隔声顶棚，分析了不同滑开状态的温升特性。结果表明，火焰检测的平均像素准确率和平均交并比可达94.61%和85.94%；完全封闭状态的稳态室温明显高于顶部滑开工况的稳态室温，本文提出的设计方案有一定的降温效果，有利于BOX-IN室温的控制和消防施救。

关键词：换流变；BOX-IN隔声罩；火焰检测；滑动顶棚；机器视觉

0　引言

由于换流阀整流产生的大量谐波，换流变压器噪声比相同容量的变压器噪声明显偏大，是换流站噪声治理的重点环节。截至目前，换流变压器的噪声治理经历过4个阶段，即屏障阶段、固定BOX-IN阶段、可拆卸BOX-IN阶段、可移动BOX-IN阶段[1]。然而，换流变压器输送功率大、运行温度高，万一发生火灾，将对电网稳定造成极大破坏。因此，作为换流站降噪的常用附属装备，除了方便设备检修、维护以外，还需不断优化声场、温度场的控制策略。

换流变设备火灾一般是由电弧放电、涡流发热或其他缺陷引发的过高温导致的。可燃材料为有机高聚物和绝缘油，能引发典型的碳-氢火灾，30min即可形成1100℃以上的高温环境[2]。这种高温环境会对BOX-IN结构的主要材料(岩棉毡、碳钢背板、穿孔护面板、玻璃棉)的理化和机械性能产生重大影响。以岩棉、玻璃棉填充的复合板在火灾中粉化、融化凝结、丧失强度后，会出现分层、干瘪的情况。BOX-IN结构的碳钢构架和带有龙骨的岩棉板组件强度大幅下降，可导致整体坍塌并覆盖在换流变顶部。将极大地妨碍灭火工作的进行，各类喷淋装置、消防炮等无法第一时间针对着火的变压器进行灭火作业。武汉南瑞、四川某公司开发的可熔断顶板隔声罩可在火灾发展的中后期熔断脱落，大大改善了消防手段的实施条件[3-4]。在火灾的早期检测方面，感烟探测器、感温探测器等传感器仍是换流站中应用最广泛的早期火情检测手段[5]。虽然它们具有技术成熟、成本低的优点，但存在检测范围小，无法定位起火点等问题，不能给火灾施救提供精准的火情信息。

近年来，随着图像识别技术的快速发展，有研究者们开始使用图像识别技术来检测火灾[6]。罗小权等提出一种基于改进 YOLOv3 网络的火焰检测算法，实现图像中火焰的检测及定位[7]；谷世举等基于改进 Unet 网络提出一种炮口火焰的图像分割算法，实现对火焰的检测和高精度定位[8]。这些研究者们都利用基于深度学习的图像识别技术实现了对图像中火焰的检测和定位，进而判断是否发生火灾。相比于传统方式，这种方式仅需使用几个相机就能覆盖检测大范围区域，能更快、更高效地对火灾进行检测，有效降低了设备成本和安装难度。但目前的研究多是针对森林或室外场景的火灾检测，换流站场景的相关研究较少。而且，上述研究只是定位了火焰在图像中的位置，并没有得到火焰的真实位置，但在换流站火灾中，起火点位置能有效帮助工作人员分析起火原因和决策灭火方案。

本文提出一种基于机器视觉的换流站火灾检测方法和以此为核心的智能隔声顶棚，通过火焰检测和深度检测两种算法实现对换流站火灾的检测以及对起火点的定位，与电机控制的 BOX-IN 滑动顶板硬件协同，形成一套“换流站智能隔声顶棚”。同时，本文还将对换流变顶棚滑开方案进行温控仿真和计算分析。

1 换流变智能隔声顶棚设计原理

换流变智能隔声顶棚的设计原理如图 1 所示。该装置的 BOX-IN 顶棚隔声板处于常闭状态，是由常规穿孔吸声板加装轨道、驱动电机和滚轮组成(详见图 5)。接到遥控开关或者烟温报警器的触发信号，BOX-IN 顶板沿轨道滑开，并启动云台摄像机巡航多个机位拍照，通过电力专网上传火情照片到中央服务器。由本文开发的火焰检测、定位软件反馈起火点具体位置，指导消防人员在 BOX-IN 外部精准投送灭火介质。

另外，在检修人员初判 BOX-IN 室内温度过高时，也可开启顶棚降温，达到保护换流变设备的目的。

1.1 BOX-IN 内部火焰检测与定位方法

本文提出的火灾检测方法分为以下几个步骤：程序触发启动、云台巡航采集 BOX-IN 内多机位照片、火焰检测、火焰空间定位、传送定位信息并报警。

1)火焰检测

考虑到后续火焰定位的精度，在火焰目标检测环节采用语义分割算法，以便达到像素级的图像分辨率。从常见语义分割模型检测火焰的效果对比来看，我们选用性能指标最佳的 Unet 网络模型作为检测算法的训练网络[9]。本文在实际使用时用 ResNet50 主干网络替代 Unet 网络中的特征提取网络，以加强网络的特征提取能力，同时还能有效解决训练过程中的梯度爆炸等问题。

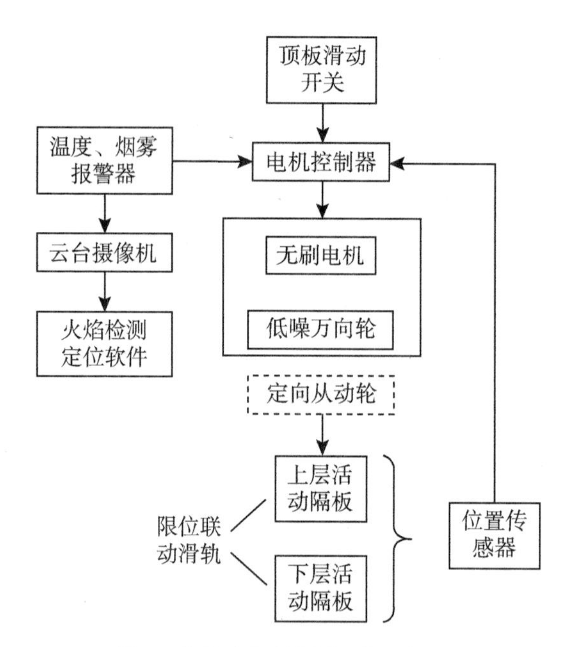

图1　换流变智能隔声顶棚原理图

由于火焰检测领域没有公开的数据集，所以本文从各类互联网平台上收集了包括室内、森林、马路、换流站、工厂等场景下的火焰图像共计1000张，以及街灯等类似火焰的干扰图片。对数据集以语义分割格式标注，按9：1的比例划分为训练集和验证集，部分数据集展示如图2所示。

图2　换流变火焰检测数据集的部分照片

对本文构建的基于Pytorch深度学习的语义分割算法以及模型网络采用像素准确率PA(Pixel Accuracy)、平均像素准确率MPA(Mean Pixel Accuracy)、交并比IoU(Intersection over Union)、平均交并比 MIoU(Mean Intersection over Union)四项指标评估。

对搭建的原始 Unet 和改进 Unet 网络模型，在 NVIDIA GeForce RTX 3090 上完成网络的训练与评估，训练过程中批量大小为 8，初始学习率 0.001，训练采用余弦衰减学习率策略，共训练 150 代，从验证集损失判断模型已基本收敛，选择损失最小的模型作为最终火焰检测模型进行评估，得到评估结果如表 1 所示。

表 1 **DPMA 与 DFT 算法的性能比较**

模型	PA(Fire)/%	MPA/%	MIoU/%
原始 Unet	75.72	87.37	83.73
改进 Unet	90.11	94.61	85.94

实验结果表明，基于改进 Unet 模型的火焰检测算法的测试性能有明显提升，平均像素准确率和平均交并比达到了 94.61%和 85.94%，能较为有效地检测到图像中的火焰像素。

2)火焰定位

上述火焰检测算法已经能检测到拍摄图像中的火焰像素及其位置，而为了将火焰在图像中的位置转换到真实位置，需要使用深度检测算法。本文选用基于 SGBM 算法的双目深度估计算法，即需要使用类似于人的双眼的两个相机拍摄同一场景的左右两幅图片，然后从两幅图片的信息来估计像素相对于相机的深度和三维坐标。

一个理想的双目相机成像模型如图 3 所示，从图中的几何关系可知：

$$z = \frac{f \times b}{x_l - x_r} = \frac{f \times b}{d} \tag{1}$$

$$x = \frac{z \times x_l}{f} \tag{2}$$

其中，f 为相机焦距；b 为相机原点之间的距离；x_l 和 x_r 为点 P 在左、右相机图像中的横坐标；z 为点 P 距离相机的深度；x 为点 P 相对于左相机的实际横坐标；d 为视差，即点 P 在两个相机图像之间的像素位置的差异。

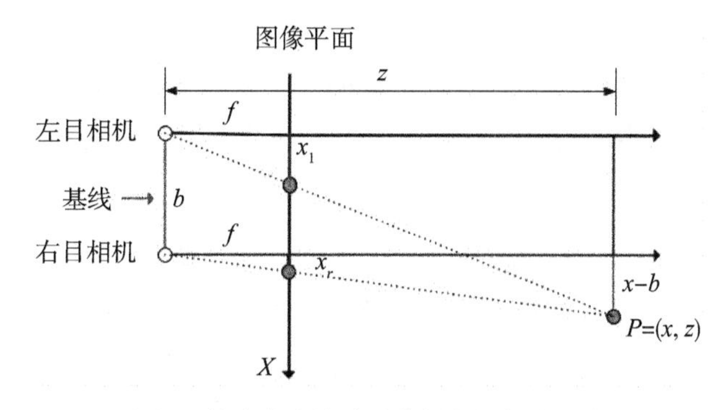

图 3 换流变火焰检测数据集的部分照片

因此，仅需知道相机的焦距等内部参数、两个相机的距离等外部参数，以及该点在两个相机的视差，即可计算任意像素点相对于相机的深度以及三维坐标。

在实际工况下，双目相机的两个相机的成像面较难完全平行对齐，实际成像和理想成像间还存在一定的映射关系，需要使用相机的内外参数进行立体矫正。本文采用张正友标定法[10]，大致流程是使用一个已知间距的棋盘格置于相机视野内拍多幅图像，之后利用已知距离作为约束条件，求解相机的内部参数，再由这些内参推导外部参数。

另外，本文使用 OPENCV 函数库自带的 SGBM 算法获取式(1)中的视差。其主要思路是用一种全局能量优化策略，寻找左图每个像素点在右图中视差搜索范围内代价最小的点作为匹配点，计算匹配点的距离作为当前像素点的视差。至此，即可根据公式(1)计算拍摄图像中像素点相对于相机的实际三维坐标。

3)模拟火灾检测与定位实验

由于实验条件有限，换流站真实火灾照片难以获取，本文采用换流站内部图片制作了 BOX-IN 内部模拟火灾的图片，并结合双目相机进行了实验测试。图 4 为换流变火灾模拟图片和火焰检测、定位坐标的结果。

(a)BOX-IN 内部火灾模拟图

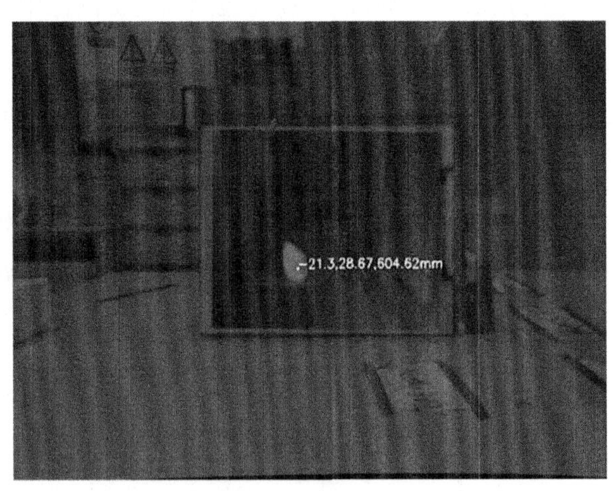

(b)火焰检测、定位坐标的结果图

图 4　换流变火灾模拟图片和火焰检测、定位坐标的结果图

从图 4(b)中可以看到，本文采用的改进 Unet 网络模型可以准确检测火焰轮廓，并标注火焰特征点的坐标。比如(-21.3mm，28.67mm，604.62mm)是指火焰中心点相对于左相机中心的坐标，检测结果与实际三维坐标在 2m 内的测量误差仅有 1~2cm，能够实现换流变隔声罩内的火焰定位。

1.2　BOX-IN 滑动顶板实现方案

区别于可熔断的隔声罩顶棚，本文设计的 BOX-IN 滑动顶板可以在火灾早期没有达到熔断高温前拉开隔声罩顶棚，降低顶板熔断后仍然覆盖在设备表面的风险。

该滑动顶板由上、下层隔声板、滑动防脱导轨、电机驱动轮、滑动轮、定位开关、防尘毛刷、导轨防尘罩组成。防尘毛刷可以清扫下层板面的积灰；防尘罩可阻挡沙尘进入轨道；防脱轨道可防止大风吹走顶棚，每个滚轮防脱载荷 100kg，可按照需要增加；驱动轮由 1.5 吨叉车的电动机总成改装而成，可配两台，双驱动轮。由 9 对滑动顶板装配的 BOX-IN 智能隔声顶棚设计图如图 5 所示。

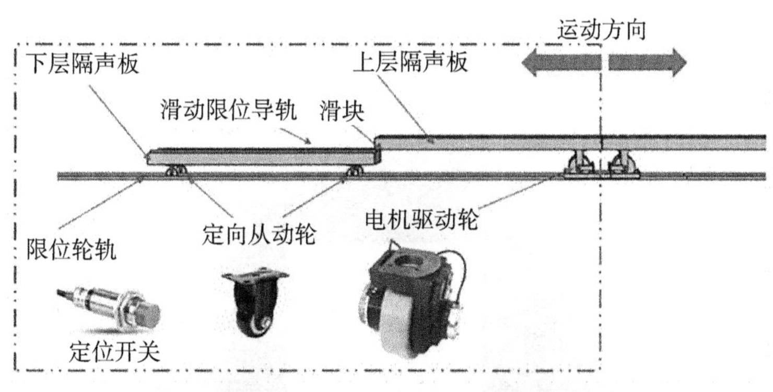

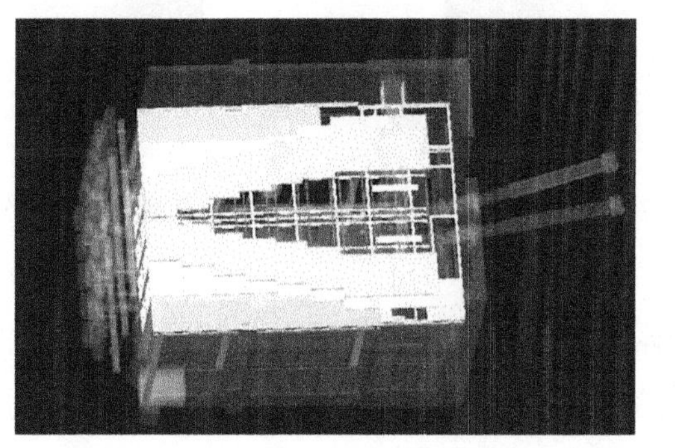

图 5　单组 BOX-IN 滑动顶板结构示意图和总装图

2　换流变顶棚滑开温控仿真计算分析

将图 5 所示的换流站隔声罩简化为长、宽、高分别是 13.5m、10.7m、7.6m 的长方体外壳，并把顶部隔声板设置为滑动顶板的形式，以便模拟不同开度时的温度分布。如图 6 所示。

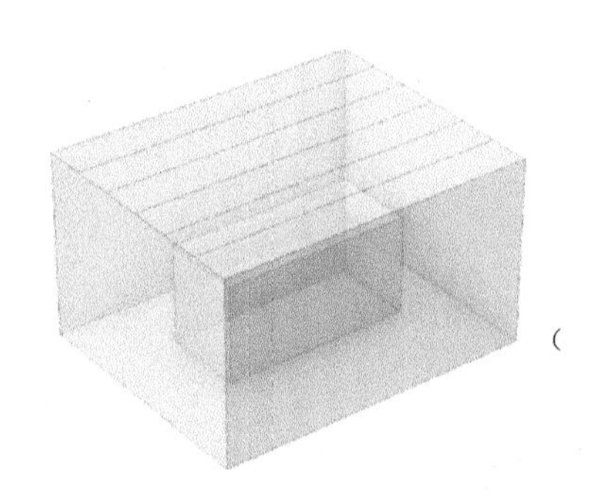

模型说明：

变压器外壳和隔声罩都设置为钢材料，密度 $7850\text{kg}\cdot\text{m}^{-3}$，恒压热容 $475\text{J}\cdot\text{kg}^{-1}\cdot\text{K}^{-1}$，热导率 $44.5\text{W}\cdot\text{m}^{-1}\cdot\text{K}^{-1}$，变压器内部设为绝缘油，BOX-IN 隔声罩内部空间设为空气。

图 6　换流变滑动顶棚 BOX-IN 隔声罩的温度场计算模型

在进行温度场计算时，变压器初始温度设为 70℃，隔声罩内部的空气域设为流体域，隔声罩与外部空气形成自然对流，顶部隔声罩拉开的空气边界设为开放边界，环境温度为 25℃。计算经过 24h 后，隔声罩表面和内部中心截面的温度场如图 7 所示。

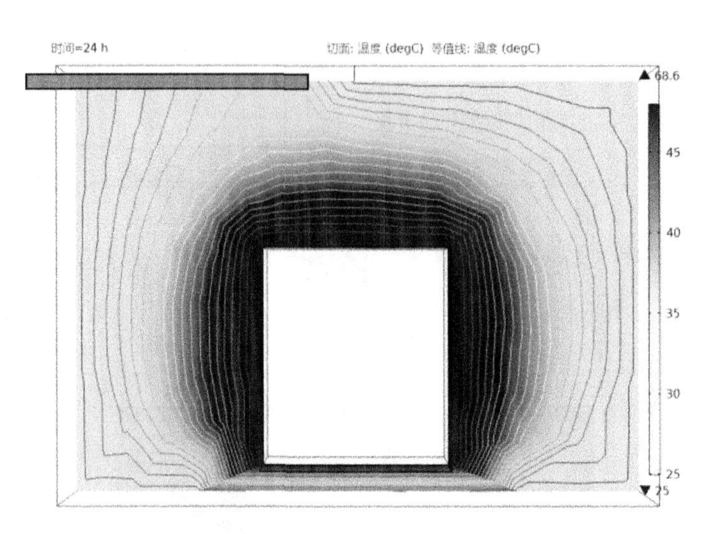

图 7　BOX-IN 隔声罩滑开 1/2 顶板面积温度场等值分布

从图 7 可知，滑开区域露出的顶部空间形成了一条散热通道，高温燃气可通过该部位向 BOX-IN 外部辐射热量，及时为设备降温，给消防施救提供宝贵时间。同时，隔声罩内部温度有一定的降低，如图 7 右上角的区域，是安装云台摄像机的理想位置。顶部滑开不同程度时，隔声罩内监测点的温度变化情况见图 8，可以看出，完全封闭状态的稳态室温明显高于顶部滑开工况的稳态室温，本文提出的设计方案有一定的降温效果，有利于 BOX-IN 室温的控制和消防施救。

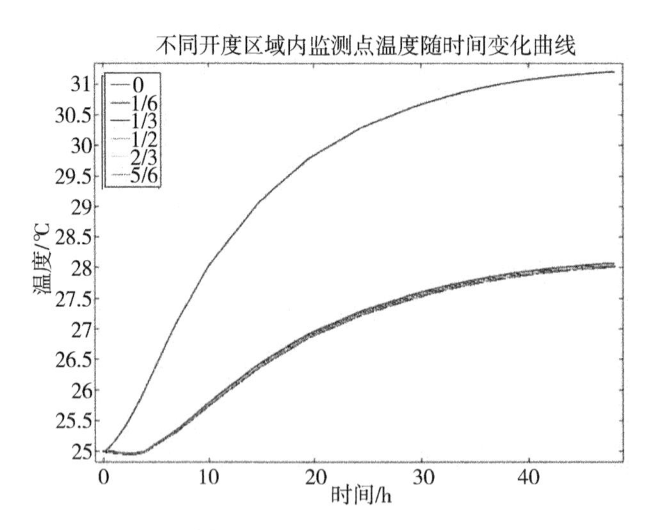

图 8　BOX-IN 隔声罩不空滑开程度对应的监测点环境温度

3 结论

本文结合机器视觉、目标检测、三维定位等图像处理技术制作了火焰检测数据集，搭建了基于改进 Unet 网络的火焰检测模型，并实现了换流变 BOX-IN 隔声罩内部火焰的检测与定位。同时，以某换流变 BOX-IN 为例设计了智能隔声顶棚，分析了不同滑开状态的温升特性。结果表明，火焰检测的平均像素准确率和平均交并比可达 94.61%和 85.94%；完全封闭状态的稳态室温明显高于顶部滑开工况的稳态室温，本文提出的设计方案有一定的降温效果，有利于 BOX-IN 室温的控制和消防施救。

◎ 参考文献

[1]曹加良，许雅玲，吴畏，等．特高压换流站工程换流变移动式 BOX-IN 技术工艺研究[J]．施工技术，2018，47(S4)：1775-1778.

[2]聂京凯，张嵩阳，吕中宾，等．户外变电站(换流站)用典型降噪材料火灾特性及改进现状[J]．消防科学与技术，2020，39(10)：1469-1472.

[3]杨黎波，赵欣宇，董一夫，等．换流变压器阀厅抗爆门抗冲击性能实验研究[J]．爆破，2021：1-8.

[4]杨黎波，陈俊文，胡富强，等．聚丙烯改性短切玻纤复合材料的制备及性能[J]．塑料，2021，50(3)：18-21.

[5]潘俊锐，曹俊生．特高压直流换流站消防系统分析[J]．电气技术，2014(12)：95-97.

[6]任正韬．基于图像处理的火灾检测算法研究[D]．西安：西安建筑科技大学，2020.

[7]罗小权，潘善亮．改进 YOLOV3 的火灾检测方法[J]．计算机工程与应用，2020，56(17)：187-196.

[8]谷世举，卜雄洙，靳建伟，等．基于改进 Unet 网络的炮口火焰分割方法[J]．国外电子测量技术，2021，40(4)：16-21.

[9]朱红，王海雷，张昊轩，等．基于深度学习的火焰分割模型对比研究[J]．消防科学与技术，2022，41(1)：25-30.

[10] Zhengyou Z. Flexible camera calibration by viewing a plane from unknown orientations [C]// Proceedings of the Seventh IEEE International Conference on Computer Vision, 1999: 666-667.

基于 MR 技术的 GIS 设备带电检测仿真系统设计与关键算法优化

梁文勇[1,2]，翟文苑[1,2]，王敬一[1,2]，刘春翔[1,2]，王兆晖[1,2]，刘充浩[1,2]，赵樱[1,2]，陈遵逵[1,2]

（1. 南瑞集团有限公司(国网电力科学研究院)，南京，211106；

2. 国网电力科学研究院武汉南瑞有限责任公司，武汉，430074）

摘　要：采用混合虚拟现实技术(MR)能够为学员提供更为便捷、规范、高效、精准的培训体验。然而，当面对大型三维模型和复杂数据交互应用场景时，MR 内置的常规算法存在明显的模型空间定位不准确、场景投射畸变、培训效果评价不精准等问题。因此，本文以典型的特高压 GIS 设备带电检测模拟操作场景为研究对象，设计了特高压 GIS 设备带电检测 MR 交互系统框架，优化了虚拟场景空间定位方法和大视场角图像反畸变算法，提出了培训效果评估雷达模型。最终实现模型空间定位精度提升了 25~40 倍，图像畸变率降低至 2.68%，培训效果评价更为精准有效，经测试，该系统能够高质量提升学员的技能水平。

关键词：混合虚拟现实；特高压变电；GIS 设备；带电检测；MR 交互系统

0　引言

混合现实(mixed reality，MR)技术是将计算机生成的虚拟模型信息与实物进行融合叠加，协助技术人员开展模拟操作，通过该操作方式能够为学员提供更为便捷、规范、高效、精准的培训体验。文献[1-3]分析了近几年虚拟仿真培训技术的发展历程，详细介绍了虚拟现实技术(virtual reality，VR)在输电杆塔的组立、架空输电线路的维护、检修以及输电工程中的多工种协同合作等输电工程中的应用；文献[3]基于输电线路较简单的系统结构特点，采用 VR 技术研究了输电线路带电作业仿真培训系统；文献[4-5]介绍了 VR 技术在发电机检修培训系统中的应用，从而通过虚拟环境实现对学员在发电机组检修技能方面的培训和考核；文献[6]通过融合三维建模、虚拟装配、数据库技术等技术，基于核电站设备检修规程构建了核电站的虚拟检修培训系统。可见上述电力系统内的应用场景主要体现在 VR 技术层面上，未见有相关成熟的 MR 系统研究与应用。

特高压气体绝缘全封闭组合电器设备(gas insulated switchgear，GIS 设备)带电检测作业是一项专业性强、操作工序复杂、技能门槛较高的检测工作，针对该项工作，传统的实训培训内容具有一定的局限性且场地要求较高，培训成效相对较低。MR技术相对传统的培训方法，其空间操作的灵活性更高、现实体验感更强、数据交互更为丰富多样[7-9]。本文针对GIS设备带电检测操作场景，综合MR技术特点研究了特高压GIS设备带电检测仿真系统，并对MR常规算法进行了优化，提升了大型虚拟场景的空间定位精度，解决了大视角中虚拟场景投射畸变等问题，经测试，该仿真系统能够大幅提升学员的技能水平。

1　GIS设备带电检测MR仿真系统设计研究

1.1　GIS设备带电检测特征

GIS设备体积庞大、结构复杂，其日常的带电检测内容主要包括特高频带电检测和超声波带电检测两大类，整个操作过程包括工作票申请、工器具准备、检测前准备、环境背景检测、GIS设备常规检测、数据记录存储、检测报告编制、清理现场等内容。GIS设备带电检测的作业区域路线和操作方式比较规范，检测过程存在较高的安全风险，对检测人员的操作技能和熟练程度要求更高[10-14]。

1.2　MR仿真操作系统功能结构设计

综合考虑GIS设备带电检测特征和培训业务需求，将仿真操作系统设计为模拟操作端和数据管理端两部分，其主要功能设计见图1。

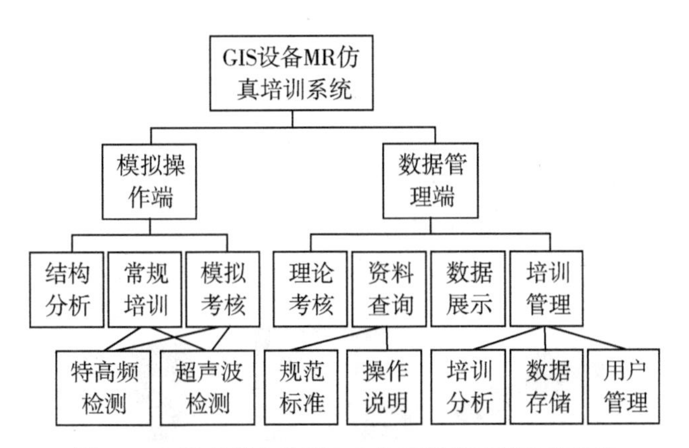

图1　GIS设备带电检测MR仿真操作系统功能设计

模拟操作端主要功能模块包括GIS设备结构分析、常规培训及模拟考核三部分；数据管理端的主要功能模块包括理论考核、资料查询、数据展示、培训管理四部分。模拟操作场景分为纯三维虚构场景和虚实融合叠加场景两类，学员可以根据实际情况进行选择，结构分析模块用于开展内部GIS设备结构和工作原理的解析；常规培训模块和模拟考核模块用于对学员的特高频检测、超声波检测全过程技能进行操作练习和量化考核，其中模拟考核模块采用单向操作全过程评分的设计机制。数据管理端理论考核模块采用单选和多选的答题模式；资料查询模块用于学员开展系统操作说明、标准规范、设备运维知识、检测管理要求等知识学习；数据展示模块从不同角度用于展示培训统计情况；培训管理从数据存储、大数据分析、用户管理等角度为整个培训过程提供保障。

1.3 模拟端和管理端数据交互方式设计

模拟操作端与数据管理端通过无线公网或局域网进行实时数据交互，其中，模拟操作端能够将用户信息、操作信息、考核信息及指令信息等自动传输至数据管理端，管理端能够将接收到的各类信息进行自动分类存储，同时也能够通过文字、图片、语音等形式与模拟操作端进行实时通信，如图2所示。

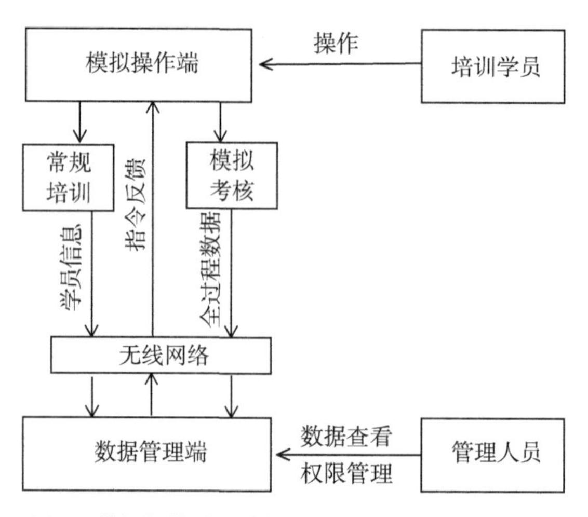

图2　模拟操作端和数据管理端数据交互方式设计

1.4 GIS设备带电检测仿真系统的硬件平台设计

GIS设备带电检测MR仿真操作系统涉及的硬件模块主要包括MR眼镜操作端、手持操作端、存储管理端及培训数据分析管理端，如图3所示。

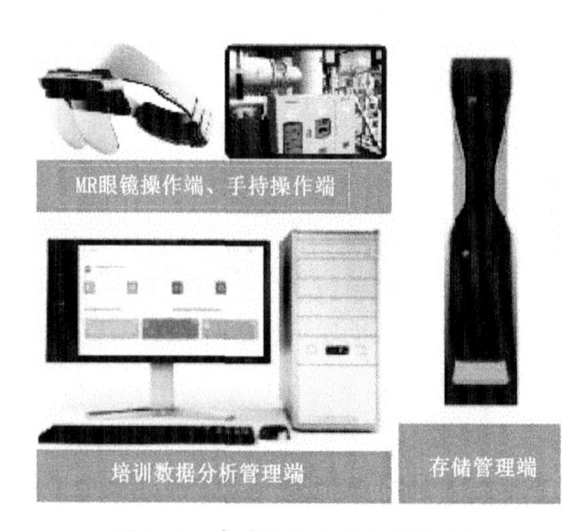

图3　MR仿真操作系统的硬件平台

MR 眼镜操作端和手持操作端主要用于装载操作软件平台、开展模拟操作过程，其培训的场景和内容一致；硬件存储管理端主要用于对 MR 眼镜和手持操作端进行存放管理、充电蓄能及状态实时监测；培训数据分析管理端主要用于对学员培训全过程数据进行存储管理和大数据统计分析，能够对每个学员的技能掌握情况进行智能评估，并针对各学员操作的薄弱环节提供差异化培训方案。

2 GIS 设备带电检测 MR 仿真操作系统内置算法优化

特高压 GIS 设备带电检测的应用场景庞大，模型间数据交互复杂多样[15-16]，为了提高培训质量让操作人员有身临其境的感官体验，通常要求模型场景能够根据场地布局进行精准投射且 MR 眼镜设备的视场角越大越好，然而在实际应用中采用 MR 技术常规的内置算法存在明显的模型空间投射定位不准确，采用大视场角设备会导致投射场景出现严重畸变。因此，本文在上述系统框架设计的基础上，针对常规的模型场景投射定位方法和场景畸变算法进行了优化研究。

2.1 虚拟场景投射空间定位方法优化

将虚拟模型在实际空间中进行任意定位是实现三维模型、数据信息与实物进行配准融合的关键，目前 MR 技术主要采用红外反射原理对虚拟场景模型进行空间定位，为了提高模型的空间定位精度，通常需要将多个定位板(Marker 板)摆放在不同的位置，操作装置通过收集各 Marker 板上的红外线模块反射信息，结合配对的算法对模型的空点方位和距离进行计算解析，见图 4。

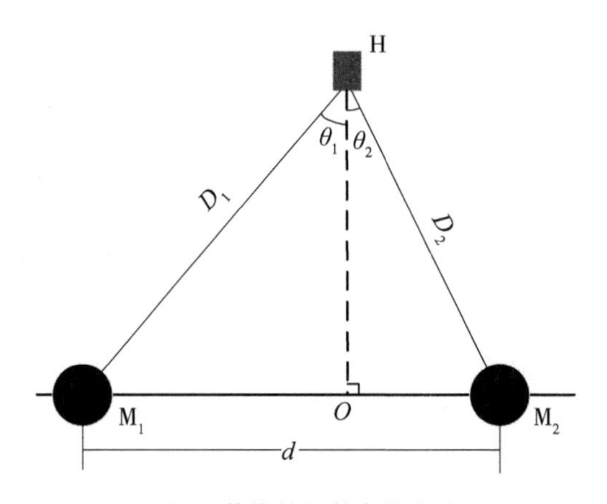

图 4　传统的红外定位方法

其中，M_1 和 M_2 为两块 Marker 板，H 为红外检测模块，D_1 和 D_2 为红外检测模块与 Marker 板的相对距离，d 为两块 Marker 板之间的相对距离。

通常红外传输为点对点传输方式，其传播距离几十厘米，为了确保红外检测模块能够同时有效地接收到所有 Marker 板的红外反射信息，要求每块 Marker 板与检测模块的间距必须在一定的合理区间内，此外 Marker 板不同的布置方式造成的定位误差也不同[17-19]。

可以看到常规的定位方法存在操作不方便、定位精度低等不足，因此，本系统提出在单 Marker 板上设置 4 个通道的红外反射模块，并采用 Marker+Tracking ID 的方式进行定位，其定位原理模型见图 5。

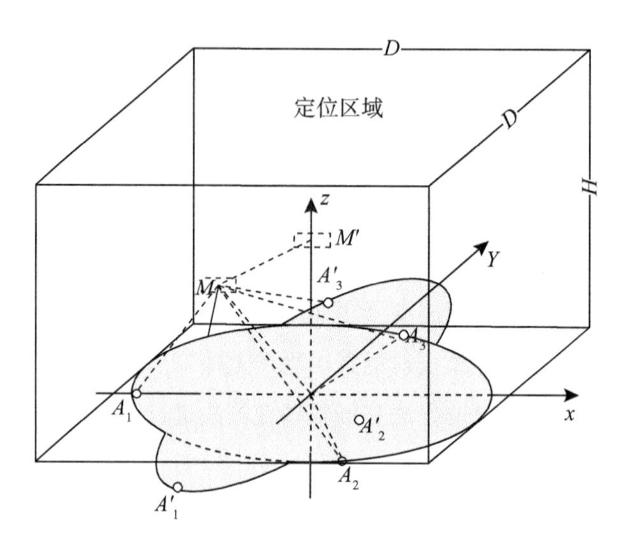

图 5　三维模型空间定位优化方法

图中黑色圆形区域为定位 Marker 板，O 点和 A_1、A_2、A_3 三点是设计的位于圆心和圆边沿等弧度的四个 Beacon 红外反射模块，每个 Beacon 模块均具有唯一的 Tracking ID 编码。操作装置在定位区域内发射红外线后，四个 Beacon 模块会将接收到的红外线和自身的 Tracking ID 编码信息反射回操作装置，操作装置根据回传的红外线时间信息和对应的 Tracking ID 编码计算出装置和各点位的相对距离。

$$D_{MA_i} = v_{红外} \cdot \frac{t_{MA_i}}{2} (i = 1,\ 2,\ 3) \tag{1}$$

式中，D_{MA_i} 为 M 点到 A_i 点的距离，$v_{红外}$ 为红外传输速度，t_{MA_i} 为 M 点到 A_i 点的红外线传输总时长。

为了将虚拟场景的投射点从 M 点自动投影到理想的 M' 点，需要利用三角函数分别计算 X、Y、Z 三个坐标轴对应的旋转角度 θ、φ、α 值。

$$\theta = \arccos \frac{D_{MO}^2 + D_{M'O}^2 - D_{MM'-X}^2}{2D_{MO} \cdot D_{M'O}} \tag{2}$$

$$\varphi = \arccos \frac{D_{MO}^2 + D_{M'O}^2 - D_{MM'-Y}^2}{2D_{MO} \cdot D_{M'O}} \tag{3}$$

$$\alpha = \arccos \frac{D_{MO}^2 + D_{M'O}^2 - D_{MM'-Z}^2}{2D_{MO} \cdot D_{M'O}} \tag{4}$$

式中，D_{MO}、$D_{M'O}$分别为 M 点和 M'点到 O 点的距离，$D_{MM'-X}$、$D_{MM'-Y}$、$D_{MM'-Z}$分别为 MM'在 X、Y、Z 轴上的分量。

设 M 点坐标为(x_0, y_0, z_0)，M'点坐标为(x, y, z)，两个坐标转换公式为：

$$\begin{bmatrix} x \\ y \\ z \end{bmatrix} = \boldsymbol{J} \cdot \begin{bmatrix} x_0 \\ y_0 \\ z_0 \end{bmatrix} \tag{5}$$

式中，$\boldsymbol{J}$ 为定位 Marker 板坐标系的旋转矩阵，则矩阵 $\boldsymbol{J}$ 的公式为：

$$\begin{bmatrix} \cos\varphi\cos\alpha & -\cos\theta\sin\alpha + \sin\theta\sin\varphi\cos\alpha & \sin\theta\sin\alpha + \cos\theta\sin\varphi\cos\alpha \\ \cos\varphi\sin\theta & \cos\theta\cos\alpha + \sin\theta\sin\varphi\sin\alpha & -\sin\theta\cos\alpha + \cos\theta\sin\varphi\sin\alpha \\ -\sin\theta & \sin\theta\cos\varphi & \cos\theta\cos\varphi \end{bmatrix} \tag{6}$$

通过 O 点模块和 A_1、A_2、A_3 三个模块中的任意两个均可计算出 M 点到 M'点的坐标转换矩阵，通过排列组合可以计算得到三个转换矩阵 $\boldsymbol{J}_{1\text{-}OA_1A_2}$、$\boldsymbol{J}_{2\text{-}OA_1A_3}$、$\boldsymbol{J}_{3\text{-}OA_2A_3}$，为了提升位置精度对三个转换矩阵进行平均化处理。

$$\boldsymbol{J} = \frac{1}{3}\sum_{i=1,\ 2,\ 3} J_i \tag{7}$$

根据上述算法进行实际测试，效果如图 6 所示，圆盘为定位 Marker 板，方框为虚拟模型中心区域，图 6(a)和图 6(b)分别为使用优化公式处理前后的定位效果。

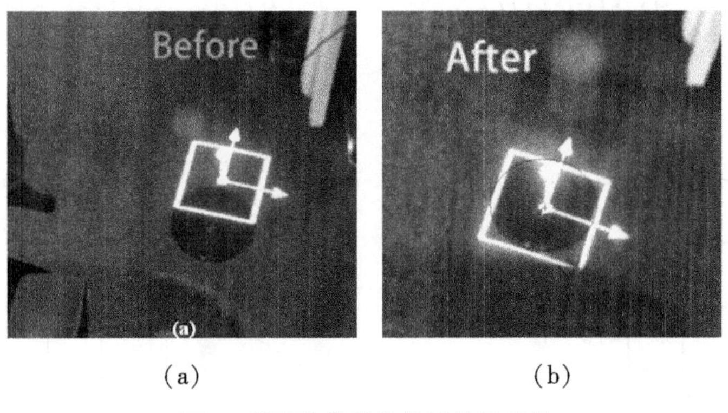

(a) (b)

图 6　模型定位优化前后效果对比

图中方框中心与定位 Marker 板中心间距越近，则表明对模型定位精度越高，因此本文以圆盘为基点坐标系，通过计算虚拟模型中心点与 M'点的相对距离 Δd 对定位效果进行量化评价，其值越小说明距离 M'点越近，精度越高。

$$\Delta d = \sqrt{(x_M - x_{M'})^2 + (y_M - y_{M'})^2 + (z_M - z_{M'})^2} \tag{8}$$

经测试：

$$\Delta d = \begin{cases} 0.8R \sim 2.5R(\text{优化前}) \\ 0.02R \sim 0.1R(\text{优化后}) \end{cases}$$

其中，R 为定位 Marker 板的半径。

结果表明，使用优化算法后，该系统虚拟场景的定位精度提升了 25~40 倍，因此该优化算法能够大幅提升虚拟场景的空间定位精度。

2.2 大视场角图像反畸变算法优化

MR 技术应用中要求穿戴眼镜的视场角越大培训感官效果越好。然而，大视场角必将导致图显画面出现畸变现象，见图 7，原图像(A)经大视场角镜面 S 投射的场景模型画面会出现“枕型”畸变(A′)[20]。

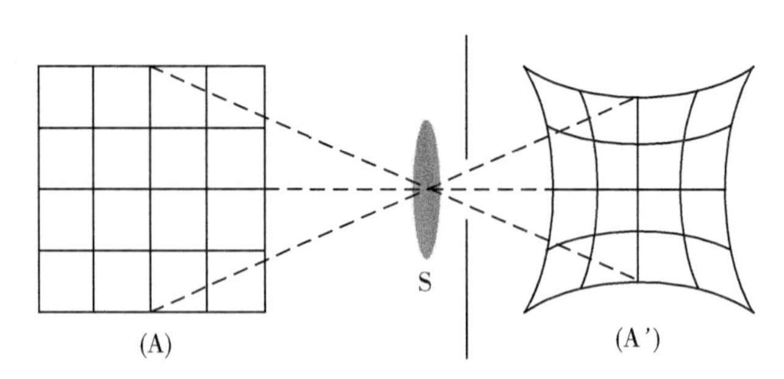

图 7 大视场角下图像畸变示意图

针对镜头大视场角带来的畸变现象，系统从径向畸变和切向畸变两个角度出发，设计了畸变校正优化模型，该模型首先对(A)图进行反方向畸变形成(B)图，然后再经大视场角镜面 S 的正向畸变矫正，最终得到图形(A″)，见图 8。

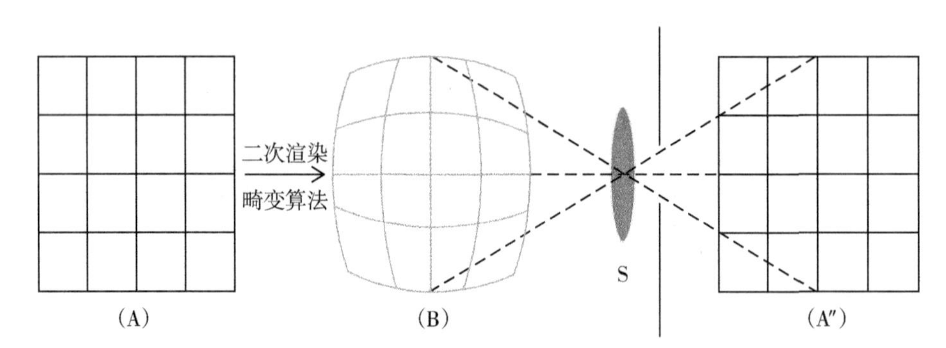

图 8 图片校正技术思路及算法模型

反向畸变换算的数学公式见(9)—(11)，上图中(B)图任一点 (x_u, y_u) 的计算式为：

$$x_u = x_d + (x_d - x_c)(K_1 r^2 + K_2 r^4 + \cdots) + (P_1(r^2 + 2(x_d - x_c)^2) + 2P_2(x_d - x_c)(y_d - y_c))(1 + P_3 r^2 + P_4 r^4 + \cdots) \tag{9}$$

$$y_u = y_d + (y_d - y_c)(K_1 r^2 + K_2 r^4 + \cdots) + (2P_1(x_d - x_c)(y_d - y_c) + P_2(r^2 + 2(y_d - y_c)^2))(1 + P_3 r^2 + P_4 r^4 + \cdots) \tag{10}$$

$$r = \sqrt{(x_d - x_c)^2 + (y_d - y_c)^2} \tag{11}$$

其中，(x_d, y_d) ——扭曲像点坐标；(x_c, y_c) ——畸变中心坐标；K_n ——径向畸变系数；P_n ——切

向畸变系数；r ——畸变中心与扭曲点欧式距离。

根据系统提供的视觉畸变优化技术路线和相应反畸变算法进行测试，结果见图9。

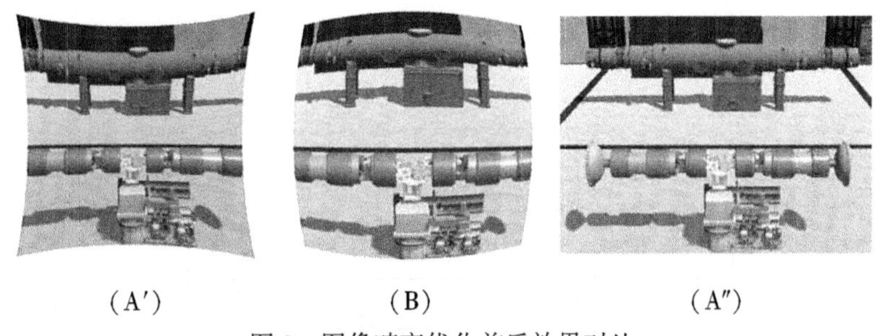

图9　图像畸变优化前后效果对比

可以看到，场景模型在未采用畸变算法的情况下，其镜面投射的效果见图(A′)，“枕型”畸变明显，经过反畸变换算后得到图(B)效果，最后经镜面投射后达到图(A″)效果，畸变矫正效果比较明显。文章通过SMIA TV畸变程度评价模型对优化效果进行量化验证[21]，见图10。

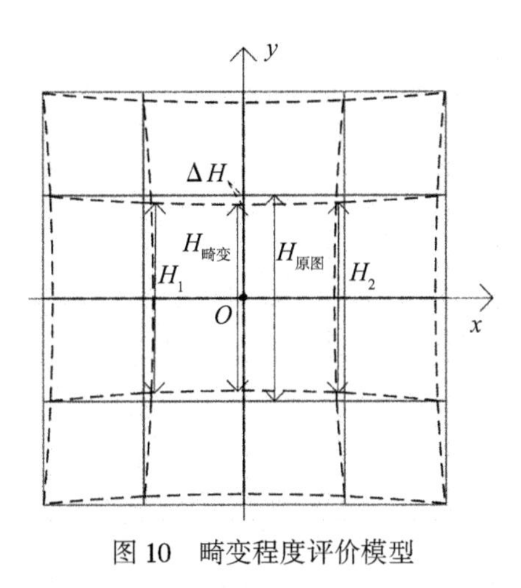

图10　畸变程度评价模型

对原图像和畸变图像进行同尺度网格化处理，通过畸变率SMIA TV计算式进行换算。

$$H_{畸变} = \frac{1}{2}(H_1 + H_2) \tag{12}$$

$$\text{SMIA TV} = \frac{\Delta H}{H_{原图}} \times 100\% \tag{13}$$

经MATLAB仿真计算，通过反畸变算法优化处理后，图像的畸变率仅为2.68%，满足实际的应用需求。

3　MR仿真操作系统考核评价策略设计

考核评价是仿真操作系统中必不可少的一部分，也是对人员培训效果评价极其重要的一个环节，传统的考核评价大部分通过最终得分进行评价，缺乏对操作过程各节点的评价，对学员的技能掌握情况评估不够精细。本系统新增了操作全过程关键点得分记录功能，结合设计的学员技能评估雷达模型，能够实现对学员的技能掌握情况进行精准评价，同时采用大数据分析还能针对薄弱环节提出指导性操作建议，考核评价策略设计方案见图11。

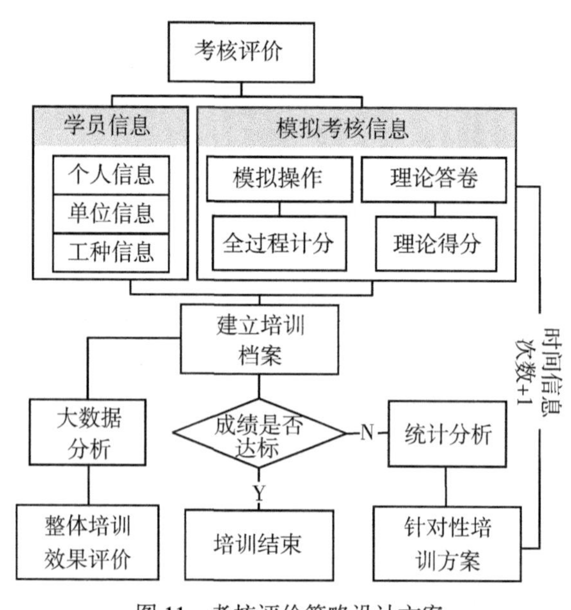

图11　考核评价策略设计方案

首先，将学员信息和模拟考核信息进行结构化处理，形成独立的个人培训档案；然后，通过大数据统计分析对团队的培训效果进行整体评价；最后，结合学员技能评估雷达模型对每个人的考核结果进行评价，其中针对个人培训未达标的可提出有针对性的培训方案，通过闭环管理直至考核达标培训结束。

模拟操作全过程关键得分点主要依据国网公司企标“气体绝缘金属封闭开关设备局部放电带电测试技术现场应用导则(Q GDW 11059.2—2013)”进行设计，详细内容见图12。

模拟操作考核评分内容涵盖准备工作阶段、检测过程、检测报告三大类，从模拟穿戴选择到编制报告，共计20项交互内容。为了对学员的技能掌握情况进行综合量化评估，系统设计了学员技能评估雷达图模型，见图13。

模型根据数据交互的场景，设计了包括准备及结束阶段操作、超声波检测阶段操作、特高频检测阶段操作、图谱数据分析阶段操作、报告编制阶段操作5大操作考核方向，每个方向根据其在实际操作中的重要性和难易程度设计了差异化的分值，见图13中的数字标记。根据实操要求，模型通过红、黄、绿三种颜色对学员的技能掌握情况进行衡量，其中红色区域定义为考核不合格区域，黄色区域定义为考核合格需要训练区域，绿色区域定义为考核合格无需训练区域。

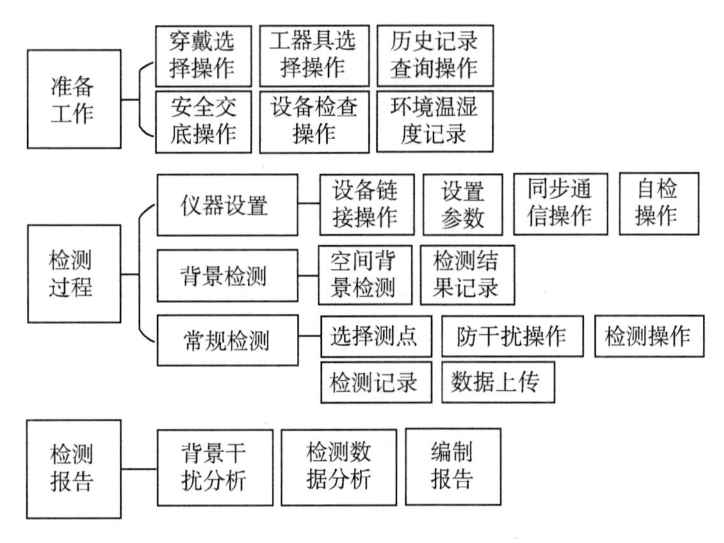

图12　模拟考核评分内容分布

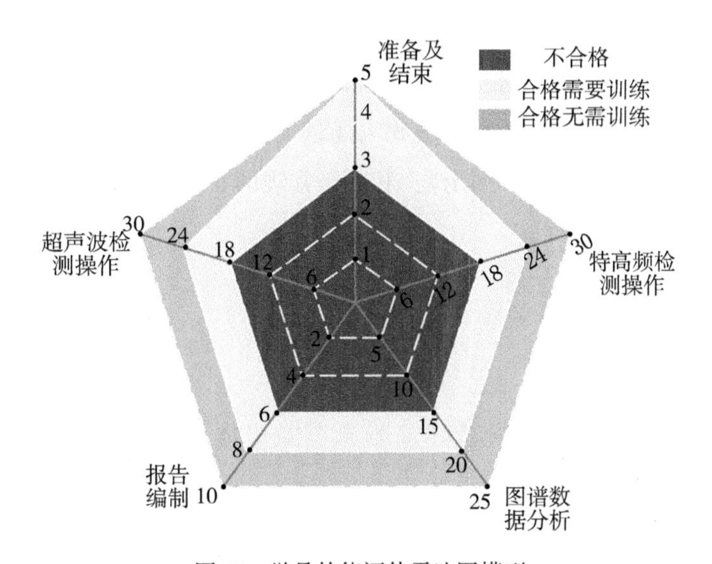

图13　学员技能评估雷达图模型

4　系统应用效果验证

为了验证仿真系统的应用效果，某特高压站新员工进行了模拟仿真和实操测试比对，并从培训便捷性、内容完整性及训练效率三个角度进行了评价。

1)培训便捷性

以5天的时间为测试周期，相对实操训练仿真系统操作不受时间和地点的影响，其人均训练超过6次，实操训练仅1.5次；同时，针对20项关键点操作内容，仿真系统可以对未掌握的内容实现快速重复训练，通过该方式熟练掌握的关键内容数量也远远高于实操训练。

2)内容完整性

仿真操作系统除了常规训练内容外，还能够对GIS设备的异常工况进行检测训练，而常规的实操训练仅能对正常工况进行检测训练。因此，仿真操作系统开展的工作内容更为丰富多样，同时高仿真系统能够实时记录训练的全过程交互数据，通过大数据统计分析，还能够为每位学员的训练内容制定针对性更强的计划方案。

3)训练效率

训练效率主要从两个方面进行评价：一方面是从准备阶段计时到提交报告完成，执行完一整套单次训练所需要的时间；另一方面是通过全部训练内容合格达标所需要耗费的时间。经测试，完成一整套训练内容，该仿真系统训练的耗时仅为实操训练的10%，20项关键操作内容均达标耗时仅为实操训练的30%，因此，采用该培训系统能够有效提升学员培训的效率。

5 结论

本文以特高压GIS设备带电检测场景为研究对象，基于MR技术路线设计特高压GIS设备带电检测模拟仿真培训系统，结合MR技术常规内置算法在模型定位和图像畸变方面存在的不足，通过研究四通道Marker+Tracking ID定位优化算法和大场景反畸变算法，最终将虚拟场景定位精度提升了25~40倍，畸变率降低为2.68%。经测试，相对于常规的实际操作训练，该仿真操作系统的培训效率更高，培训内容更加丰富多样。

◎ 参考文献

[1]吴云，张川，彭慧，等．虚拟培训技术在输电工程中的发展[J]．电子测量技术，2018，41(18)：122-126.

[2]杨江涛．虚拟现实技术的国内外研究现状与发展[J]．信息通信，2015(1)：138.

[3]Tamura H，Yamamoto H，Katayama A. Mixed reality：future dreams seen at the border between real and virtual worlds[J]. IEEE Computer Graphics and Applications，2001，21(6)：64-70.

[4]孟遂民，阴酉龙，张雪峰，等．输电线路带电作业三维仿真培训系统研究与应用[J]．水电能源科学，2014，32(9)：183-187.

[5]史耕金．虚拟现实在发电机检修培训系统设计中的应用[J]．计算机仿真，2017，34(7)：170-173.

[6]尹红霞，王一新，简新平．虚拟仿真系统在水电站教学中的应用研究[J]．高等建筑教育，2016，25(2)：171-173.

[7] Gomes de Sá，Antonino Z，Gabriel. Virtual reality as a tool for verification of assembly and maintenance processes[J]. Computers and Graphics，1999，23(3)：389-403.

[8]赵鹏程，彭波，张皓，等．核电站虚拟检修培训技术研究[J]．科技创新与应用，2015(20)：

60-62.
[9]周荣庭 . AR 科普图书的整合营销传播策略探析——以《未来机械世界》为例[J]. 科普研究, 2019, 14(2): 11-17.
[10]Lu S, Zhang Y, Li J, et al. Application of mobile robot in high voltage substation[J]. High Voltage Engineering, 2017, 43(1): 276-284.
[11]韩俊玲 . 基于 Internet 交互式虚拟现实技术变电站仿真培训系统实现[J]. 价值工程, 2011, 30(18): 54-55.
[12]李甲宇, 孙忠文, 张思义 . 基于虚拟现实技术的变电站运维培训系统[J]. 科技经济导刊, 2016(21).
[13]刘森 . VR 虚拟现实技术在变电站智能电气运维及培训领域的应用[J]. 电气时代, 2017(4): 94-96.
[14]陈东亮 . 基于虚拟现实的微机变电站仿真培训系统平台[D]. 厦门: 厦门大学, 2007.
[15]Sun F J, Chen H, Liu H J. Research of visualized 3d substation simulation based on virtual reality technology[J]. Applied Mechanics & Materials, 2014, 568-570.
[16]侯湘 . 虚拟现实技术中的三维建模方法研究[D]. 重庆: 重庆大学自动化学院, 2006.
[17]Mustafa F, Meric T. Integrating augmented reality into problem based learning: The effects on learning achievement and attitude in physics education[J]. Computers & Education, 2019, 142.
[18]王春雷, 杨日杰 . 基于正交多站测角的机载红外定位技术研究[J]. 激光与红外, 2007, 37(11).
[19]Avid Technology Inc. Researchers Submit Patent Application, "Augmented Reality Audio Mixing", for Approval (USPTO 20200042284)[J]. Information Technology Newsweekly, 2020.
[20]郭江 . 电厂维护中基于虚拟现实及智能代理的人机融合技术[D]. 武汉: 华中科技大学, 2003.

铅酸蓄电池的生物学再生修复技术研究

姚俊，张爱芳，张杰，刘飞

（国网电力科学研究院武汉南瑞有限责任公司，武汉，430074）

摘　要：铅酸蓄电池是由铅和二氧化铅以及电解液为30%的硫酸溶液组成的一种二次电池。由于其价格低廉、原材料易得、放电电流大等优点，被广泛应用。但是，随着电池的充放电，电池会不可逆地硫酸盐化，造成电池老化。本文研究了不同的生物大分子在硫酸溶液与醋酸铅反应体系中对硫酸铅结晶颗粒大小的影响，并根据物质的组分和有效官能团的比例，从数据库中筛选出一条相似的肽链，将其合成后进行重组表达，并将纯化蛋白按不同浓度加入铅酸电池组中，经过长时间充放电后将电池的负极极板拆下置于扫描电子显微镜下观察其微观结构，发现加入0.1%、0.2%、0.5%重组蛋白能够有效抑制电池老化。

关键词：铅酸蓄电池；生物大分子；重组表达；电池修复

0　引言

铅酸蓄电池是由铅和二氧化铅以及电解液为30%的硫酸溶液组成的一种二次电池。自铅酸蓄电池诞生后，由于其价格低廉、原材料易得、放电电流大等优点，被广泛应用于交通、通信、后备电源等领域。现阶段铅酸蓄电池的主要缺点是寿命短、难回收且对环境危害较大[1]。造成铅酸蓄电池失效的主要原因是随着电池的充放电，电池会不可逆地硫酸盐化，在充电时硫酸铅晶体不能被还原成铅导致电池容量下降[2]。据研究表明，一些有机膨胀剂中的羟基、甲氧基、羧基等官能团可以吸附在铅酸蓄电池的铅和硫酸铅的表面[3]。这些官能团能够降低表面张力，减缓硫酸铅的堆积，细化硫酸铅晶体，近年来有不少学者研究脉冲充电技术以修复铅酸蓄电池容量的方法[4-5]，但是该方法对蓄电池内部损伤大，修复效率不高，不能在本质上解决硫酸盐化问题。

本文提出了减小铅酸蓄电池在充放电中形成的硫酸铅晶体的大小，来延缓铅酸蓄电池衰老的方法。研究了不同的生物大分子在硫酸溶液与醋酸铅反应体系中对硫酸铅结晶颗粒大小的影响，最终筛选出了9种能抑制硫酸铅晶体形成大颗粒晶体的生物大分子，并选取了其中5种效果最好的生物大分子按一定的比例混合成12种不同的电解液添加剂。再将其添加到硫酸溶液与醋酸铅体系中，结果显示混合溶液相对于单一的生物大分子效果更好。最终选取6种效果最好的加入定制小型铅酸蓄电池中，观察实验数据，对效果好的电解液添加剂进行优化。

发现相对效果最好的电解液添加剂配方为F∶G∶B∶J=1∶2∶2∶1，根据物质的组分和有效官能团的比例，从数据库中筛选出一条相似的肽链，根据密码子的简并性和大肠杆菌的密码子优越性，得到一条肽链的核苷酸序列，送到北京擎科生物科技有限公司合成并连接到pET-30a(+)的克隆载体上，将克隆载体转入大肠杆菌BL21，实现重组蛋白的表达纯化。将纯化后的重组目的蛋白按照0.1%、0.2%、0.5%浓度加入铅酸电池组中，经过长时间充放电后将电池的负极极板拆下置于扫描电子显微镜下观察其微观结构，发现加入0.1%、0.2%的重组蛋白能够有效抑制电池老化。

1 实验方法研究

1.1 电解液添加剂选择

筛选出A、B、C、D、E、F、G、H、I等9种物质，分别配置为1%的溶液，按照0.1%的添加量将上述溶液加入30μL的30%的硫酸溶液中，再加入20μL的0.1mol/L的醋酸铅溶液，进行反应。将反应后的样品稀释800倍，充分混匀后取5μL于血球计数板上，在光学显微镜下观察，计算其小晶体的占比。

根据小晶体占比结果选取样品A、B、F、G、I按表1的比例配成混合试剂。将混合溶液分别按照0.1%的添加量添加到30%的硫酸溶液中，混匀后加入醋酸铅。将反应后溶液稀释800倍，取5μL于血球计数板上，在显微镜下观察，按公式$c=\frac{a}{a+b}$(a为结晶直径≤10μm颗粒数量)计算其中小晶体的含量。

表1　　添加剂配方

物　质	比　例
F∶G∶B	1∶2∶1
F∶G∶B	1∶1∶1
F∶G∶B	2∶1∶1
F∶G∶B	2∶1∶2
F∶G∶B	1∶1∶2
F∶G∶B	1∶2∶2
F∶G	2∶1
F∶G	1∶1
F∶G	1∶2
A∶I	2∶1
A∶I	1∶1
A∶I	2∶2

1.2 电解液添加剂优化

根据表1的配比进行实验后，由小晶体的含量改良添加剂的配比方案如表2所示。在加入添加剂后，电池电解液还是会持续进行水的电解反应，因此在电解液添加剂中加入一种保水剂J。将配制好的6种混合溶液按照0.1%的添加量加到30%的硫酸溶液中，混匀后加入醋酸铅。将反应后样品稀释800倍，取5μL溶液于血球计数板上，在显微镜下进行观察，计算其中小晶体的占比。

表2　**添加剂的优化配方**

物　质	比　例
F : G : B : J	1 : 2 : 1 : 1
F : G : B : J	1 : 1 : 2 : 1
F : G : B : J	1 : 2 : 2 : 1
F : G : B : J	1 : 2 : 1 : 2
F : G : B : J	1 : 1 : 2 : 2
F : G : B : J	1 : 2 : 2 : 2

1.3 目的基因合成和表达载体的构建

根据铅酸蓄电池电解液添加剂在电池中作用的实际实验结果，以及添加剂的组成成分和重要官能团的比例，查询相关数据库找到一条肽链S1。根据密码子的简并性和大肠杆菌的密码子优越性，得到条肽链的核苷酸序列，在序列两端分别加上限制性内切酶BamHⅠ和HindⅢ的酶切位点后，得到基因X1。将基因的核苷酸序列合成并连接到pET-30a(+)的克隆载体上，将克隆载体转入大肠杆菌BL21。

1.4 重组菌株的蛋白表达与纯化

筛选出含有目的基因的菌体，按1/100的比例接种到含有100μg/mL卡那霉素的LB液体培养基中，在37℃、180rpm条件下过夜培养，再以1/100的比例转接到含有100μg/mL卡那霉素的LB液体培养基中，再在37℃、180rpm条件下培养至OD600达到0.5~0.8，按1/100的比例在培养基中添加IPTG进行诱导，37℃、180rpm条件下振荡培养3~4h。同时用不加IPTG的菌体作为对照组。

收集菌体，用PBS清洗菌体2次，将0.1g菌体加入5mL BindingBuffer，在冰上放置1h。将所得的菌液分装在10mL的试管中，用超声波细胞破碎仪处理细菌。将细菌破碎液在4℃、13000rpm条件下离心30min。取破碎上清液进行Ni-Agrose凝胶亲和层析柱纯化。将纯化蛋白与5x的LoadingBuffer混合完全，放置于100℃的沸水浴中保温10min，随后进行电泳，80V电泳150min。结束后将蛋白胶放入考马斯亮蓝染色液染色5h，随后加入脱色液脱色至背景清晰。

根据目的蛋白大小切掉胶中浓缩胶部分和多余部分进行转膜，放置顺序为负极—滤纸—胶条—

PVDF 膜—滤纸—正极，切下对应大小的 PVDF 膜先用甲醇活化 10s，滤纸、胶条、PVDF 膜在转膜缓冲液中平衡 10~30min，转膜条件为恒流 17~20V 恒压 90min。将转好的 PVDF 膜用 PBST 洗 3 次后，加到 8%牛奶中封闭 1h，PBST 洗 3 遍后，按万分之一添加抗体，在室温下孵育 1h。再次用 PBST 缓冲液清洗膜 3 次，按 1：5000 的比例加入稀释的二抗，在室温下孵育 1h。倾倒二抗并用 PBST 缓冲液清洗 5 次，用 ECL 显色盒在化学发光成像仪上显色保存。

2 实验结果分析

2.1 电解液添加剂对硫酸铅结晶的作用

将不同的生物大分子按 0.1%的量添加到硫酸溶液和醋酸铅的反应体系中，观察反应后小颗粒结晶的比例结果如图 1 所示。

9 种生物大分子都对硫酸铅晶体结晶大小产生了不同程度的影响，添加物质 B 后体系内小颗粒结晶比例最高，添加物质 C 后小颗粒结晶比例最低，效果最差，小颗粒结晶比例达到 50%的物质有 B、F、G。为了使添加的添加剂效果更好，选取能使小颗粒结晶比例超过 40%的物质 A、B、E、F、G、H、I，由于物质 E 有剧毒，物质 H 在实验中发现容易染菌且成分不固定，并且这两种物质的效果不是最好的，所以最终选定 A、B、F、G、I，将上述物质按照不同的比例混合，制成混合试剂。

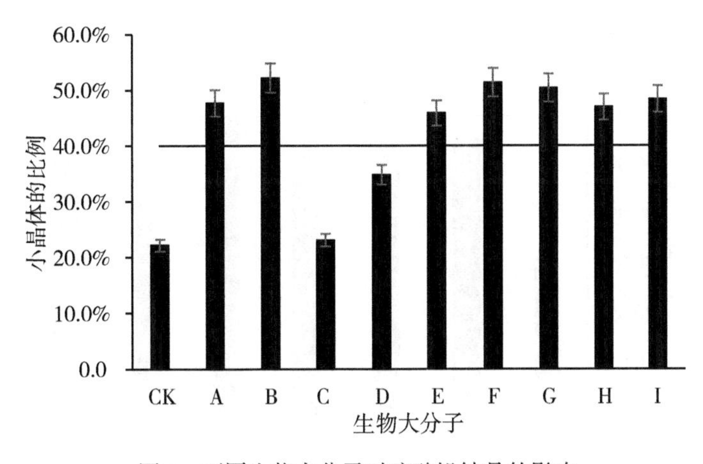

图 1　不同生物大分子对硫酸铅结晶的影响

2.2 电解液添加剂优化结果

A、B、F、G、I 根据不同的比例配制成 12 种溶液，然后按 0.1%的量添加到硫酸溶液和醋酸铅的反应体系中，实验结果如图 2 所示。

12 种不同的试剂加入反应体系后都对硫酸铅晶体的大小产生了不同程度的影响，多种物质混合按一定的比例添加后，比单一物质对减小硫酸铅晶体结晶的作用更好，12 种溶液中的小颗粒结晶占比全部都超过了40%，其中3、5、6、7、9、11号混合试剂的效果最好，数据表明7号混合添加剂的效果最好。

在加入添加剂后，电池电解液还是会持续进行水的电解反应，因此在电解液添加剂中加入一种保水剂J，实验结果见图3。由图可知，在不同的电解液添加剂中按一定比例添加J后，2、3、4号的作用效果较好，小颗粒结晶的占比达到了60%。物质J对于添加剂起到了保护作用，所以在添加J之后硫酸溶液和醋酸铅的反应体系中小颗粒硫酸铅晶体比例并没有明显的增加。

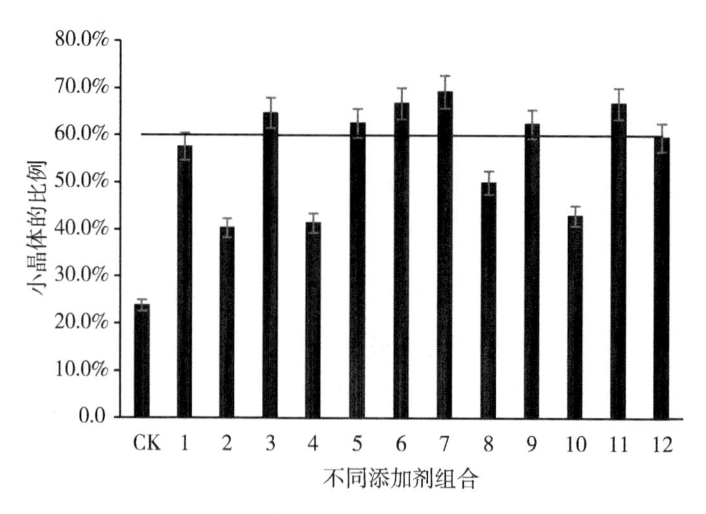

图2　添加剂对硫酸铅结晶的影响

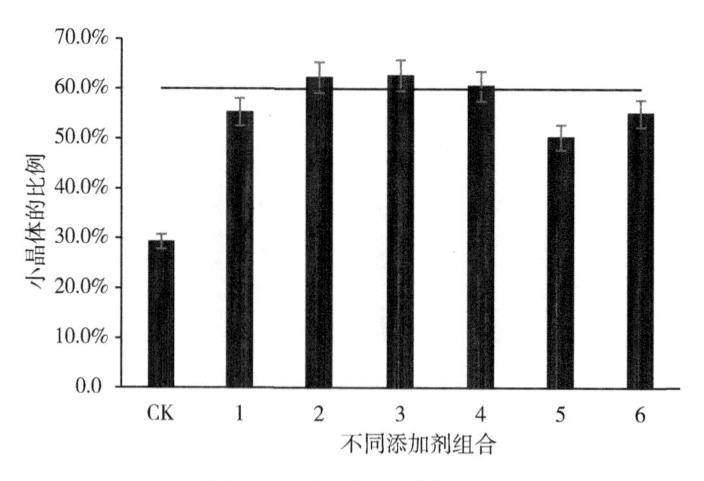

图3　优化后的添加剂对硫酸铅结晶的影响

2.3　目的基因和重组菌的构建

将重组载体pET30α-X1电转化大肠杆菌感受态细胞，37℃静置复苏后涂布含有卡那霉素的LB平皿，于37℃恒温倒置培养过夜后，挑取单菌落，以菌悬液为模板进行PCR扩增，扩增结果见图4。PCR产物大小与预期相符，将产物送去测序，测序结果与X1片段序列相同，说明获得了正确的

pET30α-X1 阳性克隆。

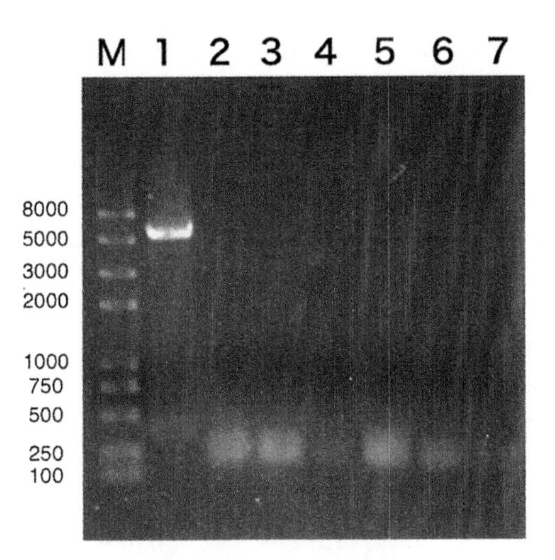

图 4 重组质粒验证结果

（M-marker；泳道 1 为质粒双酶切结果；泳道 2~7 为菌落 PCR 验证结果）

2.4 目的蛋白纯化后的 Westernblot 鉴定

将有 X1 基因的 BL21 扩大培养至 1L 后，用镍柱亲和层析纯化后进行 Westernblot 鉴定。如图 5 所示。

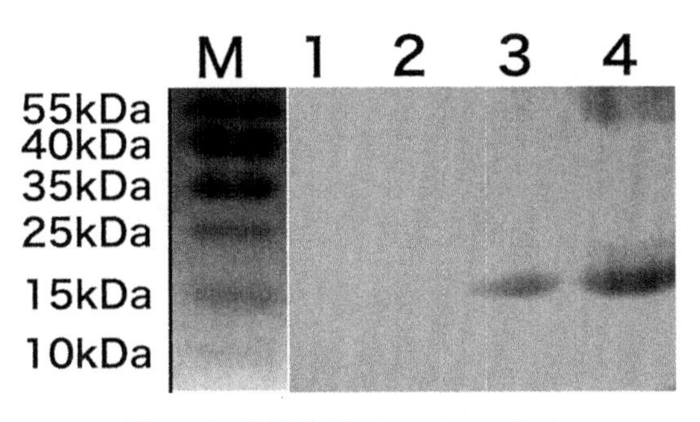

图 5 纯化蛋白的 Westernblot 鉴定

（M 为蛋白 Marker；泳道 1~2 分别为受体菌 BL21 和质粒载体转化子 BL21-pET30α；泳道 3~4 为重组菌 BL21-pET30α-X1）

2.5 电池运行结果

将纯化后的重组目的蛋白按照 0. 1%、0. 2%、0. 5%浓度加入铅酸电池组中，经过长时间充放电后将电池的负极极板拆下置于扫描电子显微镜下观察其微观结构，由此判断重组蛋白对硫酸铅晶体形成大小的影响。

图6中(1)~(3)为分别加入0.1%、0.2%、0.5%的重组蛋白，(4)~(6)为分别加入0.1%、0.2%、0.5%的混合试剂，电池的负极板上形成的硫酸铅晶体有显著的差异。通过比较发现，1号、2号电池负极板上的硫酸铅晶体要小于其他电池。3号电池负极板上形成了较大的硫酸铅晶体，同时一些细小的晶体附着在大晶体的表面。在4号、5号、6号电池负极板中大硫酸铅晶体比较多。在电池充电的时候难以溶解，所以电池的容量相对于其他电池更低。说明重组目的蛋白能够有效延缓铅酸蓄电池老化。

图6 电池负极板的扫描电镜图

3 结语

国内外对于铅酸蓄电池修复方法的研究主要是运用物理方法来解决问题，例如用大电流来击碎体积较大的硫酸铅晶体，这种方法虽然能奏效但是对电池本身也有不小的损伤。本文在生物大分子中羟基、羧基等活性官能团能够细化硫酸铅晶体的基础上，筛选出有实际效用的生物大分子，将它们按照一定的比例混合，优化组分后，利用原核表达系统将其表达纯化，添加到电池中以延缓电池衰老。这种生物方法相对于物理破碎颗粒的方法而言，对电池本身的损伤更小，并且这种添加剂能够利用生物学方法实现批量生产。但是本文的研究存在很多不足，例如：虽然我们知道了该蛋白X1能够延缓电池衰老，但是我们还需要对蛋白表达条件不断优化，如何实现大量生产还有待在接下来的实验中进一步研究。

◎ 参考文献

[1]刘盛终，丁一，曹晓庆，等．废旧铅酸蓄电池的回收和再生研究进展[J]．电源技术，2020，44

(11)：1701-1704.

[2]郭素梅，余健勇，马承志，等．铅酸蓄电池修复再生技术策略研究[J]. 机电信息，2017(36)：89-90.

[3]史俊雷，张祖，王倩，等．聚天冬氨酸钠对蓄电池性能的影响研究[J]. 电源技术，2020，44(5)：718-719.

[4]韦穗林，廖旭升，彭情．具有容量修复作用的铅酸蓄电池脉冲充电技术[J]. 电源技术，2019，43(3)：498-499，514.

[5]吴艺明．铅酸蓄电池用正负脉冲与谐振波复合修复系统[D]. 青岛：青岛大学，2020.

基于平行四杆机构的巡检机器人动力臂运动学分析

罗浩[1]，刘奕[2]，周仁忠[2]，陈凤翔[2]，刘辉[1]

（1. 国网电力科学研究院武汉南瑞有限责任公司，武汉，430074；

2. 贵州电网有限责任公司输电运行检修分公司，贵阳，550002）

摘　要：针对传统高压输电线路巡检机器人作业范围小、受障碍物尺寸限制以及不能跨越引流线的问题，本文提出了一种三臂式高压输电线路巡检机器人，其机械臂采用平行四边形结构，属于具有局部闭链机构的混链机构。在分析含有局部闭链机构特点的基础上，提出了机械臂的运动学方程建模方法，借助 MATLAB 软件对机械臂的越障空间进行了分析。利用 ADAMS 软件对机器人在线路行走及跨越引流线过程方面进行了仿真分析，验证了机械臂结构的合理性与稳定性，并通过试验验证了具有局部闭链机构的三臂机器人跨越线路障碍具有更好的稳定性。

关键词：巡检机器人；闭链机构；运动学分析

0　引言

输电线路巡检机器人是一种在高压输电线路上，能够以一定的速度平稳运动并且能够越过输电线上的障碍物，对输电线进行检测的机器人。研究开发巡检机器人对减少工人的工作强度、提高巡检精度和保障电力系统的安全运行有重大意义。

国外巡检机器人的研究始于 20 世纪 80 年代末，如加拿大 Montambault 等研制的四臂式 LineScout 机器人[1]，日本 Sawada 等研制的架空地线上作业巡检机器人（OPGW）[2]等。90 年代末，国内大学也相继开展了巡检机器人的研究工作，如武汉大学成功研制了双臂巡检机器人[3]；中国科学院自动化研究所研制的新型柔性机械臂巡检机器人[4]等。国内外对巡检机器人的研究基本可以实现机器人的直线行走，但是大多数机器人的手臂采用关节式开链结构，动态稳定性差，控制困难，机器人整体重量较大，且越障效果一般，有的甚至不能完成引流线的跨越，限制了巡检机器人的推广和使用。

本文提出了一种三臂式的巡检机器人，其机械臂采用平行四边形局部闭链机构设计，可以通过中间手臂调节自身重心的变化，可完成引流线等多种线路障碍的跨越。

1　巡检机器人的机械结构

1.1　整体结构设计

三臂式的结构设计可以保证机器人在越障时至少两臂同时挂线，提高运动的稳定性和可靠性。机器人机构简图如图 1 所示。前、后机械臂主要完成机器人的越障动作，中间机械臂起到平衡机器人重心的作用。

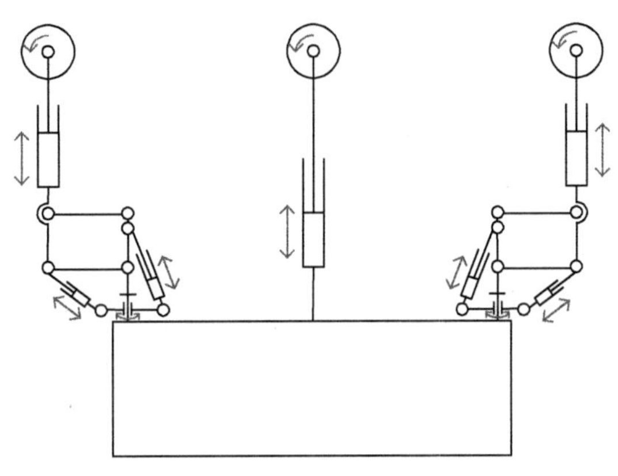

图 1　机器人机构简图

1.2　机械臂结构设计

机械臂采用平行四边形局部闭链结构设计，同时为增加手臂的运动空间，将机械臂的长臂设计成可伸缩结构，结构设计如图 2 所示。

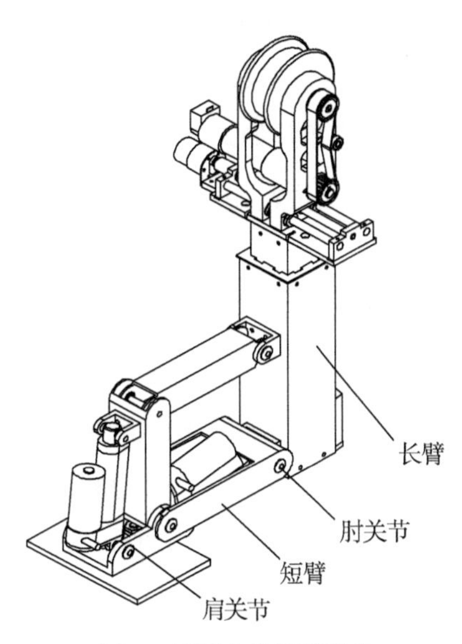

图 2　机器人机械臂结构

1.3 机械臂自由度分析

机器人手部(末端执行器)在空间的运动由其操作机中用关节连接起来的各种杆件的运动复合而成，用来确定机器人的手部(末端执行器)在空间的位置和姿态时所需要的独立运动参数的数目称为机器人的自由度。对于空间开链机构，若空间中有 n 个活动构件，则机构自由度[5]为：

$$F = d(n - g) + \sum_{i=1}^{g} f_i \tag{1}$$

式(1)中，n 表示活动件个数；g 表示运动副个数；f_i 表示各运动副的自由度；i 表示运动副的个数；平面机构 $d=3$，空间机构 $d=6$。

机械臂的杆件 2、杆件 3 以及杆件 2′、杆件 4 构成平面四边形结构，杆件 2′和杆件 3′起到虚约束的作用，在计算机构的自由度的时候将杆件 2′和杆件 3′去除。因此，应用式(1)可计算一个机械手臂的自由度为：

$$F = d(n - g) + \sum_{i=1}^{g} f_i = 6 \times (4 - 4) + \sum_{i=1}^{4} 1 = 4 \tag{2}$$

机械臂的 4 个自由度分别是肩关节的旋转、肘关节的旋转、长臂的伸缩、短臂的旋转。末端的行走轮有两个局部自由度，即行走轮的行走和行走轮的开合，所以一个机械手臂一共有 6 个自由度。中间重心平衡臂的结构相对简单，有 3 个自由度，包括 1 个移动副和行走轮的 2 个局部自由度。

2 巡检机器人运动学模型

2.1 齐次坐标变换 D-H 法

D-H 法[6]是由 Denavit 和 Hartenberg 于 1955 年提出的一种为关节链中每一连杆建立固连坐标系的矩阵方法。D-H 法采用描述连杆形状特性的参数 a_i、α_i 和描述关节动作的关节变量 d_i、θ_i 四个参数来表示。相邻连杆 l_{i-1}和 l_i 之间齐次变换矩阵如式(3)所示：

$${}^{i-1}_{i}T = \mathrm{Rot}(X, \alpha_{i-1})\mathrm{Trans}(X, d_{i-1})\mathrm{Rot}(Z, \theta_i)\mathrm{Trans}(Z, a_i) \tag{3}$$

2.2 机械臂结构分析

为机器人的机械臂添加平行四边形机构设计，一方面改变了关节驱动器的位置，减少了机械臂的重量，改善了机械臂的动态特性，另一方面加强了机械臂的结构刚度。因此，机器人的机械臂并不是一个完全开链机构，可以把这个机构看成是以一个开链机构为主体，又附加了一个局部闭链杆组。主体开链部分称为主开链，它的自由度是整个机构的自由度，附加的闭链杆组称为子开链。主开链和子开链都称为逻辑开链[7]。

D-H 法是针对开链机构建立连杆坐标系的一种建模方法，利用 D-H 法对巡检机器人机械臂进行运动学分析时，需要先将机构进行拆分。杆件 2、杆件 2′、杆件 3 和杆件 4 构成一个单闭链机构，拆分时在闭链与外部的交接关节处，如在图 3 的关节 2 和关节 4 处，去掉在该关节的并联杆件，余下的串联杆件链即为一条逻辑开链。轮流选择闭链中的并联线路，可得到不同的逻辑开链，生成的逻辑开链如图 3(a)、(b)所示。每条逻辑开链都包含杆系的基础杆件和末端杆件。这样从基础杆件到末端执行器就有了两条变换路径。

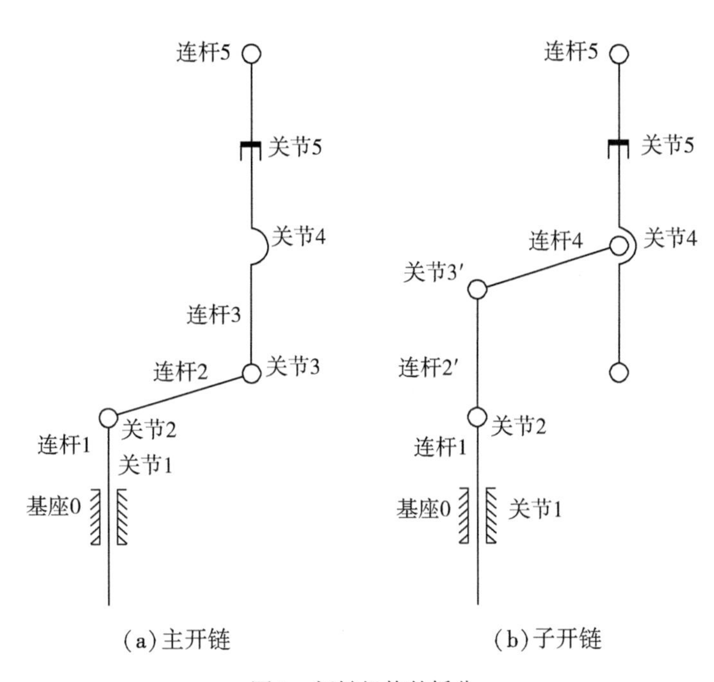

(a)主开链　　(b)子开链

图 3　闭链机构的拆分

2.3　闭链机构中关节变量的几何关系

含有闭链机构的机械臂，关节之间的运动具有诱发现象[8]，在应用 D-H 法建立机构的运动学方程时还应考虑关节变量间的几何关系。图 4 表示了机械臂的四个位形，θ'_2 表示子开链中连杆 2′绕关节 2 的关节角，θ_2 表示主开链中连杆 2 绕关节 2 的关节角，θ_3 表示主开链中连杆 3 绕关节 3 的关节角。

在图 4 中，a 表示 $\theta'_2=\theta_2=\theta_3=0$ 的零位；b 所表示的位形 $\theta'_2\neq0$，$\theta_3\neq0$，$\theta_2=0$，说明 θ_3 仅决定于 θ'_2，而 $\theta_2=0$ 则说明 θ_2 不受 θ'_2 影响；c 表示 $\theta_2\neq0$，$\theta_3\neq0$，$\theta'_2=0$ 的位形，说明当 θ_2 变化时就会引起 θ_3 的变化，θ_3 受 θ_2 的影响；d 表示 $\theta_2\neq0$，$\theta_3\neq0$，$\theta'_2\neq0$ 的位形，从这个位形图中可以直观地看到 θ_3 同时受 θ_2、θ'_2 的影响。通过分析发现，在这个闭链机构中 θ_2、θ'_2 是主动关节角，而 θ_3 是被动关节角，并且三者之间存在以下关系：

$$\theta_3=\theta_2+\theta'_2 \tag{4}$$

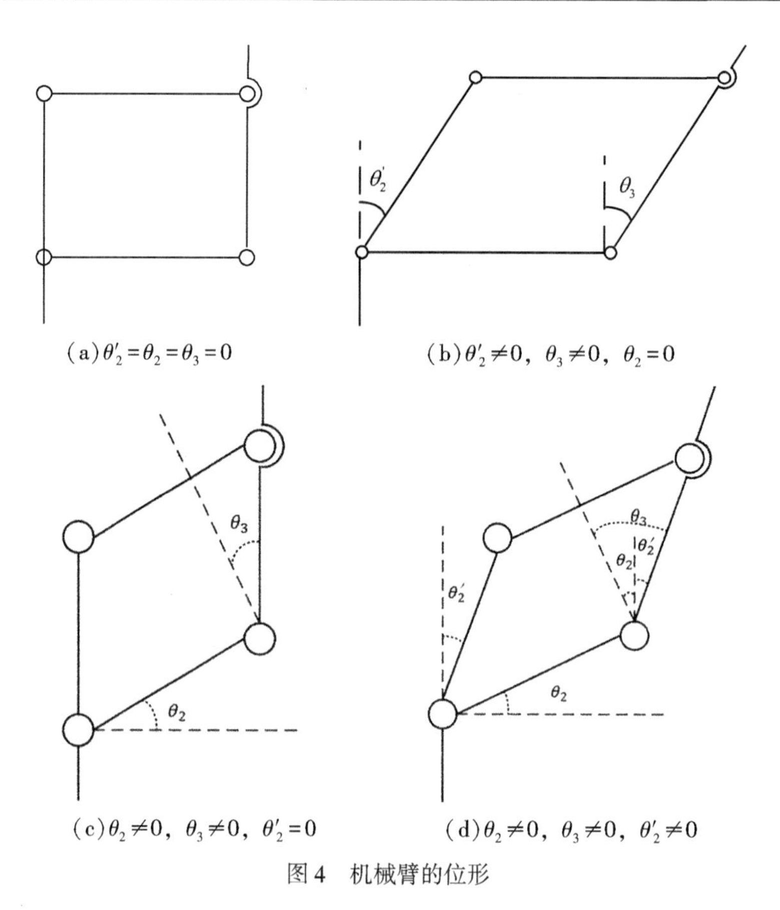

(a) $\theta'_2=\theta_2=\theta_3=0$　(b) $\theta'_2\neq0$，$\theta_3\neq0$，$\theta_2=0$

(c) $\theta_2\neq0$，$\theta_3\neq0$，$\theta'_2=0$　(d) $\theta_2\neq0$，$\theta_3\neq0$，$\theta'_2\neq0$

图 4　机械臂的位形

2.4　巡检机器人运动学模型的建立

对于巡检机器人的机械臂来说，从基础杆件到末端执行器就有两条变换路径，主链的自由度和机械臂的自由度相同。因此，选择主链来建立连杆坐标系。如图 5 所示。

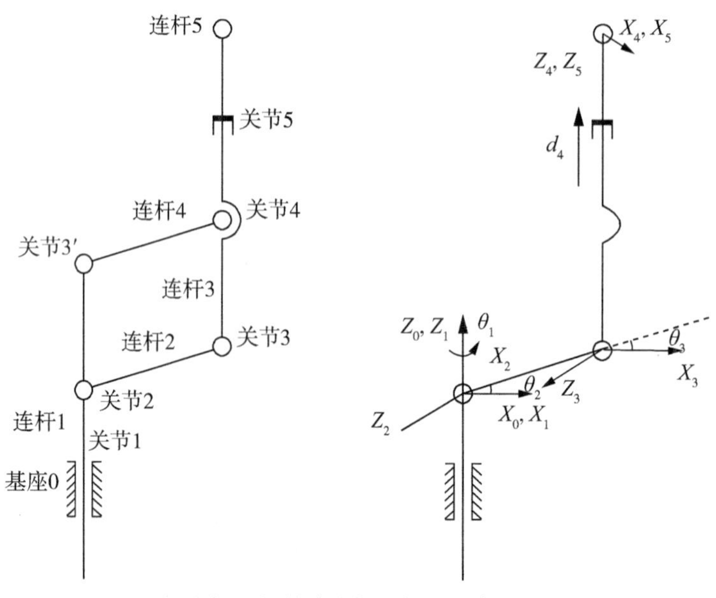

图 5　机械臂连杆坐标系的建立

行走轮的行走和开合是局部自由度，不会对机构的运动产生影响，用 D-H 法建立机器人手臂的运动学模型时不考虑这两个自由度的参数。设由基座到末端杆件的编号分别为 0，1，2，3，4，5，各杆件参数如表 1 所示。

表 1　　连杆参数

杆件编号	α_{i-1}	a_{i-1}	θ_i	d_i
1	0	0	θ_1	0
2	90°	0	θ_2	0
3	0	L_2	θ_3	0
4	90°	0	0	d_4

根据表 1 中各连杆的参数，结合式(3)确定相邻杆件坐标系之间的变换矩阵依次为 $\boldsymbol{A}_1$，$\boldsymbol{A}_2$，$\boldsymbol{A}_3$，$\boldsymbol{A}_4$，各矩阵的表达式如下：

$$\begin{aligned}
\boldsymbol{A}_1 &= {}^0_1T = \mathrm{Rot}(X,\ 0)\mathrm{Trans}(X,\ 0)\mathrm{Rot}(Z,\ \theta_1)\mathrm{Trans}(Z,\ 0)\\
\boldsymbol{A}_2 &= {}^1_2T = \mathrm{Rot}(X,\ 90)\mathrm{Trans}(X,\ 0)\mathrm{Rot}(Z,\ \theta_2)\mathrm{Trans}(Z,\ 0)\\
\boldsymbol{A}_3 &= {}^2_3T = \mathrm{Rot}(X,\ 0)\mathrm{Trans}(X,\ L_2)\mathrm{Rot}(Z,\ \theta_3)\mathrm{Trans}(Z,\ 0)\\
\boldsymbol{A}_4 &= {}^3_4T = \mathrm{Rot}(X,\ 90)\mathrm{Trans}(X,\ 0)\mathrm{Rot}(Z,\ 0)\mathrm{Trans}(Z,\ d_4)
\end{aligned} \tag{5}$$

$$ {}^0_4T = \boldsymbol{A}_1\boldsymbol{A}_2\boldsymbol{A}_3\boldsymbol{A}_4 = \begin{bmatrix} n_x & o_x & a_x & p_x \\ n_y & o_y & a_y & p_y \\ n_z & o_z & a_z & p_z \\ 0 & 0 & 0 & 1 \end{bmatrix} = $$

$$\begin{bmatrix} c\theta_1c\theta_2c\theta_3 - c\theta_1s\theta_2s\theta_3 & s\theta_1 & c\theta_1c\theta_2s\theta_3 + c\theta_1s\theta_2c\theta_3 & d_4(-c\theta_1c\theta_2s\theta_3 - c\theta_1s\theta_2c\theta_3) + L_2c\theta_1c\theta_2 \\ s\theta_1c\theta_2c\theta_3 - s\theta_1s\theta_2s\theta_3 & -c\theta_1 & s\theta_1c\theta_2s\theta_3 + s\theta_1s\theta_2c\theta_3 & d_4(-s\theta_1c\theta_2s\theta_3 - s\theta_1s\theta_2c\theta_3) + L_2s\theta_1c\theta_2 \\ s\theta_2c\theta_3 - c\theta_2s\theta_3 & 0 & s\theta_2s\theta_3 - c\theta_2c\theta_3 & d_4(-s\theta_2s\theta_3 + c\theta_2c\theta_3) + L_2s\theta_2 \\ 0 & 0 & 0 & 1 \end{bmatrix} \tag{6}$$

将机器人各连杆的变换矩阵相乘，得到机器人手臂的正运动学解，式中 $c\theta_1$ 表示 $\cos\theta_1$，$s\theta_1$ 表示 $\sin\theta_1$，L_2 表示连杆 2 的长度，其他字母含义相同，下标不同。式(6)表示机器人手臂末端坐标系相对于基座坐标系的位置关系和姿态。其中机器人末端执行器的姿态和位置分别由各关节的旋转角度 θ_1、θ_2、θ_3 以及手臂的升降距离 d_4 决定。

2.5 巡检机器人机械臂的逆运动学解

机器人末端执行器的空间运动轨迹是由其操作任务所确定的。轨迹上各点均有对应的关节变量，运用机器人逆运动学法求解各个关节变量，然后对驱动关节的运动方式进行控制，进而实现规划的轨迹，这也是进行机器人运动学分析的任务之一。

逆运动学解有封闭解和数值解两种，本文采用数值方法求解。根据机器人正运动学方程 ${}^0_4T = \boldsymbol{A}_1\boldsymbol{A}_2\boldsymbol{A}_3\boldsymbol{A}_4$ 边依次乘以相邻杆件之间的齐次变换矩阵的逆矩阵，求解关节变量。机器人变换方程线图如图 6 所示。

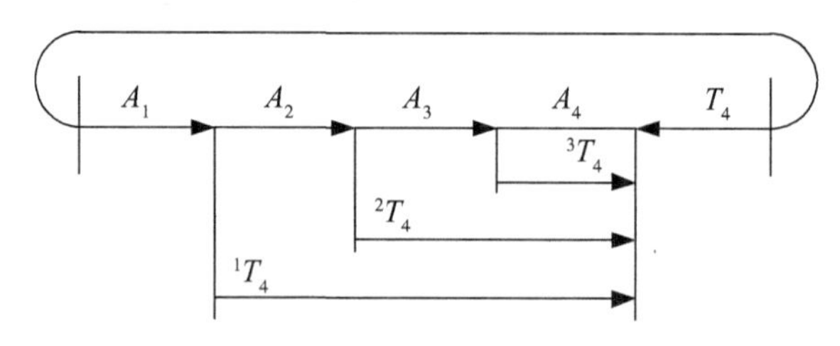

图 6 机器人变换方程线图

由图 6 可以写出 5 次变量分离的方程：

$$\boldsymbol{A}_1^{-1}{}^0_5T = \boldsymbol{A}_2\boldsymbol{A}_3\boldsymbol{A}_4,\ \boldsymbol{A}_2^{-1}\boldsymbol{A}_1^{-1}{}^0_4T = \boldsymbol{A}_3\boldsymbol{A}_4,\ \boldsymbol{A}_3^{-1}\boldsymbol{A}_2^{-1}\boldsymbol{A}_1^{-1}{}^0_4T = \boldsymbol{A}_4 \tag{7}$$

其中，$\boldsymbol{A}_1$、$\boldsymbol{A}_2$、$\boldsymbol{A}_3$、$\boldsymbol{A}_4$ 各矩阵已经求出，手臂末端的位姿矩阵已经计算出，根据以上结果，求解机器人的 4 个关节变量的值。分别令 $\boldsymbol{A}_1^{-1}{}^0_4T = {}^1_4T$，$\boldsymbol{A}_1^{-1}{}^0_5T = \boldsymbol{A}_2\boldsymbol{A}_3\boldsymbol{A}_4$ 相等，对应两边元素可解得：

$$\theta_1 = \arctan\left(-\frac{n_y}{n_x}\right),\ \theta_2 + \theta_3 = \arctan\left(-\frac{n_z}{a_z}\right),$$

$$\theta_2 = \arcsin\left(\frac{a_z(p_x c\theta_1 + p_y s\theta_1) + n_z p_z}{L_2\sqrt{n_z^2 + a_z^2}}\right) - \arctan\left(\frac{a_z}{n_z}\right),$$

$$\theta_3 = (\theta_2 + \theta_3) - \theta_2 = \arctan\left(-\frac{n_z}{a_z}\right) + \arctan\left(\frac{a_z}{n_z}\right) - \arctan\left(-\frac{L_3 o_z + p_z}{p_x\cos\theta_1 + p_y\sin\theta_1 + L_3 n_z}\right),$$

$$d_4 = -\frac{p_x c\theta_1 + p_y s\theta_1 - L_2 c\theta_2}{n_z} \tag{8}$$

其中，n，o，a 是给定的末端执行器在基坐标系中的位置。

2.6 驱动变量和关节角之间的关系

机械臂驱动方式如图 7 所示。平面四边形机构的自由度是 2，机构的自由度数和原动件数相等时机构具有唯一确定的运动。因此，选择连杆 2 和连杆 2′作为原动件，并用直线电机驱动。通过对局部闭链机构的位置进行分析，得出关节角和驱动变量之间的函数关系，实现机器人的自动化控制。

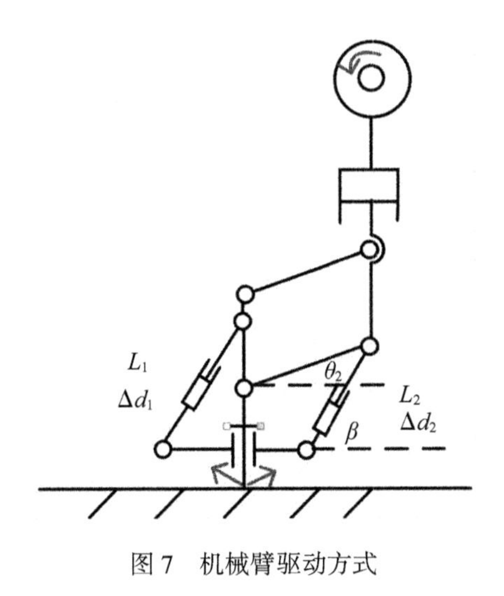

图 7　机械臂驱动方式

3　巡检机器人机械臂工作空间分析

根据式(6)计算的正运动学方程，确定机器人末端执行器相对于基座的坐标方程式为：

$$\begin{cases} P_x = d_4(-c\theta_1 c\theta_2 s\theta_3 - c\theta_1 s\theta_2 c\theta_3) + L_2 c\theta_1 c\theta_2 \\ P_y = d_4(-s\theta_1 c\theta_2 s\theta_3 - s\theta_1 s\theta_2 c\theta_3) + L_2 s\theta_1 c\theta_2 \\ P_z = d_4(-s\theta_2 s\theta_3 + c\theta_2 c\theta_3) + L_2 s\theta_2 \end{cases} \tag{9}$$

其中，$L_2 = 180\text{mm}$，机器人各关节参数范围如表 2 所示，θ 逆时针为正，顺时针为负。

表 2　　关节变量取值范围

关节变量	θ_1	θ_2	θ_3	d_4
最小值	$-\pi/4$	0	$-\pi/3$	300mm
最大值	$\pi/4$	$\pi/3$	0	500mm

根据机器人各关节变量取值范围，结合 MATLAB 软件，仿真出机器人的 XZ 平面和三维工作空间[9]分别如图 8 所示。

根据仿真结果可以看出，机器人末端执行器的工作空间变化平缓且无突兀、孔洞现象，说明机器人机械臂结构设计合理。同时，从图 8 中还可以得到，水平方向即 X 方向行末端执行器的运动范围是 63. 6~613mm，竖直方向即 Z 方向执行器的运动范围是 150~655. 9mm。为了进一步验证这个运动空间满足机器人越障需要，在 Adams 中进行运动仿真。

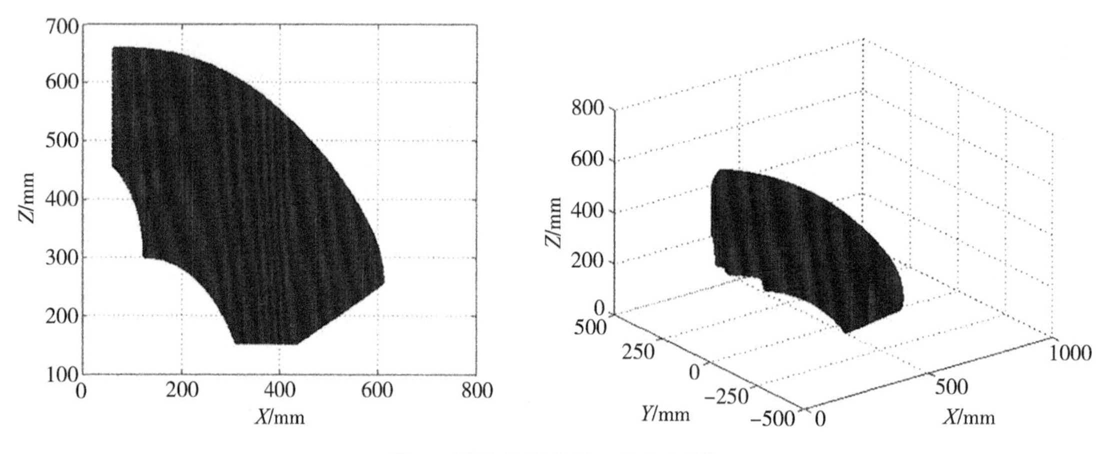

图 8　巡检机器人的工作空间图

4　巡检机器人运动模型的验证

巡检机器人的主要工作包括沿档间导线巡检和跨越耐张塔时的变路径巡检。变路径巡检时要求机器人能够完成直线和引流线的路径转移，成功跨越耐张塔，以完成对输电线路的不间断巡检工作，高压输电线路上障碍物分布如图 9 所示。本文将以跨越引流线为例来介绍机器人越障的动作规划，示例中机器人跨越的引流线坡度为 55°。

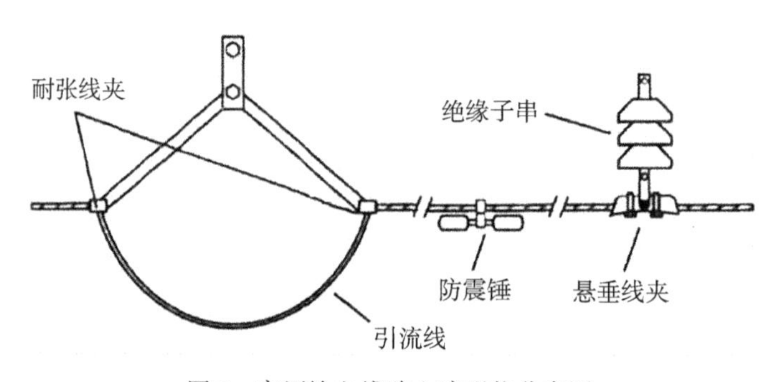

图 9　高压输电线路上障碍物分布图

巡检机器人的三维建模在 SolidWorks 软件中完成，然后将模型导入 Adams 软件中，对机器人跨越引流进行仿真[10]，具体越障过程如图 10 所示。

机器人初始悬挂状态，各关节处于零位状态；前机械臂跨越引流线时，机器人停止前进，各机械臂同时伸长，之后前机械臂单独伸长脱线打开行走轮，如图 10(a)所示，此时后机械臂和中臂双臂挂线，中臂起到调节机器人重心的作用，防止机器人因重心不稳而产生晃动；前机械臂的长臂先向前摆动再收缩，抓取电线后停止收缩，如图 10(b)、10(c)所示；中臂检测到引流线，前机械臂刹车打开，中臂向上伸长脱线打开行走轮，如图 10(d)所示；机器人继续前进，中臂慢慢收缩，当后机械臂到达跨越点时，中臂向上伸长合并行走轮后，向下收缩抓取引流线，如图 10(e)所示；在中臂慢慢收缩抓取电线的过程中，后机械臂向上伸长脱线打开行走轮，摆动短臂帮助调整机器人姿态，如图 10(f)所示；后机械臂脱线后，中臂和前机械臂挂线，中臂慢慢收缩，前机械短臂回摆调整机器人姿态，如图 10(g)所示；之后，后机械臂长臂回摆并收缩挂线，各关节恢复初始状态，机器人完成跳线，如图 10(h)、10(i)所示；在图 10(c)到图 10(i)的过程中，前越障臂的刹车始终打开。

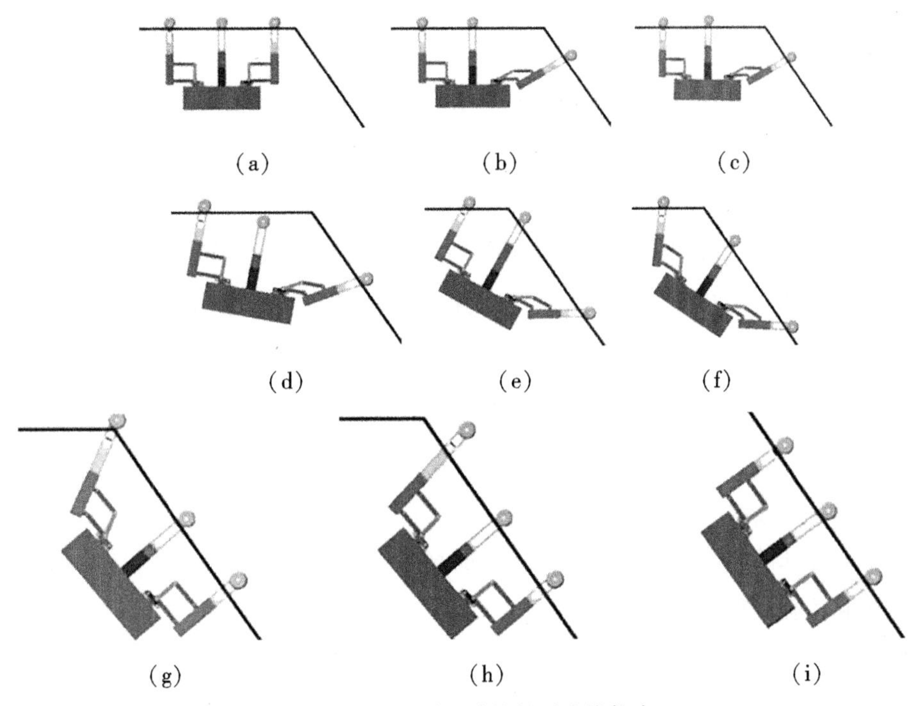

图 10　机器人跨越的引流线仿真

将机器人处于初始状态图 10(a)和跨越引流线时的状态图 10(b)各关节参数带入式(6)，分析机器人手臂末端姿态和位置的变化，关节参数如表 3 所示。

表 3　**越障时手臂关节参数**

参数	初始状态	越障状态
θ_1(度)	0	0
θ_2(度)	0	0
θ_3(度)	0	-60
d_4(mm)	300	420

$$\text{初始状态：}{}^{0}T_4 = \begin{bmatrix} 1 & 0 & 0 & 180 \\ 0 & -1 & 0 & 0 \\ 0 & 0 & -1 & 300 \\ 0 & 0 & 0 & 1 \end{bmatrix} \tag{10}$$

$$越障状态：{}^{0}T_{4}=\begin{bmatrix}1 & 0 & 0 & 150\sqrt{3}+180\\ 0 & -1 & 0 & 0\\ 0 & 0 & -1 & 150\\ 0 & 0 & 0 & 1\end{bmatrix} \tag{11}$$

对比机器人两种状态的正运动学解，可以看出机器人经过肘关节旋转60°，伸缩臂伸长至最大值时，机器人末端执行器的坐标为：

$$\begin{cases}x=150\sqrt{3}+180=543.7\\ y=0\\ z=210\end{cases} \tag{12}$$

对比机器人的作业空间，可知机器人能够在作业空间内完成跳线动作。由于机器人跨越引流线时，动作难度最大，跨越空间也最大，所以机器人在能够完成跳线的情况下，可以完成在线防震锤、悬垂线夹的跨越。

5 结论

针对现有机器人存在的问题，本文设计了一款能够调节重心的三臂式巡检机器人，通过对机器人进行运动学分析和仿真，得出以下结论：

（1）机器人越障手臂采用含有局部闭链机构平行四边形的结构设计，得出含有局部闭链机构运动学方程建立的方法，并用MATLAB软件绘制其运动空间，验证了机械臂机构设计的合理性，通过Adams软件验证了越障过程和运动方程的正确性；

（2）对巡检机器人进行逆运动学分析，得出机器人各关节参数的数值解，介绍了驱动变量和关节角之间的关系，为实现机器人的自动化控制奠定了基础。

◎ 参考文献

[1]Pagnano A, Hopf M, Teti R. A roadmap for automated power line inspection. Maintenance and repair [C]. In Proceedings of 8th CIRP Conference on Intelligent Computation in Manufacturing Engineering. Germany, Stuttgart, 2013: 234-239.

[2]Sawada J, Kusumoto K, Munakata T, et al. A mobile robot for inspection of power transmission lines [J]. IEEE Transactions on Power Delivery, 1991, 6(1): 309-315.

[3]吴功平，曹珩，皮渊，等．高压多分裂输电线路自主巡检机器人及其应用[J]．武汉大学学报，2012，45(1)：96-10.

[4]丁鸿昌，王吉岱，杨前明，等．高压输电线路自动巡检机器人的研制与开发[J]．现代制造技术与装备，2006(4)：10-12.

[5]杨东超，赵明国，陈恳，等．机器人一般自由度计算公式的统一认识[J]．机械设计，2002，19(8)：24-27.

[6]蔡自兴．机器人学[M]．北京：清华大学出版社，2000.

[7]靳桂华，施旗，姚俊杰．含单闭链机器人的动力学研究[J]．北方工业大学学报，1994(1)：58-65.

[8]马香峰．机器人机构学[M]．北京：机械工业出版社，1991.

[9]徐小龙，高锦宏，王殿君，等．基于MATLAB的七自由度机器人运动学及工作空间仿真[J]．新技术新工艺，2014(5)：21-24.

[10]李增刚．ADAMS入门详解与实例[M]．北京：国防工业出版，2014：7.

诊断与故障分析

基于 X 射线检测技术的 GIS 设备缺陷诊断研究

张诣，邹璟

（云南电网有限责任公司昆明供电局，昆明，650011）

摘　要：本文主要介绍了 X 射线检测技术在 GIS 设备缺陷诊断中的应用研究，详细介绍了 X 射线检测技术在 GIS 故障诊断中应用的三个案例。主要内容包括应用 X 射线检测 GIS 内部结构装配有无部件松动、损坏的情况；X 射线对 PRDP 图谱的影响；医学 CT3D 成像分析的应用。最后，从 X 射线检测技术的有效性、安全性、可行性三个方面进行了总结，对 X 射线检测技术在 GIS 设备缺陷诊断中应用的主要成效和推广建议进行了阐述。

关键词：X 射线；GIS 设备；局部放电；医学 CT3D 成像

0　引言

随着电网 GIS 设备的增多，对其采取有效、可靠的检测与诊断，使缺陷消除在萌芽状态，避免严重事故发生，已经成为 GIS 设备可靠运行的迫切需求。为了更好地发挥 GIS 设备自身的优势，必须有更加先进的检测技术作支持[1]。X 射线是一种波长介于紫外线与 γ 射线之间的电磁波，具有强穿透性、自身不带电、不受电场和磁场影响等特点。X 射线在穿透被测物体时，会与物体的材料发生相互作用，因材料吸收和散射能力不同，透射后射线强度减弱的程度不同，从而在曝光感光胶片或成像板上获得灰度值不同的影像。

将上述 X 射线检测技术原理应用于 GIS 设备内部结构的缺陷诊断上，针对现有 GIS 设备的常规检测技术所发现的疑似缺陷及故障发现的同类缺陷，采用便携式 X 射线机开展现场诊断试验，通过对密闭 GIS 设备气室内部结构的 X 射线照射，得到内部结构影像，从而直观判断和准确定位内部缺陷，综合诊断设备情况，实现 GIS 设备的状态检测和状态检修。

1　某站 220kV #1M、#6M 母线 GIS 间隔缺陷的 X 射线检测应用

1.1　故障概况

某站 220kV#2M、#6M 母线母差保护动作，母线失压，220kV 增华乙线、华联乙线、华沧

乙线跳闸。根据故障现象和现场解体检查情况，初步认为导致220kV#2M母线GIS设备短路故障的原因为：由于220kV母线导体触头松动，连接处接触电阻过大、异常发热导致导体与触头间金属调整垫圈融化并由缝隙中跌落引发气室放电，或因融化物外挂引起局部电场畸变导致放电故障。

1.2 X射线检测过程及结果

根据故障现象，试验人员开展了对该变电站220kV #1M、#6M母线GIS间隔X射线检测工作。本次检测工作主要针对该变电站220kV #1M、#6M母线GIS间隔中的各导体与触头连接处，除受限部分测试点的检测位置不满足测试要求未进行有效测试外，完成了其中96个测试点处的X射线检测工作。部分检测数据见表1。

表1　**220kV #1M、#6M母线GIS间隔检测结果统计表(部分数据)**

序号	母线	位置描述	相位	参照物比例尺寸/mm	
				屏蔽罩（直径100mm）	触头（直径50mm）
1	#1M	220kV曾华甲线进线套管C相	C	2.6	2.6
2	#1M	220kV华联乙线进线套管C相	C	1.9	1.95
3	#1M	220kV华联乙线进线套管C相	C	2.3	2.5
4	#1M	220kV华联甲线进线套管C相	C	1.6	1.9
5	#6M	220kV GIS局放在线监测系统#6数据集中器	C	1.8	1.9
6	#6M	220kV GIS局放在线监测系统#6数据集中器	A	2.7	2.7
7	#6M	220kV 1M，6M母联2016开关机构箱A相	A	1.9	1.9
8	#6M	220kV华沦甲线进线套管C相	C	15.1	15.1
9	#6M	220kV华沦甲线进线套管C相	A	16	16

按照厂家提供的标准(触指和触头的间隙宽度应在3~15mm范围内)，共发现9个测试点不满足要求，占比9.4%，包括7个测试点间隙过小(<3mm)，占比7.3%；2个测试点间隙过大(>15mm)，占比2.1%。共发现28个测试点可能存在缺陷，占比29.2%，包括20个测试点间隙较小(3~4mm)，占比20.8%；5个测试点间隙较大(10~15mm)，占比5.2%；3个测试点三相间隙不平衡(相间差>3mm)，占比3.1%。

测试位置典型X射线成像检测结果如图1—图4所示(部分图片)。

图1　现场实物图

图2　220kV华沦乙线进线A相

图3　220kV华沦乙线进线B相

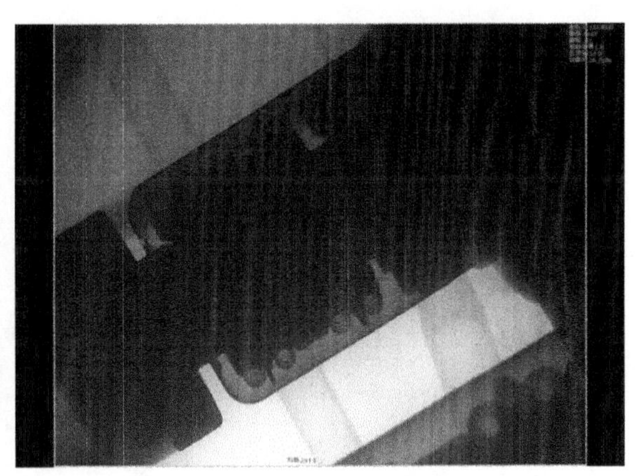

图4　220kV华沦乙线进线C相

1.3　总结

按照厂家提供的标准（触指和触头的间隙宽度应在3~15mm范围内），综合考虑实际测试情况，建议变电部门应结合停电计划，针对可能存在缺陷的29个检测点及未能进行测试的69个测试点，尽早开盖进行检查核实，并提前准备9~10个备品备件以便于现场检修；未开展检查前，应适当加强现场红外测试的巡视力度。以可能存在缺陷的29个检测点为基础，在现场完成相应测试位置标识，以便于检修工作开展。

2　某站220kV GIS #1M母线局部放电缺陷的X射线检测应用

2.1　故障概况

通过变电站局部放电在线监测系统发现，某站220kV GIS间隔出现大面积局部放电告警信号，放电信号幅值明显、信号连续，初步分析判断该变电站GIS设备存在悬浮放电缺陷。

经过局放测试和定位，确认局部放电信号来源于220kV天鹿线间隔内的1M母线筒内，信号稳定、持续，放电类型为悬浮电位放电。为了进一步查明放电原因，对1M母线(220kV天鹿线附近)进行X光探伤，主要探测其内部有无部件松动。

2.2 X射线检测过程及结果

试验人员应用X射线检测技术对缺陷位置进行诊断，具体检测情况如下：

本次探伤把仪器放置在1M母线和2M母线之间的位置，正对1M母线进行X光探伤，主要探测部位为220kV天鹿线间隔的支持绝缘子处(离A相约20cm)。结果发现有一个支持的绝缘子的紧固螺栓掉落在GIS筒底部，另外一个螺栓有松动迹象，如图5所示。

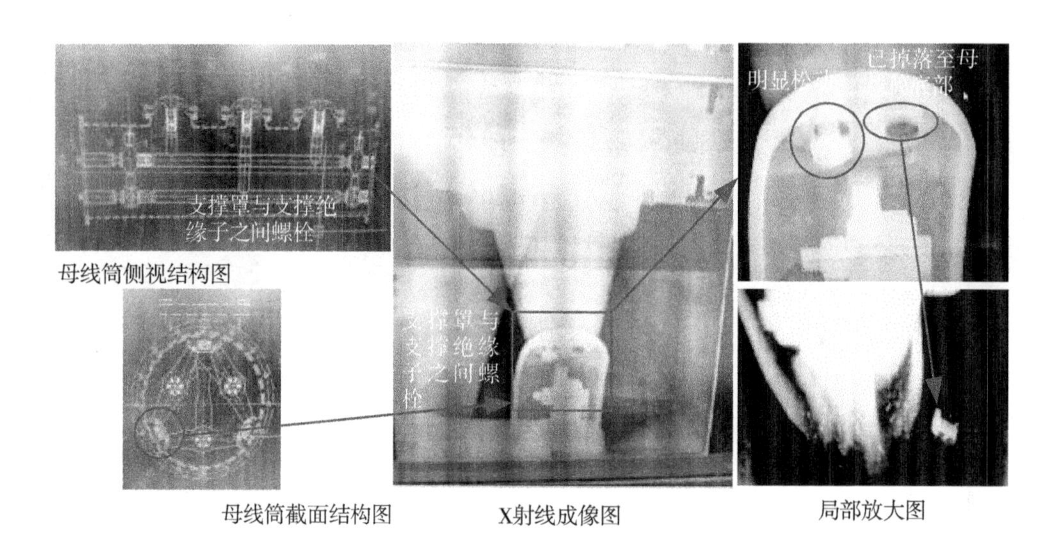

图5 X射线成像结果示意图

X射线检测发现，该位置绝缘支柱与母线筒固定位置处的一颗固定螺栓已脱落，另一颗螺栓也存在明显松动现象，至此通过多学科综合分析判断该变电站GIS设备存在重大隐患，随后安排了该设备紧急停电检修，化解中心城区大面积的事故停电风险。

对220kV天鹿线间隔1M母线筒东侧手孔盖进行开盖检修，现场通过内窥镜检查发现，局放位置脱落螺栓有放电痕迹，两个螺栓及垫圈均烧蚀变形，在局放位置发现大量固体粉尘。

检查位置内部结构如图6所示，该位置为三个绝缘支柱构成等边三角形，三相母线导杆分别从三个绝缘支柱中间穿过，绝缘支柱构成的等边三角形三个顶点采用螺栓固定在母线筒内壁的支撑罩上。

局放发生位置即绝缘支柱左下方顶点与母线筒内壁固定的螺栓位置，图7—图10为内窥镜检查对比图片。

将局放位置绝缘支柱与母线筒内壁固定的螺栓取出，并与正常螺栓进行对比，如图10所示。

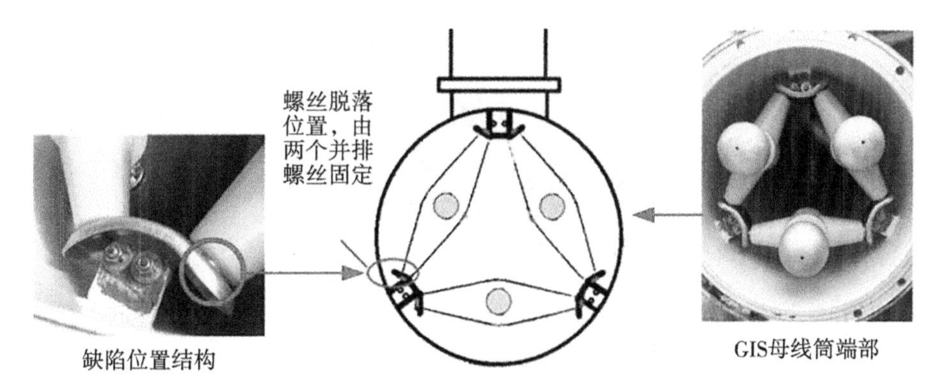

图6　220kV 天鹿线间隔#1M 母线筒 A 相附近绝缘支柱示意图

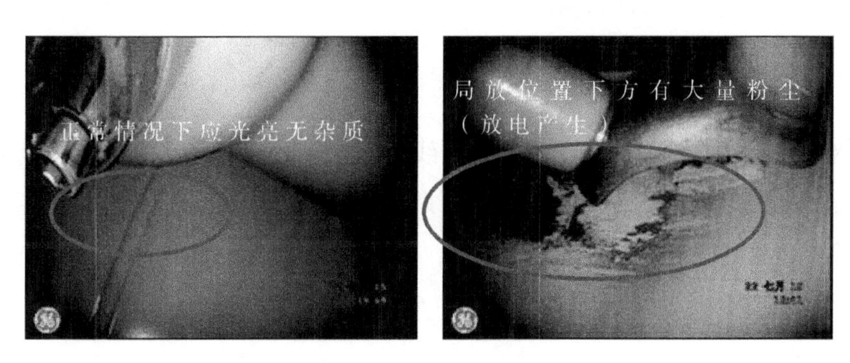

图7　母线筒内壁对比图

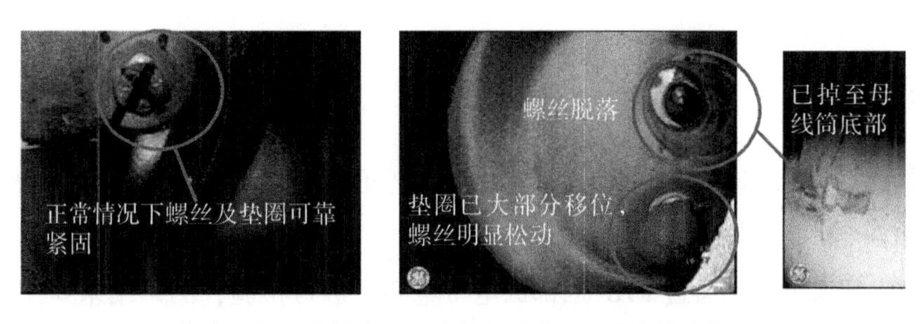

图8　绝缘支柱与母线筒内壁固定的螺栓位置(局放缺陷位置)对比图

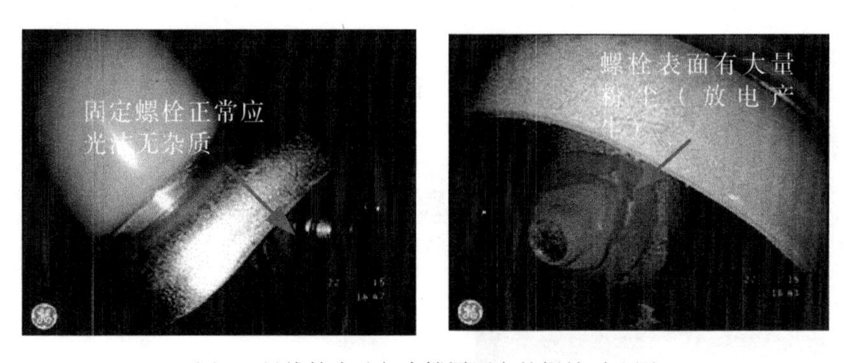

图9　母线筒内壁与支撑罩固定的螺栓对比图

图 10　缺陷部位螺栓与正常螺栓对比图

正常情况下应该螺纹清晰，且轴向笔直；而局放位置的脱落螺栓部分螺牙已烧蚀平，螺杆与垫片受损严重，松动螺栓尾部已烧蚀变黑。

2.3　总结

通过运用 X 射线检测技术，该变电站#1M 母线近天鹿线#1 刀闸检查发现掉落螺栓与松动螺栓均出现放电烧蚀、螺杆与垫片受损严重，并且母线筒气室内部及相邻手孔盖对应位置存在大量放电粉尘现象，解除了该变电站 GIS 设备的重大隐患，化解了中心城区大面积的事故停电风险。通过检修复电后，GIS 在线监测显示异常局放信号消失，GIS 缺陷得到解决。

3　某站 220kV GIS #2 变高 C 相局部放电缺陷的 X 射线检测应用

3.1　故障概况

状态监测中心后台发现该变电站 220kV GIS #2 变高间隔 C 相 UHF 监测信号发展趋势异常，放电幅值达 900~1000mV 且近期告警频次有所增加。

为排查异常信号来源，先通过 UHF 局部放电带电测试进行检验，测试结果如图 11 所示，分析为气体间隙放电和气泡放电的可能性较大。

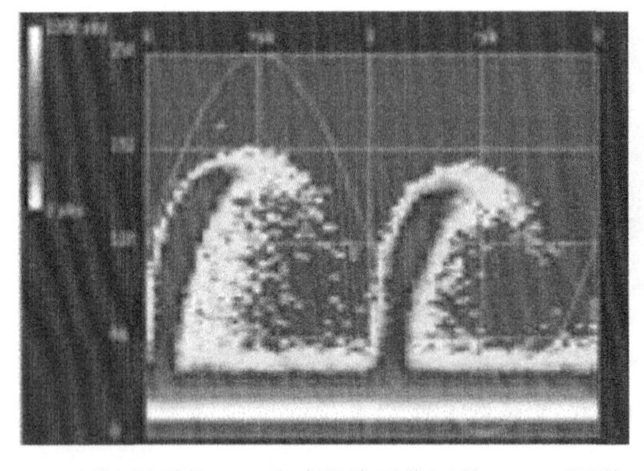

(a)现场测到的 GIS 盆式绝缘子位置的 PRPD 图谱

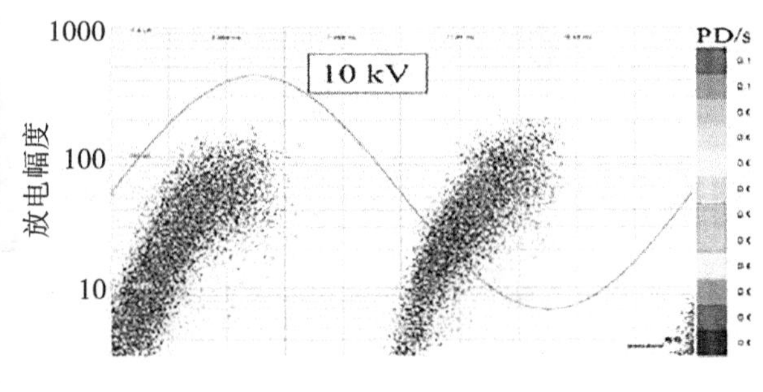

(b)固体环氧材料内部存在气泡时的 PRPD 图谱

图 11　实测图谱与典型图谱对比

现场通过灵活采用基于多级放大信号调理与多次加权平均的UHF局部放电检测、基于接地连片处绝缘盘信号辐射孔的局部放电检测以及基于UHF-SHF的局部放电方向检测等3种新型局部放电检测与定位方法，初步给出了检修范围在隔离开关传动绝缘子、接地刀闸(含相邻的盆式绝缘子)以及C相母线分支筒刀闸侧的支撑绝缘子区域，如图12所示。

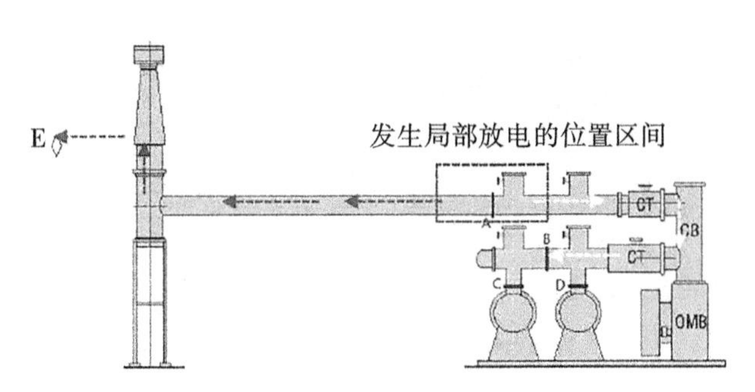

图12　发生局部放电的位置范围区间

为了进一步判断潜在设备隐患严重程度，为检修提供更为细致的指导，现场对C相发生局部放电的位置及A相和B相未发生局部放电的相同位置进行了X射线检测。

3.2　X射线检测过程及结果

通过运用X射线检测技术，完成了C相隔离开关气室的接地刀闸、接地刀闸相邻盆式绝缘子、母线分支筒内的2组支撑绝缘子，以及A相的接地刀闸、接地刀闸相邻盆式绝缘子的X光探伤，未发现明显异常。

X射线检测结果如图13和图14所示。

在X射线检测过程中，局部放电在线监测系统同步进行了信号变化的观察，结果如图15和图16所示。

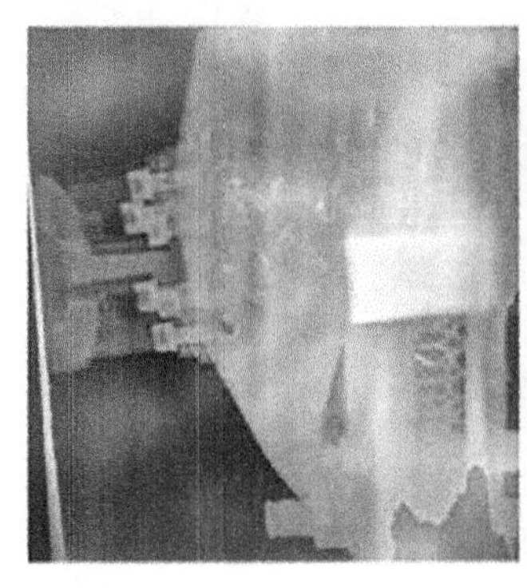

(a)盆式绝缘子

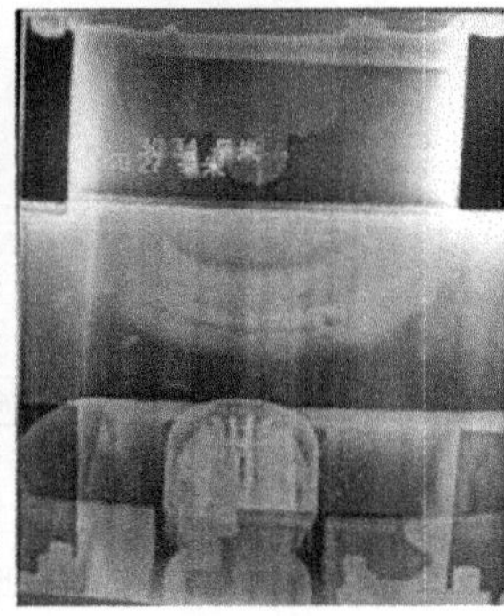

(b)接地刀闸

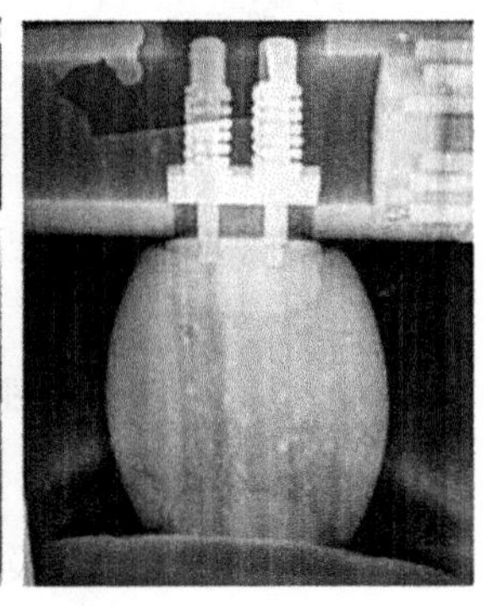

(c)支撑绝缘子

图13　母线分支筒内的支撑绝缘子

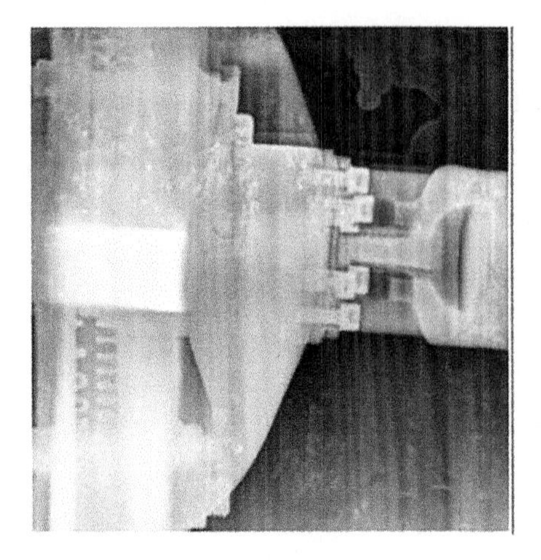

(a)A 相盆式绝缘子

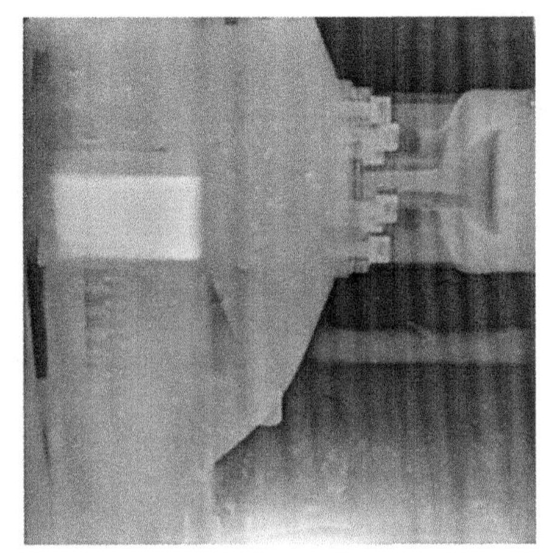

(b)C 相盆式绝缘子

图 14　盆式绝缘子位置 X 射线检测结果对比图

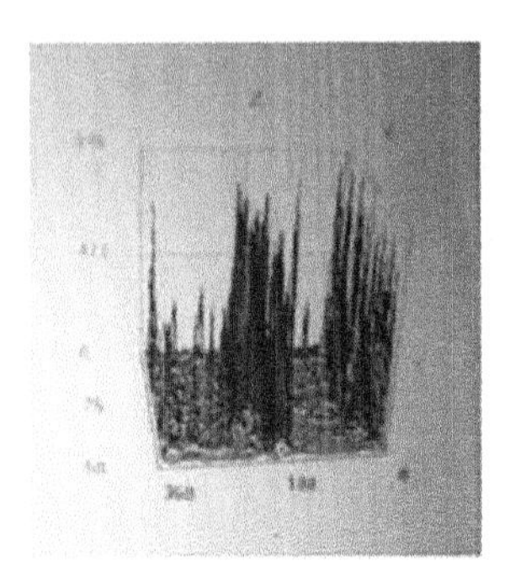

(a)照射前

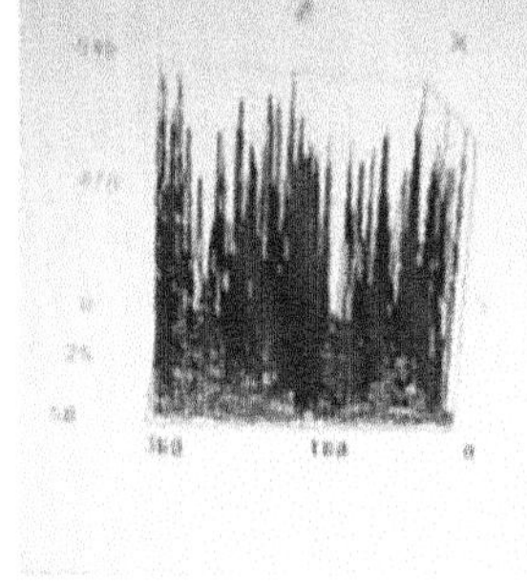

(b)照射中

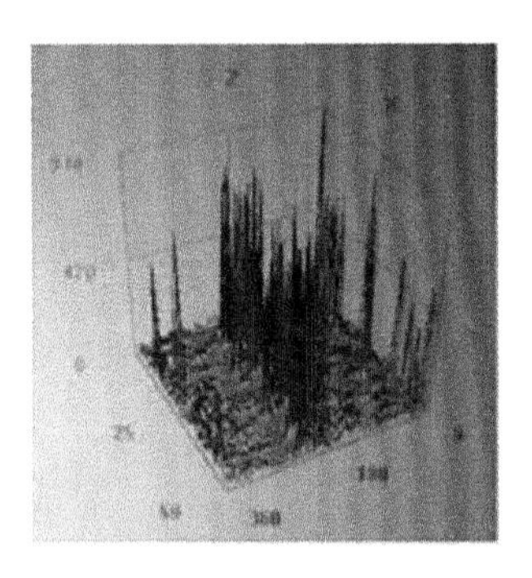

(c)照射后

图 15　220240 接地刀闸及相邻盆式绝缘子局部放电特征的变化

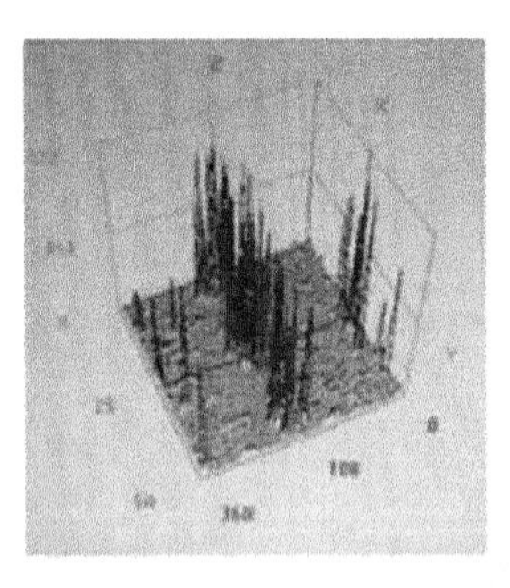

(a)照射前

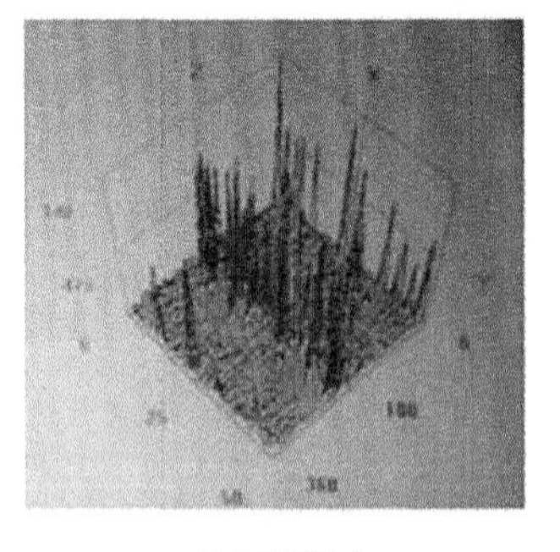

(b)照射中

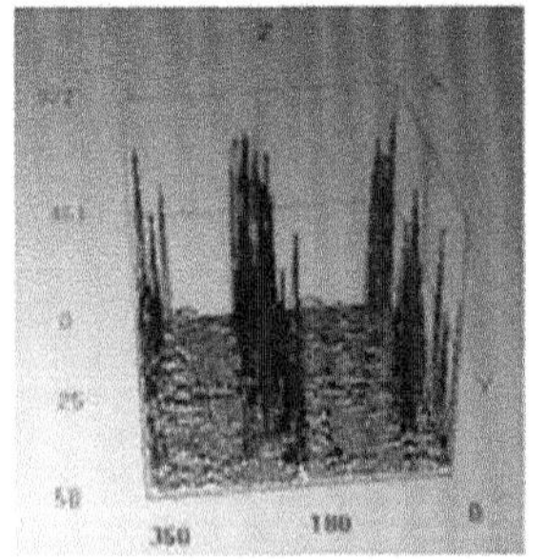

(c)照射后

图 16　母线分支筒内的支撑绝缘子

结合图 15 和图 16 的测试结果及国内最新的试验研究经验分析可知：对一个固体材料内部的模拟放电缺陷施加 X 射线时，会使得该缺陷单位时间的放电脉冲个数增多以及 PRDP 图谱中的放电区间拓宽[2]。为此，现场在对 GIS 内部怀疑部位进行不停电 X 射线检测时，也同步观测了 C 相测量点 A(盆式绝缘子)位置获取的局部放电特性。结果发现：

当接地刀闸及相邻盆式绝缘子受到X光照射时，测量点A的局部放电脉冲个数明显增多、放电区间显著拓宽[2]，而停止照射X光时，测量点A的局部放电特征恢复到X光照射前的水平，这种变化在X光照射其他位置时并不存在，如C相的接地刀闸以及母线分支筒内的支撑绝缘子。

综合上述检测结果，判定该缺陷为紧急缺陷，随即安排停电开盖检查。现场完成隔离开关传动部分的器件及接地刀闸导体、静触头的检查工作，未发现拨叉弹簧、万象轴承、螺丝等器件存在放电痕迹。

外观检查主要发现的问题包括：

(1)盆式绝缘子刀闸侧近导体存在2~3cm的疑似裂纹；

(2)隔离开关传动绝缘子合膜缝位置发黄、局部凹凸不平现象；

(3)盆式绝缘子、传动绝缘子以及2个支撑绝缘子表面均或多或少存在黑色斑点。

图17为更换后的盆式绝缘子、传动绝缘子、2个支撑绝缘子，及接地刀闸静触头。

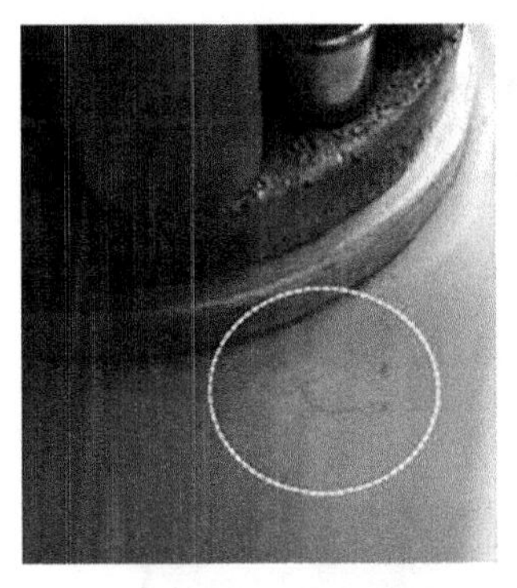

(a)盆式绝缘子

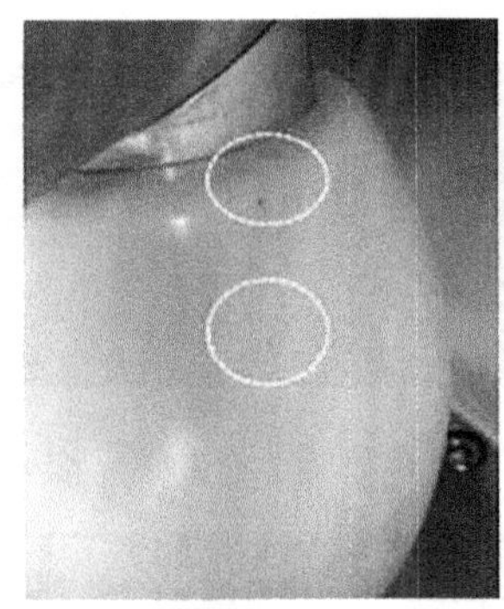

(b)支撑绝缘子

(c)传动绝缘子

图17 更换后的主要绝缘件外观检查

3.3 医学CT 3D成像分析过程及结果

为进一步检查更换下来的4个绝缘件内部是否存在其他隐患，试验人员对盆式绝缘子、传动绝缘子以及2个支撑绝缘子进行了医学CT 3D成像分析[3]。采用3D重构技术，可以对绝缘件进行3D切片分析，以全面掌握绝缘件内部状态。

对医学3D成像后的隔离开关传动绝缘子，按照1.5mm左右分切成44个切片。主要发现约1/3的切片中存在大小不一的气泡(因该区域的密度值在-600~-900，而空气的密度为1)。

典型切片结果如图18和图19所示。

对医学3D成像后的母线分支筒内支撑绝缘子，按照1.2mm左右分切成50个切片，未发现明显内部气泡、气体间隙等隐患。典型的切片结果如图19所示。对医学3D成像后的盆式绝缘子，按照1.2mm左右分切成50个切片，未发现明显内部气泡、气体间隙等隐患。

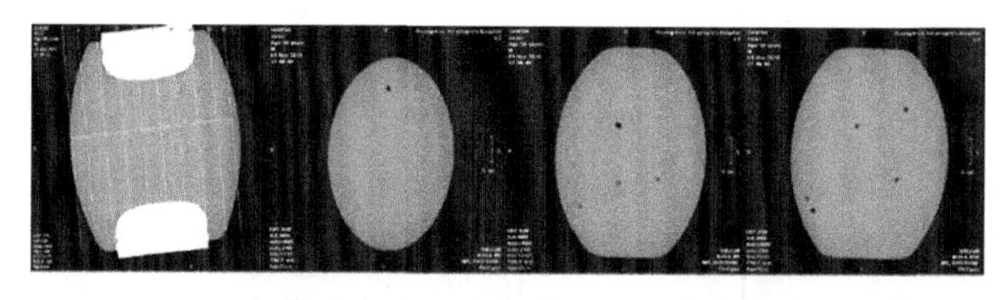

(a)切片示意　(b)第 6 切片　(c)第 9 切片　(d)第 10 切片

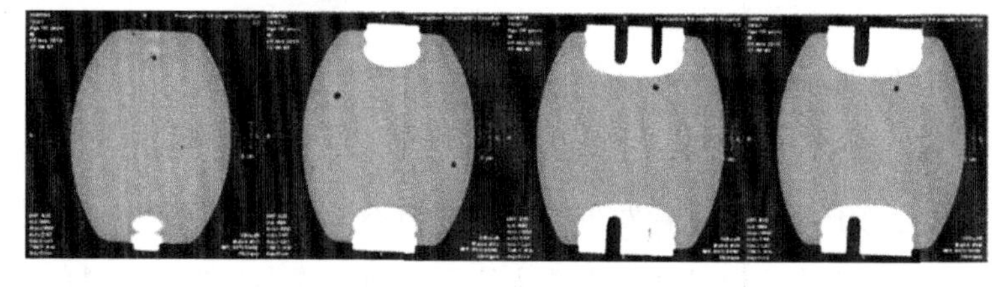

(e)第 11 切片　(f)第 13 切片　(g)第 28 切片　(h)第 29 切片

图 18　隔离开关的传动绝缘子医学 CT 检测结果

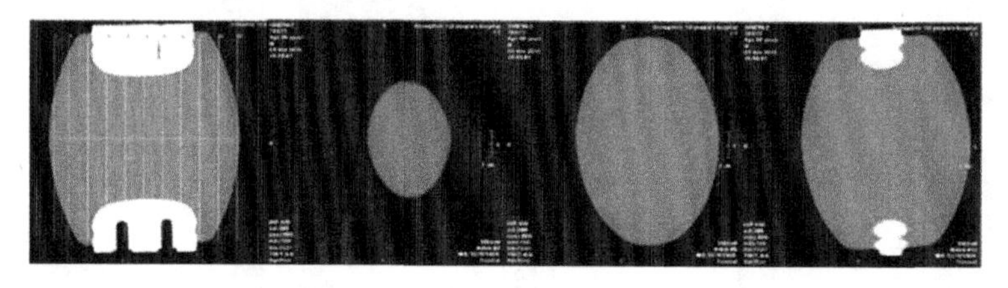

(a)切片示意　(b)第 6 切片　(c)第 9 切片　(d)第 10 切片

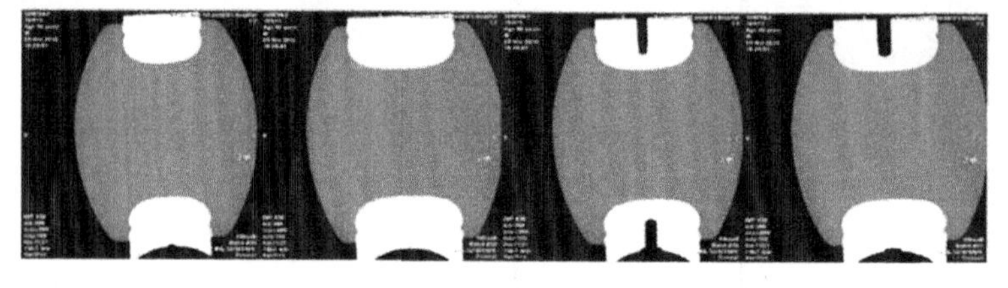

(e)第 11 切片　(f)第 13 切片　(g)第 28 切片　(h)第 29 切片

图 19　母线分支筒内支撑绝缘子医学 CT 检测结果

综上，医学 CT 的 3D 成像检测发现：

(1)盆式绝缘子表面存在 2~3cm 的裂纹痕迹，未明显深入到环氧材料内部，形成原因待分析。盆式绝缘子内部未发现气泡等问题。

(2)隔离开关的传动绝缘子内部存在多个气泡。

3.4　总结

通过运用 X 射线检测技术，发现该变电站 220kV GIS #2 变高 C 相存在局部放电的缺陷，再结合医学 CT 3D 成像技术分析，进一步确定了该局部放电的成因。通过多种新技术结合运用，发现了常规试验难以发现的缺陷，解决了潜在设备隐患，为检修提供了更为细致的指导。

4 X射线检测技术应用总结

4.1 有效性

通过X射线检测技术的深入调研和现场的融合应用，X射线检测技术诊断GIS设备缺陷的有效性可总结如下：

(1)可以通过带电测试，有效呈现GIS设备内部结构，提供可视化的X射线成像图谱；

(2)可结合厂家提供的设备结构图纸，测量GIS设备内部构件的尺寸，分析GIS设备结构上的缺陷；

(3)可结合局部放电在线监测诊断方法，对比分析X射线辐照前后的局部放电信号变化，诊断GIS设备绝缘件的内部缺陷或表面细微缺陷。

4.2 安全性

X射线是一种能引起物质电离的电离辐射，其产生机理为被场强加速的电子撞击靶材激发X射线，不存在放射性元素衰变的问题。在保证足够安全距离及阻挡的前提下，X射线探伤试验总体是安全的[4]。

4.3 可行性

X射线数字成像检测系统配件较多，重量较重，测试前准备工作较多，现场接线较烦琐，因此，日常探伤工作中应以实验室检测为主(包括到货抽检、缺陷部件检测等)，现场测试受制于仪器本身和设备场地的限制，可开展带电情况下的缺陷复测或隐患排查工作。

5 结论及成效

5.1 结论

X射线检测技术在GIS设备缺陷诊断中的融合应用，实现了GIS设备缺陷诊断模式由“常规带电测试+数据分析计算”向“多重先进带电测试方法融合应用+可视化图像分析”模式的改进，发现并确诊了多起GIS设备的重大缺陷，对于GIS内部如工具、装配件(螺栓、螺母和垫片)、干燥剂散落的异物类缺陷；螺丝未拧紧、屏蔽罩松动、隔离开关合闸不到位、隔离开关分闸不到位的装配类缺陷和触头附近腔体内部散落的金属颗粒(铜金属颗粒)、支撑绝缘子内部气泡、操作绝缘杆松脱的材料类缺陷进行检测有着显著效果，避免了设备停电事故的发生，保证了电网安全运行，取得了可观的经济、社会效益。

5.2 成效

1)补充了 GIS 设备内部缺陷可视化诊断的技术手段

采用 X 射线数字成像检测技术对 GIS 设备缺陷开展可视化缺陷诊断，并与多方法联合的局部放电缺陷定位技术、常规检测技术深度融合应用，通过可视化的成像检测和精准的局部放电缺陷定位，提高了 GIS 设备缺陷诊断的准确性，缩小了设备检修停电范围，为检修工作争取了更长的准备时间，促进 GIS 设备运维技术监督能力的大幅提高。

2)改进了 GIS 设备缺陷诊断的模式，提高了疑似缺陷确诊或排除的效率

传统的 GIS 设备缺陷诊断模式是以发现疑似缺陷信号起以常规检测手段获取局部放电信号、SF_6 气体成分、壳体红外测温等数据，并持续长时间跟踪检测，通过分析缺陷信号的变化趋势来确诊或排除；新的 GIS 缺陷诊断模式则以常规检测手段获取的缺陷信号为基础，以在线监测信号为辅助分析数据，通过多种先进局部放电诊断方法的联合应用，精准定位缺陷位置，结合 X 射线数字成像分析 GIS 设备内部结构异常，在短时间内准确给出缺陷诊断结果。

6 推广建议

6.1 X 射线成像检测技术标准

通过技术调研发现，电力行业内尚缺少较为统一的 X 射线成像检测技术的体系化标准，应结合调研情况和生产实际，建立相应的现场 X 射线成像检测试验作业指导书、技术标准书、缺陷诊断指导书等标准，规范该项技术的现场安全作业，保护作业人员的人身安全，促进该项技术的普及推广。

6.2 X 射线成像检测技术及装备的进一步研发

当前的 X 射线数字成像系统并未针对电力行业进行特殊研发，射线机尺寸大，现场场地条件可能会限制该项技术的使用；另外，拍摄图像的还原以及缺陷的识别判断仍需人为判断，受拍摄条件限制，图像可能存在拍摄角度不佳、对比度、清晰度不足而造成缺陷漏判。

此外，系统所配辅助支架不能完全适应变电站场地，造成现场系统布置工作量大、难度大。X 射线机的小型化、高能化，图像处理软件的智能化，辅助支架的灵活化、机械化，控制系统的无线化是 X 射线数字成像系统的发展趋势和方向。

6.3 建设专业化 X 射线实验室

根据主配网的输变配电关键设备的检查需求，建设专业化、标准化、安全、智能的 X 射线实验室，引进或研发先进的工业化检测 CT，在入网的器材检验和品控监督环节、设备运行维护环节、故障分析环节上发挥全生命周期管理的重要技术监督作用。

◎ 参考文献

[1]闫斌，何喜梅，王志惠，等.X射线数字成像检测系统在GIS设备中的应用[J].高压电器，2010，46(11)：89-91.

[2]张强，李成榕.X射线激励下局部放电的研究进展[J].电工技术学报，2017，32(8)：22-32.

[3]胡莎莉，唐治德，赵一凡.医学CT图像三维可视化系统的研究与开发[J].重庆大学学报，2004，27(9)：76-79.

[4]朱姝，张鑫，钟春明.工业X射线探伤机在现场探伤作业中的辐射防护距离探讨[J].湖南有色金属，2015，31(5)：65-67.

遗传算法求解多约束下的大型电网物资质量检测基地调度问题

李林，陈永强

（国网电力科学研究院武汉南瑞有限责任公司，武汉，430074）

摘　要：本文针对复杂多约束下的大型电网物资质量检测基地调度问题，以物资检测完工时间、基地设备使用率与设备总负荷为多目标性能指标，构建了数学规划模型。基于该问题特征，提出以遗传算法作为工具进行求解，对算法中的编码与解码针对检测基地进行特殊化设计，保证可行解的产生；引入轮盘赌对种群进行选择，结合问题特点对染色体进行随机变异，以及利用 POX 进行染色体交叉，从而得到该问题最优解。利用当前基地干式变压器质量检测实例进行验证，所提出的方法有效解决了检测基地的调度问题，极大地提高了其运行效率。

关键词：遗传算法；电网物资；质量检测；调度

0　引言

“全景质控”业务链是国家电网公司现代智慧供应链体系三大业务链之一，物资质量检测是“全景质控”的重要节点，是物资到货后质量管控业务的主要实现手段。目前电网物资质量检测基地仍然主要依靠人工安排，调度智能化程度不高，检测效率低且设备利用率得不到保证[1]。因此，如何解决大型电网物资质量检测基地的调度问题，提升物资检测效率，成为电网物资供应链中亟须解决的难题。

当前对于类似检测基地的柔性作业车间调度问题的解决，常使用模拟退火算法（simulated annealing，SA）、粒子群算法（particles warm optimization，PSO）、禁忌搜索算法（tabu search，TS）以及遗传算法（genetic algorithm，GA）等[2]。丁舒阳等[3]使用粒子群算法通过离散化 PSO 使其适用于调度问题的求解，然后引入操作算子解决子问题的更新从而解决调度问题；Tang 等[4]通过引入模拟退火算法完成对问题最优解的局部搜索，加强算法的局部搜索能力；贾兆红等[5]将禁忌搜索算法应用至复杂的多目标柔性车间调度问题的解决当中；相较于其他算法，遗传算法具有鲁棒性好、通用性强、计算性能优良等特点，且拥有全局搜索能力、隐含并行性等优点[6-7]。不少柔性作业车间调度问题采用遗传算法进行求解，能够有效地解决复杂调度问题，所得到的最优解符合问题需求[8]。

本文针对大型电网物资质量检测基地调度问题，以物资检测中的干式变压器质量检测作为实例，利用遗传算法进行问题求解，对算法中的编码与解码、种群初始化与选择、基因交叉与变异等环节进行设计，使其更符合检测基地调度实际情况，并采用干式变压器质量检测数据输入，得到最佳调度方案，有效解决了检测基地调度问题。

1 问题描述

大型电网物资质量检测基地调度问题描述如下：n 件电网物资$\{E_1, E_2, \cdots, E_n\}$要在 m 台检测设备$\{M_1, M_2, \cdots, M_m\}$上进行检测。每件物资包含多项检测任务，由基地检测安排，检测顺序预先确定，且每项检测任务可在一台或多台设备上进行，检测时间随检测设备的不同而不同。另外，物资在每台设备间的运输将由 AGV 进行，AGV 的运输时间由检测设备间的距离确定。该调度目标是为各项检测任务确定合适的检测设备，确定每台检测设备上各物资的检测任务、任务执行顺序以及确定每台 AGV 的运输任务和顺序。由于每项检测任务可以在基地内部分可选的检测设备上进行检测，在柔性作业车间调度问题分类中被分为部分柔性作业车间调度，并且含有 AGV 约束[9]。

本文所研究的调度问题以检测物资中最常见的干式变压器为实例。干式变压器质量检测任务如表 1 所示，各批次变压器因检测级别的不同所需要进行的检测任务也不同，B 级检测需要进行任务 $J_1 \sim J_9$，C 级检测需要进行任务 $J_4 \sim J_9$。

表 1　　干式变压器质量检测任务

检测级别	检测任务	检 测 任 务
B 级	J_1	温升试验
	J_2	局部放电试验
	J_3	雷电冲击试验
	J_4	绕组电阻测量试验
	J_5	电压比测量和联结组标号检定试验
C 级	J_6	空载损耗和空载电流测量试验
	J_7	短路阻抗和负载损耗测量试验
	J_8	外施耐压试验
	J_9	感应耐压试验

注：J_i 表示第 i 道检测任务。

表 2 所示为 B、C 两级检测任务所需设备及时间，其中对于时间单位的设定，以 M_1 上的检测任务 J_1 所需最长检测时间(18h)作为参照，进行其他任务时间的单位换算，另外对应任务检测设备无法完成的设定-1 进行排除。由于基地内各检测设备的功能、功率不同，对于同一检测任务的所需时间也不同，所以需要为各物资相应的检测任务寻找到合适的检测设备。此外，还需对有限个 AGV 进行运输任务调度，AGV 运输时间如表 3 所示。

表2　　检测基地调度问题实例

检测级别	检测任务	检测设备及所需时间							
		M_1	M_2	M_3	M_4	M_5	M_6	M_7	M_8
B级	J_1	100	90	95	80	85	90	−1	−1
	J_2	−1	−1	−1	−1	−1	−1	1	−1
	J_3	−1	−1	−1	−1	−1	−1	−1	7
C级	J_4	3	4	3	4	3	4	−1	−1
	J_5	4	3	−1	−1	−1	5	−1	−1
	J_6	1	2	3	1	2	3	−1	−1
	J_7	1	2	1	2	1	2	−1	−1
	J_8	−1	−1	−1	−1	−1	2	−1	−1
	J_9	2	1	−1	−1	−1	2	−1	−1

表3　　检测基地AGV运输时间

检测设备	M_1	M_2	M_3	M_4	M_5	M_6	M_7	M_8
M_1	0	1	4	1	1	2	6	4
M_2	1	0	4	2	2	1	4	2
M_3	4	4	0	4	1	5	1	2
M_4	1	2	4	0	3	3	3	1
M_5	1	2	1	3	0	2	1	5
M_6	2	1	5	3	2	0	3	6
M_7	6	4	1	3	1	3	0	2
M_8	4	2	2	1	5	6	2	0

注：M_m 表示第 m 台检测设备。

研究所使用的调度实例中该批次变压器包含4件变压器，两件进行B级检测，两件进行C级检测，共需8台检测设备，3台AGV。

在基地进行检测任务时，还需满足以下约束：

(1)同一检测设备在同一时刻只能检测一件物资；

(2)同一物资的同一项检测任务在同一时刻只能被一台检测设备进行检测；

(3)每件物资的每项检测任务一旦开始就不能中断，每件物资前一项检测任务结束后，可以立即安排进行下一项检测任务，也可等待其他同批次物资检测任务结束后再执行；

(4)同一批次中的物资优先级相同；

(5)不同物资的检测任务之间没有先后约束，但同一件物资的检测任务之间有先后约束；

(6)同一台 AGV 在同一时刻只能运输一件物资；

(7)所有物资在零时刻都可以被检测，所有检测设备在零时刻都处于空闲状态，所有 AGV 在零时刻都处于空闲状态；

(8)AGV 运输时间由不同检测设备间距离决定；

(9)运输过程中不考虑 AGV 干涉问题，且 AGV 可在第一时间将物资从当前检测设备运输至下一检测设备。

基于检测基地调度问题描述，本文研究中同时考虑三种性能指标：物资检测最大完工时间最小，基地检测设备使用率最大，基地设备总负荷最小；这三种性能指标的目标函数分别如下：

物资检测最大完工时间 C_M：

$$\min C_M = \min(\max(C_k)),\ 1 \leqslant k \leqslant m \tag{1}$$

式(1)中，C_k 是设备 M_k 的完工时间。

基地检测设备最大使用率 W_k：

$$\min W_k = \min(\max(W_k)),\ 1 \leqslant k \leqslant m \tag{2}$$

式(2)中，W_k 是设备 M_k 的使用率。

基地设备总负荷 W_T：

$$\min W_T = \min\left(\sum_{k=1}^{m} W_k\right),\ 1 \leqslant k \leqslant m \tag{3}$$

同时考虑基地中的多重约束，在满足各目标最优的情况下，得到调度问题最优解[10]。

2 遗传算法设计

2.1 染色体编码与解码

本文对检测基地调度问题进行遗传算法设计时，在编码方式上进行特殊化设计，采用多重编码的方式，即对检测基地中检测设备、被检测物资以及 AGV 进行三重编码，保证最优解决方案的产生[11]。

例如，以表 3 的数据为例任意生成的一条染色体编码为：

[[3,1,2,2,0,1,3,0,2,3,0,2,1,3,0,3,0,1,1,0,0,1,3,2,0,1,0,1,1,2].

[2,3,0,5,4,6,0,6,0,1,7,4,7,1,1,5,5,0,0,1,1,0,1,5,5,1,0,5,5,0].

[2,0,2,1,1,0,1,0,1,1,0,0,1,1,0,1,1,2,2,2,2,1,0,0,1,0,0,0,1,1]]

其中，染色体编码第一层为物资编码，每一件物资编码出现的顺序即其要进行的检测顺序，第一个位置上的数字 3 表示物资 4 的第一项检测任务。数字 3 再次出现在第 7 个位置表示物资 4 的第二项检测任务；染色体编码第二层为对应物资检测任务的执行设备编码；第三层为 AGV 编码，表示当前设备前往下一设备的 AGV 编号。对于检测基地调度问题，与解决传统部分柔性作业车间调度问题不同的是，对编码的层级要求更多，除了基本的物资编码与检测设备编码外，还需要对设备间执行运输任务的 AGV 进行编码[12]。

在解码过程中，根据物资编码部分可以得到各件物资的检测任务安排，根据检测设备编码可以得到检测任务的执行时间。所提出的染色体编码与解码过程均在 AGV 层级上进行了设计，在保证检测基地中物资检测任务顺序与设备分配合理化的前提下，对 AGV 运输进行编码及解码设计，确保遗传算法能进行后续操作。

2.2 种群初始化

为确保算法的全局搜索能力，选取的个体应该尽量均匀分布在所给的求解空间中。研究中采用海明距离法对个体间进行差异计算，从而决定是否生成该个体。其中，海明距离 D_{ij} 为染色体 i 和 j 在同一基因位数值不同的位数，计算公式如式(4)所示。

$$D_{ij} = \sum_{k=1}^{L} \eta_k \tag{4}$$

式(4)中，L 为选取的染色体编码长度；$\eta_k = \begin{cases} 0, & d_{ik} \neq d_{jk} \\ 1, & d_{ik} = d_{jk} \end{cases}$.

海明距离法对种群进行初始化的步骤如下：

(1)进行随机选取，获得第一个个体；

(2)若选取的个体 $i>1$，则将此个体与第 $i-1$ 个个体进行海明距离 D_{ij} 计算。若得到的结果$>p$，对个体进行重新随机选择，直至所计算得到的 $D_{ij} \geqslant p$，其中 p 为小于等于染色体长度的一个正数。

(3)重复步骤(2)，直至种群初始化完毕。

2.3 选择操作

算法设计中的优质个体选择采用轮盘赌策略。选择的概率与个体的适应性有关，适应性越强，被选中的概率就越大，这不仅可以提高全局收敛速度，还能通过一定概率让次优个体被选中，保证了种群的多样性[13]。具体实施步骤如下：

(1)将式(1)、(2)、(3)作为本文所研究调度算法中的目标函数 Fitness(i)；

(2)对种群中每一个个体计算相对应的适应度值 Fitness(i)；

(3)对步骤(1)中所得到的种群中所有个体适应度值进行求和；

(4)由公式(6)对种群内个体被选择的概率进行计算：

$$q_j = \sum_{i=1}^{j} \frac{\text{Fitness}(i)}{\sum_{i=1}^{r} \text{Fitness}(i)} \tag{6}$$

(5)在区间[0，1]内进行随机数 K 选取，并按照降序排列得到 $K=\{k_1, k_2, \cdots, k_n\}$，并初始化 $i=1$，$j=1$；

(6)对 k_i 和 q_j 进行对比，如果 k_i 小于 q_j，则可以对个体 j 进行选择，此时 $i=i+1$，否则 $j=j+1$；

(7)对步骤(6)进行重复直至 $i>N$，N 为种群内个体数。

2.4 交叉操作

在遗传算法设计中，交叉操作具有重要意义，交叉能使种群从迭代中继承父代优秀的遗传特征。基于检测基地调度的问题特征，在交叉操作中进行算法设计，提出对被检测物资进行 POX 交叉操作，极大减少了非必要求解时间，提升了算法的求解效率[14]。POX 交叉极大地保留了父代调度方案中的优秀检测顺序，该方法引入了范围区间为[0，1]的交叉率参数 P_c。具体实施步骤如下：

(1)创建随机数 rand∈[0，1]，若 P_c>rand，进行下一步，否则退出操作；

(2)从种群中通过随机选取两条染色体作为交叉父代；

(3)将父代被检测物资集合分为 N_1，N_2 两组，且每组物资数≥2；

(4)将父代①中含有组 N_1 物资的基因位保留，同时将父代①中含有组 N_2 物资的基因位设置为0，接着将父代②中含有组 N_2 物资的基因按原定顺序插入父代①中的 0 位置；

(5)将父代②中含有组 N_1 物资的基因位保留，同时将父代②中含有组 N_2 物资的基因位设置为0，接着将父代①中含有组 N_2 物资的基因按原定顺序插入父代②中的 0 位置。

交叉步骤如图 1 所示，从种群中随机选取父代染色体两条，其中父代①的物资基因编码为[1,3,3,3,2,4,1,4,2,3,1,1,2,2,2,4,1,2,1,4,3,2,1,3,1,4,2,2,4,1]，父代②的物资基因编码为[2,2,2,4,4,1,1,1,3,2,4,3,4,3,1,1,4,3,4,2,2,3,1,1,1,3,2,1,2,2]，由物资集合{1,2,3,4}分组，N_1={1,4}，N_2={2,3}。接着进行步骤(4)与步骤(5)，完成 POX 交叉操作，得到具有父代优良特征的子代。

2.5 变异操作

为提高算法的局部搜索能力，算法中的变异操作将染色体中被检测物资基因、检测设备基因以及 AGV 基因进行变异，其中，检测设备基因和 AGV 基因进行随机变异，而被检测物资基因由于存在物资检测任务不一的情况将采取随机交换两基因位置的方式进行实现。由于改变被检测物资基因后，其对应的检测设备可选集也进行了改变，将保存选中的两物资基因对应的所选检测设备的顺序，这样交换位置后仍能使用该顺序[15]。

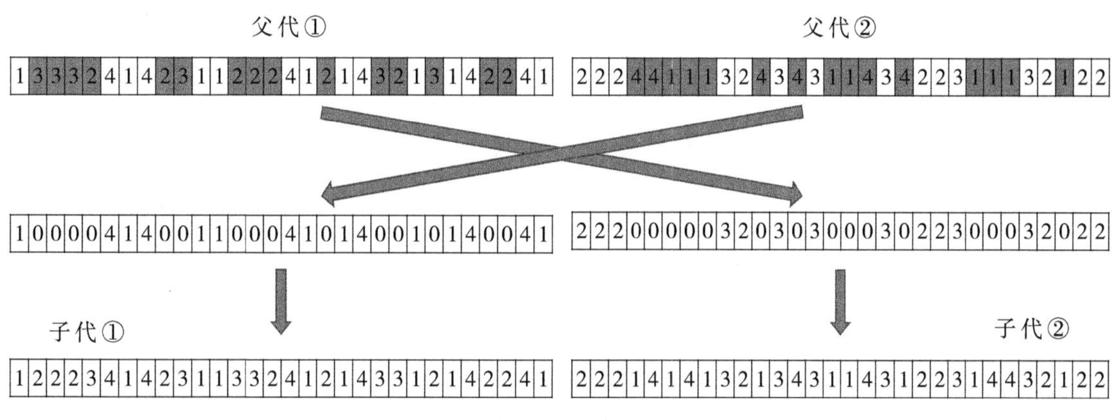

图 1 POX 交叉

3 算法应用结果

对本文提出的改进遗传算法进行实现，算法采用 Python 进行编程，执行平台为 PyCharm Community Edition 2021. 3. 2，Python 版本为 3. 9，程序运行环境为内存 8G、酷睿 i5 处理器、64 位 Windows11 操作系统的个人计算机。算法中的关键参数设置为：种群规模 $P_s=200$，交叉率 $P_c=0.8$，变异率 $P_m=0.2$，迭代次数 $G=100$；对表 1 中所给的该批次干式变压器质量检测任务检测进行算法验证，得到的求解结果为调度方案最短时间：129. 0，最佳染色体为：

[[3,2,0,3,0,3,1,0,3,0,0,2,1,2,1,2,3,1,0,1,1,0,0,2,1,1,1,3,0,2].

[1,3,4,0,6,2,1,7,4,2,0,5,6,1,7,1,5,0,0,1,1,3,5,5,0,5,1,5,1,0].

[2,0,0,2,0,1,1,1,1,0,0,2,1,2,2,1,0,1,1,2,2,1,2,1,0,0,1,1,2,0]]

将调度结果可视化，得到最佳调度方案甘特图，如图 2 所示，其中横坐标为检测时间，纵坐标为所使用的检测设备。图中 A0、A1、A2 表示 AGV 在各设备间的物资运输，$O_{i,j}$表示各变压器质量检测的任务执行。例如，设备 5 上出现 $O_{0,1}$表示变压器 1 的第一项检测任务的安排，由于是该变压器的第一项任务，不需要进行 AGV 运输；设备 7 上的 $O_{0,2}$表示其第二项检测任务的安排，前面显示的 A0 表示变压器 1 在完成设备 5 上的第一项任务后，变压器由 1 号 AGV 运输至设备 7。类似地，其他项目表示相同，图中的空白部分表示检测设备空闲。

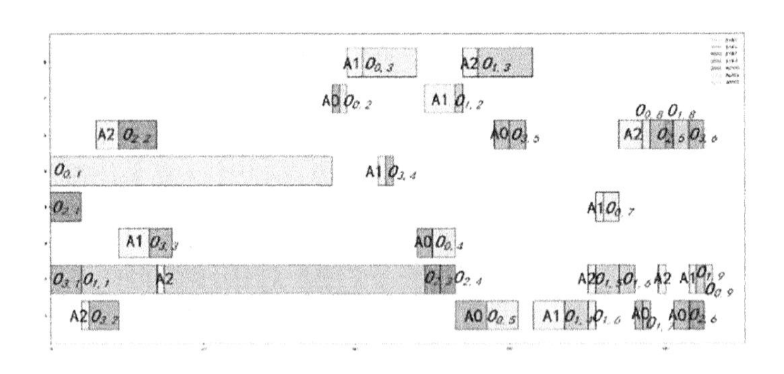

图 2　干式变压器质量检测调度甘特图

图中，$O_{i,j}$表示各变压器质量检测的任务执行，An 表示各 AGV 运输执行。

此外，种群解的变化与均值变化如图 3 中(a)所示，种群适应度最小值变化情况如图 3 中(b)所示，全局最优解变化情况如图 3 中(c)所示。通过以上验证结果显示，本文提出采用遗传算法求解大型电网物资质量检测基地调度问题的方法，能很好地得到最优解，且调度计算过程快速高效，最优解收敛程度较高。

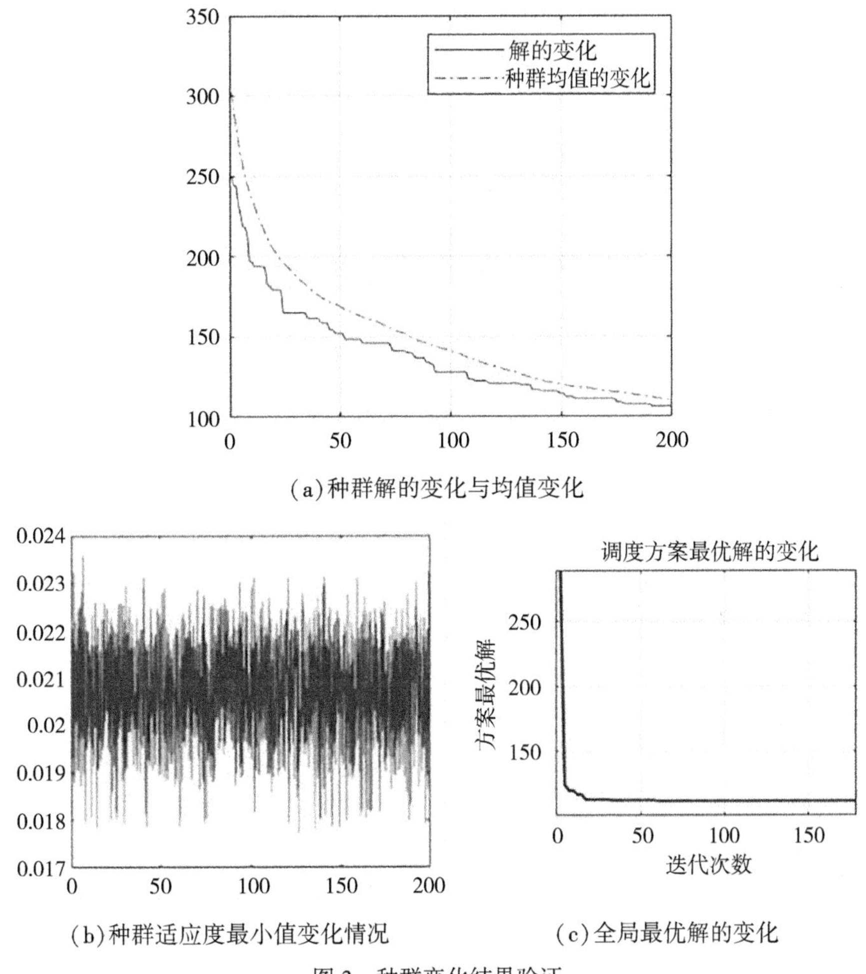

(a)种群解的变化与均值变化

(b)种群适应度最小值变化情况

(c)全局最优解的变化

图 3　种群变化结果验证

4　结论与展望

本文针对多约束下大型电网物资质量检测基地的调度问题，利用遗传算法对该问题进行了求解，对其进行多性能目标考虑。使用检测基地实际运行中的干式变压器质量检测任务进行算法验证，得到的最佳调度方案能解决检测基地调度问题，较现有调度情况效率得到极大提升，验证了本文所提出的遗传算法求解检测基地解调度问题的可行性与有效性。

此外，在后续对此调度问题的研究中，可应用改进算法及算法融合进行针对性设计以满足更复杂的基地调度需求，进一步提高检测基地运行效率，加快电网物资的供应速度。

◎ 参考文献

[1]向阳．关于提升电网物资质量管控能力的研究[J]．智能城市，2019，5(15)：103-104.

[2]金昕．AGV 约束下的作业车间调度问题研究[D]．芜湖：安徽工程大学，2021.

[3]丁舒阳，黎冰，侍洪波．基于改进的离散 PSO 算法的 FJSP 的研究[J]．计算机科学，2018，45(4)：233-239.

[4]Tang H，Chen R，Yibing L，et al. Flexible Job-shop scheduling with tolerated time interval and limited starting time interval based on hybrid discrete PSO—SA：An application from a casting workshop[J]．Applied Soft Computing，2019，78(5)：176-194.

[5]贾兆红，朱建建，陈华平．柔性作业车间调度的动态禁忌粒子群优化算法[J]．华南理工大学学报(自然科学版)，2012，40(1)：69-76.

[6]王凌．车间调度及其遗传算法[M]．北京：清华大学出版社，2003.

[7]黄学文，陈绍芬，周阆玉，等．求解柔性作业车间调度的遗传算法综述[J]．计算机集成制造系统，2022，28(2)：536-551.

[8]徐云琴，叶春明，曹磊．含有 AGV 的柔性车间调度优化研究[J]．计算机应用研究，2018，35(11)：3271-3275.

[9]张国辉．柔性作业车间调度方法研究[D]．武汉：华中科技大学，2009.

[10]张国辉，高亮，李培根，等．改进遗传算法求解柔性作业车间调度问题[J]．机械工程学报，2009，45(7)：145-151.

[11]阳光灿，熊禾根．改进遗传算法求解柔性作业车间调度问题[J]．计算机仿真，2022，39(2)：221-225，292.

[12]杨锋英，刘会超．AGV 作业调度模型及改进的 DE 算法研究[J]．计算机工程与应用，2014，50(9)：225-230.

[13]张超勇，饶运清，刘向军，等．基于 POX 交叉的遗传算法求解 Job-Shop 调度问题[J]．中国机械工程，2004(23)：83-87.

[14]廖珊，翟所霞，鲁玉军．基于改进遗传算法的柔性作业车间调度方法研究[J]．机电工程，2014，31(6)：729-733.

[15]李晏朔，林巧．改进遗传算法求解柔性作业车间调度问题的研究[J]．机械制造，2011，49(4)：62-65.

一起 500kV MOA 局部发热缺陷状态检修案例分析

王清波，赵荣普，方勇，邹璟，路智欣，周涛，段永生，陈永琴，冉玉琦，张诣

（云南电网有限责任公司昆明供电局，昆明，650011）

摘　要：本文详述了生产实际中的一例 MOA 局部发热缺陷“医案”：通过翔实的数据、图谱、照片，将基于设备全生命周期管理的状态检修理论与工程实践相结合，从状态感知、诊断评估、制定策略、停电检修、措施反馈 5 个环节进行剖析研究。该案例既可为变电运维管理人员和技术技能人员 MOA 技术监督工作提供经验参考，提高 MOA 管理水平；又可为 MOA 故障智能诊断、多信息融合大数据分析的状态评估方法、机器深度学习算法或数字孪生技术等科研人员提供鲜活的设备状态规律表达样本，有利于将设备设计、制造、运维过程中的专家经验知识与数字孪生体进行深度融合。

关键词：金属氧化物避雷器；红外精准测温；局部发热；环氧树脂绝缘筒；全生命周期管理

0　引言

电力系统常会受到直击雷或感应雷造成的外部过电压，以及暂态过电压、操作过电压或谐振过电压等内部过电压的侵害。当电网设备的绝缘水平不能承受过电压侵害时，就会致使供电系统发生非计划停运，造成巨大的经济损失和社会不良影响。金属氧化物避雷器（metal oxide surge-arrester，MOA）因其良好的非线性特性和通流能力可以保护电力系统免受过电压侵害。但当 MOA 受潮、老化或部件损伤后，在暂态负荷冲击时不仅丧失保护作用，还会因自身故障影响供电可靠性。[1-4]

为了满足高速发展的电网规模与国民经济对供电质量的需要，我国电网正在广泛践行基于全生命周期管理（life-cycle management for grid equipment）的状态检修。采用巡视检查、在线监测、带电检测等方法获取设备信息，通过状态参量与对应故障之间映射关系对设备健康水平进行诊断、评估。然后根据评估结果输出运检策略，为设备的设计—生产—监造—安装—验收—调度—运行—维护—检修—试验—退役等环节，动态循环地反馈提供措施与建议。状态检修与传统的故障事后检修、定期停电预试检修相比具有如下优点：缩短了设备停电时间、降低了停电误操作概率、带电测试工作方便灵活、在运行工况能更真实地反映设备的健康状态、节约设备运维成本、优化人力资源利用率等。[5-9]

1 状态感知

2021 年 1 月 13 日，带电监测技术人员在开展 500kV 某变电站带电测试过程中，发现 500kV 某线路避雷器 B 相下节本体中部靠 A 相侧(以下简称“该避雷器”)存在局部发热现象，排除背景、风速、光照和仪器等干扰因素后，热点与其他部位温差 0.4~0.5K 左右。查阅该避雷器历次巡视检查、红外测温、阻性电流、停电试验均无异常。随后制定管控措施：①每天早晚巡视一次时开展红外精准测温。②按照 1 周/次周期开展阻性电流带电测试、高频脉冲电流法局放带电测试、紫外成像带电测试。

跟踪复测温差一直在 0.4~0.5K，各项测试未发现异常。直到 2021 年 7 月 10 日红外精准测温出现异常变化：500kV 避雷器 B 相下节中部靠 A 相侧在从上往下的第 6、7 片瓷裙和第 10、11 片瓷裙处有两个发热点，温度最高 28.4℃，中、上两节整体温度为 26.2℃。A、C 相间同部位温度分别为 26.1℃、26.2℃，相间温差为 2.2K 左右。

2 诊断评估

2.1 光学图谱分析诊断

2021 年 7 月 10 日至 17 日，多次进行红外精准测温和电晕放电紫外成像，并安排在阴天或夜间复测，异常温差均超过 2K，紫外成像未发现异常。如图 1~图 3 所示。

诊断：①巡视使用望远镜详细检查避雷器表面未发现异常。②使用数字式紫外成像仪对避雷器外表面进行检测，光子数和紫外图谱无异常。[10] 表明避雷器表面不存在破损、脏污、电晕。③该避雷器 B 相最下一节中部靠 A 相侧存在局部发热，温差 2.2K。根据 DL/T 664—2016《带电设备红外诊断应用规范》“氧化锌避雷器整体(或单节)发热或局部发热为异常，温差超过 0.5~1K 为异常”。[11-14]

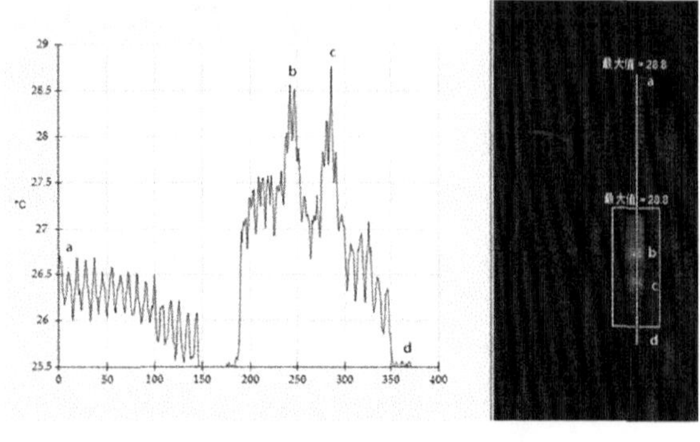

图 1　该避雷器发热侧的线-温图谱

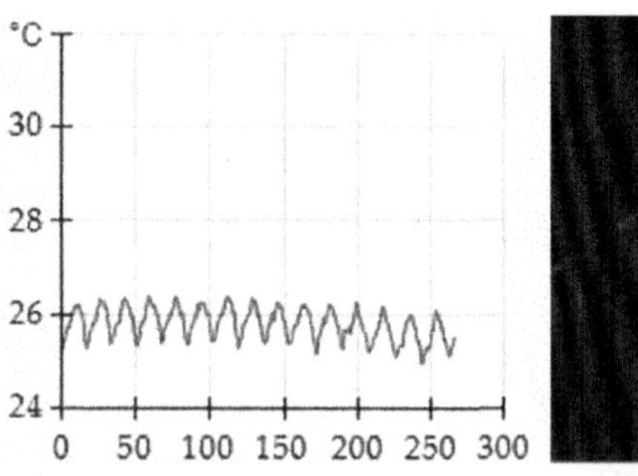

图 2　该避雷器发热侧对侧的线-温图谱

图 3　该避雷器 A、B、C 相(最右侧)红外热像图谱

2.2　阻性电流测试数据分析

该避雷器阻性电流带电测试历史数据见表 1。

表 1　　**该避雷器阻性电流带电测试历史数据(mA)**

测试时间	A 相		B 相		C 相	
	I_x	I_{rp}	I_x	I_{rp}	I_x	I_{rp}
2021/7/12	1.877	0.308	1.780	0.294	1.802	0.296
2021/7/10	1.872	0.309	1.788	0.294	1.817	0.299
2021/1/13	1.829	0.298	1.736	0.288	1.771	0.290
2020/1/21	1.828	0.304	1.708	0.287	1.770	0.293
2019/3/8	1.840	0.300	1.719	0.283	1.774	0.291

诊断：历年全电流 I_x 及阻性电流 I_{rp} 横向及纵向比较均无异常增长，阻性电流 I_{rp} 都小于全电流 I_x 的 20%，判断该避雷器的阻性电流带电测试无异常。[15-18]

2.3　HFCT 局放图谱指纹诊断

使用高频脉冲电流传感器(high frequency current transformer，HFCT)，分别夹在放电计数器上下两端的接地引流线间进行局放测试(图 4)。在计数器下端靠地面处安装 HFCT 的目的是辅助判断接地网的干扰信号强弱。

图 5 为避雷器 B 相计数器上、下端靠地面(右)引流线上 HFCT 局放图谱，通过 HFCT 局放图谱指纹诊断方法[19-24]，该避雷器未检测到明显的放电信号。

综合诊断评估：除了红外测温，其他的带电测试技术都未发现异常。该避雷器内部存在局部发热，该故障处于发展初期，但故障有恶化趋势。局部发热原因可能是：密封不严导致内部受潮，绝缘筒等部件绝缘损坏或局部阀片劣化。

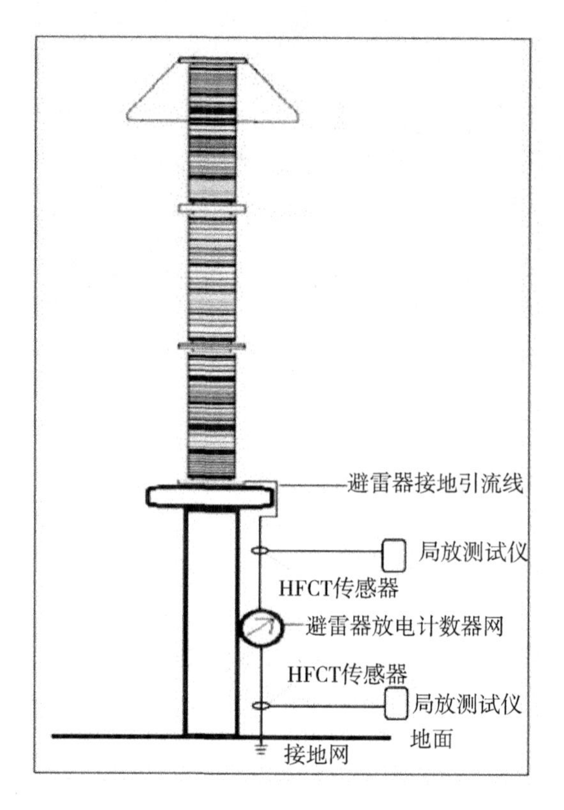

图 4　避雷器 HFCT 局部放电测试示意图

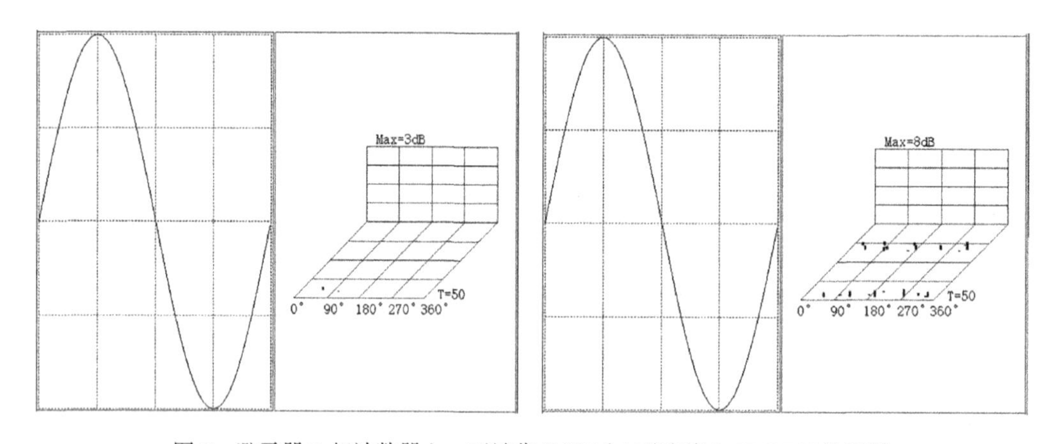

图 5　避雷器 B 相计数器上、下端靠地面(右)引流线上 HFCT 局放图谱

3　运检策略

根据设备状态诊断评估结果，建议按照下列策略开展后续工作：

(1)准备工作：生产技术部门尽快准备好合格的备品备件，调度和运行部门做好停电准备。

(2)准备期间带电监测专业按照每天早晚各开展一次红外精准测温，按照 1 周/次周期开展阻性电流带电测试、高频脉冲电流法局放带电测试、紫外成像带电测试。发现异常立即上报。

(3)准备工作完成立即对该线路避雷器停电。

(4)停电后试验专业开展绝缘电阻、泄漏电流试验。

(5)对绝缘不满足要求的避雷器，带电监测、检修、试验、化学等专业联合开展解体研究。

4 停电检修

4.1 停电试验

停电后立即对避雷器开展绝缘电阻测试、直流特性测试(瓷外套屏蔽)，测试数据分别见表 2 和表 3。

表 2　**避雷器绝缘电阻测试数据(MΩ)**

节次	A 相		B 相		C 相	
	2019/6/28	2021/7/24	2019/6/28	2021/7/24	2019/6/28	2021/7/24
上节	200000	180600	200000	88600	170000	170000
中节	170400	175000	190000	93200	180000	190000
下节	180000	180000	200000	108	160000	170000

表 3　**避雷器直流特性试验数据(U_{1mA}：kV，$I_{75\%U1mA}$：mA)**

测试时间	相别	上节		中节		下节	
		U_{1mA}	$I_{75\%U1mA}$	U_{1mA}	$I_{75\%U1mA}$	U_{1mA}	$I_{75\%U1mA}$
2021/7/24	A	207. 1	18	207. 1	19	207. 1	16
	B	206. 8	25	210. 9	26	176. 8	361
	C	206. 1	22	206. 1	17	205. 6	20
2019/6/28	A	207. 1	18	207. 1	19	207. 1	16
	B	206. 2	18	206. 2	15	207. 1	17
	C	206. 1	22	206. 1	17	205. 6	20

测试结果表明，避雷器 B 相中上节绝缘电阻满足要求(≥2500MΩ)，下节绝缘不合格(见表 2)。从图 6 中的直流伏安特性曲线可以看到，B 相避雷器中上节 U_{1mA}在厂家规定值(207kV)范围内，下节 U_{1mA}比规定值下降了 13. 8%，表明避雷器临界动作电压不符合要求，内部存在受潮的可能性较大。避雷器中上节 $I_{75\%U1mA}$在标准要求范围内，下节 $I_{75\%U1mA}$比厂家规定值(<50μA)增大 7 倍。避雷器 A、C 相各节绝缘电阻、直流特性试验合格。

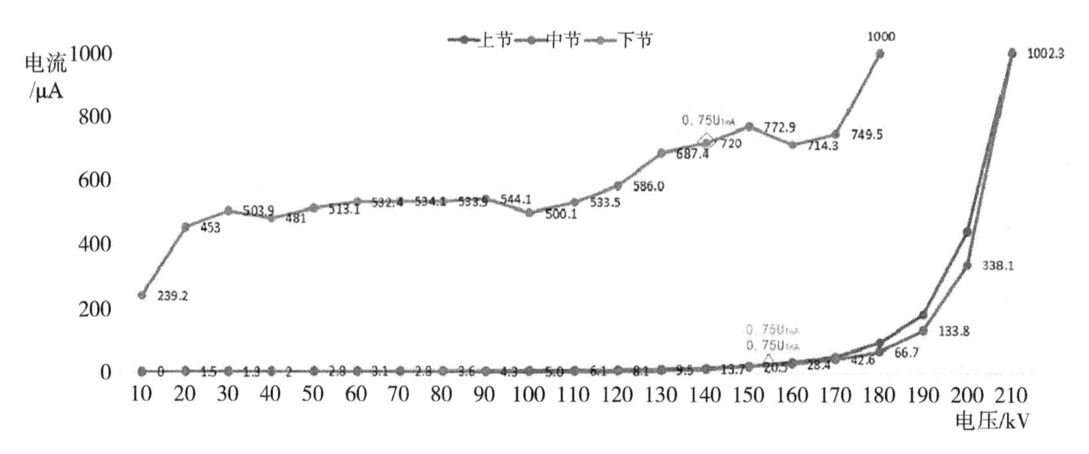

图 6　避雷器 B 相避雷器直流伏安特性曲线

4.2　检修处理

①避雷器 A、C 相各节绝缘电阻、直流特性都满足运行要求，可以继续投运。②对避雷器 B 相进行更换，确保尽快恢复送电。③将避雷器 B 相运回检修试验车间，开展解体研究。

4.3　解体研究

1)部件检查

将避雷器在检修车间解体，中上节避雷器未发现受潮现象。发现 B 相下节上端密封口处、瓷套内壁都有明显的水渍(图 7)。

图 7　该避雷器 B 相下节上端密封处的水渍

外侧三元乙丙橡胶密封圈严重老化、完全失去弹性。用游标卡尺测量内侧三元乙丙橡胶密封圈厚度(2. 77mm)与凹槽深度(2. 52mm)，不满足静密封时密封圈的相对压缩变形率应在 25%左右(图 8)。

2)试验研究

将避雷器拆解为瓷外套、绝缘筒、电阻片柱(含金属垫片和玻璃钢芯绝缘杆)三个部分(图 9),分别进行绝缘电阻测试(表 4),在单节避雷器的持续运行电压下温升稳定后红外测温(图 10～图 12)。

图 8　该避雷器 B 相下节内、外侧密封圈失效

图 9　避雷器拆解为三个部分

表 4　　绝缘电阻

部位	整体	绝缘筒	瓷外套	电阻片柱
上节	88600MΩ	>1TΩ	>1TΩ	106GΩ
中节	93200MΩ	>1TΩ	>1TΩ	104GΩ
下节	108MΩ	49. 1MΩ	99. 5GΩ	14. 6GΩ

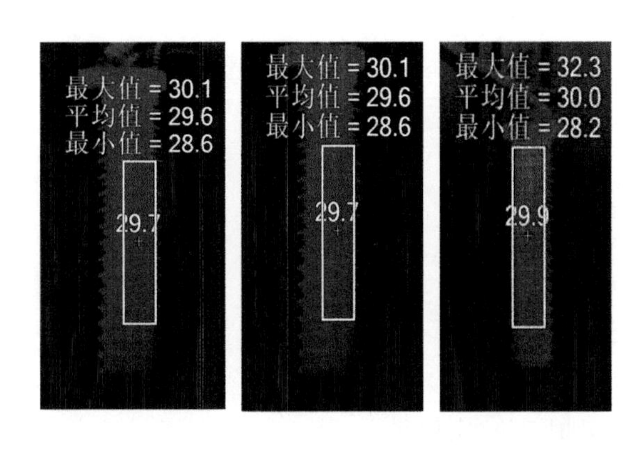

图 10　避雷器上中下节(从左至右)瓷外套红外图谱

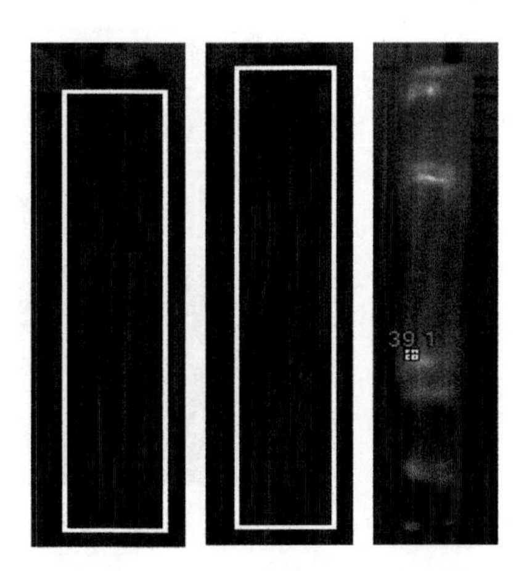

图 11　避雷器上中下节(从左至右)绝缘筒红外图谱

图 12　避雷器上中下节(从左至右)电阻片柱红外图谱

3)绝缘筒烘干与试验

按照避雷器厂家干燥工艺要求：各部件在 80～100℃流动热风中干燥 10～12 小时。

在检修车间的烘房(图 13)采用 80℃流动热风对绝缘筒进行干燥 2 小时(图 14)。待冷却后立即进行绝缘电阻、持续运行电压下红外测温。绝缘电阻>1TΩ。

图 13　烘房及其控制柜

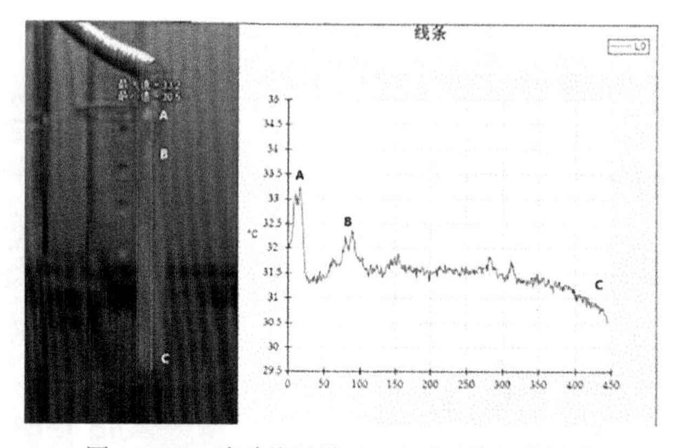

图 14　80℃流动热风烘干 2 小时后的红外图谱

通过绝缘电阻测试可知，影响整体绝缘的是下节避雷器绝缘筒绝缘下降。通过持续运行电压下红外测温发现，导致避雷器局部发热的是下节避雷器绝缘筒。

烘 2 小时后绝缘电阻测试结果为>1TΩ，红外测温大部分局部发热点都消失，还剩下绝缘筒上端(避雷器密封受损一端)少部分发热点。继续烘 12 小时后取出冷却，然后施加持续运行电压，温度稳定后进行红外测温，所有的发热点都消失。

小结：①该故障是由于避雷器 B 相下节上端密封失效，潮气进入，导致内部受潮。②避雷器 B 相下节的绝缘电阻不足和局部发热主要由绝缘筒导致。③由于潮气是从上端进入，所以绝缘筒上部的受潮最为严重。④由于发现比较及时，跟踪发现温差增大后应及时停电处理，一方面避雷器内部绝缘还未遭到永久性破坏，另一方面避免设备非计划停运。⑤返厂将锈蚀清理干净，更换密封圈，按照出厂工艺组装后，该避雷器满足投运要求。

5 措施反馈

随着近年来氧化锌阀片材料、制造工艺水平提升[25-28]，MOA 故障中阀片损坏会劣化的占比在逐渐下降，受潮导致的缺陷占比在上升。根据学者俞震华统计，约有 70%的 MOA 事故是由于受潮引起的[29]。所以，加强对避雷器密封性能的管控是提高 MOA 安全稳定运行的关键。避雷器密封圈脱落、错位、破损、老化都会导致密封不严，进而造成避雷器内部受潮，绝缘性能下降，在高电场作用下发热、放电，在过电压冲击下容易发生“热崩溃”。

通过本案例的经验教训，反馈到避雷器全生命周期管理活动中，持续优化提升避雷器监督水平。

(1)规范避雷器及其密封圈设计、选型。应综合考虑密封圈类型，在海拔、温度、日照、污染程度等不同时，选择不同类型的密封圈(三元乙丙橡胶、丁腈橡胶、氟橡胶)，以保证避雷器在其设计寿命内不发生由于密封圈失效导致的受潮缺陷。针对日照强、温差大的变电站，建议优先考虑三元乙丙橡胶；针对冰冻地区变电站，不建议采用氟橡胶。规范避雷器密封圈与密封槽的尺寸配合，保证密封圈的压缩永久变形量符合规定。作为静密封时密封圈的相对压缩变形率为 25%左右。

(2)加强密封圈的存储管理。密封圈应避免存储在日光直射、湿度高、高温热源等场所，密封圈应隔绝空气保存，勿用细绳将密封圈捆绑或挂在钉子、金属线上。丁腈橡胶密封圈存储时间不超过 1 年，三元乙丙橡胶密封圈存储时间不超过 2 年。

(3)在避雷器生产、监造环节，应加强密封圈生产制造过程的质量管控。严格按照作业指导书进行。对于外购的密封圈，应严把入厂检验关。密封圈进行产品材料性能试验时，应至少开展国标、行标要求的以下试验：硬度、拉伸强度、拉断伸长率、压缩永久变形率、热空气老化、低温回缩；密封圈成型后，除进行必要的外观、尺寸检查外，建议至少抽检 3%～5%进行压缩量、硬度、拉伸强度等试验。

(4)严格管控避雷器安装、验收质量。密封圈不应重复使用。将密封圈安装入密封槽中时，不要使密封圈发生扭曲。按照工艺要求涂抹密封胶或硅脂。按工艺要求先对所有螺栓进行预紧，然后再用扭矩扳手对所有螺栓进行锁紧，螺栓需按一定的顺利对称进行，不可一次将螺栓锁紧到位。

(5)在避雷器检修、维护环节，更换密封圈的尺寸要一致。要严格按照说明书要求，选用相同尺寸的密封圈。使用新密封圈时，也要仔细检查其表面质量，确定无小孔、凸起物、裂痕和凹槽等缺陷并有足够弹性后再使用。更换密封圈时，要严格检查密封圈沟槽，清除污物，打磨沟槽底。

6 总结

本案例从运行中的500kV避雷器红外测温发现异常局部温差(0.4~0.5K)开始跟踪管控，直至温差在3个月后扩大为2.2K，期间进行了全电流、阻性电流、红外热成像、紫外成像、高频局放等带电测量和诊断，并最终根据避雷器状态综合评估结果停电退运。后续的试验解剖，不仅进一步验证了判断的正确性，而且准确定位了避雷器异常的位置、部件和原因。并将经验反馈到设备的设计—生产—监造—安装—验收—调度—运行—维护—检修—试验—退役等环节，延展MOA全生命周期管理的经纬度。

由于发现及时且通过使用有效措施，避免了隐患发展为事故事件。体现了红外精准测温技术对于避雷器受潮早期的检出敏感度。建议变电运维管理人员和技术技能人员在MOA全生命周期管理工作中，充分吸收本案例的经验教训，提高MOA安全性与可靠性。

本“医案”为MOA故障智能诊断、多信息融合大数据分析的状态评估方法、机器深度学习算法或数字孪生技术等科研人员，提供了鲜活的设备状态规律表达样本。打破壁垒共享数据，有利于将设备设计、制造、运维过程中的专家经验知识，与机器学习、数字孪生体进行深度融合。[30-34]

◎ 参考文献

[1]司文荣，王逊峰，莫颖涛，等.110kV复合外套金属氧化锌避雷器爆炸故障分析[J].电瓷避雷器，2018(1)：163-169.

[2]杨海涛，王川，杨建俊，等.一起110kV线路避雷器爆炸事故分析[J].电瓷避雷器，2019，290(4)：151-154，160.

[3]任大江，叶海鹏，李建萍，等.一起500kV金属氧化锌避雷器故障原因分析[J].电瓷避雷器，2020(3)：127-132.

[4]张照辉，陶风波，陈舒，等.暂态冲击负荷下MOA热散逸特性及影响因素研究[J].电瓷避雷器，2021(4)：112-117.

[5]全国自动化系统与集成标准化技术委员会.产品生命周期管理服务规范：GB/T 26789—2011[S].北京：中国标准出版社，2011.

[6]孙瑜峰.基于全生命周期的电力设计企业物资设备管理探索与实践[J].财经界，2021(28)：70-71.

[7]余伟淳，李玎.基于产品全生命周期的电气设备质量管理应用[J].电工电气，2021(9)：72-74.

[8]申望. 基于电网设备的资产全生命周期成本归集与分摊方法研究[J]. 南方能源建设，2021，8(S1)：53-58.
[9]吴力科. 基于资产全生命周期的设备退役管理模型研究[J]. 机电信息，2019(33)：86-87.
[10]国家能源局. 带电设备紫外诊断技术应用导则：DL/T 345—2019[S]. 北京：中国电力出版社，2019.
[11]国家能源局. 带电设备红外诊断应用规范：DL/T 664—2016[S]. 北京：中国电力出版社，2016.
[12]杨海龙，刘航，魏钢，等. 基于红外测温技术的金属氧化锌避雷器故障诊断[J]. 电工技术，2017(10)：94-95.
[13]刘云鹏，夏巧群，李凌志. 基于泄漏电流检测和红外成像技术的 MOA 故障综合诊断[J]. 高压电器，2007(2)：133-135.
[14]胡锡幸，鲍巧敏，华盛继. 基于温度补偿的金属氧化物避雷器带电检测技术研究[J]. 电瓷避雷器，2017(1)：96-99.
[15]张金岗. 红外测温技术在氧化锌避雷器带电检测中的应用[J]. 高压电器，2015，51(6)：200-204.
[16]中国南方电网公司. 电力设备检修试验规程：Q/CSG 1206007—2017[S]. 北京：中国电力出版社，2017.
[17]严玉婷，黄炜昭，江健武，等. 避雷器带电测试的原理及仪器比较和现场事故缺陷分析[J]. 电瓷避雷器，2011(2)：57-62.
[18]王肖波. 基于带电检测技术的金属氧化物避雷器故障诊断与实例分析[J]. 电瓷避雷器，2015(3)：69-73.
[19]罗容波，李国伟，李慧. 局放检测技术在避雷器状态诊断中的应用[J]. 高压电器，2012，48(5)：84-88.
[20]王俊波，章涛，邱太洪，等. 高频电流法在氧化锌避雷器带电测试中的应用[J]. 广东电力，2016，29(11)：114-119.
[21]陈贤熙，王俊波，谭笑，等. 基于宽带脉冲电流法的避雷器局部放电图谱分析及应用[J]. 电瓷避雷器，2015(3)：132-137.
[22]陈欣，韦瑞峰，张诣，等. 高频脉冲电流法在氧化锌避雷器带电局放检测中的运用[J]. 云南电力技术，2020，48(2)：58-61.
[23]阮羚，高胜友，郑重，等. 宽带脉冲电流法局部放电检测中的脉冲定量[J]. 高压电器，2009，45(5)：80-82.
[24]尹荣庆. 局部放电检测技术及抗干扰技术进展[J]. 电气开关，2010，48(5)：75-78.
[25]汤霖，赵冬一，迟旭，等. ZnO 非线性压敏电阻晶界微观结构的最新研究进展[J]. 电瓷避雷器，2021(3)：162-178.
[26]汤霖，迟旭，陈文龙，等. ZnO 非线性电阻的设计与探索：从第一原理看最近的进展[J]. 电瓷

避雷器，2021(4)：122-139.

[27]刘亚芸，厍海波，阮雪君，等．掺杂碳酸锂对高梯度氧化锌电阻片性能的影响[J]. 电瓷避雷器，2020(4)：75-79.

[28]温惠．MOA 的冷却结构设计与散热研究[D]. 济南：山东大学，2011.

[29]俞震华．氧化锌避雷器故障分析及性能判断方法[J]. 电力建设，2010，31(11)：89-93.

[30]齐波，张鹏，张书琦，等．数字孪生技术在输变电设备状态评估中的应用现状与发展展望[J]. 高电压技术，2021，47(5)：1522-1538.

[31]廖瑞金，王有元，刘航，等．输变电设备状态评估方法的研究现状[J]. 高电压技术，2018，44(11)：3454-3464.

[32]黄海波，雷红才，周卫华，等．基于不停电检测的变压器状态检修优化[J]. 高电压技术，2019，45(10)：3300-3307.

[33]江秀臣，盛戈皞．电力设备状态大数据分析的研究和应用[J]. 高电压技术，2018，44(4)：1041-1050.

[34]李鹏，毕建刚，于浩，等．变电设备智能传感与状态感知技术及应用[J]. 高电压技术，2020，46(9)：3097-3113.

局部放电对 GIS 盆式绝缘子绝缘劣化程度的评估研究

王榕泰，吴细秀*，陈星月，李鹏洋
（武汉理工大学自动化学院，武汉，430070）

摘　要：为了及时发现 GIS 设备放电故障，本文通过分析 GIS 设备的典型局部放电检测方法的数据特点，选取能够反映 GIS 设备运行状态的检测数据作为评估指标，建立 GIS 盆式绝缘子的状态评估模型，运用层次分析法确定各影响因素的权重系数，对 GIS 设备的绝缘状态进行评估，并通过实例验证本方法的有效性。

关键词：GIS 设备；状态评估；模糊综合评价法

0　引言

近十年来，随着电网的不断发展，GIS 用量逐年增加。据统计，2012—2016 年期间，GIS 装用量从 29927 间隔增长到 57157 间隔，年均增长率超过 15%[1]；以国网宁夏公司为例，截至 2019 年初，国网宁夏公司在运的 110kV 及以上电压等级的 GIS(HGIS)设备约占公司在运断路器的 45%，宁夏电网的各类主设备故障量却逐年降低，但 GIS 设备故障量却逐年增加[2]；近几年的变电设备故障中 330kV 及以上 GIS 设备故障跳闸情况占比近 41%，故障率为 0. 18 次/(百间隔・年)，故障原因包括异物放电、装配安装工艺不良、组部件缺陷等[3]。由此可见，GIS 设备的运行可靠性亟须提高。

研究发现[4-8]，局部放电(简称“局放”)是 GIS 设备最常见的绝缘故障，产生局放的缺陷原因有很多，不同原因产生的局放所造成的后果不一样，以盆式绝缘子为例，有的缺陷会使盆式绝缘子发生沿面闪络，劣化其绝缘性能；有的缺陷甚至会烧毁、断裂盆式绝缘子。因此需对局放造成的绝缘劣化程度进行评估。本文对局放造成 GIS 的绝缘劣化后果进行评估，从而为 GIS 状态评估提供可行方法，提高 GIS 运行可靠性。

目前对 GIS 局放研究主要集中在关键部位的仿真研究、故障诊断和状态评估几个方面。

(1)关键部位的仿真研究。运用仿真软件或搭建实验平台，对 GIS 关键部位的电场、磁场、温度场等进行局放的仿真研究。如文献[9]建立盆式绝缘子三维有限元模型开展电场、温度场、应力场的解耦运算，应用 RBF 神经网络获得盆式绝缘子的最优结构参数；文献[10]通过仿真研究与实验验证，表明了单个盆式绝缘子对于特高频信号的衰减程度可达到-3dB，且绝缘子数量与衰减程度成正比关系；文献[11]运用有限元分析对盆式绝缘子进行电热耦合仿真研究，获得盆式绝缘子电场分布和盆式绝缘子的发热曲线，并指出在额定电流和电压下，绝缘盆子最高温度位于其高压侧，最大场强位于盆子与中心导体之间的界面。

(2)故障诊断。依据GIS检测数据或实验数据，实现GIS设备放电缺陷类型的识别或放电故障部位的定位。如文献[12]提出一种基于局部均值分解(LMD)和长短期记忆神经网络(LSTM)的盆式绝缘子局部放电分类识别方法，并且识别的综合正确率达99.25%；文献[13]提出一种SF_6酸性分解物检测方法，并与特高频检测数据相结合，得到一种GIS设备局放的绝缘故障诊断方法，可有效判断GIS设备内的潜伏性故障。

(3)状态评估。目前变电站内设备的状态评估方法有设备评分法、专家系统、综合评价法以及人工智能算法等[14-19]。如文献[14]提出了多维度信息融合的变压器故障诊断专家系统，并给出了诊断流程，通过实例验证了该专家系统的可行性和准确性；文献[15]提出了基于多参量的GIS设备气体绝缘状态评估方法，运用相关向量机算法实现了对GIS绝缘状态的划分；文献[17]通过选择Hamacher算子进行模糊综合评价，通过实例验证该算子能够更加准确地反映最终评估结果。

综上所述，到目前为止尚未有研究对GIS盆式绝缘子劣化程度开展状态评估工作，为此本文依据模糊综合评价法原理[20]，分析局部放电检测方法，选择合适的状态评估指标；根据相关技术规范对评估指标进行归一化，分析指标数据特征选择三角形与半梯形组合隶属度函数，运用层次分析法确定评估指标的权重向量集，选择加权平均型算子进行模糊合成，最终实现对GIS盆式绝缘子的状态评估。

1 盆式绝缘子局放劣化特征与检测特征

1.1 GIS设备局放特征

盆式绝缘子是GIS设备中最薄弱的环节[4]，图1所示为GIS盆式绝缘子典型放电故障类型示意图，盆式绝缘子上的自由微粒、绝缘子自身缺陷(气泡或裂纹)、导体或外壳上的毛刺或者突出物等都是造成GIS设备出现放电故障的原因[4-5]。

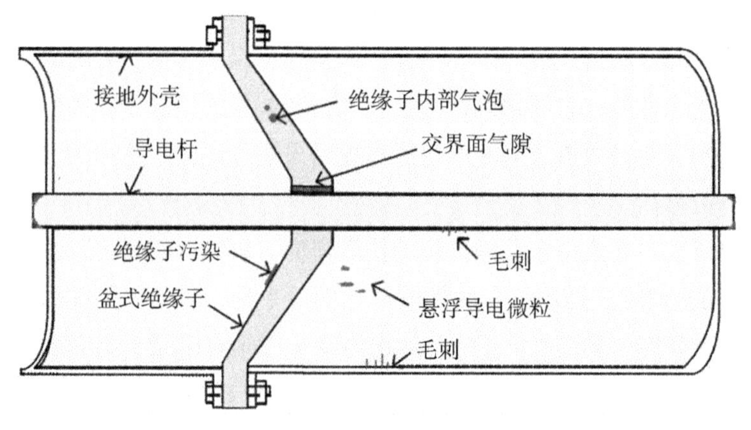

图1 盆式绝缘子典型放电故障类型示意图

具体缺陷对盆式绝缘子的绝缘劣化影响特征如下：

1）自由金属微粒缺陷

盆式绝缘子表面残留的金属微粒是GIS常见的绝缘缺陷。单个金属微粒放电不会造成贯穿性的沿面闪络，但会使盆式绝缘子表面聚集表面电荷，引起局部电场畸变，造成局部放电，为沿面放电提供通道发展所需的电荷，致使放电通道贯穿，造成沿面闪络。这种缺陷对交流耐受电压水平影响较大，但对于雷电冲击电压或者断路器操作产生的冲击电压影响较小，并且对交流耐受电压的影响与金属微粒所处位置相关，越靠近高电位的地方越容易引起局部放电。

2）气泡缺陷

在生产过程中，由于生产操作不规范、工艺流程不完善，导致盆式绝缘子在浇铸过程中混入微量空气，从而在盆式绝缘子内部形成气泡，造成盆式绝缘子的气泡缺陷，此缺陷会产生电场畸变。由于环氧树脂介电常数大于空气介电常数，气泡附近会承担较高的电压。研究发现，在交流电压过零点处，气泡的外加电压和气泡内感应电荷所产生的场强同向，此时气泡内部场强会急剧增加，放电程度最为严重，长期运行过程中可能会导致盆式绝缘子断裂。

3）裂纹缺陷

盆式绝缘子是由复合材料组成的，主要成分为环氧树脂和氧化铝。若两种组成材料分布不均匀，将使得绝缘子内部产生内应力，形成隐形损伤点，在长时间运行振动力的作用下，损伤点会在盆式绝缘子内部开裂形成裂纹，并向上延伸。当裂纹扩展到盆式绝缘子表面时，靠近绝缘子边缘方向尖端处先行放电。多次局部放电作用下，裂纹区域会被严重灼伤，随着放电和电弧热所产生的材料热应力不断扩展，诱发表面裂纹发展。当裂纹扩展到一定程度时，会产生局部脱落物，最终会损坏盆式绝缘子。

4）污秽缺陷

GIS设备内部因生产、运输或装配过程中出现意外，导致设备内部存在毛发、灰尘等杂质，这些杂质在电场作用下聚集在盆式绝缘子处，并且会在多种力的作用下附着于盆式绝缘子表面形成表面污秽。表面污秽会导致盆式绝缘子表面电场发生畸变，长期作用下会引发局部放电，严重时会发生沿面闪络，破坏盆式绝缘子。

5）毛刺缺陷

由于生产工艺不到位，GIS设备金属部位会出现凸起，这些凸起通常出现在金属外壳内壁或者导体处。凸起会改变其附近的电场分布，使局部场强增高，形成易引起毛刺电晕放电的缺陷。研究表明，在壳体上的毛刺危害性相较于导体上的毛刺危害性较小。

1.2 GIS局放检测特征

现阶段局部放电检测方法有脉冲电流法、超高频法、超声波法、化学检测法和光检测法，各方法的优缺点如表1所示[21]。

表 1　　各种局部放电检测方法的优缺点

方法	脉冲电流法	超高频法	超声波法	光检测法	化学检测法
优点	简单 灵敏度高	抗干扰 灵敏度高 可在线检测、可定位	抗电磁干扰 灵敏度高 可在线检测	不受电磁干扰 可定位	可定位 不受电磁干扰 可在线检测
缺点	不能定位 不能在线检测	放电量不能定量描述	检测范围小 受振动干扰	成本高 不能在线检测	灵敏度低

上述五种检测方法是以局部放电自身产生的现象或者以局部放电伴随的声现象、光现象和电化学现象等作为依据，通过不同的传感器对局放进行检测，从而得到局放的检测数据。通过比较五种检测方法的优缺点，本文选取超高频法和超声波法两种检测方法的检测数据作为数据来源。

1.2.1　超高频法局放检测特征

超高频法检测仪器能够得到局放的 PRPS(phase resolved pulse sequence analysis)图谱，图谱中包含局放检测的所有信息，如局放幅值、放电次数、放电量等，并且不同缺陷检测得到的 PRPS 图谱具有相应的特征，具体图谱特征如表 2 所示。

表 2　　不同缺陷 PRPS 图及图谱特征

缺陷类型	PRPS 图	图谱特征
自由金属微粒缺陷		放电间隔不稳定，极性效应不明显，工频周期相位均有放电
气泡及裂纹缺陷		放电次数较少，周期重复性低，相位较稳定，无明显极性效应
污秽缺陷		放电分散性较大，放电时间间隔不稳定，极性效应不明显

续表

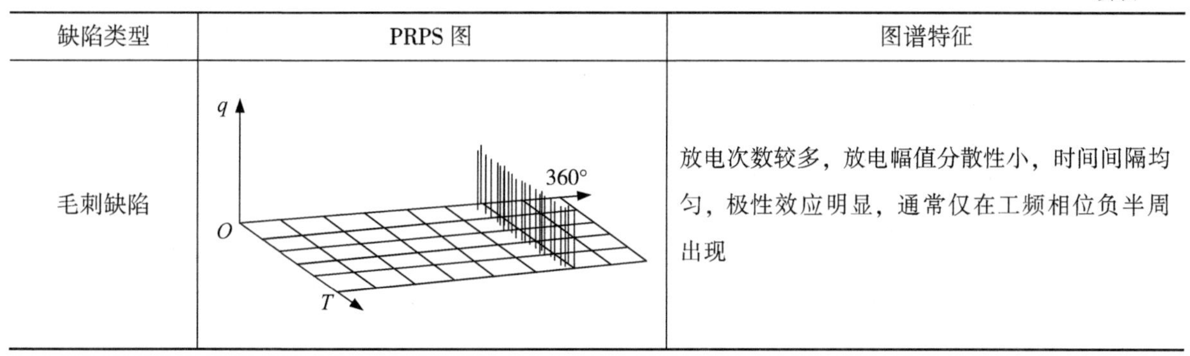

缺陷类型	PRPS图	图谱特征
毛刺缺陷	q 360° O T	放电次数较多，放电幅值分散性小，时间间隔均匀，极性效应明显，通常仅在工频相位负半周出现

依据超高频法检测的相关标准[7,22]，局放检测无经典放电图谱，无放电波形时为正常情况；100mV<放电幅值<500mV，且具有局放特性时为异常情况；放电幅值>500mV，且具有经典放电图谱时为缺陷情况。

1.2.2 超声波法局放检测特征

超声波法检测仪器能够得到局放的连续图谱、相位图谱和脉冲图谱。连续图谱可检测得到局放的信号水平、周期峰值/有效值、50Hz频率相关性以及100Hz频率相关性。50Hz频率相关性为一个工频周期内发生一次局放的概率；100Hz频率相关性为一个工频周期内发生两次局放的概率。与超高频法检测数据相似，不同的缺陷检测得到的连续图谱具有相应的特征，具体特征如表3所示。相位图谱和脉冲图谱主要作为辅助判断的依据，能够有效判断出自由微粒缺陷和毛刺缺陷。自由金属微粒缺陷的脉冲图谱具有多个"驼峰"，毛刺缺陷的相位图谱中具有一簇集中的信号聚集点。

表3 **不同缺陷连续图谱及图谱特征**

缺陷类型	连续图谱	图谱特征
自由金属微粒缺陷	AE幅值 −15 有效值[dB] 30 −15 周期最大值[dB] 30 −15 频率成分1[50Hz][dB] 30 −15 频率成分2[100Hz][dB] 30	局放信号峰值/有效值高，50Hz相关性大于100Hz相关性，无明显相位关系

续表

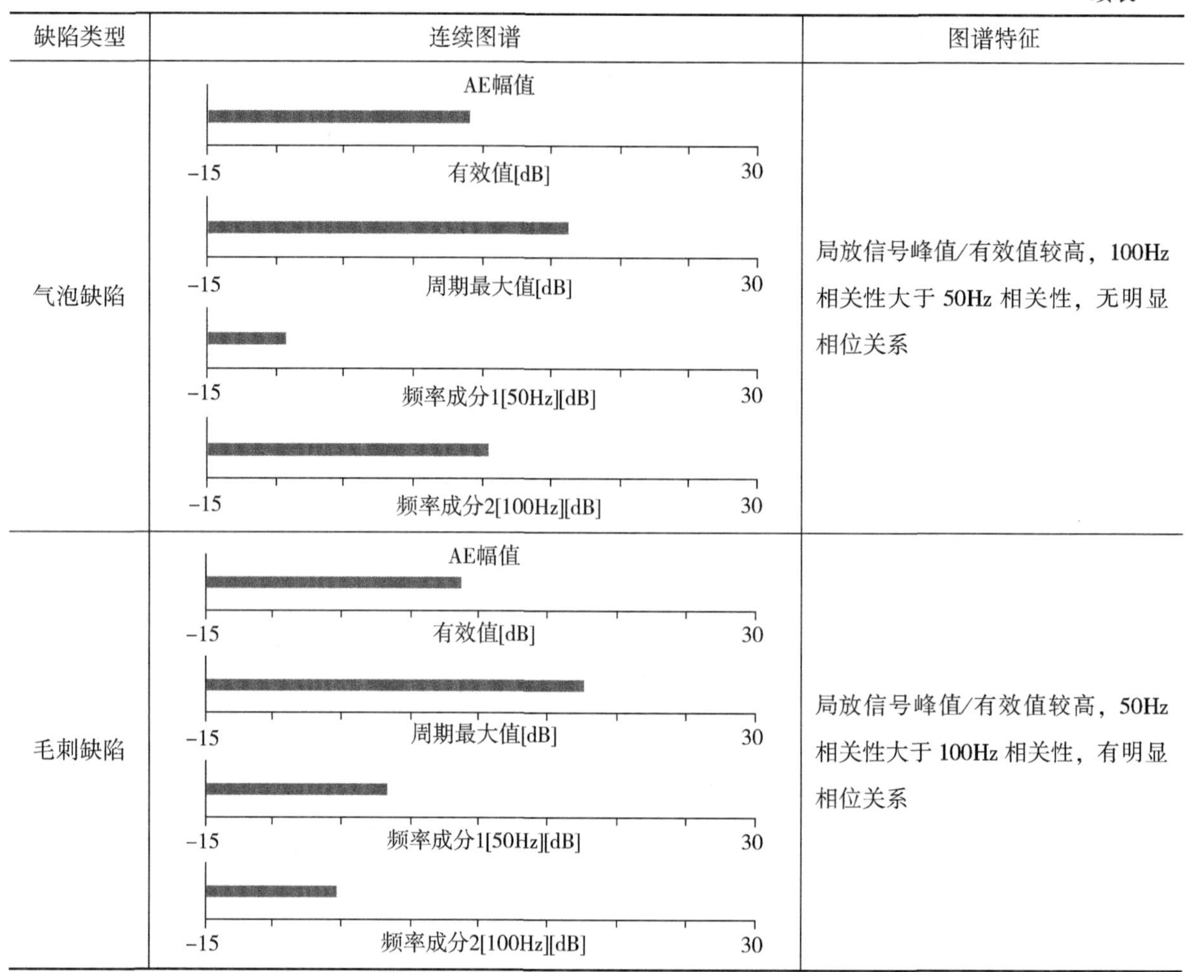

缺陷类型	连续图谱	图谱特征
气泡缺陷	AE幅值 有效值[dB] −15 30 周期最大值[dB] −15 30 频率成分1[50Hz][dB] −15 30 频率成分2[100Hz][dB] −15 30	局放信号峰值/有效值较高，100Hz相关性大于50Hz相关性，无明显相位关系
毛刺缺陷	AE幅值 有效值[dB] −15 30 周期最大值[dB] −15 30 频率成分1[50Hz][dB] −15 30 频率成分2[100Hz][dB] −15 30	局放信号峰值/有效值较高，50Hz相关性大于100Hz相关性，有明显相位关系

依据《气体绝缘金属封闭开关设备局部放电带电检测技术现场应用导则》的相关标准，对于自由金属微粒缺陷放电，若背景噪声$<V_{peak}<5$dB，则为正常，不需进行处理；若$V_{peak}>5$dB，则要提高警惕；若$V_{peak}\geqslant 10$dB，则应检查。对于毛刺缺陷放电，毛刺一般在壳体上，如果毛刺在导体上则危害更大，只要信号高于背景值，都是有害的。

2 GIS盆式绝缘子劣化状态评估

2.1 状态评估方法

GIS盆式绝缘子绝缘劣化程度的评估是一个综合评价问题，评估结果受多种不确定因素影响，不同局放检测方法得到的检测结果不一定相同，故评估的模糊性十分重要，模糊综合评价法将模糊理论与综合评价方法相结合进行综合评估，具有较强的系统性，能够使评估结果尽量客观。模糊综合评价流程如图2所示。

具体步骤如下。

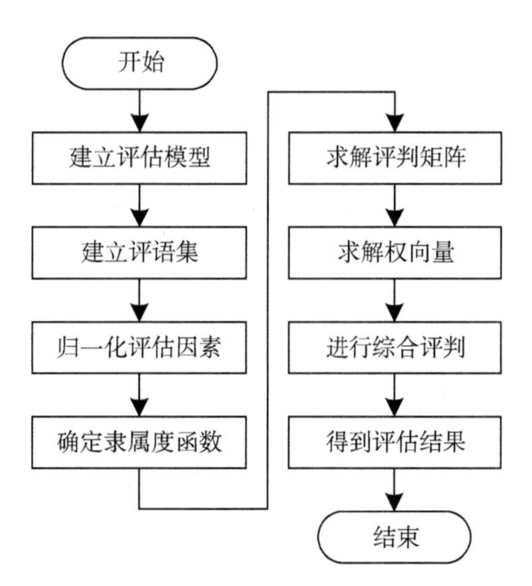

图2　模糊综合评价流程图

1) 建立评估对象的评估模型

选择能够反映评估对象状态的检测数据作为评估指标，组成评估指标集 U，同时可以按照所选择的检测方法和检测数据将 U 划分为不同层次，进行多级综合评价。

2) 建立评估对象的模糊评语集

设模糊评语集 $V=[v_1, v_2, \cdots, v_n]$ 中包含 n 个评语等级，该模糊评语集需适用于设备所有影响因素的评估。

3) 归一化处理

为进行评判矩阵求解，需要对评估因素进行归一化，将评估因素按照一定规律转化为 0 到 1 之间的数值。

4) 确定隶属度函数

将评估指标的数据进行归一化处理后，需要将评估指标的归一化数据转化为评估指标对模糊评语的隶属度。根据模糊数学理论，选取合适的隶属度函数，将归一化评估指标导入隶属度函数，即可得到评估结果对不同模糊评语的隶属度。隶属度函数可以根据评估指标的特点选择不同的隶属度函数，如梯形、三角形、S 形等。

5) 求解评判矩阵

将归一化评估指标导入隶属度函数中，可以得到相应评估指标对各评语的隶属度集，按照评估模型的分类组成评判矩阵 $\boldsymbol{R}$，如式(1)所示。

$$\boldsymbol{R}=\begin{bmatrix} R_1 \\ R_2 \\ \cdots \\ R_m \end{bmatrix}=\begin{bmatrix} r_{11} & r_{12} & \cdots & r_{1n} \\ r_{21} & r_{22} & \cdots & r_{2n} \\ \cdots & \cdots & \cdots & \cdots \\ r_{m1} & r_{m2} & \cdots & r_{mn} \end{bmatrix} \tag{1}$$

式中，R_m 为第 m 个评估指标的隶属度集；r_{mn} 为第 m 个评估指标对第 n 个评语的隶属度。

6)建立评估指标集的权重系数集

根据评估指标集 U 中各项的重要程度，建立或求解各子集的权重系数集，多级综合评价对应多个权重系数集，各权重系数集为归一化向量。本文选择层次分析法(Analytic Hierarchy Process，AHP)进行权向量求解，层次分析法求解权向量的流程如图 3 所示。

具体计算步骤如下：

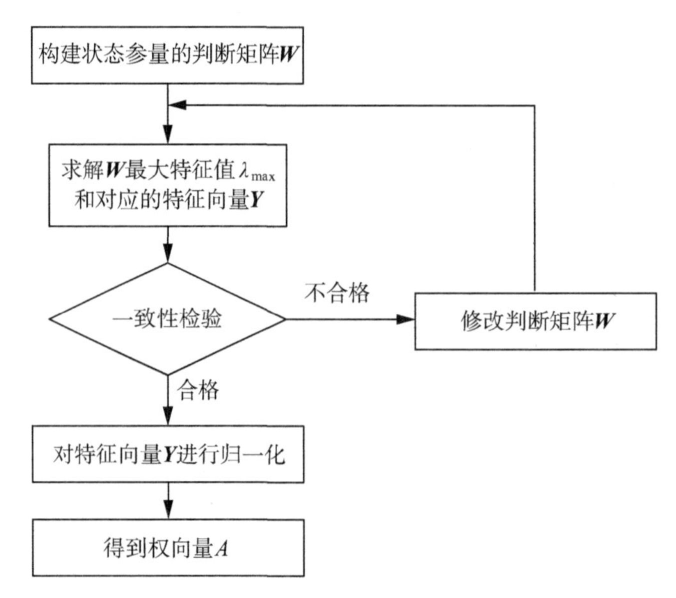

图 3　层次分析法流程图

(1)构建判断矩阵 **W**。

对具体问题，设 $X=\{x_1, x_2, \cdots, x_n\}$ 是全部因素的集，对全部因素进行两两对比，按 1—9 标度比较其重要性，越重要标度越大，由此构建 n 阶判断矩阵 **W**。

(2)求解 **W** 最大特征值 λ 和对应特征向量 **Y**。

(3)校验一致性比率并求解权向量 **A**。

对于构建的判断矩阵，需要对判断矩阵进行一致性检验，避免出现逻辑错误，具体计算步骤如下：

(1)计算判断矩阵 **W** 的最大特征值 λ_{max} 和特征向量 **Y**。

(2)计算一致性指标 CI 值。

计算 CI 的公式如式(2)所示，式中，λ_{max} 为矩阵 **W** 的最大特征向量，$\boldsymbol{n}$ 为矩阵阶数。

$$CI=\frac{\lambda_{max}-n}{n-1} \tag{2}$$

(3)通过表 4 得到随机一致性指标 RI，由式(3)计算一致性比率 CR 值并进行一致性校验，当 CR<0.1 时即可以认为满足了一致性要求，对特征向量 **Y** 进行归一化即为权向量 **A**；否则重新调整判断矩阵 **W**，重新进行一致性比率校验，直到满足要求。

$$CR=\frac{CI}{RI} \tag{3}$$

表 4 **RI 取值**

n	1	2	3	4	5	6
RI	0	0	0.58	0.90	1.12	1.24

7)选择模糊算子，进行综合评判

求解得到权重系数集 $\boldsymbol{A}$ 和评判矩阵 $\boldsymbol{R}$ 后，可根据式(4)进行模糊综合评价，得到最终的模糊综合评估矩阵 $\boldsymbol{B}$。

$$\boldsymbol{B}=\boldsymbol{A}\circ\boldsymbol{R}=[b_1,\ b_2,\ \cdots,\ b_n] \tag{4}$$

式中，$\circ$ 为模糊合成算子；b_n 为最终评估结果对第 n 个评语的隶属度。

常用的模糊合成算子有加权平均型、几何平均型、单因素决定型以及主因素突出型。本文采用加权平均型算子进行模糊综合评判。

8)得到评估结果

求得综合评估矩阵 $\boldsymbol{B}$ 后，根据最大隶属度原则，选择隶属度最大的评语作为最终的评估结果。

2.2 GIS 盆式绝缘子状态评估过程

通过分析模糊综合评价的评估流程，可以发现选择合适的评估指标、合适的隶属度函数、权重计算方法和模糊合成算子这几个步骤很关键，直接影响到最终的评估结果。

为了运用模糊综合评价法实现对 GIS 盆式绝缘子绝缘劣化程度的状态评估，将该方法与第 1 节的研究相结合，建立状态评估模型，选择模糊评语集、归一化方法、隶属度函数以及综合评价方法。

(1)建立评估模型。本文建立的评估模型如图 4 所示。

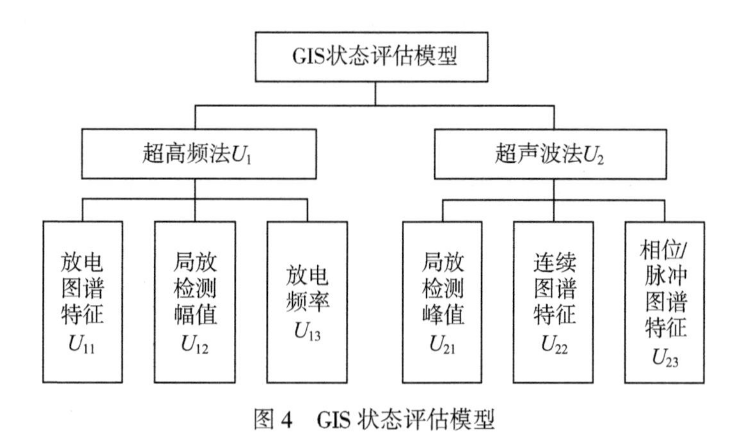

图 4 GIS 状态评估模型

将超高频法和超声波法作为一级评估指标，相应的检测数据作为二级评估指标，构成 GIS 设备状态评估模型。

(2)模糊评语集。本文中的模糊评语集用 $V=[v_1,\ v_2,\ v_3,\ v_4]$ 表示，分别对应“严重”“异常”“注意”和“正常”四个状态等级。

(3)评估指标归一化。本文选取的评估指标有定性和定量两种指标，对于检测幅值、检测峰值等越小越优型定量指标，结合相应标准，代入式(5)中进行归一化处理；对于图谱特征等定性指标，本文设正常情况记为 1，异常情况记为 0.6。

$$r_{ij}=\frac{r'_{ij}-\min r'_{ij}}{\max r'_{ij}-\min r'_{ij}}\quad i=1,\ 2,\ \cdots;\ j=1,\ 2,\ \cdots \tag{5}$$

式中，r_{ij} 为归一化后的评估指标；r'_{ij} 为初始评估指标；$\max r'_{ij}$ 为该评估指标的最大值；$\min r'_{ij}$ 为该评估指标的最小值。

(4)隶属度函数。本文中评估指标的不同状态等级之间是相互涵盖的区间范围，本文选取半梯形和三角形组合的隶属度函数，如图 5 所示。图中 x_1、x_2、x_3、x_4 根据评估指标的相关标准或研究进行选取，本文选取 0.25、0.5、0.75 和 1。

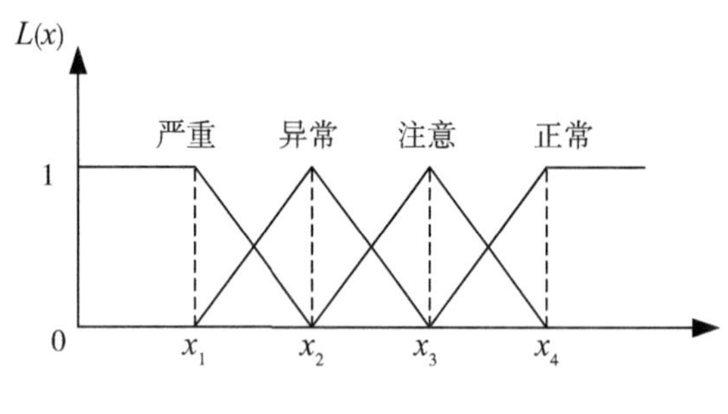

图 5　隶属度函数

(5)综合评价。本文采用加权平均型算子进行模糊综合评判。本文的 GIS 设备评估模型为二级评估模型，首先将二级评估指标按照一级评估指标的分类分为两个评判矩阵 $\boldsymbol{R}_1$、$\boldsymbol{R}_2$，与相应权向量合成得到二级综合评估矩阵 $\boldsymbol{B}_1$、$\boldsymbol{B}_2$，将 $\boldsymbol{B}_1$ 和 $\boldsymbol{B}_2$ 组合，作为一级评估指标的评判矩阵，再次进行综合评判，得到最终的综合评估矩阵。

求得综合评估矩阵 $\boldsymbol{B}$ 后，根据最大隶属度原则，选择隶属度最大的评语作为最终的评估结果。

3　算例分析

以一例 GIS 设备带电检测实例为例[2]，按照上述状态评估方法对 GIS 设备进行评估。某 110kV GIS 变电站 GIS 设备投运一个月后，对其进行超声波、超高频局部放电检测，检测结果如图 6 所示，图 6(a)为超高频检测的 PRPS 图谱，图 6(b)为超声波检测的连续图谱和脉冲图谱。

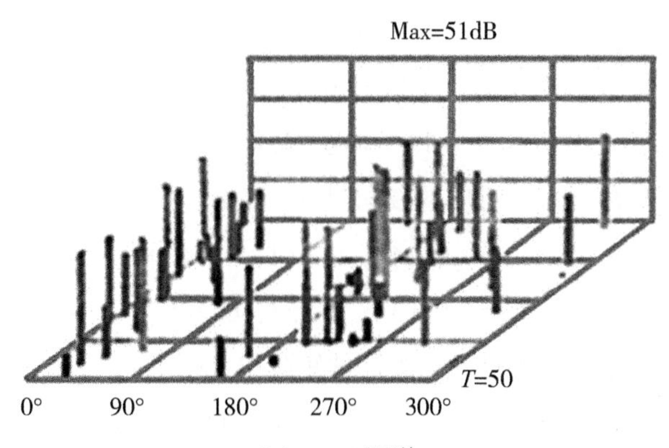

(a)PRPS图谱

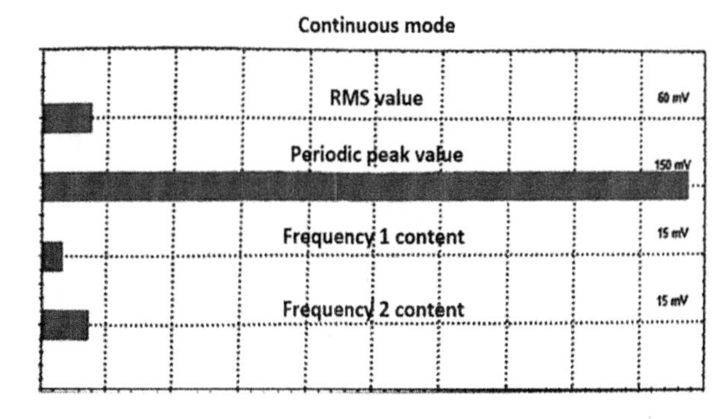

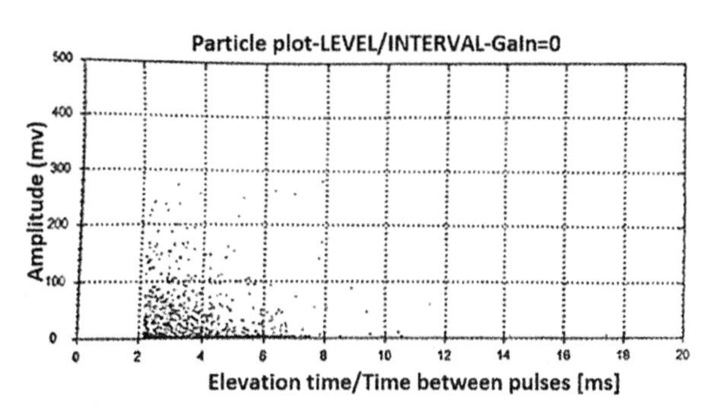

(b)连续图谱和脉冲图谱

图6　局放检测图谱

由检测数据可以得到表5。

表5　影响因素的归一化指标

一级评估指标	二级评估指标	实际情况	归一化指标
超高频法 U_1	放电图谱特征 U_{11}	异常	0.6
	PD检测幅值 U_{12}	37dB	0.63
	放电频率 U_{13}	异常	0.6
超声波法 U_2	PD检测峰值 U_{21}	145mV	0
	连续图谱特征 U_{22}	异常	0.6
	脉冲图谱特征 U_{23}	异常	0.6

将二级评估指标的归一化指标代入隶属度函数中得到评判矩阵 $\boldsymbol{R}_1$ 和 $\boldsymbol{R}_2$：

$$\boldsymbol{R}_1=\begin{bmatrix}0 & 0.6 & 0.4 & 0\\ 0 & 0.48 & 0.52 & 0\\ 0 & 0.6 & 0.4 & 0\end{bmatrix} \tag{6}$$

$$R_2 = \begin{bmatrix} 1 & 0 & 0 & 0 \\ 0 & 0.6 & 0.4 & 0 \\ 0 & 0.6 & 0.4 & 0 \end{bmatrix} \tag{7}$$

本文计算得到评判矩阵 $\boldsymbol{R}_1$ 和 $\boldsymbol{R}_2$ 对应的权向量 $\boldsymbol{A}_1$ 和 $\boldsymbol{A}_2$ 为：

$$\boldsymbol{A}_1 = [0.143,\ 0.714,\ 0.143] \tag{8}$$

$$\boldsymbol{A}_2 = [0.637,\ 0.258,\ 0.105] \tag{9}$$

以加权平均型算子进行综合评估得到二级评估矩阵 $\boldsymbol{B}_1$ 和 $\boldsymbol{B}_2$：

$$\boldsymbol{B}_1 = \boldsymbol{A}_1 \cdot \boldsymbol{R}_1 = [0,\ 0.514,\ 0.486,\ 0] \tag{10}$$

$$\boldsymbol{B}_2 = \boldsymbol{A}_2 \cdot \boldsymbol{R}_2 = [0.637,\ 0.218,\ 0.145,\ 0] \tag{11}$$

将二级评估矩阵 $\boldsymbol{B}_1$ 和 $\boldsymbol{B}_2$ 组合，得到评判矩阵 $\boldsymbol{R}$：

$$\boldsymbol{R} = \begin{bmatrix} \boldsymbol{B}_1 \\ \boldsymbol{B}_2 \end{bmatrix} = \begin{bmatrix} 0 & 0.514 & 0.486 & 0 \\ 0.637 & 0.218 & 0.145 & 0 \end{bmatrix} \tag{12}$$

本文计算得到评判矩阵 $\boldsymbol{R}$ 对应的权向量 $\boldsymbol{A}$ 为：

$$\boldsymbol{A} = [0.5,\ 0.5] \tag{13}$$

进行综合评估得综合评估矩阵 $\boldsymbol{B}$：

$$\boldsymbol{B} = \boldsymbol{A} \cdot \boldsymbol{R} = [0.319,\ 0.366,\ 0.315,\ 0] \tag{14}$$

由综合评估矩阵可知，评估结果中，对“正常”状态的隶属度为0，对“注意”状态的隶属度为0.315，对“异常”状态的隶属度为0.366，对“严重”状态的隶属度为0.319。由最大隶属度原则，评价结果对“异常”状态的隶属度最高，大于其他三种状态评语，故最终综合评估结果为GIS设备处于异常状态(v_3级)。

对该变电站故障设备进行解体检查发现：GIS隔离开关气室底部存在两处固体金属颗粒。该GIS设备存在自由金属微粒缺陷，此缺陷早期不影响GIS设备的正常运行，但会导致局部放电，劣化盆式绝缘子，与状态评估结果相符合。由此得出，本文所采用的状态评估方法具有一定的可行性和准确性。

4 结语

为了提高GIS设备的可靠性，本文分析了目前常用的在线检测方法，对GIS盆式绝缘子绝缘劣化的状态评估方法进行了研究，主要结论如下：

(1)总结了GIS盆式绝缘子的典型放电故障，自由微粒、绝缘子气泡或气隙、绝缘子裂纹、表面污秽、毛刺等都是GIS盆式绝缘子的典型放电缺陷。分析了超高频法和超声波法的检测数据，并作为状态评估的依据。

(2)运用模糊综合评价法实现对GIS盆式绝缘子的状态评估，选择超高频法和超声波法检测数据作为评估指标、选择三角形和半梯形的组合隶属度函数、运用层次分析法确定权重系数、选择加权平均型的模糊算子进行合成，以确保能够准确评估GIS设备运行状态。

(3)通过对实例的分析，验证本文所用方法具有一定的可行性和准确性。

◎ 参考文献

[1]周安春，高理迎，冀肖彤，等．SF_6/N_2 混合气体用于GIS母线的研究与应用[J]．电网技术，2018，42(10)：3429-3435.

[2]国网宁夏电力有限公司电力科学研究院，等．GIS设备典型故障案例及分析[M]．北京：中国电力出版社，2019.

[3]王江伟，张丕沛，李杰，等．特高压变电站1000kV GIS局部放电问题分析[J]．山东电力技术，2022，49(7)：52-57，63.

[4]韩帅，高飞，廖思卓，等．GIS盆式绝缘子表面缺陷及其诊断方法研究综述[J]．绝缘材料，2022，55(2)：12-22.

[5]庞文龙．超高压等级GIS潜伏性故障机理及特性研究[D]．武汉：武汉理工大学，2020.

[6]杨楚．气体绝缘组合电器(GIS)典型绝缘缺陷的局部放电模型研究[D]．武汉：华中科技大学，2015.

[7]国网河南省电力公司检修公司．气体绝缘金属封闭开关设备带电检测方法与诊断技术[M]．北京：中国电力出版社，2016.

[8]黄玉龙，周哲，赵新德，等．局部放电测试在GIS设备故障诊断中的应用[J]．电工技术，2017(6)：92-94.

[9]张施令，彭宗仁，王浩然，等．盆式绝缘子多物理场耦合数值计算及结构优化[J]．高电压技术，2020，46(11)：3994-4005.

[10]王彦博，朱明晓，邵先军，等．气体绝缘组合电器中局部放电特高频信号S参数特性仿真与实验研究[J]．高电压技术，2018，44(1)：234-240.

[11]Zhang S. Theoretical analysis of electric heating field and insulation accident of high voltage AC basin insulator[J]. Journal of Physics：Conference Series，2021，1920(1).

[12]郭建鑫，赵玉顺，王志宇，等．基于LMD和LSTM的盆式绝缘子典型缺陷局部放电模式识别方法[J]．南方电网技术，2021，15(8)：95-105.

[13]林福海，颜湘莲，粮业员，等．基于 SF_6 酸性分解物与特高频结合的GIS绝缘故障诊断[J]．绝缘材料，2020，53(9)：101-106.

[14]徐阳，谢天喜，周志成，等．基于多维度信息融合的实用型变压器故障诊断专家系统[J]．中国电力，2017，50(1)：85-91.

[15]宋人杰，赵萌，关潇卓，等．基于相关向量机的GIS气体绝缘状态评估[J]．高压电器，2016，52(12)：237-243.

[16]高玉峰．气体绝缘全封闭开关设备的状态监测与故障诊断方法研究[D]．保定：华北电力大学，2019.

[17]李龙，陈乾，杨瑞，等．基于 Hamacher 算子的变电站自动化二次设备状态模糊综合评估方法[J]．湖北电力，2022，46(3)：45-49.

[18]王涛云，马宏忠，崔杨柳，等．基于可拓分析和熵值法的 GIS 状态评估[J]．电力系统保护与控制，2016，44(8)：115-120.

[19]丁一．GIS 设备运行状态模糊综合评价方法研究及应用[D]．北京：华北电力大学(北京)，2017.

[20]胡宝清．模糊理论基础[M]．武汉：武汉大学出版社，2004.

[21]李莉苹．气体组合电器绝缘状态评估与故障诊断技术研究[D]．重庆：重庆大学，2015.

[22]卢启付，李端姣，唐志国，等．局部放电特高频检测技术[M]．北京：中国电力出版社，2017.

一起 500kV 电抗器放电故障状态感知与辨证论治

赵荣普，王清波，韦瑞峰，邹璟，方勇，路智欣，冉玉琦，段永生，胡鹏伟

（云南电网有限责任公司昆明供电局，昆明，650011）

摘　要：本文剖析了 500kV 高压电抗器投运后乙炔含量超标并持续增长的情况，分析处理了一起解体实例。此案例通过油色谱在线监测、离线数据跟踪、带电检测、超声波局放分析、振动测试、高频局放测试、停电内检、吊罩检查等多种测试手段，对设备故障进行判定，讨论了设备状态监测、技术监督中各专业协同作业、综合分析的重要意义，分析了带电监测、停电检修等专业的各自优势，对今后的设备重大风险隐患排查整治提供了经验及合理化建议。

关键词：高压设备；带电监测；状态检修；停电检修吊罩；应用实例

0　引言

随着电网规模的不断扩张，国民用电量需求和用电质量急速提升，对电网设备供电可靠性的刚性需求亟待同步。故障检修或预试检修模式已经不能满足当前电网安全稳定需求，差异化、精益化的状态检修是时代的召唤。

辨证是中医认证识证的过程，通过“四诊”等方法，尽早地、全面地收集病患的症状信息，通过分析、综合，辨清疾病的病因、性质、部位以及邪正之间的关系，概括、判断为某种性质的证。证比症状更全面、更深刻、更准确地揭示疾病的本质。例如，感冒是一种疾病，临床可见恶寒、发热、头身疼痛等症状，但由于引发疾病的原因和机体反应性有所不同，又表现为风寒感冒、风热感冒、暑湿感冒等不同的证型。

论治又称施治，是根据辨证的结果，确定相应的治疗方法。辨证和论治是诊治疾病过程中相互联系不可分离的两部分。辨证是决定治疗的前提和依据，论治是治疗的手段和方法。通过论治的效果可以检验辨证的正确与否。

将“辨证论治”的思想和方法应用到变电设备的状态检修过程中，是一种科学的实践。首先，通过检测方法尽早地、全面地收集设备“症状”，理化、电磁、声振、光、热等多源异构信息能反映故障的表征，及时发现设备潜伏性故障，“治未病”。其次，通过对设备状态进行诊断分析，能够辨清故障的原因、类型、定位、趋势等，更全面、更深刻、更正确地掌握设备故障的本质。再次，“对

证下药”，确保及时有效消除隐患、防范损失。最后，康复效果可以检验辨证的正确与否，又可通过新一轮的辨证来检查治疗效果。

变电设备“辨证”基本模型如图 1 所示。

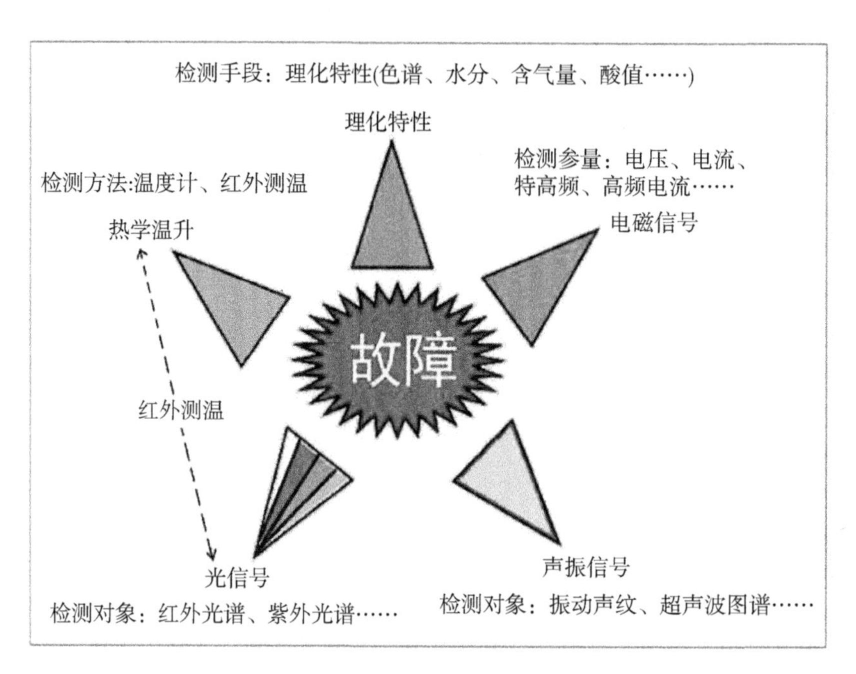

图 1　变电设备“辨证”基本模型

1　多源异构的设备状态感知

1.1　油中溶解气体带电监测

2020 年 9 月 2 日发现该设备油色谱在线和离线数据，乙炔含量超过注意值。为提高对设备状态的管控力度，9 月 3 日，将油色谱在线监测的监测周期由 1 次/天修改为 4 次/天(监测时间节点分别为每天 7：00、13：00、19：00、1：00)。数据见表 1。

表 1　绝缘油中溶解气体分析数据

试验日期	H_2	CO	CO_2	CH_4	C_2H_4	C_2H_6	C_2H_2	总烃	测试方式
2020. 06. 30	18. 29	67. 24	195. 63	3. 12	0. 45	1. 07	0. 00	4. 65	离线
2020. 09. 01	18. 20	96. 83	266. 20	2. 71	0. 45	0. 34	0. 00	3. 50	在线
2020. 09. 02	21. 24	137. 77	502. 55	9. 91	2. 09	6. 95	1. 96	20. 91	在线
2020. 09. 03	28. 32	155. 02	534. 19	11. 05	2. 14	7. 21	2. 17	22. 57	在线

续表

试验日期	H_2	CO	CO_2	CH_4	C_2H_4	C_2H_6	C_2H_2	总烃	测试方式
2020.09.04	38.40	174.53	469.31	12.38	2.08	7.15	2.10	23.71	在线
2020.09.04	31.59	160.48	486.64	11.03	2.09	7.27	2.16	22.55	在线
2020.09.04	31.49	159.41	486.68	11.47	2.15	7.45	2.23	23.31	在线
2020.09.04	34.59	169.96	492.77	12.09	2.57	7.62	2.24	24.53	在线
2020.09.05	34.32	163.75	502.27	12.10	2.30	7.78	2.36	24.55	在线
2020.09.05	38.72	177.67	518.59	12.22	2.35	8.04	2.43	25.04	在线
2020.09.05	37.11	178.33	533.10	12.20	2.49	8.36	2.43	25.48	在线
2020.09.05	42.55	186.68	610.21	13.40	2.78	9.26	2.79	28.24	在线
2020.09.06	39.00	187.05	574.35	14.63	3.19	9.40	2.74	29.95	在线

该设备的其他绝缘油试验数据(含气量、水分、介质损耗、绝缘强度、闭口闪点等)均合格。

雷电查询：调取500kV白邑变5km范围内6月23日—9月5日期间的雷电定位系统数据，未发现落雷情况。

过电压查询：与超高压公司核实±500kV禄劝换流站直流调试工作，±500kV禄劝换流站6月20日已正式运行。即不涉及因直流试验调试引起交流过电压情况。

1.2 电气试验部分

查询投运后历次开展的直流电阻、绝缘电阻、介损、交流耐压、局放等试验数据，未发现异常。

1.3 局部放电带电测试

根据油中溶解气体分析技术判断，2020年9月5日至9月7日，对该高抗局部放电超声波、高频电流检测信号开展分析。

1)超声波测试与幅值定位

现场布置接触式超声波传感器，经全方位普测后，确定C相高抗现场超声波局放幅值最大位置见图2，其幅值大于100mV，超声波图谱见图3。对A相和B相全方位普测，所有的部位超声幅值都小于10mV，图谱特征基本相同，见图4、图5。

2)高频测试与幅值定位

使用HFCT高频脉冲电流传感器，如图6所示，选取40~300kHz、1~5MHz、10~20MHz三个频带，对高抗进行高频局放测试，在铁芯接地线检测到局放信号，信号图谱见图7、图8、图9。A、B相未检测到局放信号。

图 2　该高抗 C 相超声信号幅值定位点

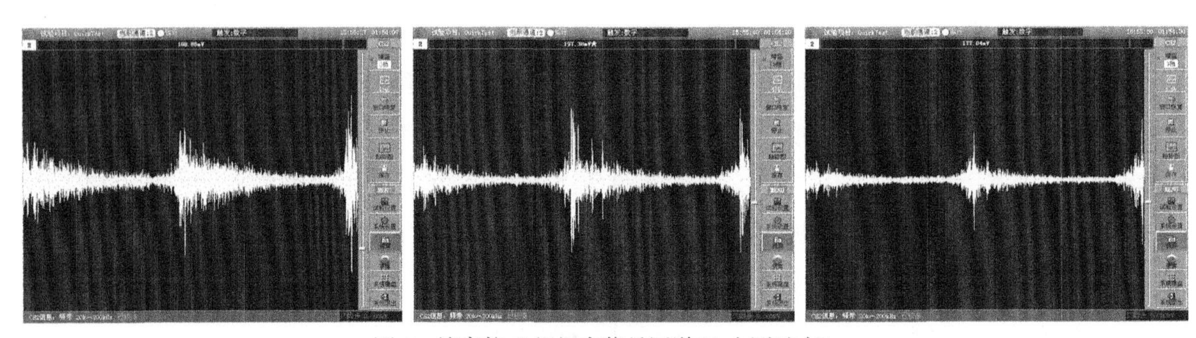

图 3　该高抗 C 相超声信号图谱(3 个测试点)

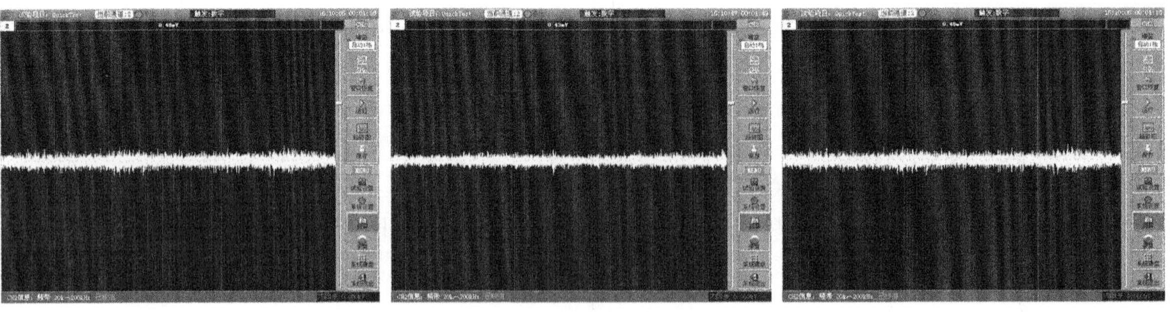

图 4　该高抗 A 相超声信号图谱(3 个测试点)

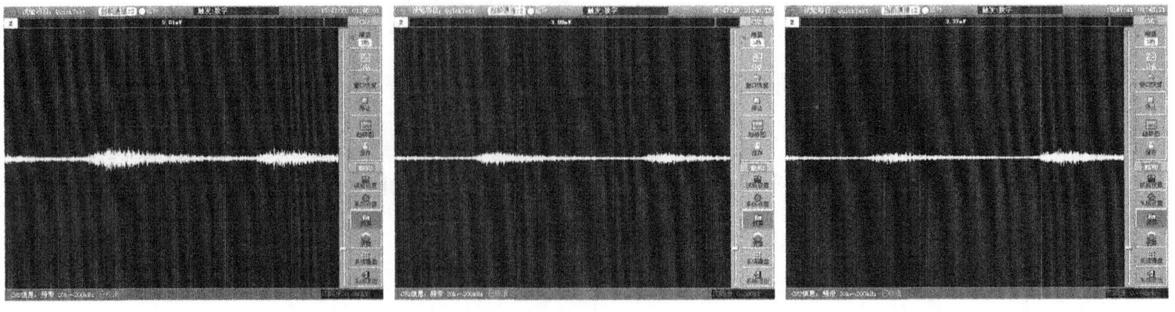

图 5　该高抗 B 相超声信号图谱(3 个测试点)

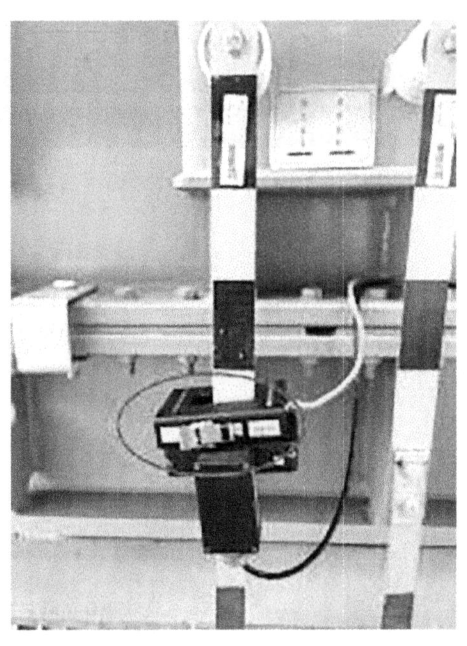

图6 高抗HFCT高脉冲电流传感器安装图

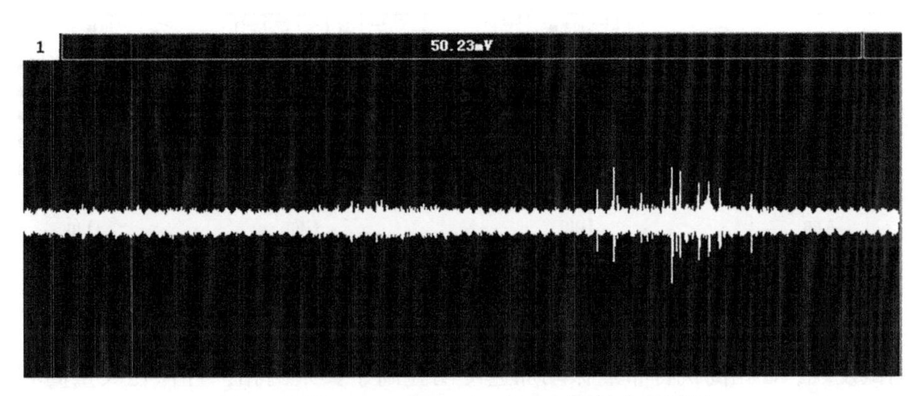

图7 频带40~300kHz下C相高频局放信号图谱

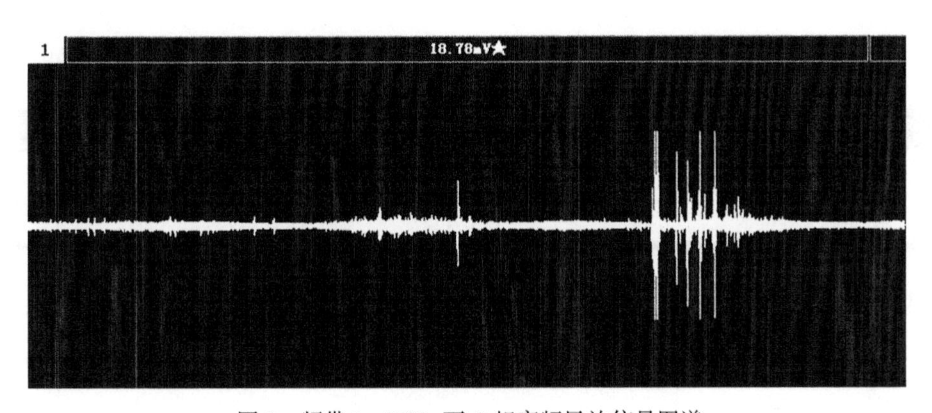

图8 频带1~5MHz下C相高频局放信号图谱

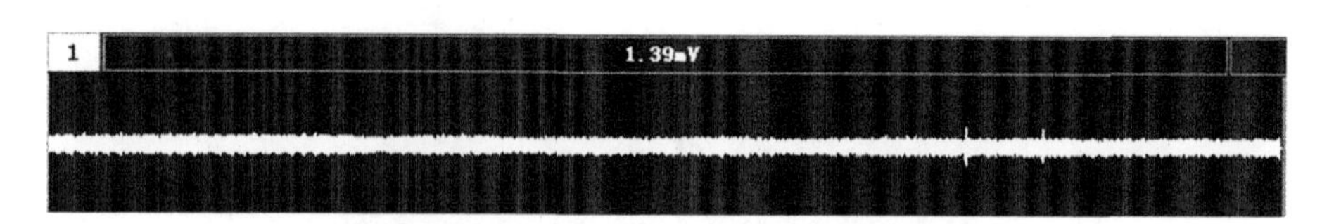

图9　频带10~20MHz下C相高频局放信号图谱

1.4　振动特性带电测试

在带电运行状态下开展振动测试，高抗振动传感器布点位置见图10，A相和B相则选取C相每个面最大值的位置进行比对复测。

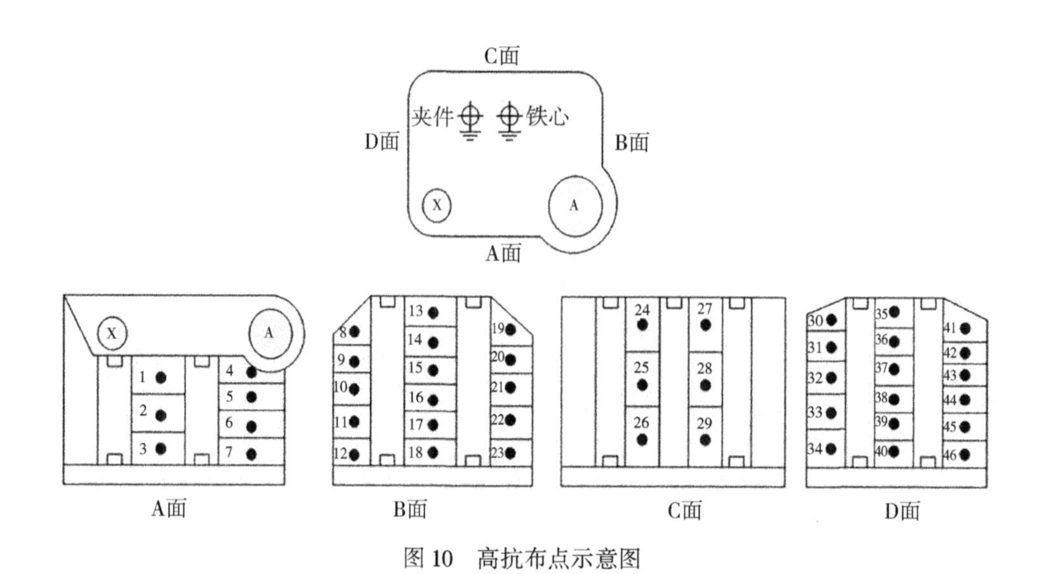

图10　高抗布点示意图

经振动测试发现，C相高抗各布点振动加速度明显高于其余两相，且存在大量高频杂波，表明高抗内部存在部件松动，导致振动信号增强。相关图谱见图11、图12、图13。

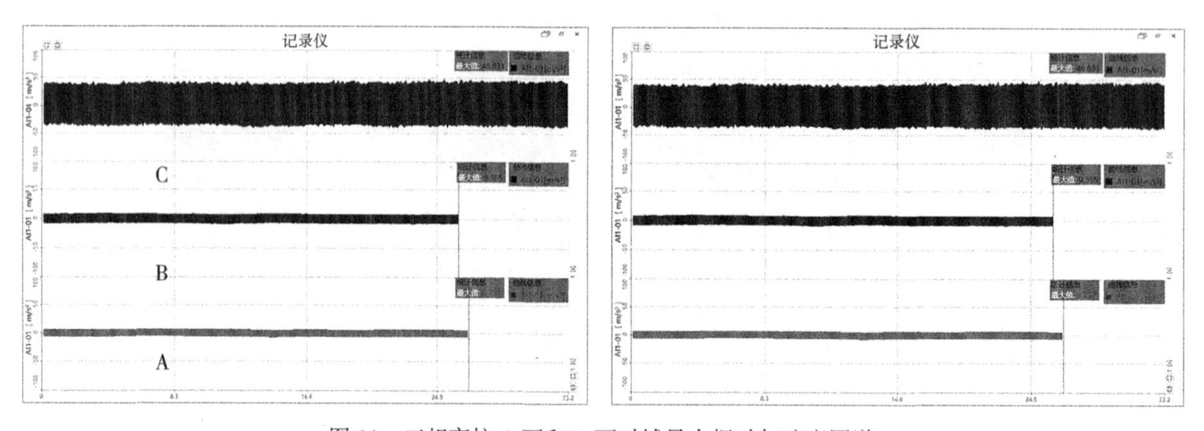

图11　三相高抗A面和B面时域最大振动加速度图谱

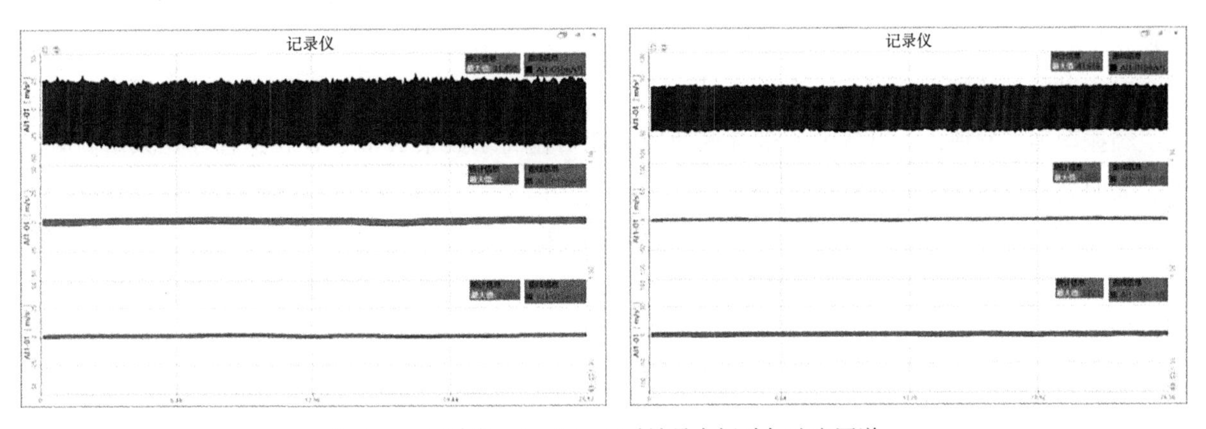

图12　三相高抗C面和D面时域最大振动加速度图谱

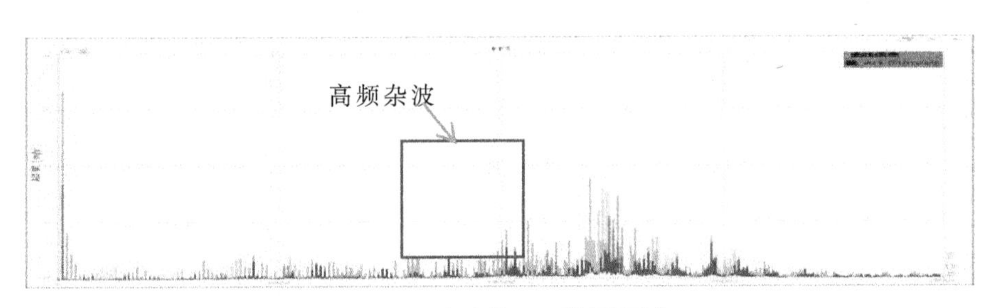

图13　三相高抗A面频域图谱

2　辨证论治

2.1　综合辨证

1)阈值诊断

根据Q/CSG 1206007—2017《电力设备预防性试验规程》500kV油浸式电抗器运行油中溶解气体注意值(总烃≤150μL/L、H_2≤150μL/L、C_2H_2≤1μL/L、油中含气量≤5%)判断：该电抗器本体乙炔含量大于1μL/L，且乙炔持续增长，表明设备内部存在故障。

2)比值诊断

根据DL/T 722—2014《变压器油中溶解气体分析和判断导则》三比值法，编码为102，故障类型为电弧放电。

3)趋势判断

各气体浓度及总烃浓度(30μL/L以内)都不高，表征故障及其变化趋势的特征气体乙炔增长速率缓慢。通过2020年9月4日、5日的检测结果，乙炔增长与时间序列无明显相关性，但是增长不是持续的(数据规模较小，该分析可能有偏差)。

4)局部放电指纹诊断

通过检测到的超声波、HFCT高频脉冲电流信号图谱指纹特征可推断：该放电故障的放电能量不强、呈间歇性放电。

5)振动特性诊断

经振动测试发现，C 相高抗各布点振动加速度明显高于其余 A 相、B 相，且存在大量高频杂波，表明高抗内部存在部件松动。

小结：500kV 邑劝甲线高抗 C 相本体内部存在局部放电故障和内部器件松动现象。综合内因和外因分析，乙炔超标的可能原因是高抗振动引起内部地电位连接紧固件或高压套管均压环固定弹簧螺栓松动，产生微量乙炔。

2.2 论治策略

(1)建议立即停电处理，阻止局放对设备的破坏。停电前每天跟踪监测 500kV 邑劝甲线高抗运行声音、油色谱数据(在线和离线)、油温、绕温、红外测温、铁心和夹件接地电流及瓦斯集气盒状态，发现异常变化及时上报。修试专业部门编写方案，做好人力物力准备。运行部门做好随时停电的准备。

(2)停电后立即将 C 相电抗器运送到检修试验车间，按照方案进行吊罩检修。

(3)开展 C 相高抗的排油内检，重点检查套管均压球螺杆紧固位置、铁心和夹件等部件的地电位固定螺栓是否有松动或放电痕迹。A 相、B 相高抗视 C 相高抗内检情况再确定是否内检。

3 停电检修

2020 年 9 月 15 日对该电抗器计划停电，并按照方案开展吊罩检查。

3.1 检查异常情况

经检查，线圈、器身未见明显异常，现场检查异常情况如下：

①铁心压紧系统拆卸压力为 29MPa(出厂值 36MPa)，减小约 20%(图 14、图 15)。

图 14　拆卸铁心压紧系统

图 15　拆卸压力

②相间隔板与下铁轭接触处存在黑色印迹(图 16、图 17)。

图 16　黑色印迹

图 17　黑色印迹

③由上自下第五个铁心饼下部真空固化胶表面开裂(图 18、图 19)。

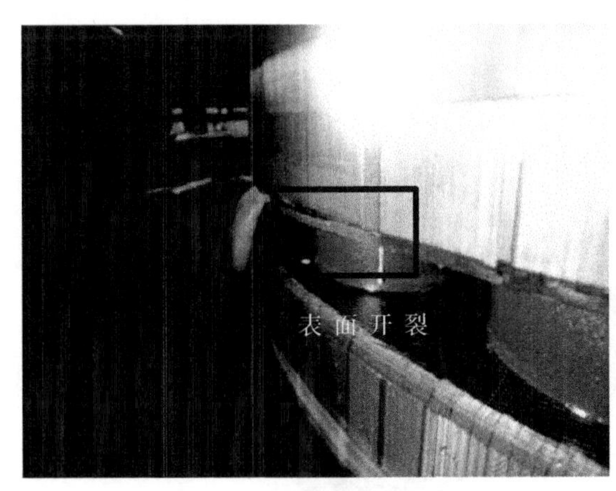

图 18　真空固化胶开裂

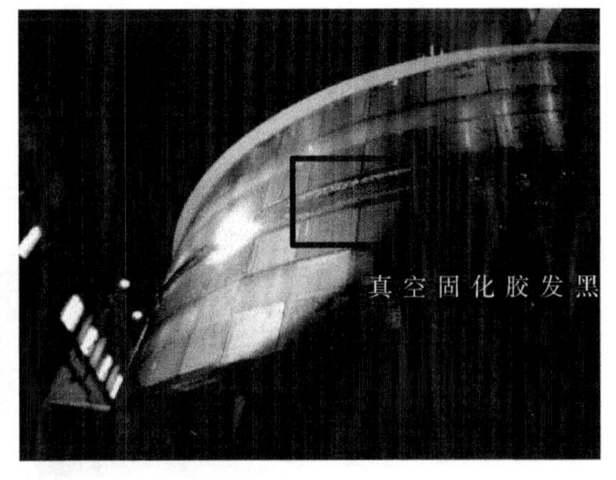

图 19　真空固化胶发黑

3.2　异常情况分析

(1)异常情况①：通过查看分析《生产过程工序检验记录》《电抗器器身绝缘装配操作检查记录》《电抗器总装配操作检查记录》等，产品的制造过程全工序均未发现异常，符合制造厂的技术要求。

针对为何出现压紧力不足现象开展原因分析：

产品制作时心柱压紧有三道工序：第一道为产品出炉总装时压紧心柱，此时为热状态；第二道为产品注油静放 120h 后压紧心柱，此时产品为冷状态；第三道为产品试验后吊芯检查，对铁心饼复压。

三道铁心压紧工序关注液压机压紧力，产品在试验时压紧力满足要求，产品厂内试验噪声振动合格；产品复压时，操作不到位使得螺母发生卡顿，压紧力不能有效加压至铁轭以及铁心饼上，产品经过长途运输，使得其结构件的配合状态发生了微小改变，铁心心柱压紧螺杆的状态也发生了微小改变，压紧力衰减，产品现场投运后出现噪声振动异常。

(2)异常情况②，对高抗进行解体后提取了样本，并将样品立即送至金化所进行化验分析见图20—图23及表2、表3。

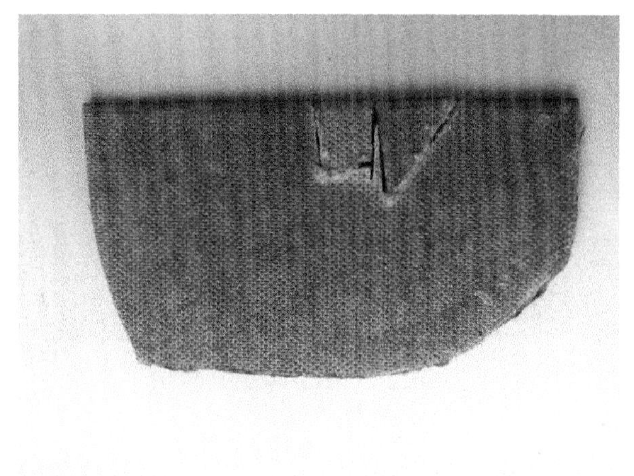

图20　测试取回样本

图21　化验分析

图22　电镜能谱采集位置1

表2　**采集位置1处能谱化学成分**

谱图	C	O	Na	S	Cl	K	Fe
谱图1	53.11	45.91	0.58	—	0.22	0.18	—
谱图2	56.12	42.23	0.72	—	0.51	0.42	—
谱图3	57.91	39.36	1.03	—	0.69	0.65	0.36
谱图4	56.19	42.28	0.64	—	0.40	0.24	0.24
谱图5	52.13	47.09	0.30	0.12	—	—	0.37
谱图6	55.07	43.88	0.49	—	0.19	0.14	0.22

续表

谱图	C	O	Na	S	Cl	K	Fe
谱图 7	52.06	47.15	0.40	—	0.21	0.18	—
谱图 8	53.49	45.73	0.40	—	0.16	—	0.22
谱图 9	54.38	44.32	0.69	—	0.35	0.25	—
最大	57.91	47.15	1.03	0.12	0.69	0.65	0.37
最小	52.06	39.36	0.30	0.12	0.16	0.14	0.22

图 23　电镜能谱采集位置 2

表 3　**采集位置 2 处能谱化学成分**

谱图	C	O	Na	Cl	K	Fe	Cu	Zn
谱图 1	52.62	46.34	0.72	0.32	—	—	—	
谱图 2	53.10	46.93	—		—	—	—	-0.03
谱图 3	55.06	43.37	0.83	0.51	0.24	—	—	—
谱图 4	54.20	44.67	0.50	0.33	0.30	—	—	—
谱图 5	52.95	45.98	0.64	0.23	0.20	—	—	—
谱图 6	55.66	43.47	0.47	0.20	0.21	—	—	—
谱图 7	51.30	48.39	—	—	—	0.31	—	—
谱图 8	54.01	45.26	0.37	0.18	0.19	—	—	—
谱图 9	50.62	49.11	0.26	—	—	—	0.01	—
谱图 10	49.96	49.72	0.23	0.09	—	—	—	—
谱图 11	51.82	47.53	0.54	0.12	—	—	—	—
谱图 12	53.52	45.74	0.38	0.18	0.18	—	—	—
最大	55.66	49.72	0.83	0.51	0.30	0.31	0.01	-0.03
最小	49.96	43.37	0.23	0.09	0.18	0.31	0.01	-0.03

根据送检绝缘纸板能谱分析结论“检测结果显示绝缘纸板焦黑边缘存在少量的 Na、Fe、Cl、K 元素，不影响绝缘纸板的整体绝缘性能，初步认定该绝缘纸板无异常现象”，结合现场擦拭以后黑色痕迹可擦除的特性，可以推断黑色痕迹应该不是由纸板放电形成的，判断黑色印迹为油泥，由于 C 相高抗运行振动较大，可能由纸板运行过程中与下铁轭端面摩擦产生。

(3)针对异常情况③，根据制造厂工艺要求电抗器铁心饼制造工艺，如果铁心饼表面树脂层开裂，用锉刀等工具处理成“V”字形，清理干净后，浇注“HH”常温固化胶成型。制造厂确认局部开裂发黑等问题是生产过程中树脂层局部开裂修补后留下的痕迹，对高抗的安全稳定运行不会造成不良影响。

小结：500kV 白邑变邑劝甲线 C 相高抗异常主要原因为铁心压紧系统压紧力未达到设计要求值，运行过程中铁心饼带动上铁轭振动导致高抗振动异常，同时，上铁轭与短片可能存在接触不良，造成低能放电。

3.3 检修效果

500kV 白邑变邑劝甲线 A、B、C 相电抗器通过返厂检修后，所有规定的检查、试验合格，尤其是涉及异常情况的项目都满足要求。投运后按照规定周期进行设备状态检测，未发现异常。证明综合分析推断正确、检修效果良好。

4 结语

通过详实的案例剖析与验证，我们将经验教训反馈到全生命周期管理有待优化的环节，不断提升设备的管理水平：

(1)监造：应明确设备工厂监造要点及重点关注事项，并定期滚动更新。监造人员在制造厂进行监造的过程中，发现试验数据明显偏差时，应向厂家提出疑问，并要求厂家书面解释或整改。例如此次监造人员就应重点关注或要求现场见证铁心压紧系统的压紧力是否达到设计要求值。

(2)验收：应严格按照验收规程所有条款要求验收，能够量化的要求，应尽量依据规程量化。

(3)运维：传统的故障检修或预试检修，已经不能满足当前的电网安全稳定需求，差异化、精益化的状态检修是时代的召唤。设备状态全景感知、充分挖掘参量与故障的映射关系是设备管理的基础核心，大数据分析、智能诊断、状态预测是发展方向。

◎ 参考文献

[1]中国南方电网有限责任公司. 电力设备预防性试验规程：Q/CSG 1206007—2017[S]. 北京：中国电力出版社，2017.

[2]国家能源局. 变压器油中溶解气体分析和判断导则：DL/T 722—2014[S]. 北京：中国电力出版社，2015.

[3]操敦奎. 变压器油中气体分析诊断与故障检查[M]. 北京：中国电力出版社，2005.
[4]钱旭耀. 变压器油及相关故障诊断处理技术[M]. 北京：中国电力出版社，2006.
[5]董其国. 电力变压器故障与诊断[M]. 北京：中国电力出版社，2000.
[6]陈安伟. 输变电设备状态检修[M]. 北京：中国电力出版社，2012.

变电设备红外识别与热故障诊断研究

范鹏[1,2]，沈厚明[1,2]，曾祥进[3]，谢涛[1,2]，赵淳[1,2]，吴启瑞[1,2]

（1. 南瑞集团有限公司（国网电力科学研究院），南京，211106；

2. 国网电力科学研究院武汉南瑞有限责任公司，武汉，430074；

3. 武汉工程大学计算机科学与工程学院，武汉，430074）

摘　要：为了提高电力系统变电设备红外监测的效率，同时对多个相似目标进行监测，本文提出了一种改进的基于BRISK(binary robust invariant scalable keypoints)的模板匹配方法。首先在对目标模板图像与被监测图像预处理的基础上，利用BRISK算法提取模板与被监测红外图像的特征点，生成二进制描述子；利用滑动窗口在被监测图像上等步长滑动，检测出图像中存在的多个疑似目标区域。然后通过Hamming距离来判断正确匹配点对，从而正确识别变电设备。通过实验平台进行了相关实验，通过与模板匹配方法比较，该方法明显减少了运算量，充分满足系统实时性要求，提高了变电设备红外监测的效率。

关键词：变电设备；红外识别；多模板匹配；轮廓匹配；实时性

0　引言

随着电网运维检修中在线监测水平的不断提高、状态检测手段的不断完善，利用图像视频等监测数据开展了多个业务领域的应用[1]，包括无人机图像巡查架空线路关键部件缺陷和运行状态、红外热像监测电力设备异常、视频监控输电设备运行状态和外物入侵告警等应用[2-3]。但目前对图像数据的分析处理主要以人工目视解译为主，不仅工作量大，还易发生漏判或误判情况；图像数据需要采集回来内业处理，难以及时准确发现隐患，时效性不高；并且各类业务采集的图像资料数据量巨大、存储分散、检索调阅成本高、集中化管理能力不强。因此，迫切需要采用大数据、深度学习等技术开展本项目研究[4-5]，为各业务场景下的电网图像自动识别和高效管理提供全面支撑[6]。

电力设备温度图像背景复杂，从背景中有效分离出待诊断设备是实现自动化、智能化检测的前提，也有许多研究着眼于电力设备的红外图像分割技术。文献[7]提出使用OSTU和遗传算法结合实现绝缘子的分割；文献[8]结合边缘检测和数学形态学有效分割出设备上的异常高温部分，但仅能基于温度基本判断设备的异常状态，不能进行有效诊断；文献[9]结合分水岭算法和k均值算法来分割电力设备红外图像，并分割出变压器将军帽和单个散热片的故障部位。以上算法都比较具有针对性，基本可以检测设备的温度异常，要求人工参与分析，可以定点解决图像分割问题，难以实现智能化检测。

“变电红外图像识别”是电网运维图像识别平台的子系统，目的在于实现变电设备红外图像目标识别与智能诊断[10-11]。本项目充分发挥武汉南瑞在大数据平台建设、电力图像视频在线监测、红外带电检测方面的工作基础，建立变电设备红外图像特征库，实现220kV变压器红外图像中三相套管目标识别，220kV变压器三相套管温度提取和温差分析，实现设备运行异常判断、热异常的自动告警推送，从而达到提高电力设备状态监测效率的目的。

1 基于改进 ORB 和 BRISK 算法的目标检测

1.1 ORB 算法思想

ORB算法[12-13]利用FAST特征点检测[14]的方法来检测特征点，然后利用Harris角点的度量方法，从FAST特征点中挑选出Harris角点响应值最大的 N 个特征点[15-17]。其中Harris角点的响应函数定义为：

$$R = \det\boldsymbol{M} - \alpha\,(\mathrm{trace}\boldsymbol{M})^2 \tag{1}$$

其中，角点响应值为 R；$\det\boldsymbol{M}$ 为矩阵 $\boldsymbol{M} = \begin{bmatrix} A & B \\ B & C \end{bmatrix}$ 的行列式；$\mathrm{trace}\boldsymbol{M}$ 为矩阵 $\boldsymbol{M}$ 的直迹；α 为经常常数，取值范围为0.04~0.06。

对于任意一个特征点 i 来说，我们定义 i 的邻域像素的矩为：

$$m_{i,\ j} = \sum_{x,\ y} x^i y^j I(x,\ y) \tag{2}$$

其中，$I(x,\ y)$ 为点 $(x,\ y)$ 处的灰度值。那么我们可以得到图像的质心为：

$$C = \left(\frac{m_{10}}{m_{00}},\ \frac{m_{01}}{m_{00}}\right) \tag{3}$$

特征点与质心的夹角定义为FAST特征点的方向：

$$\theta = \arctan(m_{01},\ m_{10}) \tag{4}$$

为了提高方法的旋转不变性，需要确保 x 和 y 在半径为 r 的圆形区域内，即 $x,\ y \in [-r,\ r]$，r 等于邻域半径。

1.2 BRISK 算法简介

BRISK算法[18-19]主要利用FAST9-16进行特征点检测，要解决尺度不变性，必须在尺度空间进行特征点检测[20]。

1)尺度空间建立

构造 n 个 octave 层(用 c_i 表示)和 n 个 intra-octave 层(用 d_i 表示)，通常 n 取值 4。对于图像 image 而言，将在尺度空间得到 8 张图。

2)特征点检测及非极大值抑制

对上述 8 张图进行 FAST9-16 角点检测，得到具有角点信息的 8 张图，再对原图像 image 进行 FAST5-8 角点检测，得到一幅图。对得到的 9 幅图像进行空间上的非极大值抑制。

3)亚像素插值

在极值点所在层及其上下层所对应的位置，对 FAST 得分值(共 3 个)进行二维二次函数插值(x、y 方向)，其坐标作为特征点位置；再对尺度方向进行一维插值，得到极值点所对应的尺度。

4)建立描述子

以特征点为中心，构建不同半径的同心圆，在每个圆上获取一定数目的等间隔采样点。下面进行局部梯度计算：

$$A = \{(p_i,\ p_j) \in R^2 \times R^2 \mid i < N \wedge j < i \wedge i,\ j \in N\} \tag{5}$$

定义短距离点对子集、长距离点对子集(L 个)：

$$\begin{aligned} S &= \{(p_i,\ p_j) \in A \quad \| p_j - p_i \| < \delta_{\max}\} \subseteq A \\ T &= \{\{p_i,\ p_j\} \in A \quad \| p_j - p_i \| > \delta_{\min}\} \subseteq A \end{aligned} \tag{6}$$

其中，$\delta_{\max} = 9.75t$，$\delta_{\min} = 13.67t$，t 是特征点所在的尺度。

现在要利用上面得到的信息，来计算特征点的主方向，公式如下：

$$g = \begin{pmatrix} g_x \\ g_y \end{pmatrix} = \frac{1}{L} \cdot \sum_{(p_i,\ p_j \in T)} g(p_i,\ p_j) \tag{7}$$

1.3 改进的 ORB 和 BRISK 算法的特征提取

ORB 算法在特征检测方面具有实时性好、速度快等特点，而 BRISK 算法在图像模糊的情况下具有较好的执行度和效率。因此，我们结合 ORB 和 BRISK 算法的特点，提出了一种改进的目标检测方法，该方法先应用 ORB 算法进行主特征点的提取，然后设定一定的阈值，当大于设定阈值时，再采用 BRISK 算法进行次特征点的提取，然后通过设定的窗口滑动获得图像的 ROI，最后进行模板匹配。

1)提取主特征点

根据系统中的变压器套管红外图，生成金字塔影像并提取 ORB 主特征点。

2)计算套管区域的坐标

设获得的套管区域特征点个数为 M 个，其对应的坐标为 $(x_i,\ y_i)$，其中 $i = 1,\ 2,\ \cdots,\ M$。设定特征点个数阈值 $Y=40$，当 $M>Y$ 时，则应用 BRISK 算法进行特征点的提取，设获得的套管区域特征点个数为 N 个。我们将特征点对应的坐标写成相应的向量形式，那么对应 ORB 的坐标向量为 $(x_0,\ x_1,\ \cdots,\ x_m)$ 和 $(y_0,\ y_1,\ \cdots,\ y_m)$；对应 BRISK 的坐标向量为 $(x_0,\ x_1,\ \cdots,\ x_n)$ 和 $(y_0,\ y_1,\ \cdots,\ y_n)$。

其特征点的坐标选择如下：

$$(x, y)=\begin{cases}(x_1, y_1) & M < Y \\ \text{BRISK} & M \geq Y\end{cases} \tag{8}$$

3）目标匹配

先获得套管样本模板，对模板应用上述方法进行特征点的提取；然后对待识别的图像进行系列预处理（识别步骤中将介绍），同样进行特征点的提取，最后采用窗口滑动进行模板匹配。

设目标最大尺寸为 m，则此处将 $m \times m$ 的窗口在图像中从上到下、从左到右滑动，为避免目标被分割，窗口以 $m/4$ 为步长滑动。每滑动一个位置，判断检测样本图像包含特征点的个数，当包含 Y 个特征点时，则进行匹配，否则窗口继续移动。

1.4 预处理及识别步骤

（1）查找模板图像的轮廓；

（2）将待测试图像进行滤波分割，设置空间窗口大小、设置色彩窗口大小、设置金字塔层数，进行色彩聚类平滑滤波；

（3）通过大津算法自适应阈值分割；

（4）第一次寻找轮廓；

（5）将轮廓按照面积大小进行升序排序，删除面积小于 200 的连通域；

（6）第一次重新寻找轮廓；

（7）比较两个形状或轮廓间的相似度；

（8）根据温度值进行缺陷检测报告。

2 仿真实验与分析

2.1 评价指标

性能指标：发热部件识别率≥60%，在正确识别发热部件的条件下，异常状态判断准确率≥80%，异常状态判断形态包括：①三相套管过热；②三相套管温差过大；③三相套管温差大且过热；一张标准红外图像识别判断响应时间≤10s。

2.2 实验分析

实验分别对绝缘子红外图像和套管红外图像采用模板匹配方法与本文方法进行识别实验，实验用计算机的配置是 Pentium（R） Core i5CPU 2.8GHz，内存 4GB，实验平台为 Windows 7，编译环境为 Microsoft Visual Studio 2010，Open CV 版本为 2.4.4。实验结果分别如图 5 和图 6 所示。所得实验比较数据如表 1 所示。

变压器套管特征点检测分析如图 1 所示：

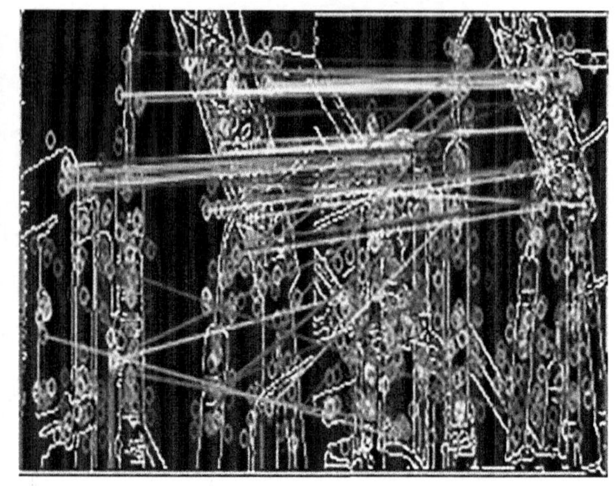

图 1　变压器套管特征图

由于模板匹配方法在目标出现尺度变化时鲁棒性较差，图 5(a)中所示的 3 个被监测绝缘子中，左下方的一个由于存在尺度变化未被检出。BRISK 算法本身具有出色的尺度不变性，因此本文方法在绝缘子红外图像中被正确地识别并成功定位该绝缘子，实验结果如图 5(b)所示。在对变电站套管红外图像进行识别时，由图 4(a)发现该 3 个套管之间存在较大的角度变化，采用模板匹配方法并不能正确地进行识别，如图 4(a)所示，仅正确检测出一个套管，其他两个均出现错误。通过图 4(a)、图 4(b)之间比较，本文的方法在旋转不变性上具有明显优势。

通过图 5 和图 6 中两种方法识别效果的比较，本文所提出的方法能够正确地对多个目标进行有效识别与定位，能够在存在光照不均、对比度不强且存在尺度、旋转变化的情况下具有较好的鲁棒性。

由实验数据比较可知，本文所提出的方法在计算机内存占用量与运算时间上相比模板匹配方法得到了大量优化。图 2 为模板匹配图。

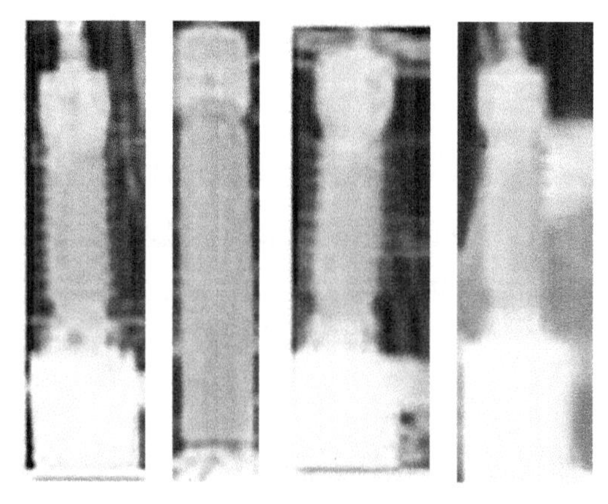

图 2　模板匹配图

图 3(a)和图 3(b)给出了热电厂原始图像，图 3(c)是通过 DWT 融合方法得到的结果，看见的景物效果很模糊，图 3(d)是通过 NSCT 变换得到的融合结果，虽然景物的轮廓较清晰，但细节信息

缺失严重。图3(e)为采用SCWS方法得到的融合结果，其视觉效果较好，边缘清晰，但红外图像中的信息表现不够明显。图3(f)为采用本文提出的方法得到的结果，其视觉效果看起来最好，边缘清晰，同时红外信息烟囱的景象也很明显。

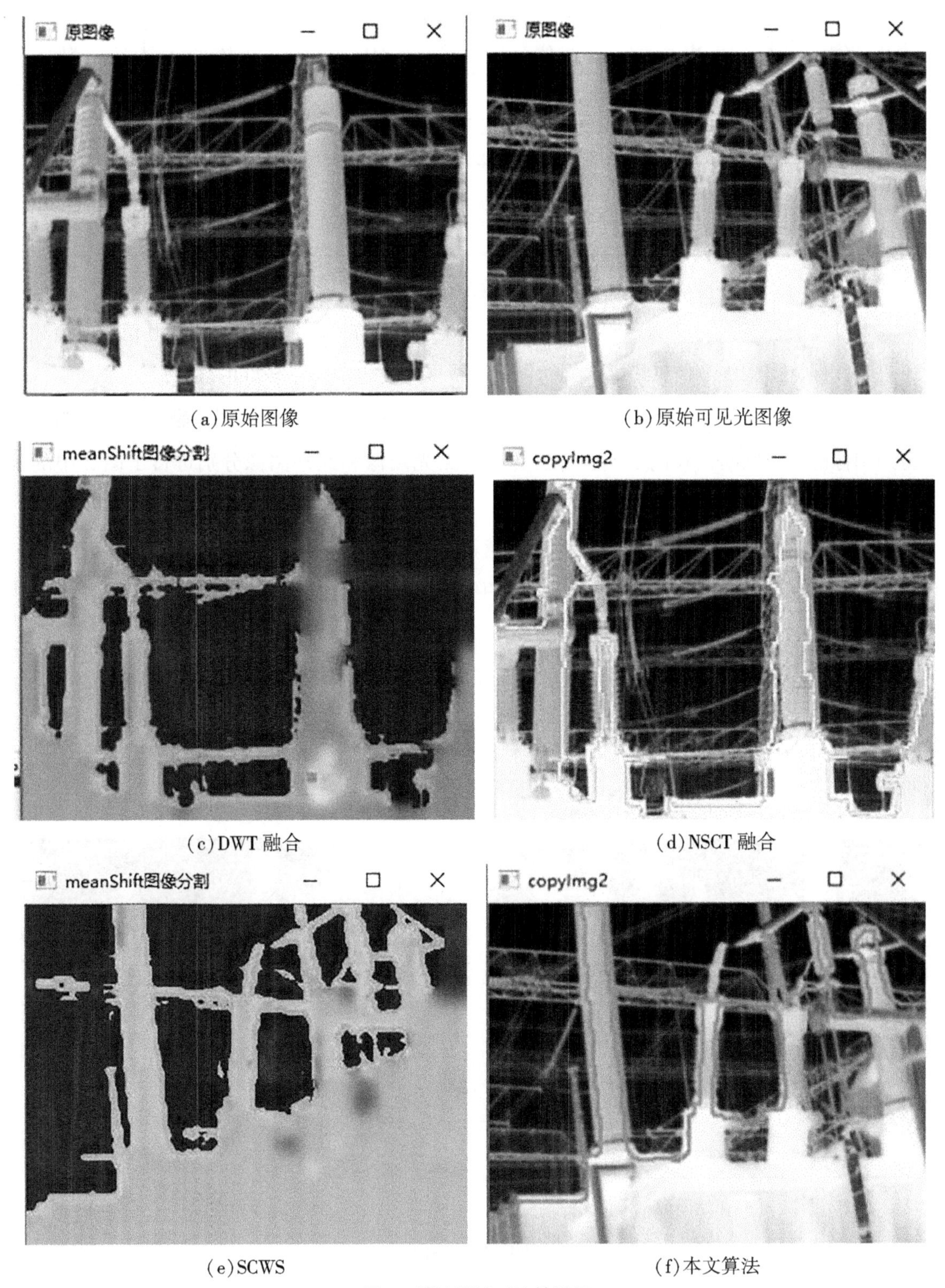

(a)原始图像　(b)原始可见光图像

(c)DWT融合　(d)NSCT融合

(e)SCWS　(f)本文算法

图3　算法测试对比效果图

为了客观评价融合算法的性能，我们采用了图像互信息、边缘保持度、融合质量指标、加权融合质量指标、边缘融合质量指标等指标来评价上述融合算法的优劣。其性能指标见表1。

表1　　各种算法性能比较

算法/指标	MI	$Q_F^{A/B}$	Q	Q_W	Q_E
DWT 融合	2.0100	0.4210	0.7936	0.4765	0.1655
NSCT 融合	2.1192	0.4352	0.8057	0.4990	0.1709
SCWS 融合	2.3557	0.4441	0.8428	0.5134	0.1798
提出的算法	2.5264	0.4607	0.8530	0.5312	0.1835

从表1可直观看出，DWT方法其边缘保持度有较好的性能；本文提出的方法互信息的值相对比较大，表明其保持图像细节信息最好，同时，其边缘保持度也取得了较好的效果。

上述实验是可见光图像和红外图像都未进行图像预处理时直接进行的图像融合操作。为了更清晰地得到图像的评价判断，我们在实验中首先对可见光图像和红外图像分别进行了图2中的预处理，然后再进行融合判断。

进一步实验：加入设计的预处理流程并进行显著性区域提取后融合评估。应用DWT融合、NSCT融合、SCWS融合和提出的方法进行相应的红外可见光图像融合对比实验。实验结果如图4、图5、图6所示。

图4(a)和图4(b)给出了原始的可见光图像和原始的红外图像。图5(a)和图5(b)给出了原始的可见光图像和原始的红外图像经过预处理后的图像。

(a)原始图像

原图像

(b)原始图像

图4　原始图像

(a)预处理后图像　　(b)预处理后图像

图 5　预处理后的显著性图像

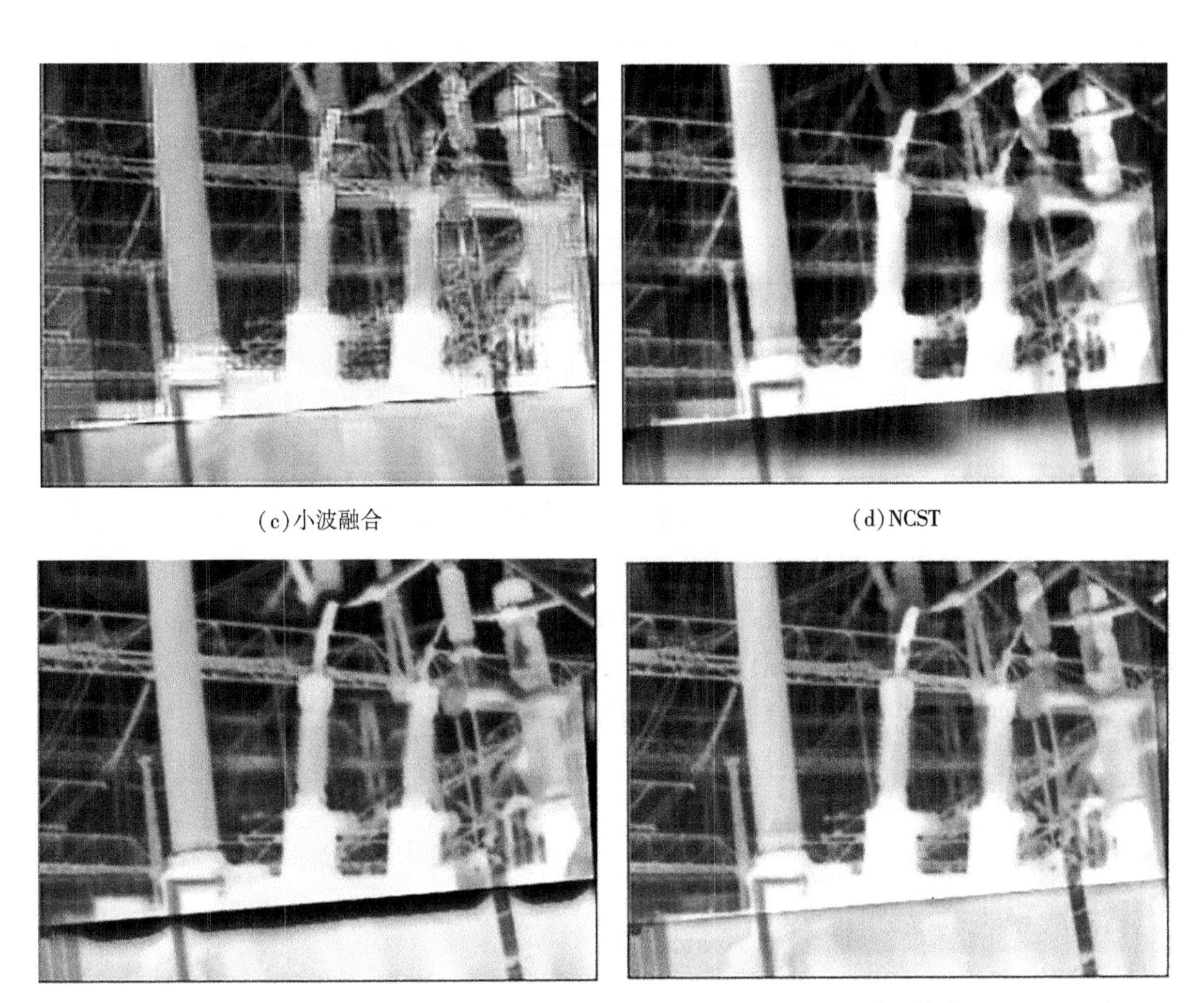

(c)小波融合　　(d)NCST

(e)SCWS　　(f)本文算法

图 6　算法对比效果图

图6(c)是通过DWT融合方法得到的结果，看见的景物效果仍然很模糊；图6(d)是通过NSCT变换得到的融合结果，其融合效果也比较差，图像细节表现也不太明显；图6(e)为SCWS得到的融合结果，其视觉效果较好，边缘清晰，但可见光图像中的信息表现不够清晰；图6(f)为采用本文提出的方法，其视觉效果看起来和SCWS效果差不多，但其边缘清晰，同时景物的细节更明显。其融合结果更突出目标区域的红外特征，背景的纹理细节也得到了增强。

从表2中依然可以看出提出的融合图像互信息、边缘保持度、融合质量指标、加权融合质量指标、边缘融合质量指标都是各种融合算法中最大的，故提出的基于视觉注意机制的NSCT融合的图像能够提供的信息量最大，融合效果最好，其次比较表1和表2中的对应栏数据，表2中图像互信息、边缘保持度、融合质量指标、加权融合质量指标、边缘融合质量指标都大于表1中的相应值，故图像预处理后再进行融合的图像能提供更多的细节信息，具有更好的融合效果。

表2　　融合结果评估

算法/指标	MI	$Q_F^{A/B}$	Q	Q_W	Q_E
DWT融合	2.1123	0.4256	0.8107	0.4809	0.1689
NSCT融合	2.2178	0.4453	0.8220	0.5107	0.1728
SCWS融合	2.3659	0.4546	0.8532	0.5236	0.1835
提出的算法	2.6262	0.4726	0.8736	0.5499	0.1903

3　结论

针对变电站红外图像低信噪比、低对比度的特点，仿射变换下形状匹配中存在的描述子对形状的描述能力不足，以及描述子计算耗时大的问题，为了提高电力系统变电设备红外监测的效率，同时对多个相似目标进行监测，本文提出了一种改进的基于BRISK(binary robust invariant scalable keypoints，二进制鲁棒尺度不变特征)的模板匹配方法。首先在对目标模板图像与被监测图像预处理的基础上，利用BRISK算法提取模板与被监测红外图像的特征点，生成二进制描述子；利用滑动窗口在被监测图像上等步长滑动，检测出图像中存在的多个疑似目标区域。然后通过Hamming距离来判断正确匹配点对，从而正确识别变电设备。通过实验平台进行了相关实验，通过与模板匹配方法比较，该方法明显减少了运算量，充分满足系统实时性要求，提高了变电设备红外监测的效率。

◎　参考文献

[1]殷震，单大鹏，方琼，等．深化应用为先提升管理水平——天津检修公司践行状态检测“六原则”[C]//2012年全国电网企业设备状态检修技术交流研讨会．中国电力企业联合会，2012.

[2]林建禄，郅啸，刘生春，等．红外热像检测技术在电力设备故障诊断中的应用[C]//青海省电机工程学会第五届中青年科技学术论坛．青海省电机工程学会第五届中青年科技学术论坛论文集，2016：137-141.

[3]刘欢．电力线路无人机巡检图像的目标检测与缺陷识别[D]．武汉：华中科技大学.

[4]范鹏，冯万兴，周自强，等．深度学习在绝缘子红外图像异常诊断中的应用[J]．红外技术，2021，43(1)：5.

[5]范海兵，胡锡幸，刘明一，等．深度学习在电力设备锈蚀检测中的应用[J]．广东电力，2020，33(9)：12.

[6]王勇，王永旺，郭建勋．基于AI大数据技术的无人机巡线研究[J]．电力大数据，2020，23(11)：7.

[7]杨雨，蒋冰华，张猛．基于OTSUDE算法的零值绝缘子红外热像分割[J]．电工技术，2016(12)：3.

[8]甘伟焜．基于红外图像的变压器图像处理方法研究[D]．广州：华南理工大学.

[9]樊繁，张艳，张罂．基于红外图像的电力设备分割方法研究[J]．国外电子测量技术，2020，39(11)：4.

[10]赵永俊．变电站巡视中图像分析方法的研究[D]．保定：华北电力大学，2013.

[11]王祖林，黄涛，刘艳，等．合成绝缘子故障的红外热像在线检测[J]．电网技术，2003，27(2)：17-20.

[12]刘铭．基于ORB算法的双目视觉测量与跟踪研究[D]．哈尔滨：哈尔滨工业大学，2015.

[13]张莹，闫播，高赢，等．基于ORB算法和OECF模型的快速图像拼接研究[J]．计算机工程与应用，2017，53(1)：7.

[14]吴金津，王鹏程，龙永新，等．基于FAST角点检测的图像配准算法[J]．湖南工业大学学报，2014，28(4)：6.

[15]Bay H，Tuytelaars T，Van Gool L. Surf：Speeded up robust features[C]//European Conference on Computer Vision(ECCV)，2006(1)：404-417.

[16]Rublee E，Rabaud V，Konolige K，et al. ORB：an efficient alternative to SIFT or SURF[C]//IEEE International Conference on Computer Vision (ICCV)，2011(1)：2564-2571.

[17]Leutenegger S，Chli M，Siegwart R Y. BRISK：Binary robust invariant scalable keypoints[C]//IEEE International Conference on Computer Vision(ICCV)，2011(1)：2548-2555.

[18]陈思聪．基于BRISK算法的图像拼接技术研究[D]．长春：中国科学院研究生院(长春光学精密机械与物理研究所)，2015.

[19]潘维东，庞丽东．基于BRISK算法的全景图像拼接技术[J]．信息技术与信息化，2020.

[20]许伟琳，武春风，逯力红，等．基于光谱角时序不变性的红外目标识别[J]．中国光学，2012，5(3)：257-262.

基于自适应 PSO-RBF 神经网络的直流 GIL 放电故障识别

徐友[1]，李梦齐[2+]，李秀婧[3]，万星辰[2]

（1. 中国南方电网有限责任公司超高压输电公司昆明局，昆明，650000；

2. 国网电力科学研究院武汉南瑞有限责任公司，武汉，430074；

3. 云南电力技术有限责任公司，昆明，650000）

摘　要：直流 GIL 故障预测和分析对输电线路系统稳定运行具有重要意义。现有方法预测准确度低、速度慢，基于此，本文提出了一种基于自适应 PSO-RBF 神经网络的直流 GIL 放电故障识别方法。该方法通过分析超声波波形特征，选取故障指标集，输入 RBF 神经网络中进行训练；提出自适应 PSO 算法来找到网络的最优参数，输出到网络中，得到最优的训练网络；最后，利用得到的网络对测试样本进行故障识别，得到故障可能结果。实验结果表明，该识别模型在直流 GIL 故障识别过程中表现出识别准确率高、速度快等优势，可以有效地支持 GIL 故障监测和预警工作。

关键词：直流 GIL；故障识别；自适应 PSO；RBF 神经网络

0　引言

气体绝缘金属封闭输电线路（gas-insulated transmission line，GIL），也被称为气体绝缘管道输电线。气体绝缘电缆，是一种采用 SF_6 气体或 SF_6、N_2 混合气体绝缘、外壳与导体同轴布置的高电压、大电流电力输电管道，GIL 因其占用空间小、兼容性能好、运行安全、损耗低、支持超长距离输电等优势，被广泛应用在用电负荷大而线路走廊紧张、气象环境特殊、地形地段特殊等输电线路系统中[1-3]。

GIL 位于输电线路中部，单相长度可达 6km。GIL 采用的是全密封设计，运行过程中若发生放电或击穿等故障难以进行准确及时的定位，会对电网安全稳定运行造成极大隐患[4-6]。因此，如何快速准确地进行故障识别，及时高效地开展相关运维检修工作，对电网系统稳定运行具有重要意义。

GIL 设备运行故障主要包括：放电性故障和机械故障[7-8]。目前，国内外对 GIL 故障识别技术包括：①特高频法，灵敏度高，可实现电弧故障定位，但需要实现在 GIL 管道暗转传感器，成本昂贵；②振动法，通过在 GIL 管道上方放置振动检测单元盒来检测击穿，然而在应用过程中，如果击穿信号过大，会造成多个单元盒均检测到振动，无法准确定位；③光测法，此类方法需要事先在 GIL 内部安装传感器，较为灵敏，但易受到内部部件遮挡；④超声波法，利用声波与外壳发生撞击而形成超声波脉冲，通过分析测量点的信号和声源位置来进行定位，技术较成熟，工程应用广泛[9-12]。

基于此，本文提出一种基于自适应 PSO-RBF 神经网络的直流 GIL 放电故障识别方法，该方法通过传感器外置，收集到检测点信号，构建直流 GIL 机械故障评估指标集，输入 RBF 神经网络中，进行模型训练，并通过自适应粒子群算法(particle swarm optimization，PSO)找出最优的网络参数，用于训练模型，得到最优的 RBF 网络模型，并用此模型来进行 GIL 故障识别。通过对比实验表明，基于自适应 PSO-RBF 的网络模型故障识别准确率高、速度快。

1　建立 GIL 故障类型及其指标集

基于超声波电弧的故障检测方法，首先需要明确 GIL 放电性故障类型及其对应指标集。经过事先的资料收集，本文选取如表 1 所示的 4 种主要故障类型，并使用 2 元组数据(y_1，y_2)作为故障识别的输出值，其中，(0，0)代表悬浮屏蔽缺陷(接触不良)，(0，1)代表金属微粒放电，(1，0)代表尖端放电，(1，1)代表绝缘子内部缺陷。

表 1　**GIL 放电故障类型表**

序号	故障类型	(y_1，y_2)取值	故障描述
Ⅰ	悬浮屏蔽缺陷(接触不良)	0，0	悬浮屏蔽电极长期运行松动
Ⅱ	金属微粒放电	0，1	GIL 腔体金属碎屑、微粒跳动、移位形成导电通道
Ⅲ	尖端放电	1，0	导体或壳体上的毛刺、尖端引起电晕放电
Ⅳ	绝缘子内部缺陷	1，1	在 GIL 设备运行过程中，内部绝缘子破损

GIL 在运行正常情况下，一定周期内测量点附近收集到的信号是趋于稳定的，在发生表 1 所示故障时，信号会发生一些突变。基于此，本文选取测量点采集信号的相关特征作为评估的指标集，如表 2 所示，共包含两类特征参数：有量纲的参数(1—8)和无量纲的参数(9—13)。其中，有量纲的参数与 GIL 电压等级、结构尺寸等相关，无量纲的参数与 GIL 运行状态较为相关[11]。

表 2　**故障识别指标集**

序号	评估指标	序号	评估指标
1	均值	8	峭度
2	绝对均值	9	波形指标
3	有效值	10	峰值指标
4	峰值	11	脉冲指标

续表

序号	评估指标	序号	评估指标
5	方差	12	偏斜度指标
6	标准差	13	峭度指标
7	偏斜度		

2 RBF 神经网络优化

径向基神经网络模型(radial basis function, RBF)[13]，是一种简单有效的前馈神经网络模型。其网络结构简单、可快速实现函数逼近、具有很好的泛化能力和收敛速度，被广泛应用在非线性函数逼近、模式识别、故障识别等领域[14-16]。

图 1 所示是一个 $n×h×m$ 的 RBF 网络拓扑结构，包括输入层、隐含层和输出层三层。

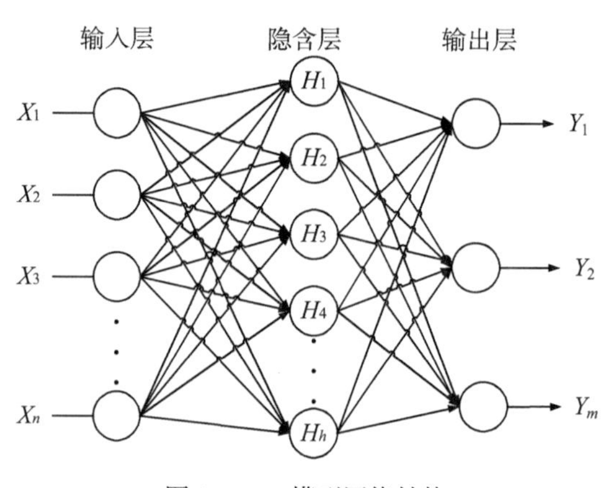

图 1　RBF 模型网络结构

输入层：由 GIL 故障类型指标集组成，即 $x(t)=[x_1, x_2, \cdots, x_n]$，其中，$x_i$ 代表第 i 个指标经过预处理之后的数据值，本层主要用于将样本数据输入神经网络，传递给隐含层。

隐含层：对输入数据进行非线性变换，并采用径向基函数作为其激活函数，此处选用标准高斯函数作为其径向基函数。输入数据 x 经过非线性变换后，得到隐含层第 k 个神经元输出为：

$$\phi_k(x) = \mathrm{e}^{\|x-\mu_k\|/\sigma_k^2} \tag{1}$$

其中，μ_k 和 σ_k 表示隐含层第 k 个神经元的中心和宽度，$k=1, 2, \cdots, h$，h 为隐含层神经元个数。

输出层：从隐含层到输出层的映射是线性函数，隐含层的输出作为输出层的输入，并且经过线性组合得到输出层神经元的输出，则输出层的第 J 个神经元输出为：

$$y_j = \sum_{k=1}^{h} w_{kj}\,\phi_k \tag{2}$$

其中，w_{kJ} 表示第 k 个隐含层神经元与输出层第 J 个神经元的连接权值。

由上述分析可知，在 RBF 神经网络结构确定的情况下，网络中的参数包括隐含层中心值 μ_k、宽度 σ_k 以及权值 w_{kJ}，对网络的性能起到关键性作用。因此，如何通过一种优化方法，找出 RBF 网络中合适的参数，成为制约 RBF 神经网络训练效果的直接因素。基于此，本文根据网络输出与真实输出之间的误差，利用自适应粒子群算法对网络参数进行优化，得到性能最优的网络参数，然后利用最优的 RBF 网络结构进行 GIL 放电故障识别，提高故障识别准确度。

3 基于自适应 PSO-RBF 的放电故障识别

本文提出将自适应 PSO 算法对 RBF 神经网络的网络参数进行优化，提高网络性能，并应用于 GIL 放电故障识别。

3.1 自适应 PSO 算法

粒子群(PSO)算法是一种基于种群的随机搜索算法，传统粒子群算法，表现出初始粒子群选择对后期迭代过程中最优粒子的全局和局部搜索均具有极大的影响，如果选择不当，则容易过早收敛，陷入局部最优[17]。为了防止过早收敛，本文对 PSO 算法进行了改进，提出自适应 PSO 算法[18]来对 RBF 网络参数进行优化，算法流程如图 2 所示。

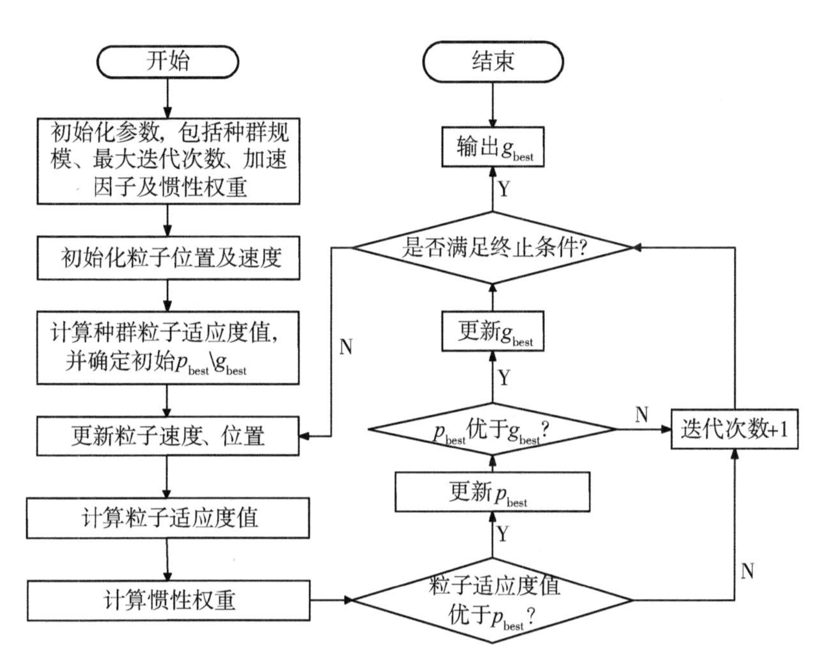

图 2 自适应 PSO 算法流程图

自适应 PSO 算法中，假设每个粒子 i 的位置和速度为$(a_i,\ v_i)$，其适应度值为$f(i)$，则 p_{best_i}表示粒子 i 的局部最优解，g_{best}表示所有粒子的全局最优解。在迭代过程中，粒子根据自身的速度 $v_i(t)$、p_{best_i}、g_{best}来更新自己的速度 $v_i(t+1)$和位置 $a_i(t+1)$，公式如下：

$$v_i(t+1) = wP_i(t)v_i(t) + c_1r_1(a(p_{\text{best}_i}) - a_i(t)) + c_2r_2(a(g_{\text{best}}) - a_i(t)) \tag{3}$$

$$a_i(t+1) = a_i(t) + v_i(t+1) \tag{4}$$

其中，$wP_i(t)$为粒子 i 的惯性权重，$c_1=c_2$，为加速度常数，取值范围为[0，2]，r_1，r_2 为随机数，取值范围为[0，1]，$a(p_{\text{best}_i})$为 p_{best_i}所在位置，$a(g_{\text{best}})$为 g_{best}所在位置。

保持种群多样性对寻找全局最优解具有重要的意义，本文提出的自适应 PSO 算法就是通过在迭代过程中，自适应性地调整惯性权重的值，来保持种群多样性，从而提高粒子的全局搜索能力。种群多样性 $D(t)$可表示为：

$$D(t) = f_{\min}(t)/f_{\max}(t) \tag{5}$$

其中，$f_{\min}(t)$和$f_{\max}(t)$分别表示第 t 次迭代过程中个体适应度最小值和最大值。

除此之外，当前粒子与 g_{best}之间的差异，也可以用于指导粒子的飞行，以防止过早收敛，此差异性可表示为：

$$A(t) = f(g_{\text{best}})/f(a_i(t)) \tag{6}$$

其中，$f(g_{\text{best}})$表示全局最优粒子的适应度值，$f(a_i(t))$表示当前粒子 i 在当前位置处的适应度值。

综上，可定义如公式的自适应惯性权重函数：

$$wP_i(t) = (e - D(t))^{-t}(A(t) + c) \tag{7}$$

其中，$c \geqslant 0$ 是一个预定义的常数。

通过以上方式对 PSO 算法进行了改进，平衡了其全局搜索能力和局部搜索能力，增加了 PSO 算法的自适应性。

3.2 自适应 PSO-RBF 故障识别

利用上述的自适应 PSO 算法来训练 RBF 网络的参数，包括隐含层中心值μ_k、宽度 σ_k 以及权值 w_{kJ}，并得到其最优参数，输入到网络中，以此来训练网络，并完成故障识别，提高识别的准确性。

其具体流程如图 3 所示，该识别过程包括如下步骤：

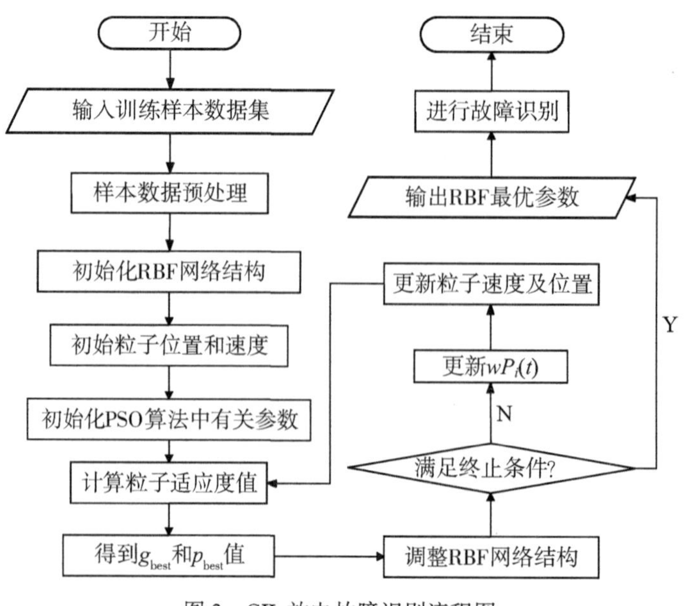

图 3　GIL 放电故障识别流程图

步骤 1：输入训练样本数据集，包括 GIL 故障类型指标集 $X=\{X_1, X_2, \cdots, X_{13}\}$，每个样本对应的故障类型用标签 $Y=\{y_0, y_1, y_2\}$ 表示，(0,0,0) 代表无故障，(1,0,0) 为悬浮屏蔽缺陷，(1,0,1) 为金属微粒放电，(1,1,0) 为尖端放电，(1,1,1) 为绝缘子内部缺陷。样本大小为 M。

步骤 2：数据预处理。对指标集数据进行无量纲归一化处理，得到新的样本数据。

步骤 3：初始化 RBF 网络结构。建立 13×h×3 的 RBF 网络结构，初始化中心值 μ_k、宽度 σ_k 和权值 w_{kJ}。

步骤 4：初始化粒子位置和速度。根据初始参数，确定粒子初始位置 $X(t)$，如公式(8)所示，并随机初始化粒子速度 $V(0)$。

$$X(t)=[\mu_1^{\mathrm{T}}, \sigma_1, w_1^{\mathrm{T}}, \mu_2^{\mathrm{T}}, \sigma_2, w_2^{\mathrm{T}}, \cdots, \mu_h^{\mathrm{T}}, \sigma_h, w_h^{\mathrm{T}}] \tag{8}$$

步骤 5：初始化 PSO 算法相关参数，包括种群规模、最大迭代次数、迭代终止条件、常数 c，c_1，c_2。

步骤 6：计算粒子适应度值。粒子的适应度值应可以直接反映参数设置的优劣，因此可将 RBF 神经网络样本输出和实际输出值之间的相对误差函数作为每个粒子的适应度函数，如公式(9)所示。

$$f(X(i))=\sqrt{\frac{1}{M}\sum_{m=1}^{M}\sum_{j=1}^{3}(y_j(m)-y_{\mathrm{real}j}(m))^2} \tag{9}$$

其中，$y_j(m)$ 为网络输出，$y_{\mathrm{real}_j}(m)$ 为实际输出，M 为样本规模。

步骤 7：得到 g_{best} 和 p_{best} 的值。根据种群中所有粒子的适应度值，计算并得到全局最优粒子 g_{best} 和局部最优粒子 p_{best}。

步骤 8：调整 RBF 网络结构。根据 g_{best} 粒子位置，调整 RBF 网络结构参数。

步骤 9：更新惯性权重值 $w_{Pi(t)}$。

步骤 10：更新粒子速度及位置，并计算适应度值，得到新的 g_{best}、p_{best}。

步骤 11：重复以上步骤 7—10，直到迭代终止，输出 RBF 最优参数，并进行故障识别。

4 案例分析

为验证所提出基于自适应 PSO-RBF 神经网络的 GIL 故障类型识别算法性能，本文选取普洱某换流站 GIL 近 3 年内传感器数据及故障数据作为样本，来进行有效性验证。并选择标准 RBF 神经网络模型、BP 神经网络模型来作为对比模型，进行验证。

4.1 样本数据及实验参数设置

为提升模型训练质量，首先对初始数据进行筛选整理，最终选择 220 条故障样本记录和 50 条正常样本记录，其中故障样本记录包括 50 条悬浮屏蔽缺陷故障、50 条金属微粒放电故障、60 条尖端放电故障、60 条因绝缘子内部缺陷故障。

数据集中的指标数据，首先采用无量纲统一化操作对指标数据进行预处理，得到新的数据集，部分样本如表 1 所示，每个样本对应的故障状态标签为 Y。在实验过程中，随机选取 80%的数据作为样本数据，用于网络训练，剩下的20%作为测试数据，用于故障识别，并用MATLAB神经网络工具箱来完成相关的建模和预测。

根据输入输出设置，可以确定输入层神经元个数为13，输出层神经元个数为3，对于网络中隐含层神经元个数的设置，常见的方法有 $\log 2N$，$2*N+1$，$\sqrt{(N*M)}$ 等，本文采用试凑法，随机选取50%的样本数据，利用以上三种隐含层设置方法，保持其他条件不变，构建三个BP神经网络，比较训练结果，包括收敛循环次数和网络精度。根据收敛结果，确定隐含层神经元个数为7。

实验过程中相关参数设置如下：自适应PSO-RBF算法中，最大迭代次数为500，目标训练误差为0.001，种群进化过程中，加速度常数 $c_1=c_2=1$。权重迭代过程中，预定义常数 $c=2$。

4.2 实验结果

为了验证基于自适应PSO-RBF神经网络在GIL放电故障识别过程中的性能和故障识别准确度，本文选取BP模型和RBF模型作为对比模型，并利用样本数据来进行模型训练，训练结果如图4、图5和图6所示。

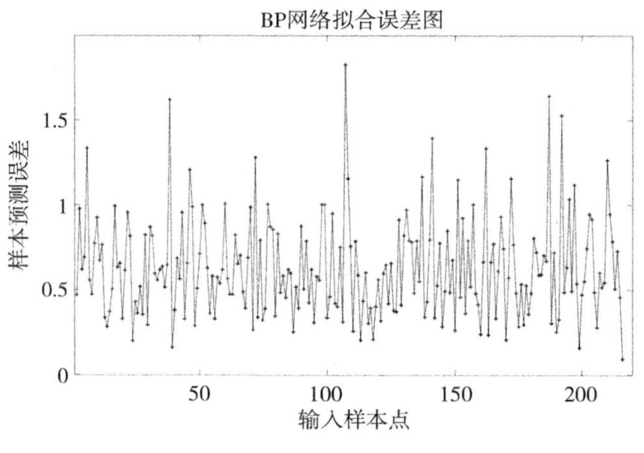

图4　BP模型训练误差图

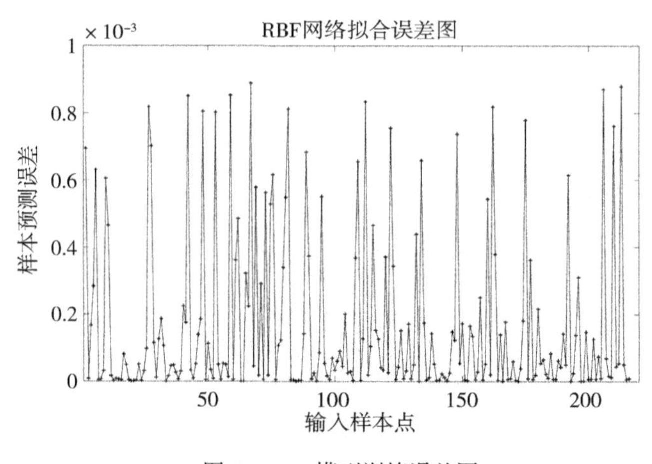

图5　RBP模型训练误差图

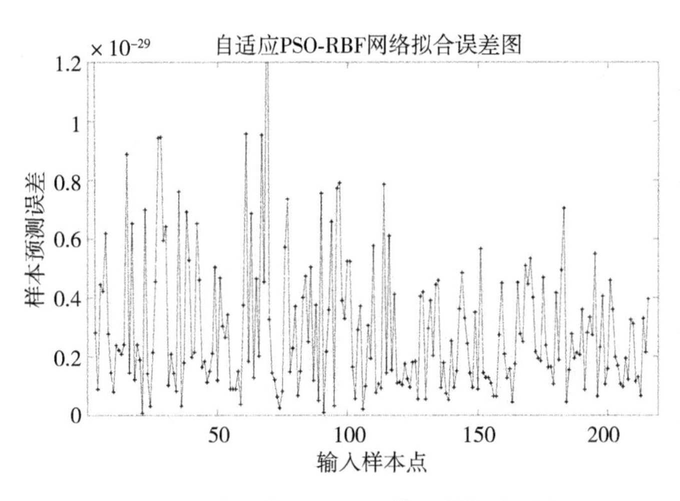

图 6　自适应 PSO_RBP 模型训练误差图

根据上述结果，可以看出 BP 网络模型拟合误差在三者之间是最大的，且不易收敛，RBP 模型拟合误差介于 BP 和自适应 PSO_RBF 之间，本文提出的自适应 PSO_RBF 模型训练误差最小，且具有较快的收敛速度，效果最好。

进一步，我们发现三者之间网络的训练速度依次为 0.78s，0.21s 和 0.37s。由此可见，从网络训练速度来看，BP 训练速度最慢，RBF 训练速度最快，自适应 PSO_RBF 训练速度介于二者之间。

最后，利用所训练模型对测试数据进行了测试，自适应 PSO_RBF 测试结果准确度高达 99.38%，而 BP 训练准确度为 81.48%，RBF 训练准确度为 96.29%。由此可见，本文提出的基于自适应 PSO_RBF 的故障识别算法效果是最优的。

5　结论

本文通过分析 GIL 设备运行过程中常见故障类型及原因，从历史典型案例记录的数据中筛选并明确 GIL 放电故障评价指标，提出一种基于自适应 PSO-RBF 神经网络模型的 GIL 故障识别策略。该策略提出用自适应 PSO 算法来对 RBF 神经网络模型进行参数优化，提高了模型预测准确度。验证结果表明，自适应 PSO-RBF 模型故障识别准确度高，识别效果好。

◎ 参考文献

[1]罗楚军，岳浩，李健，等．基于超声波法的长距离超高压 GIL 电弧故障定位[J]．电力与能源，2021，42(1)：39-45.

[2]刘云鹏，费烨，陈江波，等．特高压 GIL 故障定位超声衰减特性及试验研究[J]．电网技术，2020，44(8)：3186-3192.

[3]王井飞，张强，李祥斌，等．特高压直流输电工程 GIL 三支柱绝缘子故障分析及改进措施[J].

高压电器，2020，56(1)：246-252.
[4]黎卫国，张长虹，杨旭，等．换流站 GIL 设备关键部件故障分析[J]. 高压电器，2020，56(11)：251-258.
[5]赵科，丁然，李洪涛，等．基于热特性差异的 GIL 故障辨识研究[J]. 电力系统保护与控制，2021，49(4)：13-20.
[6]李尹光，丁中民，徐文刚．两例气体绝缘输电线路(GIL)故障原因分析及处理[J]. 电气时代，2016(11)：66-67.
[7]王立宪，马宏忠，戴锋．GIL 机械故障诊断与预警技术研究[J]. 电机与控制应用，2021，48(8)：106-113.
[8]蒋龙，臧春艳，秦怡宁，等．基于振动检测的 GIL 放电性故障先兆的判别方法[J]. 水电能源科学，2018，036(10)：194-197，205.
[9]仇祺沛．局部放电 UHF 电磁波信号在 GIL 内传播特性研究[D]. 成都：西南交通大学，2017.
[10]李跃先．基于小波变换与神经网络的 GIS 局部放电故障诊断研究[D]. 沈阳：东北大学，2011.
[11]刘耀云．基于振动检测技术的 GIL 故障诊断方法研究[D]. 武汉：华中科技大学，2017.
[12]李红元，陈禾，吴德贯，等．用超声波检测法对 GIL 设备两次局放的诊断与分析[J]. 高压电器，2016，52(2)：68-73.
[13]Lu Y，Sundarara J N. Performance evaluation of a sequential minimal radial basis function (RBF) neural network learning algorithm[J]. IEEE Trans Neural Netw，1998，9(2)：308-318.
[14]冯宏伟，单正娅，齐斌，等．T-S 型 RBF 神经网络在红外火焰探测系统中的应用[J]. 激光与红外，2020，50(2)：168-173.
[15]董昱，魏万鹏．基于 RBF 神经网络 PID 控制的列车 ATO 系统优化[J]. 电子测量与仪器学报，2021，35(1)：103-109.
[16]褚海波．基于粗糙集与 RBF-BP 复合神经网络的变压器故障诊断[J]. 洛阳理工学院学报(自然科学版)，2021，31(1)：33-36，42.
[17]梁毅．粒子群算法搜索模式研究与应用[D]. 上海：华东理工大学，2011.
[18]宋美，葛玉辉，刘举胜．基于协同进化的动态双重自适应改进 PSO 算法[J]. 计算机工程与应用，2020，56(13)：54-62.

监测、检测与试验

基于 DInSAR 技术的采空区输电通道沉降监测方法

刘春翔，王兆晖，刘充浩，翟文苑，梁文勇，王敬一
（国网电力科学研究院武汉南瑞有限责任公司，武汉，430074）

摘　要：地质不均匀沉降是采空区输电通道面临的主要问题之一，采用 DInSAR 技术开展通道广域监测，配合传统监测精细化监测方式，能取得高效率、低成本的监测效果。本文提出基于 DInSAR 技术的输电通道沉降提取方法，利用两景 SAR 影像计算垂直沉降数据，与输电通道坐标相匹配，得到通道的沉降信息。根据 2017—2018 年的 8 景 Sentinel-1A 卫星数据，成功获取了某采空区输电通道和重点杆塔的沉降情况。实验结果表明，DInSAR 技术可以较好地识别出输电通道厘米级的沉降情况，清晰地判断出沉降重点关注区域和杆塔，可为后续通道预警及治理提供数据支撑。

关键词：合成孔径雷达差分干涉测量；采空区；输电通道；沉降监测；Sentinel-1A

0　引言

我国是世界上煤炭资源最丰富的国家之一，煤炭资源的开采推动了我国经济的快速发展，也给生态环境带来了一定危害。煤炭资源的大量开采形成采空区，容易引发地面塌陷、沉降、地裂缝、滑坡等地质灾害，对房屋、路面、基础工程设施等均会造成不同程度的损毁，对人力的生命财产安全和生产活动安全有着重要的影响[1-2]。

针对采空区输电通道而言，地质不均匀沉降是通道地质问题的一个首要特征。由于地质不均匀沉降导致部分地方下沉值大，部分地方下沉值小，杆塔基础或拉线基础会随之出现不均匀位移的情况[3]，产生杆塔倾斜、撕裂甚至倒塔的问题，严重威胁着输电线路的安全稳定运行[4-7]。

尽管输电通道在设计和选点初期进行了地质评估，尽量避开了通道内成片的采空区段，但部分地区仍然无法完全避开。此外，在线路运行过程中，继续开采会陆续出现新的采空区，将对输电线路稳定运行带来新的安全隐患。这些问题在线路运行期成为采空区输电通道地质灾害隐患的主要来源。

合成孔径雷达干涉测量（Interferometric Synthetic Aperture Radar，InSAR）及差分干涉测量（Differential InSAR，DInSAR）技术，是一种新型的空间对地观测技术，在探测地表的微小变形方面具有很大的优势[8]，已应用于城市、公路、地震、煤矿等领域地质监测，成为大范围地质沉降监测

的全新手段[9]。

本文将 DInSAR 技术应用于采空区重要输电通道地质沉降监测，作为常规沉降监测的补充，可开展输电通道广域沉降监测，掌握通道中地质沉降重点观测区域和杆塔，为采空区输电线路地质灾害防治及安全运行提供科学指导。

1 基于 InSAR 的输电通道沉降综合监测技术

1.1 输电通道沉降测量技术对比

常见的输电通道沉降测量技术包括：倾斜仪/水准仪测量、GPS/北斗测量以及雷达干涉测量(InSAR)。

倾斜仪/水准仪是常规的测量方法，采用人工进行局部范围的移动测量，测量效果受到施测面积、地表环境、施工人员素质等因素影响较为严重。由于野外观测时间较长、数据处理工作量大，难以实现实时、连续的矿区地表变形监测，不利于及时对矿区情况进行预报处理。

GPS/北斗测量采用监测站进行定点监测，具有全天候、高精度、高效率、无需通视的特点[10]，在采空区变形监测领域发挥出了重要作用。在进行大范围监测时，依靠监测站组成监测网络进行测量，由于基站点位比较稀疏、空间分辨率较低，不能满足高空间分辨率形变监测的需求[11]。

雷达干涉测量(InSAR)应用卫星雷达影像进行测量，与常规的全站仪、GPS 相比，不受天气、云层等因素影响，能够实时获取有效数据，可获得目标的高分辨率图像，广泛应用于大范围地表形变监测中[12]。与常规的倾斜仪/水准测量和 GPS/北斗测量相比，应用雷达干涉测量技术监测地表运动，具有监测范围广、测量密度高、成本费用低、对环境无影响等优势，已经在地面沉降监测等应用领域取得良好应用[13-14]。

从人工成本、监测范围、监测分辨率、监测周期和监测精度等方面对各监测手段进行比较，结果如表 1 所示。

表 1 输电通道沉降测量技术比较

监测手段	倾斜仪/水准仪	GPS/北斗测量	雷达干涉测量(InSAR)
测量方式	人工	监测站/网络	卫星
人工成本	高	中	低
监测范围	小	中	大
监测分辨率	—	较低	较高
监测周期	单次	实时	最快 6 天
监测精度	高	高	较高

可以看到，雷达干涉测量(InSAR)技术具有成本低、范围大、周期短、精度较高的特点，可作

为输电通道沉降广域监测的常态化手段，可减少大范围输电通道监测的人力和物力投入。

1.2 基于InSAR的沉降综合监测流程

以InSAR广域监测结果为基础，配合GPS/北斗测量、倾斜仪/水准仪等精细化测量手段，能进一步提高输电通道沉降综合监测的效率和经济性。

如图1所示，首先针对大范围监测区，使用中低分辨率、宽覆盖低成本遥感手段，应用InSAR技术开展广域监测，获取大范围研究区的形变，筛选出地表形变比较大的区域作为重点观测异常区域；针对重点观测异常区域，采用人工巡检方式，进行实地检验核查；然后对重要输电通道区域，使用高精度的地面观测手段，应用GPS/北斗、倾斜仪/水准仪等装置进行地面观测，协同参考InSAR监测结果，进一步精确重点观测区域的形变结果，为输电通道地质灾害预防和治理提供数据支撑。

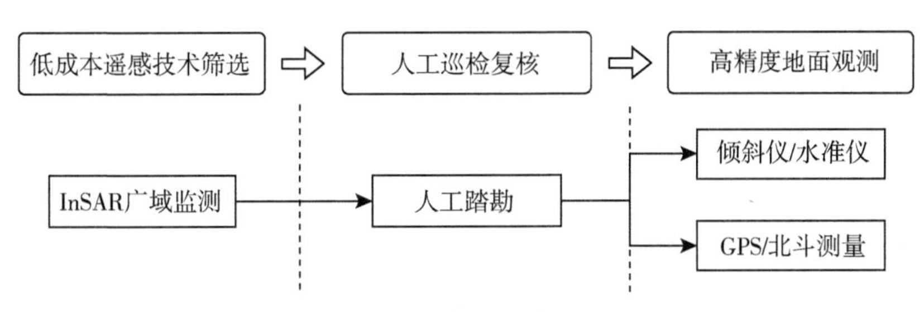

图1 多监测手段协同辅助输电通道监测技术

2 DInSAR沉降监测方法

2.1 DInSAR监测技术基本原理

合成孔径雷达干涉测量InSAR通过两幅天线同时观测或两次近平行的观测，可以精确测量图像上每一点的三维位置和变化信息。差分干涉测量技术DInSAR形变监测是以InSAR技术为基础，将InSAR技术的结果进行二次差分，通过去除地形干涉相位的影响来获取地表的形变信息，以此监测地表的微小变化[15]。

DInSAR测量原理如图2所示。

设P为地面上的一目标点，S_1、S_2、S_3分别为卫星三次对同一地区成像的天线位置。经过干涉处理，可由S_1、S_2生成一幅干涉图，由S_1、S_3生成另一幅干涉图，两幅干涉纹图的相位差分别为φ_1、φ_2，则可得：

$$\varphi_1 = -\frac{4\pi}{\lambda}B_{/\!/} = -\frac{4\pi}{\lambda}B\sin(\theta-\alpha) \tag{1}$$

$$\varphi_2 = -\frac{4\pi}{\lambda}B'_{/\!/} = -\frac{4\pi}{\lambda}B'\sin(\theta-\alpha') \tag{2}$$

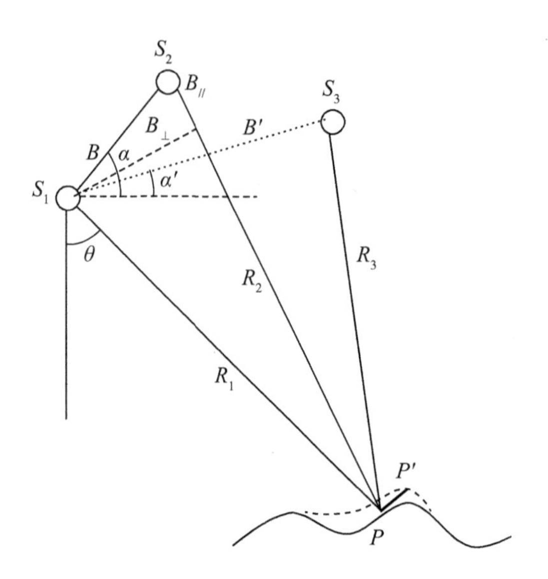

图 2　DInSAR 测量原理图

两幅干涉图的相位比值为：

$$\frac{\varphi_1}{\varphi_2}=\frac{B_{//}}{B'_{//}} \tag{3}$$

式(3)说明相位差的比值等于基线距的视线向分量的比值，而与地形无关。如果卫星 S_3 在观测地面点时与 S_2 观测该地区时相比发生了形变，且形变在视线向的分量为 d，即 P 点移到 P' 点，该形变量会影响相位差，则第二幅干涉纹图的相位差为

$$\varphi'_2=-\frac{4\pi}{\lambda}(B'_{//}+d) \tag{4}$$

由式(2)、式(3)、式(4)可得视线向形变所引起的相位

$$\varphi_d=\varphi'_2-\varphi_2=\varphi'_2-\frac{B'_{//}}{B_{//}}\varphi_1=-\frac{4\pi}{\lambda}d \tag{5}$$

式(5)中，φ_1、φ_2 由干涉纹图得到，$B_{//}$、$B'_{//}$ 由卫星轨道参数计算得到。则地面形变在视线方向的分量 d 为：

$$d=-\frac{\lambda}{4\pi}\left(\varphi'_2-\frac{B'_{//}}{B_{//}}\varphi_1\right) \tag{6}$$

目前，主流研究的 DInSAR 技术有“二轨法”“三轨法”“四轨法”三种模式，都是利用重复轨道多次拍摄的 SAR 影像通过差分获取地表的形变信息。随着重复数的增多，可降低目标距离、形变相位、大气延迟等因素影响，精度得到一定程度的增加，但对运算能力、相位解缠等方面有更高的要求。

2.2　沉降计算方法

采用 DInSAR 来获取输电线路沉降，是利用不同时间获取的两景 SAR 影像，通过共轭相乘计算得到干涉相位，然后去除与地球曲率和地形起伏相关的相位，获取沿雷达视线向的微小形变。干涉图中第 x 个像素的相位成分由式(7)表示[16]：

$$\varphi_x = \varphi_{\text{orb},\ x} + \varphi_{\varepsilon,\ x} + \varphi_{\text{def},\ x} + \varphi_{\text{atm},\ x} + \varphi_{n,\ x} \tag{7}$$

其中，$\varphi_{\text{orb},x}$是由于轨道不精确产生的误差，影响图像全局；$\varphi_{\varepsilon,x}$是由外部DEM误差所导致的地形相位残差；$\varphi_{\text{def},x}$是地物目标位移在卫星观测方向上产生的相位变化；$\varphi_{\text{atm},x}$用于描述大气延迟差异，反映了两景影像获取时刻的不同大气状况；$\varphi_{n,x}$是指干涉图上的噪声相位，主要由系统热噪声、时空变化导致的目标后向散射特性变化、配准误差等因素导致。

由式(7)可以看出，干涉相位中包含轨道误差、大气延迟、噪声等误差项，利用滤波技术去除噪声相位，并通过多项式拟合来削弱轨道误差和大气延迟，根据式(6)获得的视线向形变结果d_{los}为

$$d_{\text{los}} = -\frac{\lambda}{4\pi}\left(\varphi'_x - \frac{B'_{/\!/}}{B_{/\!/}}\varphi_x\right) \tag{8}$$

为了观测输电线路的下沉情况，需要将形变由视线向转换为垂直向，转换公式为

$$d_{\text{ver}} = \frac{d_{\text{los}}}{\cos\theta} = -\frac{\lambda}{4\pi\cos\theta}\left(\varphi'_x - \frac{B'_{/\!/}}{B_{/\!/}}\varphi_x\right) \tag{9}$$

其中，d_{ver}和d_{los}分别是垂直方向和视线方向的形变量，θ是入射角。d_{ver}即为输电通道的垂直沉降。

3 实例验证

3.1 研究区域概况

选择某市采矿区及周边地区作为研究区域(如图3所示)，该区域内分布着多条110kV、220kV高压输电线路，保障着该片区电力供应。由于该市煤炭资源丰富且开采时间长，导致该地区存在大量的采空区，地面沉降情况较为严重，对高压输电线路的正常运行造成严重影响。经调查发现，部分输电线路跨越了采空区，需要重点对途经的线路通道开展沉降监测分析。

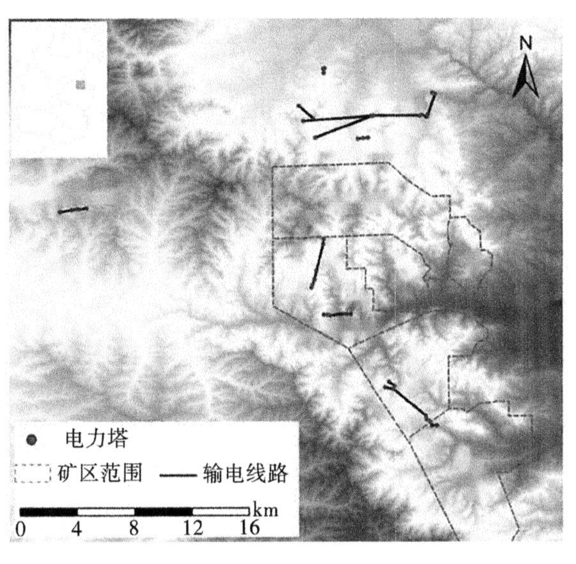

图3 采空区输电线路分布情况

3.2 实验数据

选择欧空局的 C 波段 Sentinel-1A 卫星数据作为实验的数据源，收集了 7 幅 SAR 影像数据，时间跨度从 2017 年 12 月 15 日至 2018 年 2 月 25 日。卫星数据为 L1 级单视复数影像(Single Look Complex)，其工作模式为 IW(Interferometric Wide)，通过 TOPS(Terrain Observation with Progressive Scans SAR)扫描方式获得三个子条带，距离向和方位向分辨率为 5m×20m，入射角范围 29°~46°，极化方式为 VV。选择美国地质调查局发布的 SRTM 90m DEM 数据用于地形相位去除和形变结果地理编码等。采用顺序组合的方式进行干涉组合，干涉对组合的具体情况见表 2。

表 2　**SAR 干涉对组合**

序号	主影像	辅影像	时间基线/d	垂直基线/m
1	2017-12-15	2017-12-27	12	-36.78
2	2017-12-27	2018-01-08	12	-66.79
3	2018-01-08	2018-01-20	12	12.70
4	2018-01-20	2018-02-01	12	98.84
5	2018-02-01	2018-02-13	12	-67.11
6	2018-02-13	2018-02-25	12	-43.34

3.3 结果分析

3.3.1 输电通道沉降广域监测分析

根据表 2 中的影像对组合，利用 DInSAR 技术生成研究区内的干涉图，并去除平地效应和地形相位；然后利用最小费用流算法进行相位解缠，获得解缠相位；最后将相位转换为形变，并根据式(8)将形变从视线向转换为垂直向，获得研究区内的形变监测结果。在获取形变的过程中，利用相位滤波来抑制噪声影响并使用多项式拟合去除轨道误差和大气延迟，以保证结果的准确性。从图 4 中可以看出，研究区内存在多个沉降漏斗，12 天内最大形变量达到了 4cm，大部分沉降漏斗分布在已知矿区开采范围内，多条高压输电线路受到沉降漏斗的影响。

图 5 显示了高压输电线路及周围 200m 缓冲区内的地表沉降情况，背景为研究区雷达影像。从图 5 中可见，输电线路段 a—a′几乎全部输电塔架都位于地表沉降漏斗上或者附近，该线路在所有线路中受到沉降漏斗的影响最为严重。经调查，输电线路段 a—a′为 220kV 输电线路，途经煤矿开采区。通过研究分析，将该线路段纳入重点观测区域进行长期监测和预警。

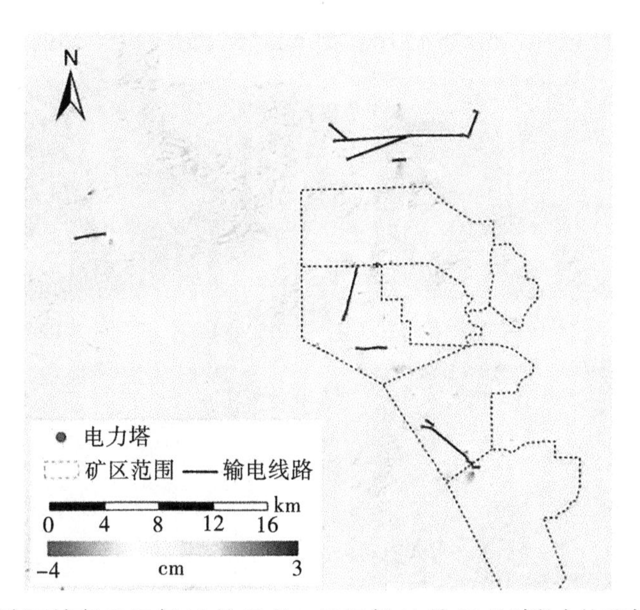

图 4　研究区域在 2017 年 12 月 15 日—2017 年 12 月 27 日时段内的垂直沉降图

2017 年 12 月 15 日—2017 年 12 月 27 日

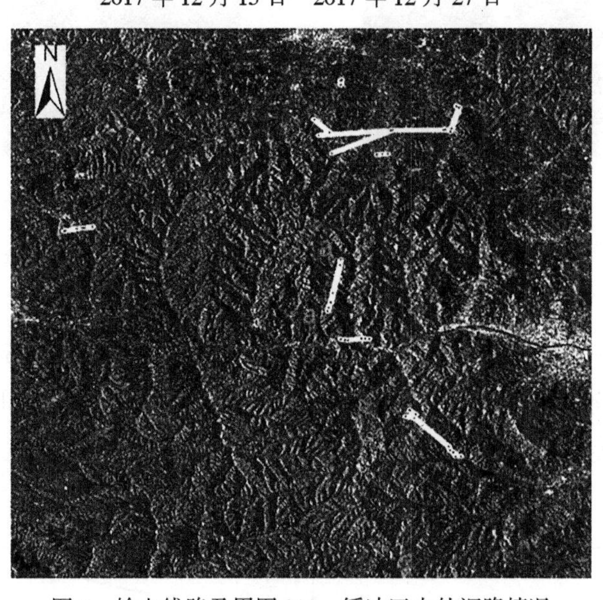

图 5　输电线路及周围 200m 缓冲区内的沉降情况

3. 3. 2　重点观测区域沉降分析

输电线路段 a—a′由 6 基杆塔组成，从下至上分别是 8#、9#、10#、11#、15#和 16#塔。图 6 展示了输电线路段 a—a′时间序列的累加形变量，时间跨度从 2017 年 12 月 15 日至 2018 年 2 月 25 日。输电线路段 a—a′的沉降曲线在时间序列上表现出明显的沉降趋势一致性，能够清晰地看到两个完整沉降漏斗的动态发育状况，其最大累积沉降分别达到 10. 3cm 和 12. 55cm。塔 10#和 16#位于沉降漏斗中，受沉降漏斗影响最严重。塔 8#、11#和 15#处于沉降漏斗边缘，受沉降漏斗影响较小，观测期间内下沉约 2cm。

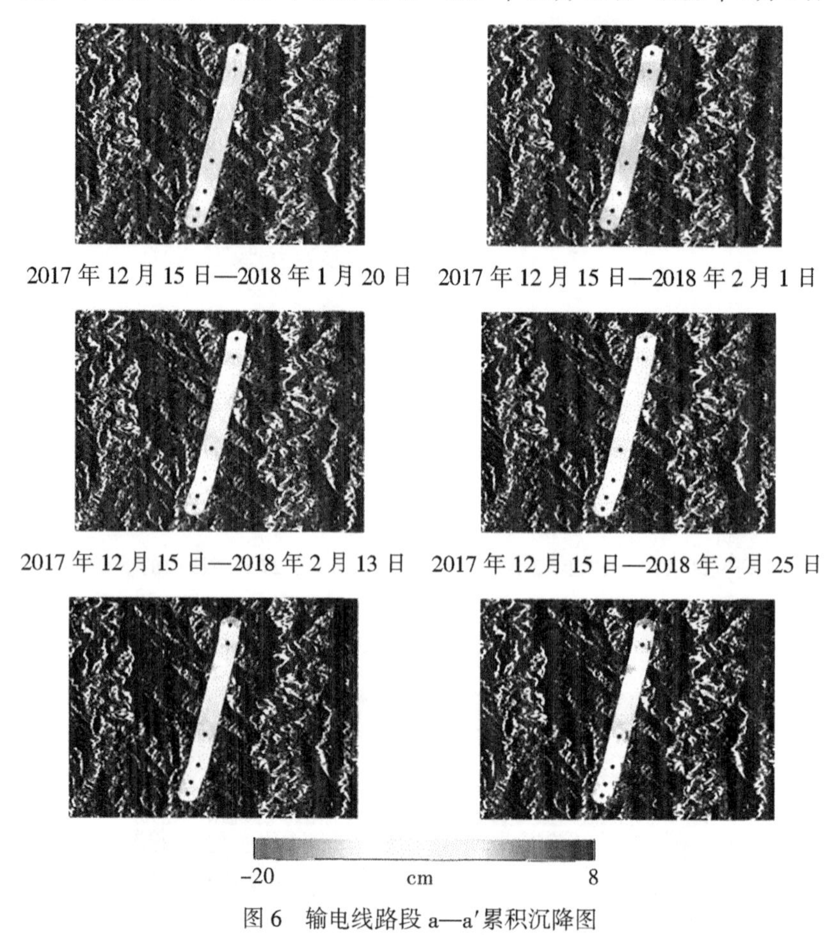

图6 输电线路段a—a′累积沉降图

图7是输电线路段a—a′杆塔点时序形变图。可以看到，塔10#和塔16#一直处于线性下沉状态(图7(b)和(c))，最大累积形变量分别达到了7.16cm和11.38cm，其沉降速度快且沉降量较大，需要对两座塔采取重点关注，必要时采取相应的防护措施。

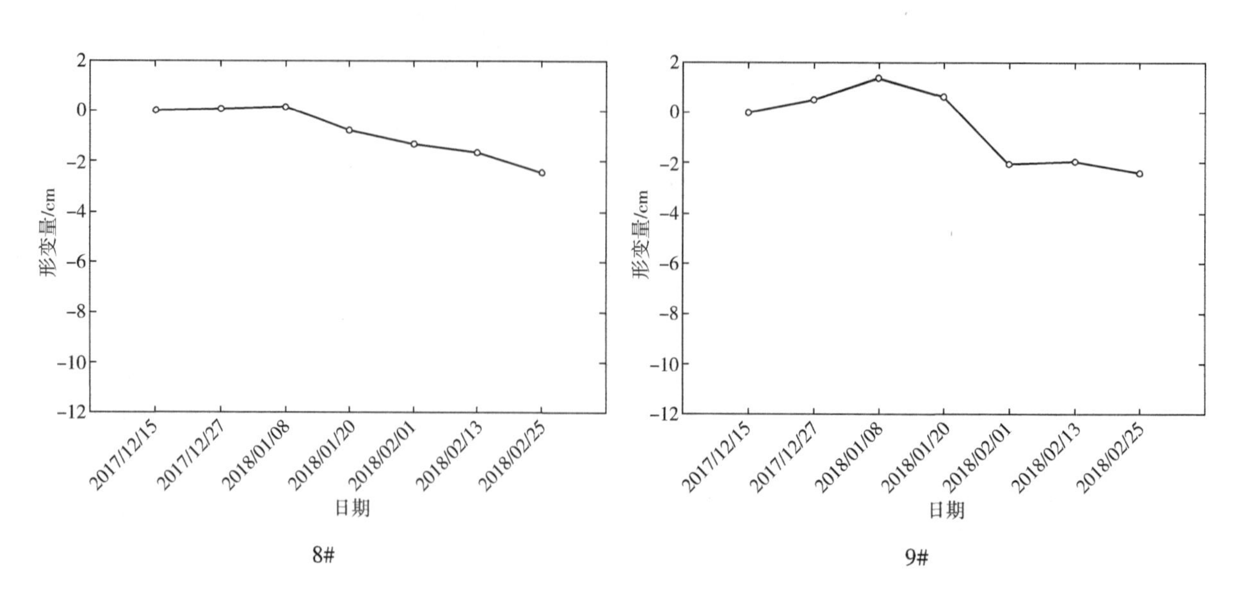

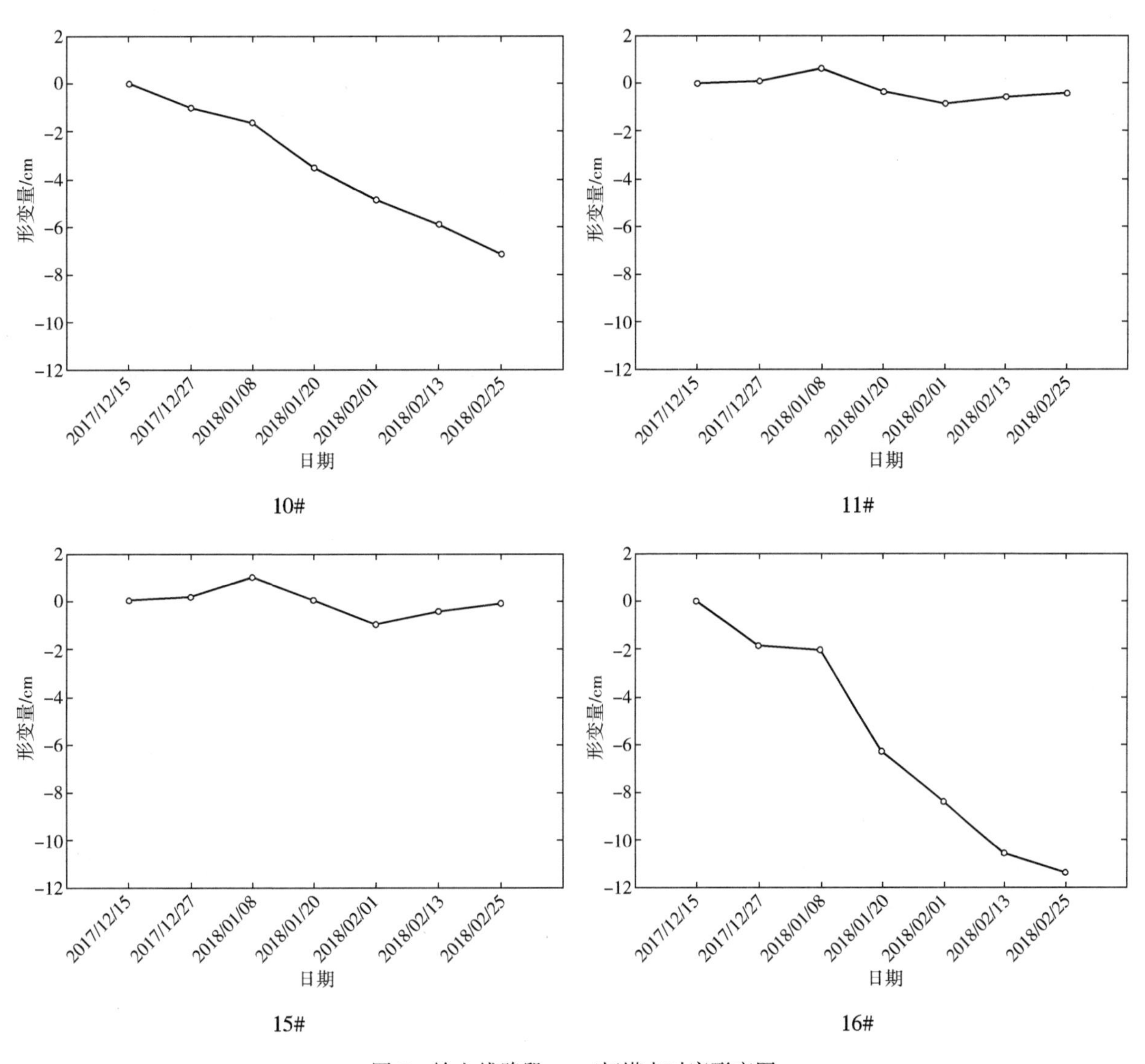

图 7 输电线路段 a—a′杆塔点时序形变图

4 结论

(1)本研究能够有效证明 DInSAR 技术在输电通道沉降监测中的可行性，提供了一种高效低成本的沉降广域监测方法，配合传统监测精细化监测方法，可为输电通道地质灾害综合预警及防治提供数据支撑。

(2)基于 Sentinel-1A 卫星数据源，应用 DInSAR 技术，通过垂直转换、匹配通道坐标，成功获取了某采空区输电通道厘米级的沉降信息。

(3)通过分析 2017 年 12 月 15 日至 2018 年 2 月 25 日的沉降监测结果，发现研究区内两个完整沉降漏斗的动态发育状况。与输电线路杆塔坐标匹配后，发现 10#塔和 16#塔位于沉降漏斗中，最大累积沉降分别达到 10. 3cm 和 12. 55cm，受沉降漏斗影响最严重。研究结果能反映输电通道沉降的动态变化和严重程度，对该地区输电通道地质灾害预警和治理具有指导意义。

◎ 参考文献

[1]武立平，龚浩，赵晓龙，等．基于DInSAR技术的阳泉矿区形变监测与分析[J]．煤矿安全，2018，49(7)：193-197.

[2]钱鸣高，缪协兴，许家林．资源与环境协调(绿色)开采[J]．煤炭学报，2007，32(1)：1-7.

[3]Acosta J S，Tavares M C. Multi-obJective optimization of overhead transmission lines including the phase sequence optimzation[J]. International Journal of Electrical Power & Energy Systems，2020，115：105495.

[4]吴承红，查剑锋，郭江潮．高压输电线路采动变形规律及防护措施[J]．工业安全与环保，2015，41(8)：12-14.

[5]宰红斌，刘云峰，卫栋，等．面向采空区的输电线路杆塔设计优化方法[J]．电力工程技术，2021，40(4)：182-188.

[6]阎涛，袁广林，王永安．煤矿采动区输电线路技术方案与变形治理技术[J]．山西电力，2015(1)：13-16.

[7]Tao G H，Fang L J. A multi-unit serial inspection robot for power transmission lines[J]. Industrial Robot：the International Journal of Robotics Research and Application，2019，46(2)：223-234.

[8]王瑞，李亮，周大伟．三维激光扫描技术在采空区探测中的应用研究[J]．化工矿物与加工，2018，47(8)：59-61.

[9]王瑞，薛玉玲，万士桢，等．基于DInSAR技术的矿区累计时序形变监测研究[J]．化工矿物与加工，2021，50(11)：44-47，53.

[10]Dong D，Chen W，Cai M，et al. Multi-antenna synchronized global navigation satellite system receiver and its advantages in high-precision positioning applications[J]. Frontiers of Earth Science，2016(10)：772-783.

[11]张同伟，李凌瑛．基于北斗系统的地质灾害监测系统建设[J]．电气技术，2021，22(1)：99-103.

[12]阎跃观．DInSAR监测地表沉陷数据处理理论与应用技术研究[D]．北京：中国矿业大学(北京)，2010.

[13]刘媛媛．基于多源SAR数据的时间序列InSAR地表形变监测研究[D]．西安：长安大学，2014.

[14]朱建军，李志伟，胡俊．InSAR变形监测方法与研究进展[J]．测绘学报，2017，46(10)：1717-1733.

[15]王瑞，薛玉玲，万士桢，等．基于DInSAR技术的矿区累计时序形变监测研究[J]．化工矿物与加工，2021，50(11)：44-47，53.

[16] Hooper A, Zebker H, Segall P, et al. A new method for measuring deformation on volcanoes and other natural terrains using InSAR persistent scatterers[J]. Geophysical Research Letters, 2004, 31(23): 1-5.

基于 FTIR 技术的环保气体 $C_5F_{10}O/N_2$ 分解组分检测方法研究

胡峰[1]，田双双[1,2]，张晓星[1,2]，方雅琪[1*]，王毅[1]，杨志伟[1]
（1. 湖北工业大学新能源及电网装备安全监测湖北省工程研究中心，武汉，430068；
2. 襄阳湖北工业大学产业研究院，襄阳，441100）

摘　要：近年来，$C_5F_{10}O$ 因优良的绝缘性能和环保特性被广泛关注，且 $C_5F_{10}O$ 混合气体已经在气体绝缘环网柜等设备中开始应用，研究 $C_5F_{10}O$ 混合气体分解组分的检测方法，对于设备的故障诊断和运维具有重要意义。本文以 $C_5F_{10}O/N_2$ 混合气体热分解产物为研究对象，搭建 FTIR 检测实验平台，基于 FTIR 技术探索 $C_5F_{10}O/N_2$ 混合气体过热分解组分的种类，并与 GC-MS 的检测结果对比，确定 FTIR 检测混合气体分解组分的可行性。通过 FTIR 检测分析，确定 $C_5F_{10}O/N_2$ 热解后的分解组中含有 CF_3H、C_3F_6、C_3F_7H、CO、CO_2 和 CH_4 气体。对 CF_3H、C_3F_6、C_3F_7H 三种气体的吸收光谱进行分析并建立浓度标定模型，确定了采用 FTIR 可以分别在 $1130 \sim 1170cm^{-1}$、$1020 \sim 1050cm^{-1}$、$890 \sim 930cm^{-1}$ 波段对 CF_3H、C_3F_6、C_3F_7H 气体实现定量分析，得到 CF_3H、C_3F_6、C_3F_7H 的浓度分别为 20.79ppm、25.73ppm、7.78ppm，与 GC-MS 的检测结果 20.88ppm、27.88ppm 和 7.62ppm 相近。本文的研究可以为 $C_5F_{10}O/N_2$ 混合气体绝缘设备过热故障的分解气体检测提供参考。

关键词：$C_5F_{10}O/N_2$ 混合气体；热分解；红外光谱技术；定量分析

0　引言

六氟化硫(SF_6)的物理、化学性质稳定，绝缘和灭弧性能优异，被广泛地用于电气领域中[1-3]。SF_6 的全球变暖潜能值(global warming potential，GWP)是 CO_2 的 22500 倍，有 850 年的大气寿命[4-7]。SF_6 的大量使用加剧了温室效应，寻找其替代气体成为当下热点[8-9]。

$C_5F_{10}O$ 化学性质稳定，绝缘性质优良，绝缘强度约为 SF_6 的两倍，大气寿命 15 天，相较于 SF_6 对环境污染小[10-12]。常压下 $C_5F_{10}O$ 液化温度达到 26.9℃，需要与 N_2、空气等气体混合使用[13]。$C_5F_{10}O/CO_2$、$C_5F_{10}O/N_2$ 等混合气体有着优良的绝缘特性，国内外学者对此做了大量研究[14]。ABB

公司将$C_5F_{10}O$气体应用于电气设备中[15]。西安交通大学的王小华对$C_5F_{10}O/CO_2$气体进行工频耐压和雷电冲击实验，发现增大混合气体的总压力，可以提高绝缘性能[16]。本团队分析了$C_5F_{10}O/N_2$在准均匀电场下的绝缘特性，随着$C_5F_{10}O$分压的提高，混合气体的绝缘强度增大，并对$C_5F_{10}O/N_2$混合气体的放电产物进行分析，$C_5F_{10}O$分解为多种绝缘性能较好的自由基，自由基间相互作用形成新的绝缘特性优良的产物[17-18]。大量研究表明，$C_5F_{10}O$及其混合气体在气体绝缘设备中的应用，以及在提高气体的绝缘特性等方面具有广阔的前景。

掌握$C_5F_{10}O$浓度的检测方法和$C_5F_{10}O$混合气体过热分解产物的分析方法，对于确定$C_5F_{10}O$混合气体绝缘设备的缺陷和故障程度具有重要意义。目前常用的检测气体的方法有：气相色谱法[19]、拉曼光谱法[20]、傅里叶变换红外光谱(Fourier transform infrared spectroscopy，FTIR)[21]法等。红外光谱法具有适用范围广、反应速度快、操作简单、检测精度高、抗干扰能力强、环保等优点。目前，学者们把FTIR技术应用到气体检测中。石磊等人基于FTIR技术分析SF_6的放电分解机理[22]。查玲玲等人利用便携式FTIR光谱仪研究环境大气中CO_2的浓度变化[23]。张施令等人搭建FTIR系统，对SO_2F_2气体的红外吸收谱线和交叉干扰特性进行了分析[24]。本团队利用FTIR技术，检测到C_4F_7N有C_3F_6、CO和COF_2这3种分解产物[25]。$C_5F_{10}O$是一种极具发展前景的环保气体，目前基于FTIR技术对$C_5F_{10}O$及其混合气体分解组分的检测结果还没有确切的分析，在此背景下本文展开研究。

本文首先模拟$C_5F_{10}O/N_2$型电气设备的过热故障，采用GC-MS分析$C_5F_{10}O/N_2$混合气体过热分解气体，其次基于FTIR技术对$C_5F_{10}O/N_2$混合气体过热分解组分进行定性分析，进一步对红外特征峰交叉干扰小的分解组分进行定量分析，并参考GC-MS的检测结果，确定FTIR技术检测关键分解组分的可行性。相关结论为$C_5F_{10}O/N_2$混合气体绝缘设备的过热故障检测特征气体的检测方法提供参考。

1 实验平台

本文在室温25℃(±0.1℃)、空气相对湿度50%的环境下进行实验，先在热解平台中用道尔顿分压法配置100ppm浓度的$C_5F_{10}O/N_2$混合气体，然后让其在550℃的加热条件下过热分解，记录好开始时刻，每隔4h进行一次热解气体的采气，最后通过红外光谱分析平台进行分析。

红外检测平台如图1所示。在热解平台中通过特氟龙材料的采气袋采集待测气体，实验前检测气室需放置在干燥箱中保持干燥，对气室进行清洗，检查气路连接的气密性，然后将热解后的待测气体通入红外光谱仪的检测气室中进行红外扫描，最后将废气通过真空泵抽出到废气回收池。本平台使用的傅里叶红外光谱仪型号为Nicolet iS50，可检测的光谱范围为15~27000cm^{-1}，气体池光程长为0.1m，容积为200mL。

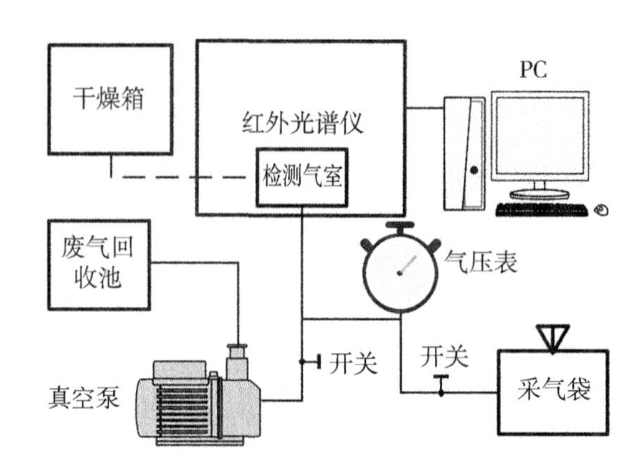

图 1　红外检测实验平台

气体热解平台如图 2 所示，由气体检测装置、气压监测装置、密闭气室、PID 温度控制装置和加热装置组成。实验气体的采集和处理通过进气口来输送。密闭气室有很强的耐压能力、抗腐蚀能力和耐高温能力。实验前将 PID 温度控制装置中的温度调制到 550℃，记录开始的时间，按照每 4h 的时间间隔采气，然后通过傅里叶光谱仪对实验中热解的气体成分进行检测分析。

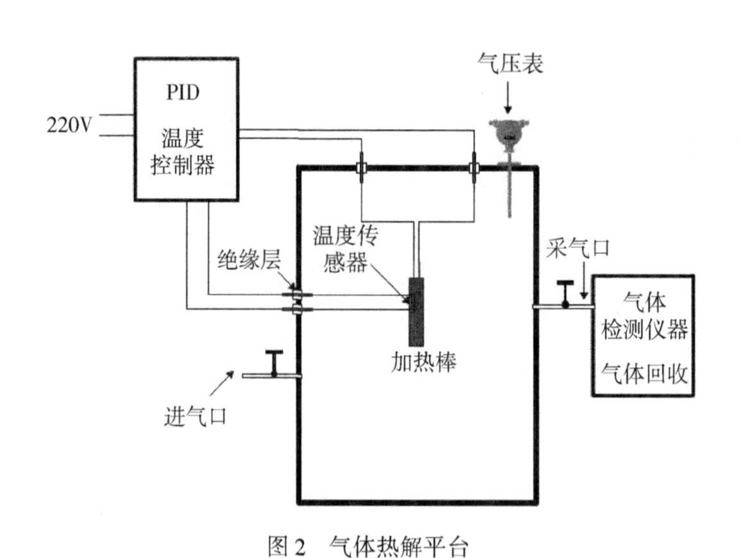

图 2　气体热解平台

实验前对密闭气室进行清洁，去除气室内的杂质，用 N_2 对气室进行 3 次洗气，通过分压法配置实验气体。本文实验采用混合气体的始绝对压强为 0. 15MPa，其中 $C_5F_{10}O$ 的浓度为 100ppm。采集气体前需对采气袋洗气 3 次。使用红外检测装置先使用 N_2 清洗气室，充入待测气体，用傅里叶光谱仪对气体进行样品扫描，$C_5F_{10}O$ 的红外吸收光谱图经背景扣除获得。

2　实验方法

首先对 $C_5F_{10}O/N_2$ 混合气体热解产物进行分析，在 NIST Chemistry WebBook、HITRAN on the

Web 等数据库中查询到 $C_5F_{10}O$ 分解产物的红外光谱图，将实验检测到的红外光谱与数据库中的光谱信息进行对比，做定性分析。其次，检测标准浓度气体，选取重叠部分较少的波段，使用峰值或峰面积建立的浓度标定模型，计算出混合气体中待测气体的浓度，实现定量分析。最后，将检测结果与 GC-MS 结果对比，确定红外检测技术的可行性。

3 结果与结论

3.1 GC-MS 分析

3.1.1 分解产物定性分析

GC-MS 的定性主要是将质谱图与数据库相比对，通过匹配 TIC(Total Ion Chromatography)的主要吸收峰与质谱图的相似度，实现定性分析。质谱图相似度匹配效果如图 3 所示。

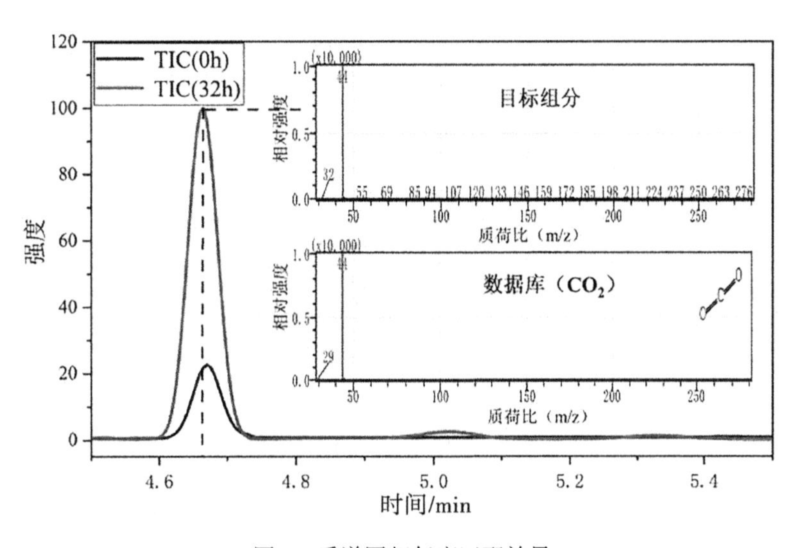

图 3 质谱图相似度匹配效果

每隔 4h 采集样品气体，在 GC-MS 上进行检测，得到 $C_5F_{10}O/N_2$ 混合气体热解产物的色谱图和质谱图。$C_5F_{10}O/N_2$ 热解前后总离子的质谱图如图 4 所示，热解前 GC-MS 中检测到了 CO_2，但含量不高，来源于空气中的 CO_2，加热 32h 后，$C_5F_{10}O$ 基本分解完全，在分解过程中产生了大量 CO_2。$C_5F_{10}O$ 受热分解后，产生了不同的离子碎片产物，产物有不同的保留时间，需要将样品气体热解 32h 后的 TIC 的吸收峰进行相似度匹配，实现定性的要求，检索到产物对应保留时间的质谱图。

图 5 为 $C_5F_{10}O/N_2$ 热解 32h 后的 TIC 定性结果。经 GC-MS 检测，$C_5F_{10}O/N_2$ 在 550℃温度下热解，在 7.23min 时刻有 H_2O 产生，分解产物有 CO_2、C_2F_6、C_3F_6、C_4F_{10}、CF_3H 和 C_3F_7H。

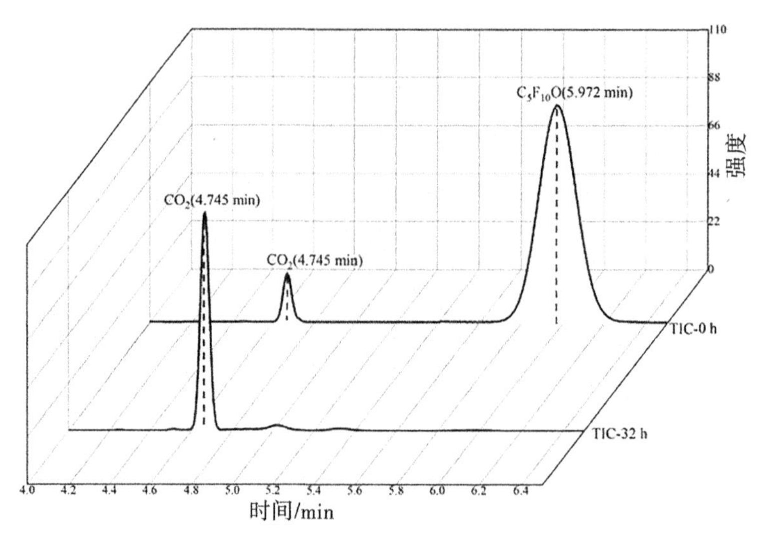

图 4 $C_5F_{10}O/N_2$ 热解前后总离子的质谱图

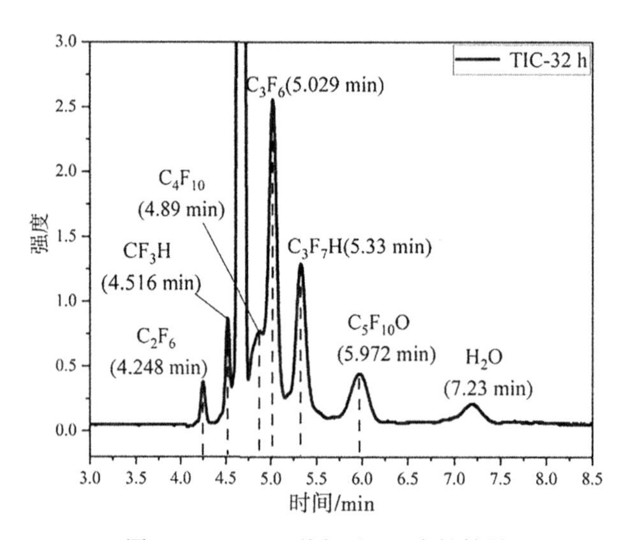

图 5 $C_5F_{10}O/N_2$ 热解后 TIC 定性结果

3.1.2 分解产物定量分析

在气相色谱分析中，可以通过峰面积或峰高来进行定量分析，从而得到产物的含量、浓度。同一组分的峰面积或峰高与浓度呈线性关系，由图 5 中 CO_2、C_2F_6、CF_3H、C_4F_{10}、C_3F_6 和 C_3F_7H 色谱峰的强度可表明各自的浓度含量。在 GC-MS 中检测到的离子碎片 CF_3H 含量较高，通过查阅 $C_5F_{10}O$ 与分解产物的质谱图，质荷比强度最高的为 69，对应的参考离子为 69，因此使用 69 碎片离子峰的峰面积或峰高进行 $C_5F_{10}O$ 分解产物的定量分析。

C_2F_6、CF_3H、C_3F_6 和 C_3F_7H 是本文定量分析的分解产物，$C_5F_{10}O$ 分解产物含量与时间的关系如图 6 所示。其中，C_3F_6 的含量是最高的，$C_5F_{10}O$ 热分解到第 4h 时，因 C_3F_6 的产出和消耗相同，其含量基本保持不变，最高含量为 27.6ppm。C_2F_6、CF_3H 和 C_3F_7H 的含量都是逐渐增加的，但由

于 $C_5F_{10}O$ 在热解的过程中浓度减少，热分解的速率降低，导致 C_2F_6、CF_3H 和 C_3F_7H 的增长速率减慢。

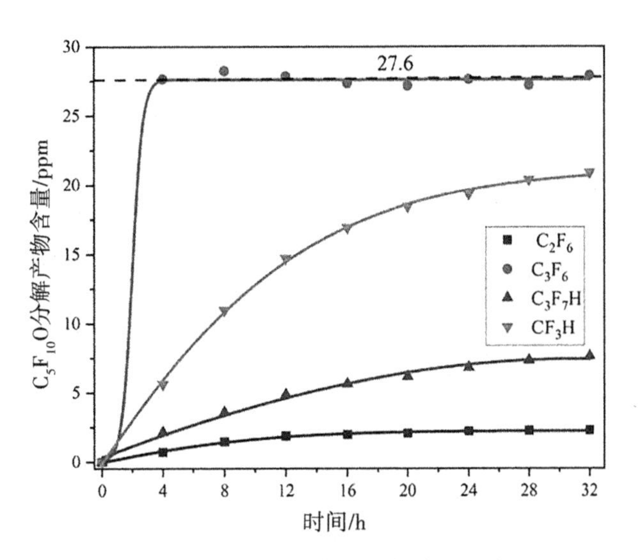

图 6　$C_5F_{10}O$ 分解产物含量与时间的关系

如图 4 所示，在 $C_5F_{10}O/N_2$ 热解 32h 后的 TIC 质谱图中，CO_2 所在峰的强度最大，故 CO_2 是 $C_5F_{10}O/N_2$ 热解的主要产物之一。热解前 GC-MS 中检测到的 CO_2 是空气中始终存在的，受该因素的影响，暂且不能对 CO_2 做出定量分析。GC-MS 定量分析结果表明，$C_5F_{10}O$ 热解有 C_2F_6、CF_3H、C_3F_6 和 C_3F_7H 四种主要产物，经加热 32h 后，它们的浓度分别为 2. 28ppm、20. 88ppm、27. 88ppm 和 7. 62ppm。

3.2　过热分解组分的红外光谱检测

3.2.1　$C_5F_{10}O/N_2$ 过热分解后的红外光谱

$C_5F_{10}O$ 在 $C_5F_{10}O/N_2$ 混合气体中的浓度是 100ppm，将 $C_5F_{10}O/N_2$ 混合气体在热解实验平台热解，每 4h 采集一次气体，用红外光谱分析平台进行检测，得到混合气体的红外光谱图，如图 7 所示，最后用 FTIR 技术分析 $C_5F_{10}O/N_2$ 过热分解组分的种类。

由图 7 的 $C_5F_{10}O/N_2$ 过热分解红外光谱图，在 400~600cm^{-1}、1430~1750cm^{-1}和 3600~4000cm^{-1}波段，$C_5F_{10}O$ 的浓度较低，在检测过程中易受到噪声的影响，导致吸光度的毛刺较多，而在 1430~1750cm^{-1}波段则是受到 H_2O 的影响。且在过热分解后，$C_5F_{10}O$ 的吸收峰基本消失。

在前期的研究中发现，$C_5F_{10}O$ 在 860~890cm^{-1}波段的吸收峰与其他分解组分无大量重叠，从中选取 873cm^{-1}的峰高来进行微量 $C_5F_{10}O$ 气体检测[26]。加热时间 32h，每 4h 检测一次，$C_5F_{10}O/N_2$ 混合气体热解过程中 860~890cm^{-1}波段的红外光谱如图 8 所示。由图 8 可知，$C_5F_{10}O$ 在 860~890cm^{-1}波段的吸收峰，随着热解时间的增长在逐渐降低，其中热解 24h 后 $C_5F_{10}O$ 在 873cm^{-1}处的吸光度小于0.0005，含量极低。

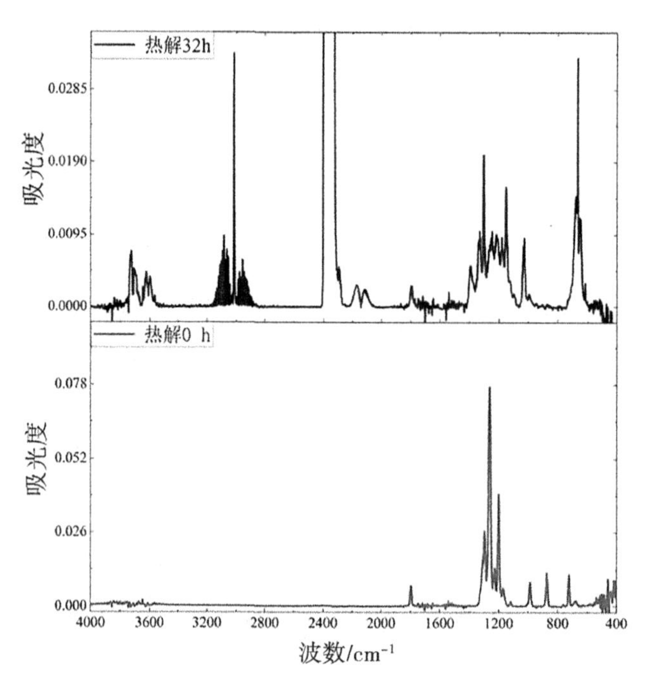

图7 $C_5F_{10}O/N_2$ 混合气体过热前后的红外光谱图

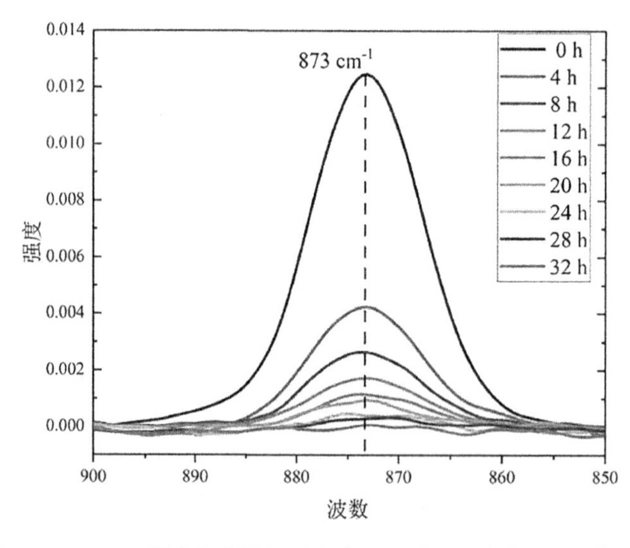

图8 $C_5F_{10}O/N_2$ 混合气体热解过程中860~890cm^{-1}波段的红外光谱

将 $C_5F_{10}O/N_2$ 混合气体中每4h热解的浓度与时间拟合成曲线，如图9所示。随着热解时间的增加，$C_5F_{10}O$ 的浓度逐渐减少，$C_5F_{10}O$ 的正向分解反应速率降低，导致 $C_5F_{10}O$ 的减少速率降低。$C_5F_{10}O$ 经32h热解后含量极低，浓度为0.51ppm，因此可以忽略 $C_5F_{10}O$ 对红外光谱的影响，认为 $C_5F_{10}O/N_2$ 热解32h后的红外光谱均为其分解产物的光谱。

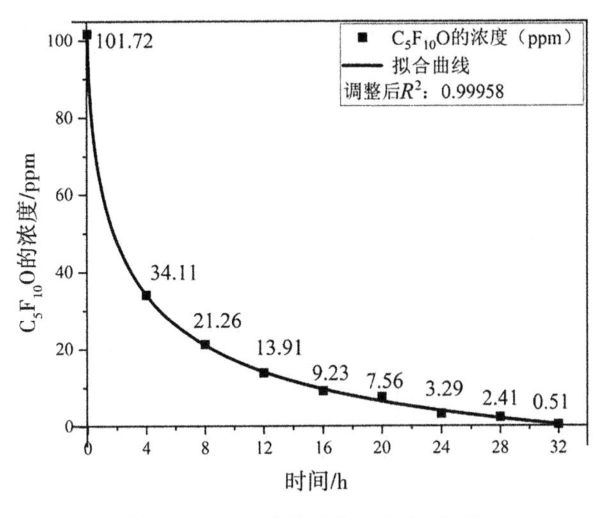

图 9 $C_5F_{10}O$ 的浓度与时间的关系

3.2.2 检测结果

参考 3.1.1 节中的 GC-MS 定性分析结果，将 $C_5F_{10}O/N_2$ 热解 32h 后分解产物的红外光谱与数据库中的光谱信息进行对比，进行红外光谱定性分析。

图 10 为数据库中气体红外光谱与 $C_5F_{10}O/N_2$ 混合气体热解 32h 后的红外光谱对比图。由图 10 可知，混合气体在 2050～2210cm^{-1}波段与 CO 的红外光谱有较高的相似度，有相同的峰形和峰数；在 1215～1370cm^{-1}和 2850～3170cm^{-1}波段与 CH_4 的红外光谱最相似，在 2850～3170cm^{-1}波段与 CH_4 有一致的峰形相对强度；在 650～692cm^{-1}、2300～2390cm^{-1}和 3580～3750cm^{-1}波段与 CO_2 的红外光谱相似。由此可知，$C_5F_{10}O/N_2$ 混合气体热解 32h 后的组分有 CO、CO_2 和 CH_4。$C_5F_{10}O/N_2$ 混合气体的红外光谱在 1430～1750cm^{-1}波段受到 H_2O 的影响，存在杂峰，定性结果和 GC-MS 是相同的。

混合气体在 800～1850cm^{-1}波段的红外光谱主要是碳氟化合物，因 GC-MS 的检测结果受限，通过查询文献[27-30]可知，$C_5F_{10}O$ 分解的主要的碳氟化合物为 CF_4、CF_3H、C_2F_4、C_2F_6、C_3F_6、C_3F_6O、C_3F_8、C_4F_{10}和 C_3F_7H。图 11 为数据库查询的碳氟化合物 CF_4、CF_3H、C_2F_4、C_2F_6、C_3F_6、C_3F_6O、C_3F_8、C_4F_{10}红外光谱对比图。图 12 为 C_3F_7H 红外光谱。图 13 为 $C_5F_{10}O/N_2$ 热解 32h 后混合气体的红外光谱对比图。

由图 11 可知，CF_4 的红外光谱主要分布在 1260～1290cm^{-1}波段，混合气体的红外光谱在该波段有很强的吸光度，但根据图 4 和图 11，C_3F_6O 和 C_3F_7H 在 1260～1290cm^{-1}波段同样有吸收峰，因此无法确定混合气体中是否含有 CF_4 气体，本实验中设置的 $C_5F_{10}O$ 的初始浓度只有 100ppm，GC-MS 也没有检测到 CF_4，而文献[31]中设置的初始浓度为 7.5%的 $C_5F_{10}O$，在热解 12h 后检测到的 CF_4 浓度不超过 5ppm。因此判断本实验中 FTIR 检测 $C_5F_{10}O/N_2$ 热解 32h 后可能产生 CF_4。C_2F_4 的红外光谱主要分布在 1150～1210cm^{-1}和 1300～1360cm^{-1}波段，而 C_3F_6O 和 C_3F_6 在这两个波段同样有吸收峰，GC-MS 检测结果中 C_3F_6 的含量较高，但没有检测到 C_2F_4，因此判断产物可能含有 C_2F_4，其浓度太低无法检测到。由图 11 可知，CF_3H 的红外光谱在 1150cm^{-1}处的吸收峰有最高强度，热解后混合气体在该波段有同样峰形的吸收峰，仅 C_3F_8 在 1150cm^{-1}处有同样峰形的吸收峰，但是 C_3F_8 在 1250～1280cm^{-1}处的吸收峰强度最高。根据吸收峰的峰值比例，若热解后混合气体在 1150cm^{-1}处仅有 C_3F_8 的吸收峰，则对应在 1250～1280cm^{-1}处的吸光度将会更高。由热解后混合气体的红外光谱可知，在 1250～1280cm^{-1}处的吸光度明显比 1150cm^{-1}处低，因此可以推断，混合气体在 1150cm^{-1}处的吸收峰主要由 CF_3H 的红外吸收峰提供，可以确定 $C_5F_{10}O/N_2$ 热解后会产生 CF_3H 气体。

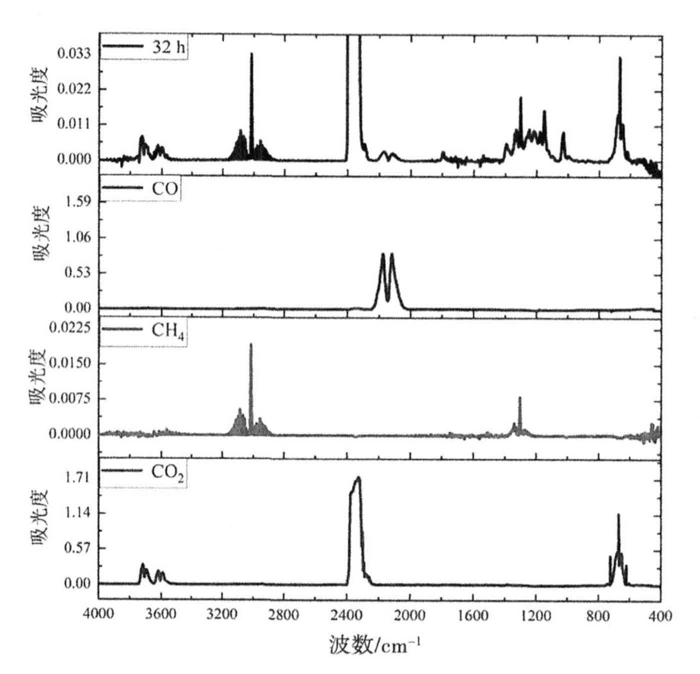

图 10 常规气体红外光谱与实验后的红外光谱对比图

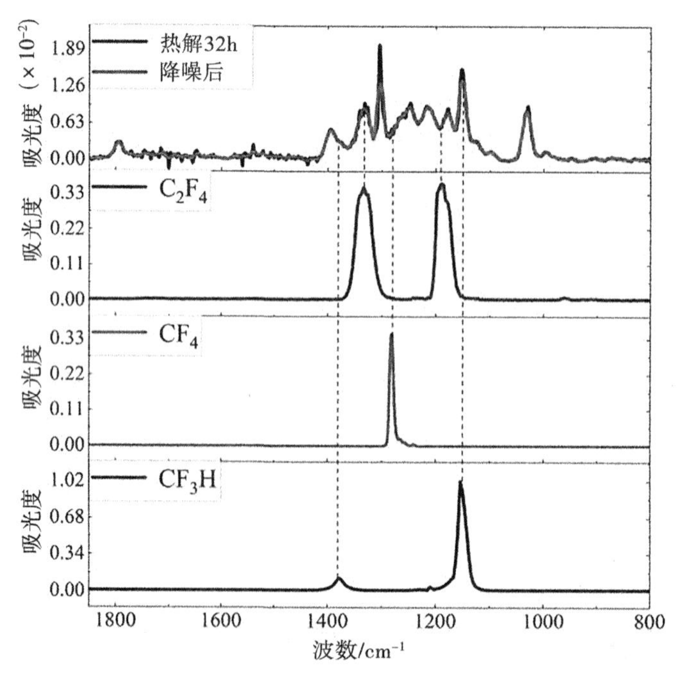

图 11 CF_4、CF_3H 和 C_2F_4 红外光谱与热解后混合气体红外光谱的对比图

图 12 为碳氟化合物的红外光谱对比图。在混合气体的红外光谱中，C_2F_6 和 C_3F_8 红外光谱的主要吸收峰在对应波段都有一定的吸光度，通过相似度匹配可以判断混合气体可能含有 C_2F_6 和 C_3F_8。但 C_3F_8 在 995～1020cm^{-1}波段有个特征峰，而混合气体在该波段的吸光度很弱并且无明显的峰形，故可以判断 C_3F_8 的浓度较低。C_3F_6 红外光谱的主要波段为 1020～1050cm^{-1}、1150～1200cm^{-1}、1200～1230cm^{-1}、1320～1350cm^{-1}、1380～1410cm^{-1}、1780～1810cm^{-1}，其中 1020～1050cm^{-1}波段的吸收峰与其他气体重合较少，并且在该波段与混合气体的红外光谱有相同峰形的吸收峰。通过与其他碳氟化合物红外吸收峰的比较，发现仅 C_3F_6 在 1020～1050cm^{-1}波段有相同峰形的吸收峰，对此可以判断，$C_5F_{10}O/N_2$ 热解后会产生浓度较高的 C_3F_6。

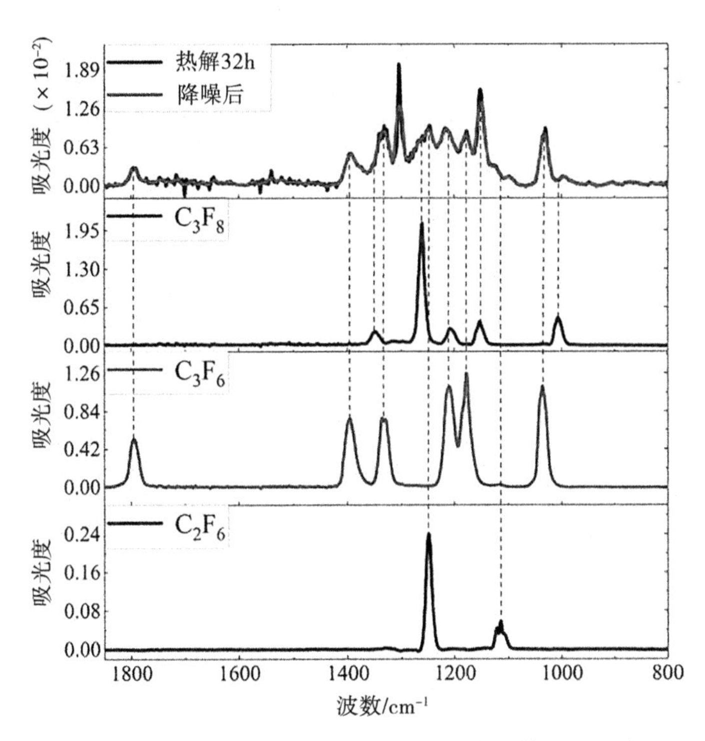

图 12　C_2F_6、C_3F_6 和 C_3F_8 红外光谱与热解后混合气体红外光谱的对比图

由图 13 红外光谱的对比图可知，C_3F_6O、C_4F_{10} 和 C_3F_7H 红外光谱的主要吸收峰在混合气体的红外光谱中的对应波段都有一定的吸光度，对此判断混合气体可能含有 C_3F_6O、C_4F_{10} 和 C_3F_7H。其中，C_3F_7H 的红外光谱在 1128cm^{-1}处有较强的吸收峰，混合气体在该处有明显的峰形，因此可以确定混合气体含有 C_3F_7H 气体。

使用 FTIR 进行定量检测，需要先检测标准浓度气体，使用峰值建立浓度标定模型。其中，特征量的选取是建立浓度标定模型的重要因素。CF_3H、C_3F_6、C_3F_7H 三种气体分别在 1130～1170cm^{-1}、1020～1050cm^{-1}、890～930cm^{-1}波段的吸收峰与其他气体交叉重合较少，在该波段选取特征峰进行定量分析，搭建气体的浓度标定模型，如图 14 所示。

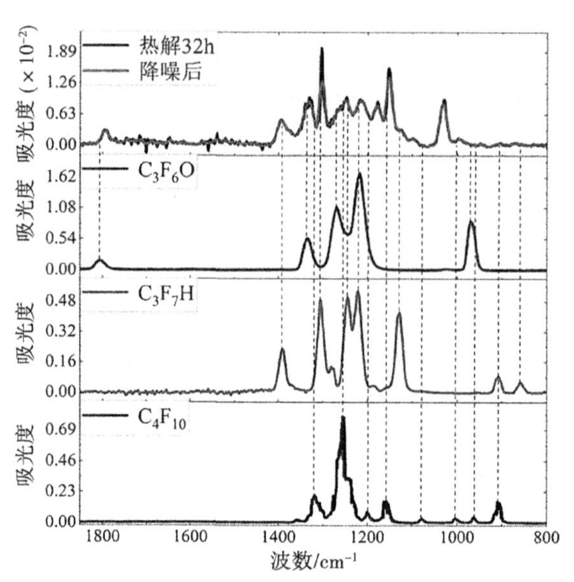

图 13　C_3F_6O、C_4F_{10}和 C_3F_7H 红外光谱与热解后混合气体红外光谱的对比图

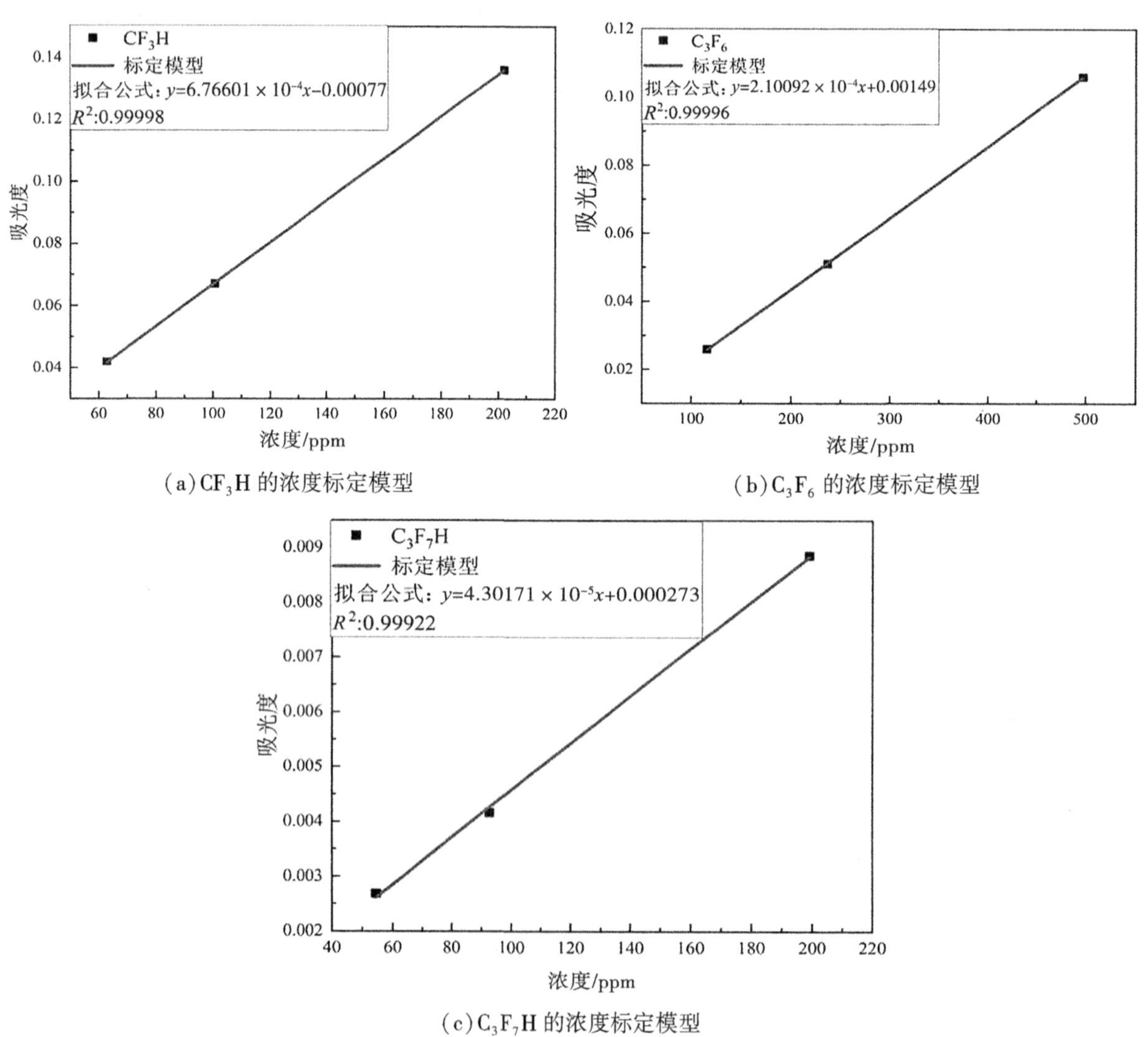

(a) CF_3H 的浓度标定模型

(b) C_3F_6 的浓度标定模型

(c) C_3F_7H 的浓度标定模型

图 14　CF_3H、C_3F_6、C_3F_7H 的吸光度与浓度标定模型

检测 62.83ppm、100.69ppm、202ppm 的 CF_3H 红外光谱图，选取 1152cm^{-1}波数的吸光度作特征值，拟合系数 R^2 为 0.99998。通过建立的浓度标定模型，计算出 $C_5F_{10}O/N_2$ 热解 32h 后混合气体中 CF_3H 的浓度为 20.79ppm，GC-MS 检测结果为 20.88ppm。

检测浓度为 115.72ppm、237ppm 和 497ppm 的 C_3F_6 红外光谱，选取 1037cm^{-1}波数的吸光度作特征值，拟合系数 R^2 为 0.99996。通过建立的浓度标定模型，计算出 $C_5F_{10}O/N_2$ 热解 32h 后混合气体中 C_3F_6 的浓度为 25.73ppm，GC-MS 检测结果为 27.88ppm。

检测浓度为 54.47ppm、92.69ppm、199ppm 的 C_3F_7H 红外光谱，选取 859cm^{-1}波数的吸光度作特征值，拟合系数 R^2 为 0.99997。通过建立的浓度标定模型，计算出 $C_5F_{10}O/N_2$ 热解 32h 后混合气体中 C_3F_7H 的浓度为 7.78ppm，GC-MS 检测结果为 7.62ppm。

CF_3H、C_3F_6、C_3F_7H 三种气体分别在 1130~1170cm^{-1}、1020~1050cm^{-1}、890~930cm^{-1}波段的吸收峰与其他碳氟化合物吸收峰交叉干扰较小，可以作为浓度检测的特征峰。表 1 给出了 FTIR 检测与 GC-MS 检测的结果对比，并计算了 FTIR 相对 GC-MS 检测结果的误差，CF_3H 的误差为 0.4%，C_3F_6 的误差为 7%，C_3F_7H 的误差为 2%。由此，FTIR 可以实现三种 $C_5F_{10}O/N_2$ 的过热分解产物的定量检测。

表 1　**FTIR 与 GC-MS 的检测结果比较**

检测方法	CF_3H/ppm	C_3F_6/ppm	C_3F_7H/ppm
FTIR	20.79	25.73	7.78
GC-MS	20.88	27.88	7.62

4　结论

(1)100ppm 浓度的 $C_5F_{10}O/N_2$ 经热解后，通过 GC-MS 检测可知混合气体高温分解的主要产物有 CO_2、C_2F_6、CF_3H、C_4F_{10}、C_3F_6 和 C_3F_7H。FTIR 检测中可以确定热解后分解组分中有 CF_3H、C_3F_7H、C_3F_6、CO、CO_2 和 CH_4 气体。

(2)对 CF_3H、C_3F_7H、C_3F_6 三种气体建立浓度标定模型，分别在 1130~1170cm^{-1}、1020~1050cm^{-1}、890~930cm^{-1}波段进行定量分析，检测误差相对于 GC-MS 分别为 0.4%、7%和 2%。本文的研究结论为 $C_5F_{10}O/N_2$ 混合气体绝缘设备过热故障的特征气体的检测技术方法提供了参考。

◎ 参考文献

[1]张晓星，任江波，肖鹏，等．检测 SF_6 气体局部放电的多壁碳纳米管薄膜传感器[J]．中国电机工程学报，2009，29(16)：114-118.

[2]张晓星，吴法清，铁静，等．二氧化钛纳米管气体传感器检测 SF_6 的气体分解组分 SO_2F_2 的气敏特性[J]．高电压技术，2014，40(11)：3396-3402.

[3]张晓星，孟凡生，任江波，等．硼掺杂单壁碳纳米管检测 SF_6 气体局部放电仿真[J]．高电压技术，2011，37(7)：1689-1694.

[4]张英，张晓星，李军卫，等．基于光声光谱法的 SF_6 气体分解组分在线监测技术[J]．高电压技术，2016，42(9)：2995-3002.

[5]张晓星，田双双，肖淞，等．SF_6 替代气体研究现状综述[J]．电工技术学报，2018，33(12)：2883-2893.

[6]田双双，张晓星，肖淞，等．工频交流电压下 $C_6F_{12}O$ 与 N_2 混合气体的击穿特性和分解特性[J]．中国电机工程学报，2018，38(10)：3125-3132.

[7]程显，陈占清，葛国伟，等．基于 SF_6 替代气体的高压混合断路器开断特性[J]．高电压技术，2017，43(12)：3862-3868.

[8]肖淞，张晓星，戴琦伟，等．CF_3I/N_2 混合气体在不同电场下的工频击穿特性试验研究[J]．中国电机工程学报，2016，36(22)：6276-6285.

[9]张辉，焦俊韬，肖登明，等．六氟化硫的替代灭弧气体电气特性研究综述[J]．电工电气，2016(3)：1-5.

[10]曾炼，黄青丹，王勇，等．环保型绝缘气体 $C_5F_{10}O/CO_2$ 与紫铜的相容性研究[J]．高压电器，2021，57(3)：71-76.

[11]Fu Y, Wang X, Li X, et al. Theoretical study of the decomposition pathways and products of C5-perfluorinated ketone (C5 PFK)[J]. AIP Advances, 2016, 6(8).

[12]Ye X, Dhotre M T, Mantilla J D, et al. CFD analysis of the thermal interruption process of gases with low environ mental impact in high voltage circuit breakers[C]//2015 IEEE Electrical Insulation Conference (EIC). Seattle, WA, USA. IEEE, 2015: 375-378.

[13]Zhang Y, Zhang X, Li Y, et al. Effect of oxygen on power frequency breakdown voltage and decompositioncharacteristics of the $C_5F_{10}O/N_2/O_2$ gas mixture[J]. RSC Advances, 2019, 9(33): 18963-18970.

[14]Simka P, Ranjan N. Dielectric strength of C5 perfluoroke-tone[J]. 19th International Symposium on High Voltage Engineering, 2015: 23-28.

[15]Hyrenbach M, Zache S. Alternative insulation gas for medium-voltage switchgear[C]//2016 Petroleum and Chemical Industry Conference Europe (PCIC Europe), 2016: 1-9.

[16]王小华，傅熊雄，韩国辉，等．$C_5F_{10}O/CO_2$ 混合气体的绝缘性能[J]．高电压技术，2017，43(3)：715-720.

[17]卓然，柯锟，张跃，等．准均匀电场下 $C_5F_{10}O$/干燥空气与 $C_5F_{10}O/N_2$ 的绝缘特性[J]．电力工程技术，2021，40(3)：159-165.

[18]李祎，张晓星，肖淞，等．环保型绝缘介质 $C_5F_{10}O$ 放电分解特性[J]．中国电机工程学报，

2018, 38(14): 4298-4306.

[19]王艳华, 李松原, 王小朋, 等. 特高频法和氦离子气相色谱法在 GIS 局部放电中的应用[J]. 电工技术, 2017(8): 3-5, 11.

[20]张振宇, 李永祥, 阎寒冰, 等. SF_6 分解特征组分拉曼光谱检测分析系统设计[J]. 光学与光电技术, 2021, 19(6): 11-18.

[21]王晓静, 张晓星, 孙才新, 等. 大气压介质阻挡放电对多壁碳纳米管表面改性及其气敏特性[J]. 高电压技术, 2012, 38(1): 223-228.

[22]石磊, 于彤, 方烈, 等. SF_6 放电分解机理及其在故障分析领域的研究进展[J]. 高压电器, 2021, 57(8): 1-9.

[23]查玲玲, 王薇, 谢宇, 等. 利用便携式 FTIR 光谱仪研究环境大气中 CO_2 浓度变化[J]. 光谱学与光谱分析, 2022, 42(4): 1036-1043.

[24]张施令, 姚强, 苗玉龙, 等. 高压组合电器中 SF_6 分解产物 SO_2F_2 红外吸收特性及其检测传感装置研究[J]. 高压电器, 2021, 57(10): 25-35.

[25]张引, 张晓星, 傅明利, 等. 基于红外光谱技术的 C_4F_7N 及其分解产物定量分析方法[J]. 高电压技术, 2022, 48(5): 1836-1845.

[26]Wang Y, Ding D, Zhang Y, et al. Research on infrared spectrum characteristics and detection technology of environmental-friendly insulating medium $C_5F_{10}O$ [J]. Vibrational Spectroscopy, 2022, 118.

[27]Li Y, Zhang X, Xia Y, et al. Study on the Compatibility of EcoFriendly Insulating Gas $C_5F_{10}O/N_2$ and $C_5F_{10}O$/Air with Copper Materials in Gas-Insulated Switchgears[J]. Applied Sciences, 2020, 11(1).

[28]Fu Y, Chen C, Wang C, et al. The variation of C_4F_7N, $C_5F_{10}O$, and their decomposition components in breakdown under different pressures[J]. AIP Advances, 2021, 11(6): 065010.

[29]王悠, 雷志城, 吴司颖. 环保型气体绝缘介质 $C_5F_{10}O$ 过热分解产物的生成过程分析[J]. 绝缘材料, 2020, 53(5): 83-89.

[30]Zeng F, Wan Z, Lei Z, et al. Over thermal decomposition characteristics of $C_5F_{10}O$: An environmental friendly insulation medium[J]. IEEE Access, 2019, 7: 62080-62086.

[31]Xia Y, Liu F, Yalong L, et al. Study on the Thermal Decomposition Characteristics of $C_5F_{10}O/N_2$ Gas Mixture[C]// 2020 IEEE 4th Conference on Energy Internet and Energy System Integration (EI2). IEEE, 2020.

基于红外图像的配电线路零值绝缘子检测

赵淳[1,2]，范鹏[1,2]，沈厚明[1,2]，谢涛[1,2]，周盛[1,2]，梁文勇[1,2]

（1. 南瑞集团有限公司（国网电力科学研究院），南京，211106；

2. 国网电力科学研究院武汉南瑞有限责任公司，武汉，430074）

摘　要： 输配电线路的瓷绝缘子长期处于风吹日晒的环境，其长期运行后劣化导致的零值现象会直接影响输配电线路的安全稳定运行。红外热像法有检测便捷、安全高效等优点，是现有技术中相对可行的零值绝缘子带电检测方法。为此，本文提出了一种基于红外图像匹配的配电线路零值绝缘子的检测方法，绝缘子的定位识别采用模板匹配算法，从红外图像获取绝缘子的坐标参数，对比正常绝缘子与零值绝缘子之间的灰度值差异，从而实现零值绝缘子的检测。算例结果表明，该方法绝缘子识别正确率高达86%，绝缘子零值状态检测准确率为80%，检测效果较为理想。

关键词： 零值绝缘子；红外热像；模板匹配；图像处理

0　引言

输配电线路的瓷绝缘子长期处于风吹日晒的环境中，随着运行时间的增加，绝缘子电气和机械性能变差，正常绝缘子逐渐变为零值绝缘子。绝缘子阻值大，300MΩ 为正常运行的绝缘子，零值绝缘子电阻一般在 10MΩ 以内，零值现象的出现会使绝缘子的爬电距离降低，大幅增加绝缘子闪络的概率，严重威胁输配电线路安稳运行[1]。因此，国内外尝试了多种方法检测输配电线路的零值绝缘子，现有的方法包含电压分布法、火花间隙法、紫外脉冲法、红外热像法等[2]。红外热像法的优点在于其检测效率高、非接触性、可带电检测，近年来在电力设备故障检测中得到广泛运用[3]。

国内外学者在红外热像法检测零值绝缘子方面做了大量的研究。文献[4]介绍了一种用于零值绝缘子红外图像去噪算法，首先使用 Shearlet 变换法对红外图像进行分割，再用总体最小二乘算法估计 ST 系数，最后用 Shearlet 反变换得到去噪后的图像。文献[5]提出了一种通过对比相邻绝缘子温升差异的检测方法用来检测红外图像中零值绝缘子，并建立污秽绝缘子的电热耦合模型，分析零值绝缘子在绝缘子串中的位置。文献[6]利用改进的尺度不变特征变换算法提取绝缘子特征，并通过改进的随机抽样一致性算法去除不匹配点，结合两种算法实现基于红外图像匹配的零值绝缘子检测。文献[7]运用二元逻辑回归分析对纹理特征和污染等级等 14 个特征参数进行特征提取，筛选了零值绝缘子红外热像的有效特征，避免无用特征进入分类特征集，提高了识别率。目前开展的红外热像法检测零值绝缘子的研究多应用于输电线路，配电线路研究则较少。究其原因在于，配电线路若出现零值问题往往只需更换损坏的绝缘子即可，而且巡线过程中采集到的零值绝缘子红外图像数量有限，故受关注度较低。

根据带电设备红外诊断应用规范标准[8]所述：零值绝缘子红外图像中其灰度值低于正常绝缘子，发热温度比正常绝缘子低 1K 左右，且呈暗色调。为解决上述问题，本文提出了一种基于红外图像匹配的配电线路零值绝缘子检测方法，以 P-10 型绝缘子的红外图像为例，首先对红外图像进行预处理，再使用模板匹配算法定位识别绝缘子，并获取红外图像中绝缘子的坐标参数，根据所得坐标参数进行自动裁剪绝缘子图像操作，以获取绝缘子中心区域，通过对比中心区域的灰度值差异判断图像中是否含有零值绝缘子。研究结果可为配电线路运维人员进行零值绝缘子检测提供参考依据。

1　红外检测零值绝缘子原理

当物体温度大于绝对零度时会辐射红外能量，红外热像仪可以将红外能量用红外图谱的方式呈现，再经过图像处理会形成不同灰度值的红外图像。零值绝缘子电阻比正常绝缘子电阻低，零值绝缘子电阻小于 10MΩ，而带电运行的正常绝缘子阻值在 200~300MΩ 之间，零值绝缘子向外辐射的红外能量也比正常绝缘子低，因此红外图像中正常绝缘热像特征呈亮色调，且比零值绝缘子的灰度值高。

基于红外检测零值绝缘子原理，本研究根据正常绝缘子与零值绝缘子在红外图像上特征的不同，将现场拍摄的绝缘子红外图像进行预处理，之后进一步建立绝缘子的识别定位与温度提取模型，从而准确识别出零值绝缘子，流程图如图 1 所示。

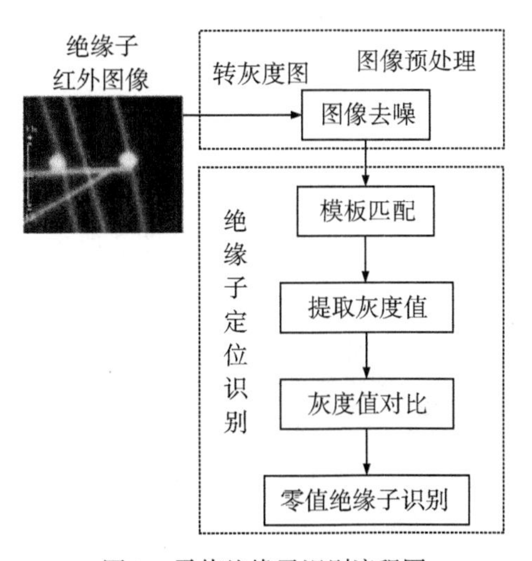

图 1　零值绝缘子识别流程图

2　红外图像预处理

图像预处理是对图像中目标进行特征提取、定位识别的首要工作。在拍摄红外图像时，不可避免地会受到拍照方式、自然环境、温度等条件的影响，所拍摄的图像质量就会下降，影响计算机对图像的识别准确度。为了还原图像中有用的信息并且消除杂乱的噪声就需要对图像进行预处理操作。本研究对所拍摄的红外图像进行灰度化和去噪处理以便于后续绝缘子的定位识别与温度提取。

2.1 灰度化

彩色图像是由R、G、B三个通道构成的三维矩阵，三个通道取值范围通常在0~255之间，且只能取整数。由于计算机处理过程比较复杂，R、G、B三个通道数值经过相同彩色图像灰度化处理后，可减少计算量。灰度化处理是将每个像素点的三个通道值统一成相同的值，每个像素点有256种变化范围。图像经过灰度化处理后仍保留了亮度和对比度特征[9]。本文采用以下灰度值公式进行转换：

$$\mathrm{Gray}(i,\ j) = 0.299R(i,\ j) + 0.587G(i,\ j) + 0.114B(i,\ j) \tag{1}$$

式中，$(i,\ j)$为像素点横纵坐标，$\mathrm{Gray}(i,\ j)$为像素点灰度值，$R(i,\ j)$，$G(i,\ j)$，$B(i,\ j)$分别为像素红色、绿色、蓝色通道内数值的大小。

2.2 高斯去噪

高斯滤波是指对图像的加权平均，是一种线性平滑的滤波，用于消除高斯噪声。高斯滤波的图像减噪原理为：将某个像素点本身及其周围一定范围内的像素点进行加权平均。具体表示为：扫描目标图像，得到图像中的每个像素，通过与模板图像对比确定邻域内像素的加权平均灰度值，最后用计算出的加权平均值替代模板中心像素点的值[10]。通常使用均值滤波器来处理高斯噪声，其噪声的n维分布因与高斯分布类似被称为高斯噪声。窗口中心像素点是将窗口中的所有像素点灰度级取平均值计算而得，其表达式为：

$$g(x,\ y) = \frac{1}{m}\sum_{f\in s} f(x,\ y) \tag{2}$$

式中，$g(x,\ y)$为滤波后的像素值，s为选取的邻域，m为邻域包含的总像素。

本文采用的灰度化和高斯滤波后的绝缘子红外图像如图2所示。

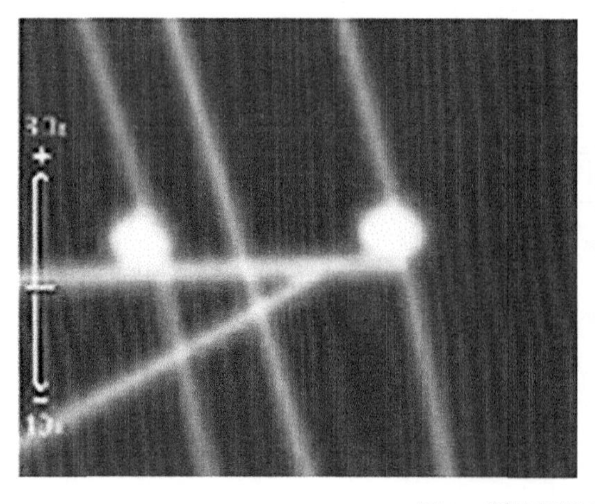

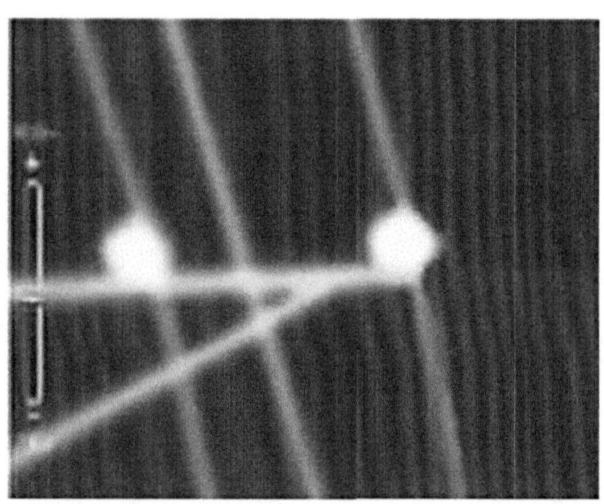

图2　原始图像和灰度去噪图像

3 绝缘子定位识别

绝缘子的定位识别是成功识别零值绝缘子和提取温度的关键，本文采用模板匹配的方法实现红外图像中绝缘子的定位识别。

3.1 模板匹配

通过模板图像T与目标图像I之间的比较，找到目标图像I上与模板图像T相似的部分，计算模板图像T与目标图像I中子图的相似度可以快速地在目标图像I中定位出预定义的目标[11]。如图3所示，模板图像T为一张经过裁剪的P-10型号的绝缘子图像，目标图像为一张经过预处理的P-10型号的绝缘子图像。模板图像T在输入图像I上从左上角坐标原点开始向右滑动，之后计算模板图像T与滑动过程中红色矩形框内子图的相似度。获得相似度图像之后，在其中筛选出最大相似图像，即为模板匹配的最终结果。

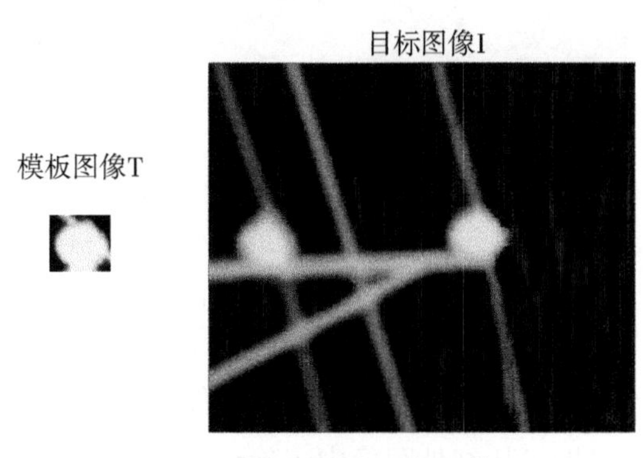

图3 模板图像与目标图像

经过灰度化处理的红外图像的灰度值在0~255之间，模板匹配通过计算模板图像与红色矩形框内子图的灰度值关系来确定两图之间的相似度，计算公式可表示为：

$$
\begin{aligned}
T'(x, y) &= T(x, y) - \frac{\sum_{x', y'} T(x', y')}{w \times h} \\
I'(x, y) &= I(x, y) - \frac{\sum_{x', y'} I(x', y')}{w \times h} \\
\boldsymbol{R}(x, y) &= \sum_{x', y'} \left(T'(x', y') \cdot I'(x + x', y + y')\right)
\end{aligned}
\tag{3}
$$

式中，T表示模板图像，I表示目标图像，w表示模板图像的宽度，h表示模板图像的高，$\boldsymbol{R}(x, y)$表示相似度矩阵，(x, y)是相对于目标图像I左上角的坐标，(x', y')是相对于模板或者当前子图的左上角的坐标。$\boldsymbol{R}$矩阵中数字全部为0时代表没有任何相关性；$\boldsymbol{R}$矩阵中数字全部为1时代表完美匹配，即模板图像与红色矩形框内子图是同一幅图；$\boldsymbol{R}$矩阵中数字如果全为-1代表糟糕的匹配，即匹配图像相似度很低[12]。该方法也称相关系数匹配法。

3.2 算例及结果分析

经过模板匹配后，红外图像中的绝缘子被外接矩形框标识出，模板匹配算法可以准确地标识出红外图像中绝缘子的位置，结果如图4所示。

图4 模板匹配结果

4 零值绝缘子检测

成功识别零值绝缘子是本文研究的最终目的，通过图像预处理、绝缘子定位识别后，只需通过对比识别出绝缘子的灰度值差异即可从红外图像中正确识别且定位出零值绝缘子。

4.1 提取绝缘子灰度值

利用程序自动裁剪识别出绝缘子的内部区域，用红色矩形框内接绝缘子，以矩形框内图像的平均灰度值代表绝缘子的灰度值，提取结果如图5所示。读取矩形框内灰度矩阵，并求出区域内平均灰度值，经过程序运算得出此例绝缘子平均灰度值是209。

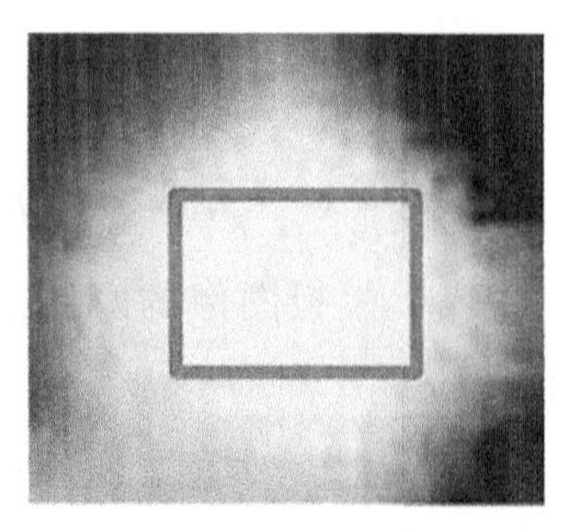

(a)识别出的绝缘子

(b)矩形框提取部分

图5 绝缘子内接矩形提取区域

4.2 算例及结果分析

经过上述方法提取绝缘子的坐标参数与灰度值后，由此得到绝缘子红外图像中的两个特征参数，接着可采用更换模板图像识别其他图像的绝缘子，并提取灰度值，从而实现对不同绝缘子的红外特征提取，最后通过对比在同一环境条件下所拍摄的红外图像，其中不同绝缘子的灰度值差异可作为红外图像中是否含有零值绝缘子的判据。

本文除案例图像外随机选取了湖北省某地区拍摄的 200 幅 10kV 配电线路的红外绝缘子图像，利用本文的方法查找红外图像中的零值绝缘子，绝缘子识别正确率高达 86%，绝缘子零值状态检测准确率为 80%，检测效果较为理想。其中提取的绝缘子灰度值如表 1 所示。

表 1　**绝缘子灰度值及比例分析**

灰度值	图像数量/张	所占比例	灰度值	图像数量/张	所占比例
212	12	6%	206	30	15%
211	13	6.5%	205	28	14%
210	14	7%	204	18	9%
209	20	10%	203	10	5%
208	25	12.5%	195	2	1%
207	27	13.5%	193	1	0.5%

由表 1 可知，绝缘子的灰度值集中在 203～212 区间内，灰度值越处于中间位置所占比例也越高，仅有 3 张图像的灰度值处于区间外。根据带电设备红外诊断应用规范标准[8]所述的零值绝缘子红外图像比正常绝缘子暗，配电线路的零值绝缘子虽然灰度值会略低，但肉眼观察容易造成误判，零值绝缘子比正常绝缘子温度差 1K 以内，对比绝缘子之间的灰度值差异则能判别零值绝缘子的存在。当处于同一拍摄条件下，拍摄的正常绝缘子图像灰度值都集中在一个区间内，而零值绝缘子的灰度值会低于此区间的数值。经过表 1 数据对比可知，200 张测试图像中存在 3 例零值绝缘子的图像。

5 结论

本文综合各种方法，从现场实际出发，通过统计总结归纳提出了一种配电线路零值绝缘子的检测方法。该方法充分利用了红外热像法高效、安全的特点，使用灰度化、去噪等方法进行图像预处理，然后采用模板匹配的算法识别定位绝缘子，最后对比红外图像中绝缘子的灰度值差异判断零值绝缘子的存在。在经过实际现场拍摄的绝缘子红外图像验证后，本文方法均可较好地定位识别绝缘子，能够实现大量绝缘子红外图像的自定义提取和批量处理，同时还能通过对比绝缘子之间的灰度值差异识别红外图像中的零值绝缘子。算例结果验证了本文方法的准确性，对配电线路检测零值绝缘子研究具有实际的工程应用意义。

◎ 参考文献

[1]邱志斌，阮江军，黄道春，等．输电线路悬式瓷绝缘子老化形式分析与试验研究[J]．高电压技术，2016，42(4)：1259-1267.

[2]王力农，简思亮，宋斌，等．基于电场分布测量法的输电线路劣化绝缘子检测研究[J]．电瓷避雷器，2019(4)：199-205.

[3]苑利，赵锐，谭孝元，等．基于红外成像技术的零值绝缘子检测[J]．高压电器，2018，54(2)：97-102.

[4]卢航，姚建刚，付鹏．基于总体最小二乘的 Shearlet 自适应零值绝缘子红外图像去噪[J]．红外技术，2015，37(10)：842-846.

[5]陶玉宁，方春华．考虑环境相对湿度和污秽度的零值绝缘子红外检测方法[J]．电力工程技术，2022，41(1)：141-148.

[6]He H, Hu Z, Wang B. A contactless zero-value insulators detection method based on infrared images matching[J]. IEEE Access, 2020, 8: 133882-133889.

[7]Zhang Y, Tian J, Yang M, et al. Screening of zero-value insulators infrared thermal image features based on binary logistic regression analysis[C]// 2018 2nd IEEE Conference on Energy Internet and Energy System Integration. BeiJing, China: IEEE, 2018: 1-4.

[8]带电设备红外诊断应用规范：DL/T 664—2016[S]．北京：中国电力出版社，2016.

[9]王畇浩．基于可见光与红外航拍图像的输电线路绝缘子多故障检测研究[D]．成都：电子科技大学，2019.

[10]许学彬，陈博桓，赵楠楠，等．基于 GA-BP 的改进高斯均值区域去噪技术[J]．电子测量与仪器学报，2022，36(2)：107-113.

[11]刘飞飞，马礼然．快速模板匹配算法在口罩耳绳检测中的应用[J]．传感器与微系统，2022，41(1)：157-160.

[12]范鹏，冯万兴，周自强，等．深度学习在绝缘子红外图像异常诊断中的应用[J]．红外技术，2021，43(1)：51-55.

干式变压器特征分解气体检测方法研究

卫卓，袁田，张锦，蔡勇，郭子君，郭建良

（中国电力科学研究院武汉有限公司，武汉，430074）

摘　要：为评估干式变压器热老化以及故障状态，本文对干式变压器中的环氧树脂特征分解气体进行了仿真研究和试验验证。采用 ReaxFF 力场构建了非交联的环氧树脂仿真模型，在仿真温度为 1300K、反应时间为 1000ps 的条件下，酸酐固化的环氧树脂在受热分解过程中会分解产生 CO_2、CH_2O、H_2O 及 CO 等小分子物质，其中 CH_2O 是产物中浓度仅次于 CO_2 的有毒有害气体。构建气体传感器阵列，基于逻辑回归算法进行混合气体分类训练，实现了干式变压器分解气体浓度的分类识别，经过实验室条件下 785 个训练集和 337 个测试集样本测试，该检测算法识别正确率为 99.15%。最后利用搭建的气体传感器阵列对温升试验后的 10kV 干式变压器不同部件处进行分解气体浓度测试。干式变压器在温升运行条件下会产生甲醛特征气体，且在变压器绕组内侧的甲醛气体浓度高于其他部件。本文提供了一种干式变压器的特征分解气体检测方法，为干式变压器的状态监测评估提供了新的方向。

关键词：环氧树脂；甲醛；气体传感器阵列；机器嗅觉

0　引言

干式变压器具有防火灾、免维护、抗短路能力强等优点，因此广泛应用于城市负荷中心、住宅及建筑室内配电、城市轨道交通领域、工矿企业等各种特殊场所。干式变压器主要通过固体绝缘材料和空气配合来实现绝缘和散热。干式变压器运行时，由于导体发热，同时绝缘材料与空气长期接触，运行过程中会受到电、热、机械、环境等多种因素的长期作用，形成一系列不可逆的化学和物理变化，造成变压器电气性能和力学性能的劣化，缩短设备使用寿命。

国产干式变压器通常采用环氧树脂真空浇注成型式绝缘结构，主要包括环氧树脂绝缘线圈、芳纶纸(以 Nomex 纸为代表)绝缘导线、铁心涂料、聚酯薄膜(PET)绝缘筒、绝缘浸渍漆和橡胶垫块等绝缘材料。电气设备常用的环氧树脂主要分为酸酐固化的环氧树脂和氨基固化的环氧树脂两大类。当出现过热故障或长时间满载运行时，干式变压器内环氧树脂材料会发生分解，产生伴生气体，特别是在封闭空间内箱式变电站内气体异味尤为突出。

当出现绝缘缺陷和热传递设计故障时，线圈部位会出现局部过热点，因此环氧树脂的分解速度也高于其他部位。实际上，在对变压器的型式试验中，温升试验和负载试验均会有异味溢出，特别是容量虚标严重时其现象更为明显。目前尚无对该伴生气体针对性的研究。

关于环氧树脂的分解产物，国内有学者采用分子动力学仿真进行了模拟分析。Diao Z 等[1]采用 ReaxFF 力场研究了电路板中环氧树脂的热分解过程，发现最早生成的气体产物为 CH_2O，其他主要的小分子产物有 H_2O、CO 和 H_2 等；Zhang Y 等[2]模拟了微波加热条件下环氧树脂的分解机理，并探究了 H_2O 和 H_2 产生速率的影响因素。张晓星课题组[3]采用分子动力学仿真手段对酸酐固化的环氧树脂的热分解机理进行了研究，发现其分解产生的小分子产物最终的含量依次为 CO_2、CH_2O、H_2O、CO，而且还可能存在乙烯、乙醛、丙烯、丙醛等小分子气体产物。该课题组还研究了氧气对酸酐固化的环氧树脂热分解的影响，发现氧气会通过在与氧相连的树脂上引入碳氧双键来影响环氧树脂主链的断裂，所有小分子气体产物的初始生成时间均会提前，CO_2 生成量增加，H_2O 的生成量大幅增加，CH_2O 的生成量基本不变，同时 C_2 和 C_3 产物的种类和数量均明显增加[4]。高乃奎等[5]对全环氧树脂浇注的母线的热老化过程进行了研究，老化温度分别选取 145℃、160℃及 175℃，发现老化过程中均存在质量损失，最大的质量损失为 1.19%，推断其为环氧树脂分解产生的小分子气体产物逸出所导致。

近年来，国内在基于纳米材料的气体传感技术研究方面也取得了很多研究成果。张晓星课题组在碳纳米管传感器检测 SF_6 分解组分领域开展了较为系统的研究，从混酸预处理制备功能化碳纳米管薄膜到金属/非金属掺杂碳纳米管，再到仿真计算与气敏实验相结合，较为全面地诠释传感材料的气敏响应机理[6-7]。在掺杂碳纳米管检测 SF_6 分解组分方面，过渡金属 Ni、Pd 及 Au，非金属 B 及 N 均选作掺杂原子对碳纳米管进行表面修饰，以期提高体系对特征气体（H_2S、SO_2、SOF_2 和 SO_2F_2）的气敏性能[8-9]。为检测变压器油老化产生的气体，洪长翔等制备了基于氧化锌的气体传感器，能成功实现 2ppm 的 CH_4 的检测[10]。张清严等采用静电纺丝的手段制备得到氧化铬和氧化锡的纤维状气敏材料，发现能很好地检测 1~50ppm 的 C_2H_2[11]。

1 干式变压器气体分解原理

本文采用 ReaxFF 力场，通过构建多个模型，从不同角度分析了酸酐固化的环氧树脂的受热分解过程，共构建了非交联的环氧树脂仿真模型，模型 1 包含 1 个纯环氧树脂分子，其由两个双酚 A 二缩水甘油醚脱水缩合而成，如图 1(a)所示(其中①②③④⑤表示该处的 C—O 键)；模型 2 包含单个酸酐固化的环氧树脂分子，即在图 1(a)的分子上连接两个甲基六氢邻苯二甲酸酐分子，如图 1(b)所示。

首先建立两者的三维周期性模型，初始密度均设定为 0.5g/cm³，经过退火、几何优化等处理后，得到最终的模型 1 及模型 2 的密度均为 1.13g/cm³。分别对模型 1、模型 2 进行高温分解模拟，选用 ReaxFF 力场，仿真温度选取真实局部放电时的最高温度 1300K，反应时间设定为 1000ps，步长为0.1fs。模型1用于模拟纯环氧树脂在高温下的断键过程，验证本试验方案的准确性；模型2用于模拟酸酐固化的环氧树脂的断键过程。两个模型优化前后的结构如图2所示。

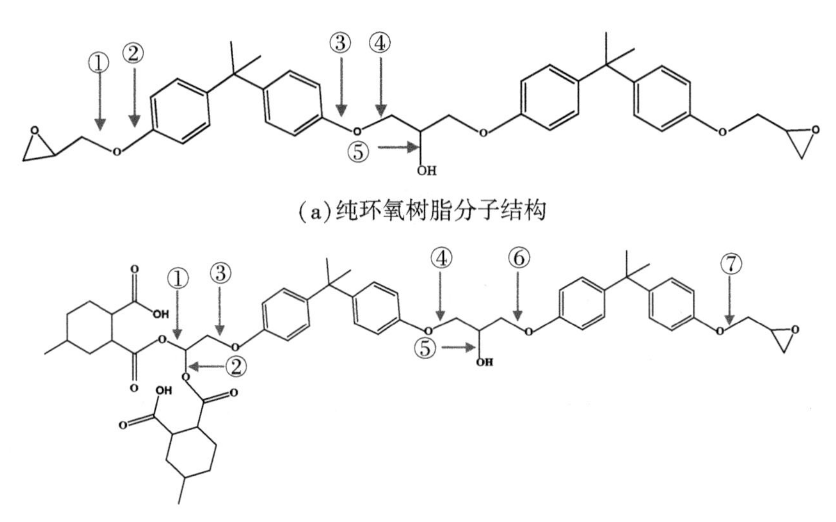

(a)纯环氧树脂分子结构

(b)酸酐固化的环氧树脂分子结构

图1　环氧树脂分子结构

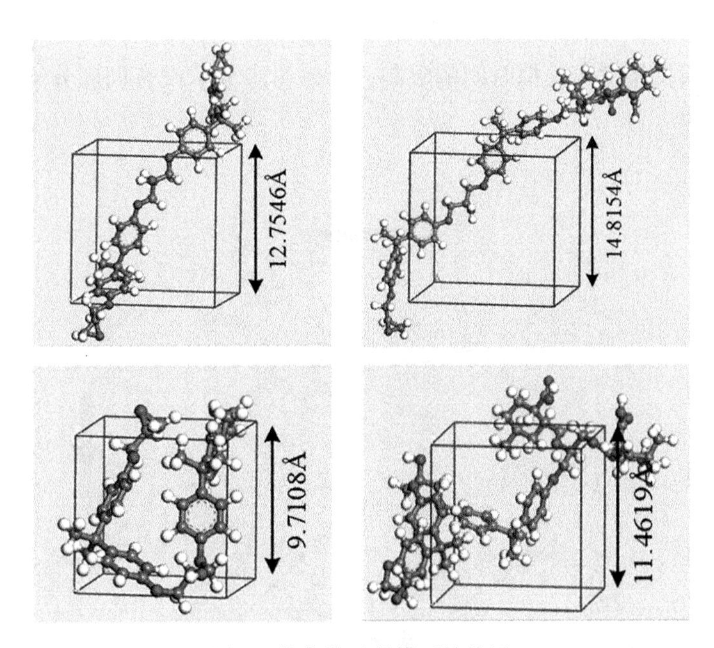

图2　优化前后的模型结构图

纯环氧树脂中最容易断开的是碳氧键，如图1(a)中的①②③④⑤处，根据休克尔规则，具有芳香性的结构有更好的热稳定性，其断裂所需活化能更高，因此②③处的碳氧键更难断裂，在①④⑤中，活化能最低的是①处的碳氧键，因此其最容易断裂，如图3(a)所示，断裂以后形成了基团A等不稳定的中间产物，最终基团A会分解生成乙烯自由基和甲醛分子；随着时间的推移，接着断开的是④处的碳氧键；这与文献[12]中的环氧树脂分解的初始反应以及最先产生的气体产物等结论一致。

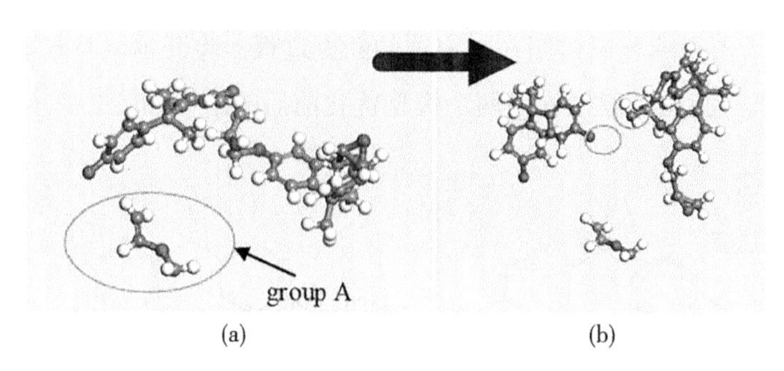

图 3　纯环氧树脂分解过程

图 4 为模型 2 的仿真结果，从图 4(b)中可以看出，酸酐固化的环氧树脂分解是从图 1(b)①②处所示的碳氧键的断裂开始的，主要是因为酯在高温分解时与 α 碳相连的酯基和与 β 碳相连的氢原子处于同一平面，形成了一个六原子中心，易发生消去反应，因此图 1(b)中①②两处的活化能也最低。如图 4(c)所示，最早的分解产物是 CO_2，这与文献[13]中的最早的气体产物的结论相符，其主要来源于酸酐中的酰氧基团。随后图 1(b)中⑦处的碳氧键断裂，右边的基团生成了乙烯自由基以及 CH_2O，如图 4(d)所示，这也是 CH_2O 生成的主要途径。如图 4(e)所示，随着分解反应的继续，图 1(b)中⑤⑥位置处的碳氧键断裂，体系中出现了游离态的羟基，其和氢的结合是产物 H_2O 的主要生成方式之一。从图 4(f)中可以看出，在模拟反应的最后，体系中出现了丙烯自由基以及双酚结构的基团。由于模拟温度与模拟时间的限制，环氧树脂分子没有彻底分解，因此没有观测到酸酐开环产生的烃类物质。

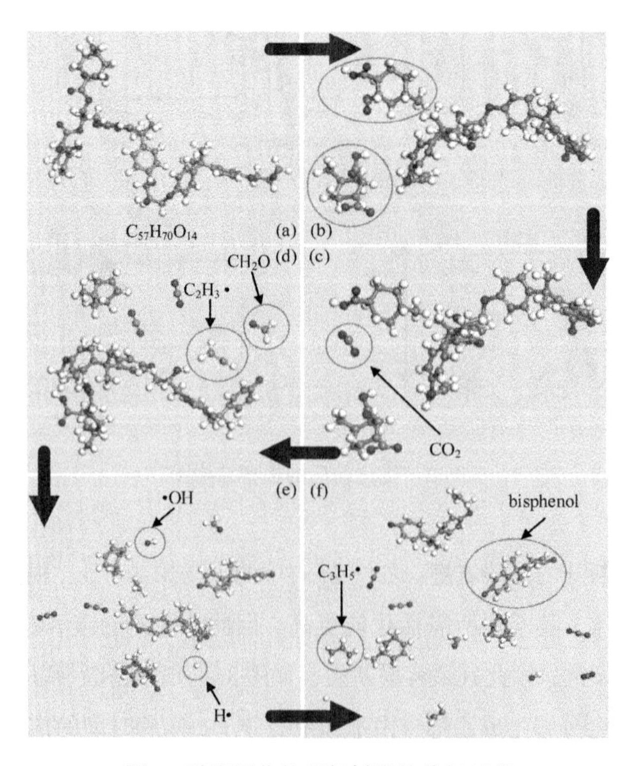

图 4　酸酐固化的环氧树脂的分解过程

图 5 所示为 CO_2、CH_2O、H_2O 及 CO 等小分子气体随反应时间的变化。可以看出，大约在 70ps 时出现小分子气体产物，最早产生的是 CO_2，接着是 CH_2O，H_2O 的产生滞后于 CH_2O，这与模型 2 中的分解过程相符合。小分子气体产物中数量最多的是 CO_2，主要是因为分子模型中的酰氧基团很多，但模拟温度不够高和模拟时间不够长导致环氧树脂没有完全分解，因此 CH_2O、H_2O 等的产量很小，分解产物里也没有出现 H_2 和 CH_4。模型中羟基的数量和环氧官能团的数量相当，但由于生成 CH_2O 的活化能低于生成 H_2O 的活化能，因此 CH_2O 的产量高于 H_2O。

简而言之，酸酐固化的环氧树脂的分解反应从酸酐与环氧树脂相连的酯键的断裂开始，其主要分解产物为 CO_2，而 CH_2O 是产物中浓度仅次于 CO_2 的有毒有害气体，实现对 CH_2O 的有效检测是保证设备安全运行及运维人员工作健康的关键。

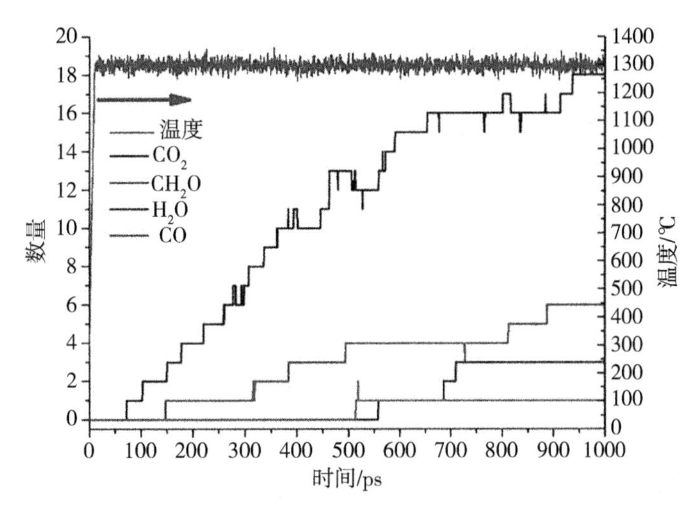

图 5 环氧树脂分解产物随模拟时间的变化关系

2 分解气体传感器的搭建及分类算法训练

本研究搭建的传感器阵列由四个传感器模组构成，主要目的为检测环境中的 HCHO 气体。因此，该传感器阵列用到了三种不同型号的甲醛气体传感器，以实现对 HCHO 气体的灵敏检测。此外，为了排除其他气体的干扰，传感器阵列中包含了一个 CO 气体传感器。四个传感器选型如下：①FSOO509 甲醛模组；②WZ-H3-N 甲醛模组；③CO 气体传感器；④ZE08-CH_2O 电化学甲醛模组。四个传感器通过 PCF8591AD/DA 数模转换芯片接到 K210 开发板上，实现模拟信号到数字信号的转化和串口通信。其中，数模转换模块的原理图如图 6 所示。

PCF8591AD/DA 芯片是一个单片集成、单独供电、低功耗、8-bitCMOS 数据获取器件。PCF8591 具有 4 个模拟输入、A1 和 A2 可用于硬件地址编程，允许在同一个 I2C 总线上接入 8 个 PCF8591 器件，而无需额外的硬件。在 PCF8591 器件上输入输出的地址、控制和数据信号都是通过双向 I2C 总线以串行的方式进行传输的。

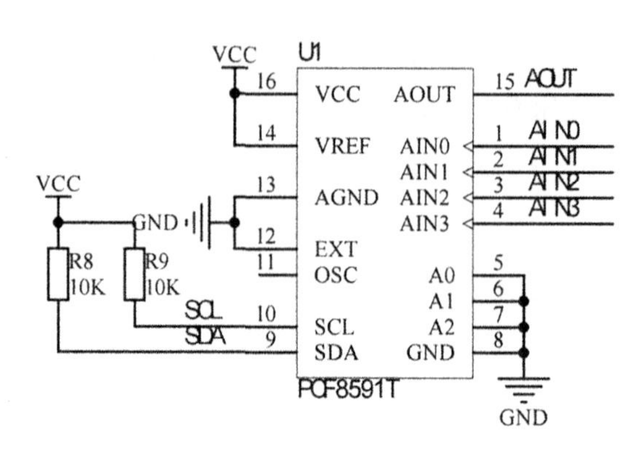

图 6　PCF8591AD/DA 芯片原理

本研究采用 Micropython 语言编写的逻辑回归算法并使其加载到 K210 开发板上，对数模转换芯片传输给 K210 芯片的传感数据进行分类处理和浓度估计。其具体工作流程如图 7 所示。

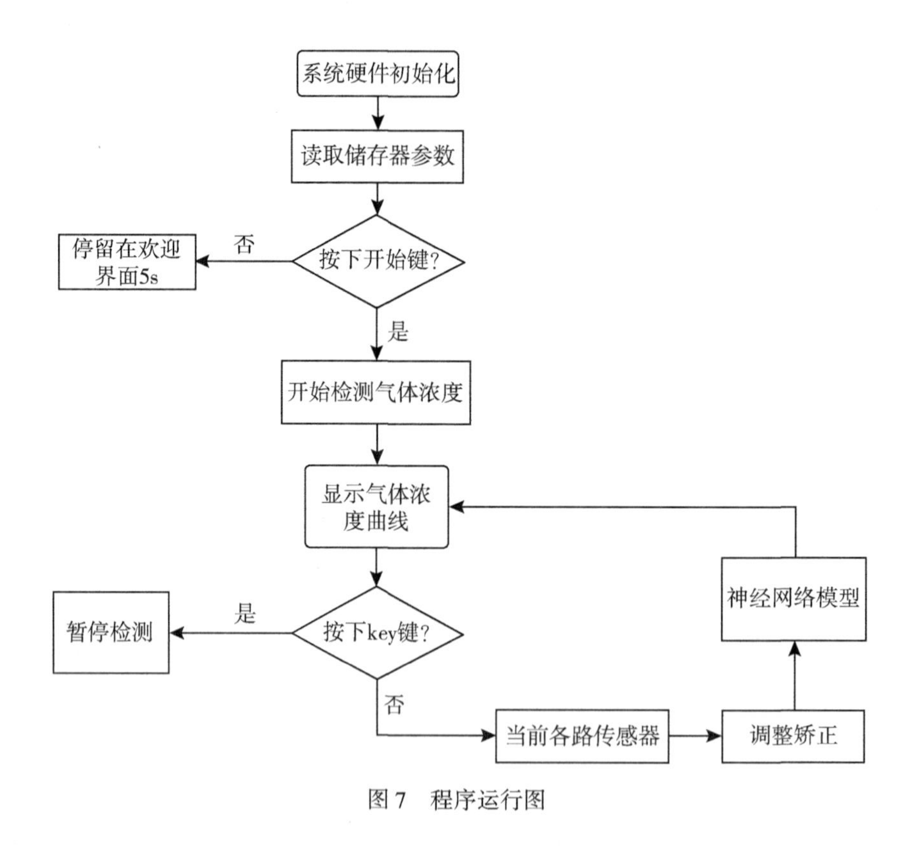

图 7　程序运行图

在实验过程中，本研究采用逻辑回归对实验室环境下的样本分类情况进行预测，该算法可以返回甲醛混合气体中甲醛超标的概率。逻辑回归的主要思想就是使用交叉熵损失函数，利用随机梯度下降法不断迭代求得使交叉熵损失最小的参数。经过测试得到气体浓度数据合计 1122 个样本，其中除去重复样本后将数据集分类为训练集和测试集，各占 785 个和 337 个。

测试结果表明：训练数据集中，报警数据样本 386 个，不报警数据样本 399 个，且得到的算法模型对训练集的785个样本全部判断正确。测试数据集中报警数据样本175个，不报警数据样本162个，且对该分类的判断中将不报警的数据预测报警的错误次数为3个，其他全部正确，即该模型对测试集的337个样本分类正确样本数334个，分类错误样本数3个，识别正确率为99.15%。测试结果证明了在实验室环境下该机器嗅觉设备的识别可靠性。

3 实验结果分析

利用上述传感器阵列对一台8h温升试验后的SC10-20/10/0.4kV型干式变压器进行伴生气体检测。设备前5min时距离干式变压器1m远，此时传感器采集信号基本为噪声信号，从第5min后，变压器结束温升试验，同时气体传感器靠近变压器A、B两相绕组内侧，检测绕组环氧树脂上是否存在甲醛气体，然后依次对A相绕组外侧、变压器铁芯、橡胶垫块、母线部位甲醛气体进行测量，三种甲醛模组响应曲线如图8所示，传感器响应幅值越大说明甲醛气体浓度越高。从图10中可以直观看出，FSOO509甲醛模组和ZE08-CH_2O电化学甲醛模组能够检测到干式变压器在温升试验后释放的甲醛气体，噪声幅值平均为30mV。而WZ-H3-N甲醛模组在正常空气中的响应为240mV，对变压器的甲醛气体响应灵敏度较低，难以运用于现场甲醛检测。

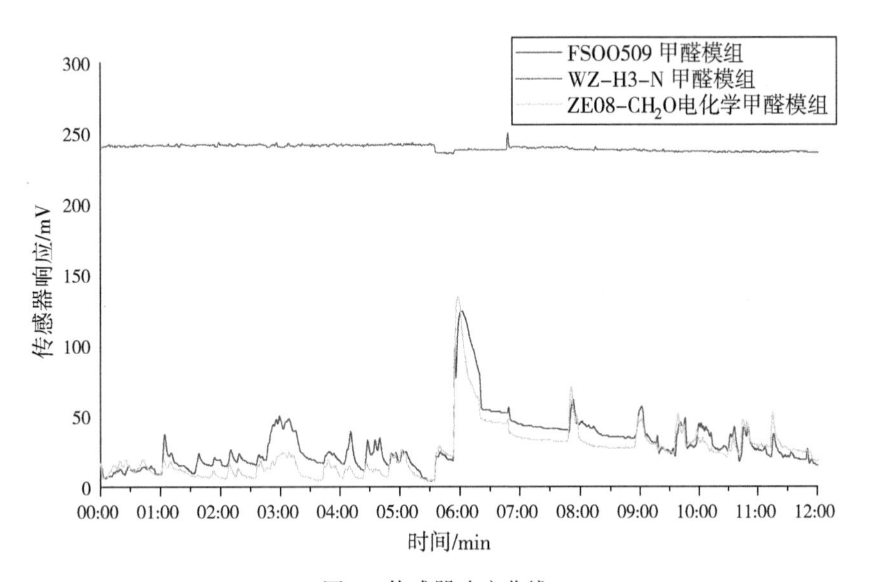

图8 传感器响应曲线

比较传感器阵列分别接近A、B相绕组内侧、A相绕组外侧、变压器铁芯、橡胶垫块、母线部位时的传感器响应，绕组内侧在运行时的甲醛气体高于其他部位，这是由于该干式变压器的冷却方式是通过与空气进行热交换的自然冷却，绕组内侧空气流通速度较慢，该处环氧树脂温度高于其他部位，因此会更容易释放甲醛气体，而其他测试部位由于与空气接触面积较大，所检测到的甲醛浓度远不及绕组内侧处。此外，随着检测时间的推移，产生的甲醛气体逐渐逸散到空气中导致响应曲线随时间整体下降，在第12min时传感器的响应幅值与噪声幅值大小相同，此时变压器周围甲醛气体浓度接近正常空气中甲醛浓度，因此对于该干式变压器来说，大约需要 7min 即可使温升试验带来的甲醛气体逸散到空气中。为保证检测数据的准确性和有效性，该检测方法应注重对干式变压器的实时在线监测。

4 结论

本文对干式变压器中的环氧树脂特征分解气体进行的仿真研究和试验验证，基于 ReaxFF 力场仿真以及试验验证，提供了一种新的干式变压器的特征分解气体检测方法，并得出以下结论：

(1)在反应温度为 1300K、反应时间为 1000ps 的仿真条件下，纯环氧树脂和酸酐固化的环氧树脂都会生成甲醛分子。酸酐固化的环氧树脂在温度不变时会逐渐分解出 CO_2、CH_2O、H_2O 及 CO 等小分子物质，其中 CH_2O 是产物中浓度仅次于 CO_2 的有毒有害气体。

(2)本文搭建了由三个甲醛模组和一个 CO 模组组成的气体传感器阵列，结合 Micropython 语言编写的逻辑回归算法实现了混合气体传感数据进行分类处理和浓度估计。通过 785 个训练集和 337 个测试集样本测试，该算法的识别正确率为 99. 15%。

(3)利用搭建的气体传感器阵列对温升试验后的 10kV 干式变压器不同部件处进行分解气体浓度测试。干式变压器在 8h 温升试验时会产生甲醛气体，且在变压器绕组内侧的甲醛气体浓度高于绕组外侧、变压器铁芯、橡胶垫块、母线部位。

◎ 参考文献

[1]Diao Z, Zhao Y, Chen B, et al. ReaxFF reactive force field for molecular dynamics simulations of epoxy resin thermal decomposition with model compound[J]. Journal of Analytical & Applied Pyrolysis, 2013, 104(10): 618-624.

[2]Zhang Y M, Li J L, Wang J P, et al. Research on epoxy resin decomposition under microwave heating by using ReaxFF molecular dynamics simulations[J]. Rsc Advances, 2014, 4(33): 17083-17090.

[3]Zhang X X, Wu Y J, Chen X Y. Theoretical study on decomposition mechanism of insulating epoxy resin cured by anhydride[J]. Polymers, 2017, 9(8): 341.

[4]Zhang X X, Wu Y J, Wen H, et al. The influence of oxygen on thermal decomposition characteristics of epoxy resins cured by anhydride[J]. Polymer Degradation and Stability, 2018, 156: 125-131.

[5]Gao N, Zhang W, Liu Z, et al. Study on thermal aging characteristics of epoxy resin/inorganic filler composites for the fully casting bus bar[C]. Electrical Insulation and Dielectric Phenomena. IEEE, 2014: 77-80.

[6]Zhang X, Dai Z, Chen Q, et al. A DFT study of SO_2 and H_2S gas adsorption on Au-doped single-walled carbon nanotubes[J]. Physica Scripta, 2014, 89 (6): 065803.

[7] Zhang X, Cui H, Dong X, et al. Adsorption performance of Rh decorated SWCNT upon SF_6

decomposed components based on DFT method[J]. Applied Surface Science, 2017, 420: 825-832.

[8] Cui H, Zhang X, Zhang J, et al. Adsorption behaviour of SF_6 decomposed species onto Pd4-decorated single-walled CNT: a DFT study[J]. Molecular Physics, 2018(53): 1-7.

[9] Zhang X, Gui Y, Dai Z. A simulation of Pd-doped SWCNTs used to detect SF_6 decomposition components under partial discharge[J]. Applied Surface Science, 2014, 315 (10): 196-202.

[10] 洪长翔，周渠，张清妍，等．氧化锌气体传感器的制备及甲烷检测特性研究[J]. 传感技术学报，2017, 30(5): 645-649.

[11] Zhang Q Y, Zhou Q, Yin X, et al. The effect of pmma pore-forming on hydrogen sensing properties of porous SnO_2 thick film sensor[J]. Science of Advanced Materials, 2017, 9: 1-6.

[12] Diao Z, Zhao Y, Chen B, et al. ReaxFF reactive force field for molecular dynamics simulations of epoxy resin thermal decomposi-tion with model compound [J]. Journal of Analytical & Applied Pyrolysis, 2013, 104(10): 618-624.

[13] Vlastaras A S. Thermal degradation of an anhydride-cured epoxy resin by laser heating[J]. Journal of Physical Chemistry, 1970, 74(12): 2496-2501.

基于 EMTPE 的 750kV 分级可控式高抗仿真与实测分析

秦志敏[1]　李山[1]　徐文佳[2]　颉亚迪[1]　王崇[1]　杨定乾[1]

（1. 国网新疆电力科学研究院，乌鲁木齐，830011；2. 中国电力科学研究院，北京，100192）

摘　要：本文首先介绍了分级式可控并联电抗器（以下简称“可控高抗”）的原理、仿真和现场系统调试实测结果。从可控高抗的基本构成出发，详细说明了可控高抗的工作方式和原理，并给出了相应的无功容量计算公式、工程用 750kV 可控高抗主要技术参数。用 EMTPE 仿真软件搭建模型，针对系统调试内容进行仿真分析，验证了可控电抗器的功能及该仿真模型的正确性、有效性。然后介绍了工程系统调试概况、系统调试内容以及现场调试的主要结果，详细说明了旁路断路器投切试验和人工短路接地试验。最后总结了可控高抗的特点，为工程投产运行及后续工程建设提供参考，同时为促进推广应用提供借鉴。

关键词：可控高抗；系统调试；仿真；接地；人工短路

0　引言

根据国家电力系统“十四五”规划[1-3]，区域电网发展要依托特高压骨干网架，进一步加强区域 750kV、500kV 主网架，优化完善 330kV、220kV 电网分区分层，实现各级电网协调发展。750kV 超高压交流线路的单位长度充电功率较大，为了限制线路的工频和操作过电压，一般都在长线路上装设高补偿度的并联电抗器。然而，高补偿的并联电抗器在系统重载运行时带来了较大的无功负担，增加了无功损耗，限制了系统的调压能力，影响了系统的输送能力[4]。对于长距离、潮流变化大的超/特高压线路，受两端变压器低压绕组容量的限制，低压无功补偿装置解决调压问题能力有限，因此需要配套相应的无功调节技术措施和手段。

考虑到低压无功补偿的能力限制和固定电抗器系统调压能力的限制，可控电抗器可有效解决限制过电压与无功补偿的矛盾。理论研究和过往工程的实践表明：若系统发生故障，可控高抗会快速增大容量而体现强补效应，最大程度限制操作过电压和工频过电压；当系统潮流发生变化时，可以根据相关策略要求调节投入容量，从而有效提高输电能力，同时保证系统稳定性和电网的运行效益[5-7]。

可控并联电抗器依据原理可以分为基于磁控原理（magnetically controlled shunt reactor，MCSR）和高阻抗变压器原理两种类型。而后者根据晶闸管调节方式的不同，又可以分为晶闸管控制式可控并联电抗器(thyristor controlled transformer，TCT)和分级式可控并联电抗器(stepped controlled shunt reactor，SCSR)。以上各种类型的可控并联电抗器在电力系统都已有实际应用，其中 SCSR 以其控制原理简单、响应速度快、精度高、可靠性高等优点，已经在我国超高压、特高压输电系统中多次应用。2020 年国网电网公司张北柔直配套工程中，1000kV 特高压张家口站首次使用了 1000kV 的 SCSR，成为世界上电压等级最高的 SCSR。

本文介绍了分级式可控并联电抗器的原理，针对我国新疆地区某 750kV 输变电工程，其特点是选用了 750kV 电压等级中容量最大的 SCSR；然后，采用 EMTP 电磁暂态仿真软件[8-9]，针对工程实际特点研究解决了系统调试中的关键技术问题，对可控高抗系统调试项目进行了仿真计算，同时制定科学可行的调试方案、测试方案，并开展现场试验、测试，对该工程一次、二次设备进行了全面检验。由于项目众多，下面选择两个典型的试验项目进行介绍，对工程投产运行及后续工程建设有一定的借鉴意义。

1 原理

基于高阻抗变压器原理的分级式可控并联电抗器将变压器和电抗器设计为一体，设计使变压器的漏抗率达到或接近 100%，并在本体二次侧串入多组辅助电抗器。容量的控制方式采用晶闸管投切外加电抗器的方式，可分别工作于额定容量的不同等级下，满足系统对无功的需求。发生故障时，可以快速调至最大容量，达到限制过电压、抑制潜供电流的目的。以线路用三分级式可控并联电抗器为例，其装置单相原理图如图 1 所示[10]。

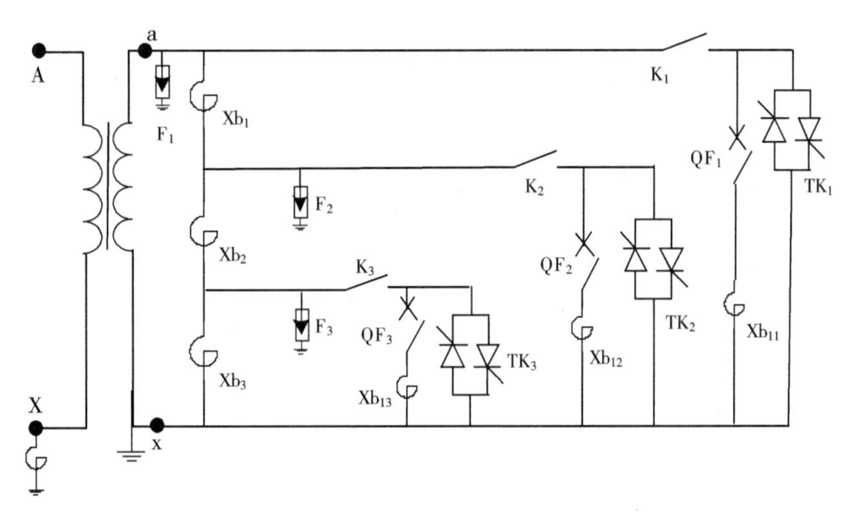

图 1 分级式可控并联电抗器装置原理图

由图 1 可知，可控高抗的高压侧接线端子 A，X 以中性点小电抗连接，低压侧将高漏抗电抗通过抽头分成 N 份，每一份电抗由双向晶闸管和断路器并联组成的复合开关控制投入和切除。Xb_1，

Xb_2，Xb_3 为低压侧辅助电抗器；TK_1，TK_2，TK_3 为各级容量的控制阀，其作用是通过快速通断达到快速调节电抗器阻抗的效果；断路器 QF_1，QF_2，QF_3 的作用是旁路 TK_1，TK_2，TK_3，从而将电流切换到断路器上；K_1，K_2，K_3 为隔离刀闸，其作用是防止由于误操作而导致的电气故障。

分级式可控并联电抗器通过控制 TK_i 与 $QF_i(i=1, 2, 3)$ 组成各级容量阀组的开通或关断来改变二次侧的电抗值，从而达到分段调节无功输出的目的，调节过程为：某级容量阀组导通时先控制晶闸管阀导通，然后控制断路器导通，断路器导通后闭锁晶闸管阀；容量阀组关断时直接拉开断路器。

下面以某站 750kV 分级式可控并联电抗器为例，详细介绍分级式可控并联电抗器的工作原理。图 2 为忻州可控并联电抗器原理图，有 3 个单相变压器型的电抗器，可工作在额定容量的 10%，40%，75%及 100% 4 个容量级。图中 Xb_1，Xb_2，Xb_3 为低压侧辅助电抗器，通过打开、闭合与其并联的阀组开关组合，使电抗器根据需要输出不同的感性无功。

忻州分级式可控并联电抗器各阀组与输出容量的对应关系如表 1 所示。输出容量计算公式为：

$$Q = \frac{U_S^2}{X'_d + X_b} \tag{1}$$

式中，Q 为可控高抗的无功输出容量，MVar；U_S 为低压侧电压；X'_d 为可控并联电抗器的固定阻抗，即高阻抗变压器的漏抗；X_b 为可控并联电抗器的可调节阻抗。

表 1　　**可控并联电抗器的投切容量控制表**

阀组	容　量			
	10%	40%	75%	100%
100%容量	×	×	×	○
70%容量	×	×	○	×
10%容量	×	○	×	×

注：×表示断开，○表示导通。

该工程可控高抗其余参数如表 2 所示。

表 2　　**可控并联电抗器的其他参数**

项目	参　数
额定容量/MVar	3×140
额定电压/kV	$800/\sqrt{3}/52$kV
相应时间/ms	稳态调节：小容量到大容量≤30；大容量到大容量≤80 暂态调节：故障相在故障后响应时间≤100；故障相在故障后响应时间≤50
X_{b1}；X_{b2}；X_{b3}/mH	24.84；62.02；471.06
X_{b11}；X_{b12}；X_{b13}/mH	5.41；6.68；10.19

2 仿真分析

为了进一步研究分级式可控并联电抗器的特性，采用了目前广泛使用的电力系统分析软件 EMTPE。仿真结构如图 2 所示，图中所示为双端等值系统，典型运行方式如表 3 所示、线路参数如表 4 所示、高抗和小抗参数如表 5 所示。其中线路 1 为正常运行，线路 2 为新建工程，在线路首端 A 变电站安装一台可控高抗，末端为常规高抗。

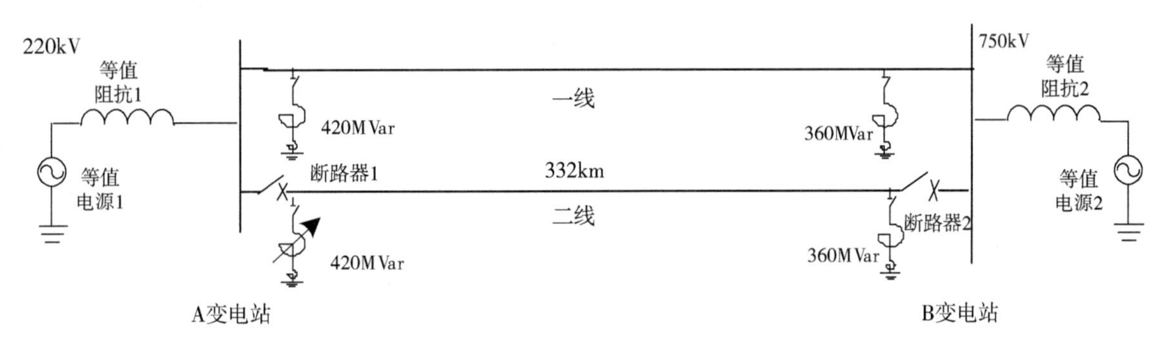

图 2 仿真系统结构

表 3 线路输送有功及母线电压

研究线路	线路输送有功/MW	母线电压/kV	
		始端	末端
Ⅱ线	2×350	775.2	776.2
线路潮流方向：A 变电站→B 变电站			

表 4 输电线路主要参数

序参数	$R/\Omega\cdot km^{-1}$	$X/\Omega\cdot km^{-1}$	$C/\mu F\cdot km^{-1}$
正序	0.014	0.285	0.01395
零序	0.181	0.869	0.0096

表 5 高抗及中性点小电抗额定参数

线路	地点	高抗/MVar	中性点小电抗/Ω
Ⅰ线	首端	420	300±10%
	末端	360	350±10%
Ⅱ线	首端	420	200±10%
	末端	360	200±10%

线路的容性无功为[11-13]

$$Q_C = U_N^2 \omega C l = 937\text{MVar} \tag{2}$$

$$\eta = \frac{Q_L}{Q_C} = \frac{780}{937} = 83.2\% \tag{3}$$

依据国标[14]，从全面考核工程一次、二次设备性能以及保障调试安全出发，进行系统调试电磁暂态计算和潮流、稳态分析[15-16]。依据前述数据，利用 EMTPE 电磁暂态仿真软件，建立相关计算模型，除研究了线路 2 常规电磁暂态计算内容外(如工频过电压、操作过电压等)，还分析了线路可控高抗的调节特性对限制线路工频过电压的影响、对线路潜供电流及恢复影响、线路的非全相运行过电压的影响、线路稳态电压分布特性的影响等内容。

研究结果表明，该线路工频过电压、操作过电压和高抗中性点电压均低于相应标准及技术协议允许值，各相关设备的操作过电压也均在允许范围内[17-19]，因此该工程启动是安全、可行的；结合现场实际情况和标准要求，确定线路可控高抗系统调试项目共 8 项，依次是：可控高抗投切试验；可控高抗控制系统试验；可控高抗控制绕组侧旁路开关带电投切试验；可控高抗手动容量调节试验；线路保护联动容量调节试验；可控高抗自动容量调节试验；可控高抗线路三相跳闸试验；线路人工单相短路接地试验。其中试验 1 可控高抗投切试验随线路投切试验完成，试验 2—7 均在线路空载状态下通过二次装置或后台控制指令完成，试验 8 需要在线路合环情况下通过装置人工短路装置完成。

受篇幅所限，不再详细给出每个试验的计算结果，这里重点给出高抗控制绕组低压断路器投切试验和人工短路接地试验的仿真计算结果。

2.1 可控高抗控制绕组侧旁路开关带电投切

试验前 I 线正常运行，Ⅱ线由 A 变电站或 B 变电站空充，可控高抗控制绕组侧闭锁晶闸管，利用旁路开关分别投切各级低压断路器，以实现无功输出在 10%、40%、70% 及 100% 之间的挡位调节。在投断路器时会产生较大的涌流，统计计算结果见表 6。

表 6　**投低压断路器产生的涌流计算结果**

操作侧	统计最大合闸涌流/kA，rms		
	10%→40%	40%→70%	70%→100%
A 变电站	2.82	4.44	6.11
B 变电站	3.10	4.68	6.27

由表 6 可知，容量挡位越高，投低压断路器的涌流越大，最高可达 6.27kA。典型波形如图 3 所示。

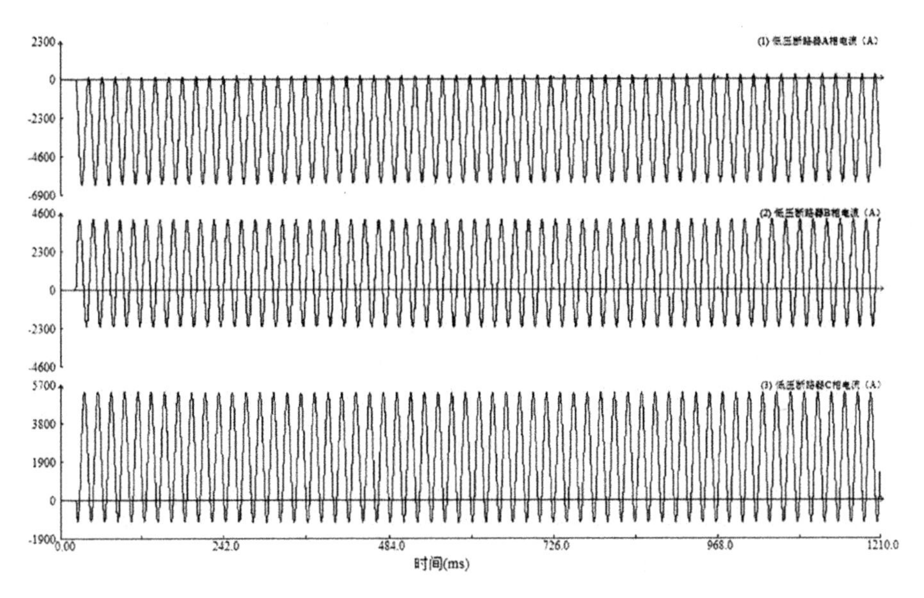

图 3　可控高抗低压断路器投切仿真波形(70%调节至 100%)

2.2　线路单相跳闸、重合试验

试验前 I 线、Ⅱ线正常运行，可控高抗容量在 70%。按以下时序进行仿真：340ms，线路首端出现 C 相瞬时性接地故障，持续时间 360ms；370ms，可控高抗容量由 70%调节至 100%；400ms，线路两侧 C 相断路器单相跳闸；1000ms，线路两侧断路器成功合闸。

统计操作过电压等计算结果如表 7 所示。

表 7　　**单相跳闸、重合试验的操作过电压**

$U_{2\%}$/p. u.		U_{mp}/kV	I_{mp}/A		Q/MJ
母线侧	线路侧		首端	末端	
1. 17	1. 38	131. 5	726. 3	706. 9	2. 97
1. 27	1. 45	138. 9	816. 4	745. 9	1. 92

表中，$U_{2\%}$为统计过电压；U_m 为线路两侧小抗电压；I_m 为线路两侧小抗电流；Q 为线路两侧断路器合闸电阻最大能耗。

由表 6 可知，进行单相跳闸、重合试验时，在吐鲁番变电站进行操作时，相对地统计过电压(出现概率为 2%的操作过电压)在母线侧和线路侧最高分别为 1. 17p. u. 和 1. 38p. u. ，低于标准规定的 1. 8p. u. 。合闸电阻最大能耗 2. 97MJ，在允许范围内。中性点最大过电压 131. 5kV，最大电流 726. 3A。典型波形如图 4 所示，可见对线路两侧进行单相分合的过程中，断路器单相断开后、合闸前，操作相电压呈逐渐衰减的趋势，没有出现严重的谐振过电压。

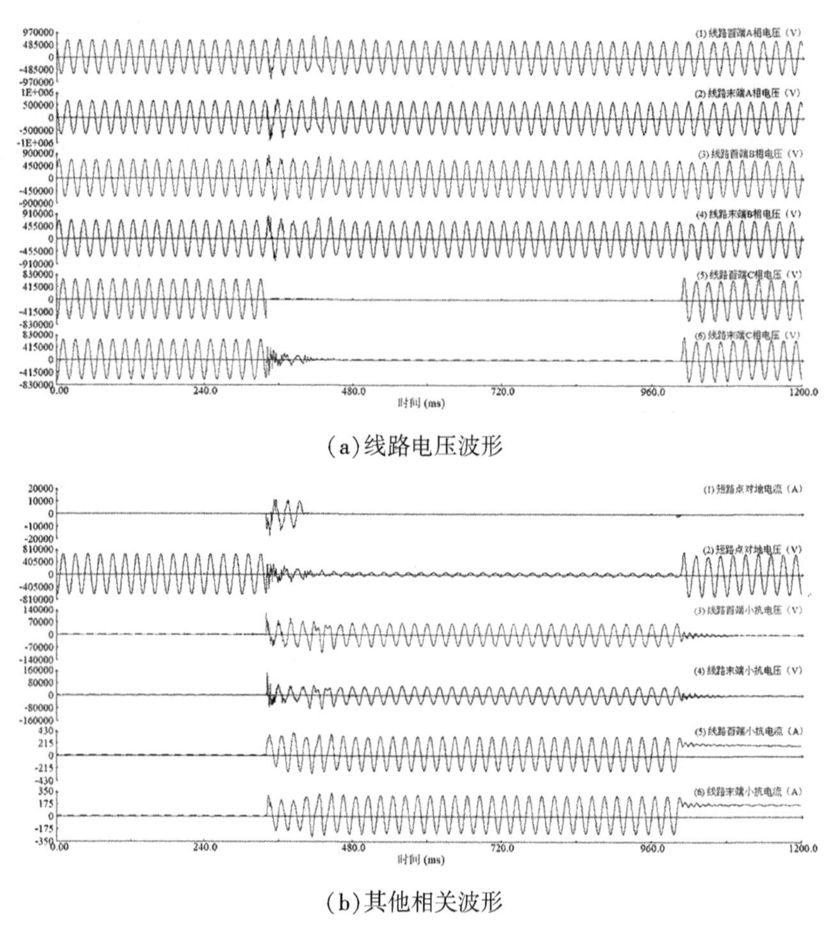

(a)线路电压波形

(b)其他相关波形

图 4　线路 C 相跳闸、重合试验的典型仿真波形

3　可控高抗系统调试

3.1　概述

调试分两个阶段实施。第一阶段试验为 2021 年 9 月 1 日—9 月 6 日完成的系统调试项目的前 7 项；第二阶段试验为 2021 年 11 月 20 日完成的系统调试项目的最后一项，线路人工单相短路接地试验。

进行 750kV 线路可控高抗系统试验期间，二次侧开关调节容量和手动容量调节正确，自动容量调节下控制策略验证正确，线路保护联动可控高抗容量调节验证正确，三相跳闸策略正确；对线路首末端变电站二次控制保护系统进行了全面的校验，现场核对电压、电流的极性、相位、幅值正确；控制保护系统均按照设计逻辑和整定值正确动作。试验结果表明：二次系统和辅助设备运行状态正常。

在线路首端进行人工单相瞬时短路接地试验，期间可控高抗动作正确，试验结果正确；同时线路首端重合闸失败、末端重合闸成功，发现了首端变电站保护装置软压板投入错误的缺陷。

系统调试期间，还对线路首末端并联可控电抗器进行了振动、红外、铁芯夹件和避雷器泄漏电流的测量，均满足技术规范的要求。

整个系统调试期间系统电压和功率控制正常，电网运行平稳，顺利通过试验考核。整个工程系统性能优良，具备投入试运行的条件。以下选择两个典型的试验进行叙述。

3.2 控制绕组侧旁路开关带电投切试验

试验前，线路Ⅱ由 A 变电站带电空载运行，A 变电站母线电压为 780.1kV，线路末端电压为 790.4kV，可控高抗容量在 100%；将可控高抗控制保护系统切换至上位机闭锁模式，闭锁与各旁路断路器并联晶闸管的信号。

9 月 4 日 14：26—17：52，在 A 变电站综合后台控制低压绕组侧旁路断路器按照 100%—70%—40%—10%—40%—70%—100%容量进行切除和投入，切除时电压变化和投入时的电流变化如表 8 所示，试验完成后各项结果正常。

表 8　　旁路开关带电投切的实测电压

U/kV	可控高抗容量调节方向		
	100%→70%	70%→40%	40%→10%
线路首端	782.1	784.2	786.3
线路末端	792.4	794.8	797.1

由表 8 可知，可控高抗容量向下每调节一个挡位，线路首端即母线电压(增加)变化约 2.1kV，线路末端电压(增加)变化约 2.4kV，线路首末端压差基本不变，在 10.3kV 左右。可控高抗容量向上每调节一个挡位，变化规律相同，即母线电压和线路末端电压会减小，变化幅度相同，方向相反。

由表 9 和图 5 可知，当可控高抗容量由小往大调节时，低压绕组侧旁路断路器流过较大的涌流投入，且容量挡位越高，投低压断路器的涌流越大。由 70%容量调整至 100%容量时，最大涌流为 6.1kA，与仿真计算基本相同。

表 9　　旁路开关带电投切的涌流

I/kA	可控高抗容量调节方向		
	10%→40%	40%→70%	70%→100%
	2.772	4.405	6.094

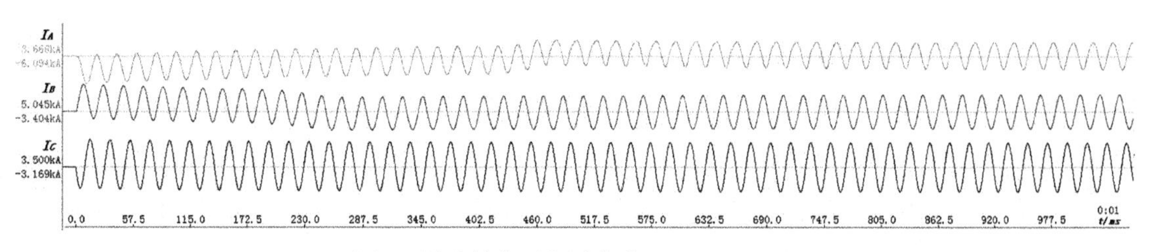

图 5　涌流的典型实测波形(70%→100%)

3.3 人工短路接地试验

试验前，线路Ⅰ、Ⅱ在运行状态(线路自动重合闸正常投入状态)，线路两侧电压控制在770~785kV之间，可控高抗容量在100%挡位，控制方式为自动控制模式(内层、外层、电磁暂态三层控制均投入)。

11月17日进行现场勘查，结合线路走向、周围状况，确定在Ⅱ线线路首端靠近A变电站727—726杆塔间距离727号杆塔30m处进行；18日进行人工短路试验、试验框悬挂和人工发射装置试射。19日完成试验[20-21]，并恢复线路正常运行。

可控高抗容量在手动模式转为自动模式后，手动调节至70%挡位后，将控制模式转为自动控制，高抗容量自动调节至100%；经现场核实后，将外层控制上限改为803kV，再次调整容量后，高抗容量保持70%运行，具备试验条件。

19日12：07，开始线路人工单相瞬时短路接地试验，发射成功，如图6所示。根据保护装置信息，12：07：32：827时，线路C相接地，14ms后A、B变电站C相保护动作跳闸，23ms后，线路首端三相跟跳动作，A、B、C三相跳闸，600ms后线路末端单相重合成功，两侧录波图如图7所示。即A变电站单相重合失败、B变电站单相重合成功。

图6 人工短路试验图

经现场核查，A变电站线路A套保护装置“沟通三跳”软压板数值为1，为投入状态，单相重合闸功能闭锁，导致本侧单相重合失败。

经分析认为，本次试验达到了预期目的，并且发现A变电站保护装置缺陷。该线路在检修状态下拆除人工短路装置后，恢复正常运行。

从系统相关录波图可控高抗晶闸管阀组、低压断路器的动作时间分别为10~360ms、60~144ms；750kV线路最大过电压为1.65pu，满足标准要求[19]。

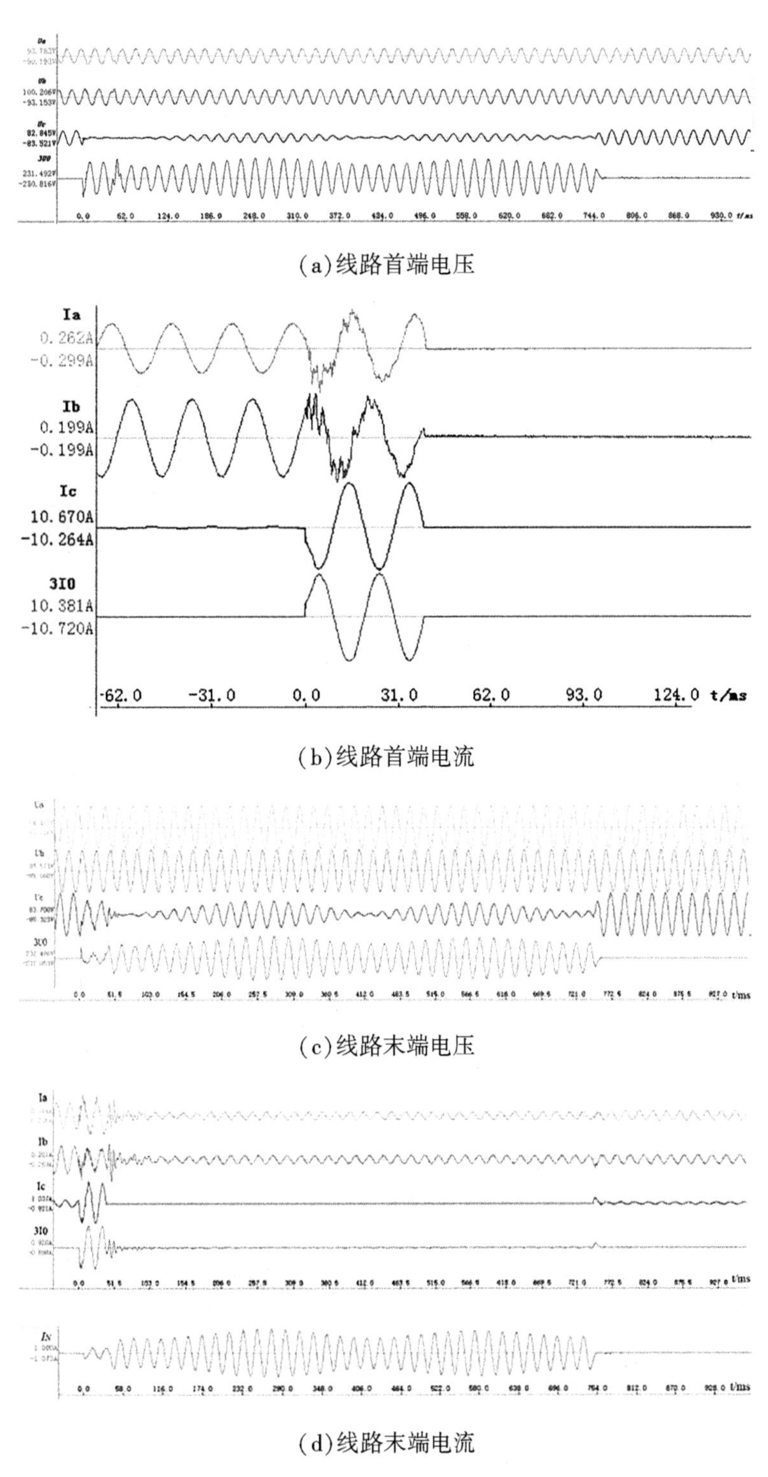

(a)线路首端电压

(b)线路首端电流

(c)线路末端电压

(d)线路末端电流

图 7　人工短路试验实测波形

根据现场实际工况，对人工短路过程进行了仿真计算，波形图如图 8 所示。其仿真结果与实测结果较为接近，在此不再赘述。

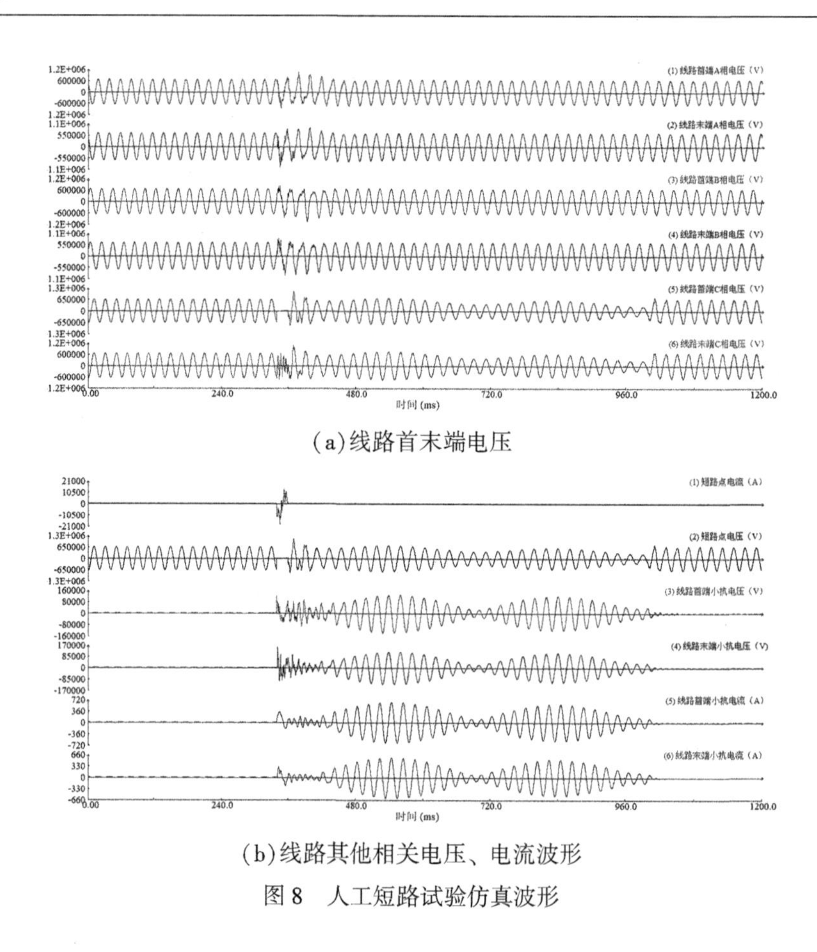

(a)线路首末端电压

(b)线路其他相关电压、电流波形

图8　人工短路试验仿真波形

4　结论和建议

(1)该线路可控高抗系统调试研究解决了调试、测试等技术问题，制定了系统调试、测试方案并圆满完成了现场调试。

(2)工程调试对工程一次、二次设备的运行性能进行了全面检验，现场实测过电压、过电流水平满足设计要求，为今后开展类似输电线路接地开关参数选型提供了参考。

(3)可控高抗设备实测无功出力、响应时间、调节性能均符合设计预期；设备单体元件及多元件均正确执行系统级控制策略，协调控制性能符合设计预期；可控高抗正确执行电磁暂态控制策略，现场实测过电压、潜供电流水平满足设计要求。

(4)通过对该工程人工接地短路试验的过程和试验波形进行详细分析[20]，以及试验结束后对一次设备的详细检查，结果表明电网相关保护动作行为正确；试验过程中，所有设备运行正常，未出现故障，表现出较高的可靠性。

◎　参考文献

[1]李晖，刘栋，姚丹阳．面向碳达峰碳中和目标的我国电力系统发展研判[J]．中国电机工程学

报，2021，9(18)：6251-6248，S10.
[2]刘振亚．世界大型电网发展百年回眸与展望[M]．北京：中国电力出版社，2016：117-132.
[3]周孝信，陈树勇，鲁宗相．电网和电网技术发展的回顾与展望：试论三代电网[J]．中国电机工程学报，2013，33(22)：1-11.
[4]李道霖，张双平，韩宏亮．基于 PSCAD/EMTDC 的超高压输电线路单相接地[J]．电网与清洁能源，2010，26(10)：19-22.
[5]国家电网建设运行部，中国电力科学研究院．灵活交流输电技术在国家骨干电网中的工程应用[M]．北京：中国电力出版社，2008.
[6]张建兴，王轩，雷晰，等．可控电抗器综述[J]．电网技术，2006，30(增刊)：269-272.
[7]周腊吾，徐勇，朱青，等．新型可控电抗器的工作原理与选型分析[J]．变压器，2003，40(8)：1-5.
[8]Dommel H W. 电力系统电磁暂态计算理论[M]．北京：水利电力出版社，1991.
[9]陈珍珍，林集明．EMTP/EMTPE 使用说明[R]．北京：中国电力科学研究院，2009：46-51.
[10]李仲青，周泽昕，杜丁香，等．超/特高压高漏抗变压器式分级可控并联电抗器的动态模拟[J]．电网技术，2010，34(1)：6-10.
[11]向秋风，吴志伟，吴海燕．并补 CSR 特高压线路静态稳定受限的机理分析[J]．电力科学与工程，2007，23(4)：4-6.
[12]梁涵卿，邬雄，梁旭明．特高压交流和高压直流输电系统运行损耗及经济性分析[J]．高电压技术，2013，39(3)：630-635.
[13]耿庆申，卢玉，樊海荣，等．特高压和超高压交流输电系统运行损耗比较分析[J]．电力系统保护与控制，2016，44(16)：72-77.
[14]超高压可控并联电抗器现场试验技术规范：GB/T 32518.1—2016[S]．北京：中国标准出版社，2016.
[15]印永华，房喜，朱跃．750kV 输变电工程系统调试概况[J]．电网技术，2005，29(20)：1-9.
[16]郑彬，班连庚，宋瑞华，等．750kV 可控高抗应用中需注意的问题及对策[J]．电网技术，2010，34(5)：88-92.
[17]王一宇，周宇帮．电力系统暂态[M]．北京：中国电力出版社，2003：35-63.
[18]施围，郭洁．电力系统过电压计算[M]．2 版．北京：高等教育出版社，2006：197-215.
[19]220kV—750kV 变电站设计技术规程：DL/T 5218—2012[S]．北京：国家能源局，2012.
[20]张健，张文朝，肖扬，等．特高压交流试验示范工程系统调试仿真研究及验证分析[J]．电网技术，2009，33(16)：29-32.
[21]蒋卫平，朱艺颖，吴雅妮，等．750kV 输变电示范工程单相人工接地故障试验现场实测和计算分析[J]．电网技术，2006，30(19)：42-47.

基于TMR电流传感器的线路避雷器在线监测方法

万帅[1,2,3]，胡军[4]，毕然[4]，梁文勇[1,2,3]，马浩宇[4]，刘子皓[1,2,3]，张汇泉[4]

（1. 南瑞集团有限公司(国网电力科学研究院)，南京，211106；

2. 国网电力科学研究院武汉南瑞有限责任公司，武汉，430074；

3. 电网雷击风险预防湖北省重点实验室，武汉，430074；4. 清华大学，北京，100084）

摘　要：本文针对输电线路避雷器监测需求，提出了一种基于TMR电流传感器的避雷器工况在线监测方案，主要通过测量避雷器雷击电流及泄漏电流实现。首先设计了测量避雷器雷击电流及泄漏电流的传感单元电路，进而研制了线路避雷器在线监测装置。实验表明，该方法能够有效地监测避雷器运行状态，为及时发现避雷器故障隐患提供了有效的技术手段和必要的参考依据。

关键词：线路避雷器；在线监测；电流传感器

0　引言

随着电网的建设，智能电网的稳定性和高效性日益受到学者和业界的关注。在电网的各类故障中，由环境因素引起的较多，其中更以雷击故障为发生频率最高的故障[1-3]。研究表明，输电线路故障中的雷击跳闸率主要与两个因素有关，这两个因素即地闪密度和雷电流幅值，目前业界更多地关心整体线路的雷击跳闸率[4]。

为应对电网中的雷击故障，避雷器被发明并用于保护输电线路，为减少其受瞬态过电压影响，其中又以非线性、高通流的金属氧化物为主[5][8]。避雷器能够在一定范围内保护线路，及时释放过电压能量，减少绝缘材料被击穿的频次。

避雷器很好地保护了电网免受雷电的破坏，一旦避雷器出现故障，不仅会影响其保护设备的安全，更有可能发生爆炸等事故，避雷器的监测与保护随之成为值得关注的问题。文献[9]提出了一种基于多柱并联避雷器的保护方法，提高了避雷器装置的安全性，但降低了一定的经济性。

避雷器故障的主要原因可以归纳总结为绝缘老化、内部受潮、外绝缘污秽、异常放电四种情况[10-13]。其中，绝缘老化可能是由于杂散电容导致的分压不均、动作次数过多等[6]，内部受潮可能是由于法兰积水[5]等。避雷器的老化反映在特征参数中是流经避雷器的漏电流、阻性电流和雷击次数，其中阻性电流是最主要的监测参数[14][16]。文献[17]—[20]分析了避雷器正常运行和老化运行时的电流，正常运行时泄漏电流主要为容性电流，而老化后阻性电流含量上升。

在线监测输电线路中避雷器工况的方案通常包括两类，一种是直接测量避雷器的电流，包括泄漏电流和雷击电流，分析其阻性电流的含量。目前常用的方法有光电测量法[21-22]、罗氏线圈测量法[23-24]、陶瓷电容分压法[1]等；另一种是通过测量阻性电流的热效应，即通过红外测温法[25-26]等间接方法进行测量。其中通过红外测温法难以在线实时监测避雷器老化的程度，而现有的电流测量方法误报率高，对环境的温度、湿度、机械环境抗干扰能力较差。根据避雷器在线监测微弱的泄漏电流监测，本文提出了一种基于隧道结磁阻(TMR)效应传感器的避雷器工况在线监测方法，使用双通道双量程的避雷器监测系统在线测量并反馈输电线路避雷器的泄漏电流以及雷电动作次数(雷电流)，进而分析输电线路避雷器运行工况，为避雷器的保护提出一种新思路。

1 TMR效应传感器原理

图1所示，是TMR效应传感器的核心结构单元磁隧道结(MTJ)[27-29]，磁隧道结从下到上的典型结构分别为参考层、隧道层、自由层，其中参考层通常使用退火诱导的方式令其磁化方向沿其 x 轴方向，以减小磁滞；与之相对应的自由层则由各向异性、永磁偏置等方式令其磁化方向沿其 y 轴方向。

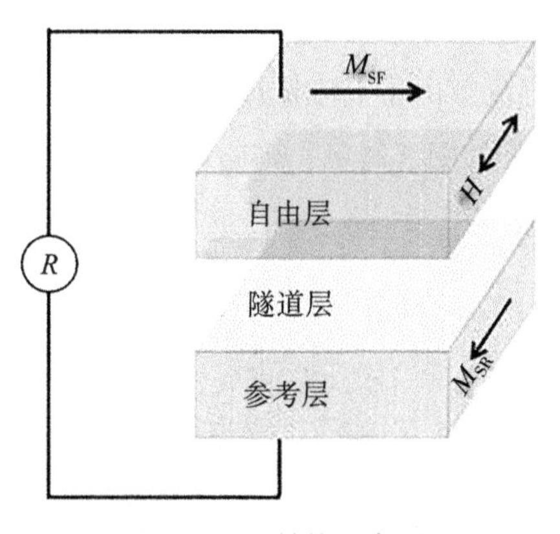

图1　MTJ结构示意图

图1中 M_{SR}、M_{SF}分别为对应层的磁化方向，H 定义为外加磁场。若隧穿磁阻结构较小，可以等效为单畴模型，则可认为自由层的磁化方向可随外加磁场方向均匀转动。当外加磁场方向令自由层磁化方向趋同于参考层磁化方向时，TMR对外磁阻最小(记作 R_p)，反之则最大(记作 R_{ap})。若设 M_{SR}、M_{SF}的相对夹角为 θ，则磁阻值可以通过公式(1)计算：

$$R(\theta) = R_p + (R_{ap} - R_p)(1 - \cos\theta)/2 \tag{1}$$

TMR自由层磁化方向与参考层磁化方向在平行到反平行状态之间自由转动的范围即为TMR效应传感器线性工作区间。

TMR效应传感器内部通常为惠斯通桥结构，即在四个桥臂布置两两磁化方向相反的TMR单元，如图 2 所示。当外加磁场沿箭头方向正向/反向变化时，惠斯通桥输出差分输出，由于桥臂的 TMR 单元完全相同仅方向相反且阻值随外界磁场线性变化，则输出差分电压可以通过公式(2)计算：

$$V_{\mathrm{OUT}} = V_{\mathrm{O+}} - V_{\mathrm{O-}} = \frac{2\Delta R}{R_{\mathrm{p}} + R_{\mathrm{ap}}} \times V_{\mathrm{CC}} \tag{2}$$

其中 ΔR 为线性范围内外加磁场导致的单一桥臂上的磁阻变化。

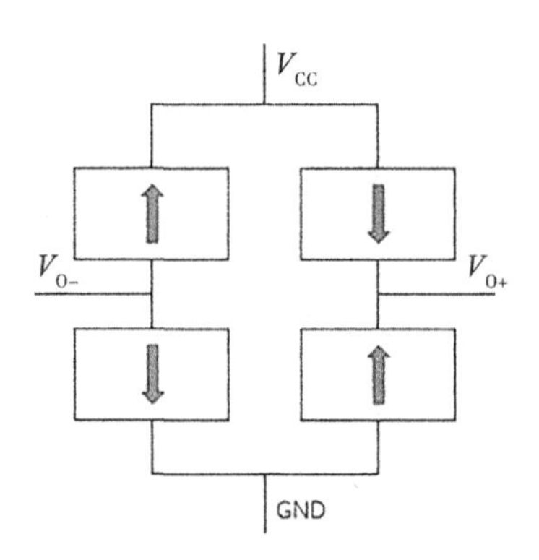

图 2　惠斯通桥结构隧穿磁阻芯片

根据安培环路定律，电流在避雷器周围产生的磁场与电流大小的关系可由式(3)表示：

$$B = \frac{\mu_0 I}{2\pi \times r} \tag{3}$$

若考虑测量 mA 级别的泄漏电流，由于电流量级过小，需要使用磁环对磁场进行放大[30-31]，再由 TMR 效应传感器测量。使用磁环如图 3 所示，则磁环气隙处的磁场大小可表示为式(4)：

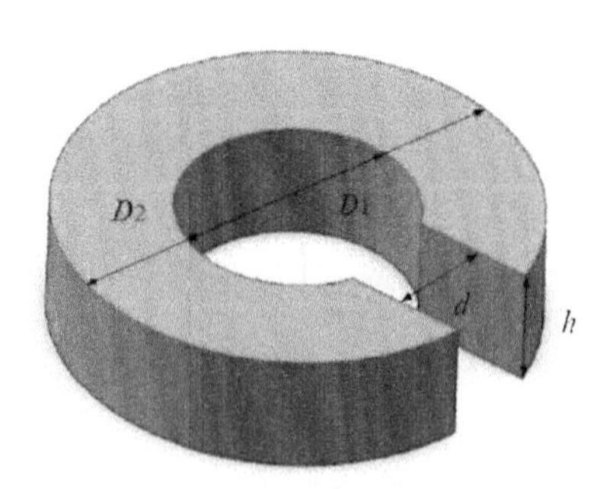

图 3　磁环结构示意图

$$B = \frac{\mu_0 \mu_{\mathrm{r}} I}{\mu_{\mathrm{r}} d + \pi(D_1 + D_2)/2 - d} \tag{4}$$

其中，μ_{r} 为相对磁导率，D_1，D_2 分别为磁环的内径和外径，d 为磁环气隙长度。

流经避雷器电流产生的磁场沿传感器灵敏轴方向时，传感器输出的差分电压 ΔU 与电流的关系可以由式(5)表示。

$$\Delta U \propto B \propto I \tag{5}$$

因此，传感器输出的差分电压与避雷器电流呈线性关系，用 TMR 效应传感器能够有效测量线路电流。

2 基于 TMR 效应传感器的电路设计

考虑避雷器在线监测需要同时测量 mA 级别的泄漏电流以及 kA 级别的雷电流，使用单一量程测量存在一定难度，本方案选取双传感器测量系统，由高灵敏度传感器组对泄漏电流进行监测，由宽量程宽频带传感器组对雷击动作电流进行监测。

使用 TMR 效应传感器时需要结合设计相应的电路为传感器提供能量和进行输出信号调理，以提高监测系统的性能。因此为监测线路避雷器电流设计电路包括隧穿磁阻效应传感芯片、电源模块、放大模块和调零模块。

电源模组将输入电源转换成工作电压，该模组包括±5V 电源转换电路和±2.5V 电源转换电路，其中±5V 电源转换电路为运算放大器和传感芯片提供稳定的能量来源及合理电压，后者提供参考电压。

电源模组原理如图 4 所示。

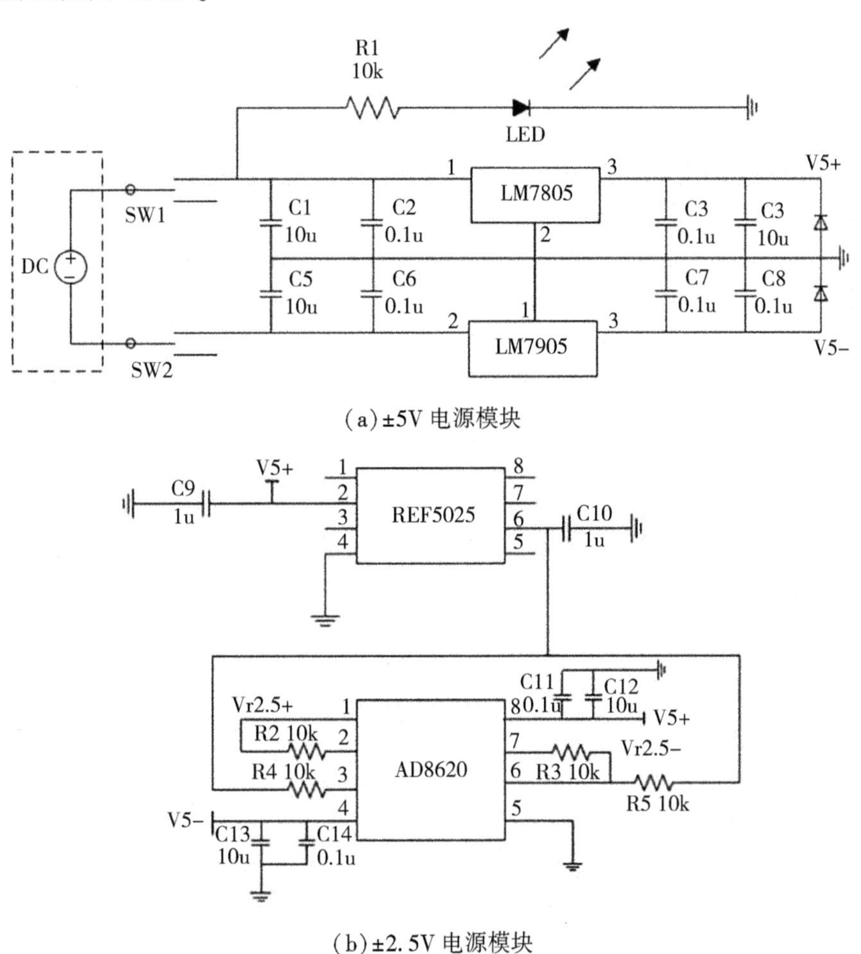

(a)±5V 电源模块

(b)±2.5V 电源模块

图 4　电源模组原理图

隧穿磁阻芯片的工作电压应当具有高精度、高稳定性的特点，这里使用 REF 系列芯片产生 2.5V 基准电压。进一步使用运算放大器组成对前述基准压值进行处理，得到±2.5V 压值。

放大电路需要较高的共模抑制比和较宽的带宽以抑制隧穿磁阻效应传感芯片输出电压中的共模分量，并增强高频率电流和磁场的测量要求。

在测量雷电流时，目前成熟的仪表放大器芯片存在的最高带宽在 1MHz 左右，并且随着放大倍数的增大，仪表放大芯片的频率响应逐渐减小的缺点，即在电压信号幅值增大时，芯片的带宽反而会有所下降。

为了规避仪表放大器的缺点，提高雷电流测量放大电路的带宽，本文中的放大电路使用标准三运放形式仪表放大电路[14]，设计如图 5 所示的电路实现放大和调零的目的。

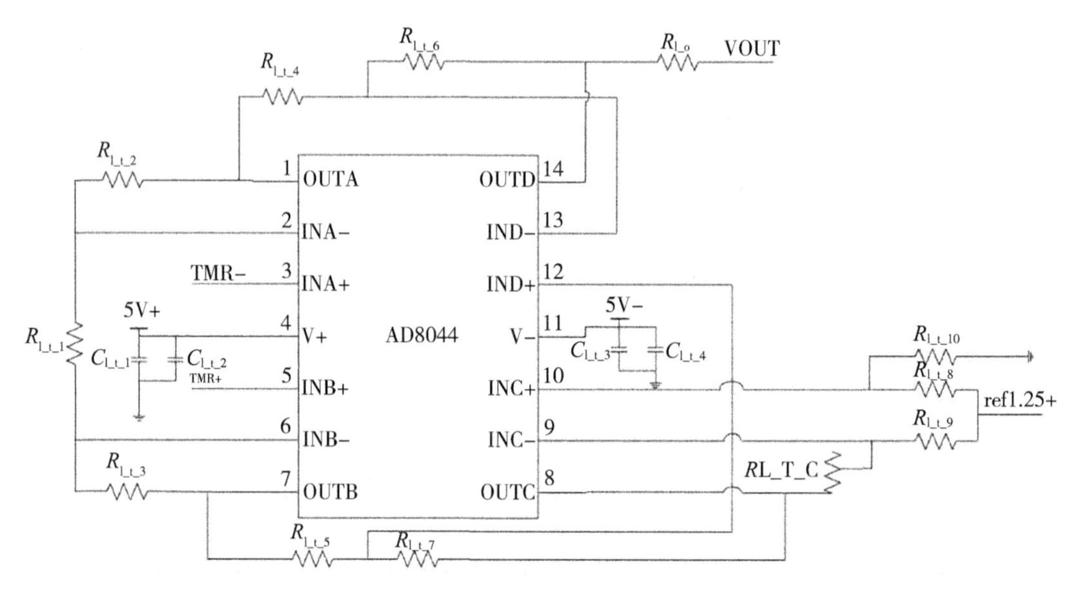

图 5　信号放大电路

在标准三运放仪表放大器中，运算放大器 A 和 B 为输入缓冲级，为放大电路提供同相和反相输入点匹配的高输入阻抗，以减小上一级阻抗对放大电路 CMRR 的影响。

输入信号的差模成分在电阻 $R_{1\_t\_1}$ 上产生电流，该电流流经 $R_{1\_t\_2}$、$R_{1\_t\_3}$，在 $R_{1\_t\_2}$、$R_{1\_t\_3}$ 上产生电压，进而实现差模信号的放大，其放大倍数与 $R_{1\_t\_1}$、$R_{1\_t\_2}$、$R_{1\_t\_3}$ 的大小有关。若令 $R_{1\_t\_2}$—$R_{1\_t\_7}$ 六个电阻值均相等，记作 R，则放大电路的输出可由公式(6)表示：

$$V_{\mathrm{OUT}} = \left(1 + \frac{2R}{R_{1\_t\_1}}\right)(V_{\mathrm{TMR+}} - V_{\mathrm{TMR-}}) \tag{6}$$

运算放大器 D 是减法器，对上述输入缓冲及输出电压进行作差，消除其中的共模成分。并同时起到放大作用。

运算放大器 C 通过外置电位器控制其同向端的电位，以起到调零的作用。通过 C 输出电位的调节能够减小由于 TMR 芯片的本征磁滞带来的零偏问题。

本文选用的实现放大电路的芯片为 AD8044 芯片，该芯片具有四个集成运算放大器，能够在减小电路规模和电路板面积的同时满足放大电路的需要。集成运放 AD8044 在单位增益下的-3dB 带宽能够达到 150MHz，以此近似运放的增益带宽积，则在放大 21 倍时，带宽能够达到 5MHz，满足冲击电流测量要求，理论上能够使用于测量避雷器的冲击电流。

考虑小电流测量频率较低，不需要考虑频率响应的极限情况，因此可以直接使用集成度高、调节简单的集成仪表电路对信号进行放大，本文中使用 AD8429 芯片构建增益电路(图 6(a))。AD8429 能够通过改变外界增益电阻 R_G 的大小，调节放大倍数，该放大倍数可以由式(7)表示：

$$A = \frac{6\text{k}\Omega}{R_G} + 1 \tag{7}$$

本文使用 AD8012 构建调零电路，如图 6(b)所示，第二个运放产生可调节的调零电压 Vzero，第一个运算放大器的功能为比例减法器，根据调零电位的控制能够得到调零后的输出电压。

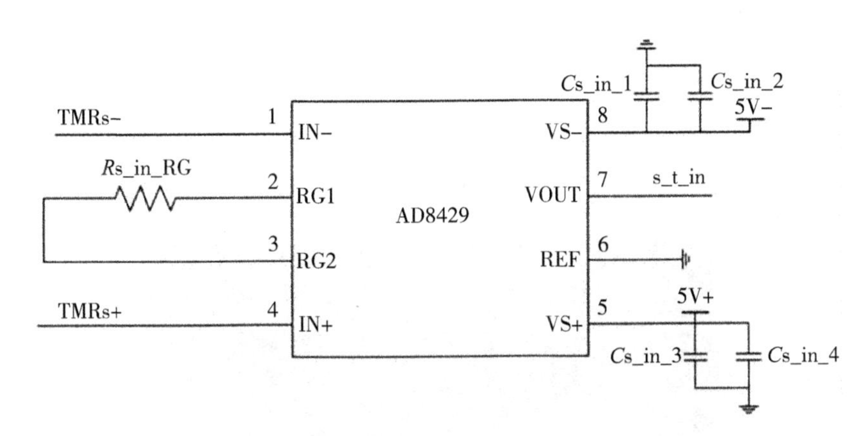

(a)仪表放大电路

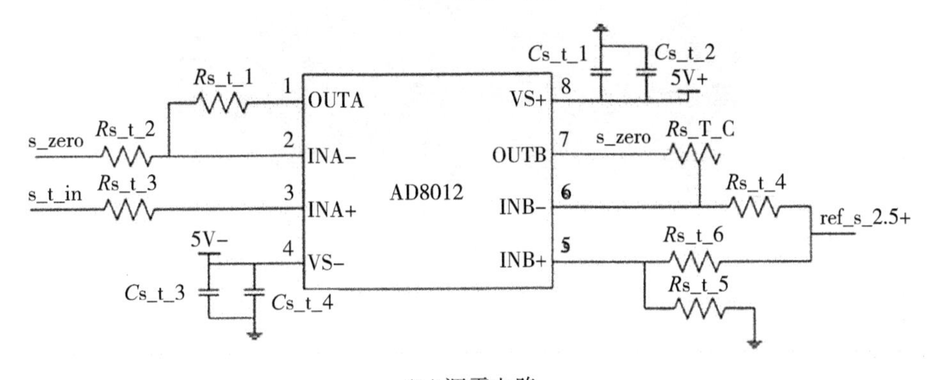

(b)调零电路

图 6　仪表放大电路和调零电路

3　基于 TMR 传感器的避雷器监测

用实验室现有的设备对传感器性能进行测试，传感器暂态电流相应测试系统如图 7 所示，其中 EMCPro 为冲击电流源，可以产生 8/20μs 的暂态电流。

暂态电流使用商用 Pearson 5046 电流互感器进行测量，并作为电流基准。Pearson 5046 电流互感器的变比为 0.01V/A，带宽为 0.5Hz~20MHz，量程为±25kA，测量精确度为 0.5%；使用的示波器同样为 Lecroy WaveRunner640Zi。对高频大量程电流传感器的暂态电流进行测试（图 8）。测试结果表明传感器能够很好地跟踪 8/20 μs 冲击电流波形，说明电流传感器能够满足主频上百 kHz 暂态电流的测量。

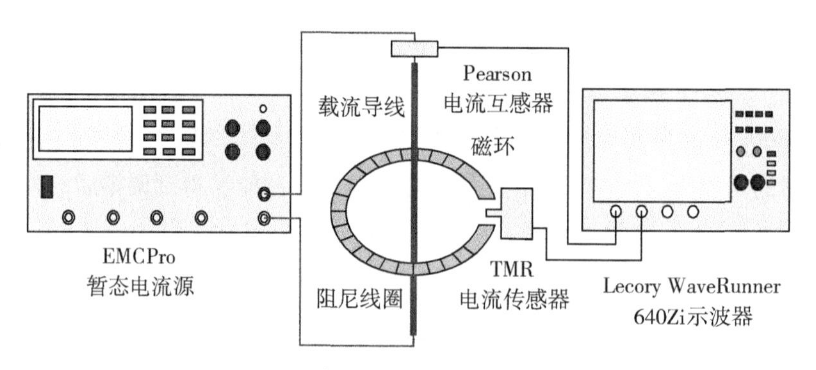

图 7 暂态电流响应测试系统

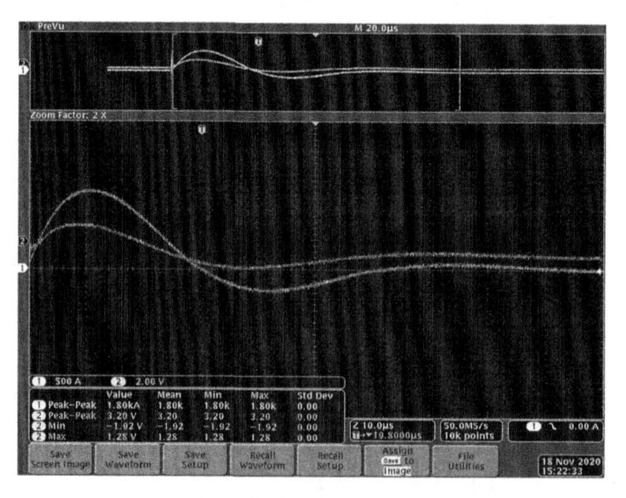

图 8 暂态电流测试结果

对传感器输出电压数据组与对应的线圈测量电压转换成的雷电流峰值数据组进行线性拟合，得到如图 9 所示曲线，曲线具有较高的线性相关性，因此可以认为实验室环境下测试传感器对冲击电流相应具有较高的线性度。

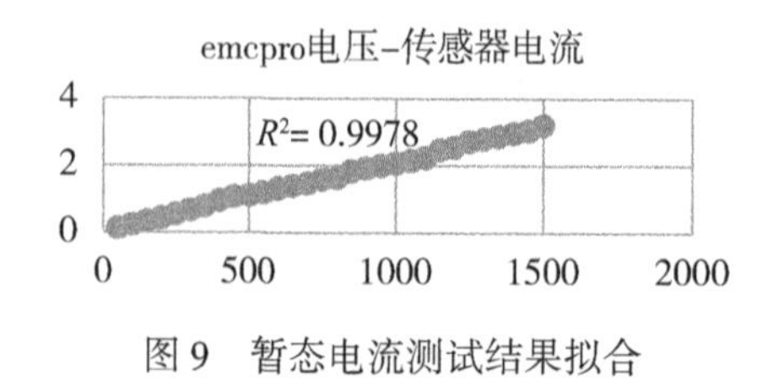

图 9 暂态电流测试结果拟合

对小电流进行测试，测量装置图如图 10 所示，其中，电流的产生使用 RIGOL 型号信号发生器，产生 50Hz 的正弦电压，连接精密电阻后可产生 μA 级别的电流。

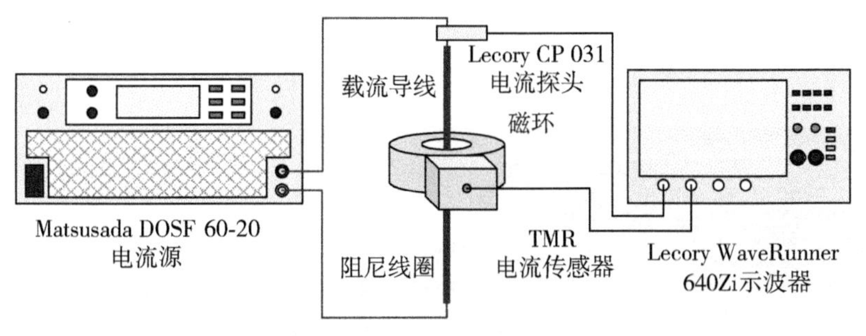

图 10　微小电流测量系统

分别测量由电源产生的 50Hz 电流，本文中使用文献[32]中所述的灵敏度判断依据，即认为在测量时以误差小于±5%作为判定依据，以 1mA 时的系统测量灵敏度为基准。并对各电流值下的电压输出波形进行 FFT 分析，得到 50Hz 的幅值与标准电流测量方式测得的电流进行对比计算，获取灵敏度变化趋势(图 11)。

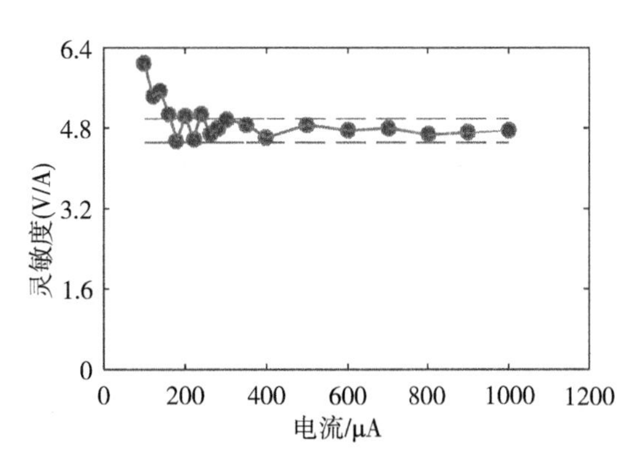

图 11　微小电流测量系统灵敏度曲线

当测量系统测量 200μA 电流及更小电流时，存在灵敏度较大波动的现象，并且在测量大于 200μA 电流时，灵敏度波动较小，因此可以认为测量系统的测量极限可达 200μA，即灵敏度落在虚线范围内的电流属于测量有效的电流大小。由于噪声的绝对大小基本不随施加电流的大小而改变，在电流减小后，系统噪声对测量精度的影响加大。

考虑到泄漏电流通常为 mA 级别，因此 TMR 效应传感器能够测量避雷器的泄漏电流，并根据泄漏电流对避雷器的老化情况进行判断。

4　现场安装

基于前述章节的分析，设计如图 12 的装置用于输电线路避雷器传感设备的安装。装置使用太阳能为设备供电，可适用于大多数输电线路的需求。相应输电线路的安装，可以实现对避雷器电流的在线测量，进而监测输电线路避雷器工况。

现场条件测试下(图 13)，避雷器监测装置能够正常工作，实现避雷器电流的转换和传输，从而完成避雷器的在线监测。

图 12　用于避雷器监测的装置

图 13　输电线路避雷器监测设备安装

5　结论

为了对线路避雷器运行工况进行监控，本文提出了一种基于可泛在安装的基于 TMR 效应传感系统的避雷器电流监测方法。

由于传统的线路避雷器监测存在缺陷，因此本文设计了一款基于 TMR 效应传感器的小体积监测系统，具有高带宽、高灵敏度、大量程的优点。根据电流数据进行的工况识别，能够有辨识度地分辨出避雷器的运行工况。该方法具有方便、简单的优点，为特高压户外线路避雷器的在线监测提供了一种新思路。

◎ 参考文献

[1]黄继盛，贾洪瑞，刘学忠，等．基于高压陶瓷电容的自取能与暂态电压监测一体化传感器设计与特性研究[J]．电瓷避雷器，2021(3)：86-92.

[2]李景禄，吴维宁，杨廷方，等．配电网防雷保护的分析与研究[J]．高电压技术，2004，30(4)：58-59.

[3]陆鸿，李晓东，康伟．山区配电架空线路防雷分析与减灾对策[J]．供用电，2016，33(9)：29-34，40.

[4]黄良，张英，曾鹏，等．雷电统计参数对电网雷击跳闸率计算的影响[J]．电瓷避雷器，2021(5)：86-92.

[5]任大江，叶海鹏，李建萍，等．一起500kV金属氧化锌避雷器故障原因分析[J]．电瓷避雷器，2020(3)：127-132.

[6]魏绍东，邓维，雷红才，等．500kV避雷器故障模拟及缺陷检测试验研究[J]．电瓷避雷器，2019，288(2)：109-114.

[7]高峰，郭洁，徐欣，等．交流金属氧化物避雷器受潮与阻性电流的关系[J]．高电压技术，2009，35(11)：2629-2633.

[8]王巨丰，胡习凯，韦念胜，等．氧化锌非线性电阻片集肤效应的分析与探讨[J]．电瓷避雷器，2014，3：88-95.

[9]刘志远，于晓军，邹洪森，等．多柱并联避雷器组熔断式故障退出措施研究[J]．电瓷避雷器，2020(5)：103-108.

[10]魏东亮，蒋逸雯，张孝波，等．基于信息融合的氧化锌避雷器运行状态综合评价方法[J]．电瓷避雷器，2019(4)：68-74.

[11]国家电网公司．金属氧化物避雷器状态评价导则：DW454—2010[S]．北京：中国电力出版社，2010.

[12]国家电网公司．Q/GDW 536—2010 电容型设备及金属氧化物避雷器绝缘在线监测装置技术规范[S]．北京：国家电网公司，2010.

[13]国家电网公司．Q/GDW 540—2010 变电设备在线监测装置检验规范 第1部分 通用检验规范 第3部分 电容型设备及金属氧化物避雷器绝缘在线监测装置[S]．北京：国家电网公司，2010.

[14]梁武民，毛丽娜，曾国辉．一种适用于降低避雷器在线监测相间干扰的处理方法[J]．电瓷避雷器，2021(3)：81-85.

[15]任卉嵩，李金亮，杜志叶，等．线路避雷器阻性泄漏电流在线监测中的相间干扰分析研究[J]．电瓷避雷器，2016(4)：83-87，92.

[16]王兰义，赵冬一，胡淑慧，等．线路避雷器的研究进展[J]．电瓷避雷器，2011(1)：26-34.

[17]郭贝贝，齐山成，赵斌．融合小波和形态学的避雷器在线监测方法研究[J]．电瓷避雷器，2019(6)：43-48，54.

[18]崔涛，曾宏，刘强，等．基于串联谐振试验装置的避雷器交流测试及应用[J]．电瓷避雷器，2022(1)：69-74.

[19]孙林涛，艾云飞，张翾喆，等．一起金属氧化物避雷器异常状态诊断与分析[J]．浙江电力，2019，38(8)：43-46.

[20]毛慧明，张天运．不同场所金属氧化物避雷器的智能监测方法[J]．电瓷避雷器，2018(4)：124-127.

[21]姚言超，徐攀腾，周登波，等．特高压换流站避雷器在线监测异常分析[J]．电工电气，2018(5)：64-66.

[22]周水斌，梁武民，雍明超，等．一种避雷器阻性电流趋势分析和故障预警方法[J]．电瓷避雷器，2017(2)：44-48.

[23]孙伟，王影影，姚学玲，等．10/1000μs 雷电流测量 Rogowski 线圈的研制[J]．电瓷避雷器，2020(5)：1-6，14.

[24]陈景亮，姚学玲．10/350μs 直击雷电流测量用 Rogowski 线圈的研制[J]．高电压技术，2010，36(10)：2412-2417.

[25]邓维，刘卫东，傅志扬，等．MOA 泄漏电流网络化在线监测系统[J]．高电压技术，2003(9)：22-23，48.

[26]朱海貌，黄锐，夏晓波，等．金属氧化物避雷器带电检测数据异常的诊断及分析[J]．电瓷避雷器，2012(2)：68-71，76.

[27]徐小雄，胡明慧，张程杰．基于 TMR 阵列的电磁检测系统设计[J]．仪表技术与传感器，2021(11)：48-52，57.

[28]Thompson S M. The discovery, development and future of GMR: The Nobel Prize 2007[J]. Journal of Physics D: Applied Physics, 2008, 41(0930019): 1-20.

[29]Ouyang Y, He J, Hu J, et al. A current sensor based on the giant magnetoresistance effect: Design and potential smart grid applications[J]. Sensors, 2012, 12(11): 15520-15541.

[30]王善祥，王中旭，胡军，等．基于巨磁阻效应的高压宽频大电流传感器及其抗干扰设计[J]．高电压技术，2016，42(6)：1715-1724.

[31]胡军，赵帅，欧阳勇，等．基于巨磁阻效应的高性能电流传感器及其在智能电网中的量测应用[J]．高电压技术，2017，43(7)：2278-2286.

[32]胡军，王博，盛新富，等．基于隧穿磁阻效应的宽频微小量程电流传感器设计及噪声分析[J]．高电压技术，2020，46(7)：2545-2553.

基于视频数据的仪表显示自动读取

赵旭[1]，郑涵[2]，李仕林[1]，刘志恩[3]，王先培[2]

（1. 云南电网有限责任公司电力科学研究院，昆明，650200；2. 武汉大学电子信息学院，武汉，430072；3. 云南电网有限责任公司文山马关供电局，文山，663700）

摘　要：针对目前国内工厂海量的指针类仪器仪表与日常生产巡检需要的定期读数记录产生的监控问题，本文基于视频信息提出了一种对指针类的仪器仪表读数进行自动识别提取的算法。首先，为获取品质较好的初始图像，对拍摄硬件进行标定，并设计合适的视频实时提取方案；其次，基于Canny算子和形态学处理，对选定的帧图像进行表盘识别；最后，采用角度法对表盘指针进行读数识别和读取。实验证明，本文所提出的算法能够较好地对指针类仪表进行读数提取，在保证精度的同时速度也能够较好地满足工业应用。

关键词：仪表；边缘检测；直线提取；示数读取

0　引言

指针式仪表在生产过程中得到广泛应用，如压力表、电力仪表、高温仪表、航空仪表等。为了确保指针式仪表正常稳定地记录数据，人们需对其进行按期监控和检查，由此来监视仪器和工业生产的精准度，防止接下来的记录出现偏差。

目前，国内外学者基于视频信息对仪表参数进行提取已经进行了长时间的研究，出现了很多算法，大体可以分为两大类别：光电法和机器视觉法。光电法利用光电效应，根据指针位置的变化会引起仪表刻盘刻度上预先设定好的监测点的反射光的强度来计算得到仪表示数；机器视觉法则是通过图像识别技术，将监控采集到的图像进行诸如噪声滤波、图像分割、特征表达等处理，从而分割出指针和刻度线的位置，根据其角度或距离的关系得到具体读数。由于后者算法结构简洁、便于实现而被广泛应用和研究。

基于机器视觉技术的识别方法其关键点是指针的识别及刻度线的识别。目前识别算法主要有霍夫圆检测法[1]、距离判别法[2]、中心投影法[3]、图像配准技术[4]、模板特征匹配法[5]等。而对于指针读数的判别，主要有角度法[6]和距离法[7]两大类。

目前基于指针仪表参数提取的研究已经十分广泛，研究方法很多，但其识别效果有一定差异，而速度快、精度高则是此类研究的重点。本文以压力表为例，根据指针仪表的特点，对视频信息提取、数字图像处理方案及指针读数自动判别进行了研究，设计了一套较好的指针仪表示值识别系统，实现了对视频中特定仪表盘图像的分析、处理及识别。

1 基础知识

1.1 最大类间方差法(Otsu)

Otsu 是通过统计整幅图像的参数特性来达到阈值自动选择的目的，拥有最优越的全局二值化效果。简而言之，这种方法是先假定一个灰度值 t，将其作为阈值，把图像分成两组灰度值。当一个 t 值使得这两组类间方差最大，此时的 t 值即为使该图像二值化效果最佳的阈值[8]。假设图像中的所有可能灰度级数为 L，那么可以得到一个离散概率密度函数的归一化直方图，如式(1)所示：

$$p_r(r_q)=\frac{n_q}{n},\ q=0,\ 1,\ 2,\ \cdots,\ L-1 \tag{1}$$

其中，n 是图像中的像素总数，n_q 是灰度级为 r_q 的像素数目。假设已经选定阈值 k，C_0 是一组灰度级为[0，1，…，k-1]的像素，C_1 是一组灰度级为[k，k+1，…，L-1]的像素。

Otsu 方法选择最大化类间方差 σ_B^2 的阈值 k，类间方差定义为：

$$\begin{aligned}
&\sigma_B^2=\omega_0(\mu_0-\mu_T)^2+\omega_1(\mu_1-\mu_T)^2\\
&\omega_0=\sum_{q=0}^{k-1}p_r(r_q),\ \omega_1=\sum_{q=k}^{L-1}p_r(r_q),\\
&\mu_0=\sum_{q=0}^{k-1}\frac{q\cdot p_r(r_q)}{\omega_0},\ \mu_1=\sum_{q=k}^{L-1}\frac{q\cdot p_r(r_q)}{\omega_1},\\
&\mu_T=\sum_{q=0}^{L-1}q\cdot p_r(r_q)
\end{aligned} \tag{2}$$

1.2 霍夫变换

霍夫变换(HT)[9-10]是提取线型特征的常用方法，可以将平面直角坐标系内的直线转换为参数空间内的点，这种线-点变换是一种对偶运算，可以使直线提取问题转化为计数问题，通过参数空间投票算法检测出直线特征[9]。如图 1 所示。

图 1 中，平面直角坐标系内的一条直线方程可表示为式：

$$l_i:\ y=kx+b,\ i=1,\ 2,\ \cdots,\ N \tag{3}$$

式中，k 为斜率，b 为截距。对直线上的某一点通过霍夫变换将其转换至极坐标系下，可得到式：

$$(\rho_i,\ \theta_i):\ \rho_i=x\cos\theta_i+y\sin\theta_i,\ i=1,\ 2,\ \cdots,\ N \tag{4}$$

式中，ρ_i 为直角坐标系坐标原点 O 到直线 l_i 的距离；θ_i 为坐标原点 O 到直线 l_i 的垂线与坐标系 X 轴正方向的夹角；(x，y)为直线 l_i 上一点。在取值范围内对 θ 等分若干份，并求取 ρ，可得到一条正弦曲线。经过霍夫变换后，平面直角坐标系下的直线 l_i 的斜率 k 和截距 b 可由极坐标系下一对参数$(\rho_i,\ \theta_i)$唯一确定。由于此直线上每一点经霍夫变换后，在参数空间上形成的各正弦曲线都会交于同一点$(\rho_0,\ \theta_0)$，所以通过对参数空间各正弦曲线经过的每一点进行权值统计，设定直线峰值判断阈值 w_0，求取权值峰值点即可确定平面坐标系内的直线方程。

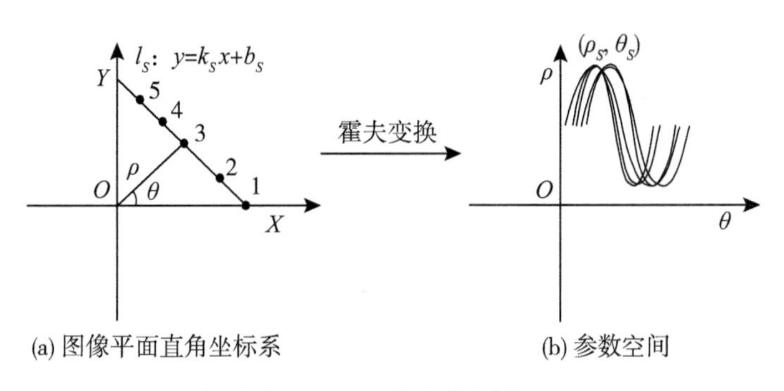

图 1　Hough 变换基本原理

2　本文算法

2.1　前期准备与表盘识别

本文以压力表作为目标仪器，其指针与表盘间存在一定缝隙，指针侧向具有一定厚度，刻度线较为密集，且表盘存在金属外壳。一旦光照方式选择不恰当，表盘易出现严重的阴影、光照不均、曝光过度、反光等现象，造成图像特征不清晰，对后期处理过程造成严重影响。

因此，本文将选择合适的光源、均匀单一的背景，对指针仪表进行无偏移采集。综合比较 CCD 和 CMOS 工业摄像机，考虑成本等因素，选择 CMOS 摄像头采集仪表视频图像。首先对相机进行标定，标定后，依次对所截取的视频图像进行图像增强和二值化处理，实现表盘的识别和提取。

$$g(x,\ y)=\begin{cases}\dfrac{c}{a}f(x,\ y) & 0\leqslant f(x,\ y)<a\\[2ex] \dfrac{d-c}{b-a}[f(x,\ y)-a]+c & a\leqslant f(x,\ y)<b\\[2ex] \dfrac{M_g-d}{M_f-b}[f(x,\ y)-b]+d & b\leqslant f(x,\ y)\leqslant M_f\end{cases}\tag{5}$$

本文选择分段式线性变换增强手段对灰度图像进行图像增强，其具体公式如式(5)所示，效果如图 2(a)所示，采取 Otsu 算法对仪表图像进行阈值分割，处理后的二值图像如图 2(b)所示。

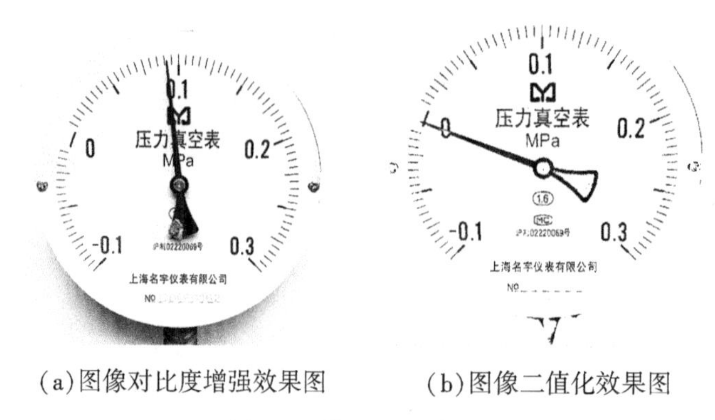

(a)图像对比度增强效果图　　(b)图像二值化效果图

图 2　图像预处理效果图

2.2　指针识别

在获取表盘信息后，本文采用边缘提取+形态学处理+直线识别方法实现表盘指针的快速准确定位。

常用的边缘检测算子包括 Sobel、Roberts、Prewitt、Laplacian、Canny、Zerocross 等，这些方法各有特点，适用于不同场合，本文选择了其中四种较为经典的算子进行比较，得到如图 3 的对比结果。

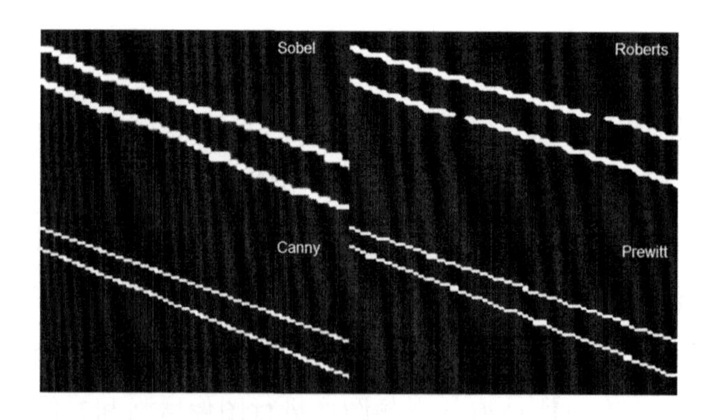

图 3　边缘检测不同算子的指针细节效果对比图

通过仔细对比四种算子的效果，发现 Sobel、Prewitt 算子在本文实验中边缘锯齿较多，出现了明显的断层现象，Roberts 算子检测到的指针较为模糊，相邻线条的分界线不够明朗，均不适合作为检测手段。而 Canny 算子较其他三种最为清晰可靠，故选用 Canny 算子作为本文边缘检测的最终方案。该算法提取到的效果图如图 4(a)所示。

完成边缘提取后，发现指针仪表的轮廓并未完全清晰突出，还存在一定无关元素。若直接对以上图像进行霍夫直线提取，效果如图 4(b)所示，识别出的最长直线为指针的斜线边缘，而并非指针中线。

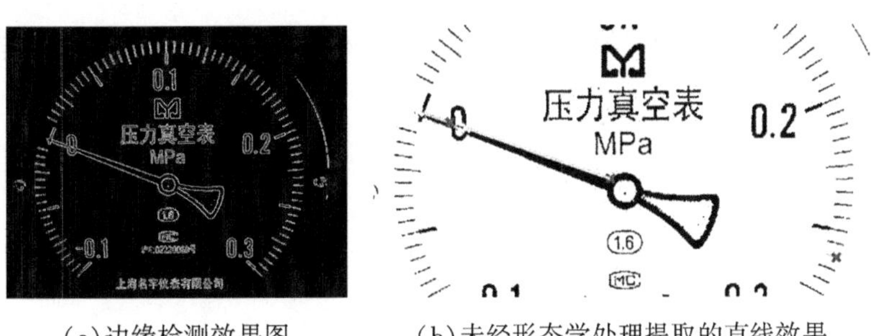

（a）边缘检测效果图　　（b）未经形态学处理提取的直线效果

图 4　指针识别初步结果

所以这里需要进一步采取形态学处理的方式对指针进行细化，让其保持图像结构与形貌的同时去除无关元素（边缘锯齿、粗轮廓等），从而得到唯一的指针直线，最大程度地简化数据。

本文采用了细化处理。细化运算指的是对二值化图像中的物体不断地做开启运算、腐蚀运算、闭合运算，重复此系列操作直至图像中物体只保留一个像素单元。具体公式如下：

$$\begin{aligned} S(A) &= \cup_{k=0}^{K} S_k(A), \\ S_k(A) &= (A\Theta kB) - (A\Theta kB)\circ B \end{aligned} \tag{6}$$

式(6)中 $S(A)$ 为对图像 A 的骨架运算，其中，B 代表结构元素，$(A\Theta kB)$ 代表连续对 A 腐蚀 k 次，即 $(A\Theta kB)=((\cdots(A\Theta B)\Theta B)\Theta\cdots)\Theta B$。而 K 是图像 A 被腐蚀后转变为空集之前的迭代次数值，即：$K=\max\{k \mid A\Theta kB\neq\phi\}$。细化操作示意图如图 5 所示。

细化后的指针图像如图 6 所示。此时的指针轮廓基本上已经是单一中线形式，对之后的直线提取带来了极大便利。

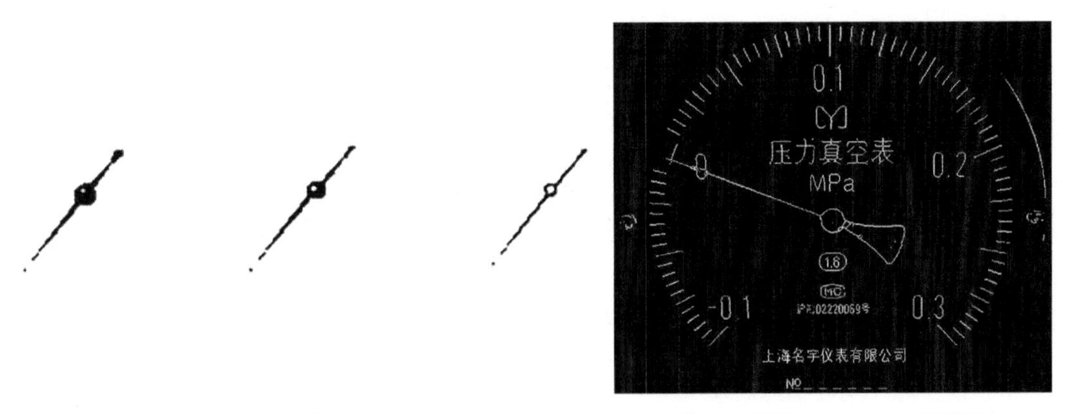

图 5　形态学处理原理　　图 6　指针 BWMORPH 效果图

获取较为清晰的表盘信息二值图后，为准确定位指针，采用霍夫变换进行直线提取，图 7 为本次指针仪表提取指针直线的效果图。在实际操作时，具体有以下几个步骤：

(1)得到图像的边缘信息；

(2)在参数空间中画出每个点的直线；

(3)将每条直线上的点采用“投票”法，即直线通过该点时，其值加 1；

(4)在参数空间中找到拥有局部最大值的点，这些最大值点的坐标(k，b)可能即原图像坐标系中直线的斜率和截距。

图7　霍夫变换提取到的指针直线效果

2.3　读数识别

把图像的水平线看作是图像坐标的零刻度线，测量出指针相对于它的角度 θ，然后结合实际方案，利用角度间的线性关系来算出读数。

建立以刻度盘中心为起点的直角坐标系，直线的标准表达坐标系如图 8(a)所示，图像空间的坐标系如图 8(b)所示。首先要对坐标系标准进行转换，如图将(x，y)标准转化为(v，u)标准，这样坐标原点就移动到表盘中心(m，n)处，而 F_x 则为表盘指针所在的直线。图 8 为本文设置的坐标系示意图。

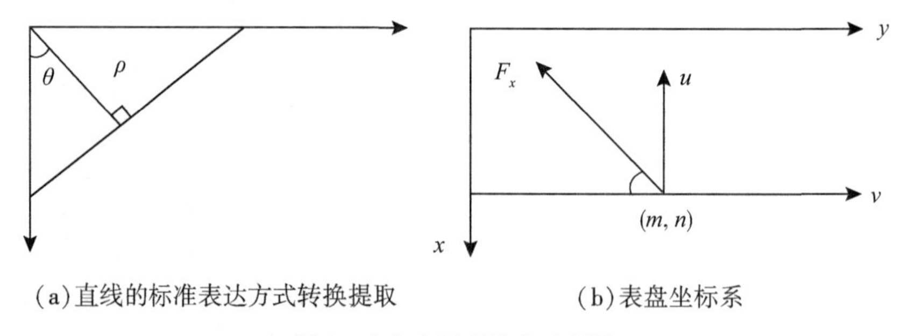

(a)直线的标准表达方式转换提取　　(b)表盘坐标系

图8　表盘坐标系设定示意图

经资料查证及测量验证，本文目标仪表各参数为：压力量程：0.4MPa(-0.1~0.3MPa)，表盘读数跨度：268°，指针与 x 轴负方向夹角 θ 的取值范围：$-45° \leqslant \theta \leqslant 268°$。

测量发现，压力表的读数并非均匀分布，在表盘读数为-0.1MPa 至 0MPa 范围内，量程角度共 68°；在表盘读数为 0MPa 至 0.3MPa 范围内，量程角度共 200°。为了解决压力表读数不均匀的现象，将该表划分为 A、B 两个测量区域，如图 9 所示。

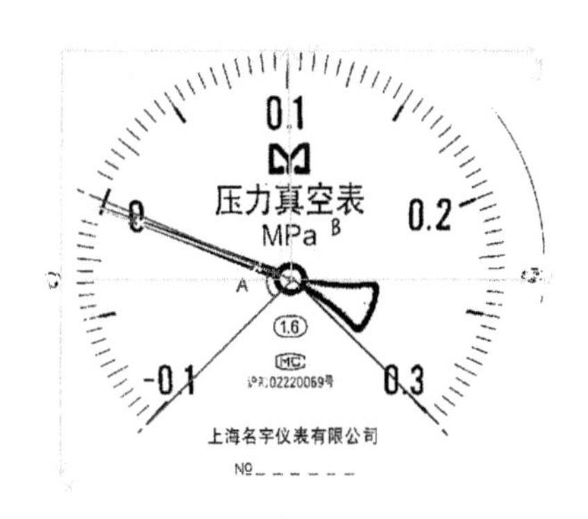

图 9　角度法坐标系示意图

(1) A 部分：指针与 x 轴负方向夹角 θ_1 的范围为：$-130° \leqslant \theta_1 \leqslant -68°$；量程为 -0.1MPa 至 0MPa。假设这个范围内的指针读数为 R_1(MPa)，则有：

$$\frac{|\theta_1| - 45°}{68°} = \frac{R}{-0.1},\ R = \frac{-0.1(|\theta_1| - 45°)}{68°} \tag{7}$$

(2) B 部分：指针与 x 轴负方向夹角 θ_2 的范围为：$-113° \leqslant \theta_2 \leqslant -313°$；量程为 0MPa 至 0.3MPa。假设这个范围内的指针读数为 R_2(MPa)，则有：

$$\frac{|\theta_2| - 113°}{200°} = \frac{R}{0.3},\ R = \frac{0.3(|\theta_2| - 113°)}{200°} \tag{8}$$

3　读数实验与误差分析

为了验证读数识别方案的具体效果，本文对上述方案进行了实验验证。将直接人工读出的数值作为压力表的真实示值，则：绝对误差 = 人工读数 - 计算读数；引用误差 = 绝对误差/仪表量程×100%。

3.1　设计人才能力提升数字化流程

将员工人员能力、企业发展战略和专业技术内容进行细分和数字化，以岗位能力数字模型为目标，以人才数字画像为基准，以数字化系列微课为手段，针对性开展培训能力提升，逐步缩短目标和基准间的差距，最终达到员工素质能力与企业发展战略相契合的目的，建立完善的人才能力提升数字化体系。如图 10 所示。

3.2　视频实时读数效果

本文经过对前期采集、图像处理等各步骤进行反复实验及优化，实现了对指针仪表的视频实时读数工作。图 11 为本文视频实时读数系统界面及截图效果，可以发现对于光照不足、具有一定背景干扰的视频截图，本文仍可以对其进行较好的读数。

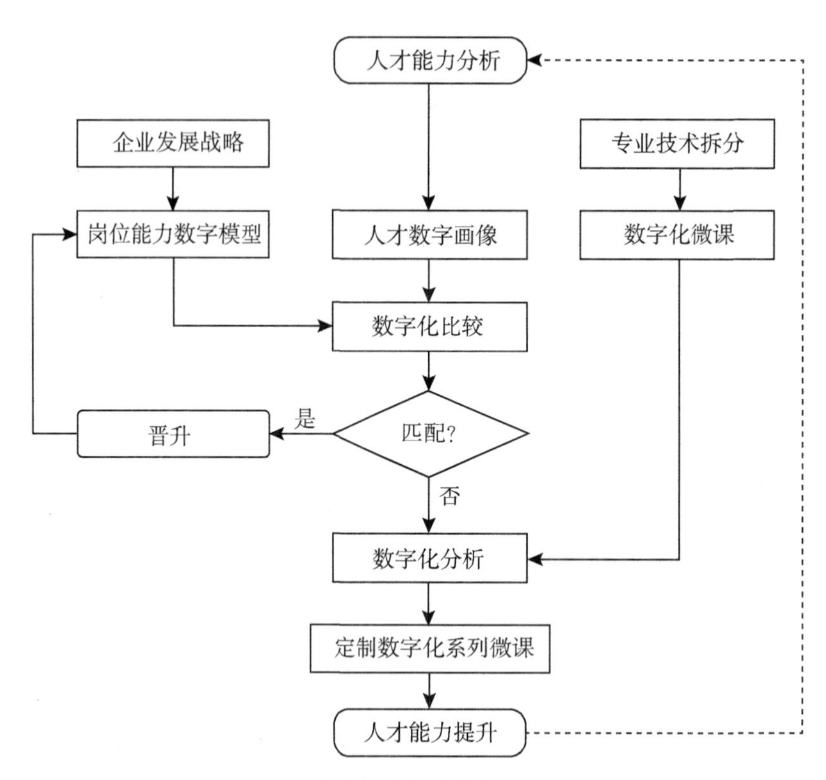

图 10　人才能力提升数字化流程图

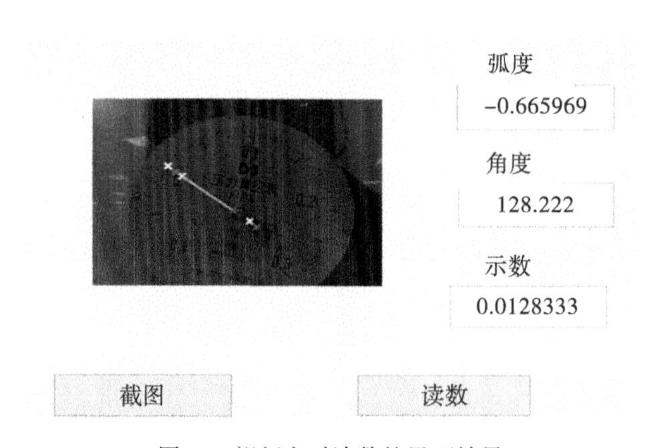

图 11　视频实时读数的界面效果

采用上述系统对视频信息中的压力表读数进行反复识别实验，表 1 为其中 25 次的数据统计。

表 1　**指针读数检测结果记录**

序号	计算读数/MPa	仪表示值/MPa	角度读数/(°)	绝对误差/MPa	引用误差/%
1	-0. 1000	-0. 1000	45. 0228	0. 0000	0
2	-0. 0546	-0. 0500	70. 3041	-0. 0046	1. 150
3	-0. 0245	-0. 025	93. 3422	0. 0015	0. 375
4	-0. 0035	0. 0000	110. 6121	-0. 0035	0. 875

续表

序号	计算读数/MPa	仪表示值/MPa	角度读数/(°)	绝对误差/MPa	引用误差/%
5	-0. 0013	-0. 0010	114. 2341	-0. 0003	0. 075
6	0. 0040	0. 0025	132. 4010	-0. 0015	0. 375
7	0. 0049	0. 0050	139. 2341	0. 0001	0. 025
8	0. 0064	0. 0060	149. 9989	0. 0004	0. 100
9	0. 0703	0. 0700	160. 0012	0. 0003	0. 075
10	0. 0754	0. 0800	165. 3431	-0. 0046	1. 150
11	0. 0845	0. 0900	176. 0036	-0. 0055	1. 375
12	0. 0890	0. 0950	180. 0010	-0. 0060	1. 500
13	0. 1042	0. 1000	190. 2331	-0. 0042	1. 050
14	0. 1424	0. 1450	215. 0312	-0. 0026	0. 650
15	0. 1601	0. 1650	225. 3321	-0. 0049	1. 225
16	0. 1780	0. 1800	232. 4923	-0. 0020	0. 500
17	0. 1880	0. 1825	239. 3411	0. 0055	1. 250
18	0. 1798	0. 1850	234. 3200	-0. 0052	1. 300
19	0. 1931	0. 1895	241. 2340	0. 0036	0. 090
20	0. 1902	0. 1900	243. 5045	0. 0002	0. 050
21	0. 1988	0. 2000	249. 3049	-0. 0012	0. 300
22	0. 1999	0. 2050	250. 2626	-0. 0051	1. 275
23	0. 2301	0. 2250	270. 3425	0. 0051	1. 275
24	0. 2790	0. 2800	300. 1211	-0. 001	0. 040
25	0. 2909	0. 2950	313. 5766	-0. 0041	1. 025

3.3 误差分析

1)识别系统精度评价

仪表精确度[11-12]计算指的是仪表量程限度内的最大绝对误差 Δm 与仪表量程上限 A_m 的比值，用百分数表示为：

$$E_m = \frac{|\Delta m|}{A_m} \times 100\% \tag{9}$$

对于本文，仪表精度等级为 1.6，仪表的精确度为 1.6%，仪表量程限度内的最大绝对误差为 $\Delta m = 0.4 \times 1.6\% = 0.0064$MPa。

本文设计的基于视频信息的仪表参数提取算法引用误差为 0.963%，满足精度等级为 1.6 的精密压力表的精度要求，因此本文设计的读数识别系统能够大致满足实际测量的需要。

2)识别系统误差分析

本文识别过程中，从图像采集到图像处理再到最后读数识别的过程一直伴随着多方面的误差干扰，影响整个系统的识别精度。

误差来源有很多种，设计过程中的方法误差、视觉误差、软件误差、镜头畸变、噪声、量化误差等都会对测量精度有一定的影响。本文涉及的误差可大致分为采集和算法误差两大类。

(1)采集误差

①仪表性能引起的误差

本次实验由于实验条件有限，仅选用普通家用笔记本摄像头作为图像采集设备，视频分辨率一般，得到的图像存在一定的采集和传输过程中的信息丢失。为了实现高精度的视觉测量，仅靠算法是不能实现的，需要更高精度的采集设备对仪表图像进行采集。

②镜头畸变引起的误差

视频设备光学镜头的透镜由于透视失真的影响会产生一定的镜头畸变，这是光学透镜的固有特性，不可能被完全消除。

③采集环境造成的误差

虽然本次设计选择直射光、平行拍摄等有利于采集的条件来进行图像采集，但是仍然存在一定的环境影响，如阴影、反光、角度偏差等，都会造成一定程度上的系统误差。

(2)算法误差

①图像预处理操作可以有效地抑制噪声，但在这个过程中也可能出现部分图像信息的丢失。图像去噪过程可能带走一些重要信息，图像增强过程可能弱化了一些边缘信息等，这些操作都将引起最终读数结果的偏差。

②为了让图像简化，我们对其进行了边缘提取和形态学处理等操作，在这些过程中，一些图像的细节内容被吞噬，得到的简化内容不一定是最为标准、核心的部分，这些操作都将导致读数的偏差。

③采用霍夫变换法提取指针所在直线时，由于图像简化得到的最长直线不一定是指针中线，最终通过角度法计算得到的读数也存在一定误差。

4 总结

在智能化、自动化愈发普及的科技年代，对于视频信息仪表自动识别技术的研究能有效地提高仪表监控和读数的工作效率，大大节约了人力物力，避免出现安全隐患，具有重要的意义。

本文的主要内容包括：①对仪表图像进行提取和识别，得到表盘位置信息；②基于霍夫变换，提出识别指针直线的方案；③基于表盘刻度不均匀的问题，设计识别标度值、提取仪表读数的合理算法；④对方案进行软件实现并反复测试，最终得到较好的实验结果并对其进行误差分析。

◎ 参考文献

[1]李铁桥，富丽宇．图像处理在指针式压力表自动判读方面的应用[J]．自动化仪表，1996(12)：

13-16.
[2]岳国义，李宝树，赵书涛．智能型指针式仪表识别系统的研究[C]//中国仪器仪表学会．首届信息获取与处理学术会议论文集，2003：2.
[3]何智杰，张彬，金连文．高精度指针仪表自动读数识别方法[J]．计算机辅助工程，2006(3)：9-12，18.
[4]张文杰．基于图像配准与视觉显著性检测的指针仪表识别研究[D]．重庆：重庆大学，2016.
[5]戴亚文，王三武，王晓良．基于灰度信息的多特征模板匹配法[J]．电测与仪表，2004(4)：56-58.
[6]王瑞，李琦，方彦军．一种基于改进角度法的指针式仪表图像自动读数方法[J]．电测与仪表，2013，50(11)：115-118.
[7]孙国平．基于图像处理的指针式仪表自动检定系统[J]．电子科技，2010，23(S1)：39-41.
[8]秦轩，冯磊，梁庆华，等．基于MSER-Otsu与直线矫正的仪表指针定位[J]．计算机工程，2020(3)：1-8.
[9]Deans S R. Hough transform from the Radon transform[J]. IEEE Transactions on Pattern Analysis and Machine Intelligence, 1981 (2): 185-188.
[10] Dahyot R. Statistical hough transform [J]. IEEE Transactions on pattern analysis and machine intelligence, 2008, 31(8): 1502-1509.
[11]吴广华．仪表的误差与精度等级[J]．家庭电子，2002(6)：41.
[12]柴春吉．测量系统中仪表的精度分析与确定[J]．计算与测试技术，2003，6：33-41.

交直流交叉线路混合电场测量及屏蔽效果研究

杨毅[1]，潘雪峰[1]，方书博[2]，韩晴[2]，周赞东[2]，冯智慧[2]

（1. 广东电网公司佛山供电局输电管理所，佛山，528000；

2. 国网电力科学研究院武汉南瑞有限责任公司，武汉，430074）

摘　要：交直流交叉线路产生的混合电场与线下金属物体耦合作用产生的感应电荷，会对线下作业人员造成不同程度的电击伤害。为了摸清混合电场的分布规律并降低静电感应的影响效果，本文分别在平行于交流、直流线路边导线外侧和交叉点正下方搭建了屏蔽线，测量了750kV交流、500kV直流线路屏蔽区域的电场分布和不同状态屏蔽线的感应电压，分析了屏蔽线对工频电场和直流合成场的影响效果。结果表明：屏蔽线对交叉架设线路混合电场有降低作用，工频场强平均值降低12.6%，交叉位置工频电场和直流合成场均远小于各自标准规定的限值。裸导线和裹胶带屏蔽线感应电压均随架设高度增加而增大。相同条件下，裸导线比裹胶带屏蔽线感应电压平均值大9.3%。相同数量屏蔽线平行与垂直两种架设方式对感应电压降低程度无明显差别。

关键词：交直流交叉线路；耦合作用；感应电荷；电击伤害；屏蔽线；感应电压

0　引言

随着输变电工程建设规模和数量的不断增加，线路里程的急剧增长导致不同电压等级线路间交叉跨越的情况经常出现[1-4]。在交直流输电线路交叉点处，线下混合电场是否满足电磁环境限值标准及如何改善电场强度分布，对地绝缘金属物体表面的静电电荷是否对人体造成暂态电击伤害，成为线路运行维护单位亟须解决的问题[5-7]。因此，对交直流交叉处电场强度及感应电压等参数进行准确监测和科学评估具有重要意义。

由于交直流线路交叉的情况较为特殊且处于地形复杂的偏僻角落，国内外在混合电场分布规律及抑制方法方面的研究较少。重庆大学相关研究人员建立了交叉跨越架空输电线路三维磁场计算模型，将多回线路产生的三维磁场统一在 xyz 坐标系中叠加形成合成磁场，解决了计算复杂的问题。所提出的方法能够快速、准确地计算出交叉跨越输电线下的工频磁场，可在较大空间范围内反映磁场分布特征，具有良好的计算效率。天津经济技术研究院建立了导、地线跨越高速铁路、高速公路及输电线路情况的三维计算模型，计算交叉跨越距离并准确定位了交叉跨越点。通过实际校核导线与高速铁路及高速公路的水平、垂直和净空距离，验证了模型的准确性和实用性。武汉大学电气工程学院采用有限元法建立了超、特高压交流输电线路平行架设及交叉跨越时的数值仿真模型，分析了交叉跨越时输电线路的交叉角度、对地高度以及相序对于工频电场分布特性的影响，并以实例验证了模型的合理性。

交直流交叉输电线路下方电磁环境分布较为复杂，工频电场和直流合成场的相互耦合作用导致混合电场分布与交直流并行线路有较大差别[8-12]。为了弄清导线下交叉点处电场分布规律及是否满足标准规定要求[13-15]，需要分别对其进行实测和分析。同时，混合电场在线路下方附近对地绝缘金属物体表面感应的静电电荷会对下方劳动者或过路人引起不同程度的暂态电击伤害[16-18]，造成居民对跨越农田或村庄的输电线路建设时产生一定的反感或抵触情绪。金属表面静电感应电压也会引起人体皮肤表面发麻或毛发竖起[19-21]，造成一定程度的不适，需要限制在一定的范围内。

为了探索混合电场的屏蔽效果，本文分别在平行于交流和直流线路外侧、交直流交叉区域四边形对角线上搭建屏蔽线，测量屏蔽区域工频电场和直流合成场分布，分析屏蔽线对电场降低的影响，探索屏蔽措施改善电场分布的效果。为了评估金属表面感应电压的危害程度，分别测量了不同高度和数量的屏蔽线包覆塑料薄膜及裸导线时的感应电压大小，分析了不同材料的屏蔽线感应电压大小及危害程度。

1 交直流混合架设线路分布情况

交直流混合架设线路由东西向的750kV交流线路和南北向的500kV直流线路组成，750kV交流线路为单回水平排列，500kV直流线路为双极排列，交流线路位于直流线路上方，交叉位置交流导线最低点离地60m，直流导线最低点离地30m，交叉角度近似为90°，两者位置关系如图1所示。

图1 交直流线路交叉位置地形及交叉状态

交叉点线路杆塔位于梯田上，附近线路下方受植被和地形高差的影响，部分位点电场无法按照规范要求直接测量，因此按照现场地形条件在平行于交直流线路一定距离分别选择 1 条路径进行屏蔽线架设，研究不同位置混合电场的屏蔽效果。屏蔽线采用 14 号无锈铁丝，两端在对地绝缘的支架 1.8m 高度处拉直固定，沿着指定路径直线布置。

工频电场测量仪采用 Emetest2002 电磁环境监测仪，最大量程为 0～100kV/m，工作频率 30Hz～2kHz；直流合成场测量采用 HDEM-1 型直流合成场强仪，测量量程－100～＋100kV/m，精度 0.1kV/m，设备工作温度为－40℃～60℃。两种测量仪器均校准合格且在有效期内，测量时天气晴好、无风。

2 平行直流线路合成电场测量

受现场线路下方地形环境和植被分布的影响，直流、交流屏蔽线架设路径如图 2 所示，两者分别平行于直流、交流线路，直流屏蔽线与外侧边导线垂直距离 17m，交流屏蔽线与外侧边导线垂直距离 16m。考虑到平行于交流线路的直流合成场较弱，平行于直流线路的工频电场较小，这两种情况未设置专门路径进行测量。

如图 3 所示，对直流平行路径搭建屏蔽线后，远离导线的屏蔽线外侧区域合成场强降低，支架附近电场测量值较其他位置升高，表明支架对直流合成电场具有畸变作用，导致其邻近位置电场测量值增大。测点 10 附近受树木屏蔽的影响，合成场强降低，分布曲线向内发生弯曲。通过屏蔽前后场强对比可知，屏蔽线对混合架设线路直流合成电场有一定的抑制作用。

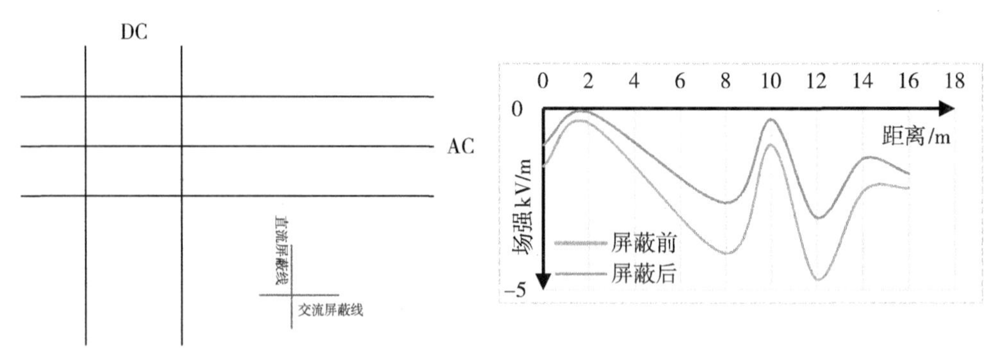

图 2　交直流电场测量路径　　　　图 3　平行方向路径直流合成场分布

3 平行交流线路工频电场测量

在交流线路外侧 16m 的平行路径上搭建屏蔽线，测量屏蔽前后工频电场强度的变化情况，分析屏蔽线对电场的影响效果，对比分布图如图 4 所示。

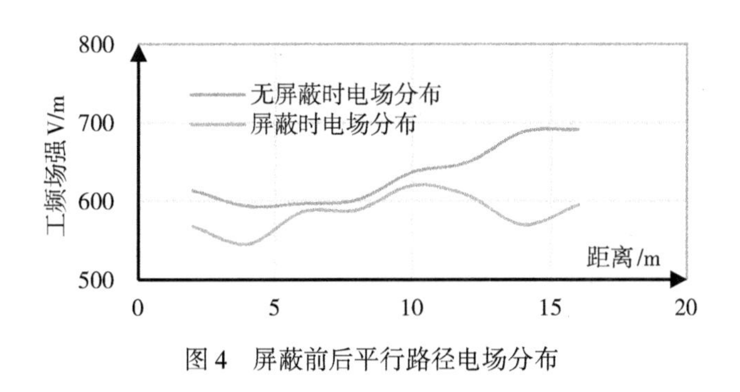

图 4　屏蔽前后平行路径电场分布

由图 4 可知，平行于交流线路搭建屏蔽线后，工频场强平均值降低 12.6%。相比于单独交流线路架设屏蔽线而言，电场降低效果减弱。相比直流线路屏蔽效果而言，交流屏蔽前后效果变化不明显，但分布趋势较为一致。

4　交叉位置混合电场测量

在混合架设线路平行四边形对角线上搭建屏蔽线，分别测量远离导线侧直流合成场和工频电场。测量路径布置如图 5 所示，直流合成场分布如图 6 所示。

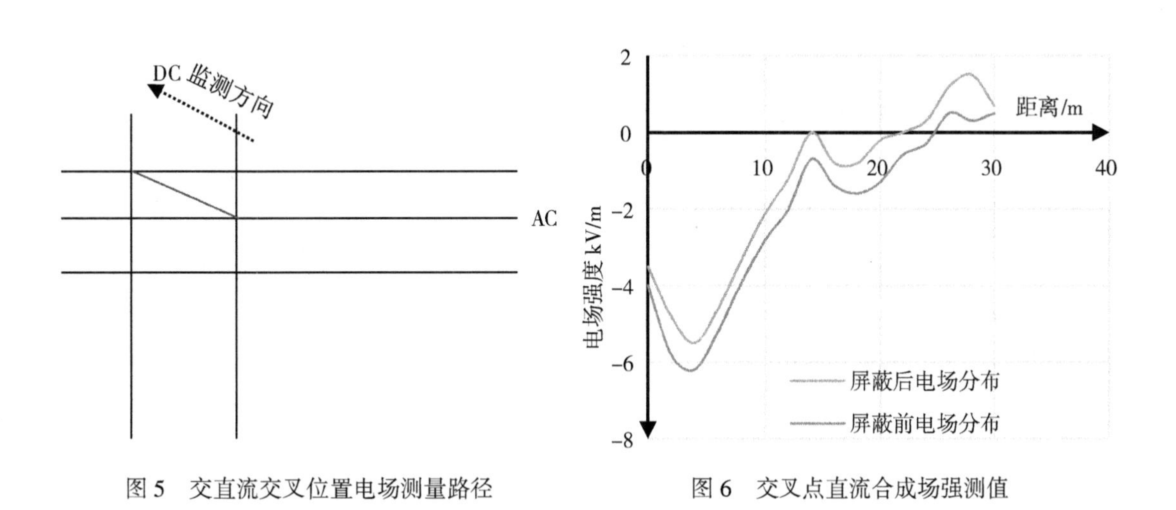

图 5　交直流交叉位置电场测量路径

图 6　交叉点直流合成场强测值

由图 6 可知，交叉处直流合成场受负极性导线影响较大，电场分布范围大于正极，最大值为 -6.2kV/m，低于 DL/T 1089《直流换流站与线路合成场强、离子流密度测试方法》规定的 15kV/m 的限值。沿线路交叉点对角线架设屏蔽线后，远离线路侧的直流合成场强较无屏蔽时降低，由于屏蔽线跨越正负极线路，导致合成场强有正负交替出现。

在同一路径搭建屏蔽线，测量地面上方 1.5m 处的工频电场，屏蔽前后分布如图 7 所示。

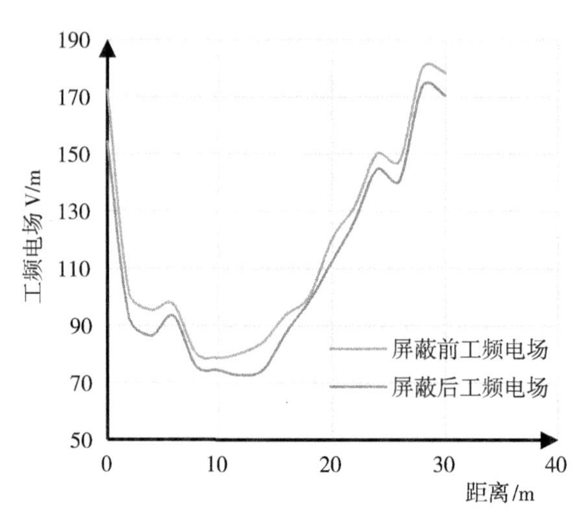

图7　屏蔽前后工频电场分布曲线

由图7可知，交叉位置处工频电场最大值为0.18kV/m，远小于DL/T 988《高压交流架空送电线路、变电站工频电场和磁场测量方法》规定的4kV/m的限值。

在同一直线路径上搭建屏蔽线后，工频场强比屏蔽前降低，曲线整体分布趋势基本一致，平均值差别较小，表明交叉点屏蔽线对工频场强具有一定的屏蔽作用。在屏蔽路径上，工频场强先降低后增加，端部位点受支架影响导致场强增大，中间位点受屏蔽线影响场强降低。

5　不同状态屏蔽线感应电压测量

感应电压测量路径为平行于直流导线且垂直于交流线路的直线路径，距离负极导线对地投影10m，如图8所示。采用两端对地绝缘的支架将铁丝拉直，使用万用表测量铁丝表面的感应电压。为了便于对比分析，先测量裸铁丝不同高度的感应电压。完成后，将铁丝全部用薄膜包裹，接地5s后，撤掉接地线，再次测量感应电压。

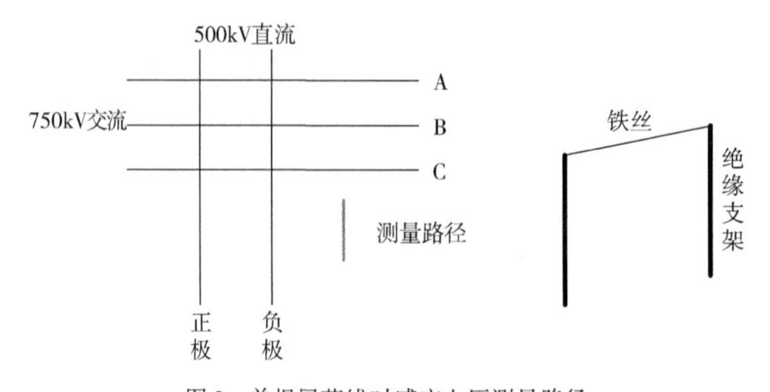

图8　单根屏蔽线时感应电压测量路径

1)架设1根屏蔽线

如表1所示，平行于直流侧导线架设1根屏蔽线时，裸导线和裹胶带的屏蔽线交流感应电压随架设高度增加而增大；相同高度时，屏蔽线接地并裹胶带后，交流感应电压较裸导线降低，导线高度越低，电压降低百分比越大。通过对比分析表明，塑料对直流导线离子流的富集作用较金属弱，造成交流线路在物体上感应电压降低。

表1　**单根屏蔽线测量路径感应电压**

	感应电压/V	
铁丝对地高度/m	裸导线	裹胶带
1.8	304	282
1.6	265	234
1.0	210	188

2)架设2根屏蔽线

架设2根屏蔽线，并分别采用裸导线及薄膜包裹时，测量路径如图9所示。

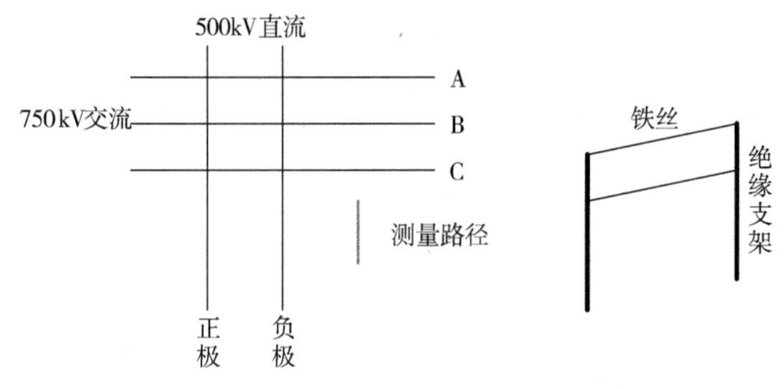

图9　2根不同高度屏蔽线感应电压测量路径

架设2根上下布置的屏蔽线时，相同高度裸导线及裹胶带屏蔽线感应电压较1根屏蔽线时均降低，且随着屏蔽线高度的增加感应电压增大，裸导线感应电压比裹胶带屏蔽线高，此时人体接触导线均无麻电感。表明随着屏蔽线数量的增加，导线交流感应电压降低较为明显，该方式比1根屏蔽线的屏蔽作用增强。如表2所示。

表2　**2根不同高度屏蔽线的感应电压**

	感应电压/V	
铁丝对地高度/m	裸导线	裹胶带
1.8	264	258
1.6	207	198

同高度架设2根左右平行屏蔽线(图10)时，相同高度裸导线交流感应电压与架设上下2根屏蔽线时差别不大，接触时无明显电击感，且间距20cm时2根平行屏蔽线感应电压相当。表明同高度左右平行的屏蔽线与上下垂直布置的相同数量屏蔽线对交流感应电压降低程度无明显差别，屏蔽作用较为一致。如表3所示。

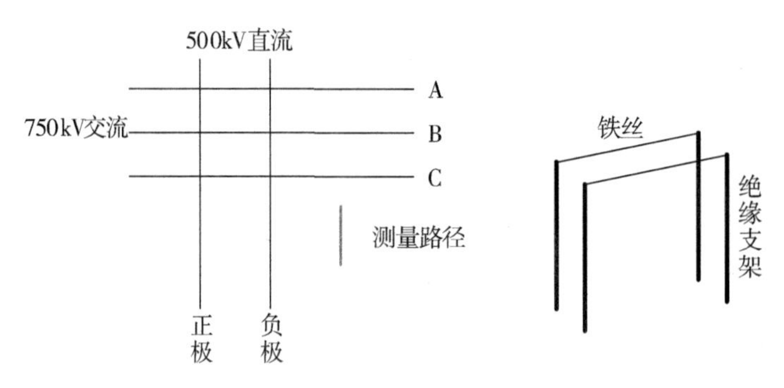

图10　2根相同高度屏蔽线感应电压测量路径

表3　**2根相同高度屏蔽线的感应电压**

铁丝对地高度/m	感应电压/V	
	裸导线(近)	裸导线(远)
1.8	260	258

6　结论

本文研究了750kV交流和500kV直流线路交叉时线下混合电场在使用屏蔽线情况下的分布状态，分析了平行位置和交叉区域屏蔽线对改善电场的程度，测量了不同材料和架设方式的屏蔽线的表面感应电压，形成的主要结论如下：

(1)平行于直流线路的屏蔽线对直流合成场强有抑制作用，屏蔽后场强低于标准规定限值，绝缘支架对直流合成电场具有畸变作用。

(2)平行于交流线路的屏蔽线使工频场强平均值降低12.6%，相比直流线路屏蔽效果而言，交流屏蔽前后效果变化不明显，两者电场分布趋势较为一致。

(3)交直流交叉点架设屏蔽线后，直流合成场和工频电场均降低，两者均远小于标准规定的限值。负极导线对直流合成场强的影响范围大于正极导线，工频场强受端部支架影响导致场强增大。

(4)相同条件下，裸导线和裹胶带的屏蔽线交流感应电压随架设高度增加而增大，裹胶带屏蔽线交流感应电压降低百分比与导线高度越低程度正相关。

(5)屏蔽线交流感应随着屏蔽线数量的增加而降低，1根和2根屏蔽线时人体接触后均无麻电感。同高度左右平行的屏蔽线与上下垂直布置的相同数量屏蔽线对交流感应电压降低程度无明显差别，屏蔽作用较为一致。

◎ 参考文献

[1]肖冬萍，刘淮通．多回交叉跨越架空输电线下工频磁场计算方法[J]．中国电机工程学报，2016，36(15)：4127-4133.

[2]陈晓晋．三维模型在输电线路交叉跨越中的应用[J]．电网设计，2017，12(6)：68-70.

[3]付万璋，金淼，包华，等．多回超/特高压交流输电线路平行架设及交叉跨越情况下的工频电场特性研究[J]．水电能源科学，2018，36(5)：201-204.

[4]王晓燕，赵建国，邬雄，等．交流输电线路交叉跨越区域空间电场计算方法[J]．高电压技术，2011，37(2)：411-416.

[5]李晓星，杜军凯，黄川友，等．110kV 高压输电线路相互并行时电磁环境影响研究[J]．水电能源科学，2011，29(6)：75-176.

[6]张业茂，张广洲，万保权，等．1000kV 交流单回紧凑型输电线路电磁环境研究[J]．高电压技术，2011，37(1)：1888-1894.

[7]谢晖，黄川友，殷彤．220kV 高压输电线路相互并行时电磁环境影响研究[J]．能源与环境，2012(5)：66-69.

[8]霍锋，万启发，谷定燮，等．1000kV 与 500kV 交流线路同塔架设相间放电特性及绝缘配合[J]．中国电机工程学报，2012，32(34)：142-150.

[9]张波，李伟．特、超高压交、直流并行输电线路周围混合电场的测量方法[J]．电网技术，2012，38(9)：157-162.

[10]杨扬，陆家榆，杨勇．基于上流有限元法的同走廊两回 800kV 直流线路地面合成电场计算[J]．电网技术，2012，36(4)：22-27.

[11]严守道，袁海文，陆家榆，等．复杂环境下地面合成电场测量系统的研究[J]．电网技术，2013，37(1)：183-189.

[12]陈楠，文习山，蓝磊．交叉跨越输电导线三维工频电磁场计算[J]．高电压技术，2011，37(7)：1752-1759.

[13]电磁环境控制限值：GB 8702—2014[S]．北京：中国环境科学出版社，2014.

[14]环境影响评价技术导则输变电工程：HJ 24—2014[S]．北京：中国环境科学出版社，2014.

[15]娄颖，何慧雯，李振强．±1100kV 准东换流站交流侧线路感应电压和电流研究[J]．电工电气，2018，2(5)：33-37.

[16]甘艳，李慧慧，杜志叶，等．500kV 并行线路工频电场测量及影响因素分析[J]．水电能源科学，2014，32(9)：190-194.

[17]史华勃，丁理杰，彭施雨．110kV 同塔双回线路感应电压和感应电流对人体的危害研究[J]．四川电力技术，2017，40(3)：52-57.

[18]刘浩军，阎国增，王少华，等.1000kV 皖南-浙北特高压交流线路静电感应电压分析[J]. 高电压技术，2015，41(11)：3687-3693.

[19]屠强，李新建，邬雄，等.750kV 同塔双回紧凑型输电线路关键技术研究：电磁环境课题研究[R]. 西安：西北电网公司，武汉：国网武汉高压研究院，2008.

[20]李宝聚，周浩. 淮南-皖南-浙北-沪西 1000kV 交流同塔双回线路架空地线感应电压和感应电流仿真分析[J]. 电力系统保护与控制，2011，39(10)：86-89.

[21]陈昊，徐懂理，黄阮明，等. 交直流电场的实用计算与测量研究[J]. 南京工程学院学报，2018，16(2)：1-7.

管理与应用

电力装备企业以数字智能驱动的人才能力提升方法研究

翟文苑，王敬一，刘春翔，王斌，车峰，王兆晖
（国网电力科学研究院武汉南瑞有限责任公司，武汉，430074）

摘　要：面对电力行业高速发展、人才超量管理的问题，以数字智能驱动的人才能力提升方法是突破当前电力行业人才培养瓶颈的一种探索和尝试。将员工综合能力、企业发展战略和专业技术内容有机结合，提出人才能力提升数字化流程，细分“四种人”人才职业序列，从绩效考核和能力评价方面进行评估，分析人才能力短板，开发轻量化微课系列，有针对性地开展人才能力提升指导，取得了良好的培训效果，引领了人才管理数字化模式变革。

关键词：数字驱动；人才管理；人才培养；能力提升

0　引言

近年来，电网建设进入了新阶段，设备规模、技术种类呈现大幅增长。为适应电网跨越式发展需要，电力装备企业经过多年的沉淀，造就了一定的人才当量密度，涵盖研发、营销、工程、管理等多个领域的人才，人才规模大、技术性强、专业面广，给企业选人用人带来了挑战。

0.1　为面对电网高速发展的挑战

电网设备规模大幅增长。根据国家能源局发布的“2020 年全国电力可靠性年度报告”，2016—2020 年，220kV 及以上输电线路长度由 64.56 万千米增长到 79.41 万千米，增长约 23.00%；变电设备容量由 34.60 亿千伏安增长至 45.28 亿千伏安，增长约 30.87%。电网设备变化趋势见图 1。

电网装备技术更新迭代。电网建设规模、能源结构等因素的不断变化，带动着新设备、新技术的深化应用，电网装备水平取得长足发展。智能电气装备企业势必面临加快技术创新、业务创新、模式创新的艰巨挑战[1-2]。

技术产业水平不断升级。随着电力装备企业业务的不断深入和发展，2016—2021 年，电力装备企业技术产品线修改 5 项、增加 6 项，专业技术种类、数量和内容不断革新和细分。

电网高速发展给企业人才能力提出更高要求，进一步提升队伍人均效能，激发人才创新热情，全方位推动业务提质增效，成为需要纵深思考和解决的问题。

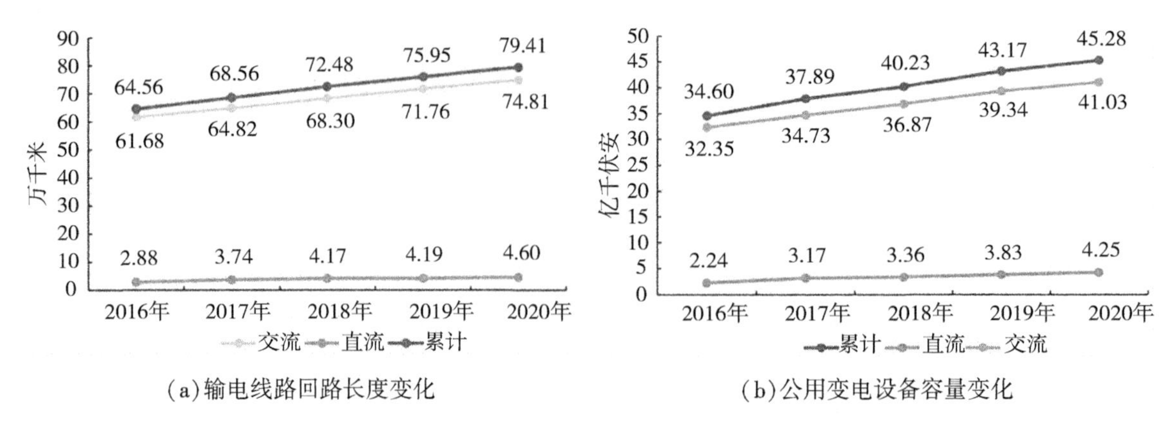

(a)输电线路回路长度变化 (b)公用变电设备容量变化

图1 电网设备变化趋势

0.2 为解决人才超量管理的难题

员工和管理人数增长失衡。2011—2021年，电力企业直属员工人数由683人增长至1104人，人数增长了61.63%，员工人数呈现大幅增长；而管理人员由7人增至10人，仅增加3人，人才管理工作量呈指数增长[3]。

人才管理内容不断深化。人才管理逐步由传统粗放式向着精细化管理方式转变，对人才的种类和能力进一步明确和细分，开展了全员定岗定责工作，梳理出6类299个标准岗位，建立了部门和员工的绩效考核管理办法，进一步提升了人才管理的深度。

人才管理广度持续拓展。企业由科研院所成功转型为高新技术型企业，除了产品技术研究和开发外，对产品设计、制造和工程服务等多种类专业人才需求增加，在工作内容、考核办法、绩效激励等方面差异较大。随着业务面的不断增大，人才种类的增多拓宽了人才管理的广度。

在电力装备企业高质量发展的过程中，随着员工数量快速增长和人才管理深度、广度的不断提升，降本增效进一步提升管理效能是人才管理工作亟须解决的难题。

0.3 为把握数字化转型的发展机遇

企业数字化转型势在必行。我国陆续下发了《关于加快推进国有企业数字化转型工作的通知》《中华人民共和国国民经济和社会发展第十四个五年规划和2035年远景目标纲要》等系列文件，明确了国有企业数字化转型的基础、方向、重点和举措，习近平总书记提出了“十四五”是碳达峰的关键期、窗口期，要深化电力体制改革，构建以新能源为主体的新型电力系统。同期，国家电网公司明确了“一体四翼”的总体布局，为国网公司数字化转型指明方向、明确目标，提出要大力推动全业务、全环节数字化转型。在面向能源发展变革、新型电力系统建设及国企数字化改革的浪潮下，传统业务的生产关系将无法满足新兴生产力、生产技术的需求，这必将催生与之对应的生产关系的变革[4-5]。

数字化技术日趋成熟。以互联网技术为核心的数字化转型正在深刻影响传统产业，“大数据、云计算、物联网、移动互联”等现代信息通信新技术发展，为数字化转型带来了难得的历史机遇。

设备管理数字化经验丰富。企业长期从事电力设备数字化管理的技术研究和产品开发，完成了电力设备监测分析、状态监测与检修、运行维护等电力设备管理的数字化平台建设与应用，多次获得国家、省、市级科技进步奖励。在设备管理数字化方面，具有丰富的设计与开发经验，可为后续人才管理的数字化转型提供参考依据。

人才管理数字化有待提升。目前，人才管理数字化建设程度不高，存在人才账本难以理清，新兴领域人才整合不足，人力资源利用率不高等问题，亟须采用数字化的方式加以解决。

为落实国家和企业数字化转型的号召，积极推动管理从传统模式逐渐向数字化转型，亟须将数字化思维与人才精益化管理深度融合，打造人才梯队智能管理平台，提升智能电气装备企业运营管理水平，支撑人才强企战略，实现企业高质量发展。

以数字智能驱动的人才精益化管理思路见图2。

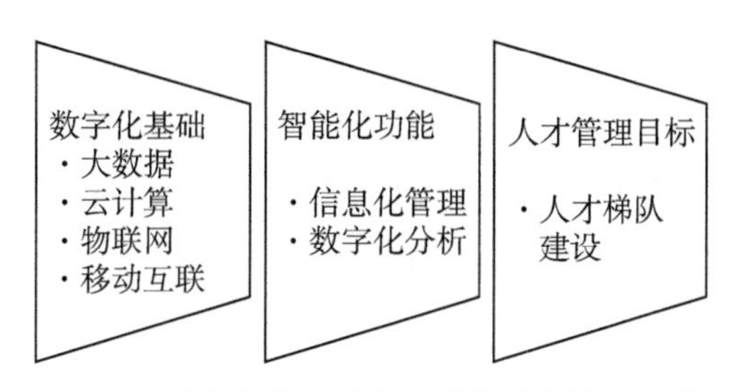

图2　以数字智能驱动的人才精益化管理思路

1　人才能力提升数字驱动方法设计

1.1　设计企业人才职业序列

传统的人才划分是将人才划分为管理类和技术类人才，这种划分方式较为笼统，特别是对技术人员定位过于粗犷，导致人才评定和管理不够明确。为此，企业根据实际业务需求，将全体员工从“两类人”细分成“四种人”，细分为管理、工程、研发、营销四个职位序列(见图3)，以进一步提升

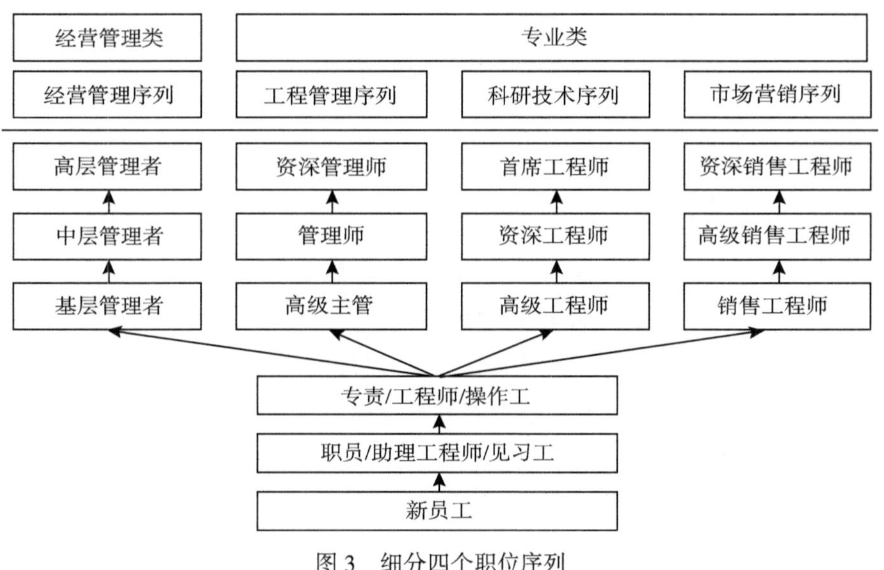

图3　细分四个职位序列

人才管理的“精度”。

1.1.1 制定“四种人”差异化考核办法

智能电气装备企业的特点是业务多元、组织庞大、机构复杂，人才能力分布广泛，难以用“一把尺”衡量“四种人”的胜任能力。为了持续提升组织效能，提升电力装备企业竞争力，深入探索人才梯队建设及绩效管理数字化分析创新性工作，建立营销、研发、工程、管理“四类人”的核心岗位能力标准，制定“四类人”差异化绩效考核方法。

1.1.2 研发人员考核方法

研发人员考核方法采用的是项目执行过程管控的绩效考核方式。该考核方式将项目管理与绩效考核相结合，实现项目闭环管理，在业务中心整体承担业绩指标的同时，强调业务中心作为项目执行的责任部门，以推进业务中心优质高效地完成各项合同项目，对员工以项目执行作为关键行为进行考核，同时辅助工作态度、团队合作等综合评价。

1.1.3 营销人员考核方法

营销人员考核方法采用的是关键业绩指标考核方式。营销中心作为回款及合同指标的承接部门，经营业绩指标与全体员工关联，将回款及合同指标分解至各二级部门，部门员工关联该部门经营业绩指标得分，并制订员工月度工作计划，促进月度工作按时间节点完成，保证电力装备企业回款、合同指标的顺利完成。

1.1.4 工程人员考核方法

工程人员考核方法采用的是目标责任制的考核方式。企业发布了《电力装备企业关于加强工程中心绩效管理的意见》，建立工程项目考核领导小组，并与工程项目签订年度业绩考核责任书。实行月度预留季度考核兑现的方式，按照项目规模和项目人员制定不同的绩效工资预留模式，从项目责任书签订之日起预留，按季度考核结果兑现。设立工程项目专项奖励，对于完成工程项目年度业绩考核责任书的项目部，按照利润及回款的完成情况给予相应的奖励。

1.1.5 管理人员考核方法

管理人员考核方法采用 OKR(目标与关键结果)工作法。各职能部门针对各部门年度重点工作任务设立具有挑战性的目标，设置三到四个可衡量目标实现的关键结果；绩效考核责任人根据工作周期定期提出考评意见，以便使下次制定的目标和关键结果更具可行性，并按期整合，得出员工绩效结果；依照员工绩效考核情况，绩效考核责任人及时与员工进行绩效沟通和面谈反馈，就考核的相关内容与员工达成共识，挖掘员工优点，针对其缺点提出建设性的改进建议。

1.2 建立员工能力素质评价模型

以发展战略目标为导向，开展覆盖全层级全序列人群的行为事件访谈调研，结合调研数据和内容编码技术，针对科研技术、市场营销、工程管理和专业管理四个序列，建立全员盘点标准“1+X”能力素质模型(1为通用的能力要求，X为不同序列的差异化能力要求)(见表1)。

表1 **“1+X”能力素质模型**

能力类别	维度分类	维度
通用能力	自我成长	积极主动
		学习能力
		分析能力
	人际交往	沟通能力
		协调能力
		团队合作
	决策执行	高效执行
		客户导向
专项能力	管理	管理方案
		管理制度
		重大专项
		项目/资质建设
		挂职经历
		经验推广
		绩效
	研发	学历、学位
		职称
		重大项目
		科技成果
		专利、论文
		标准
		绩效
	工程	安装施工
		工程建设
		运维服务
		表彰奖励
		专利、论文、标准
		绩效
	营销	市场研究
		市场拓展
		产业贡献
		回款清收
		客户关系
		绩效

1.3 开展人才能力提升指导

根据前阶段的人才能力分析结果，以企业发展战略为目标，以员工素质能力为基准，反复迭代分析培训需求，针对性开展培训能力提升，逐步缩短目标和基准间的差距，最终达到员工素质能力与企业发展战略相契合的目的，切实提高了培训效果和效率(图4)。

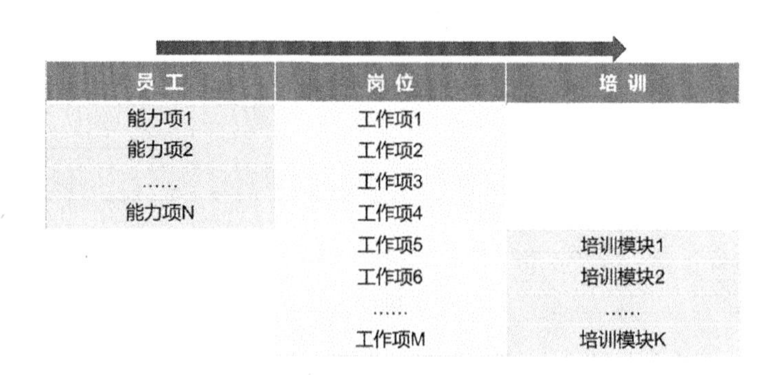

图4 胜任力目标指导人才能力提升

1.4 设计轻量化培训课程

打破传统粗犷式培训知识管理，将培训内容进一步细分，按章节、知识点进行划分，梳理出23个培训模块、107个知识点、303个考核点，设计开发出10分钟左右的系列微型教学视频，以方便学员充分利用闲时碎片化的时间合理安排学习进度和内容(见表2)。

表2 **培训模块分解**

培训模块	培训知识点	适用等级		
		Ⅰ	Ⅱ	Ⅲ
培训模块K	知识点1	√		
	知识点2	√		
	……		√	
	知识点Z			√

此外，按照不同深度、广度的培训需求，可灵活提取微课库中的培训素材，组成定制化的培训专题，能在同一时间针对不同学员提供“菜单式”“点单式”的培训课程，满足学员定制化的培训需求(见表3)。

表 3　　**等级 I 培训内容**

岗位等级	培训模块	培训知识点
等级 I	培训模块 K	知识点 1
	……	知识点 2
		……
……	……	……

2　以数字智能驱动人才能力提升方法实践

2.1　打造人才数字中台

武汉南瑞积极协调内部各方资源，打破部门间的“壁垒墙”，组建了专项行动工作组，由人力资源部牵头，教培服务中心、数据中心、财资部等相关部门为技术支撑，强化数字化工作的管控与牵引力量，构建了常态工作网络和工作对接平台，破除部门多头管理的体制障碍，高效开展内部协同。人才数字中台构建如图 5 所示。

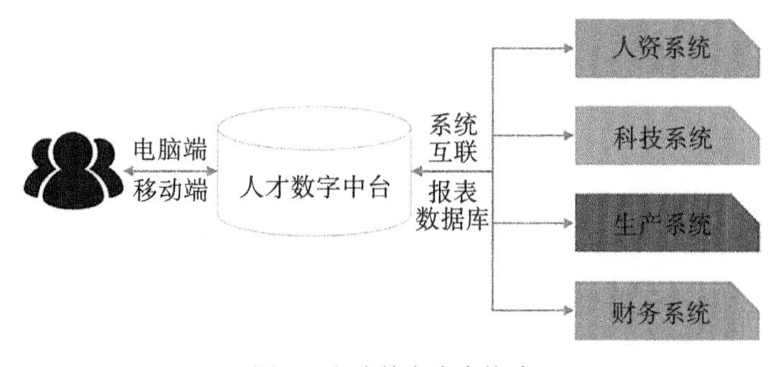

图 5　人才数字中台构建

由于各部门数据信息存在独立性、保密性等因素，难以实现互联互通。工作组以人力资源信息为数据源，发动各部门反向主动推送人才关键信息，采用系统互联、报表、移动端等多手段灵活推送，整合了 6 大信息系统近 5 万条人才数据，有效解决了各系统信息不互通的局面，保证了人力资源信息的完整性、及时性、准确性、丰富性，从而建立规范化、标准化、高效化、透明化的人才数字中台。

2.2　开展各序列人才评估

应用“1+*X*”能力素质模型开展评估，应用数字化手段建立人才能力数字画像，明确人才的整体优势、劣势、发展现状、员工状态等，将关键人才定位到不同的关键岗位层次和类型上，指明人才使用和发展的路径，也量化了人才的缺口。

2.3 开展全员人才盘点

开展全员人才盘点，从全体员工中遴选出科研、营销、工程、管理序列的人才梯队，其中科研人才 70 人、营销人才 42 人、工程人才 45 人，管理人才 38 人，共计 195 人，形成了层次清晰、布局合理、能力突出的四个序列的领军、骨干、后备三级人才梯队(见图 6)。

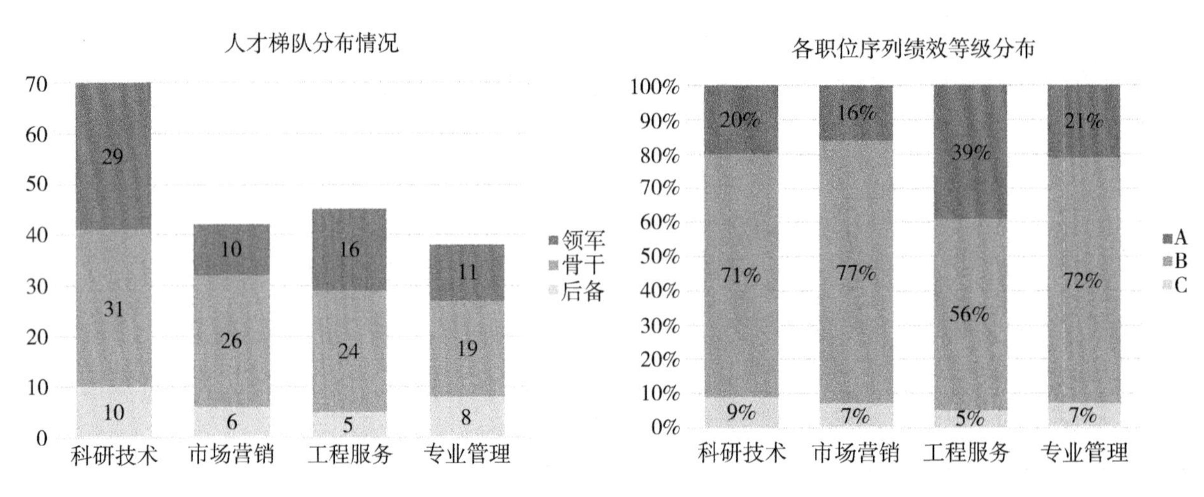

图 6　人才盘点情况

2.4 建设员工培训云平台

探索新的基于“互联网+”的数字化培训模式，轻量化、定制化、网络化培训课程，集成培训资源、考核评价、知识互动和培训管理功能，搭建员工培训云平台，培训综合成本减少约 50%，培训覆盖人数增长约 98%，及时补充员工的能力短板，增强培训的灵活性，有效提升培训效率和质量。云平台系统架构如图 7 所示。

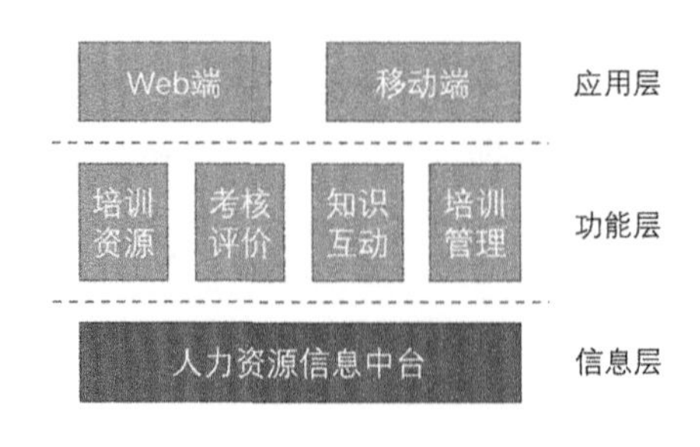

图 7　云平台系统架构

3 结束语

以数字智能驱动的人才能力提升方法是破解当前电力行业人才培养瓶颈的一种有效手段。采用更加细致的人才梯队分析评估模型，配套完善的人才能力提升流程和全面的轻量化系列微课，应用智能化数字表达方式，为企业人才能力提升管理辅助决策提供助力。在全国企业数字化转型的大趋势下，为人才管理数字化变革提供参考。

◎ 参考文献

[1]苏竣，眭纪刚．中国高校科技创新发展与人才培养[J]．科学学研究，2018(12)：2132-2135.

[2]赵楠，逄秀凤．基于学习进阶理念的科技服务人才培养模式[J]．人力资源管理，2020(3)：94-97.

[3]裴新宁．学习科学与科学教育的共同演进——与国际学习科学学会前主席马西娅林教授对话[J]．开放教育研究，2018(4)：4-12.

[4]杜建平，尹大勇．国企高技能人才培养机制与模式[J]．现代企业教育，2012(16)：17-18.

[5]黄苑，矫海波，李伟．电力企业高技能人才培养新途径[J]．中国电力教育，2011(33)：12-14.

带电检测技术在避雷器故障诊断中的应用研究

张诣，代正元，邹璟

（云南电网有限责任公司昆明供电局，昆明，650011）

摘　要：电网一次设备的带电检测是指在设备带电状态下依靠检测装置直接映射设备内部状态，对设备运行状态进行客观判断。与传统巡视和预防性试验相比，带电检测在诊断设备潜伏性缺陷等方面具有明显优势。本文针对一次110kV避雷器设备，对其特性及故障类型进行了研究，并在此根基上，创造性地提出了基于带电检测的故障状态映射诊断方法，并通过现场实际测试，对避雷器开展了110kV电压下交流泄漏电流、电压制热型红外测试以及避雷器阻性电流及功率角在线监测数据的联合数据分析，并联合多维度的预防性试验数据进行了进一步综合判断。映射数据显示，该避雷器存在故障，对其进行解体发现，内部严重受潮，多片阀片已经破损、劣化，验证了该故障状态映射诊断方法能够有效地发现避雷器绝缘缺陷。

关键词：避雷器；带电检测；状态映射；故障诊断

0　前言

随着城市建设和现代化进程的不断提速，传统的停电预试管控手段已无法覆盖日益增长的电网规模。随着理论的不断完善，带电检测作为智能电网状态检修的重要手段，在管控设备运行状态、降低安全风险、提高人力资源利用率等方面发挥着停电试验无法比拟的作用。

避雷器[1-4]作为雷雨环境下保障电网稳定运行的重要设备，《电力设备预防性试验规程》和《现场绝缘试验实施导则》规定，每年雷雨季前或必要时，需对其进行停电检修。为确保设备的覆盖面，该作业需要进行大量的倒闸操作及安全措施，不仅需要提前上报检修申请，而且耗时长、效率低。特别是在近年来云南电网有限责任公司"三统一、两强化"的指导思想下，数目可观的原来由县级供电企业管辖的变电站也纳入昆明供电局统一管理，避雷器数量急剧扩大，增加了该项作业的安全管控风险及工作人员的心理负担。

本文对一次110kV避雷器设备的特性及故障类型进行了研究，并在此基础[5-8]上，提出了基于带电检测的故障状态映射诊断方法，旨在提高工作效率，缓解人力资源矛盾，并准确诊断设备状态。

1 避雷器特性及故障类型

氧化锌避雷器在一次电网中应用广泛，相比于传统避雷器，其具有很多优势。

1.1 特性分析

1)结构特点

氧化锌(ZnO)及压敏电阻(非线性)是避雷器阀片的基础，通过添加 Bi_2O_3，Co_2O_3，MnO_2 等金属氧化物，经过高温烧结而成，其非线性特性比 SiC 好很多。由于避雷器残压相同的条件下，流过其阀片的电流较小，所以无需串联火花间隙。因为没有间隙，该避雷器可以避免由间隙带来的诸多问题(如瓷套污染对电压分布和放电电压的影响等)，并且其具备较为缓和的保护特性。

2)特性参数

(1)氧化锌避雷器的额定电压是指避雷器上下端子间允许的最大工频电压有效值。避雷器在该电压下能够正常工作。

(2)氧化锌避雷器的持续运行电压是指允许持续施加在避雷器两端子间的工频电压有效值，其值一般小于避雷器的额定电压。

(3)氧化锌避雷器的伏安特性如图 1 所示：

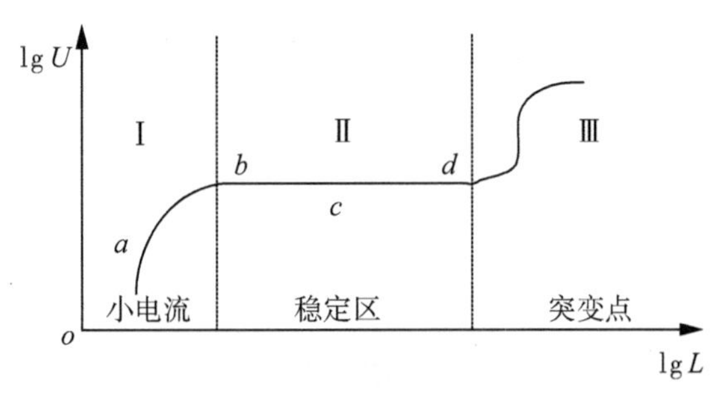

图 1　金属氧化物避雷器伏安特性

(4)氧化锌避雷器的起始动作电压。在伏安特性的低电压区段是氧化锌避雷器的小电流区域，在接近拐点 b 处，有毫安级电流的残压值 U_{NmA}，通常取 $N=1$，即 1mA 直流电流通过避雷器时，在其两端所测得的直流电压值，称为氧化锌避雷器的起始动作电压。N 值随 ZnO 元件的大小组装结构而变化，一般取 1~4。

(5)氧化锌避雷器的荷电率。荷电率的表达式为：

$$荷电率 = \frac{\sqrt{2}U_{\mathrm{m}} \cdot \alpha}{\sqrt{3}U_{X\mathrm{mA}} \cdot N} \tag{1}$$

式中，U_{m} 为系统最大运行电压；α 为非线性电阻片的不均压系数；$U_{X\mathrm{mA}}$ 为氧化锌避雷器通过 XmA 时工频参考电压，N 为一个单元内非线性电阻片数。

荷电率的增加，能够减少电阻片数，降低残压。受技术限制，早期的氧化锌避雷器的荷电率仅为40%~70%。随着制造工艺的优化，各设备厂家都提高了荷电率，目前可达80%。但荷电率过高，会加速阀片老化，缩短阀片使用寿命，引起事故。

1.2 常见故障类型

避雷器常见的故障包括1mA电压异常升高、局部放电、绝缘电阻及直流1mA电压明显降低、泄漏电流增大等。

研究成果表明，避雷器故障原因主要包括：设计及制作工艺问题，占比约69%；巡检及运维，占比约25%；安装选型不当，占比约6%。

针对以上特性及故障类型，便可有的放矢地提出适用于避雷器的故障状态映射诊断方法。

2 避雷器带电监测诊断技术

现在，对避雷器主要开展绝缘电阻、直流1mA电压(U_{1mA})、$0.75U_{1mA}$下的泄漏电流试验及红外测温等试验诊断项目。前三种项目需在计划检修状态下开展，不仅增加工时和现场安全风险，也加大了人财物的损耗。如果仅采用电压制热型红外测温，会造成手段过于单一，且受现场干扰等因素，获得的测试结果不够精确，从而造成误判。

因此本文提出一种基于带电检测的故障状态映射诊断方法，即通过避雷器阻性电流及功率角在线监测数据、110kV电压下交流泄漏电流、电压制热型红外测试的联合数据分析，并结合多维度的预防性试验数据进一步综合判断。

2.1 阻性电流及功率角在线监测

在线监测主要有以下方法：

(1)全电流在线监测，目前国家电网及南方电网众多供电局通过在动作计数器上普遍接入MF-20型万用表(或数字万用表)测量全电流，其原理如图2所示。

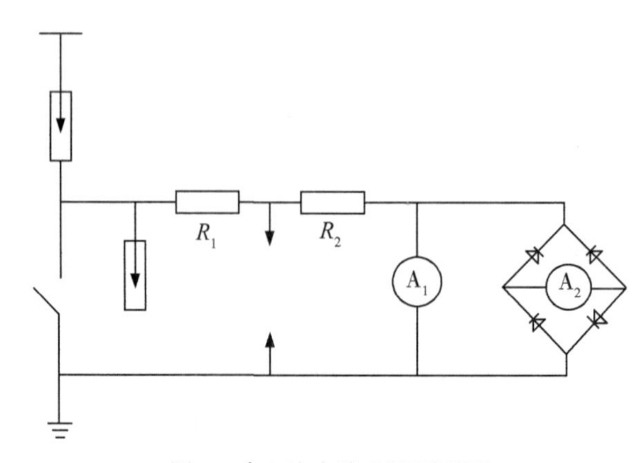

图2 全电流在线监测原理图

测量时，采用交流毫安表 A_1，或经桥式整流器连接的支流毫安表 A_2。当电流增大到 2~3 倍时，可判断其电流值达到缺陷值。但在电力系统谐波分量较大时，该方式准确性不高。

(2)补偿法测量阻性电流是在测量电流的同时检测系统的电压信号，以消除总泄漏电流中的容性电流分量。其原理如图 3 所示。

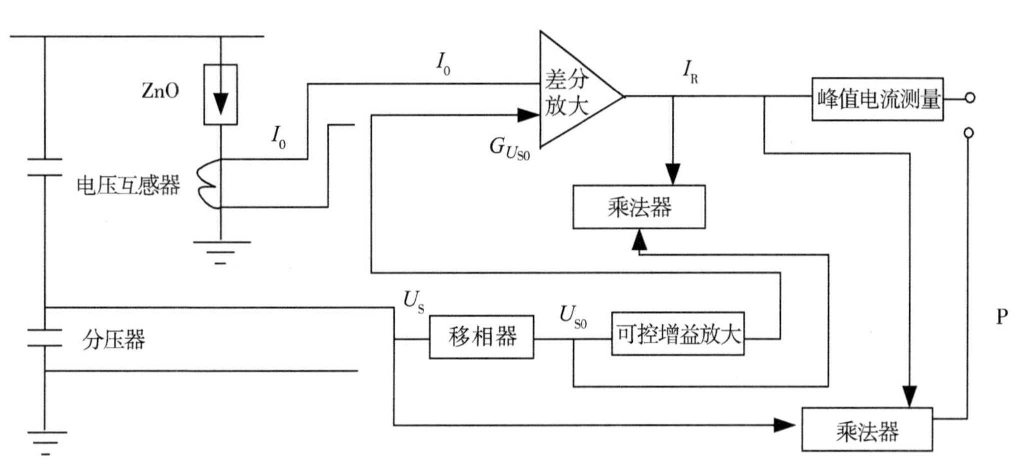

图 3　补偿法测量阻性电流原理图

通过钳形电流互感器从氧化锌避雷器的引下线处取得电流信号 $\dot{I}_0$，再从分压器或电压互感器侧取得电压信号 $\dot{U}_S$。后者经移相器前移 90°相位后得到 $\dot{U}_{S0}$（以便与氧化锌避雷器阀片中的容性电流分量 $\dot{I}_C$ 同相），再经放大后与 $\dot{I}_0$ 一起送入差分放大器，在放大器中，将 $G\dot{U}_{S0}$ 与 $\dot{I}_0$ 相减，并由乘法器等组成自动反馈跟踪，控制放大器的增益 G 使同相($\dot{I}_C - G\dot{U}_{S0}$)的差值降为 0，即 $\dot{I}_0$ 中的容性分量全部被补偿掉，剩下的仅为阻性分量 $\dot{I}_R$，再根据 $\dot{U}_S$ 及 $\dot{I}_R$ 即可获得 MOA 的功率损耗 P。

(3)谐波法测量阻性电流，其原理图如图 4 所示。

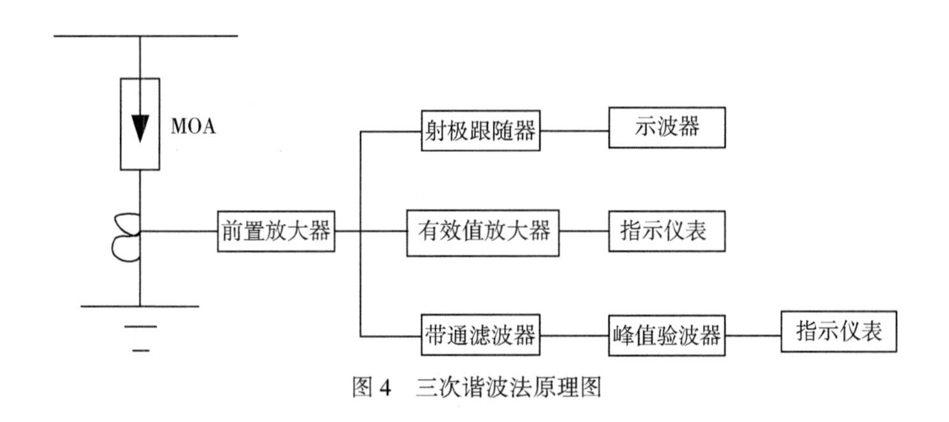

图 4　三次谐波法原理图

该装置利用电流传感器在避雷器的引下线上直接测量总电流 $\dot{I}_X$，为适应不同量程的测量需求，前置放大器由增益可变的低噪声放大器组成，有效值验波器和指示电表读取总电量 $\dot{I}_X$ 的值，通过中心频率 f_0 为 150Hz 的带通滤波器，峰值验波器和指示表检测阻性电流的三次谐波分量 $\dot{I}_{R3}$。通常经过修正使电表直接指示阻性电流 $\dot{I}_R$，通过射极跟随器和外接示波器可直接观察总电流 $\dot{I}_X$ 的波形。

2.2 110kV 电压下交流泄漏电流

当避雷器出现受潮、内部绝缘件等缺陷时，故障状态映射表现为总的泄漏电流(阻性电流为主)明显增大，所以此项目是诊断避雷器状态的有效方法。

2.3 电压制热型红外测试

电压制热型红外测试的原理是通过传感器感应出避雷器表面的温度变化，通过对避雷器的温升比较进行避雷器内部状态的判断。

通过多起现场案例，避雷器缺陷引起的温度变化有可能是比较细微的，所以需要测试人员仔细地比对分析避雷器热像图，并进行同类型设备的横纵向比较，再联合避雷器阻性电流及功率角在线监测数据、110kV 电压下交流泄漏电流可对避雷器的缺陷作出准确判断。

3 现场案例分析验证

根据上述分析，以昆明供电局某变电站 110kV 避雷器缺陷情况进行分析。

3.1 带电监测数据分析

2020 年 1 月 4 日，运行人员发现某变电站 110kV Ⅰ 母避雷器阻性电流及功率角在线监测装置显示 A 相全电流和阻性电流数值异常变大，如表 1 所示，从 2019 年 12 月 15 日至 2020 年 1 月 4 日，其阻性电流及其占比均呈上升趋势。

表 1　**110kV Ⅰ 母避雷器在线监测数据**

相别	监测时间	全泄漏电流 I_x/mA	阻性电流 I_r/mA	I_r/I_x/%
AA 相	2020 年 1 月 4 日	2.509	0.948	37.8
	2020 年 1 月 2 日	2.496	0.921	36.9
	2019 年 12 月 30 日	2.420	0.898	37.1
	2019 年 12 月 27 日	2.478	0.897	36.2
	2019 年 12 月 24 日	2.472	0.885	35.8
	2019 年 12 月 21 日	2.516	0.891	35.4
	2019 年 12 月 18 日	2.416	0.872	36.1
	2019 年 12 月 15 日	2.493	0.870	34.9

2020年1月8日，通过直流串联谐振装置升压，对该组避雷器开展运行电压下交流泄漏电流的测量，运行电压下交流泄漏电流的测量数据如表2所示。

表2　**110kV Ⅰ母避雷器运行电压下交流泄漏电流检测数据**

相别	检测时间	全泄漏电流 I_x/mA	阻性电流 I_r/mA	I_r/I_x/%
A相	2020年1月	2.523	0.921	36.5
	2019年2月	0.725	0.124	17.2
	2018年3月	0.718	0.121	16.8
B相	2020年1月	0.743	0.137	18.4
	2019年2月	0.736	0.130	17.6
	2018年3月	0.734	0.133	18.1
C相	2020年1月	0.742	0.107	14.4
	2019年2月	0.731	0.112	15.3
	2018年3月	0.727	0.108	14.8

从表2可知，110kV Ⅰ母避雷器A相阻性电流占比超过全电流的25%，查阅历史数据(2018年、2019年)进行对比，初步判定避雷器存在缺陷，建议进行停电处理。

2020年1月9日，对避雷器开展电压制热型红外测试，A相避雷器本体异常发热，本体上下分别有两个发热点，与正常相最大温差为12.5℃(38.8℃-26.3℃)，如图5所示。

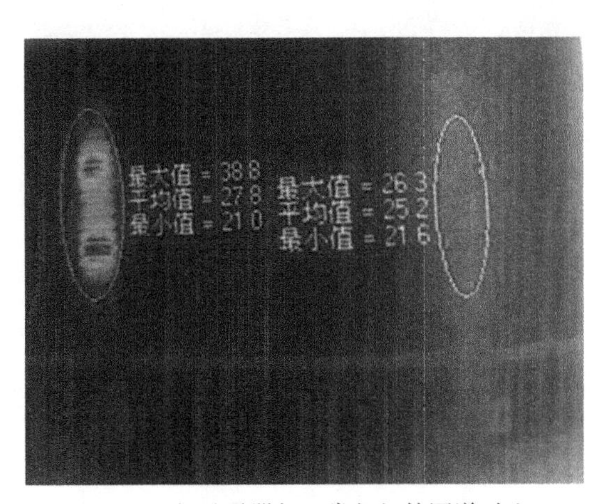

图5　A相避雷器与正常相红外图谱对比

通过避雷器阻性电流及功率角在线监测数据、110kV电压下交流泄漏电流、电压制热型红外测试的联合数据分析手段诊断分析，判定该避雷器存在严重缺陷，建议立即对该组避雷器进行更换。

3.2　停电试验验证分析

2020年1月10日，对该组避雷器进行预防性试验，其中，绝缘电阻试验、直流1mA下参考电压及 0.75U_{1mA}下泄漏电流试验的试验结果如表 3 所示。

表 3　　110kV Ⅰ 母避雷器停电试验检测数据

相别	U_{1mA}/kV	0.75U_{1mA}下泄漏电流/μA	绝缘电阻/MΩ
A 相	154.9	107.1	1000
B 相	157.9	22.5	10000
C 相	158.4	24.3	10000

由表 3 可知，A 相避雷器绝缘电阻偏低，数值下降为 1000MΩ，0.75U_{1mA}下泄漏电流超出规程值(规程值为 50μA)，两项试验数据都不满足规程标准，可以确认避雷器内部电阻片存在缺陷。

3.3　解体分析验证

2020 年 1 月 20 日，将更换下来的 A 相避雷器进行解体分析，发现 A 相避雷器底部防爆膜已严重锈蚀、粉化，避雷器内部已严重受潮，多片阀片已经破损、劣化，以上原因导致避雷器在运行中发热，如图 6 所示。

图 6　A 相避雷器解体图

4　结论

避雷器阻性电流及功率角在线监测数据、110kV 电压下交流泄漏电流、电压制热型红外测试的联合数据分析手段，能够及时准确地映射避雷器内部故障。同时，带电检测不受停电周期的影响，可以及时对避雷器状态进行跟踪和处理。

◎ 参考文献

[1]黄乐，张林海．一起带电测试发现避雷器底座缺陷的案例分析[J]．技术与应用，2017，12：149-151.

[2]赵勇军，任妮．金属氧化物避雷器底座绝缘电阻试验判断标准探讨[J]．电工技术，2014(4)：1-2.

[3]胡伟涛，刘海锋．组合检测技术在避雷器状态检修中的应用[J]．电工技术，2013(6)：18-19.

[4]徐玉华．电气试验[M]．2版．北京：中国电力出版社，2009.

[5]陈庆国，李喜平，李广军，等．基于GPRS的氧化锌避雷器状态监测系统[J]．电机与控制学报，2010(2)：99-102.

[6]严玉婷，黄炜昭．避雷器带电测试的原理及仪器比较和现场事故缺陷分析[J]．电瓷避雷器，2011(2)：57-62.

[7]王国中，张建敏．220kV氧化物避雷器不拆高压引线试验的尝试[J]．电气技术，2013，14(4)：69-71.

[8]刘修宽，周苏荃，王祁，等．避雷器动作对互联电网IPC潮流调控的影响[J]．电机与控制学报，2006(5)：465-468，473.

一种电力计量现场视频中的作业人员目标追踪算法

蒋婷婷[1]，韦迪潇[2]，李蕊[1]，张崇亮[1]，陈开维[1]，王先培[2]

（1. 云南电网有限责任公司昆明供电局，昆明，518052；

2. 武汉大学电子信息学院，武汉，430072）

摘　要：本文针对电力计量作业现场视频中出现新增加目标或目标区域变大的情况导致检测精度降低的问题，提出了一种改良的视频目标跟踪算法。该算法分为目标检测和目标跟踪两阶段，首先检测所需跟踪的目标位置，再进行目标跟踪。在目标检测时，将背景差分法和帧间差分法相结合，弥补了背景差分法易受背景噪声影响导致背景建模失败及帧间差分法仅提取残缺运动物体轮廓的缺陷，提高了目标检测的精度。在目标跟踪时，将 Meanshift 算法与 Kalman 预测算法相结合，在预测目标运动的同时修正轨迹，提高目标追踪的精度。

关键词：目标检测；目标跟踪；Meanshift；Kalman

0　引言

在电力计量的现场作业操作中，作业人员所需要的不仅是专业的电力知识及技术，还要十分熟悉作业现场的环境[1]，了解电力设备的安全措施以及自身的保护措施，这样才能在安装维护电力设备等作业的同时保护自身安全以及非常重要的电力设备安全，以免造成设备损失甚至人员伤亡。而电力计量现场有着非常多的不安全因素，如不熟悉电力设备的使用和选择、电路短路引起作业人员触电甚至是爆炸、电力设备漏电以及高压电网的高空作业等[2]。可见，保护电能计量现场操作人员的安全是一项重要且必要的任务。

如今，智能视频监控日渐成为人们生活中不可或缺的安全防御体系[3]。将智能视频监控与电力计量现场的安全防控相结合可以实现对作业人员的实时检测和追踪，并为其提供安全保障。现有常见的视频处理系统流程中，首先获取视频序列，对视频序列进行分析检测运动目标，提取到目标后进行自主视觉目标追踪，并对视频中的目标行为反应做出反馈，但目前常用的检测算法中，常常出现在视频中多个电力计量作业现场人员检测混乱的问题。本文针对该问题提出了改良的目标检测及追踪算法，以实现对电力计量作业现场的作业人员更高精度的检测及追踪。

1 作业人员检测

1.1 目标检测算法

背景差分法主要是针对静态背景的场景[4]。电力计量现场的监控视频多数是固定不动的，且电力计量现场的背景变化较少。针对电力计量现场视频的上述特点，通过建立背景模型，将背景模型与视频图像序列中的每一帧进行差异比较，通过分析比较的结果来提取到视频图像序列中的运动目标[5]。

首先即选取视频图像序列中的前 20 帧，统计这些帧之中所有的像素来进行建模，得到背景模型 $F(x, y)$。得到背景模型之后，通过式(1)，将视频图像序列中的每帧图像 $F_k(x, y)$ 与背景模型 $F_b(x, y)$ 做差分计算并进行二值化处理：

$$D_k(x, y) = \begin{cases} 1, & |F_k(x, y) - F_b(x, y)| > T \\ 0, & |F_k(x, y) - F_b(x, y)| \leq T \end{cases} \tag{1}$$

选择合适的阈值 T，并对前景目标 $D_k(x, y)$ 与背景 $F_b(x, y)$ 进行分割。在上式的计算中，当差分结果小于设定的阈值 T 时，认为在视频图像序列的背景中存在这个像素，即该像素被归类为背景模型之中；而当差分结果大于设定的阈值 T 时，这个像素被认为不是视频图像序列中背景模型中的像素，而是动态目标区域中的像素，即运算结果标为 1 的标记为前景目标，即区别于静态背景的动态目标。

在背景差分法中，视频图像序列中背景图像的模拟及建模的准确度，受到背景环境的制约，如背景的复杂环境、变动的背景中的物体、光线都是各种干扰及噪声，这都将直接影响到背景的模拟和建模，而背景建模的准确度则影响着运动目标检测的准确度。由此，再引入帧间差分法以减少背景建模的影响。

帧间差分法[6]是用于检测和分割运动对象的最常用方法，这种方法通过在视频图像序列中随机选取相邻 2~3 个帧，利用差分计算来获得其每个像素在时间帧上的差异，通过这种差异来获得运动目标区域。帧间差分法的算法所涉及的程序复杂度较低，容易简单实现，且能适应动态环境，光线变化对其的影响也较小，检测效果的稳定性较高[7]。

具体计算过程如下：在视频图像序列中任意截取相邻两帧图像 $I_k(x, y)$ 与 $I_{k+1}(x, y)$，在这两张图像上任意选取同一像素点(x, y)，第 k 帧中其灰度值 $f(i, j, k)$，第 k+1 帧中其灰度值 $f(i, j, k+1)$，将这两个像素点的灰度值进行差分运算并将其二值化处理：

$$s(i, j) = \begin{cases} 1, & |f(i, j, k) - f(i, j, k+1)| > T \\ 0, & |f(i, j, k) - f(i, j, k+1)| \leq T \end{cases} \tag{2}$$

设定阈值 T，二值化处理差分结果 $s(i, j) = 1$ 时为动态目标；$s(i, j) = 0$ 时为静态目标。即当二值化结果为 1 时，可判定该像素点的灰度值发生了很大的变化，即在视频图像序列中的不同帧中该像素点的状态是不一样的，这样我们就可以将这个像素点判定为动态目标区域；反之，若其灰度值变化较小，说明该像素点在视频图像序列的不同帧中状态几乎是不变的，那么即可判定该像素点为静态的，即为背景区域。

与背景差分法相比，帧间差分法因为相当于使用前一帧图像作为被差分的背景模型，而可以做到实时更新背景模型，避免背景模型发生变化时引起的误将背景的动态变化判定为运动目标区域的误差。但若视频图像序列中的运动目标个体较大、变化较小时，则可能因其灰度值变化较小而判定为背景，导致目标区域内部空缺而不完整。这种方法不易于在视频图像序列中提取完整的目标区域，基本只能提取边界。且若在前后帧中，同一物体在图像中的位置区域没有重叠，那么该物体会被判定为两个物体而非一个。于是，本文提出一种改良算法，将两种算法进行结合。

1.2 改良目标提取算法

改良算法通过结合背景差分法及帧间差分法并对处理得到的结果进行优化，来精准提取视频中的人物目标。首先获取视频序列后随机选取 20 帧图像，通过统计平均法计算像素平均值，进而获得背景模型 $F(x, y)$。然后再随机选取连续两帧图像，记为第 k 帧 $I_k(x, y)$ 及第 k+1 帧 $I_{k+1}(x, y)$，计算第 k 帧图像与背景帧的帧差 $D_k(x,y)$ 得到差分结果 1 和第 $k+1$ 帧图像与背景帧的帧差 $D_{k+1}(x, y)$ 得到差分结果 2，进而得到这连续两帧的目标区域轮廓。再将两个差分结果做与运算，得到完整目标区域。提取出的目标区域作为待校正区域，通过形态学方法如开运算和闭运算等进行校正和选择。校正后的目标区域再进行空洞填充和去噪处理，得到最终的目标区域。流程图如图 1 所示。

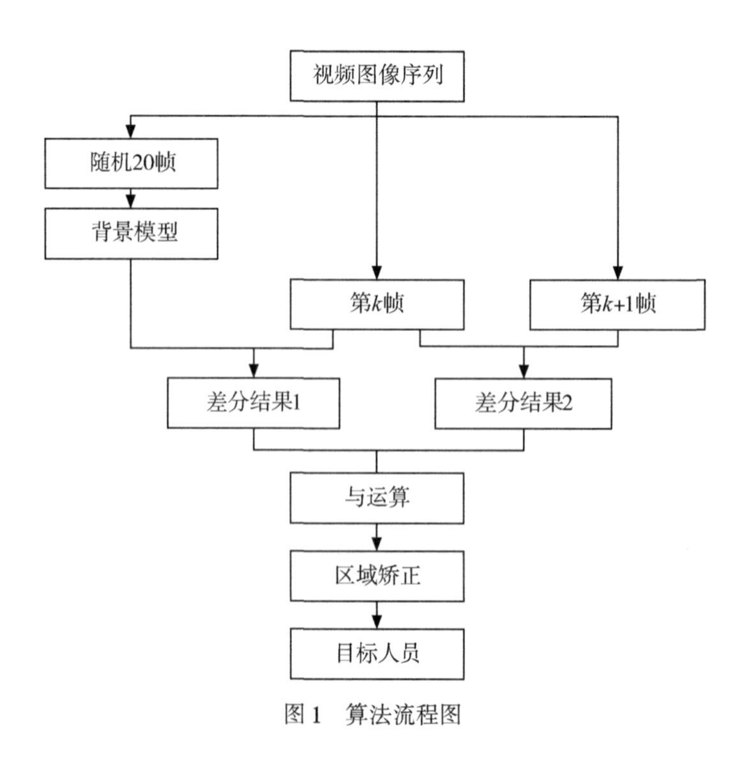

图 1　算法流程图

2 作业人员追踪

根据电力计量现场作业视频中的作业人员特征，使用 Meanshift 追踪算法的跟踪机制对视频图像序列中的运动目标区域进行迭代和追踪。在跟踪的同时引入 Kalman 滤波追踪算法的预测机制，在依序对视频图像序列中的目标进行逐帧追踪的同时预测未来帧中目标可能出现的区域。减去两种算法的重复计算，减小计算量及耗时，同时增强了鲁棒性。两种算法融合优化后，实现对作业人员目标的高度实时性追踪，并引入自适应因子来实现在作业人员目标被遮挡时依然能保持持续的对其进行追踪。

2.1 Meanshift 追踪算法

Meanshift 追踪算法是一种核密度无参数估计理论[8]。这种算法首先采样数据，确立一个值域后对采样的数据进行区间划分然后编组，每组与样本总数进行比值，获得每组的概率值。计算概率密度增大的方向，以确定样本分布。同时需要一个核函数，核函数可以用于数据的平滑处理，以增大计算的准确度[9]。

在 Meanshift 算法所使用的核密度估计法中，只需要特征空间中的样本点，即有样本点就可以计算密度函数值，完全不需要先验知识。其计算原理与直方图法相似，都是将样本点值域划分成若干区间然后进行分组，概率密度值即为每组个数与总参个数比，而核密度估计法不同于直方图法的区别正在于其多了一步使用核函数对数据进行平滑处理的步骤[10]。

Meanshift 算法的核心物理理论如下：

给定一个 d 维空间 R^d，定义其中 n 个样本点 $x_i(i=1,\ 2,\ \cdots,\ n)$，在 x 点的 Meanshift 向量：

$$M_h(x)=\frac{1}{k}\sum_{x_i\in S_h}(x_i-x) \tag{3}$$

式(3)中，S_h 表示半径为 h 的高维球区域，这个区域是满足 $S_h(x)=\{y:(y-x)^{\mathrm{T}}(y-x)\leqslant h^2\}$ 的 y 点的集合，k 表示 n 个样本点 x_i 中有 k 个点落入 S_h 区域。

对于一个给定的 d 维的欧氏空间 X，这个空间中的一个随机点 x，其模用向量表示为 $\|x\|^2=x^{\mathrm{T}}x$，其中 $\boldsymbol{R}$ 表示实数域。此外，我们定义核函数 K：$X\rightarrow\boldsymbol{R}$，这个函数存在一个剖面函数 k：$[0,\infty]\rightarrow\boldsymbol{R}$，即 $k(x)=k(\|x\|)^2$ 满足：k 是非负的；k 是非增的，即如果 $a<b$，则 $k(a)<k(b)$；k 是分段连续的，且 $\int_0^{\infty}k(r)\mathrm{d}r<\infty$。

Meanshift 算法在进行视频图像序列中的运动目标追踪时，在获得通过运动目标检测算法得到的运动目标后，先初始化其外接矩形框，经过核函数加权，计算其直方图分布，再计算得到的未来帧对应区域直方图分布，比较其相似性，移动搜索矩形框向最大密度增加方向。

Meanshift 算法在进行视频图像序列中运动目标的追踪时，要先计算获得运动目标区域的概率密度 $\{q_u\}u=1,\ \cdots,\ m$，被估计位置 y_0，核窗宽 h。y_0 初始化当前帧目标位置后再计算候选目标模板

$\{p_u(y_0)\}u=1, \cdots, m$。计算权重值后即可获得我们所需要的运动目标在未来帧的新位置：

$$y_1 = \frac{\sum_{i=1}^{m} x_i w_i g\left(\left\|\frac{y_0 - x_i}{h}\right\|^2\right)}{\sum_{i=1}^{m} w_i g\left(\left\|\frac{y_0 - x_i}{h}\right\|^2\right)} \tag{4}$$

2.2 Kalman 追踪算法

Kalman 滤波利用递推估计，从运动矢量中提取有意义的运动矢量，可由视频前一帧的估计值预测当前时刻值[11]。

设某随机线性离散系统的方程组成如下：

$$\begin{cases} X(k) = AX(k-1) + BU(k) + W(k) \\ Z(k) = HX(k) + V(k) \end{cases} \tag{5}$$

其中，$X(k)$是k时刻的系统状态(运动状态向量)；$U(k)$是k时刻系统控制变量；A、B是线性系统参数，在非线性系统中，$\boldsymbol{A}$、$\boldsymbol{B}$以矩阵形式表示。$Z(k)$是k时刻的测量值(目标测量向量)；H表示测量系统参数；$W(k)$是系统激励噪声；$V(k)$是测量噪声，二者期望为零；方差分别为Q、R，且相互独立。

视频图像序列中运动目标的追踪问题即为在已知测量向量序列$Z(1), Z(2), \cdots, Z(k), Z(k+1)$后，用该随机线性离散系统的状态方程，求解目标运动状态向量$X(k+1)$和最优线性后验概率$X(k+1 \mid k+1)$。其中要求估计误差$\varepsilon = X(k+1) - X(k+1 \mid k+1)$的方差达到最小值。

Kalman 滤波原理主要是由两个步骤组成的，第一步为预测阶段，第二步为测量更新阶段[12]。

预测阶段是用状态方程和上一次测量更新到的系统状态后验概率$X(k \mid k)$，来进一步估计下一时刻的系统状态先验概率$X(k=1 \mid k)$，并同时估计状态先验的协方差$P(k+1 \mid k)$。具体的预测方程为：

$$\hat{X}(k+1 \mid k) = A\hat{X}(k \mid k) \tag{6}$$

预测状态下的协方差方程：

$$P(k+1 \mid k) = AP(k \mid k)A^{\mathrm{T}} + Q \tag{7}$$

当系统达到$k+1$时刻，进入 Kalman 滤波的第二步更新阶段：对状态先验概率$X(k+1 \mid k)$进行修正，可得后验概率$X(k+1 \mid k)$及协方差$P(k+1 \mid k)$。其中，滤波器增益方程如下：

$$K(k+1) = \frac{P(k+1 \mid k)H^{\mathrm{T}}(k+1)}{H(k+1)P(k+1 \mid k)H^{\mathrm{T}}(k+1) + R(k+1)} \tag{8}$$

状态最优估计方程：

$$\hat{X}(k+1 \mid k+1) = \hat{X}(k+1 \mid k) + K(k+1)(Z(k+1) - H(k+1)\hat{X}(k+1 \mid k) \tag{9}$$

状态最优估计的误差协方差方程：

$$P(k+1 \mid k+1) = P(k+1 \mid k) - K(k+1)H(k+1)K^{\mathrm{T}}(k+1) \tag{10}$$

将当前的后验概率 $X(k+1 \mid k+1)$，作为下一时刻的先验概率，再重复以上步骤，即可得到下一时刻最优化的系统测量值。

Kalman 滤波器在实际应用中，假设噪声 $W(k)$ 和 $V(k)$ 服从多维高斯分布，且相互独立。本文状态方程中的状态初值 $X(0)$ 由第二章中的检测算法提供。测量初值 $Z(0)$，则由扫描窗口法给出最优窗口坐标，也可采用 Meanshift 算法中先验状态区域的局部最优点作为测量方程输入。

2.3 改良追踪算法

以 Meanshift 算法作为基础，用 Meanshift 算法追踪机制对人员目标进行实时追踪加入 Harris 的角点算法，建立目标模型后在迭代过程中将这些角点作为关键点进行目标追踪，减少迭代的计算量并提高目标区域定位的精确度。同时引入 Kalman 滤波追踪算法的预测机制，使我们的算法在依序对视频图像序列中的目标进行逐帧追踪的同时预测下一帧中目标可能出现的区域。减去两种算法的重复计算，减小计算量及耗时，同时增强了鲁棒性。

在该算法运行的步骤中，首先初始化视频图像序列，通过提取电力计量作业现场中作业人员目标区域，同时获取作业人员目标区域的区域半径、直方图及中心位置等属性特征，在目标区域找出目标角点并建立目标模型。然后用 Meanshift 算法对未来帧中的作业人员目标备选区域进行迭代、匹配以及追踪。同时，引入 Kalman 滤波器，根据当前帧作业人员目标位置的相关信息对下一帧中目标位置进行预测，预测到目标区域后建立预测模型。然后将通过向量迭代匹配出的最佳目标区域与候选区域进行相似比较，修正后即为所需要的目标区域。流程图如图 2 所示：

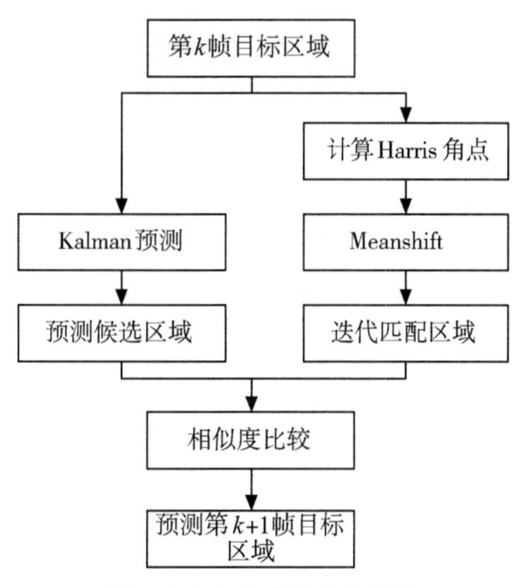

图 2　改良追踪算法流程图

3　目标追踪算法实验

采用两段电力计量现场的作业人员走动视频素材，帧率 29fps/s。来源于电站摄像机的摄影录像。依次截取第 20 帧、第 70 帧、第 120 帧的跟踪结果。见图 3、图 4。

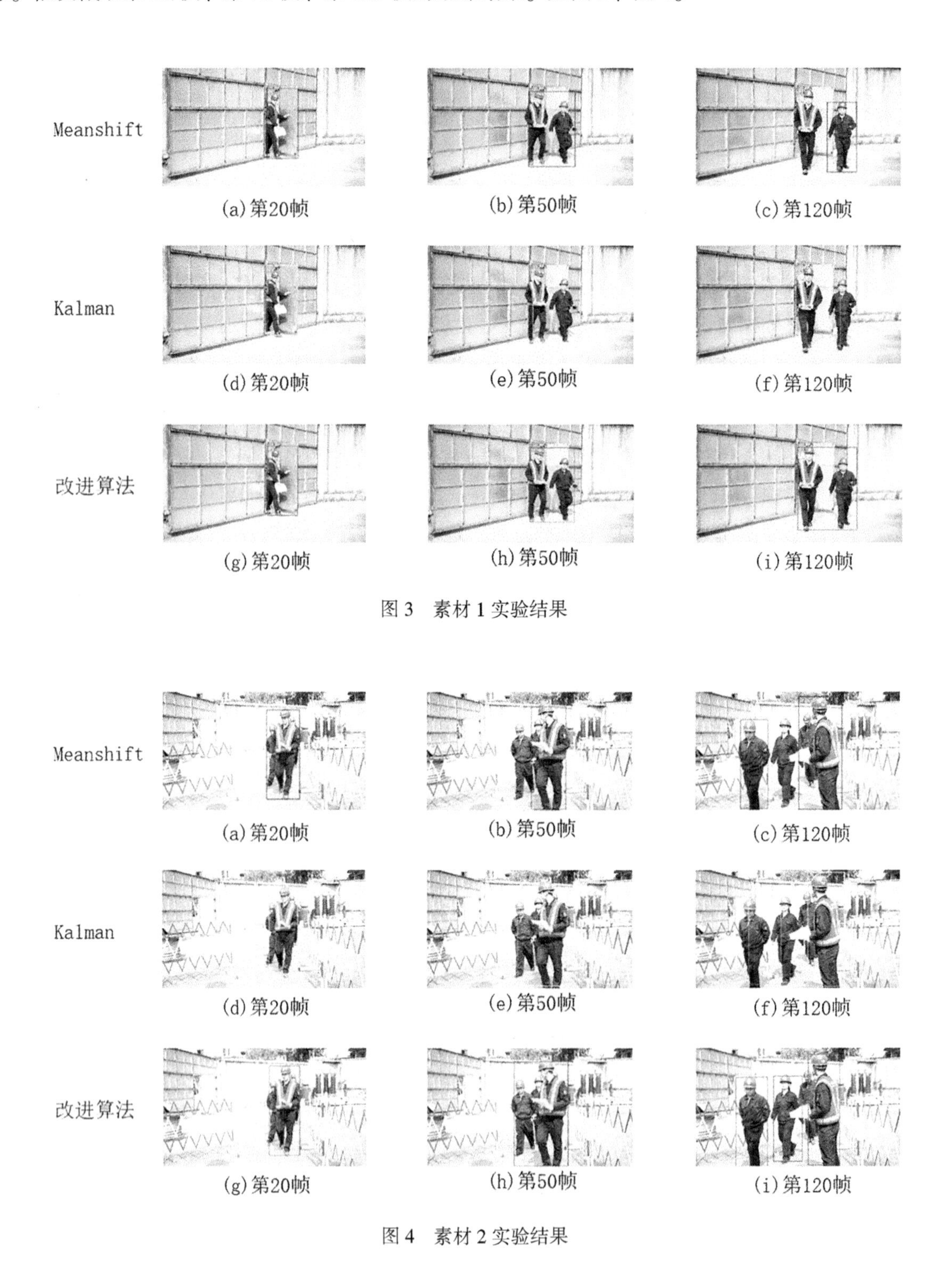

图 3　素材 1 实验结果

图 4　素材 2 实验结果

如图 3 和图 4 所示，以在电站现场走动的作业人员为目标进行追踪。最初第 20 帧时，三种算法均能有效追踪到目标，而到第 70 帧时目标人员增加，目标区域面积增大，前两种算法都出现了不同程度的误差，而本文算法仍能准确追踪到人员目标的区域。当追踪到第 120 帧时，Meanshift 算法追踪到人员目标位置，但当原本不属于其追踪目标区域范围内的物体干扰出现或跟进时，Meanshift算法的模型质量就会受到影响，迭代也受到一定程度的影响，因此在对目标的追踪过程中出现了误差，对于新增加的人员目标则丢失了其追踪结果；而Kalman滤波算法是一种预测机制，当原目标发生变化，出现其他目标或干扰目标时，不能对其进行准确的判断和区别，此时就会出现预测误差，受到旁边其他运动人员目标的影响而预测目标位置失败，追踪到的结果也不准确；而改良方法仍能准确追踪到人员目标区域，即使有新增加的目标、目标区域面积变大，改良方法在通过追踪和预测后能及时判定出作业人员的目标区域。实验证明，改良后的方法更能精准、及时地追踪到人员目标，效果良好。

4 总结

本文针对电力计量作业现场背景较为单一、变化较少的特点，改良了背景差分法和帧间差分法，并加入对运动目标的校准，去除了背景噪声和黏合区域，增加了提取到的作业人员轮廓区域的精度。根据提取到的轮廓区域，在Meanshift算法的基础上加入Harris算子进行角点建模追踪，并通过Kalman滤波器追踪算法对轮廓区域的运动进行预测，最后将两种算法的区域进行相似度比较并加权融合，获得最终置信度最高的目标区域。经实验论证，本文的算法经过改进优化后可以更加准确完整地提取到作业人员的目标区域，并能够在多目标视频中对移动目标有更高精度的追踪。

◎ 参考文献

[1]陈铃辉．电力营销计量现场作业危险点分析与防范策略[J]．科技传播，2016，8(16)：227-228.

[2]郭祥鹏，高基安．电力营销计量现场作业危险点分析与防范[J]．城市建设理论研究(电子版)，2017(34)：5.

[3]胡正平，张敏姣，李淑芳，等．智能视频监控系统中行人再识别技术研究综述[J]．燕山大学学报，2019，43(5)：377-393.

[4]Stauffer C，Grimson W E L. Adaptive background mixture models for real-time tracking[C]//Proceedings. 1999 IEEE Computer Society Conference on Computer Vision and Pattern Recognition (Cat. No PR00149). IEEE，1999，2：246-252.

[5]Karman K P. Moving object recognition using an adaptive background memory[J]. Proc. Time Varying Image Processing，1990.

[6]Lipton A J，FuJiyoshi H，Patil R S. Moving target classification and tracking from real-time video [C]//Proceedings fourth IEEE workshop on applications of computer vision. WACV'98 (Cat. No. 98EX201). IEEE，1998：8-14.

[7]Meier T，Ngan K N. Video segmentation for content-based coding[J]. IEEE Transactions on Circuits and Systems for Video Technology，1999，9(8)：1190-1203.

[8]Du K, Ju Y, Jin Y, et al. Object tracking based on improved Meanshift and SIFT[C]//2012 2nd International conference on consumer electronics, communications and networks (CECNet). IEEE, 2012: 2716-2719.

[9]周正钦，冯振新，周东国，等．基于扩展Meanshift电气设备发热故障区域提取方法[J]．红外技术，2019，41(1)：78-83.

[10]李旺灵，孙永荣，黄斌，等．锥套跟踪的自适应核窗口Meanshift算法[J]．计算机工程与应用，2018，54(17)：180-185.

[11]熊炜，王传胜，李利荣，等．结合光流法和卡尔曼滤波的视频稳像算法[J]．计算机工程与科学，2020，42(3)：493-499.

[12]卢道华，汪建秘，王佳．基于Kalman滤波与Camshift算法的水面目标跟踪[J]．现代电子技术，2019，42(11)：68-71.

交流园地

换流变饱和保护动作分析及运维策略

李小蓓，王闪雷

（国网河南省电力公司直流中心，郑州，450000）

摘　要：直流系统接地极电位变化、充电时励磁涌流及换流变分接开关不一致等因素导致换流变饱和保护动作事故频发，影响直流系统正常运行，给直流运维管理造成一定的困难。为此，本文基于饱和保护原理、配置，从典型事故案例出发，提出了增加选相合闸及给保护装置增加谐波制动闭锁零序过流保护等方式；从直流运维出发，提出年检大修对饱和保护校验及进行消磁等建议，有效减少饱和保护事故的发生。

关键词：换流变饱和保护；典型事故；动作分析；直流运维

0　引言

换流变是换流站直流系统运行的核心设备，通常采取三取二配置保护。不同系统结构及运行方式下，换流变线圈中的直流电流在铁心中产生直流偏磁，饱和情况下励磁电流峰值增大尤为明显。现在交直流混联系统中，直流偏磁现象严重，换流变中性点有直流电流流入，励磁损耗增加，运行中噪声及谐波污染严重，造成换流变局部过热。因此，换流变需配置饱和保护，监测中性点电流，避免换流变饱和引发励磁电流畸变。

本文从工程实际出发，分析换流站饱和保护配置及保护动作的典型事故案例，为换流站直流运维提出合理化建议，减少事故的发生。

1　饱和保护原理分析

1.1　饱和保护配置

直流系统在双极不平衡运行、单极大地回线方式运行时，产生的巨大的直流电流经接地极流入大地形成稳定直流电场。两个换流站间必然存在电位差，以接地极电位为中心，因存在地中直流造成的电位差 ΔU，一些采用 Y 接线且中性点接地的相同电压等级交流或与直流系统相连接的多台变压器，经架空线路与中性点形成回路流过直流电流 I，如图1所示。变压器铁心随直流电流 I 增大趋于饱和，励磁电流发生严重畸变，变压器空载损耗提高，出现铁心、油箱局部过热，甚至绝缘受损等现象[1]。对此，针对换流站配置换流变饱和保护。

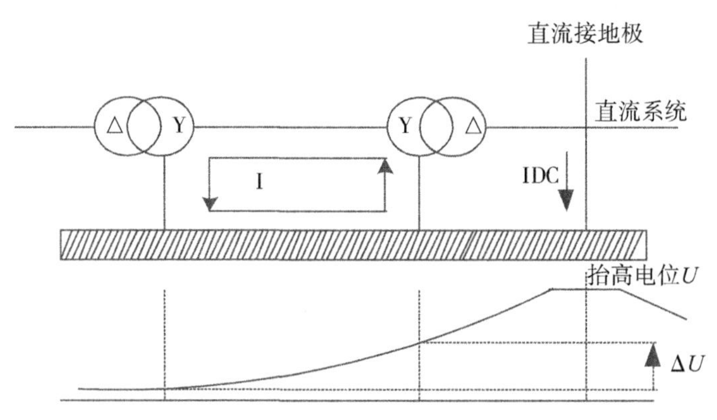

图1　单极大地运行时中性点电流流向

以换流变网侧、阀侧采用Y/D型接线方式为例，其中Y侧中性点接地，其零序阻抗要比Y/Y连接的变压器小得多。因区外故障会引起中性点电流发生大扰动，为防止饱和保护误动，故饱和保护通常配置在Y侧。零序等值网络如图2所示。

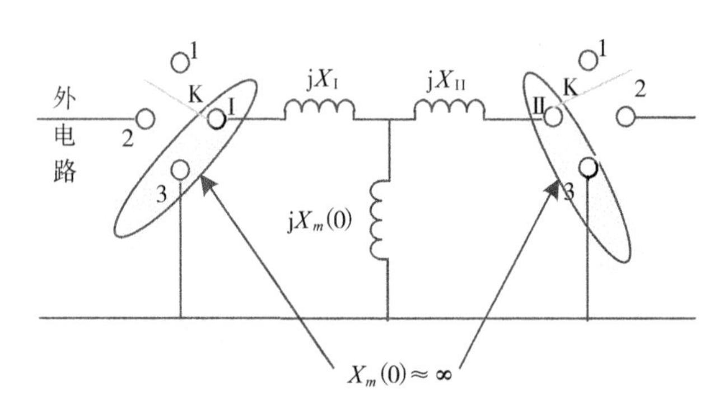

图2　变压器零序等值网络与外电路的联系图

1.2　铁心饱和抑制措施

换流变压器绕组中直流电流的增加是换流变铁心饱和的直接原因，限制直流电流是防止铁心饱和的首要方法。文献[2]研究发现直流偏磁是造成直流电流进入换流变绕组并造成严重饱和不稳定的重要因素。文献[3-4]以实际换流站为例，分析接地极土壤电阻率与直流偏磁之间的联系，提出加装隔直装置限制直流偏磁直流。文献[5]通过建立直流电流分布模型，结合仿真结果提出并测试采用电阻型抑制装置方式治理直流偏磁问题。文献[6]对串联电容、电阻等不同抑制措施进行对比分析，对多台变压器直流偏磁问题提出相应方案。

2 保护配置逻辑及定值设置分析

2.1 饱和保护动作逻辑分析

由于换流变中性点没有安装直流 CT，因此保护装置通过监测换流变网侧中性点电流的磁化峰值，间接计算出中性点直流电流的大小[7]。考虑到各换流站网侧套管中性点一次设备配置情况不同，其保护取量方式略有不同，如图 3、图 4 所示。

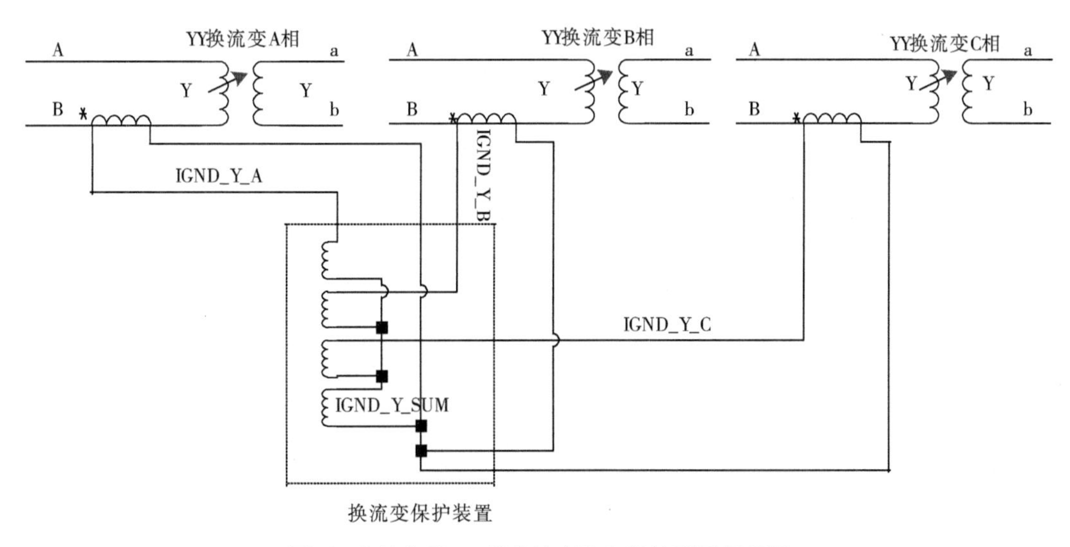

图 3　中性点无 CT 的换流变饱和保护配置原理图

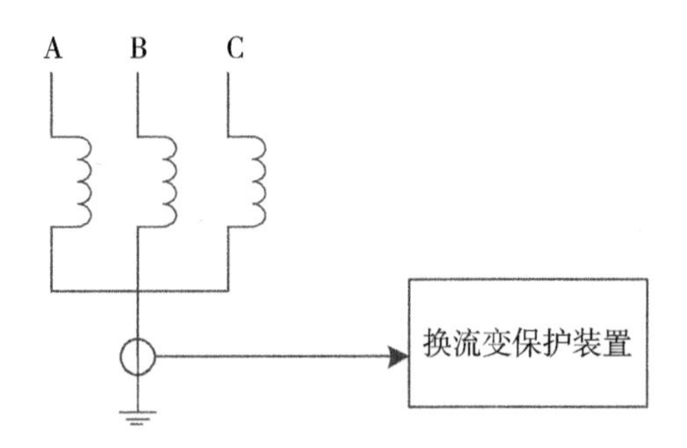

图 4　中性点有 CT 的换流变饱和保护配置原理图

由图 3、图 4 可知，对于换流变网侧中性点未配置 CT 的换流站换流变饱和保护通过对 Y/Y 换流变网侧 B 套管 CT(A、B、C 三相)求和，分别送入三套换流变保护装置，结合反时限动作曲线进行故障判别。对于中性点配置了 CT 的，其采用中性点外附 CT 进行模拟量采集，然后送至换流变保护装置进行逻辑判断[8]。

2.2 饱和保护定值设置依据

通过对不同容量和电压等级的变压器进行大量直流偏磁试验，并对试验数据进行对比分析，得到了变压器直流偏磁情况下的耐受能力判据[9]。利用 Infolytica 仿真计算软件，按产品设计的实际尺寸建立计算模型，考虑变压器铁心的非线性和各向异性，并在计算程序中输入变压器铁心实际 B-H 曲线和损耗曲线，进而求得问题的边界条件并生成磁化曲线，国调根据厂家给出的偏磁曲线下达保护定值。

以某换流站 400kV 换流变为例：

图 5 所示曲线是在额定分接条件下，以铁心温度为 105℃ 为限制，对换流变压器在直流偏磁条件下运行时间进行的计算。其中，100000s 表示长期运行。

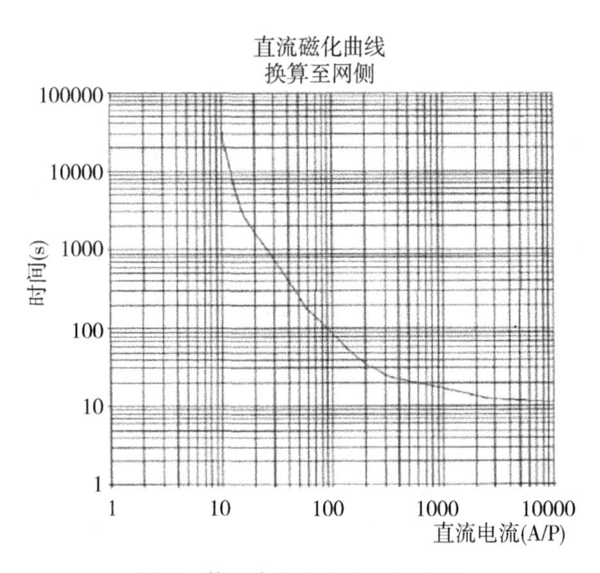

图 5　偏磁直流与允许运行时间

表 1 所示为直流偏磁电流与交流峰值及耐受时间对应情况。

表 1　**直流偏磁电流与交流峰值及耐受时间对应表**

直流电流/A	交流峰值电流/A	耐受时间/s
10	38	长期
30	126	770
50	220	260
70	275	120
90	330	98
110	410	68
130	460	50

续表

直流电流/A	交流峰值电流/A	耐受时间/s
150	490	42
170	520	38
190	540	36
280	690	28
360	800	23
440	930	22
520	1040	21
600	1110	19.8
680	1180	18.6
760	1280	17.6
840	1350	16.5
920	1410	16
1000	1450	15.5

将表 1 的数据传送至保护装置，分段线性化出一条反时限动作曲线，通过利用拟合选取典型点方式给出如图 6 所示定值单。

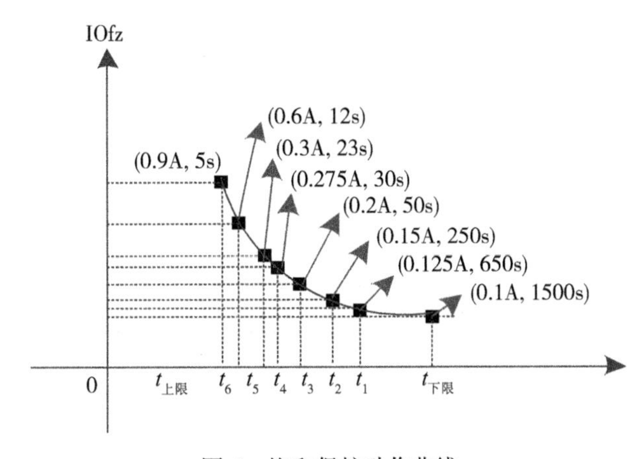

图 6　饱和保护动作曲线

3　饱和保护动作事故案例分析

3.1　触发脉冲不对称导致饱和保护动作

2015 年 08 时 32 分某换流站极Ⅱ低端阀组换流变 A 套饱和保护动作，08 时 43 分极Ⅱ低端阀组换流变 B 套饱和保护启动系统切换。经分析事件记录和故障录波后确认，故障原因为极Ⅱ高端换流器控制 A 系统阀侧电流 IVY_L1 测量异常，切换控制系统后报警复归。详细情况见图 7～图 9。

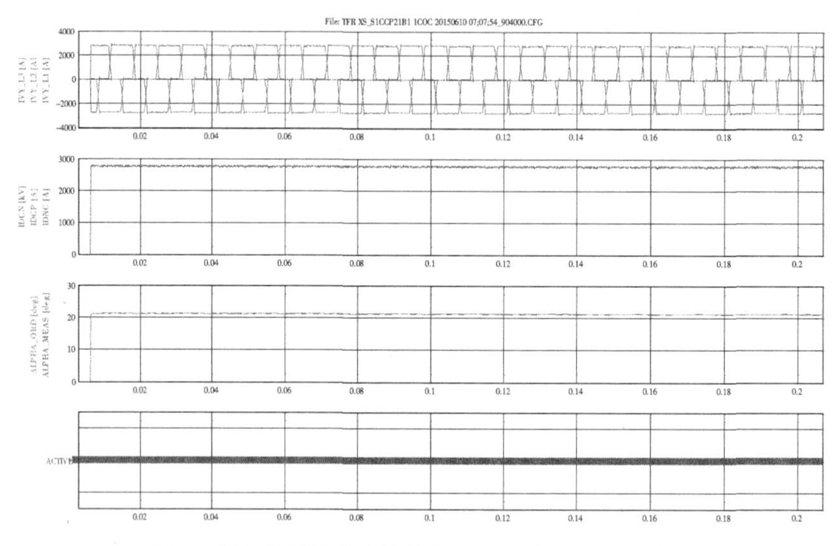

图 7　极Ⅱ高端换流变控制主机 B 录波(07 时 07 分)

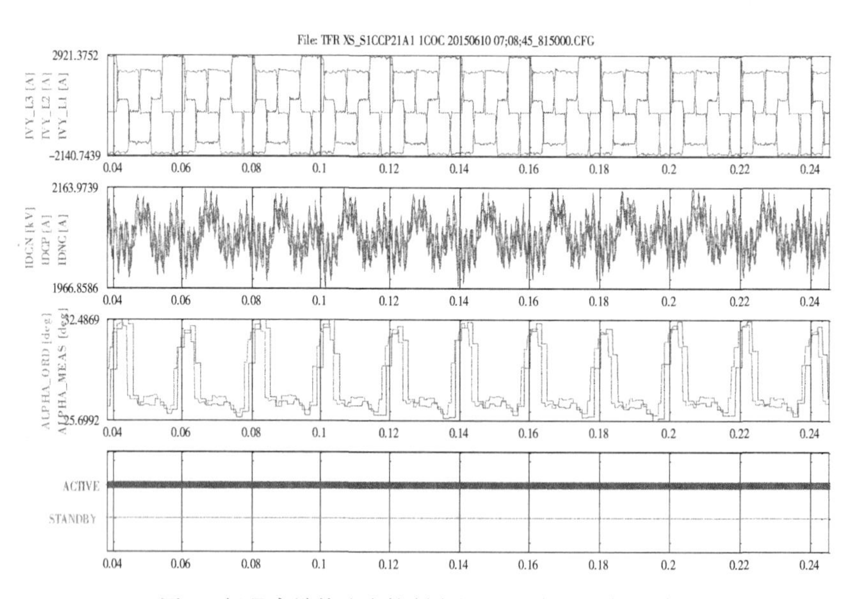

图 8　极Ⅱ高端换流变控制主机 A 录波(07 时 08 分)

由图 7～图 9 的录波分析可知：

(1)极Ⅱ高端阀组控制 CCP21A 系统测量的 IVY_L1(Y/Y 换流变阀侧套管电流 A 相)偏向正极性约 700A，而 B 系统测量的 IVY_L1 则无任何偏移。

(2)切换前 CCP21B 系统为主用，触发角稳定在 22°。切换后，CCP21A 系统为主用，触发角每 20ms 在 22°～30°之间变动一次，直流电流也相应出现波动。再次回切后，触发角和电流恢复正常。

当 CCP21A 系统主用时，其向极 2 极控系统发送的 IVY_L1 较实际值大，当 Y/Y-A 相换流阀导

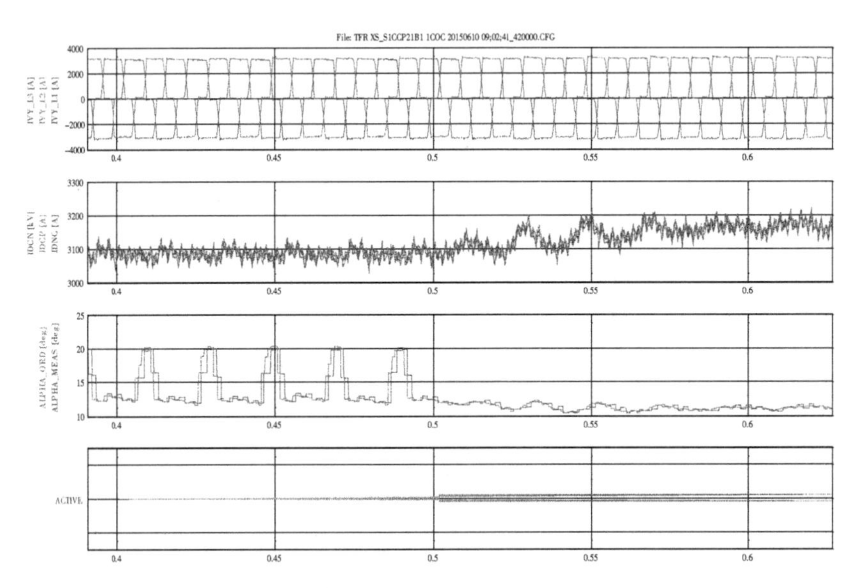

图 9　极Ⅱ高端换流变控制主机 B 录波(09 时 02 分)

通时，极 2 极控系统误认为 IVY_L1 测量值大于直流电流 700A，立即增加触发角以减小电流，导致实际直流电流减小；当 Y/Y-A 相换流阀关断后，IVY_L1 测量值小于直流电流，控制系统又会立即减小触发角以增大电流。每 1/3 周波，触发角就会大范围变化一次，引起了触发脉冲的不对称，本次故障属于触发脉冲不对称导致的换流变饱和。

通过对 CMI21A 中用于测量阀侧电流 IVY 的 RS862YI 板卡进行检测，发现其芯片上的线性光耦设计裕量不足导致器件失效，该问题为家族性缺陷，已联系厂家对在运的电流测量板卡进行更换，彻底解决了由于测量板卡问题导致饱和保护误动的风险。

3.2　接地极地电位抬升导致饱和保护动作

2015 年 19 时 38 分，某换流站极母线差动保护动作跳闸闭锁极Ⅱ，随后共接地极换流站引线 2 因断线接地导致近区地网流入直流电流，换流变中性点出现直流偏磁[10]，某换流站极 I 高端阀组换流变饱和保护动作跳闸。

查看故障时刻极 I 高端换流变录波图，如图 10 所示，星接换流变中性点存在明显的偏磁电流，最大电流 0.26A 大于饱和保护动作定值，保护正确动作。

通过对直流接地极线路烧断事件的分析，此次事故主要是在方式转换过程中接地极线路在故障过电压的作用下发生招弧角击穿，因电弧不能及时熄灭导致掉串断线的情况，最终致使饱和保护动作。为避免此类事故，我们应对接地极线路的招弧特性、招弧能力和弧道绝缘自恢复时间采取以下措施：

(1)将招弧角水平布置来增强熄弧能力；

(2)采用弧型招弧角来替代棒型招弧角；

(3)合理增加绝缘子片数。

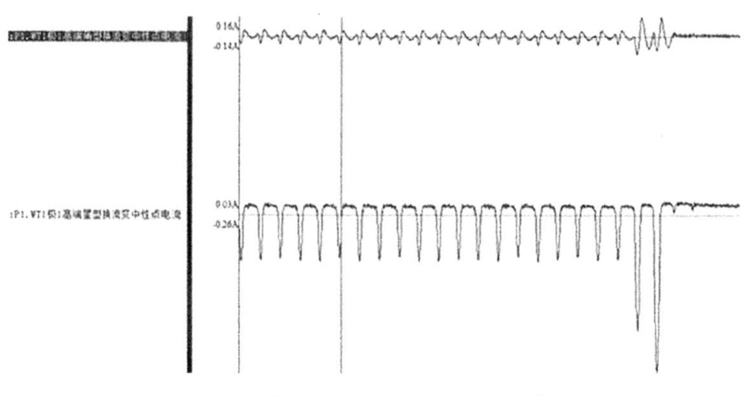

图 10　极Ⅰ高星变中性点零序电流

3.3　分接开关挡位不一致造成饱和保护动作

2016 年 09 时 21 分，某换流站极Ⅱ低端换流变分接开关升挡接触器 K2 工作不稳定，一挡调节完毕后没有返回，导致 A 相分接开关连续动作，UDI0 超过定值 236.6kV，控制系统会发出降分接开关挡位的命令，最终导致分接开关挡位不一致造成零序电流增大[11]，饱和保护动作跳闸闭锁。查看故障时刻极Ⅱ低端换流变保护装置录波图，如图 11 所示，星接换流变中性点存在明显的偏磁电流，峰值电流 0.104A。两套换流变保护装置均达到 2 段饱和保护动作定值 0.098A，延时 280s 动作出口，保护正确动作。

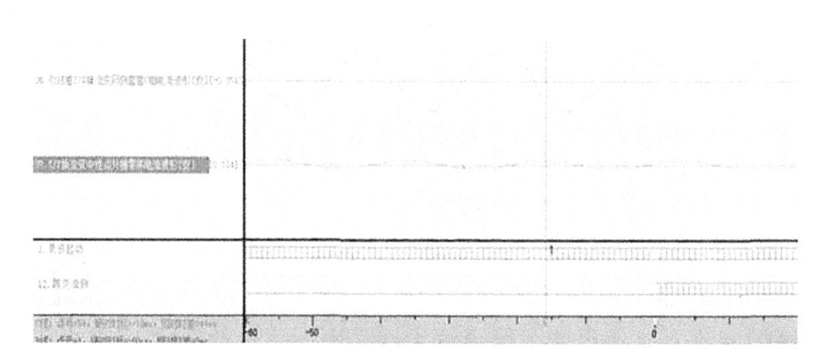

图 11　极Ⅱ低端换流变星变中性点电流

经过对此次事故的分析，发现软件中 UDI0 限制逻辑软件中，下发降挡命令之前未判断与其他相别的分接头是否同步、分接开关控制是否在自动状态，为避免此类事故再次发生，已修改软件增加限值条件。

3.4　充电时励磁涌流导致饱和保护动作

2017 年 02 时 32 分，某换流站极Ⅰ高端换流变充电过程中，换流变励磁涌流导致饱和保护动作跳开 5143 开关。励磁涌流波形如图 12 所示。

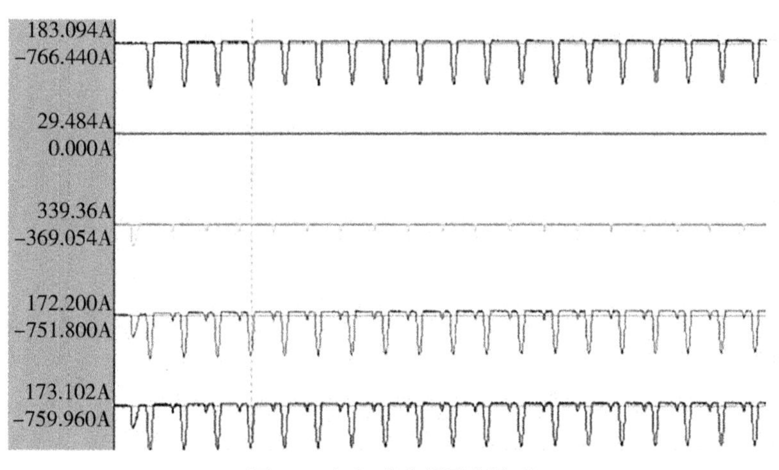

图 12　充电时励磁涌流波形

结合图 12，因磁通不能突变，故换流变铁心会在充电时产生非周期分量幅值为 Φ_m 的磁通 Φ_{FZ}，在实际运行中可达到 $2.7\Phi_m$。因此，在电压瞬时值为零时合闸产生的励磁涌流最为严重。其特点为：磁通不再关于时间轴对称，偏向一侧。

由图 13 可知，在直流偏磁的情况下，励磁电流中含有丰富的谐波含量，其中二次谐波含量达到 88%，因此励磁涌流的波形为尖顶波。

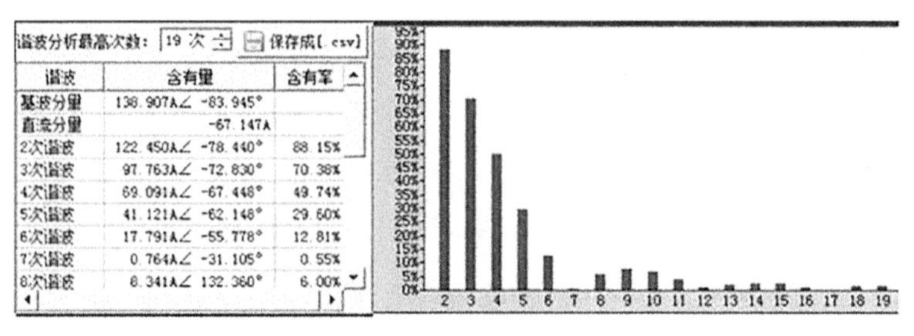

谐波	含有量	含有率
基波分量	138.907A∠ -83.945°	
直流分量	-67.147A	
2次谐波	122.450A∠ -78.440°	88.15%
3次谐波	97.763A∠ -72.830°	70.38%
4次谐波	69.091A∠ -67.448°	49.74%
5次谐波	41.121A∠ -62.148°	29.60%
6次谐波	17.791A∠ -55.778°	12.81%
7次谐波	0.764A∠ -31.105°	0.55%
8次谐波	8.341A∠ 132.360°	6.00%

图 13　励磁涌流的频谱分析

通过对励磁涌流成因的分析[12]，在换流变进线开关处加装选相合闸装置，通过控制合闸角度，使得换流变的剩磁最小，可进一步提高充电的成功率。

通过对图 12 波形的分析，由于换流变容量大，励磁涌流产生后衰减时间长，且含有大量的二次、三次谐波，零序过流保护往往躲不过励磁涌流而会发生误动作。因此，可考虑通过制定二次谐波闭锁零序过流保护的方法来躲避励磁涌流，提高换流变充电的成功率。

通过上述几起换流变饱和保护动作事故分析，在换流变存在偏磁时，饱和保护均能快速监测到偏磁电流并正确动作，对换流变的安全稳定运行起到了极大的保障作用。

4　运维管理建议

换流变饱和动作原因具有多重性，在发生饱和保护启动时，若不能及时查找原因并采取有效措施将导致设备跳闸，直流运维难度加大。文章根据上述事故频发原因总结，对直流运维提出以下几点建议：

(1)分接头挡位不一致告警出现时，应在查找问题的同时，密切关注饱和保护电流值，以防在问题处理过程中控制保护动作出口；

(2)在出现单套换流变保护装置闭锁问题时，应及时检查现场保护装置的开合变位报告，并将管理板和CPU板采集的开关量、模拟量进行对比并采取有效措施；

(3)当后台报出饱和保护动作事件后，应及时检查零序电流值、控制系统里阀侧电流、触发角等重要数据，若单套控制系统测量异常则切换控制系统对故障进行复归；

(4)鉴于变压器空投时由于铁心饱和，励磁电流激增且持续时间较长的情况，为避免饱和保护误动，建议如下：

①在换流变进线开关处加装选相合闸装置抑制励磁涌流，该方案已在部分换流站成功使用，效果良好；

②由于励磁涌流中含有大量的谐波分量，建议保护装置增加谐波制动闭锁零序过流保护功能。

◎ 参考文献

[1]赵婉君．高压直流输电工程技术[M]．2版．北京：中国电力出版社，2010.

[2]王忠君．大型换流变压器铁心饱和稳定性及漏磁场解析研究[D]．沈阳：沈阳工业大学，2017.

[3]刘从法，殷飞，周楠，等．±1100kV古泉换流站接地极对变压器直流偏磁的影响[J]．电力工程技术，2018，37(3)：145-150.

[4]孙杨，王旋．特高压宾金直流直流偏磁问题分析[J]．机电信息，2015(30)：1-4.

[5]邱欣杰，王刘芳，丁国成，等．±800kV晋北—南京特高压直流输电对安徽电网交流变压器直流偏磁影响分析与治理[J]．安徽电气工程职业技术学院学报，2018，23(3)：1-5.

[6]王渝红，欧林，张超，等．基于多台不同变压器的直流偏磁抑制措施研究[J]．高压电器，2017，53(8)：159-165，172.

[7]杨娜，陈煜，潘卓洪，等．准东—皖南±1100kV特高压直流输电工程受端电网的直流偏磁影响预测及治理[J]．电网技术，2018，42(2)：380-386.

[8]戎子睿，马书民，林湘宁，等．一种多接地极主动互联及隔直装置协同的直流偏磁治理策略[J/OL]．电网技术，2021：1-10[2021-08-28].

[9]张勇．两起典型换流变分接开关挡位调节不一致原因分析及防范措施[J]．电工技术，2021(2)：63-64，66.

[10]翁汉琍，刘雷，林湘宁，等．涌流引起换流变压器零序过电流保护误动的机理分析及对策[J]．电力系统自动化，2019，43(9)：171-178.

阻性电流测试仅对部分原件起监督作用的研究

王清波，代正元，董伟，赵荣普，冉玉琦，邹璟，方勇，李骞，路智欣，段永生
（云南电网有限责任公司昆明供电局，昆明，650011）

摘 要：运行电压下交流泄漏电流测试在金属氧化物避雷器技术监督中发挥着重要作用，同时在实际生产中也存在一部分MOA无法通过交流泄漏电流带电测试发现隐患缺陷而造成损失的痛点。本文提出一个设想：运行电压下交流泄漏电流带电测试技术对MOA不同绝缘部件上的故障检出效果不同。实验研究发现：因为避雷器整体的交流泄漏电流成分中，电阻片、瓷外套的占比较大，玻璃钢芯绝缘支撑杆、环氧树脂绝缘筒的占比非常小(<1%)，所以运行电压下的交流泄漏电流测试可以有效检出电阻片和瓷外套上发生的故障，难以检出绝缘支撑杆(亦称绝缘芯杆或引拔棒)、绝缘筒(或绝缘包裹)上存在的故障。该研究清除了一个避雷器安全运行的盲点，可为避雷器状态检修提供参考，以提高避雷器的运行维护水平。

关键词：金属氧化物避雷器；泄漏电流；故障检出效果；玻璃钢芯绝缘支撑杆；环氧树脂绝缘筒

0 引言

电力系统常会受到直击雷或感应雷造成的外部过电压，以及暂态过电压、操作过电压或谐振过电压等内部过电压的侵害。当电网设备的绝缘水平不能承受过电压侵害时，就会致使供电系统发生非计划停运，造成巨大的经济损失和社会不良影响。为了提高电力系统的安全稳定运行水平，安装健康状态的金属氧化物避雷器(Metal Oxide Surge-arrester，MOA)是非常有效且必要的措施。[1-5]

MOA因其良好的非线性特性和通流能力，可以保护电力系统免受过电压侵害。但当MOA受潮、老化或部件损伤后，不仅会丧失保护作用，还会因自身故障导致非计划停运事件。不停电状态下，通常采用巡视检查、红外检测、运行电压下的交流泄漏电流带电测试(亦称避雷器阻性电流带电测试)等技术手段对MOA进行状态监测。

运行工况下，MOA全电流由线性的容性分量I_C和非线性的阻性分量I_R构成，I_R仅占总泄漏电流的10%~20%。泄漏电流主要包括：电阻片沿面泄漏及其本身的非线性电阻分量，瓷套内外壁的

沿面泄漏，绝缘筒内外壁的泄漏，绝缘支撑杆的泄漏。[6-7] 运行电压下的交流泄漏电流带电测试显示，当泄漏电流与初始值相比增加50%时应缩短周期加强监测关注，当阻性电流增加1倍时应停电检查。[8-9]

文献[1-7]详细阐述了MOA的内部结构与性能关系、常见故障及其原因、反映MOA的电气特性参数。从理论上论证了全电流、阻性电流及其各谐波分量，能够反映MOA内部故障。文献[10-15]通过交流泄漏电流带电测试数据异常，分析并解体发现了若干例内部受潮、电阻片老化、瓷外套裂损等典型故障。文献[16-20]展示了若干例交流泄漏电流带电测试数据正常的MOA，但是通过其他技术手段确诊或因故障停运(甚至爆炸)后解体检查发现避雷器内部存在故障，证明交流泄漏电流带电测试存在不足。现有文献都缺乏对该现象及其原因的研究，尤其是针对交流泄漏电流带电测试技术的缺陷，尚无相关理论与研究成果。

据此本文将研究运行电压下交流泄漏电流带电测试对MOA不同部件上的故障检出效果差异，并制定实验方案验证设想的真伪及其原因。

1 实验原理与测试方法

按照实验原理(图1~图3)，利用工频高压试验系统依次对MOA整体及各个绝缘部件施加持续运行电压，然后分别利用HS400E型避雷器阻性电流带电测试仪进行交流泄漏电流带电测试，记录整体及其各部件的交流泄漏电流。

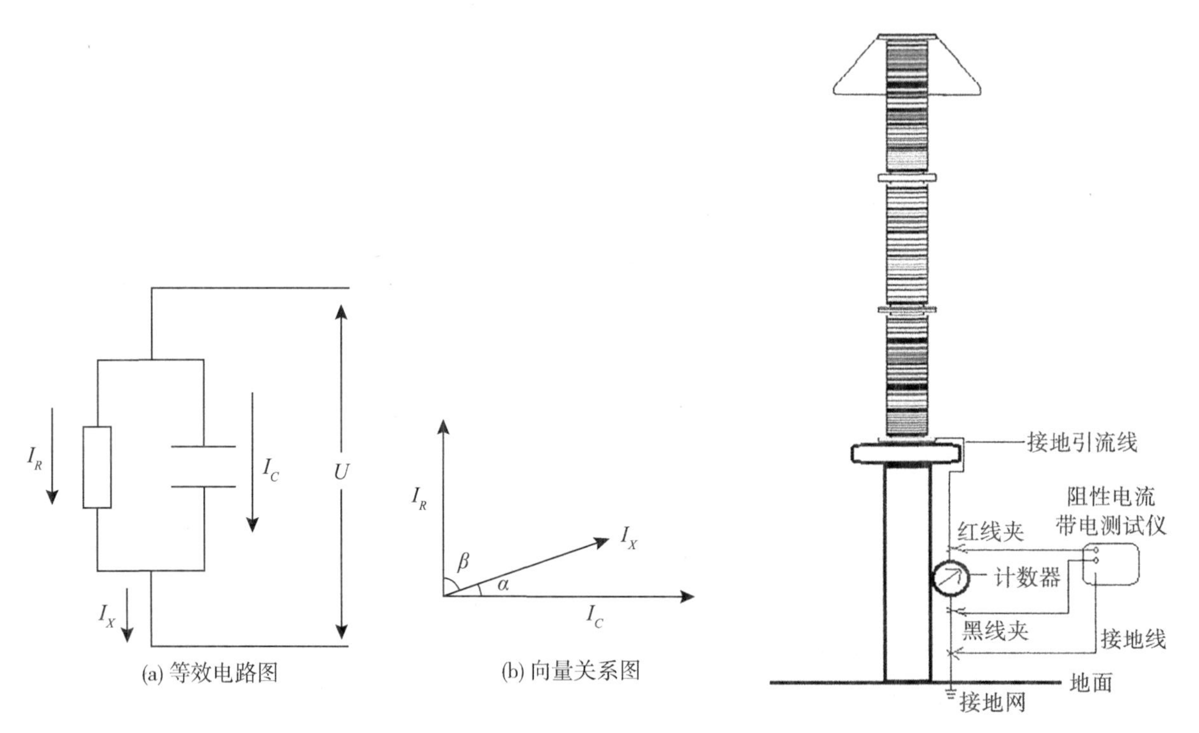

图1 MOA等效电路图和向量关系图

图2 MOA阻性电流带电测试示意图

本次试验场地为500kV高压检修试验大厅。试品为：型号Y10W1-444/995G的500kV无间隙氧化锌避雷器，下节无均压电容，中、上2节有均压电容(结构见图4)。试品各指标均满足新投运标准。

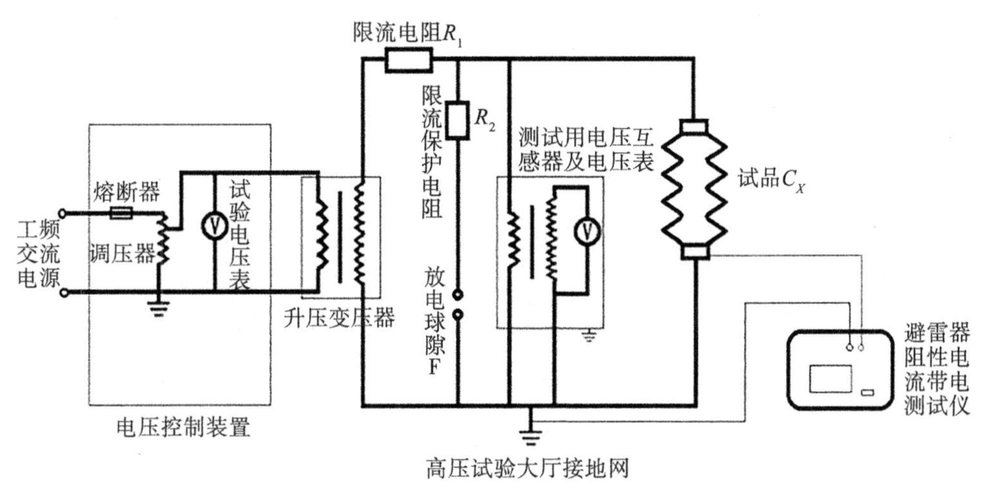

图3　实验原理设计图

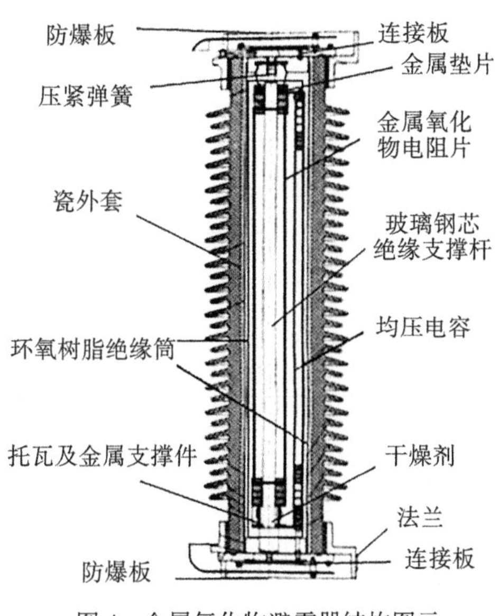

图4　金属氧化物避雷器结构图示

2　实验流程与数据分析

步骤1：按照实验原理图3，对试品上节避雷器整体进行接线，将HS400E型避雷器阻性电流带电测试仪红线夹与试品避雷器下端金属底座连接，黑线夹接地，测试仪接地端接地。避雷器阻性电流带电测试仪与试品的距离大于 5m 且设置了安全围栏与警示标志。检查确认接线无误、确认测试仪设置为抗干扰模式、所有人员撤离到安全围栏外以后，利用工频高电压试验系统缓慢匀速升压，给试品施加持续运行电压 $U_{持续}$，待电压稳定后进行交流泄漏电流测试并记录数据。实验完毕，缓慢降压至 0 并切断电源，对试品放电后拆除接线。

步骤 2：按照步骤 1，依次完成避雷器中下节整体的交流泄漏电流数据采集。

步骤 3：在干燥、洁净的高压检修试验大厅，将上、中、下节避雷器，按照返厂大修的技术标准开展解体(见图 5)，保证所有的部件没有损坏。解体后立即开展实验，避免绝缘部件受潮。

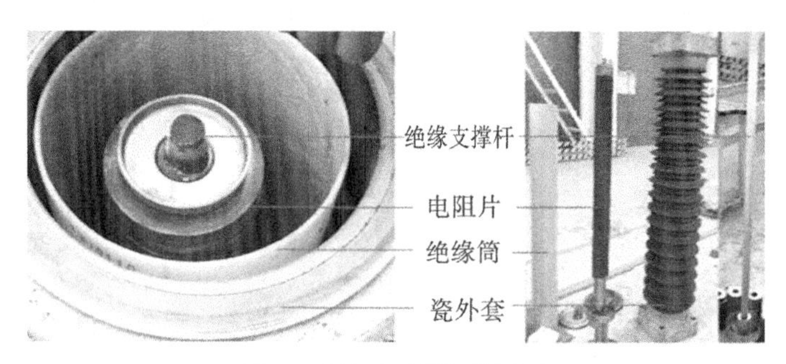

图 5　试品避雷器解体图示

步骤 4：对解体绝缘部件——瓷外套、环氧树脂绝缘筒、电阻片柱(单节避雷器所有电阻片垒叠压紧状态，下同)、绝缘支撑杆，按照步骤 1 所述流程与要求，依次开展泄漏电流数据采集。数据见表 1 所示。

表 1　**持续运行电压下各节阻性电流测试**　(单位：mA)

节次	部件	全电流	阻性电流	阻性电流基波	三次谐波
上节	瓷外套	1. 128	0. 155	0. 123	0. 001
	支撑杆	0. 001	0. 001	0. 000	0. 000
	电阻片柱	1. 548	0. 286	0. 305	0. 006
	绝缘筒	0. 009	0. 001	0. 001	0. 000
	整体	2. 686	0. 443	0. 429	0. 007
中节	瓷外套	0. 685	0. 111	0. 110	0. 000
	支撑杆	0. 001	0. 001	0. 000	0. 000
	电阻片柱	1. 407	0. 235	0. 225	0. 006
	绝缘筒	0. 008	0. 001	0. 001	0. 000
	整体	2. 101	0. 348	0. 336	0. 006

续表

节次	部件	全电流	阻性电流	阻性电流基波	三次谐波
下节	瓷外套	0.696	0.128	0.112	0.014
	支撑杆	0.001	0.001	0.000	0.000
	电阻片柱	1.397	0.234	0.223	0.006
	绝缘筒	0.054	0.010	0.008	0.001
	整体	2.148	0.373	0.343	0.021

特别注意：①每做完一个试品的实验后，必须缓慢降低电压至 0，关闭工频高电压试验系统并断开电源，充分放电后才能允许人员进入安全围栏内，确保人身安全。②每一次实验升压或降压过程须缓慢匀速，发现异常立即停止升压。③为避免电磁场干扰影响实验结果，对试验导线采用抗干扰屏蔽外套，并通过均压环与试品进行连接。避雷器顶端安装高压试验均压环，放置在合格的绝缘垫上，与其他设施保持 10m 以上的距离(见图 6)。

图 6　单节避雷器整体在持续运行电压下测试泄漏电流

研究实验数据，通过柱状图 7—图 9 呈现的规律可知：与整体测试结果相比，电阻片柱、瓷外套的交流泄漏电流各分量占比较大，玻璃钢芯绝缘支撑杆、环氧树脂绝缘筒的全电流与阻性电流等值占比非常小。

再结合文献[6]中详述的 MOA 故障机理及判断方法：当电阻片或瓷外套出现故障后，其总的泄漏电流增加(全电流明显增加，阻性电流成倍增长)，由于这两个绝缘部件泄漏电流权重都较大，通过带电测试能够发现该异常状态参量的变化，所以故障检出率较高；当绝缘支撑杆或绝缘筒出现故障后，虽然流过它们的电流会增加(全电流明显增加，阻性电流成倍增长)，但这两个绝缘部件的泄漏电流权重非常小，容易被电阻片或瓷外套泄漏电流“稀释”，因此总的泄漏电流增加不明显，带电测试很难发现状态参量发生变化，所以故障检出率较低。

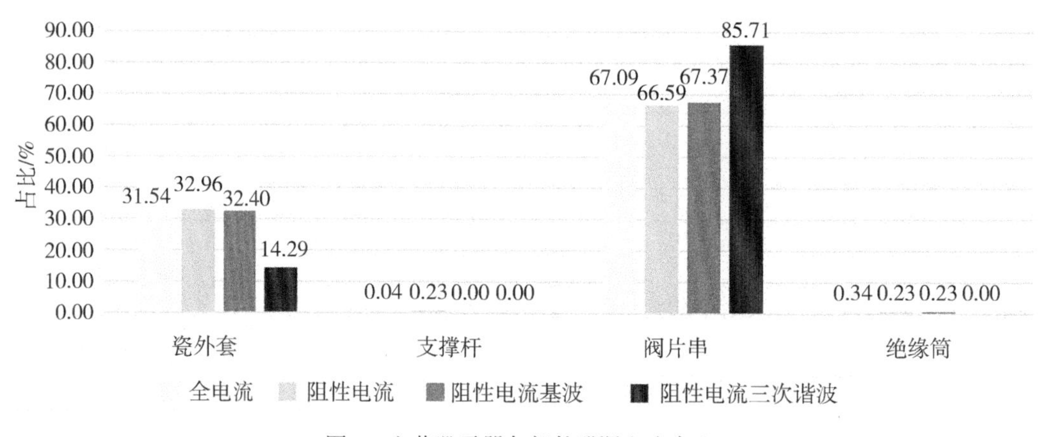

图7　上节避雷器各部件泄漏电流占比

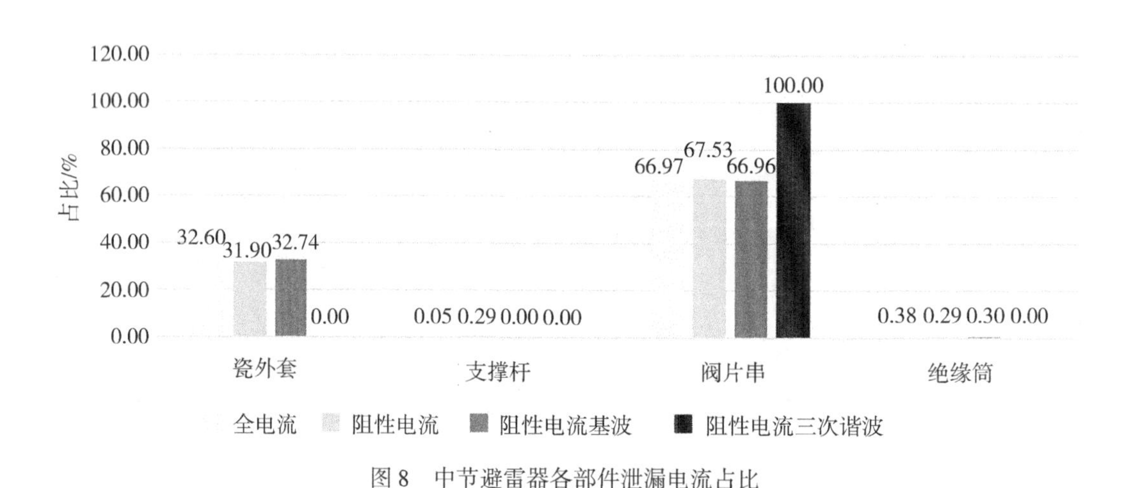

图8　中节避雷器各部件泄漏电流占比

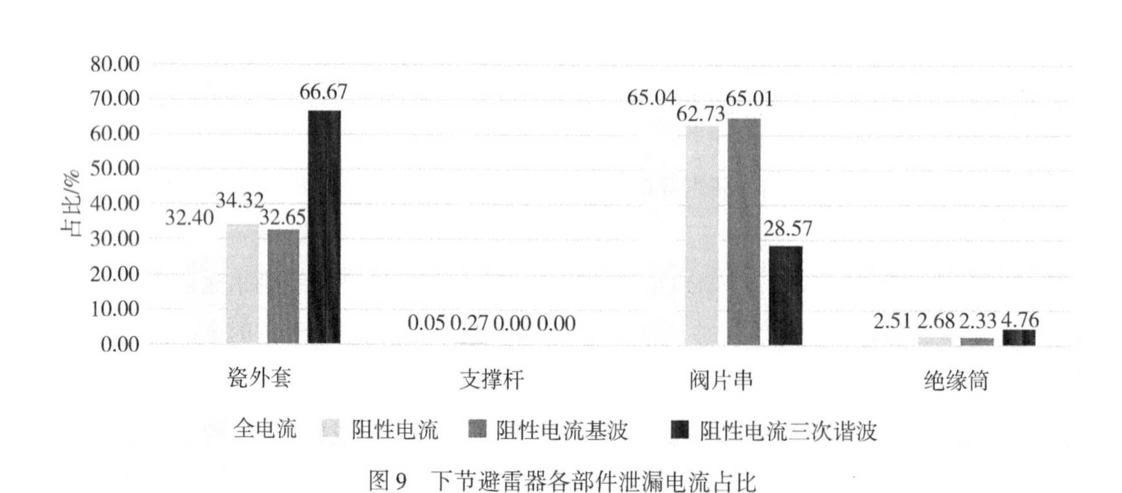

图9　下节避雷器各部件泄漏电流占比

按照上述原理与方法，还对不同类型、不同电压等级的金属氧化物避雷器开展了实验研究。除结构略微有差异、各部件泄漏电流占比稍有浮动，均呈现出规律：电阻片或瓷外套的泄漏电流权重较大，绝缘筒(绝缘包裹)与绝缘支撑杆的泄漏电流权重非常小。具体试验与分析此处不再赘列。

根据实验与分析，绘制了运行工况下金属氧化物避雷器泄漏电流分布模型，如图 10 所示。

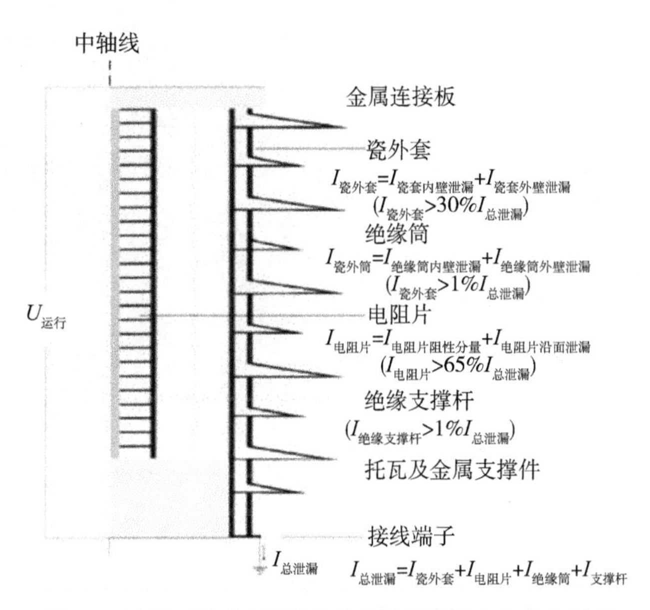

图 10　运行工况下金属氧化物避雷器泄漏电流分布模型

3　应用案例

3.1　案例 1：500kV 某线路避雷器绝缘筒早期受潮缺陷

500kV 某线路避雷器历次运行电压下的交流泄漏电流带电测试无异常增长、阻性电流分量小于全电流 20%(表 2)。红外精准测温发现 B 相下节局部发热，相间最大温差 2. 2℃(图 11)。

表 2　交流泄漏电流带电测试数据　(单位：mA)

时间	A 相		B 相		C 相	
	I_x	I_{rp}	I_x	I_{rp}	I_x	I_{rp}
2021/1/12	1. 829	0. 298	1. 736	0. 288	1. 771	0. 290
2020/1/13	1. 828	0. 304	1. 708	0. 287	1. 770	0. 291
2019/1/21	1. 840	0. 301	1. 719	0. 283	1. 764	0. 292

通过计划停电对该避雷器开展检修，解体发现内部存在多处受潮、锈蚀、放电痕迹。整体和各部件绝缘电阻均降低，其中环氧树脂绝缘筒绝缘电阻低标准规定值 2500MΩ(表 3)，在烘房 80℃流动空气烘 2h 后绝缘电阻恢复到 1. 2TΩ。

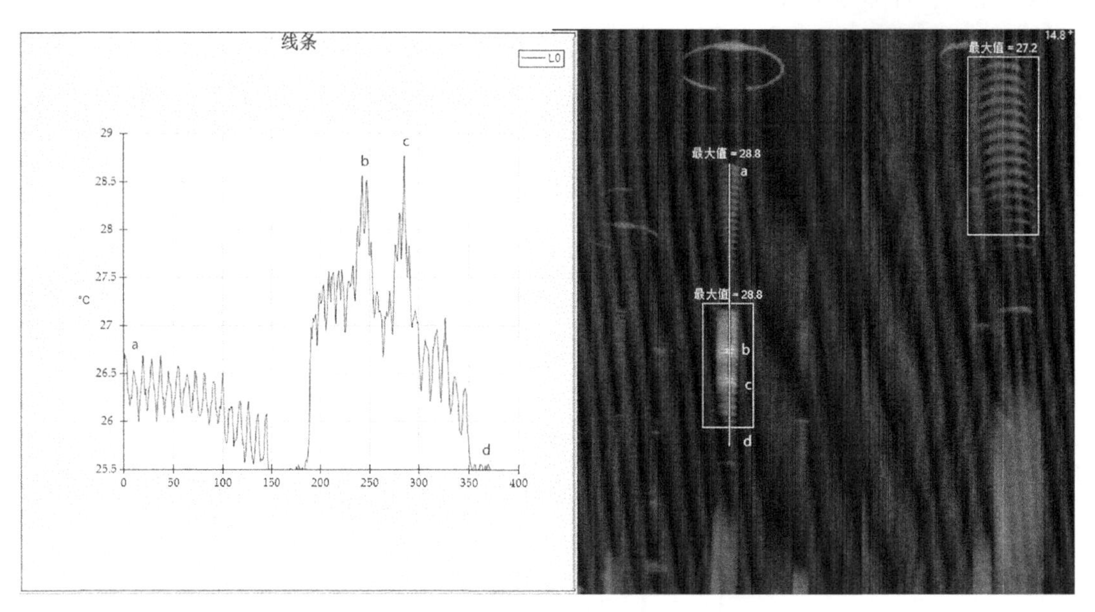

图 11　500kV 某线路避雷器 B 相线-温图谱

表 3　　绝缘电阻

部位	整体	绝缘筒	瓷外套	电阻片柱
上节	88600MΩ	>1TΩ	>1TΩ	106GΩ
中节	93200MΩ	>1TΩ	>1TΩ	104GΩ
下节	108MΩ	49. 1MΩ	99. 5GΩ	14. 6GΩ

3.2　案例 2：110kV 某线路避雷器绝缘支撑杆裂纹缺陷

110kV 某线路避雷器历次运行电压下的交流泄漏电流带电测试无异常增长、阻性电流分量小于全电流 20%(表 4)，红外精准测温未发现异常温差。使用高脉冲电流法局放带电测试，在 A、C 相计数器下引线上检测到放电信号(图 12)。

表 4　　交流泄漏电流带电测试数据　　(单位：mA)

时间	A 相		B 相		C 相	
	I_x	I_{rp}	I_x	I_{rp}	I_x	I_{rp}
2020/8/12	0. 361	0. 057	0. 353	0. 046	0. 360	0. 059
2019/7/2	0. 359	0. 058	0. 358	0. 057	0. 351	0. 055
2018/8/14	0. 360	0. 059	0. 351	0. 057	0. 358	0. 059

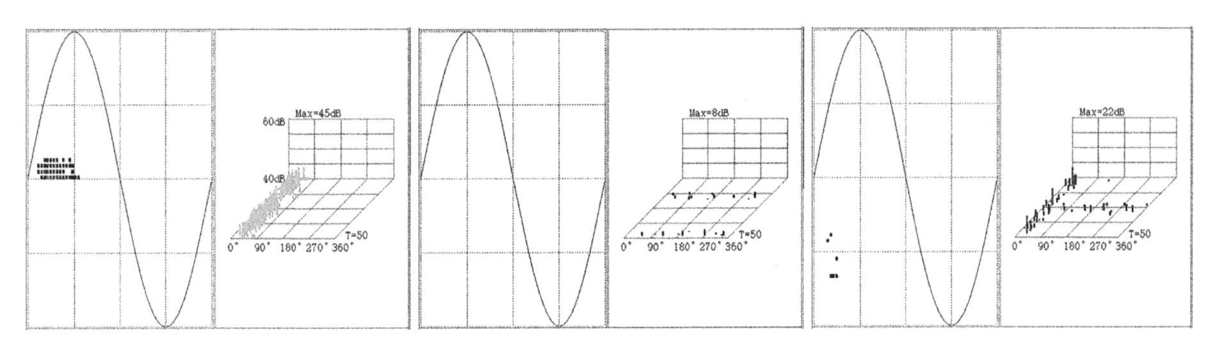

图 12　该避雷器 A(左)、B(中)、C(右)三相局放图谱

通过计划停电对该避雷器开展检修，解体发现该避雷器 A、C 相绝缘支撑杆上有贯穿性裂纹。

4　结论

本文基于 MOA 不同绝缘部件在运行电压下进行交流泄漏电流带电测试，分析测试数据得到绝缘部件的泄漏电流权重不同的规律，得到以下结论：

(1)当电阻片或瓷外套出现故障后，流过避雷器的全电流或阻性电流明显增长；而当绝缘支撑杆或绝缘筒出现故障后，流过避雷器的全电流或阻性电流增加不明显。这是由于流过电阻片柱或瓷外套的泄漏电流权重较大，能够通过带电测试泄漏电流的变化发现这两个绝缘部件是否出现异常状态。

(2)在技术监督过程中，运行电压下的交流泄漏电流带电测试无异常时，并不代表 MOA 处于正常状态。

(3)实践证明，玻璃钢芯绝缘支撑杆、环氧树脂绝缘筒(或绝缘包裹)上的故障，可以通过精准红外测温、局部放电检测等不停电手段发现。

(4)在避雷器状态检修过程中，不能仅依据单一的状态参量评估设备的健康水平，应多维度状态感知、多状态参量诊断[21-22]。例如结合运行电压下的交流泄漏电流、精准红外测温图谱、高频脉冲电流局部放电图谱、停电试验数据、运维参数、历史检修信息、环境气候条件等参量综合分析判断。

◎ 参考文献

[1]刘学忠，焦兴六．复合外套氧化锌避雷器内部结构与性能关系的研究[J]．电瓷避雷器，1999(4)：37-42.

[2]刘尉，肖集雄，金硕，等．基于场路耦合的 500kV 氧化锌避雷器受潮缺陷分析[J]．电瓷避雷器，2022(1)：118-125.

[3]杨雅倩，邓维，罗日成，等．基于热电耦合模型的 500kV 氧化锌避雷器温度分析[J]．电瓷避雷器，2019(3)：98-104.

[4]魏绍东，邓维，雷红才，等．500kV 避雷器故障模拟及缺陷检测试验研究[J]．电瓷避雷器，

2019(2): 109-114.

[5]徐鹏.220kV氧化锌避雷器泄漏电流异常现象分析及对策[J]. 电瓷避雷器, 2021(5): 36-40.

[6]俞震华. 氧化锌避雷器故障分析及性能判断方法[J]. 电力建设, 2010, 31(11): 89-93.

[7]屠幼萍, 何金良, 廖冬梅.ZnO避雷器运行状况的判断方法[J]. 高电压技术, 2000(1): 22-23, 26.

[8]全国避雷器标准化技术委员会. 交流无间隙金属氧化物避雷器: GB/T 11032—2020[S]. 北京: 中国标准出版社, 2020.

[9]中国南方电网公司. 电力设备检修试验规程: Q/CSG1206007—2017[S]. 北京: 中国电力出版社, 2017.

[10]朱海貌, 黄锐, 夏晓波, 等. 金属氧化物避雷器带电检测数据异常的诊断及分析[J]. 电瓷避雷器, 2012(2): 68-71, 76.

[11]王肖波. 基于带电检测技术的金属氧化物避雷器故障诊断与实例分析[J]. 电瓷避雷器, 2015(3): 69-73.

[12]黎鹏, 屈莹莹, 方蓓贝, 等. 不同故障条件下500kV金属氧化锌避雷器温度分布特性[J]. 科学技术与工程, 2021, 21(9): 3649-3655.

[13]刘佳鑫, 唐佳能, 马一菱, 等.500kV金属氧化物避雷器安装缺陷的试验及分析[J]. 电瓷避雷器, 2019(2): 79-83.

[14]严玉婷, 黄炜昭, 江健武, 等. 避雷器带电测试的原理及仪器比较和现场事故缺陷分析[J]. 电瓷避雷器, 2011(2): 57-62.

[15]任大江, 叶海鹏, 李建萍, 等. 一起500kV金属氧化锌避雷器故障原因分析[J]. 电瓷避雷器, 2020(3): 127-132.

[16]钱叶牛, 王志勇, 冯洋, 等. 金属氧化物避雷器缺陷的联合检测与状态检修[J]. 山东农业大学学报(自然科学版), 2020, 51(4): 770-773.

[17]陈欣, 韦瑞峰, 张诣, 等. 高频脉冲电流法在氧化锌避雷器带电局放检测中的运用[J]. 云南电力技术, 2020, 48(2): 58-61.

[18]陈贤熙, 王俊波, 谭笑, 等. 基于宽带脉冲电流法的避雷器局部放电图谱分析及应用[J]. 电瓷避雷器, 2015(3): 132-137.

[19]司文荣, 王逊峰, 莫颖涛, 等.110kV复合外套金属氧化锌避雷器爆炸故障分析[J]. 电瓷避雷器, 2018(1): 163-169.

[20]司文荣, 施卫峰, 王昭夏, 等. 两起同型号复合外套金属氧化锌避雷器故障分析[J]. 高压电器, 2017, 53(10): 238-245.

[21]徐辉, 沈荣顺, 胡月琰, 等. 一种利用阻性电流数据进行预测的避雷器状态检修方法[J]. 电瓷避雷器, 2016, 274(6): 162-165, 170.

[22]冯跃, 季兴福. 氧化锌避雷器带电检测在状态检修工作中的应用[J]. 电子元器件与信息技术, 2020, 4(12): 100-101, 113.

图像匹配与拼接在电力线巡检中的应用

李仕林[1]，郑涵[2]，赵旭[1]，陈永青[1]，张崇亮[1]，李蕊[1]，王先培[2]

（1. 云南电网有限责任公司电力科学研究院，昆明，650217；

2. 武汉大学电子信息学院，武汉，430072）

摘　要：针对无人机航拍电力线路巡检图像的匹配及拼接问题，使用了基于点特征的方法实现了图像的特征匹配与拼接。首先，利用高斯空间中分阶分层进行作差获取差分空间极值的方法选择出符合条件的特征点，并确定特征点主方向。然后利用 SIFT 描述子对所选特征点进行描述，并在欧式空间利用特征向量寻找匹配点对。最后应用 RANSAC 算法进行误匹配点对的剔除与坐标变换矩阵的参数估计，求解变换矩阵后，按照坐标变换理论实现图像拼接。基于 SIFT 特征点的图像拼接能很好地适应尺度、旋转、光照、噪声等变化影响，思路简便，具备较好的稳定性和较高的运算效率，为无人机电力线巡检图像匹配与拼接提供了可行的方法。

关键词：无人机电力巡检；特征匹配；图像拼接；SIFT 特征；坐标变换

0　引言

目前传统的人工电力巡检成本过高，而且检测精度与检测效率均较低，不能满足我国发展以智能化为特征的电网架构的需求。无人机电力巡检因其对于特殊环境的适应性以及高效便捷的特点，逐渐成为重要的巡检方式[1-2]。为获取宽视野范围内的无人机航拍电力线路图像，从而使得可以获取的信息更加直观，需要对无人机提取的各个角度的电力线路图像采取图像处理，完成图像匹配、拼接，可以克服单幅图像只能获得局部区域信息的缺陷，从而使得巡检人员能够获得完整目标区域电力走廊以及电网线路的图像信息，便于确认电路故障缺陷，进行维护，确保电力系统安全可靠。

图像拼接技术可以分为图像预处理、图像配准、图像融合三个步骤。其中，配准是融合的前提步骤，要想得到良好的拼接效果，必须使用稳定的配准方法。在所有的配准方法中，可以利用其使用的要素进行分类，这些要素包括区域和特征。其中，基于区域的配准方法主要包括空间域配准以及频域处理，如最大互信息法（maximal information coefficient，MIC）[3-4]，极大似然匹配法（maximum likelihood approach，MLA）[5]等，但由于基于区域的图像配准方法需要用到目标区域内所有像素的灰度信息，所以计算量相对于基于特征的图像配准方法较大，而且运行结果并不是非常稳定。如果采用特征作为配准要素，则可以克服这种弊端，大大降低所需的计算量，并且具有对光度色彩变化以及尺度变化的适应性较强，算法更为稳健等优点，因此使用频率更高。目前典型的点特征有角点质心、高曲率点、使用 Gabor 小波检测出的局部曲率中断点和小波变换的局部极值点等[6]。而在对点这种特征进行捕获的过程中，有许多可以选择的途径，较为常用的有尺度空间获取的稳定特征(SIFT)[7]、最大稳定极值区域(MESR)特征、Harris 角点[8]，这些特征检测算法可以应用于多种图像匹配以及拼接。

本文分析了对于电力走廊的巡检航拍图像的特征点提取、图像配准、图像融合方法，基于 SIFT 特征点实现了利用无人机航拍电力线路图像进行图像拼接，得到较大区域范围的无人机航拍图像。本文在对于相关内容进行资料的检索与系统的学习之后，对图像特征匹配与拼接技术进行应用；分析了对于电力走廊的巡检航拍图像的特征点提取、图像配准、图像融合方法；实现了利用无人机航拍电力线路图像进行图像拼接，得到较大区域范围的无人机航拍图像。

1 基于 SITF 特征点匹配的图像拼接算法

在一些基于角点的图像拼接算法中，由于特征点直接从图像中获得，故适用于摄像机视野变化较小的场景，比如，基于 Harris 方法检测角点作为特征点的方法[9-10]很难适应图像的尺度变换[11]，因此它在匹配具有尺寸变换关系的两幅图像时并不稳定。尺度特征来源于作差后形成的差分空间，去除了其他影响，能够更好地适应各种变换关系，而且在图像发生缩放、噪声、光照变化时也能表现出较稳定的性能。本文主要研究了基于尺度空间的局部不变特征的提取过程，以及使用 SIFT 特征点进行图像特征匹配与拼接。

1.1 SIFT 特征点提取

SIFT 特征点提取方法在 2004 年由 Lowe 提出，该方法步骤是：首先利用尺度空间构建高斯差分尺度空间，并进行极值点选取，将极值点作为特征点并确定特征点的位置和特征点的主方向，然后生成描述向量对提取到的特征点进行描述。

1.1.1 高斯差分尺度空间

由于高斯核不会对图像产生模糊之外的其他影响，因此尺度空间(Scale Space)公式可以定义为输入图像与高斯公式卷积，通过将原始图像与不同尺度(标准差)的高斯核进行卷积运算处理，可以得到图像的尺度空间。设输入图像为$I(x, y)$，高斯函数为$G(x, y, \sigma)$，尺度空间为$L(x, y, \sigma)$，则有：

$$L(x, y, \sigma) = G(x, y, \sigma) * I(x, y) \tag{1}$$

$$G(x, y, \sigma) = \frac{1}{2\pi\sigma^2}e^{-\frac{(x^2+y^2)}{2\sigma^2}} \tag{2}$$

其中，σ 是高斯核的标准差，不仅衡量了图像的尺度，同时也深刻影响着图像的解析度。σ 越小，图像尺度越低，解析得到的图像也就越清晰。

得到尺度空间后，利用不同尺度图像的差构建高斯差分尺度空间 DoG(difference of gaussian)：

$$I(x, y) = L(x, y, k\sigma) - L(x, y, \sigma) \tag{3}$$

其中，k 表示的是相邻层间尺度比例。在实际应用中，k 的值与特征点的位置与稳定性没有关系，本文中将 k 值设为 $\sqrt{2}$。

使用如图 1 所示的金字塔结构进行 DoG 的构建，左边为尺度空间，由输入图像与高斯公式在不同标准差条件下进行的数次卷积构成，右边为不同尺度图像差分得到的差分尺度空间：

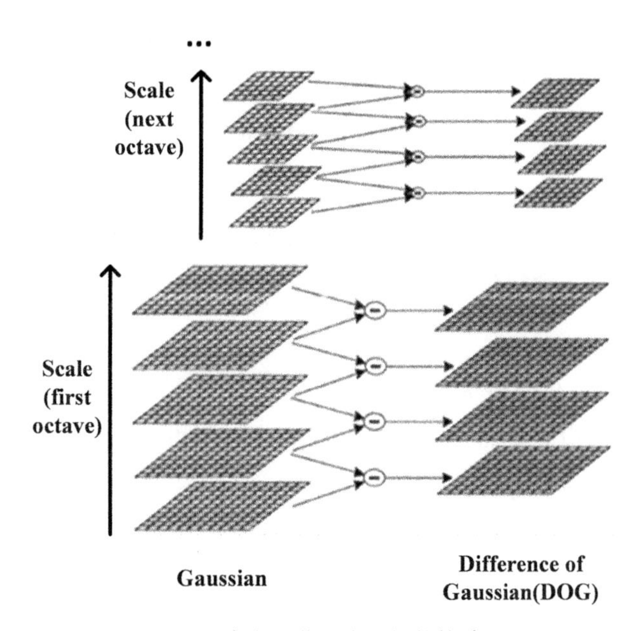

图 1　高斯差分尺度空间的构建

在构建图像金字塔过程中，首先将原始图像间隔 0.5 像素采样，使图像扩大 1 倍，并以此定义需要求取的金字塔结构中最低阶的最底层[12]；使用降采样的方式，在原始图像中间隔 1 像素采样，并以此定义次低阶中的最底层；以 2 倍的关系持续进行降采样，并以此定义需要求取的金字塔结构中的各个阶的最底层。对图像金字塔结构各阶层分别使用不同 σ 的高斯核函数卷积(相邻层 σ 为 k 倍关系，相邻阶 σ 为 k^2 倍关系)形成高斯尺度空间。为了使对于特征点的检测覆盖金字塔结构中每幅图像，需要将每一阶都以整数 s 作为间隔分割，且 $k=2^{1/s}$，故每一阶中需要包括 $s+3$ 层图像(检测极值点时每一阶最高层和最底层不能使用，生成高斯差分尺度空间时每一阶会减少一层图像)。本文中 s 取 2，通过上下毗邻的图像层之间相减可以求出差分尺度空间，然后将灰度归一化，便于检测和提取特征点。

1.1.2　特征点提取与筛选

高斯差分尺度空间中判断特征点的依据是其是否拥有局部的 $D(x, y, \sigma)$ 最大值或最小值，因此需要将每个像素点与相邻点进行比较(既包括本层的 8 个相邻点，也包括相邻层的 18 个点)，如

图 2 所示。

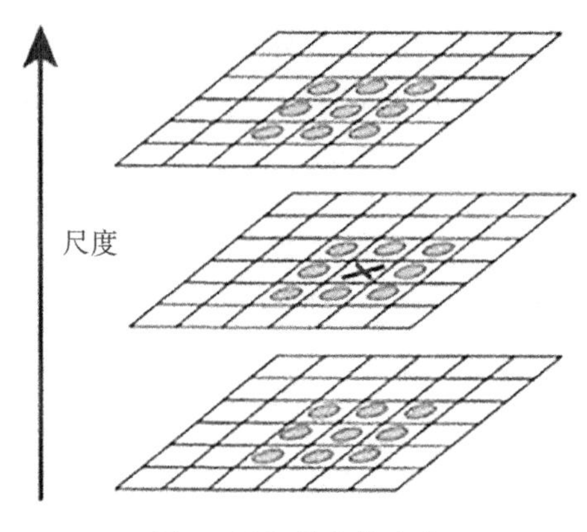

图 2　局部最大值选取

图 2 中纵轴为递增的尺度，若求出此点灰度为其邻域中存在的最值，则可以将此点作为可能的特征点进行保存。经过上述步骤得到可能的特征点，而在其中也具有边缘点和易受噪声影响的低对比度点，应该予以剔除：

(1)剔除处于边缘的点。在高斯差分函数卷积处理之后，在沿着边沿的方向会出现主曲率值相对比较大的情况，而在于边沿垂直的方向上会出现主曲率值相对较小的情况。本文使用 Hessian 矩阵对主曲率具体数值进行计算[13]：

$$\boldsymbol{H} = \begin{bmatrix} D_{xx} & D_{xy} \\ D_{xy} & D_{yy} \end{bmatrix} \tag{4}$$

主曲率与 $\boldsymbol{H}$ 矩阵的本征 λ_1、λ_2 之间存在一定的比例关系，而不用计算 λ_1、λ_2 的具体数值，假定 λ_1、λ_2 同为 $\boldsymbol{H}$ 矩阵的本征值，且 $\lambda_1>\lambda_2$，通过如下方法可以获得 λ_1、λ_2 的比例：

$$\mathrm{Tr}(H) = D_{xx} + D_{yy} = \lambda_1 + \lambda_2 \tag{5}$$

$$\mathrm{Det}(H) = D_{xx}D_{yy} - (D_{xy})^2 = \lambda_1\lambda_2 \tag{6}$$

设 λ_1、λ_2 的比值为 r，则有：

$$\frac{\mathrm{Tr}\,(H)^2}{\mathrm{Det}(H)} = \frac{(\lambda_1 + \lambda_2)^2}{\lambda_1\lambda_2} = \frac{(r+1)^2}{r} \tag{7}$$

经过处理后，可以设定阈值，通过下式判断主曲率值是否过大：

$$\frac{\mathrm{Tr}\,(H)^2}{\mathrm{Det}(H)} < \frac{(r+1)^2}{r} \tag{8}$$

若大于阈值，则可以认为此点为边缘点并进行剔除。本文中 r 阈值取为 10。

(2)剔除低对比度点。此步骤需要泰勒展开差分函数，进行至二次项：

$$D(x) = D + \frac{\partial D^T}{\partial x} + \frac{1}{2}x^T \frac{\partial^2 D}{\partial x^2}x \tag{9}$$

式中，D 以及 D 的微分通过尺度空间中采样点进行计算，$x=(x,\ y,\ \sigma)^T$ 是偏移量。通过对

$D(x)$求导，导数为0时可以求得x的极值点$\hat{x}$。

$$\hat{x}=-\frac{\partial^2 D^{-1}}{\partial x^2}\cdot\frac{\partial D^T}{\partial x} \tag{10}$$

利用函数$D(\hat{x})$筛除对噪声敏感的点：

$$D(\hat{x})=D+\frac{1}{2}\frac{\partial D^T}{\partial x}\hat{x} \tag{11}$$

当$D(\hat{x})$绝对值小于0.03时，则判断此点为不符合要求的点，需要将其从得到的所有可能的特征点集中去掉。

1.1.3 特征点主方向

在获得稳定的特征点后，就要进行特征点主要方向的确认，使得选取到的特征点以及匹配对于旋转变化具有稳定性。利用有限差分的方法，此点梯度模值为$m(x, y)$，方向为$\theta(x,y)$，$L(x,y)$为尺度空间函数，则有：

$$m(x, y)=\sqrt{(L(x+1, y)-L(x-1, y))^2+(L(x, y+1)-L(x, y-1))^2} \tag{12}$$

$$\theta=\arctan\left(\frac{L(x, y+1)-L(x, y-1)}{L(x+1, y)-L(x-1, y)}\right) \tag{13}$$

接下来绘制以梯度方式描述方向的直方图直观地表达特征点具有代表性的方向，每10°作为一个区间，则0~360°总共可以表示成36个区间，以此作为梯度方向直方图的横坐标，以采样点梯度模值作为纵坐标，在直方图中可以看到数量最多方向的最为突出，因此将其作为主方向[14]。

1.2 SIFT特征描述

在提取出特征点，得到特征点的位置以及主方向后，需要对其进行描述，便于从得到的稳定点中搜索出能够对应的点对。

图3(a)中8×8窗口中心点为提取得到的特征点，每个方格代表周围的像素点，使用箭头对于点的梯度进行描述，箭头所指的方向与该点梯度的方向一致，箭头长度是每个采样点梯度的幅值。使用SIFT描述子的第一步是将坐标轴方向旋转到与特征点主方向一致。然后使用参数为σ的高斯函数对采样点的梯度幅值进行高斯加权，相隔较为接近的点产生的响应会比相隔较远的点多，以此消除远处采样点可能产生的影响。其中参数σ决定了进行高斯加权的区域，如图3(a)所示，圆内区域即为进行高斯加权的区域，圆心为特征点，半径为1.5σ。可以使得8×8的采样窗口平均分割成4个小窗口，每个小窗口都是8×8的规格，以每45°作为一个区间，将0~360°总共可以表示为8个相等宽度的区域，根据8个区域产生出直方图表征梯度的方向信息，并对各个点梯度的模值进行求和运算，由此得到了种子点。

为了达到较好的匹配效果，在使用SIFT描述子的时候一般使用16个种子点对提取到的特征点进行描述，每个特征点都可以使用16×8共128维数据进行描述，在实际算法中，以向量的形式表示这128维数据。

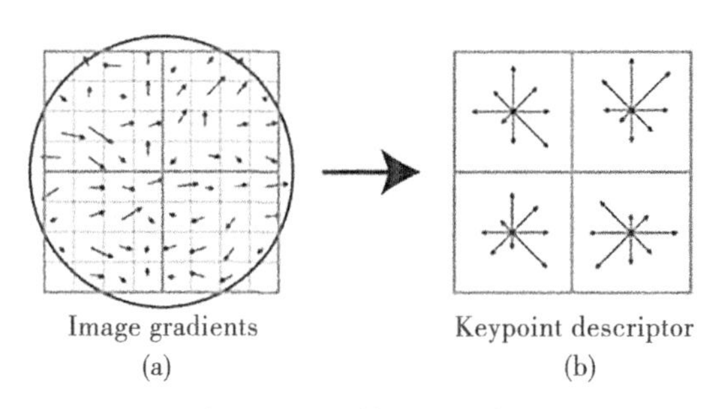

图 3 SIFT 描述子生成

最终使用的 SIFT 描述子具有较好的稳定性，能适应光照、旋转、尺度变化，能够对提取到的稳定 SIFT 特征进行快速准确的匹配，实现拼接。

1.3 SIFT 特征匹配

生成描述子后，要根据一定的方法找到相应的匹配点对，以便进行单应性矩阵的求解，得到投影变换模型。直接进行匹配运行时间过长，计算效率太低，于是在本次实验中，使用的向量空间搜索方法是基于 k-d 树的近似最近邻搜索算法[15]。根据此方法，在描述子构成的向量空间中寻找与目标向量欧氏距离最近邻和次近邻的点，同样采用欧氏空间中该向量最近距离与第二最近的距离的比值作为点对是否匹配的判断依据。在实际应用中，由于计算点积比计算欧氏距离更加有效率，所以使用角度比值近似小角度的欧氏距离。

1.4 几何关系求解

根据透视变换相关理论[16-20]，可以得到坐标变换公式：

$$\begin{bmatrix} x' \\ y' \\ 1 \end{bmatrix} = \begin{bmatrix} h_{11} & h_{12} & h_{13} \\ h_{21} & h_{22} & h_{23} \\ h_{31} & h_{32} & 1 \end{bmatrix} \begin{bmatrix} x \\ y \\ 1 \end{bmatrix} \tag{14}$$

如要求解全部参数，则需要与参数数量同样的方程，于是使用 4 对匹配点对参数进行求解，方程如下($i=1\sim4$)：

$$(x'_i,\ y'_i,\ 1,\ 0,\ 0,\ 0,\ -x_i x'_i,\ -y_i x'_i)\ [m_1,\ m_2,\ \cdots,\ m_8]^T = x'_i \tag{15}$$

$$(0,\ 0,\ 0,\ x_i,\ y_i,\ 1,\ -x_i x'_i,\ -y_i x'_i)\ [m_1,\ m_2,\ \cdots,\ m_8]^T = y'_i \tag{16}$$

可以看到，利用 SIFT 特征点进行单应性矩阵求解的过程与利用角点求解单应性矩阵的过程基本相似，说明透视变换模型在图像中作用不受所选用的特征点类型影响。

2 实验结果

对单幅电力线路图像进行 SIFT 特征点提取(图 4)：

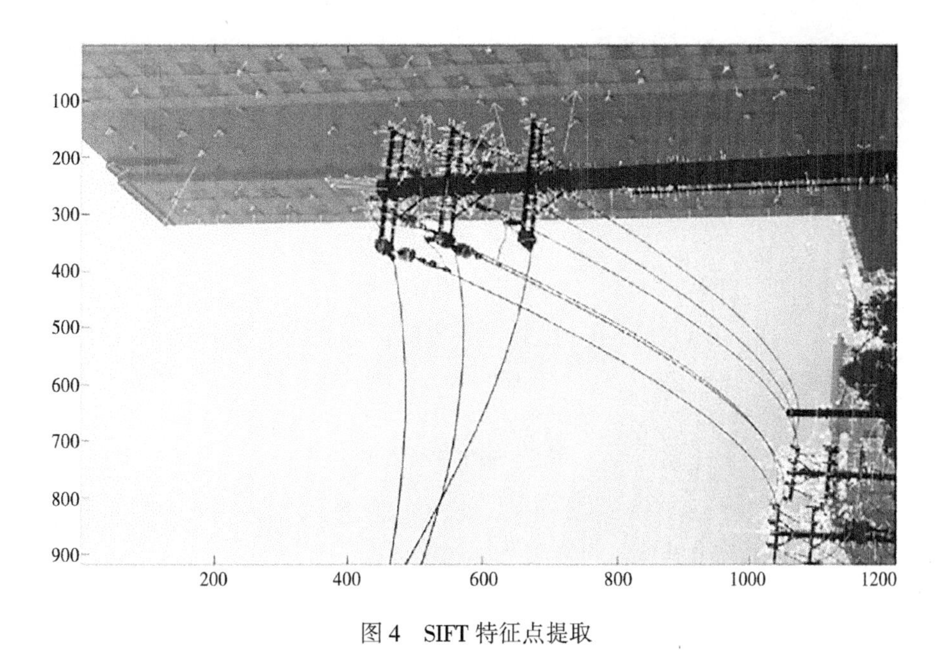

图 4　SIFT 特征点提取

观察图 4，电力线路图像中总共提取出 3225 个 SIFT 特征点，而且这些特征点都能很好地实现对于电力线路图像主要物体的描绘，它们大多分布在电线杆、横担、绝缘子、导线的边缘轮廓上，主方向也基本与轮廓线的法线方向一致，由此，以 SIFT 特征点作为电力线路拼接的特征是可行的。

无人机采集的两幅待拼接图像如图 5 所示：

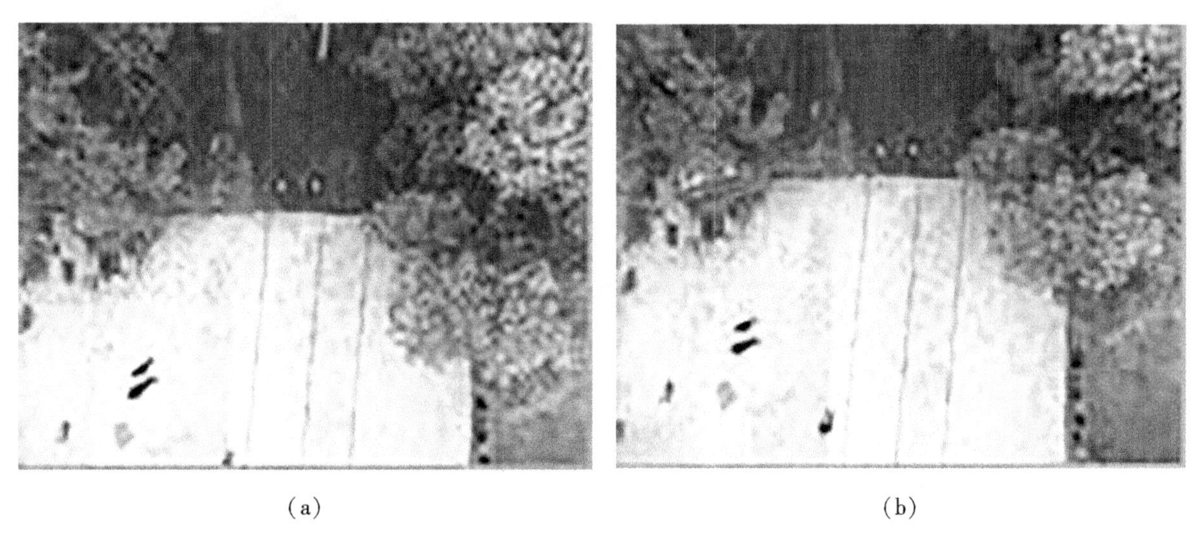

(a)　　　　(b)

图 5　两幅待拼接图

SIFT 特征点检测如图 6 所示：

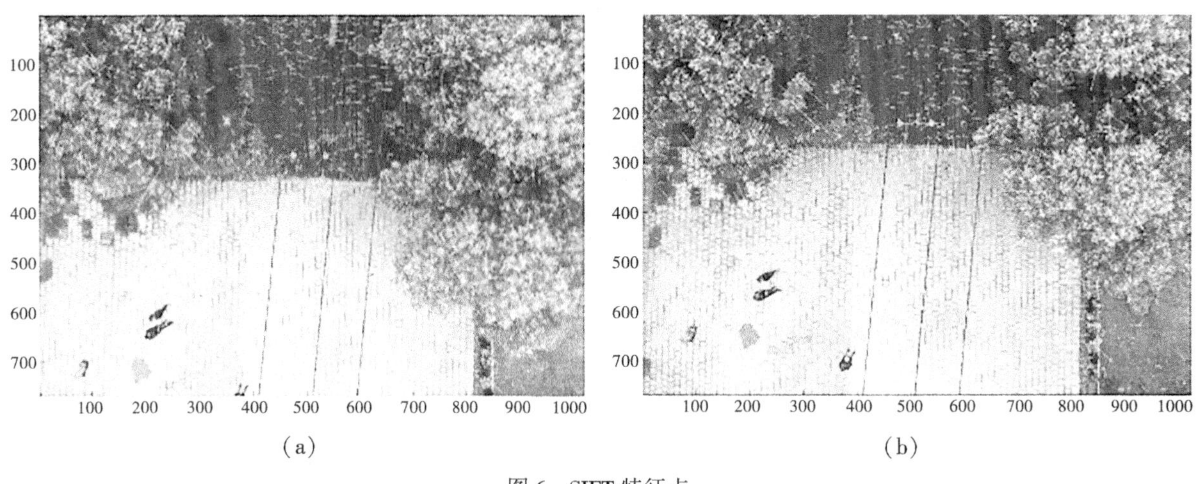

(a) (b)

图6 SIFT 特征点

当欧氏距离比例阈值选为 0.4 时，得到的匹配结果如图 7 所示：

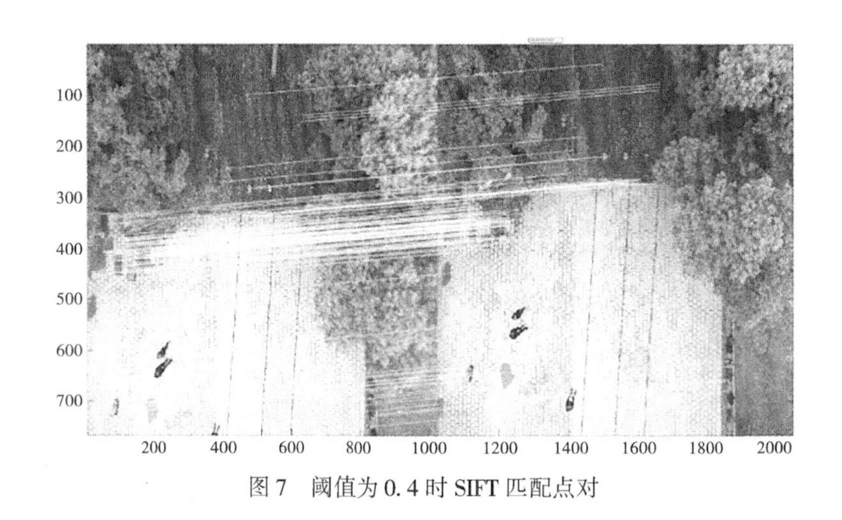

图7 阈值为 0.4 时 SIFT 匹配点对

当欧氏距离比例阈值选为 0.6 时，得到的匹配结果如图 8 所示：

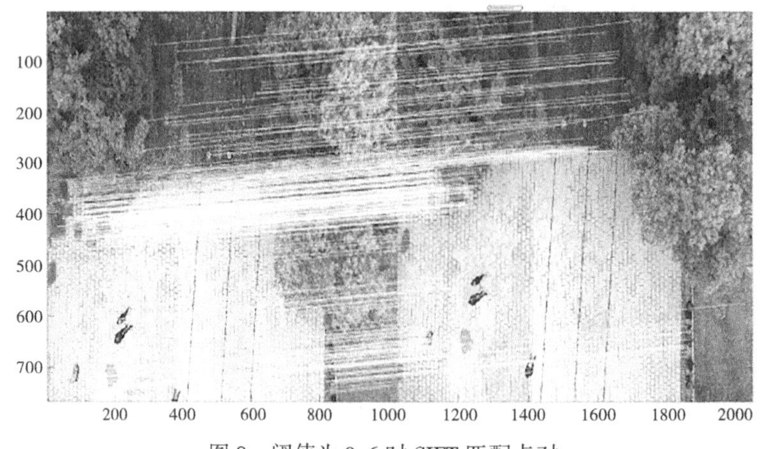

图8 阈值为 0.6 时 SIFT 匹配点对

当欧氏距离比例阈值选为 0.8 时，得到的匹配结果如图 9 所示：

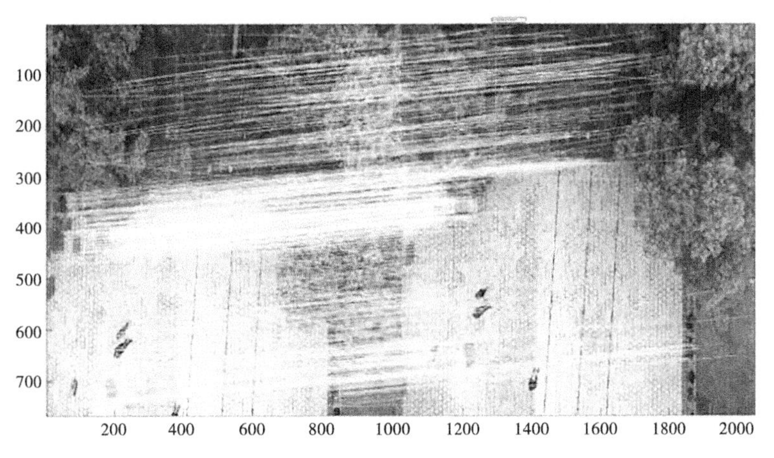

图 9　阈值为 0.8 时 SIFT 匹配点对

当欧氏距离比例阈值越大，得到的匹配点对越多，出现的误匹配情况也就越多，为保证得到尽量多的匹配点对进行最优单应性矩阵估计，同时选取阈值为 0.6。图 6(a)中检测出 6238 个特征点，图 6(b)中检测出 5350 个特征点，匹配点对为 284 对，计算出单应性矩阵结果：

$$\boldsymbol{H}=\begin{bmatrix} 0.9916 & 0.0007 & 9.5608 \\ -0.0018 & 0.9883 & -58.8446 \\ 0.0000 & 0.0000 & 1 \end{bmatrix} \tag{17}$$

配准图像，并使用中值滤波法进行图像颜色和灰度的融合，拼接结果如图 10 所示：

图 10　基于 SIFT 特征点的图像拼接结果

同样，使用 SIFT 特征的电力线路图像拼接也取得了较好的效果，并且可以观察到电力线路结构完整，不存在污损等缺陷。因此其在实际电力巡检中的应用是可行的。

3 结论

相对于传统电力巡检方式，无人机巡检因具有巨大优势而逐渐成为热门。本文着重于无人机拍摄电力线路图像进行特征匹配与拼接的研究，以获得宽视野范围内的无人机航拍电力线路图像，并将图像拼接技术运用到实际无人机航拍电力线场景中。为了使得图像拼接能有具有对于各种变化的适应能力，本文使用 SIFT 特征拼接图像，介绍并实现了利用金字塔结构构建高斯差分尺度空间、提取特征点、使用 SIFT 描述子对其描述，并在欧氏空间寻找对应的匹配点对，使用 RANSAC 算法估计变换参数，实现图像拼接。在今后的工作中，实现基于电力线特征的提取与拼接以及能够呈现更好效果的融合算法，对于无人机巡检图像拼接而言仍然是值得探索的方向。

◎ 参考文献

[1]彭向阳，刘正军，麦晓明，等．无人机电力线路安全巡检系统及关键技术[J]．遥感信息，2015，30(1)：51-57.

[2]马青岷．无人机电力巡检及三维模型重建技术研究[D]．济南：山东大学，2017.

[3]Anuta P E. Spatial registration of multispectral and multitemporal digital imagery using fast fourier transform techniques geoscience electronics[J]. IEEE Transactions on Geoscience Electronics, 1970, 8(4): 353-368.

[4]Reddy B S, ChatterJi B N. An FFT-based technique for translation, rotation, and scale-invariant image registration[J]. IEEE Transactions on Image Processing, 1996, 5(8): 1266-1271.

[5]Li W, Leung H. A maximum likelihood approach for image registration using control point and intensity [J]. IEEE Transactions on Image Processing, 2004, 13 (8): 1115-1127.

[6]盛明伟，唐松奇，万磊，等．二维图像拼接技术研究综述[J]．导航与控制，2019，18(1)：27-34.

[7]David G L. Distinctive image features from scale-invariant keypoints[J]. International Journal of Computer Vision, 2004, 2(60): 91-110.

[8]Baumberg A. Reliable feature matching across widely separated views[J]. IEEE Conference on Computer Vision and Pattern Recognition, Hilton Head Island, South Carolina, 2000: 774-781.

[9]贾莹．基于 Harris 角点检测算法的图像拼接技术研究[D]．长春：吉林大学，2010.

[10]肖得胜，刘桂华．多尺度 Harris 角点检测的 FPGA 实现[J]．通信技术，2012，11(45)：85-105.

[11]王莎．基于特征的 X 线图像拼接算法研究与实现[D]．沈阳：东北大学，2012.

[12]夏建乐．多尺度图像结构增强方法及其应用研究[D]．长沙：湖南大学，2012.

[13]李孚煜．融合 SIFT 和 Gabor 特征的多源遥感图自动配准[D]．南昌：南昌大学，2015.

[14]许志宏. 基于航拍图像的拼接算法研究及其实现[D]. 北京：华北电力大学，2015.
[15]陈剑虹，韩小珍. 结合FAST_SURF和改进k_d树最近邻查找的图像配准[J]. 西安理工大学学报，2016，32(2)：213-252.
[16]沈峰. 视点稀疏且可旋转的多透视视频拼接[D]. 合肥：安徽大学，2014.
[17]严磊. 基于特征匹配的全自动拼接算法研究[D]. 合肥：中国科学技术大学，2017.
[18]贾银江. 无人机遥感图像拼接关键技术研究[D]. 哈尔滨：东北农业大学，2016.
[19]阮秋奇，等. 数字图像处理[M]. 2版. 北京：电子工业出版社，2004.
[20]董强. 机载图像拼接关键技术研究[D]. 北京：中国科学院大学，2017.

基于带电监测技术的主变中压套管故障分析

路智欣，韦瑞峰，段永生，胡鹏伟，邹璟，方勇，张诣，刘贤泽

（云南电网有限责任公司昆明供电局，昆明，650000）

摘　要：主变套管的健康状况关乎电网安全运行。随着带电监测技术的应用，已经通过红外测温巡检发现了多起高压套管将军帽柱头发热缺陷。本文介绍了一起110kV主变中压套管本体缺陷。通过红外精准测温和油色谱分析联合监测技术长期跟踪，发现套管本体发热，并有增长趋势，经停电试验和解体检查，发现套管内导电杆有两处明显的烧灼痕迹，绕组绝缘电阻不合格，验证了联合带电监测技术的准确性。

关键词：红外测温；油色谱分析；主变；中压套管

0　引言

近年来，主变套管发热缺陷占主变运行缺陷比例较高，通过红外测温巡检已发现多起套管将军帽柱头处发热故障[1-4]。因该处属于电流制热型，温差较大易于发现。本文介绍了一起110kV主变中压套管本体缺陷，利用红外精准测温发现套管本体发热，并结合油色谱分析技术，在不停电的状态下跟踪主变缺陷发展趋势，经停电试验和解体检查，找到了故障原因。

1　主变套管带电监测方法

1.1　红外精准测温技术

利用红外线传感器接收被测目标的红外线信号，经放大处理形成温度分布的二维可视图像。巡检中常易发现外部裸露的电流制热型热故障，对于电压制热型设备，尤其是内部热故障，经各种固体、液体、气体等传导后，表面温度有所差异，需消除背景干扰，缩小温宽，将相同或同类设备进行对比分析。

1.2　油色谱分析技术

当充油设备内部发生故障时，故障所释放的能量将绝缘油裂解，产生二氧化碳、氢气及不同烃

类气体，故障类型不同、释放能量不同，导致气体成分不同。通过对取出的油样进行气相色谱分析，依据所获得的各组分气体含量及排序变化，判定设备有无内部故障、故障种类和严重程度，综合诊断故障位置[5]。常用的数据分析方法包括：与特征气体注意值比较、与产气速率的注意值比较、三比值法。

2 主变套管故障实例分析

2.1 带电监测分析

2.1.1 红外及油色谱数据异常情况

2020 年 5 月 15 日，在对某变电站开展红外精准测温时，发现 110kV 2 号主变 35kV 侧 A 相套管整体发热。主变型号为 SFSZ9-40000/110，2002 年 11 月出厂，2003 年 4 月投产，35kV 侧套管型号为 BJW-35/800，运行 17 年。其中，A 相套管上部最高温度为 58.6℃，较 B、C 相同位置高出 17K 左右；A 相套管中部最高温度为 43.5℃，较 B、C 相同位置高出 3K 左右；整个套管温度呈现上高下低分布。

为排除阳光直射干扰，2020 年 6 月 24 日，对该主变进行红外测温复测，温宽为 38.9~54.4℃，发现 35kV 侧 A 相套管上部最高温度为 53.5℃，较 B、C 相同位置高 15K 左右；A 相套管中部为 47.7℃，比 B、C 相同位置高 7K 左右；套管温度呈现上高下低分布。而 A 相套管检修手孔位置为 53.8℃，较 B、C 相同位置高出 3K 左右。依据《电气设备带电红外诊断应用规范》(DL/T 664—2016)，初步判断套管异常发热。

35kV 侧套管上部被绝缘包裹遮挡，发热点热量经绝缘包裹、瓷绝缘、金属导体传导后呈现的表面辐射温度不同，无法准确判断上部发热点位置是否在套管内部。因套管与主变本体油路相连，如发热点在内部还会影响主变正常运行，故采取红外精准测温及油色谱分析的联合监测诊断模式。

通过长期红外精准测温及油色谱分析，分别跟踪了该主变的运行状态，测试结果如表 1、图 1、表 2 所示。

2021 年 4 月 23 日红外精准测温结果显示，A 相套管发热呈上升趋势。其上部最高温度 62.0℃，较 B、C 相同位置高 20K 左右，A 相套管中部 53.1℃，较 B、C 相高 10K 左右，较 2020 年 6 月 24 日测试结果相间温差增长 3K。A 相套管检修手孔位置 55.0℃，较 B、C 相同位置高 3.5K 左右，较 2020 年 6 月 24 日测试结果无明显变化。

表 1　**主变 35kV 侧套管红外精准测温数据**

测试日期	测试部位	A 相/℃	B 相/℃	C 相/℃
2020-05-15	套管上部	58.6	40.2	41.2
	套管中部	43.5	40.5	42.0

续表

测试日期	测试部位	A 相/℃	B 相/℃	C 相/℃
2020-06-24	套管上部	53.5	38.1	38.2
	套管中部	47.7	39.8	40.4
	检修手孔	53.8	50.5	51.6
2021-04-23	套管上部	62.0	42.1	42.6
	套管中部	53.1	42.8	42.9
	检修手孔	55.0	51.5	53.7

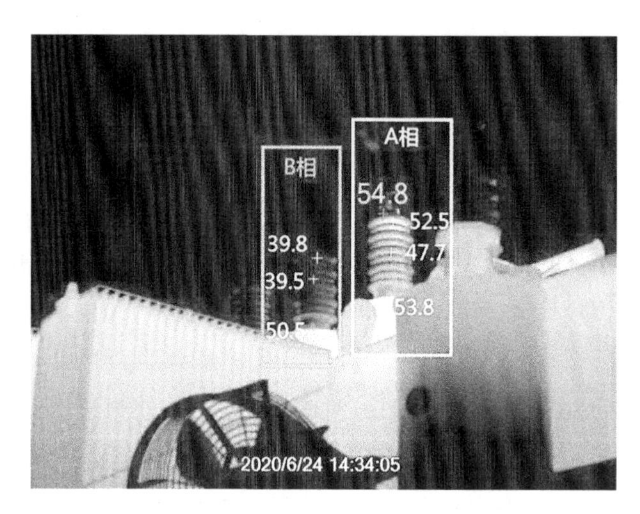

图 1 主变 35kV 侧 A 相套管红外热像图

表 2 **油色谱分析监测数据**

测试日期	H_2/(μL/L)	CO/(μL/L)	CO_2/(μL/L)	CH_4/(μL/L)	C_2H_6/(μL/L)	C_2H_4/(μL/L)	C_2H_2/(μL/L)	总烃/(μL/L)
2018-7-12	9.07	759.84	457.19	17.97	2.01	1.04	0.88	21.89
2019-7-8	12.24	806.09	649.83	18.01	3.55	7.14	1.02	29.73
2020-6-22	29.64	751.27	568.01	66.16	14.75	69.06	1.06	151.03
2020-6-24	36.65	851.27	635.92	76.36	16.37	77.27	1.16	171.16
2020-6-26	30.70	735.63	578.56	68.42	16.92	75.20	1.22	161.76
2020-7-2	34.79	827.60	624.59	76.82	17.31	79.12	1.27	174.52
2020-7-10	32.34	800.68	634.38	76.94	18.49	83.06	1.28	179.77
2020-7-16	29.68	719.13	550.57	65.98	14.11	65.97	1.01	147.07
2020-7-24	32.31	789.10	550.98	69.12	15.34	71.28	1.07	156.81
2020-7-29	32.81	759.77	569.98	74.48	17.43	78.91	1.19	172.01
2021-3-15	49.91	775.01	414.98	124.80	25.19	132.25	1.11	283.35
2021-5-12	69.86	806.76	543.31	129.52	26.45	133.65	1.20	290.82
2021-6-18	94.82	892.73	699.31	207.58	45.61	238.53	0.89	492.61

油色谱分析结果显示，2020 年 6 月 22 日起总烃含量超过 150μL/L 的注意值，至 2021 年 6 月特征气体有明显突变并持续上升，高达 492. 61μL/L，如图 2 所示。

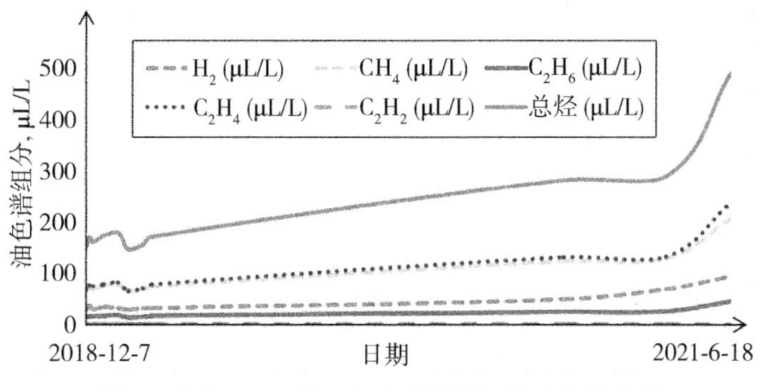

图 2　主变 35kV 侧 A 相套管特征气体变化趋势图

2. 1. 2　故障类别判断及故障点温度估算

如表 3 所示，依据导则推荐的三比值分析[7]，三比值编码为 022，说明变压器内存大于 700℃高温过热。根据日本月岗淑郎等推荐的经验公式(1)[5]：

$$T=322\times\lg(C_2H_4/C_2H_6)+525℃ \tag{1}$$

得出故障点温度最高时达到 756℃。自 2019 年 7 月至今负荷电流平稳，温度升高与电流大小无关，建议立即停电检查。

表 3　三比值计算结果及故障温度

测试时间	C_2H_2/C_2H_4	CH_4/H_2	C_2H_4/C_2H_6	故障温度/℃
2020-6-22	0. 02	2. 23	4. 68	741
2020-6-24	0. 02	2. 08	4. 72	742
2020-6-26	0. 02	2. 23	4. 44	734
2020-7-2	0. 02	2. 21	4. 57	738
2020-7-10	0. 02	2. 38	4. 49	735
2020-7-16	0. 02	2. 22	4. 68	741
2020-7-24	0. 02	2. 14	4. 65	740
2020-7-29	0. 02	2. 27	4. 53	736
2021-3-15	0. 02	2. 50	5. 25	757
2021-5-12	0. 01	1. 85	5. 05	752
2021-6-18	0. 01	2. 19	5. 23	756

2.1.3 故障部位的初步判断

油色谱高温过热原因有以下几种：引线接触不良、导线接头焊接不良、铁心多点接地、股间短路引起过热等情况。经铁心接地电流带电测试，未发现异常，排除铁心多点接地可能。由推算的故障温度、红外测温结果、套管及主变结构初步判断，35kV 侧 A 相套管导电杆上端和下端有两处接触不良，如图 3 所示。

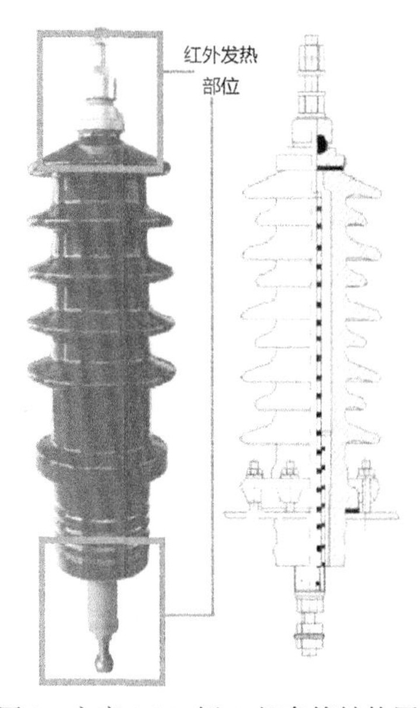

图 3　主变 35kV 侧 A 相套管结构图

2.2 停电试验

2021 年 7 月 10 日进行了电气试验检查，其中铁心及夹件对地绝缘电阻正常，35kV 侧绕组直流电阻存在三相不平衡，如表 4 所示。A 相直流电阻最大，偏差达 3.10%，超过 2%的标准值[8]，较历史值增长 3.34%。无其他历史缺陷记录。

表 4　**主变 35kV 侧绕组直流电阻数据**

测试时间	A_mO_m/mΩ	B_mO_m/mΩ	C_mO_m/mΩ	Δ/%
2012-2-17	61.02	61.23	61.63	1.00
2021-7-10	65.38	63.39	63.77	3.10
2021-7-13	63.36	63.67	64.04	1.06

2.3 解体检查

将油位降至套管的升高座以下，解体发现套管上柱头有氧化痕迹，套管下端引线巴掌与导电杆接头处有严重的烧灼痕迹，与35kV侧A相套管红外热像图一致，解体情况如图4所示。滤油后油色谱、直流电阻数据正常并投运。

(a)套管上柱头氧化　　(b)套管下端引线巴掌与导电杆接头处烧灼

图4　主变35kV侧A相套管解体

3　原因分析

套管导电杆上下端与引线接触位置，因运行时间长达17年，金属件间受电动力作用或受热变形，引起接触不良发热，导致绝缘油裂解，且下端发热点是油色谱突增的主要原因。

导电杆上端热点主要经绝缘包裹衰减，反应的表面温度较高，导电杆下端与引线巴掌连接处的热点需经过绝缘油、金属外壳传导，反应的表面温度较低，因此从红外图谱看，套管本体发热且温度分布呈上高下低状态。

4　运行维护建议

利用红外精准测温及油色谱分析的联合监测技术可有效发现主变充油套管的绝缘故障。针对该类电压制热型设备，在日常巡检中应缩减温宽范围，上下限温差在4～5K，避免阳光直射，并重点关注检修手孔处的相间温差，及时发现问题隐患。

◎　参考文献

[1]罗舜．电力变压器套管将军帽发热故障的红外诊断分析[J]．变压器，2018，55(1)：50-53.

[2]周秀，吴旭涛，刘威峰，等．一起220kV主变压器套管缺陷诊断分析[J]．电磁避雷器，2021(2)：85-89.

[3]马凯，章海斌，黄道均，等．一起套管安装不规范引起的变压器故障分析与处理[J]．变压器，2019，56(7)：83-86.

[4]李志军，周淥，邢来，等．一起主变C相套管连接结构发热故障的分析[J]．变压器，2019，56(2)：78-81.

[5]单银忠，王胜龙，谢竟成，等．一起500kV主变压器油色谱异常的分析及处理[J]．变压器，2021，58(7)：79-82.

[6]电气设备带电红外诊断应用规范：DL/T 664—2016[S]．北京：国家能源局，2017.

[7]变压器油中溶解气体分析和判断导则：DLT 722—2014[S]．北京：国家能源局，2015.

[8]电力设备检修试验规程：Q/CSG 1206007—2017[S]．中国南方电网有限责任公司，2018.

一起 220kV 变电站 GIS 低温接地故障分析

徐党国[1]，秦逸帆[1]，李波涛[2]，黄诗洋[1]，张文华[2]

（1. 国网冀北电力有限公司电力科学研究院，北京，10046；

2. 国网冀北张家口供电公司，张家口，075000）

摘　要：GIS 设备大量采用 SF_6 作为绝缘介质，然而 SF_6 液化温度较高，在高寒地区适用性差，由于低温导致 SF_6 液化进而产生低气压报警或闭锁的现象时有发生，但因 SF_6 液化而造成 GIS 接地故障的案例极为罕见。本文论述了一起某 220kV 变电站运行过程中因 SF_6 低温液化导致的 220kV GIS 内部接地故障，然后对故障原因、故障发展过程进行了论述与分析，最后对 SF_6 低温液化问题提出了整改措施与建议。

关键词：气体绝缘金属封闭开关设备；SF_6；低温液化；接地故障

0　引言

气体绝缘金属封闭开关设备(GIS)是一种将断路器、隔离开关、接地开关、互感器、避雷器、母线、套管和电缆终端等电气元件封闭组合在接地金属外壳内的组合电器。GIS 大大减小了占地面积，具有配置灵活、维护简单、检修周期长等优点，广泛应用于新建变电站中。SF_6 因为其良好的绝缘性能与灭弧性能，作为绝缘介质大量应用于 GIS 中。然而，SF_6 作为一种大分子量的气体，液化温度较高，在高寒地区适用性差，由于低温导致 SF_6 液化进而产生低气压报警闭锁的案例时有发生[1-4]。

本文论述了一起某 220kV 变电站运行过程中因低温导致的 220kV GIS 内部接地故障，对故障原因及防范措施进行论述与分析。

1　事故概述

2021 年 1 月 5 日 1 时 42 分，河北北部地区某 220kV 变电站 220kV GIS 设备 2202 断路器 A 相气室出现接地短路故障，220kV 4 号母线母差保护动作跳闸，未损失负荷。故障发生时站内天气晴，微风，天气预报当地气温-25℃。

2. 事故初步检查情况

故障设备出厂日期是2018年9月，投运日期是2019年8月14日，投运后未进行检修。

2.1 现场检查情况

现场工作人员进行2202断路器A相气室分解物试验时发现气室SO_2超标，数值为6.8ppm。查阅现场记录，罐内SF_6最低表压为0.5MPa(相对压力)。

对2202断路器A相气室进行开盖检查，发现灭弧室支撑绝缘台根部有灼烧发黑痕迹，壳体根部有多处灼烧点，如图1所示。

图1 支撑绝缘台根部放电痕迹

2.2 返厂解体检查情况

2021年3月11日，在厂家包装车间，对故障灭弧室进行了解体，并对放电原因进行了查找。从解体情况来看，断路器静侧无异常，动侧绝缘拉杆无异常。动侧绝缘台表面存在电弧表面烧蚀发黑痕迹，动侧绝缘台上下金属台有少许烧蚀，但下端金属法兰明显烧蚀面积大，烧蚀点多，上侧铝屏蔽烧蚀点少，动侧绝缘台表面电弧烧蚀痕迹如图2所示。判断绝缘台下部为放电起弧点。未见断路器内金属类异物。

2.3 绝缘台耐压试验结果

技术人员在厂内对烧蚀的绝缘台进行清洁后施加工频耐压试验，如图3所示，试验值446kV，高于出厂电压460kV的80%，说明绝缘台烧蚀后无质量问题，放电原因非绝缘台缺陷。

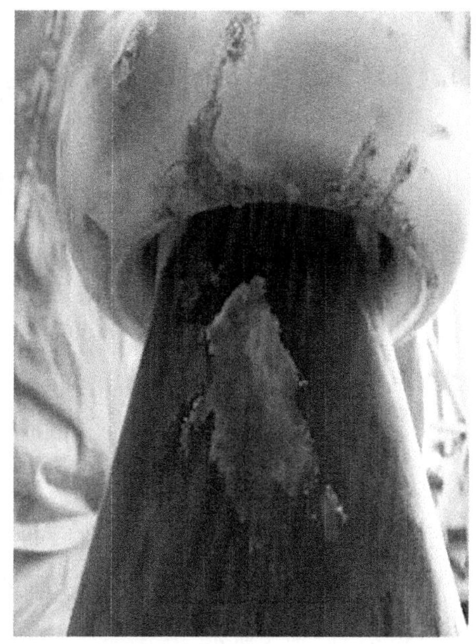

图 2　动侧绝缘台表面电弧烧蚀痕迹

图 3　烧蚀绝缘台工频耐压试验图

3　故障原因分析

上述检查情况表明，绝缘台无绝缘缺陷。通过与现场工作人员核实，为了保证绝缘强度与运行时的试验需要，罐内充入 SF_6 气体比额定值高 0.05MPa，断路器铭牌显示，额定值下，SF_6 气体相对压力(20℃)为 0.6MPa，充入 SF_6 气体质量为 70kg。考虑到大气压为 0.1MPa，投运前罐内 SF_6 绝对压强为 0.75MPa，SF_6 气体质量为 75kg。

若罐内 SF_6 气体无液化，可计算其在低温下的压强。由理想气体方程：

$$p_1 = p_0 \times \frac{T_1}{T_0} \tag{1}$$

其中，p_0、p_1 为20℃与-25℃时罐内 SF_6 压强，T_0、T_1 为温度，单位开尔文。

由式(1)计算可得 $p_1 = 0.622\text{MPa}$，高于罐内实际气压(0.6MPa)，说明在此温度下 SF_6 气体发生液化现象。

因为液化体积相比罐内体积极小，可认为气体体积不变。由理想气体方程：

$$n_r = n_0 \times \frac{p_1}{p_0} \times \frac{T_0}{T_r} \tag{2}$$

其中，n_0、n_r 为20℃与-25℃时罐内 SF_6 气体物质的量，单位摩尔。p_0、p_r 为20℃与-30℃时罐内 SF_6 压强，T_0、T_r 为温度，单位开尔文。

由式(2)计算可得，$n_r = 0.945n_0$。液化的 SF_6 气体质量为

$$m_{\text{liquid}} = (1 - 0.945) \times 75\text{kg} = 4.12\text{kg} \tag{3}$$

SF_6 液体密度为 1.339g/cm^3，可得液化后的 SF_6 液体体积为3.08L。由厂家设计图可知，GIS罐内直径40cm，绝缘台直径24.2cm。可计算得到液化 SF_6 高度为3.86cm。查阅设计图，带电部分与接地外壳距离18cm，如图4所示。

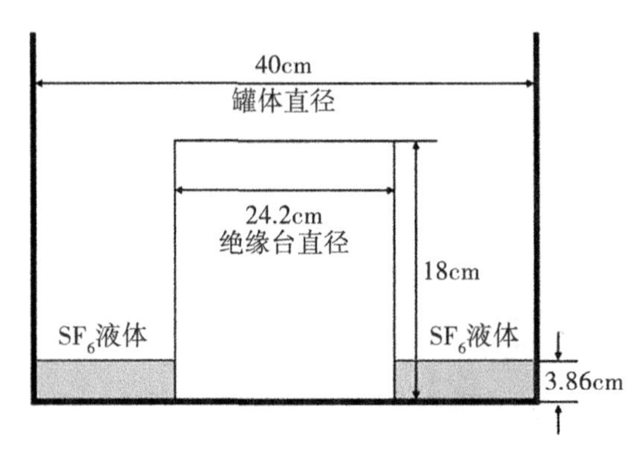

图4　GIS内部尺寸示意图

由以上理论分析结果，判断故障发展过程如下：

(1)断路器底部接地法兰上存在开关动作时产生的金属自由颗粒，当 SF_6 气体开始出现部分液化，金属颗粒将浮在 SF_6 表面。

(2)由于液态 SF_6 液面高度为3.86cm，使得绝缘距离减少21.4%，自由金属颗粒经电场作用，在绝缘台表面或附近产生聚集及桥接，使得绝缘台表面局部电场发生畸变，造成局部电场集中和劣化，该部位放电起始电压下降。

(3)当该部位的放电电压低于绝缘台表面击穿电压，形成电晕放电，电晕放电持续扩大，电荷能量使得金属熔化并在电场的作用下形成金属喷溅，恶化了电场，迅速减小了该处的放电间隙，直到间隙被击穿。

综上所述，尽管 SF_6 气体在气压降低后绝缘强度几乎不发生变化[5-6]，然而液化后的液态 SF_6 导致金属颗粒浮在表面，等效于减少了21.4%的绝缘距离，造成局部电场集中和劣化最终放电击穿。

4　故障处理与预防措施

1月14日，厂家将故障恢复物资运送至现场。现场将2202断路器A相整相断路器进行了更换，耐压等相关试验合格后于2021年1月20日送电成功。后续预防措施如下：

(1)根据当地极端气候要求，重新核算伴热带功率，增加裕度，更改伴热带加热位置。补投伴热带，保证断路器气室 SF_6 气体不液化。对运行中伴热带增加电源电流监视，保证伴热带在温度低于-15℃时正常投入运行。

(2)对站内其他间隔，分3个月、6个月定期进行超声波局放检测和气体组分及分解物测试。

5　总结

本文论述了一起某220kV变电站运行过程中因 SF_6 低温液化导致的220kV GIS内部接地故障，对事故原因进行了详细分析，给出了故障发展的详细过程，提出了后续预防措施与建议。

◎　参考文献

[1]王栋，邱志斌，魏巍，等.220kV 某变电站 GIS 单相接地故障分析及处理措施[J]. 高压电器，2020，56(11)：259-265，274.

[2]绍伟，金大鑫，柳尚一，等. 一例 220kV GIS 缺陷的发现与分析[J]. 高压电器，2013，49(10)：141-143，148.

[3]李国兴，姜子秋，关艳玲，等. 六氟化硫气体低温液化特性试验研究[J]. 黑龙江电力，2015，37(5)：399-403.

[4]Yuan Z, Tu Y, Wang C, et al. Research on liquefaction characteristics of SF_6 substitute gases[J]. Journal of Electrical Engineering and Technology, 2018, 13(6): 2545-2552.

[5]Robin-Jouan P, Mohammed Y. New breakdown electric field calculation for SF_6 high voltage circuit breaker applications[J]. Plasma Science and Technology, 2007, 9(6): 690.

[6]赵虎，李兴文，贾申利. SF_6 及其混合气体临界击穿场强计算与特性分析[J]. 西安交通大学学报，2013，47(2)：109-115.

一起开关柜穿柜套管电晕放电缺陷分析

路智欣，段永生，方勇，邹璟，张诣，王立，韦瑞峰
（云南电网有限责任公司昆明供电局，昆明，650000）

摘　要：局放检测技术已普遍应用在开关柜绝缘状态评估中，故障多体现为绝缘件沿面放电、气隙内部放电、金属悬浮放电。本文介绍了一起少见的穿柜套管电晕放电故障，多角度分析原因并提出了运维策略，以期为开关柜状态检修提供技术经验。

关键词：局放检测；开关柜；穿柜套管；电晕放电

0　引言

局放检测技术是开关柜绝缘状态评估的重要手段。在历年发现的故障案例中，多为绝缘件沿面放电、气隙内部放电、金属悬浮放电[1-4]。本文介绍了一起少见的案例，通过局放检测、试验检修，发现了穿柜套管电晕放电故障，分析原因并提出了运维策略。

1　故障概况

2021 年 11 月 29 日，对某变电站 35kV 开关柜进行局放测试，发现 35kV I 段母线电压互感器柜后柜上部存在肉耳可听见的超声信号，幅值为 17dB，为电晕放电特征；35kV 双河 I 回 354 断路器前柜存在肉耳可听见超声信号，幅值为 14dB，为沿面放电特征；后柜存在超声信号，幅值 9dB，为电晕放电特征。建议停电处理，配合耐压局放检查。

2　局放带电检测

2.1　局放测试

采用超声波、特高频局放检测技术对 35kV I 段母线电压互感器开关柜进行测试，图谱如图 1 所示。开关柜后上柜存在肉耳可听见超声信号，幅值为 17dB，频率成分 2[100Hz]小于频率成分 1

[50Hz]；相位图三相限打点密集，具有电晕放电特征。特高频测试无异常。

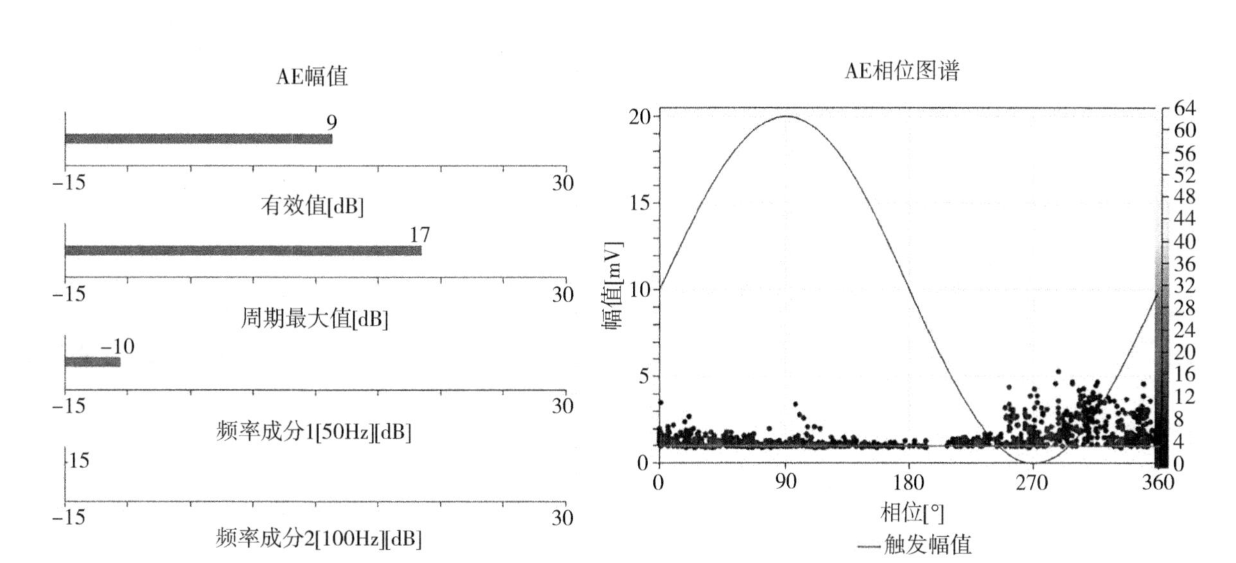

(a)超声波幅值图　　(b)超声波相位图

图1　35kV I段母线电压互感器开关柜超声局放图谱

对35kV双河I回354断路器开关柜进行测试，图谱如图2、图3所示。前柜存在肉耳可听见超声信号，幅值为18dB，频率成分2[100Hz]大于频率成分1[50Hz]；相位图呈双驼峰状，具有沿面放电特征。后柜也存在超声信号，幅值10dB，频率成分2[100Hz]小于频率成分1[50Hz]；相位图三相限打点密集，具有电晕放电特征。特高频测试无异常。

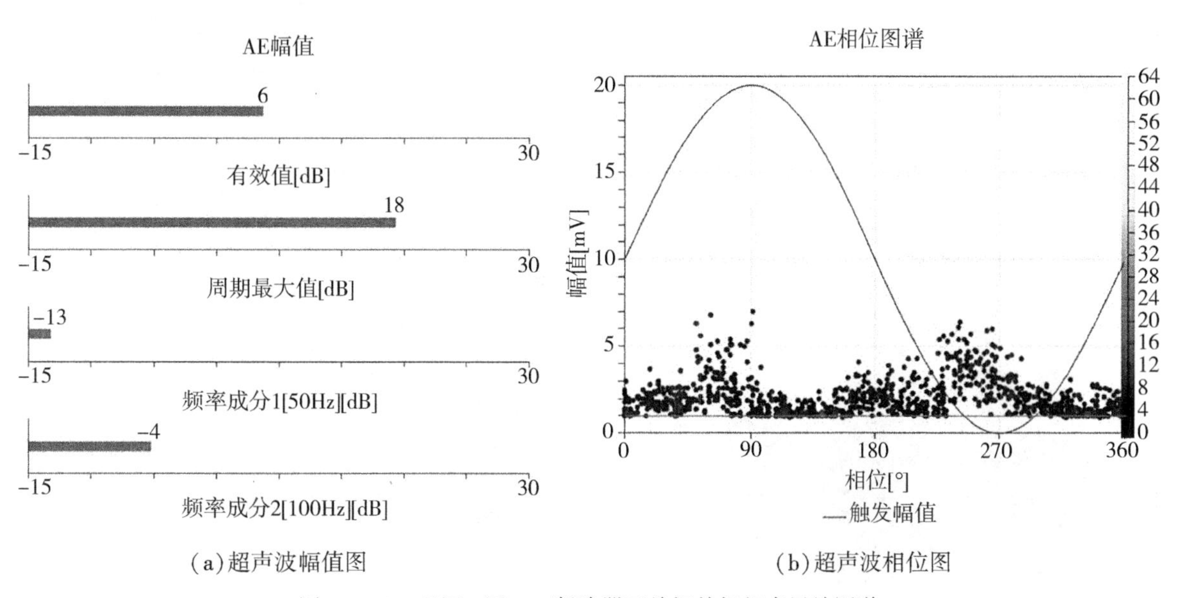

(a)超声波幅值图　　(b)超声波相位图

图2　35kV双河I回354断路器开关柜前柜超声局放图谱

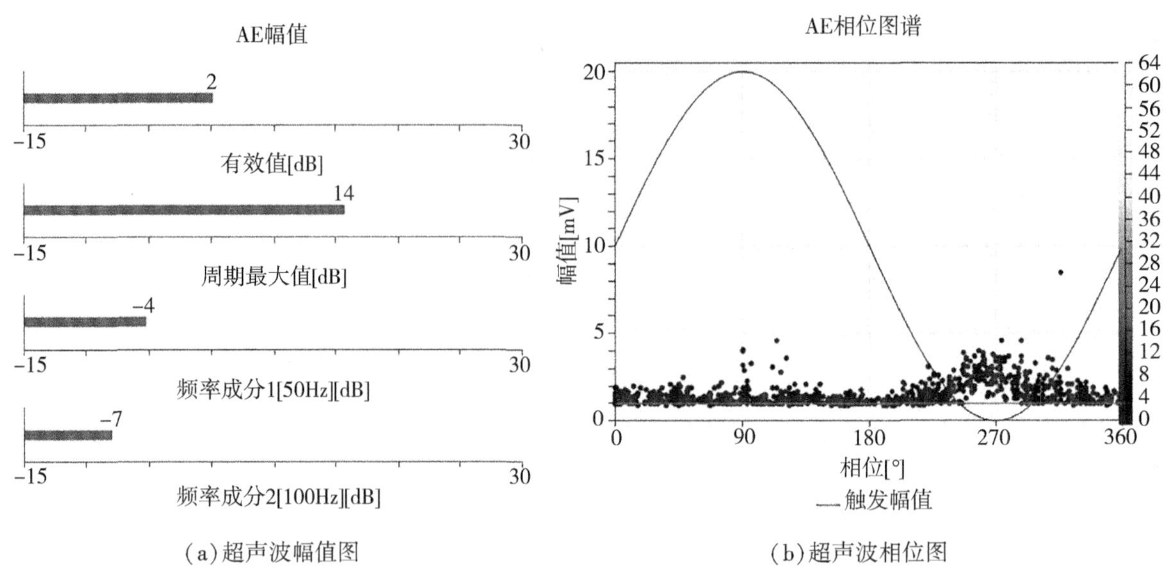

(a)超声波幅值图　　(b)超声波相位图

图 3　35kV 双河 I 回 354 断路器开关柜后柜超声局放图谱

2.2　局放定位

通过超声波幅值定位法，35kV I 段母线电压互感器开关柜局放位置位于后柜上部，如图 4 所示。35kV 双河 I 回 354 断路器开关柜局放位置位于前柜及后柜的下部，如图 5 所示。

图 4　35kV I 段母线电压互感器开关柜局放定位

图 5　35kV 双河 I 回 354 断路器开关柜局放定位

3 检测试验

2021 年 12 月 15 日至 16 日，分别对 35kV I 段母线电压互感器开关柜、35kV 双河 I 回 354 断路器开关柜停电检查，通过紫外局放未发现放电点，故重点通过外观检查故障点。

3.1 35kV I 段母线电压互感器开关柜解体检查

柜体前后相通，整体外观如图 6 所示。连通前后柜的穿柜套管 A 相情况最为严重，其中靠后柜门端头处用于固定及密封的铝片及密封圈严重腐蚀，并且脱落，对比 B、C 相未见固定销子，对应的地面上有掉落的金属削和腐化物，母排受潮锈蚀，A 相套管靠前柜门端头出现同类情况；穿柜套管 B 相固定销子部分锈蚀，铝片部分腐蚀未脱落，内部母排受潮锈蚀；穿柜套管 C 相铝片部分腐蚀未脱落，内部母排受潮锈蚀，如图 7、图 8 所示。对套管、母排、等位片、铝片进行了擦拭，更换密封圈，增加 A 相套管的固定销子。

图 6 35kV I 段母线电压互感器开关柜整体外观

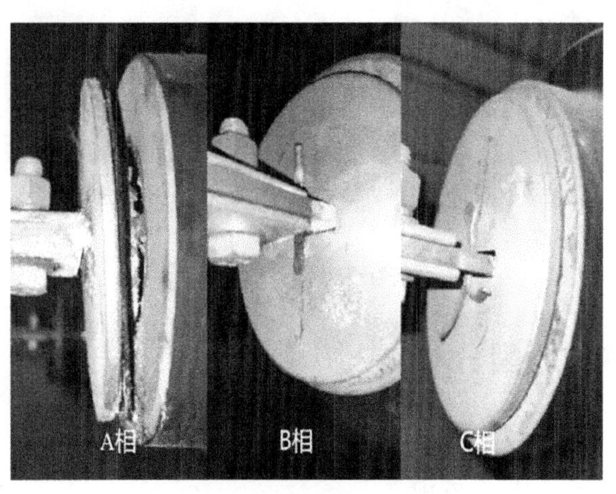

图 7 靠后柜门侧穿柜套管情况

图 8 三相穿柜套管内母排及等位片受潮

3.2 35kV 双河 I 回 354 断路器开关柜解体检查

柜体前后不通。后柜上下连接的穿柜套管 B 相与 35kV I 段母线电压互感器开关柜情况类似，未见固定销子，铝片及密封圈严重腐蚀，母排受潮锈蚀，如图 9 所示。前柜发现断路器相间的绝缘隔板有严重的表面放电和受潮痕迹，绝缘板老化变黄，如图 10 所示。对套管、母排、等位片、铝片进行了擦拭，更换密封圈，进行金属件加固；对绝缘隔板及断路器绝缘表面进行擦拭。

图 9 354 开关柜后柜穿柜套管 B 相情况

图 10 354 开关柜前柜断路器相间绝缘隔板放电痕迹

4 原因分析

4.1 局放原因

针对 35kV I 段母线电压互感器开关柜后柜、35kV 双河 I 回 354 断路器开关柜后柜的电晕放电，是由于穿柜套管端头铝片松脱，母排与铝片不在同电位，之间产生了不均匀电场造成电晕放电。

针对 35kV 双河 I 回 354 断路器开关柜前柜的沿面放电，主要是由于断路器相间绝缘隔板受潮脏污，表面电场强度增加引起沿面放电。

4.2 穿柜套管安装工艺不规范

(1)35kV I 段母线电压互感器开关柜、35kV 双河 I 回 354 断路器开关柜的问题穿柜套管，均未发现固定销子，怀疑安装时遗漏或被腐蚀耗损，无法给铝片一个压力，使得铝片与密封圈在重力及电动力作用下脱落。

(2)铜母排与铝片两种金属直接连接，其接触面在空气中水分、二氧化碳及其他杂质的作用下极易形成电解液，从而形成以铝为负极、铜为正极的原电池，使铝产生电化腐蚀，所以可以看到铝片上有多处腐蚀痕迹。另外，由于铜、铝的弹性模量和热膨胀系数相差较大，在运行中多次冷热循环后，会使接触点产生较大的间隙，而使接触电阻增大，温度升高，加剧腐蚀，使得对应部位的固定销子、铝片、密封圈严重腐蚀。

《电气装置安装工程质量检验及评定规程》第 4 部分：母线装置施工质量检验中表 3.0.2 指出：母线接触面要平整、无氧化膜，镀银层不得磋磨，平垫圈要有铜质搪锡[5]。此缺陷中套管端头的固定件铝片不满足规程要求。

4.3 穿柜套管结构设计不合理

如图 11 所示，穿柜套管结构设计有两处不合理：①此穿柜套管中部无受力底座，需要端头两个金属片配合固定销子来找中心轴线。为节省成本并减轻金属片重量，采用了铝片材料，在上述安装工艺不满足标准的条件下极易产生电化腐蚀，对设备运行造成隐患。②套管两端封堵，如果密封不良，潮气极易进入，又无法及时挥发，使套管内母排和等位片锈蚀。

图 11　穿柜套管安装情况

4.4 高压室内除湿措施不到位

高压室空间较大，有多扇窗户，底部有多处通风孔，潮气易从此进入；室内有两台空调，但检修时发现未运行，未起到除湿作用；其中 1 台空调位于门口附近，风口朝向 35kV Ⅱ 段母线上的开关柜，如果空调运行，易使空调附近的开关柜内物体表面产生冷凝作用，引起沿面放电。

4.5 柜内空间设计不合理

如 35kV 双河 I 回 354 断路器开关柜内，断路器相间间距小，需要增加绝缘隔板提高绝缘裕度，绝缘隔板为环氧树脂材料，憎水性较差，在高湿度的环境中绝缘隔板表面电场强度增大，极易产生放电，严重时引起相间短路。

5 运维策略

(1)检修后持续跟踪35kV I段母线电压互感器开关柜、35kV双河I回354断路器开关柜局放，如发现局放信号未消失，建议更换绝缘隔板和穿柜套管。

(2)穿柜套管建议更换型号，采用有中间底座、有内置式等位线的套管替换，取消套管两端的铝片固定。

(3)加强高压室内除湿措施。窗户增加密封条提高密封性，通风孔改造封堵，增加空调数量，保障空调处于除湿状态，风口不正对开关柜。

(4)增设大板桥变开关柜技改项目，从根本上解决柜内空间不足的问题，避免绝缘隔板的使用。

(5)今后局放带电测试中，发现较明显的电晕放电应立即检修处理，当开关柜前后均有局放信号时，应仔细辨别局放类型，防止小信号被疏漏。

6 结束语

本文分享了一起少见的开关柜穿柜套管电晕放电故障案例。通过局放带电测试、试验检修，发现了故障点，并从安装工艺、结构设计等多角度分析了原因，提出运维策略。在局放带电测试中，发现较明显的电晕放电应立即检修处理，当开关柜前后均有局放信号时，应仔细辨别局放类型，防止小信号被疏漏。

◎ 参考文献

[1]秦忠，彭晶，王科，等．一例40.5kV开关柜异响的超声局放检测及故障定位[J]．云南电力技术，2021，49(2)：62-65.

[2]代正元，施涛，方勇，等．一起10kV开关柜局放异常分析与处理[J]．云南电力技术，2019，47(4)：91-92.

[3]覃煜，范伟男，张行，等．开关柜绝缘缺陷的局放带电检测及综合诊断分析[J]．高压电器，2018，54(11)：278-283.

[4]邓志祥，康琛，王华云，等．10kV开关柜穿屏套管的局部放电检测与结构优化[J]．电磁避雷器，2019(2)：226-230.

[5]电气装置安装工程质量检验及评定规程 第4部分：母线装置施工质量检验：DL/T 5161.4—2018[S]．北京：国家能源局，2019.

一起 220kV GIS 现场交流耐压试验局部放电检测案例分析

王辉[1,2]，胡长猛[1,2]，石光[1,2]，陈佳[1,2]
(1. 南瑞集团有限公司(国网电力科学研究院)，南京，211106；
2. 国网电力科学研究院武汉南瑞有限责任公司，武汉，430074)

摘　要：GIS 设备性能优越、维护量少，被广泛投运到 220kV 及以上电压等级的主干电网中使用。GIS 现场交流耐压试验是考察设备生产、安装质量，确保设备顺利投运的最后一道工序。本文介绍了一起 252kV GIS 现场交流耐压试验局部放电检测案例，详细分析了试验期间开展的局部放电检测和定位过程，并通过返厂检查和解体试验验证了检测及定位结果的准确性，为 GIS 设备投运前的质量评价提供了一定的参考。

关键词：GIS；交流耐压；局部放电；检测

0　引言

气体绝缘金属封闭开关设备(GIS)具有结构紧凑、运行可靠、维护工作量少等诸多优点，近年来在 220kV 及以上电压等级的主干电网中得到了常态化应用[1-6]。因 GIS 设备结构复杂，且体积庞大，在变电站现场安装时，需要将 GIS 设备的断路器、隔离开关、母线等各个子部件单独运输至现场进行组装，其安装工艺和质量直接影响到 GIS 投运后的安全运行。GIS 交流耐压试验考查总体装配的绝缘性能，防止运输、安装、调试过程中的意外因素导致设备内部故障[7-10]。

在 GIS 交流耐压试验中，会同时开展局部放电检测，旨在检出 GIS 安装后可能存在的装配错误、接触不良、异物残留等问题，及时消除隐患，保证 GIS 顺利投运[11-12]。本文介绍了一起 252kV GIS 现场交流耐压试验局部放电检测案例，详细分析了试验期间开展的局部放电检测分析和异常诊断的过程，并通过返厂检查和解体试验验证了检测结果的准确性。

1　252kV GIS 交流耐压试验

1.1　试验原理

采用串联谐振装置进行试验，串联谐振电路接线原理图如图 1 所示。试验时，将产生的高压施加在 GIS 设备的出线套管上，使 GIS 内部导体和外壳之间承受施加电压，附近的非被试品均应可靠接地[13-14]。

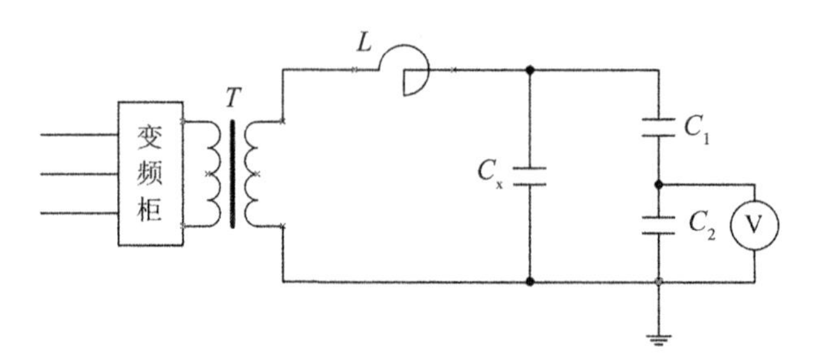

图 1 GIS 耐压试验接线原理图

1.2 试验步骤

252kV GIS 设备交流耐压试验方式有整段耐压和分段耐压两种，一般根据其额定容量来选择。交流耐压试验的加压程序如图 2 所示。

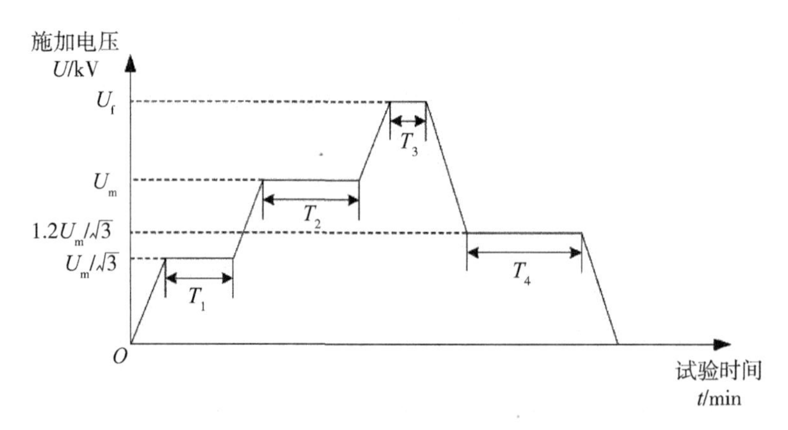

图 2 252kV GIS 交流耐压试验加压程序示意图

接线完成后合闸，先从零加压至 $U_m/\sqrt{3}$（145.5kV），持续 3min(T_1)；然后升压至 U_m(252kV)，持续 15min(T_2)，完成老练试验；最后升压至 U_f(368kV)，持续 1min(T_3)，进行耐压试验；耐压试验结束后，将电压降至 $1.2U_m/\sqrt{3}$（174.6kV），进行局部放电检测，局部放电检测时间为 T_4，待局部放电检测完成后，将电压降至零分闸，试验结束。

1.3 试验判据

在试验过程中，如果 GIS 设备的每一部件均已按试验程序耐受规定的试验电压而无击穿放电，则认为整个 GIS 设备通过试验。如果发生了击穿放电，则应根据放电的性质进行综合诊断与分析，可进行重复试验，如果该 GIS 设备还能承受规定的试验电压，则说明该放电是自恢复放电，认为耐压试验通过。如重复试验再次失败，需对GIS设备进行解体检查，待修复后，再次进行耐压试验。

2 GIS局部放电检测方法

当GIS内部发生局部放电时，会伴随产生声、光、电等效应，可通过检测这些效应的特征量来实现局部放电检测。根据GIS结构特点，在交流耐压试验过程中，适用于GIS设备的局部放电检测方法主要有特高频法、超声波法和SF_6气体状态检测法等[15-17]。

2.1 特高频法

GIS内部发生局部放电产生的电流脉冲会在内部空间激励产生电磁波信号，特高频法是通过检测这种电磁波信号来实现局部放电检测的。特高频法灵敏度高、抗干扰能力强、可定位局放源、便于识别绝缘缺陷。在GIS交流耐压试验中，由于试品GIS承受的电压为非工频电压，要求检测仪器具备相位内同步功能，才能准确识别放电类型。

2.2 超声波法

超声波法是通过在GIS壳体表面安装超声波传感器来检测GIS内部发生局部放电产生的超声波信号，从而获取局部放电信息。超声波法抗电磁干扰能力强、便于实现放电源定位。在GIS交流耐压试验中，超声波法作为一种有效的局部放电检测方法被广泛使用，其检测方法和检测效果与带电运行时一致，但是超声波法对GIS内部绝缘放电缺陷不敏感。

2.3 SF_6气体状态检测法

GIS内部发生局部放电产生的能量会导致SF_6气体分解，通过检测分解产物的种类和浓度可以确诊气室内是否发生过局部放电，并进一步定位放电气室的位置。在GIS耐压试验过程中，SF_6气体状态检测法被广泛用作GIS的击穿定位。但是在局部放电初期，放电能量较弱，产生的分解气体量浓度较低，容易被吸附剂吸附而不易被检出，此外，SF_6气体状态检测法对固体绝缘内部放电缺陷不敏感。

3 GIS局部放电检测案例

对某220kV GIS设备部分间隔开展交流耐压试验，在T_4阶段开展局部放电检测时，在某区域检测到了异常特高频信号，超声波法和SF_6气体状态检测法结果正常。

3.1 特高频检测

在#1、#2和#3三个相邻间隔的内置传感器位置检测到了异常特高频信号。三个间隔的内置特高频传感器位置如图3所示。

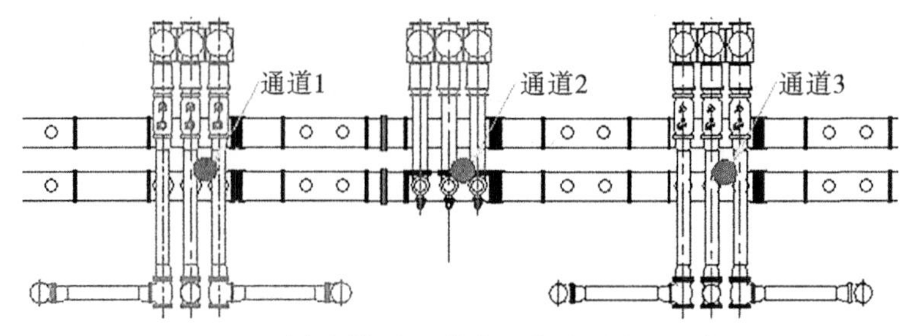

图3　三个间隔的内置特高频传感器位置示意图

通道1、通道2和通道3分别连接#1、#2、#3三个相邻间隔的内置传感器，检测到的特高频信号图谱如图4所示。

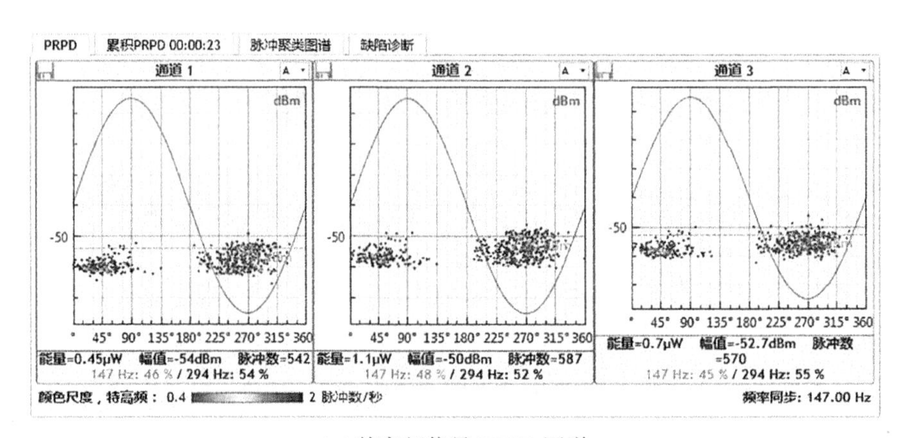

(a)特高频信号PRPD图谱

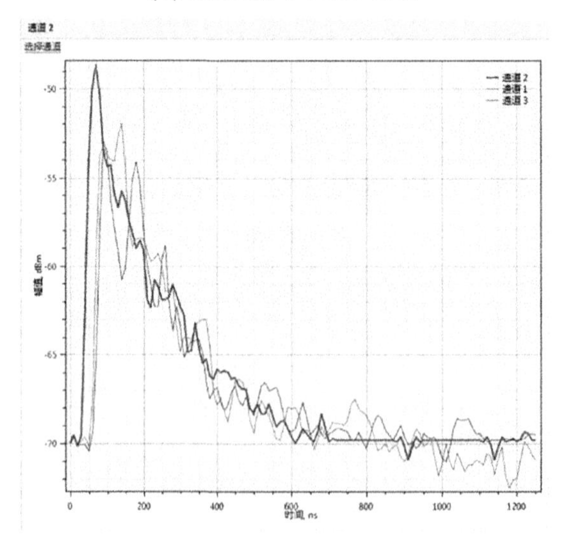

(b)特高频信号时域波形图

图4　三个相邻间隔的特高频信号图谱

特高频检测结果表明，三个通道检测到的特高频信号PRPD图谱的特征相同，在一个工频周期内呈两簇分布，放电幅值分散性大，放电时间间隔不稳定，符合绝缘类放电特征。通道2幅值最大，初步判定，局放信号源靠近#2间隔。在特高频信号时域波形图中，#2间隔的信号最超前，通过时差定位法对信号源位置进行了计算，进一步确定了信号源靠近#2间隔。

在#2间隔，开展了进一步的检测和定位，通道1和通道3接入外置式特高频传感器，绑扎在盆式绝缘子表面，通道2接入内置特高频传感器，#2间隔的三个特高频测点位置如图5所示。

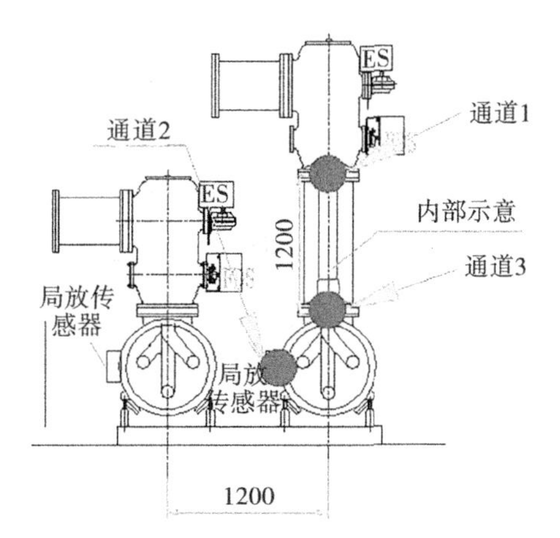

图5　#2间隔的特高频检测点位置示意图

在三个测点检测到的特高频信号图谱如图6所示。

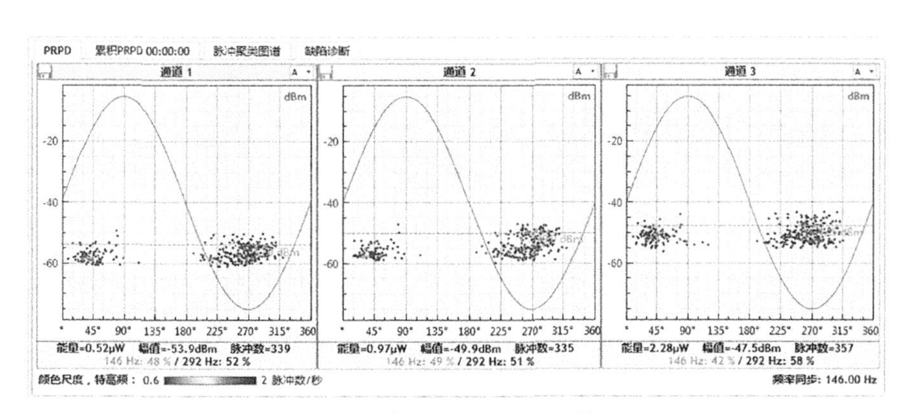

(a)特高频信号PRPD图谱

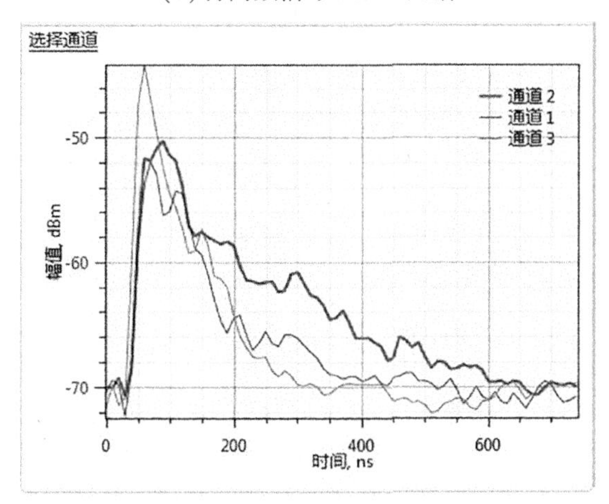

(b)特高频信号时域波形图

图6　#2间隔的特高频信号图谱

#2 间隔的特高频检测结果表明，三个通道检测到的特高频信号特征与相邻间隔的一致，说明检测到的是同一个信号。由于通道 3 信号幅值最大，初步判定，局放信号源靠近通道 3 测点。在特高频信号时域波形图中，通道 3 的信号最超前，通过时差定位法对信号源位置进行了计算，进一步确定了信号源靠近通道 3 的位置。

3.2 超声波检测

在试品 GIS 壳体表面的所有测点处，超声波法未检测到异常信号。

3.3 SF_6 气体状态检测

特高频法和超声波法检测完成后，在#1、#2、#3 间隔的各个气室陆续开展了 SF_6 气体状态检测，未检测到异常情况。

3.4 局部放电检测综合分析

在某段 220kV GIS 交流耐压试验过程中，采用特高频法、超声波法和 SF_6 气体状态检测法进行了局部放电检测，仅特高频法检测到了符合绝缘类放电特征的信号，定位在盆式绝缘子附近位置。

4 解体及试验分析

试验后，回收了异常气室内的 SF_6 气体，并进行了开盖检查，外观检查未发现异常。检查发现，定位的信号源位置附近可能存在绝缘类放电缺陷的部件只有盆式绝缘子，于是将盆式绝缘子进行了更换，更换处理后，将 GIS 设备进行充气、静置，并再次开展了交流耐压试验，试验通过。

将更换下的盆式绝缘子运送至设备厂进行试验检查。返厂后，首先对盆式绝缘子开展了局部放电试验。按照标准要求，先外施工频电压升高到工频耐受电压 U_d(460kV)并保持 1min，然后，电压降到 $1.2U_m/\sqrt{3}$ (174.6kV)，采用脉冲电流法进行局部放电测量，测量到的典型信号波形如图 7 所示。

在试验过程中，测得该盆式绝缘子的局放量为 21.1pC，超过了标准规定单个绝缘件最大允许的局部放电量不应超过 3pC 的要求[18]。表明盆式绝缘子确实存在放电缺陷。

随后，对盆式绝缘子开展了 X 射线检测，在各个方向进行了详细检测，发现环氧面上存在絮状的微小突起，环氧面的 X 射线影像图如图 8 所示。

这些微小的突起可能是在制造过程中混料不均匀造成的。当盆式绝缘子承受一定的试验电压时，微小的突起会造成空间电场产生畸变，从而引发局部放电。

对于该类由绝缘件产生的幅值较小的局部放电缺陷，在现场交流耐压试验中，特高频法检测效果最佳，既可以在盆式绝缘子表面的环氧浇注口安装外置式特高频传感器检测，也可以直接连接内置式特高频传感器检测。由于局部放电能量较小，超声波信号在 SF_6 气体中的衰减较大，通过在

GIS 壳体表面装设超声波传感器很难检测到。此外，该类局部放电产生的 SF_6 气体分解产物量浓度很低，会被吸附剂吸附而无法被检出。

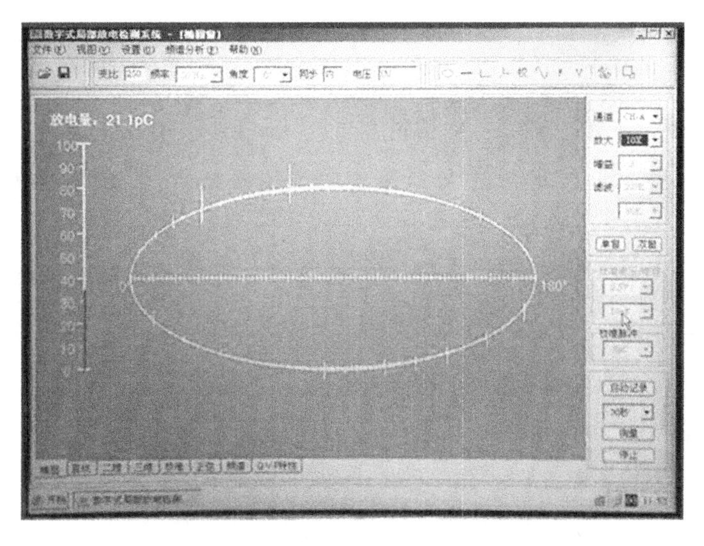

图 7　脉冲电流法典型信号波形图

图 8　盆式绝缘子 X 射线影像图

通过返厂试验检查，确认了该 252kV GIS 设备的盆式绝缘子存在制造缺陷，反映了 GIS 设备出厂试验中存在质量管控不严的问题，证明了现场交流耐压试验中局部放电检测和定位的正确性。

5　结论

(1)在 GIS 现场交流耐压试验过程中，有必要采用多种方式开展 GIS 局部放电检测，互相验证，综合分析，提高绝缘缺陷的检出率，保证 GIS 设备顺利投运。

(2)建议在 GIS 内部绝缘件的型式试验中，开展 X 射线检测，便于及时发现制造过程中存在的细微缺陷。

(3)亟待提高 GIS 各部件在制造过程中的质量管控，严把入网关，从根源上消除故障隐患。

◎ 参考文献

[1]刘洪正．高压组合电器[M]．北京：中国电力出版社，2014：1-12.

[2]李娟，李明，金子惠，等．GIS 设备局部放电缺陷诊断分析[J]．高压电器，2014，50(10)：85-90.

[3]宋东波，黄洁，朱太云，等．一起 GIS 固体绝缘件局部放电缺陷的定位与分析[J]．高压电器，2018，54(5)：74-79.

[4]郭伟，陈秀珍，陈嵩，等．一起 GIS 内部母线支柱绝缘子击穿故障的定位分析与防止对策[J]．电磁避雷器，2020，5：248-260.

[5]周宏伟，刘成华，盖磊，等．一起 GIS 盆式绝缘子局部放电案例分析[J]．电磁避雷器，2017，2：186-190.

[6]李兴旺，刘军，刘梦娜，等．一起气体绝缘金属封闭开关设备悬浮放电缺陷分析[J]．高压电器，2015，51(10)：205-208.

[7]气体绝缘金属封闭开关设备现场耐压及绝缘试验导则：DL/T 555—2004[S]．北京：中国电力出版社，2004.

[8]李晓峰，甄利，周新伟，等. 220kV 气体绝缘开关设备(GIS)耐压击穿故障分析[J]．中国电力，2010，43(1)：43-45.

[9]穆焜，秦莹，李勇，等. GIS 现场耐压试验与相关设计问题分析[J]．高压电器，2017，53(12)：236-240.

[10]张炜，杨明，李峰，等. 500kV 地下变电站 GIS 设备交流耐压试验研究[J]．华东电力，2009，37(11)：1912-1914.

[11]邵先军，何文林，徐华，等. 550kV GIS 现场交流耐压试验下放电故障的定位与分析研究[J]．高压电器，2014，50(11)：30-37.

[12]傅智为，林一泓，吴勇昊，等．特高压 1100kV GIS 现场交流耐压试验技术[J]．电力系统保护与控制，2018，46(3)：158-163.

[13]程绍伟，金大鑫，张楠．关于 220kV HGIS 交流耐压试验放电及故障分析[J]．高压电器，2013，49(2)：120-123.

[14]李天辉，贾伯岩，顾朝敏，等. 1100kV GIS 现场交流耐压试验放电定位技术研究[J]．电力系统保护与控制，2018，46(3)：116-121.

[15]田妍，张锐健，董志雯，等．GIS 局部放电缺陷定位分析[J]．高压电器，2017，53(6)：182-185.

[16]何金，郗晓光，李旭，等．基于多种检测手段的组合电器悬浮放电诊断及定位分析[J]．高压

电器，2018，54(3)：25-31.

[17]周波，胡与非，杨新春，等．特高频及超声波法在GIS设备带电检测中的应用[J]．高压电器，2019，55(1)：54-58.

[18]气体绝缘金属封闭开关设备技术条件：DL/T 617—2019[S]．北京：中国电力出版社，2020.

220kV 变压器电缆出线装置产气故障分析与处理

张凯

（山东电力设备有限公司，济南，250012）

摘　要：某电缆出线结构 220kV 主变在运行过程中，中压侧(110kV)出线装置内油样进行检测时发现有乙炔等气体产生。通过有限元分析和现场出线装置的拆解分析，成功地完成了诊断和处理。

关键词：变压器；油-油式套管；电缆出线装置；有限元分析

0 引言

由于电站现场环境限制，很多变压器无法使用常规的油-空气套管型式完成出线，解决这一问题可采用变压器电缆出线形式，减小变压器占地面积与体积。采用电缆出线装置变压器其高压引线是完全密封的，这样也可以避免触电事故的发生，目前我国电缆出线已经用到 220kV、330kV 变压器。根据发展的需要，电缆出线在各种电压等级上的应用将日趋广泛。

文中介绍了某 220kV 电缆出线结构变压器在正常运行期间，出线装置轻瓦斯告警，且出线装置内油样分析乙炔含量超标。通过拆解出线装置进行检查与有限元辅助的分析判断，成功对故障点进行了判定确认。并随即制定了处理方案，排除了故障，使变压器正常投运。

1 情况介绍

该变压器为三相三绕组有载自冷变压器，主要技术参数见表 1。

表 1　　主 变 参 数

型号	SSZ-180000/220
电压比	220±8×1. 25%/115/37+10. 5kV
连接组别	YNyn0yn0+d11

续表

绝缘水平	HV-HN:LI950AC395-LI400AC200 MV-MN:LI480AC200-LI325AC140 LV-LN:200AC85-LI200AC85 SV:LI75AC45
短路阻抗	H-M:14%;H-L:24%;M-L:9%

该主变 220kV 侧与 110kV 侧结构均为电缆出线装置出线，末端连接电缆终端。220kV 侧与 110 侧电缆出线装置配有各自独立的油路系统，与变压器本体油路不连通。在运期间 110kV 电缆出线装置侧轻瓦斯报警，油样分析有乙炔气体产生。

110kV 侧电缆出线装置结构如图 1 所示。

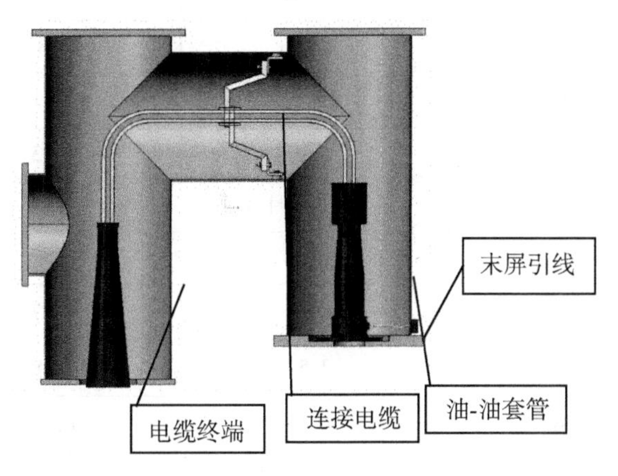

图 1　110kV 侧电缆出线装置结构

图 1 中，电缆出线装置内部电气结构简单，A_m、B_m、C_m 三相结构一致。内部为一段铜绞线(单边绝缘 15mm，中部夹持固定 1 处)，两端分别连接电缆终端与油-油套管。

2　油中溶解气体数据分析

该主变中压 110kV 侧三相出线装置油路贯通但与本体油路独立，由于本体油样无异常，故只分析出线装置即可。110kV 侧出线装置油路示意如图 2 所示。

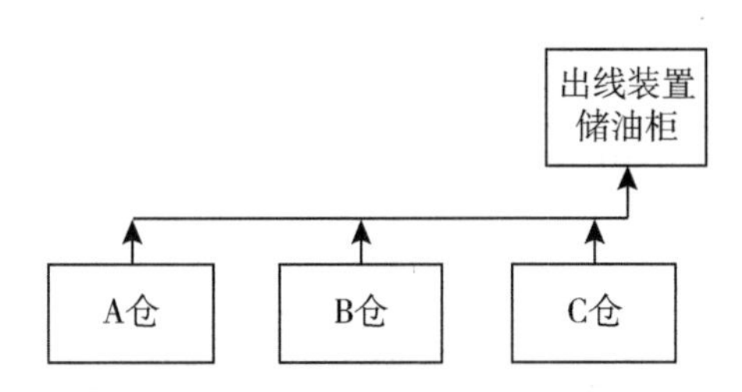

图 2　110kV 侧出线装置油路示意图

为了获取较多数据样本来辅助分析，在间隔7~8天的周期内对出线装置进行取油样5次，气体分析数据样本如表2所示。

表2 气体分析数据样本

2017年12月26日				
气体	A仓	B仓	C仓	总量(μL)
CH_4	1.31	1	0.98	3.29
C_2H_4	1.98	1.56	1.54	5.08
C_2H_6	0.2	0.14	0	0.34
C_2H_2	1.84	1.27	0.81	3.92
H_2	79.94	82.82	101.81	264.57
CO	12.04	13.16	14.31	39.51
CO_2	223.59	240.3	253.18	717.02
总烃	5.33	3.97	3.33	12.63
2018年1月3日				
气体	A仓	B仓	C仓	总量(μL)
CH_4	1.04	0.73	0.77	2.54
C_2H_4	2.3	1.57	1.58	5.45
C_2H_6	0.46	0.15	0.19	0.8
C_2H_2	2.26	1.31	0.94	4.51
H_2	101.98	95.24	101.37	298.59
CO	15.04	13.83	14.86	43.73
CO_2	176.21	193.9	196.22	566.29
总烃	6.06	3.76	3.48	13.3
2018年1月8日				
气体	A仓	B仓	C仓	总量(μL)
CH_4	1.36	1.04	0.99	3.39
C_2H_4	2.57	1.72	1.74	6.03
C_2H_6	0.21	0.15	0.09	0.45
C_2H_2	2.37	1.37	1.04	4.78
H_2	123.11	100.1	109.37	332.53
CO	15.54	14.11	14.7	44.35
CO_2	245.31	278.3	282.73	807.29
总烃	6.51	4.28	3.86	14.65

续表

2018 年 1 月 21 日				
气体	A 仓	B 仓	C 仓	总量(μL)
CH_4	0.93	0.78	0.77	2.48
C_2H_4	2.24	1.58	1.13	4.95
C_2H_6	0.19	0.13	0.24	0.56
C_2H_2	2.24	1.24	0.92	4.4
H_2	107.97	93	103.53	304.5
CO	14.02	13.42	14.13	41.57
CO_2	176.94	209.2	208.41	594.5
总烃	5.6	3.73	3.76	13.09
2018 年 2 月 1 日				
气体	A 仓	B 仓	C 仓	总量(μL)
CH_4	1.43	1.01	0.93	3.37
C_2H_4	2.49	1.67	1.66	5.82
C_2H_6	0.15	0.12	0.1	0.37
C_2H_2	4.79	1.5	1.12	7.41
H_2	114.17	104	102.58	320.78
CO	14.81	13.89	12.98	41.68
CO_2	228.57	246.8	239.1	714.46
总烃	8.86	4.3	3.81	16.97

由 5 次油样检测结果可看出：乙炔含量 A_m 相(A 仓)最高、B_m 相(B 仓)次之、C_m 相(C 仓)最少，其符合距离传递规律(后续出线装置储油柜油样检测中也含有乙炔，证实此判断正确)，说明 A_m 相是故障源的可能性最大。

由于判定 A_m 相为故障源，故将三相电缆出线装置内气体总量求和进行综合分析。根据国家标准 GB/T 7252《变压器油中溶解气体分析和判断导则》中三比值法进行数据分析，对应编码值为 1，1，2，其对应故障类型为“低能放电”，故障描述为“引线对电位未固定的部件之间连续火花放电，分接抽头引线和油隙闪络，不同电位之间的油中火花放电或悬浮电位之间的火花放电”。

另从油样检测数据中可以看出 CO 气体量十分稳定而 CO_2 气体量起伏较大。CO_2 气体起伏较大判断为原出线装置内空气的混入(检测油样期间有 2 次补油过程)。因此判断为无关联固体绝缘故障产生。

综合以上分析，产生故障的原因可能是引线连接处即金属件之间的接触不良。

3 内部引线电场验证分析

为验证出线装置内部电场的可靠性。现使用有限元软件对出线装置内的引线工频电场进行分析。

3.1 验证结果

电压赋值与电压云图，导体电压值 200kV，工频计算后的电场分布如图 3、图 4 所示。

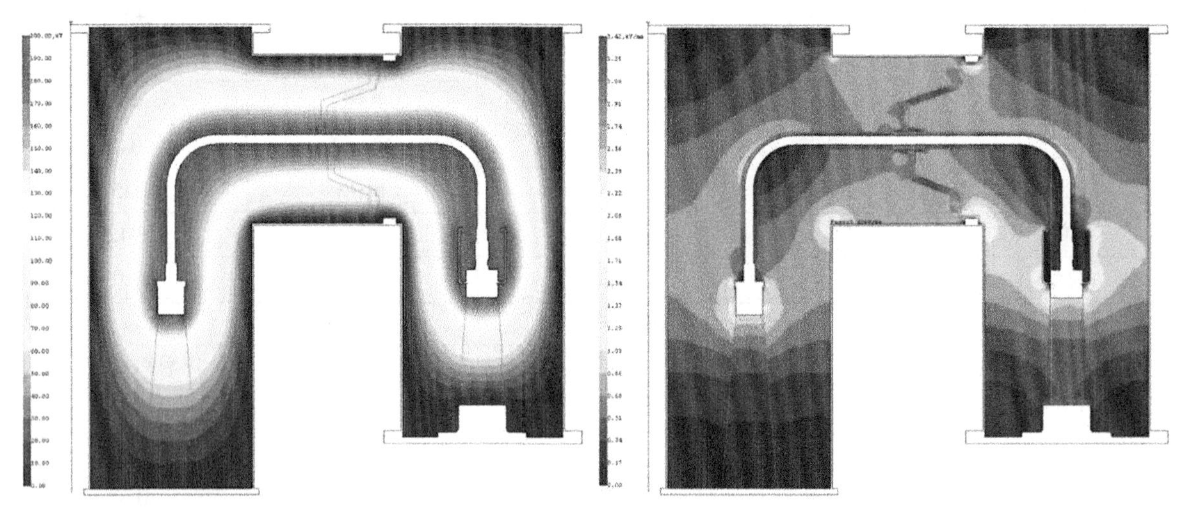

图 3 电势云图　　图 4 电场分布

3.1.2 其他关键区域电场分析

1)电缆终端顶部

电场云图、电力线分布分别如图 5、图 6 所示。

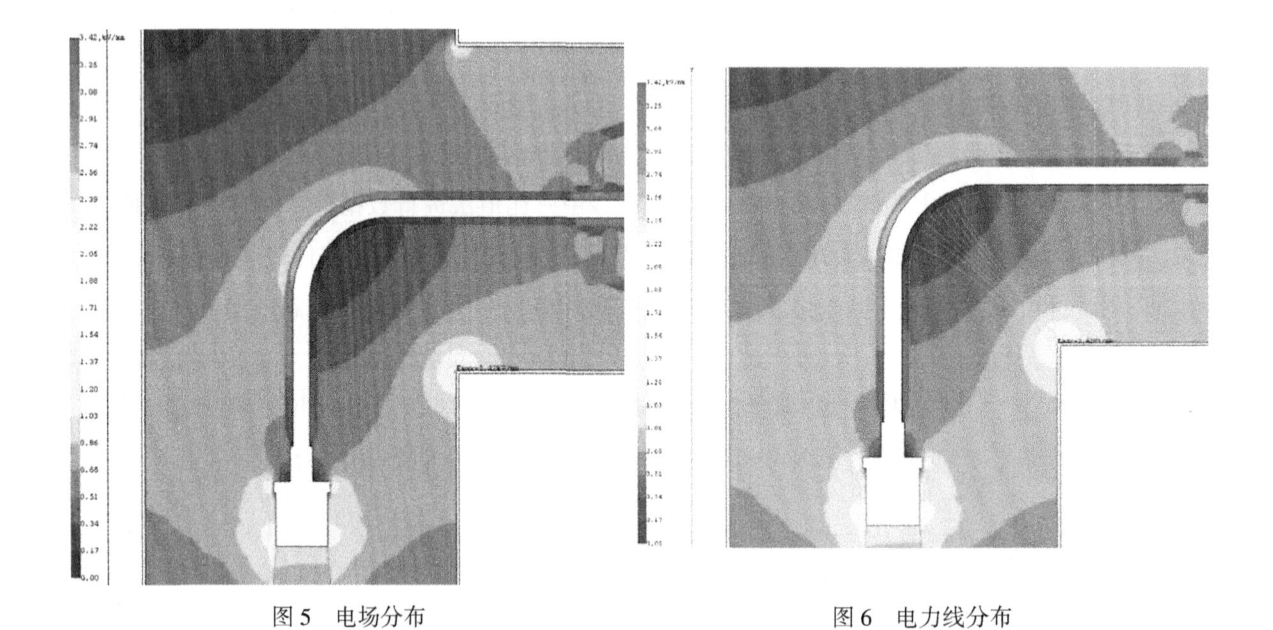

图 5 电场分布　　图 6 电力线分布

由图 6 可见，电力线最小裕度为 3.57。

2)水平引线夹持部位

工频 200kV 时水平段引线电场、切向爬电场强分布分别如图 7、图 8 所示。

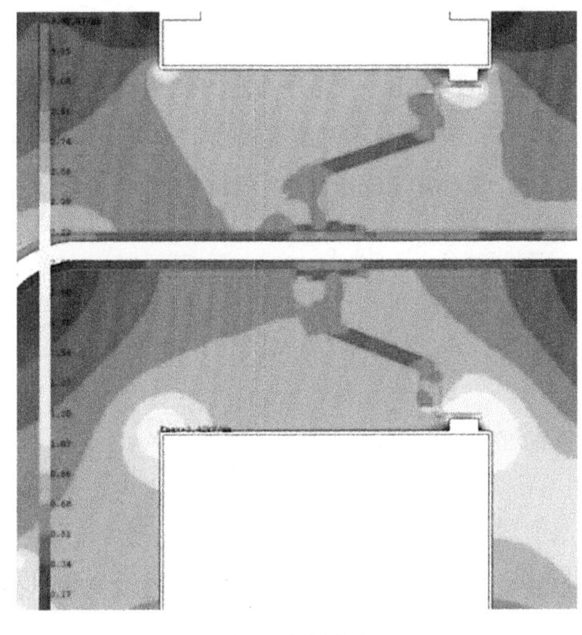

图 7　电场分布

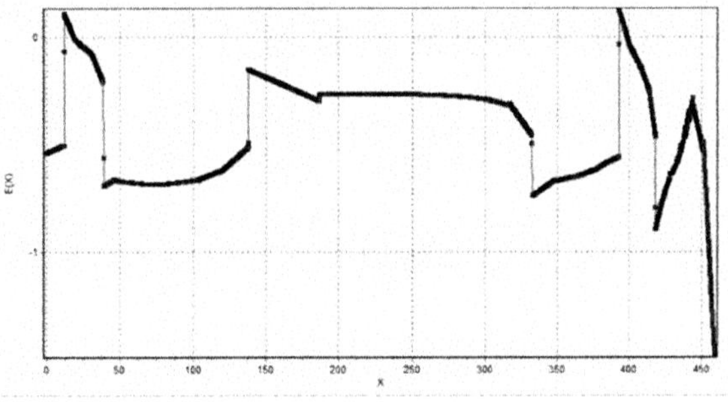

图 8　切向场强分布

图 8 中，水平段引线部位最小安全裕度为 9.8。

3)油-油套管顶部引线

工频 200kV 时场强、电力线分布云图如图 9、图 10 所示。

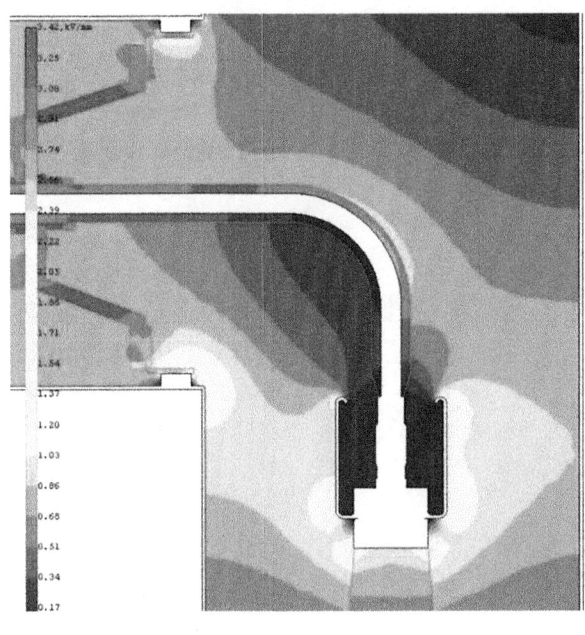

图 9　电场分布

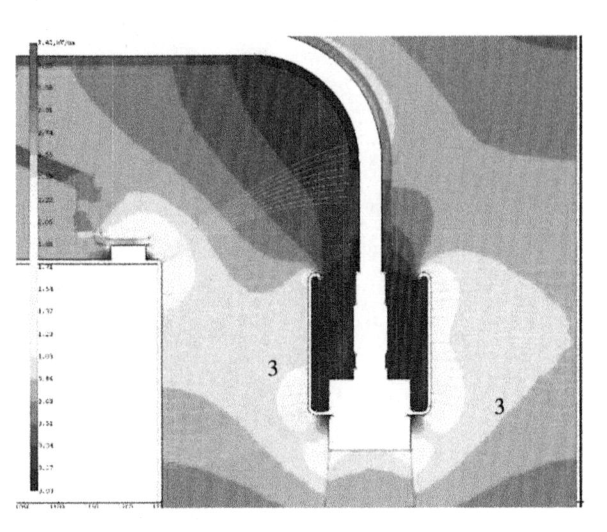

图 10　电力线分布

图 10 中，位置 1 处最小安全裕度为 3. 54；位置 2 处最小安全裕度为 2. 69；位置 3 处最小安全裕度为 3. 87。

3. 2 小结

根据以上分析，各区域的场强值均较低，最大场强出现在出线装置升高座内侧拼接处，仅为 3. 42kV/mm。电缆终端顶部区域电力线最小安全裕度为 3. 57；水平引线夹持部位爬电最小安全裕度为 9. 8；油-油套管顶部最小安全裕度为 2. 69。由此说明电缆出线装置内部引线绝缘设计裕度足够。

4 出线装置引线拆解检查与分析

为进一步确认故障源，现场决定对变压器出线装置进行拆解检查。

4. 1 A_m 相电缆出线装置

对应其中电缆两端引线连接处进行检查，并无异常，连接可靠；仅发现 A_m 相绝缘有污渍，经过剥离外层绝缘查验，内部绝缘良好无损伤，排除此处故障可能。状态如图 11 所示。

对油-油套管进行检查时，发现套管末屏引线黑色防护胶套脱落，下方有黑色疑似放电痕迹。调整套管末屏引线时发现，末屏紧固引线接线端子处松动，未与螺母紧固良好。疑点分析：此处末屏线接地不良，时而开路时而接通，会造成此处间歇性对地电位放电。如图 12 所示。

图 11 引线连接检查

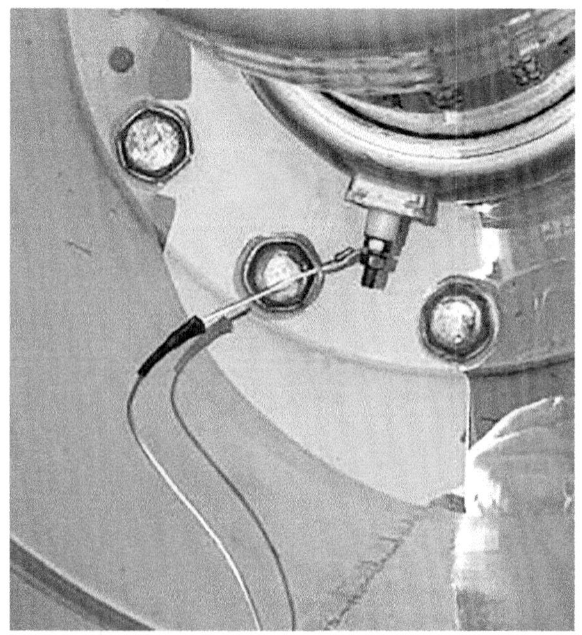

图 12 末屏引线检查

上述分析依据：在套管末屏引线接触良好的状态下，且套管有效接地时分压原理图如图 13 所示。

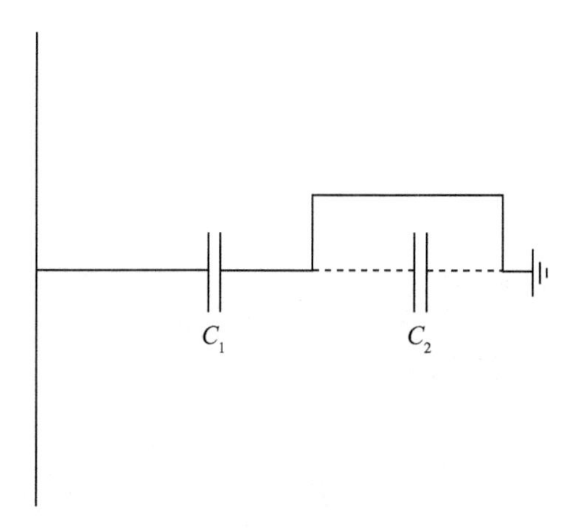

图 13　套管未有效接地时分压原理

其中，C_1——套管主电容(多层极板串联电容组成)；C_2——末屏对地等值电容。

套管正常接地时相当于 C_1 承担全部电压。末屏电容 C_2 倍短接，与地之间无电位差。

若套管末屏引线接触不良，套管未有效接地时分压原理如图 14 所示。

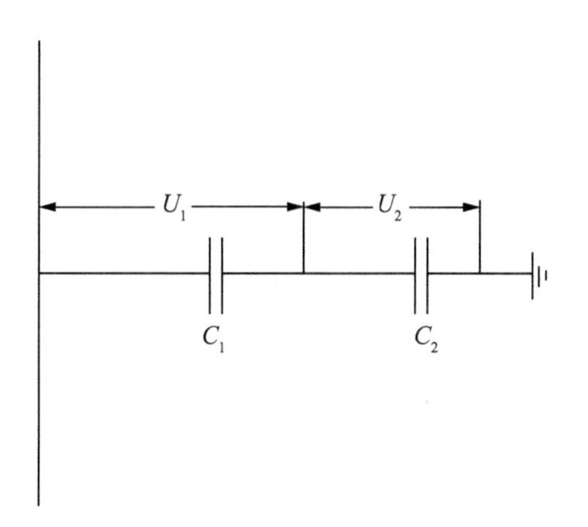

图 14　套管未有效接地时分压原理

根据串联电容的分压原理：

$$
\begin{aligned}
U_1+U_2&=U \\
C_1\cdot U_1&=C_2\cdot U_2
\end{aligned}
\tag{1}
$$

当套管末屏引线接触不良时，依据上述理论可知，末屏处电压将会接近于 1/2 工作电压，即约等于 33kV(中压相电压 $115/\sqrt{3}$)。此电压将会对周边套管法兰、螺栓端头、末屏引线等地电位金属放电。由此判定，此处是引起出线装置产生乙炔气体的可能原因。

4.2 B_m、C_m 相电缆出线装置

(1)对应其中电缆两端引线连接处进行检查，并无异常，均连接可靠；其检查状态如图 15 所示。

(2)对油-油套管进行检查时，发现套管末屏引线固定良好，未见异常；其检查状态如图 16 所示。

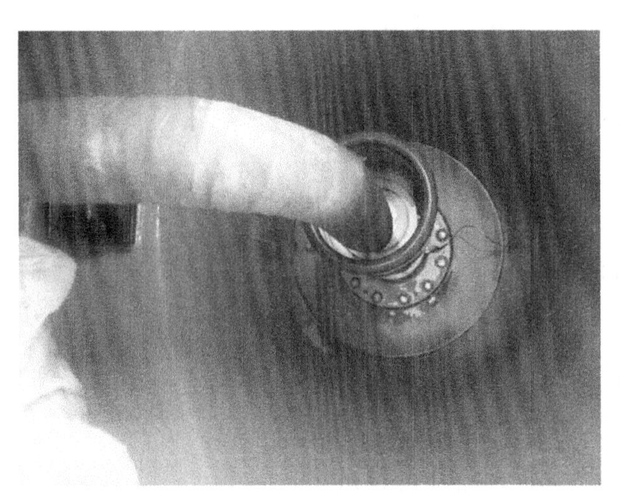

图 15　引线连接检查

图 16　末屏引线检查

4.3 小结

通过对中压 110kV 侧电缆出线装置开仓内部检查与分析，中压 A_m 出线装置内部油-油套管末屏引线处螺母松动，造成接地不良是此次出线装置内故障的原因所在。这也与上述分析及有限元电场验证分析结论相吻合。

5 处理

(1)将中压 A_m 相套管末屏处引线重新固定，固定方式为使用三螺母，紧固结构为：紧固螺母—引线接线端子—紧固螺母—锁紧螺母(备母)，保证紧固可靠接地良好；

(2)将黑色绝缘胶套位置复原，使其靠近紧固螺柱处，保护好接线处；

(3)将末屏引线进行包纸绝缘处理，单边>3mm。处理结果如图 17 所示。

上述处理完成后，随即对变压器出线装置进行了真空注油。在进行了一系列的工艺处理、常规试验检测后，变压器完成送电，期间油样检测无异常，至今运行状态良好。

图 17　末屏引线处理

6　结语

此次变压器的产气故障由油-油套管末屏引线的接地不良引起。随着电缆出线油-油式套管在变电站的占比增加，油-油式套管的安装可靠性将显得尤为重要。面对故障，我们结合主变结构特点，利用油色谱数据分析和有限元分析工具，进行准确分析和判断，消除了故障隐患，使变压器正常投运。

◎ 参考文献

[1]刘超，王志超，庄夏仔．220kV 变压器电缆出线简介[J]．科学论坛，2013．

[2]长田昭一，草野哲夫．变压器电缆出线盒[J]．日本电力，1969，43(13)：77-82．

[3]廖秀武．220kV 主变压器高压出线装置乙炔含量异常的处理[J]．变压器，2006，43(7)．

[4]胡金勇．一起主变高压侧出线套筒油中含乙炔的分析处理[J]．变压器，2009，46(3)：73-74．

[5]李晨，王黎，李峰．电缆出线变压器试验结果分析[J]．变压器，2014，54(1)．

带电作业用载人提升装置电弧放电试验研究

朱祥，徐莹，郑传广，聂霖，陈柔，刘飞
（中国电力科学研究院有限公司，武汉，430074）

摘　要：本文针对某型载人提升装置进入等电位过程中出现的死机故障进行了电弧放电试验研究，分析了该装置出现故障的原因。分别模拟进入交流750kV线路和直流±1100kV线路过程中电弧放电对该装置的影响。结果表明，在750kV线路电场环境下，距离模拟导线约15cm处开始出现电弧放电，包裹配套屏蔽罩后，电弧放电距离增长至约25cm，配套屏蔽罩因包裹不全无法有效屏蔽电弧电流对装置内部的冲击。在直流±1100kV线路电场环境下，提升装置与模拟导线间无明显电弧放电现象。最后给出了该型提升装置外壳设计和屏蔽罩设计的改进方法以及作业过程中装置接入等电位的建议。

关键词：带电作业；载人提升装置；电弧放电；特高压

0　引言

超/特高压交、直流输电技术的发展，极大提升了电力输送距离和输送容量，并降低了线路损耗。针对现有各电压等级的超/特高压线路，国内都开展了相应的带电作业技术研究，特别是进出等电位过程中的电位转移电流特性以及进出电场方式方面的研究[1-4]，制定了各电压等级线路的带电作业技术导则等一系列标准。超/特高压线路带电作业采用的是等电位的作业方式。进出超/特高压电场是带电作业技术的关键，常用进出等电位的方法有“吊篮法”、“绝缘软梯法”、沿耐张绝缘子串“跨二短三法”以及“载人提升装置法”[5-9]。

“载人提升装置法”是2013年开始研究和应用的一种新的作业方法，该方法采用电池驱动提升装置来带动作业人员上下进出电场，相较于“绝缘软梯法”和沿耐张绝缘子串“跨二短三法”，可节省作业人员大量的体力，降低作业风险并提高了作业效率；相较于“吊篮法”则减少了辅助作业人员。因此，该方法近年来得到了不断的推广和越来越多的应用。载人提升装置作为一类电池驱动自动化设备，在出厂前需进行电磁兼容方面的试验，并根据所应用的电压等级进行相应的带电运行试验，确认设备可正常进出等电位，否则超特高压线路的强电场环境及进出等电位过程中的电弧放电可能对提升装置的供电系统和控制电路造成影响或损坏。

本文针对某型载人提升装置进入750kV线路等电位过程中出现的装置死机情况进行了电弧放电试验研究，分析了造成装置死机的原因，给出了相应的解决方案。对载人提升装置外壳及屏蔽罩设计提供了改进方法，对提升装置进入等电位过程中的作业方法给出了建议。

1 故障情况介绍

2021年，某省检修公司反映其采用带电作业用载人提升装置进行750kV输电线路带电作业过程中出现过多起提升装置死机故障情况，作业人员误以为是触碰了载人提升装置上的紧急停止按钮导致装置停止动作，仔细观察后发现是装置在进入等电位过程中出现电弧放电导致装置出现死机情况。

据该使用单位介绍，其采用载人提升装置进行750kV输电线路带电作业时，操作提升装置从地面升至距离线路30~40cm处停下，然后通过电位转移棒将提升装置下的乘员座椅接入等电位，乘员座椅与提升装置间采用绝缘绳连接，提升装置有时正常工作，有时则出现死机故障。发生故障时，作业人员操作紧急缓降按钮，依靠作业人员及提升装置的自身重力驱动提升装置缓慢下降至地面。

该设备在±1100kV输电线路上进行带电作业过程中，采用同样的作业方式，却并未出现过死机故障。为分析故障原因，使用单位将该载人提升装置送至中国电力科学研究院有限公司进行故障分析。

2 故障原因分析

经检查，该载人提升装置外壳机构进线部位为金属材质，其余部分为塑料材质，照片如图1所示。

图1 提升装置照片

为分析该载人提升装置出现故障的原因，分别研究交流电场和直流电场对装置运行的影响。交流电场模拟 750kV 线路运行环境，直流电场模拟±1100kV 线路运行环境。

2.1 交流场试验

模拟导线离地高度 8m，将载人提升装置配套绝缘绳绑定在模拟导线上，模拟导线上通过 1 根 0.8m 长软铜线绑定一个均压环顺着绝缘绳下垂作为缓冲以便于提升装置进入等电位。模拟线路电压升至 433.5kV(750kV 线路相电压为 433kV)，模拟 750kV 线路电场环境。

通过遥控操作载人提升装置上行进入等电位，在距离均压环约 15cm 处，均压环与提升装置间出现拉弧现象，提升装置随即停止运行，遥控显示信号中断，无法操作提升装置。电弧放电照片见图 2。操作行吊将载人提升装置降至地面，检查发现设备已自动关机。重新开机后，设备恢复正常。

图 2　电弧放电照片

经分析，关机原因是提升装置外壳无法屏蔽电弧放电过程对装置内部供电及控制系统的冲击，电弧放电过程中持续的能量冲击导致设备触发保护而自动关机。

采用厂家配套屏蔽罩对载人提升装置进行包裹，包裹效果见图 3。重新将模拟导线升压至 434.2kV，操作提升装置上行进入等电位。在距离均压环约 25cm 处，均压环与提升装置间开始出现电弧放电现象，提升装置随即停止运行，遥控显示信号中断，无法操作提升装置。操作行吊将载人提升装置降至地面，经检查，发现设备已自动关机。重启时发现电池出现故障，无法正常开机。试验照片见图 4。经分析，由于配套屏蔽罩结合部位开口较多，局部遮蔽不严，导致屏蔽效果较差，无法起到保护设备内部结构的作用。由于包裹后设备表面导电部分面积更大、与均压环间距离更短，导致均压环与设备间更早出现电弧放电，设备更早出现死机现象，并因电弧放电中的电流冲击导致电池故障。

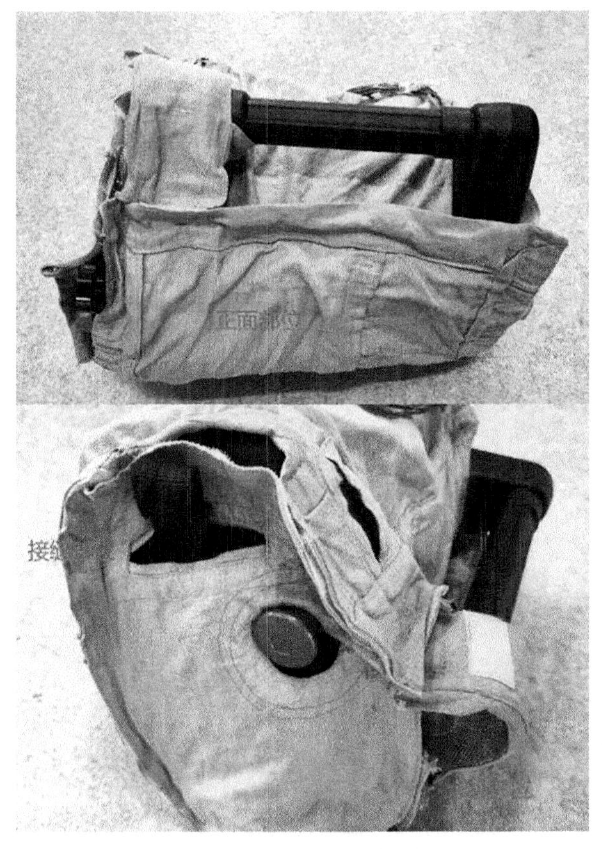

图 3　厂家屏蔽罩包裹后照片

图 4　厂家屏蔽罩包裹后电弧放电照片

为分析厂家自带遮蔽罩对提升装置的屏蔽效果，分别测量该遮蔽罩正面部分、滤网部分及接缝开口部分的屏蔽效率，每个部位测试 5 次，屏蔽效率为 5 次试验的平均值，测试结果见表 1。

表 1　**屏蔽罩各部位屏蔽效率**　（单位：dB）

试验值	正面屏蔽效率	滤网屏蔽效率	接缝屏蔽效率
测试值 1	88.0	43.5	19.5
测试值 2	90.5	42.8	20.1
测试值 3	86.5	44.6	19.9
测试值 4	89.1	45.1	19.2
测试值 5	91.2	43.2	20.6
平均值	89.0	43.8	19.9

通过测试结果可发现，厂家自带遮蔽罩正面部分屏蔽效率很好，为 89.0dB，可以满足特高压线路带电作业屏蔽服装的屏蔽效率要求。滤网部分屏蔽效率尚可，为 43.8dB。但是接缝开口部分屏蔽效率极差，仅有 19.9dB，成为整个屏蔽罩的薄弱点，无法有效防护电弧放电电流对装置内部的冲击。

为了进一步验证遮蔽罩对电弧放电的防护作用，采用屏蔽服布料为提升装置制作了新的遮蔽罩。测量屏蔽服布料的屏蔽效率，测试结果见表 2。自制屏蔽罩包裹效果见图 5。

表 2　**自制屏蔽罩布料屏蔽效率**　(单位：dB)

测试值 1	测试值 2	测试值 3	测试值 4	测试值 5	平均值
86.5	89.1	88.5	87.4	86.9	87.7

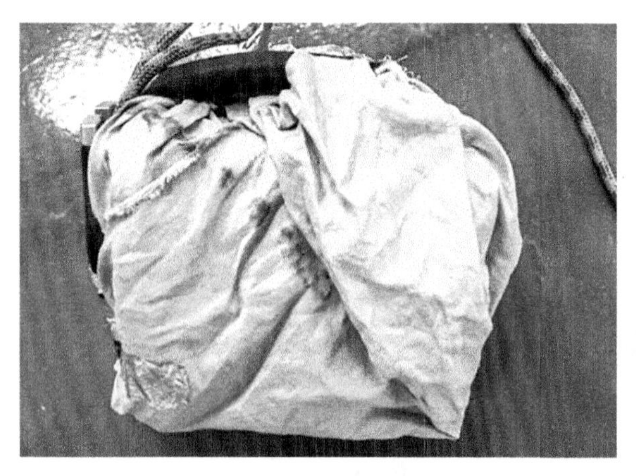

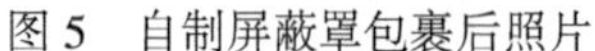
图 5　自制屏蔽罩包裹后照片

图 6　自制屏蔽罩包裹后电弧放电照片

拆掉设备上损坏的电池，更换新的电池后采用自制的屏蔽罩对载人提升装置进行包裹，模拟导线升压至 433.8kV，操作提升装置上行进入等电位。在距离均压环约 25cm 处，均压环与提升装置间开始出现电弧放电现象，提升装置继续运行直至接触均压环进入等电位，遥控功能正常，在等电位位置停留 1min 后操作提升装置下行脱离等电位至距离均压环约 1m 处，然后操作提升装置上行再次进入等电位，重复该过程 3 次，提升装置均能正常进入或脱离等电位，进入等电位过程中电弧放电试验照片见图 6。试验结果显示，新的屏蔽罩可有效防护电弧放电对提升装置的冲击，保护内部结构不受电场环境及放电电流冲击的影响。遥控器上显示遥控信号连接良好，屏蔽罩并未影响或屏蔽遥控信号。

2.2　直流场试验

模拟导线离地高度 12m，将载人提升装置配套绝缘绳绑定在模拟导线上，模拟导线上通过 1 根 0.8m 长软铜线绑定一均压环顺着绝缘绳下垂作为缓冲以便于提升装置进入等电位。模拟线路电压升至+1102.5kV，模拟±1100kV 线路电场环境。

采用厂家配套的屏蔽罩对载人提升装置进行包裹，通过遥控操作载人提升装置上行逐步靠近均压环。期间，均压环与提升装置间没有出现明显电弧放电现象，提升装置继续运行直至进入等电位，遥控功能正常，在等电位位置停留 1min 后操作提升装置下行脱离等电位至距离均压环约 1m 处，然后操作提升装置上行再次进入等电位，重复该过程 3 次，提升装置均能正常进入或脱离等电位。

拆掉屏蔽罩后，重新测试载人提升装置进出等电位。均压环与提升装置间也没有出现明显电弧放电现象，提升装置可正常进出等电位，遥控功能正常。试验照片见图7。

图7　直流场试验照片

测试结果显示，在直流线路电场环境下，采用载人提升装置进出等电位过程中，电弧放电不明显。不论提升装置是否佩戴遮蔽罩，进出等电位过程中均未对载人提升装置的供电及控制系统造成影响或损坏。原因是直流线路存在的空间离子流和预放电会减小提升装置与均压环间的电位差，进入等电位过程中的电位转移电流要远小于进入交流输电线路中的电流[10]。

3　解决方案

为彻底解决该型载人提升装置进出750kV交流线路电场环境时存在的死机故障，屏蔽进出等电位过程中电弧放电冲击电流对其供电系统及控制面板的影响，提供以下两种解决方案：

(1)更改外壳设计，表面采用金属壳结构，金属壳结构屏蔽效果好，可有效屏蔽电弧放电及超/特高压电场环境对设备内部结构的影响。该方案需重新设计外壳结构，改动工作量较大，改进周期较长。

(2)若更改外壳材料难以实现，则需改进装置外部屏蔽罩设计，使其很好地包裹机体，应减少屏蔽罩开口部分。机体进线部位本身为金属结构，该部位可不设置遮蔽罩，但应与其他部位的遮蔽罩保持良好接触。电池部位的遮蔽罩可设置为拉链形式方便电池拆卸及更换。最好将屏蔽罩做成永久固定不可拆卸式，每次使用前无需再安装包裹，同时可避免安装效果不好导致的屏蔽效果不良问题。

4　结论与建议

综合以上试验研究结果和原因分析，得出以下结论：

(1)采用该型提升装置进入750kV线路等电位时，在距线路约15cm时线路与提升装置间开始出现电弧放电。电弧放电过程中的冲击电流会对提升装置的供电系统和控制面板造成影响，导致提升装置出现死机故障，长时间的电弧放电还可能对其电池造成永久损伤。

(2)采用屏蔽罩对提升装置进行包裹后进入750kV线路等电位时，电弧放电距离会变长，在距线路约25cm时线路与提升装置间开始出现电弧放电。当屏蔽包裹不全时，电弧放电仍会导致提升装置出现死机故障或对电池造成永久损伤。当屏蔽包裹全面时，遮蔽罩可有效防护电弧放电对提升装置的冲击，保护内部结构不受电场环境及放电电流冲击的影响。

(3)采用该型提升装置进入±1100kV线路等电位时，不会出现强烈电弧放电现象，不论提升装置是否佩戴遮蔽罩，均不会对载人提升装置的供电及控制系统造成影响和损坏。

针对该型提升装置在超特高压线路带电作业中的应用，提出以下建议：

(1)按照前文给出的解决方案，对该型载人提升装置的外壳或屏蔽罩设计进行改进，改进后的提升装置必须根据其所应用的电压等级，通过模拟该电压等级线路电场环境带电运行测试后方可投入使用。

(2)在现场作业过程中，人员进入等电位后，应将提升装置也接入等电位，防止作业过程中线路与提升装置间出现间歇或持续的电弧放电。

◎ 参考文献

[1]蔡焕青，邵瑰玮，付晶，等．考虑海拔因素超、特高压输电线路带电作业保护间隙作业方式[J]．高电压技术，2016，42(5)：1675-1680.

[2]胡毅，刘凯，刘庭，等．超/特高压交直流输电线路带电作业[J]．高电压技术，2012，38(8)：1809-1820.

[3]刘夏清，李稳，姜赤龙，等．±1100kV特高压直流输电线路带电作业电位转移特性[J]．高电压技术，2017，43(10)：3149-3153.

[4]吴田，付道睿，彭勇，等．1000kV输电线路耐张塔带电作业电位转移电流脉冲波形特征参数研究[J]．电网技术，2022，46(5)：2009-2016.

[5]刘凯，付道睿，吴田，等．1000kV输电线路耐张塔带电作业电位转移电流时频特性[J]．高电压技术，2021，47(11)：3863-3871.

[6]陶留海，孙超，李雪奎，等．±1100kV特高压直流输电线路带电作业实用化技术研究[J]．中国电机工程学报，2020，40(增刊)：134-139.

[7]周晨梦，罗日成，吴东，等．±800kV输电线路小转角塔带电作业进出等电位方式分析[J]．高压电器，2019，55(9)：179-186.

[8]张宇娇，陈嫣冉，王良凯，等．1000kV特高压线路带电作业等电位过程路径优化设计[J]．高压电器，2020，56(4)：133-139.

[9]李金亮，杨淼，刘夏清，等．±800kV特高压直流输电线路带电更换V型绝缘子串进出电场方式

研究[J]. 电磁避雷器, 2017, 140(4): 189-193.
[10]刘凯, 吴田, 刘庭, 等. ±800kV 特高压直流输电线路的电位转移电流特性[J]. 高电压技术, 2013, 39(3): 568-576.

油中含气量检测技术与500kV电抗器状态检修

冉玉琦，王清波，杨俊波，胡鹏伟，李豪，陈永琴，刘洋，李彤

（云南电网有限责任公司昆明供电局，昆明，650011）

摘　要：本文剖析了一起500kV高压电抗器运行中油中含气量超标且持续增长的情况，并进行分析诊断，制定运检策略并计划停电进行检修处理的实例。案例通过绝缘油色谱在线、离线数据跟踪、带电监测、超声波局放分析、带电状态下振动测试及铁心、夹件高频局放测试、停电内检、吊罩检查等多种测试监测手段的综合利用，最终对设备故障进行判定。讨论了设备状态监测、技术监督开展中各专业协同作业、综合分析的重要意义。讨论了带电监测、停电检修等专业的各自优势。对今后设备的重大风险隐患排查整治提供了经验及合理化建议。

关键词：高压设备；带电监测；状态检修；停电检修吊罩；应用实案

0　引言

随着电网规模的不断扩张，对电网设备供电可靠性的要求也不断提升。充分掌握并分析设备的状态，有利于指导调度、运行、检修。有的放矢地对变压器进行管控，既能避免“检修不足”或停电不及时导致非计划停运，也能避免“检修过度”造成不必要的损失与资源浪费。

油中含气量是指以分子状态溶解在绝缘油中的气体总量所占油体积的百分含量。一般情况下油中溶解的气体主要成分是空气，当设备内部发生放电或者发热故障时，油中溶解的烃类气体占比会增加，影响因素与故障程度和气体溶解平衡相关。目前行业标准推荐的检测方法包括DL/T 423《绝缘油中含气量测定方法(真空压差法)》和DL/T 702《绝缘油中含气量的气相色谱测定法》。

气体含量较多时会带来一定的危害，主要有：

(1)降低绝缘强度。不同气体在油中的溶解度都有相应的饱和临界值。当油中气体超出饱和溶解临界后会析出气泡。在电场作用下极大可能引起局部放电，局部放电时还会产生二次气泡，进一步危害绝缘。

(2)加速绝缘老化。绝缘油在设备运行温度的作用下会发生老化。如果该过程再接触氧气会加速老化，生成气体、水分、酸和油泥等。这些生成物会引起复杂的二次化学反应，缩短设备寿命、降低设备绝缘。

(3)导致气体继电器动作。若油中的含气量高，一旦温度和压力变化，将使气体逸出，导致气体继电器动作报警，甚至引起非计划停运事件。

在油浸式变压器或电抗器状态检修过程中，油中含气量的监测与分析诊断，能够发挥重要的作用。

1 状态感知

2020年4月10日，在对500kV某线路高压并联电抗器C相本体绝缘油周期取样分析中发现油中含气量异常增长且超过注意值。随后立即缩短周期进行绝缘油跟踪复测：油中含气量持续增长、油中溶解气体各组分均在较低浓度且无异常增长、绝缘油简化试验(水分、介质损耗、绝缘强度、闭口闪点等)均合格。该高压并联电抗器的A、B相各项试验数据都在合格范围且无异常增长。绝缘油中含气量检测数据见表1，溶解气体检测数据见表2。

表1 绝缘油中含气量检测数据

检测日期	CO/(μL/L)	CO_2/(μL/L)	O_2/(μL/L)	N_2/(μL/L)	含气量/%	O_2/N_2
2020-04-10	449.14	3139.33	11552.96	33250.08	4.58	0.35
2020-05-11	668.99	4243.31	15624.38	47373.29	6.43	0.33
2020-06-14	685.76	5257.74	18269.67	59335.94	7.91	0.31
2020-07-08	763.16	5057.48	18409.21	52525.62	7.68	0.35
2020-08-12	696.02	4728.90	13716.90	71999.13	9.12	0.19
2020-09-10	534.91	3981.90	14435.12	50073.09	6.90	0.29

表2 绝缘油中溶解气体检测数据

检测日期	H_2	CO	CO_2	CH_4	C_2H_4	C_2H_6	C_2H_2	总烃
2020-04-10	4.39	449.14	3139.33	41.78	0.46	1.06	0	43.30
2020-05-11	4.50	668.99	4243.31	41.19	0.44	0.99	0	42.62
2020-06-14	4.23	685.76	5257.74	41.88	0.46	1.02	0	43.36
2020-07-08	4.34	763.16	5057.48	41.98	0.46	1.02	0	43.46
2020-08-12	4.39	696.02	4728.90	42.28	0.46	1.02	0	43.76
2020-09-10	4.39	534.91	3981.90	43.28	0.48	1.06	0	44.82

2 诊断评估

2.1 诊断分析

查阅历史记录：该电抗器验收时未发现异常，交接试验时油中含气量不到0.5%，密闭试验、真空注油和热油循环工艺都严格按照规范执行，满足标准要求。2013 年 4 月投运以来，未出现任何缺陷，历次试验、检修未发现异常。

2020 年 4 月 10 日，该电抗器 C 相本体绝缘油中含气量异常增长且超过注意值 3%，可判断设备存在故障。根据连续的油中溶解气体测试结果分析：各组分均在较低浓度且无异常增长，表明设备内部未发生放电或发热故障。再结合油中溶解气体成分：氮气、氧气及二氧化碳占比远大于其他成分，表明含气量增长的主要原因是密封不良导致空气进入。

2.2 不停电检查

1)在线监测装置检查

该电抗器三相均安装了油色谱在线监测装置，通过对载气(氮气)、气路、输油管进行检查确认：全路段的进油输油管、回油输油管、连接阀门都不存在渗漏油现象，也不存在油色谱在线监测装置故障导致载气通过输油管进入电抗器本体的可能性。

2)不停电现场检查

在不停电状态下，现场检查未发现电抗器油箱和油路管道存在渗漏油现象，也未发现呼吸器油位不足、干燥剂异常或部件损坏。

结合诊断分析可推断：该电抗器 C 相顶部密封不良导致空气进入。

3 运检策略

根据上述状态感知与状态分析。制定了检修运维策略和停电检修时需要注意的事项：

(1)立即停电检查。重点检查电抗器 C 相顶部密封情况：储油柜胶囊是否破损、胶囊口法兰密封性、储油柜旁通阀(联通阀)是否关闭不严等。

(2)对电抗器内部绝缘进行检查、试验，考察是否因外部空气进入导致绝缘性能下降。如果受潮不满足绝缘要求，应该返厂进行干燥。

(3)重新对电抗器进行整体密封检查试验。在油枕顶部施加 0.035MPa 压力，试验持续时间 24h 检查有无渗漏。

(4)重新进行真空注油和热油循环。在停电前应该在现场备好合格的备用油。

4 停电检修

停电检查发现储油柜旁通阀阀芯损坏关闭不严，如图 1、图 2 所示。其他未发现异常。各项高压试验均合格，绝缘性能满足规程要求。

更换储油柜旁通阀后，在后续密封试验中未发现异常。表明漏气点有且只有旁通阀这一个点。真空注油和热油循环后，各项试验都满足投运要求。

图1　储油柜旁通阀关闭不严

图2　更换后的储油柜旁通阀

滤油前，备用油中含气量为7.33%，本体油中含气量为5.65%，储油柜油中含气量为6.02%；真空滤油4h后，本体油中含气量为0.26%，滤油机出口处油中含气量为0.16%；真空滤油8h后，本体油中含气量为0.22%，滤油机出口处油中含气量为0.14%；投运后，持续开展绝缘油周期取样检测：油中含气量、油色谱、油中水分均无异常。确认检修效果满足预期。

5　总结

随着电网规模的不断扩大，设备呈现出故障类型多样化、监测手段全面化的趋势。针对现有的技术监督手段及测试方法，对各专业协同配合综合分析研判提出了更高的要求。充分发挥各专业的优势特长，共同为电力设备的监督、检修、评价提供技术支持。

◎ 参考文献

[1]电力设备检修试验规程：Q/CSG 1206007—2017[S]. 北京：中国电力出版社，2017.
[2]变压器油中溶解气体分析和判断导则：DL/T 722—2014[S]. 北京：中国电力出版社，2015.
[3]操敦奎. 变压器油中气体分析诊断与故障检查[M]. 北京：中国电力出版社，2005.
[4]钱旭耀. 变压器油及相关故障诊断处理技术[M]. 北京：中国电力出版社，2006.
[5]董其国. 电力变压器故障与诊断[M]. 北京：中国电力出版社，2000.
[6]陈安伟. 输变电设备状态检修[M]. 北京：中国电力出版社，2012.

SF_6/N_2 混合气体在线监测应用

游骏标[1]，林芬[1]，蔡元鹏[1]，姜立[1]，林淼[1]，谢富锐[1]，吴庆兴[1]

（厦门加华电力科技有限公司，厦门，361006）

摘　要：本文介绍一种基于 TDLAS 微水测量、紫外传感器、红外传感器和热导传感器等技术应用的 SF_6/N_2 混合气体在线监测系统，分析放电能量、压力、水分、温度、氧气和内部含量等影响因素的作用机制，应用 SF_6/N_2 混合气体综合监测技术判断混合气体设备的潜伏性故障诊断理论。

关键词：SF_6/N_2 混合气体；在线监测；TDLAS 微水检测；混合比检测；SF_6/N_2 混合气体分解产物

0　引言

SF_6 气体绝缘强度高，具有各种优良的物理特性和化学稳定性，在电力系统充气高压设备（如 GIS、GIL、GIT、GCB）中已得到广泛应用。从 20 世纪 80 年代开始，国内外就有学者开始研究 SF_6 替代气体或 SF_6/N_2、SF_6/CO_2 等混合气体的绝缘特性，希望能减少 SF_6 气体的使用甚至完全不使用 SF_6 气体。研究人员对多种 SF_6 替代气体的绝缘性能和击穿特性进行了研究探讨，经过大量的实验研究，发现 SF_6/N_2 混合气体具有较好的绝缘性能、较低的温室效应系数、较低的沸点等诸多优点。目前 SF_6/N_2 混合气体作为 SF_6 的替代气体已经进入商业运行阶段[3]。

2016 年起，国家电网公司组织开展了 SF_6/N_2 混合气体 GIS 母线、隔离和接地开关应用技术研究，从理论研究、产品研制、试验、运维等方面开展了研究工作；国内外 GIS 设备厂家积极配合，开展产品的研制和试验工作，混合气体 GIS 母线、隔离和接地开关在设备结构不变的情况下采用 SF_6/N_2 混合气体绝缘（SF_6 ：N_2 = 30% ：70%），通过适当提高气体压力保证产品绝缘强度不降低。截至目前，共有 8 个厂家的 28 类 GIS 母线产品及 6 个厂家的 11 类 GIS 隔离和接地开关产品通过型式试验。2017 年底，国家电网公司选取 8 座变电站开展混合气体 GIS 母线试运行工作，涵盖平高、西开、泰开、新东北、思源和长高 6 家制造厂 8 类产品。2019 年底，在混合气体 GIS 母线试点应用的基础上，国家电网公司开展了混合气体 GIS 隔离和接地开关试点应用。

随着大量工程的应用需要和环保要求的日益提高，解决 SF_6/N_2 混合气体作为绝缘介质的 GIS 设备在研发及应用中存在的技术问题，对推动 SF_6 混合/替代气体在 GIS 等气体绝缘组合电器中的广泛应用，实现封闭式输变电装备持续发展、提高电力设备安全运行可靠性和降低温室效应，具有重要理论和应用价值。但随着 SF_6/N_2 混合气体的工程实际应用，需综合考虑绝缘性能、环保、价格等多方面的因素。随着 SF_6/N_2 混合气体设备的大量推广应用，对 SF_6/N_2 混合气体设备中 SF_6/N_2 气体分解产物的检测及其在设备故障诊断和状态评价在现场的应用是急需解决的问题。

1 SF_6/N_2 混合气体在线监测系统的工作原理及技术特点

1.1 混合气体在线监测系统原理及组成

该 SF_6/N_2 混合气体在线监测系统可对现场 SF_6/N_2 混合气体电气设备进行全生命周期管理，系统对 SF_6/N_2 混合气体设备检测数据进行综合管理，同时实时监测 SF_6/N_2 气体湿度、纯度、密度和分解产物等多个状态指标，实现对运行中的 GIS 设备早期潜伏性故障预警及判断内部故障类型，确保 GIS 设备安全稳定运行。管理系统基于 IOT 物联传输技术，具备检测及试验数据采集、储存、分析、诊断、管理等功能，制定 SF_6/N_2 电气设备检测统一接口标准，与检测装置直接通信，获取现场检测数据；同时，平台将搭建知识库模型，以实现通过多维度数据检测信息的综合诊断功能。平台通过信息化手段有效地管理带电检测数据、停电试验数据，进行检测专业化数据分析、诊断。

监测系统包括分解产物检测模块、混合比检测模块、TDLAS 湿度检测模块、密度检测模块、IOT 数据传输及监测模块、智能决策和智能预警模块。

1.2 SF_6/N_2 混合气体分解物特征组分检测技术

SF_6/N_2 混合气体分解物特征组分[4]包括 SO_2、H_2S、NF_3、CF_4。主要特征组分仍然为 SO_2、H_2S，通过检测 SO_2、H_2S 可对设备状态进行判断。本系统采用紫外荧光法对特征组分 SO_2、H_2S 进行检测，根据不同的物质对紫外和可见光谱区辐射能的吸收对物质进行定量分析。荧光光强与气体的浓度成正比，通过信号采集电路实现气体组分含量的采集。系统内置气体净化干燥装置、恒温控制模块、实时数据跟踪修正技术实现高灵敏、高精度检测。

1.3 混合比检测技术

传统的检测方法的本质特征是热导传感器的温度随被测气体浓度的变化而变化，也正是利用这一特性实现对不同气体浓度的检测。该特性是导致气体浓度检测的精度差、灵敏度低、温度漂移大等缺陷的根本原因。要保持温度恒定就必须在传感器的温度随气体浓度(亦即气体导热系数)变化时，改变传感器的工作电流(即采用可变电流源)，利用电流的热效应确保传感器的温度不变。从而基于传感器工作电流的变化与被测气体导热系数的关系[1]，实现气体含量检测。设计传感器超额温度恒定的温度补偿回路，不管被测气体的热传导率如何变化，传感器的温度都能够保持恒定。在环境温度一定的情况下，被测气体的温度分布是一定的，保证了导热系数不受传感器温度变化的影响，仅是气体浓度的函数，克服了气体导热系数随温度变化对检测精度带来的重大影响，提高了检测精度。

1.4 TDLAS 湿度检测技术

利用 TDLAS(可调谐二极管激光光谱)吸收技术，选择 948nm 波段作为 SF_6/N_2 混合气体微水中的 H_2O 分子的吸收谱线作为特征谱，特别设计一种新型气体湿度传感器，该温度传感器采用的光路系统结构简单，并易于调节。该新型激光湿度传感器的响应频率为 40Hz，实验结果表明湿度测量误差在±0.5%以内，能够满足对 SF_6/N_2 混合气体湿度监测的高动态、高精度测量的需要。

1.5 混合气体密度检测技术

SF_6/N_2 混合气体的温度压力特性与纯 SF_6 气体不同，原有的气体密度检测装置无法在混合气体设备上应用。对于 SF_6/N_2 混合气体，根据道尔顿分压定律[2]，分别计算 SF_6、N_2 的压强，混合气体的压强等于两者之和。SF_6 气体状态方程，使用 Beattie-Bridgman(贝蒂-布里奇曼)方程：

$$p=(\mathrm{RT}B-A)d^2+RTd \tag{1}$$

$$A=73.882\times10^{-5}-5.132105\times10^{-7}d$$

$$B=2.50695\times10^{-3}-2.12283\times10^{-6}d$$

$$R=56.9502\times10^{-5}$$

式中，p——压强，×0.1MPa；d——密度，kg/m^3；T——温度，K。

已知初始状态下 SF_6/N_2 混合气体的体积比、压强、温度，计算出 SF_6 的分压强，连同温度代入方程，求得 SF_6 密度 d 的值，再将 d 的值代入方程，得到在该密度下 SF_6 的气体状态方程，进而得到 $p(SF_6)$。

N_2 气体状态方程使用理想气体状态方程：

$$pV=nRT \tag{2}$$

式中：p——压强，Pa；V——体积，m^3；n——物质的量，mol；R——普适气体常量，8.314472J/(mol·K)；T——温度，K。

已知初始状态下 SF_6/N_2 混合气体的体积比、压强、温度，计算出 N_2 的分压强，连同温度代入方程，求得 n/V 的值，再将 n/V 的值代入方程，得到该条件下 N_2 的气体状态方程，进而得到 $p(N_2)$。

根据式(1)、式(2)，可求得式(3)的混合气体压力：

$$p(\text{混合气体})=p(SF_6)+p(N_2) \tag{3}$$

1.6 IOT 数据传输及监测模块

该模块由物联网传输模块、电力专网和远程云服务构成，传输数据包括分解物特征组分、混合比、密度、气体湿度、设备类型和环境参数等，实时监测，24h 发送一次数据，异常时可实时上报。远程云平台根据收到的数据综合判断电气设备状态变化趋势，在达到预警限值时，定位潜伏性故障，及时进行整改报警、短信、微信或邮件提醒，告知运行人员尽快采取相应的处理措施。

1.7 智能决策和智能预警模块

智能化预警：管理平台基于变电站全业务“数据池”，综合利用大数据分析技术，在海量检测数据以及巡视、检修、缺陷记录数据进行多维数据挖掘、分析，结合智能预警模型，可实现运行异常、设备异常、作业行为、运行环境的智能预警功能。智能化预警模型分两类，分别为单状态量预警、多状态量复合预警。单状态量预警模型基于单一状态量绝对值超阈值、状态量变化趋势超阈值、同型设备单一状态量关联度分析超阈值判断后的预警。多状态量复合预警模型基于多状态量的综合逻辑分析预警。

智能决策：智能决策通过各类设备故障特征和处理策略，建立故障判断库、故障决策库、故障案例库，依托智能分析和决策模型，实现预警信息多源数据与智能决策库快速匹配，自动判断可能的故障类型，主动推送处理措施和策略，进而提升故障处理及时性和有效性，减少故障处理时间。

2 SF_6/N_2 混合气体在线监测系统云服务功能设计

2.1 总体框架

总体框架采用分层思想设计，形成应用层、管理层、数据层、驱动层等多层分布式应用体系架构。在软件架构设计中，分层结构是最常见、也是最重要的一种结构。分层结构可以降低层与层之间的依赖程度，需求变更时很容易用新的实现来替换原有层次的实现，有利于标准化和各层逻辑的复用。平台总体框架如图 1 所示：

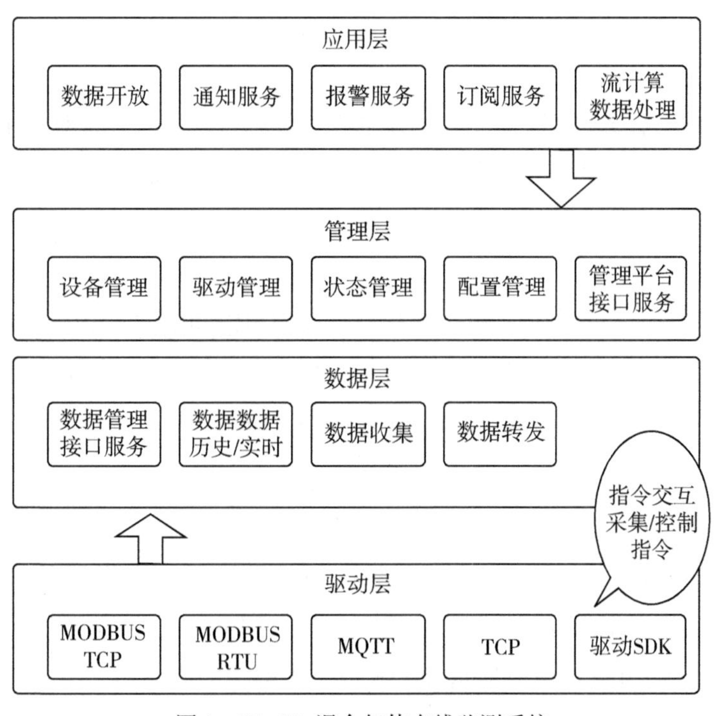

图 1 SF_6/N_2 混合气体在线监测系统

2.2 系统功能

从逻辑和功能上可将整个系统划分为应用层、管理层、数据层、驱动层，具体内容如下：

2.2.1 驱动层

用于提供标准或者私有协议连接物理设备的SDK，负责面向设备的数据采集和指令控制，基于SDK可实现驱动的快速开发；提供MODBUS TCP、MODBUS RTU、MQTT、TCP、自定义协议等多种通信协议，实现不同设备在线监测接入，同时对检测数据进行解析，实现指令交互、数据采集及设备控制。

2.2.2 数据层

负责设备数据的收集和入库，并提供数据管理接口服务；由存量检测数据、历史数据、故障数据、监测记录数据及其他数据组成，负责数据的统一组织与管理，对应用层的相关分析等系统提供数据支撑。数据通过日常检测采集实时动态更新。

2.2.3 管理层

用于提供微服务注册中心、设备指令接口、设备注册与关联配对、数据管理中心，是所有微服务交互的核心部分，负责各类配置数据的管理，并对外提供接口服务；实现变电站设备台账管理、状态管理、缺陷管理、隐患管理、实验管理、现场作业工单管理、检测计划管理、检测项目管理、检测信息管理、配置管理、系统管理及接口服务等功能。

2.2.4 应用层

用于提供数据开放、任务调度、报警与消息通知、日志管理等，具备对接第三方平台能力。应用层面向各类用户，通过网络提供信息的查询、分析、交换、共享服务、通知服务和报警服务。

2.2.5 安全与负载

针对电力设备检测数据信息的安全性，严格遵循保密规定和国家、电力有关信息安全的技术标准，按照分级保护、等级保护要求，加强信息安全防护措施，建立统一的用户权限、安全认证、授权管理、密钥管理系统，确保信息存储安全、传输安全及应用安全。

2.3 开发环境

系统开发框架采用JAVA Spring Cloud多层体系结构，后台数据库管理系统采用MySQL、Mongo。使用Docker实现系统的自动化部署，缓存组件采用Redis，消息组件采用RabbitMQ，页面使用Vue. Js前端框架进行开发，服务器选择x86或x64架构的服务器主机，服务器操作系统使用Centos7以上版本。

平台是基于 Spring Cloud 架构开发的，是一系列松耦合、开源的微服务集合。微服务集合由 4 个微服务层和 2 个增强的基础系统服务组成，提供从物理域数据采集到信息域数据处理等一系列的服务，如图 2 所示。

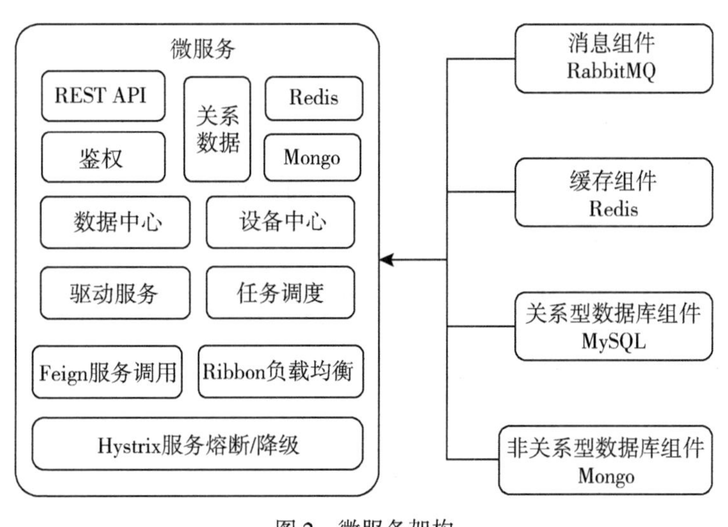

图 2　微服务架构

3　SF_6/N_2 混合气体在线监测应用效果

SF_6/N_2 混合气体在线监测系统，综合利用紫外荧光检测技术、热导传感器检测技术、TDLAS 激光检测技术，实时检测混合气体电气设备状态信息，实时传输监测数据，在平台端生成趋势动态图表，实现混合气体电气设备全生命周期管理。系统在故障识别及状态预判的基础上，通过人现场查看信息的分析，结合专家级运维决策库，通过模糊数据模型等专家诊断算法进行诊断设备故障结果。建立可扩展的分析判断专家诊断系统。采用 MySQL 数据库技术，基于 Spring Cloud 多层体系结构开发。预留相关接口，对未来增加的监测技术和方法能够无缝衔接，后台数据库可不断更新、修改、改进和扩充。

4　结语

SF_6/N_2 混合气体在线监测系统可对现场混合气体电气设备进行有效的故障诊断或缺陷检测，有助于及时发现有缺陷的高压电气设备，正确地评估高压电气设备的危险性，避免高压电气设备事故，能够对高压电气设备的隐患进行精确的跟踪排查，对于高压电气设备的管理和安全有重大突破。该系统的实施将使得混合气体电气设备缺陷检测变得异常快捷有效，提高现场检测人员的工作效率，从而提升混合气体电气设备状态诊断效率，有助于提高混合气体电气设备安全运行能力，有助于中国电力行业加快落实国家的“30-60 的双碳目标”。

◎ 参考文献

[1]陈英，苏镇西，马凤翔，等. 电气设备中 SF_6 混合气体混气比检测技术的研究[J]. 高压电器，2016，57(12)：178-183.

[2]齐卫东，杨韧，程鹏，等. SF_6/N_2 混合气体温度与压力特性的计算及相关试验[J]. 高压电器，2018，54(1)：213-218.

[3]吴经锋，张璐，仲鹏峰，等. SF_6 绝缘电流互感器 SF_6/N_2 混合气体替代技术研究[J]. 高压电器，2018，54(5)：223-229.

[4]季严松，张民，王承玉，等. SF_6/N_2 混合气体在电弧作用下分解产物试验研究[J]. 高压电器，2021，57(3)：145-151.

220kV 变电站检修负荷转供技术探讨

文正其[1,2]，李红兵[3]，宋友[1,2]，张伟[1,2]，周倩雯[1,2]，马谦[1,2]

（1. 南瑞集团有限公司（国网电力科学研究院），南京，211106；

2. 国网电力科学研究院武汉南瑞有限责任公司，武汉，430074；

3. 国网湖北省电力有限公司，武汉，430000）

摘　要：220kV 电压等级电网已经构成我国省域电力系统的主干网络，220kV 变电站作为其中重要的枢纽点，担任着能量的转换和分配的重要作用，其可靠性直接关系到主干网络的稳定性。而 220kV 变电站因故障或检修导致全停或部分间隔停电时，均存在引起负荷损失和破坏 220kV 网架稳定性的风险，因此采取及时合理的负荷转供措施非常必要。本文总结了目前国内外 220kV 变电站负荷转供方法，重点探讨了人工倒闸法、备自投技术法、跳线转接法以及移动式负荷转供法的原理、优缺点和适用范围，为 220kV 变电站负荷转供提供参考。

关键词：变电站；负荷转供；备自投；移动式负荷转供装置

0　引言

负荷转供是指一回或多回主供电源停电后，采用合适的技术手段投入备用电源，以提高系统供电可靠性。负荷转供技术的选择需要综合考虑变电站主接线型式、主供电源停电数量、原因及风险等因素，在停电负荷恢复供电的基础上，实现在转供路径最优、操作简单、转供后运行方式经济安全等目的[1-3]。在主接线方面，根据可靠性、调度灵活性以及检修的方便性原则，并结合我国设备生产制造能力，在 20 世纪 90 年代，220kV 变电站高压侧普遍采用双母线带旁路的主接线型式，2000 年后随着我国设备生产能力的提高和电网网架结构的增强，逐步取消旁路母线，以双母线接线型式为主[4]。目前，在国网 220kV 变电站典型设计中，户外 220kV 变电站高压侧除出线回数达 8 回及以上的建议采用双母单分段外，其余均建议采用双母接线[5]。在主供电源停电原因方面，可概括为计划检修停电和非计划故障停电两类[6]，相对应的负荷转供场景包括正常情况下负荷转供和非正常情况下负荷转供，前者如母线、断路器、互感器等设备例行停电检修或例行技改下负荷转供，后者如突发设备短路、故障等应急抢修情况下负荷转供[7]。在停电风险方面，风险相对较小的为某一间隔计划停电，而最严重情况为 220kV 变电站母线全停，若没有及时采取合适的负荷转供措施，不仅影响对下级电源供电，还可能改变220kV区域电网的运行方式，破坏220kV区域电网结构的稳定性，导致部分枢纽站或关键终端站(如牵引站等)单电源运行等，不满足电网 $N-1$ 运行准则，加大更大面积停电的风险，从而引发四级电网事故等[8-9]。

综上，为方便220kV变电站检修和故障情况下进行快速的负荷转供，避免电网事故发生和提高供电可靠性的目的，本文总结目前国内外主要的220kV负荷转供方法，包括人工倒闸法、备自投技术法、跳线转接法以及移动式负荷转供法四类，分析了各种方法的原理、优缺点和适应范围，为220kV变电站日常负荷转供提供参考。

1 人工倒闸法

人工倒闸法利用变电站主接线型式，通过一定的规则进行开关关合操作，实现变电站的电气设备由一种运行状态运行到另一种运行状态的转换。以图1中某220kV侧双母主接线变电站为例，I母和II母并列运行，线路L1、L2及1#主变间隔运行于I母，线路L3、L4及2#主变间隔运行于II母。根据图1，当I、II母同时停电时，倒闸操作是不能进行负荷转供。但当单母停电检修时，以I母需要计划停电检修为例，若不实行倒闸操作，进行负荷转供，会导致线路L1、L2以及1#主变间隔停电，为防止I母检修期间的停电损失等风险，应将I母负荷转移至II母，具体操作为：应采取“先合后拉”方式，即先合L1、L2以及1#主变间隔II母侧隔离开关，再拉I母侧隔离开关，至此I母负荷全部转移至II母，再断开母联间隔即可实现I母停电检修。若当发生I母短路故障停电需要检修时，则应采取“先拉后合”方式，即先拉I母侧隔离开关，再合II母侧隔离开关，防止在I母故障没有排除的情况下，合II母侧隔离开关，引起II母跳闸，从而导致全站停电事故。综上分析，双母主接线的情况下，采取人工倒闸可以较好地实现单母线检修时进行负荷转供。

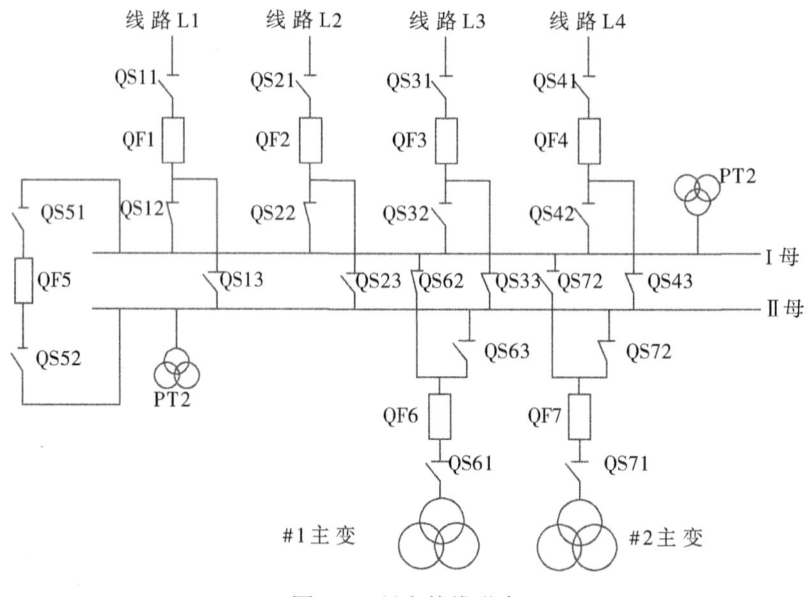

图1 双母主接线形式

综上，采用人工倒闸法进行负荷转供，是在变电站原有设备的基础上进行开关关合操作，不需要额外投入，但也存在以下不足：倒闸操作烦琐，人工操作可导致误操作风险，如走错间隔拉闸、误操作导致 PT 反充电事件等[10-12]；对于 220kV 双母主接线形式，倒闸操作难以解决进出线间隔和变压器间隔检修时负荷转供问题，主要适用于母线检修；另外，实际倒闸过程中，需通过调度下发调令，等待变电运维人员倒闸操作，整个过程需要耗费数小时，影响用电质量等[13]。

2 备自投技术法

文献[14]中，提出了 220kV 变电站负荷转供装置并进行了技术规范，该装置实际上具备线路备自投和母联备自投主要功能的装置，当主供电源线路停电导致所运行的母线停电后通过线路备自投功能自动投入备用电源线路恢复负荷或母线供电，其一般安装在 220kV 电网分层分区点，按双重化原则配置。在母线分列运行方式下，当任何一段母线上所有的主供电源线路停电后母联备自投自动投入母联断路器恢复负荷或母线供电。仍以图 1220kV 双母主接线为例，当 I 母和 II 母并列运行，线路 L1 和线路 L2 为来自同一供区方向的电源，线路 L3 和线路 L4 为来自另一供区方向的电源，当线路 L1 和线路 L2 失电导致 I 母和 II 母失压时，线路备自投逻辑动作具体为：先跳开线路 L1 和线路 L2，然后按顺序投入线路 L3 和线路 L4，若母线电压恢复，即线路备自投动作成功。

对于母线备自投功能，仍以图 1 双母主接线为例，当 I 母和 II 母分列运行，线路 L1 和线路 L2 为来自同一供区方向的电源，线路 L3 和线路 L4 为来自另一供区方向的电源，当线路 L1 停电导致 I 母失电，母线备自投逻辑动作具体为：先跳开线路 L1 和线路 L2，再合上母联断路器，恢复 I 母供电。

备自投法是在现有变电站主接线型式的基础上，利用具备线路备自投和母线备自投功能的负荷转供装置自动进行开关倒闸操作实现负荷转供，对于新建、扩建变电站可以进行同步建设该负荷装供装置，对于老站新增负荷转供装置，需要对交流回路、开关位置信号回路、母线动作闭锁回路和跳合闸回路等方面进行优化设计[15]。该方法原理和人工倒闸法基本一致，主要特点是实现倒闸操作自动化，降低倒闸操作误操作率，同时也不需要经过调度中心下发调度指令指导人工操作开关，利用负荷转供装置几秒内就可完成负荷转供操作，提高了操作效率。在适用范围方面，采用备自投法进行负荷转供的应用范围和人工倒闸法基本相同。

3 跳线转接法

由于人工倒闸法和备自投技术法均无法满足变电站需较长时间母线全停情况下的负荷转供，针对以上情况，目前电力公司主要采取临时立塔跳线转接、电缆转接、直接跳线转接(不立杆塔)等方式进行站外负荷转供，以维持 220kV 网架结构的稳定性，同时采取搭建临时线变组间隔方式，实现对站内主变临时供电，确保对下级电源的正常供电，提高供电可靠性。

某地区 220kV 电网结构局部图如图 2 所示，主要以 4 座 500kV 变电站为依托，220kV 变电站网架结构含辐射、电磁环网和链式供电方式。

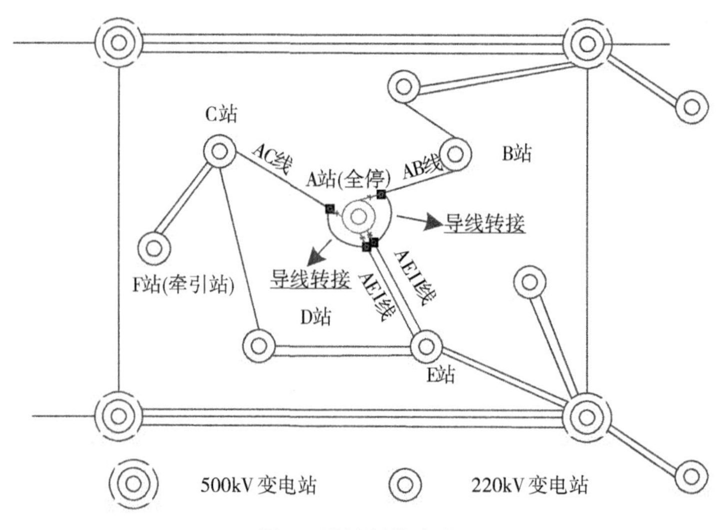

图2　跳线转接方案

其中，A站为防范GIS设备投运后因盆式绝缘子潜在隐患造成人身、电网、设备事故，采取设备整体更换方案，为确保更换期间A站全停电导致的负荷损失和电网结构的稳定性，电力公司对原变压器进线间隔采取新建临时线变组进线间隔替代，保证下级重要负荷可持续供电，而对其他220kV进线采取站外跳线连通临时供电方案，保证地区电网的稳定性。

根据图2中，当A站双母全停时，B站和C站则变成单电源供电，不满足检修时N-1要求，可能导致负荷减供或变电站全停事故风险，影响整个电网的稳定性，尤其是加大与C站连通牵引站F站停电风险，将带来不利的社会和经济影响。但由于A站双母全停，无法通过人工倒闸操作或者自备投方法进行负荷转供，采取A站站外跳线转接法，AC线和AEI回线站外跳线连接，AB线和AEII回线站外跳线连接，确保B、C站仍具有两回电源进线，在二次方面，在跳线转接后，对C站到E站线路和B站到E站线路的差动保护等进行调整，宜调整至同厂家同型号设备，以保证主保护能有效工作。由于220kV输电线路需要尽量满足三相导线对地及三相之间的电容平衡，往往采取导线换位的方式进行架设，可能会导致需跳线连接的两回线路相线排序不一致，如图3所示。

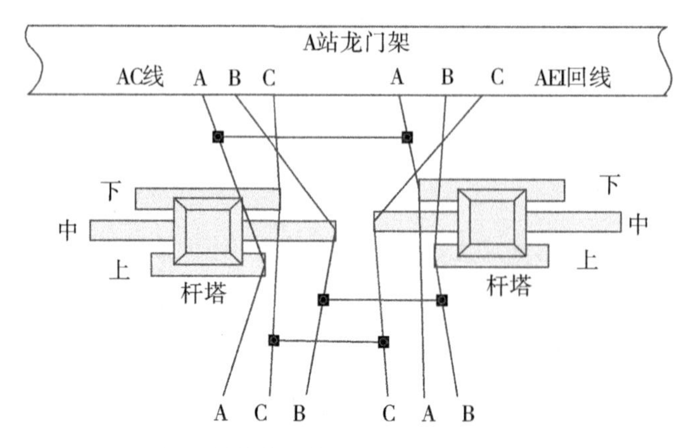

图3　导线换位情况下站外跳线连接法

AC 线上中下排列为 A、B、C 相，但 AEI 回线上中下排列为 B、C、A。在这种情况下，站外具体跳线转接，需要考虑跳线的空间，即相间安全距离，避免临时跳线后发现相间放电引发短路故障等次生故障。在不能进行直接跳线的情况下，应采取搭建临时杆塔等方式进行跳线转接，确保电气安全距离，因此针对图 3 中两回线路，B 相和 C 相采取直接跳线转接，A 相宜通过搭建临时杆塔引出后再进行跳线转接。

4 移动式负荷转供法

移动式负荷转供法是利用将一、二次电气设备集成在车载平台上，达到具备变电站或开关站等基本功能的车载成套装备，通过可整体接入替代需要检修的设备，或临时新增供电回路等方式进行负荷转供的方法。目前，在 10kV 配电领域有移动箱变车和移动式环网柜车等，可应用于旁路不停电检修作业，如在进行配电变压或开关所检修或更换时，利用移动箱变车或环网柜车进行旁路替代，避免了必须进行用户停电或线路停电的传统做法，提高了配网供电的可靠性[16-17]。在 110kV 电压等级方面，国内外研制了 110kV 移动式变电站，作为应急电源进行负荷转供，110kV 移动式变电站一般由 110kV 变电车和 10kV 或 35kV 配电车组成，并配备了综合自动化系统、继保、测控及交直流电源等二次设备，变配电车可以独立使用，也可组合应用[18]。在迎峰度夏时，通过接入移动式变电站转带原变电站部分负荷，减少原变电站主变的负载率，降低主变故障风险。其次，在原变电站高压开关、主变检修或中压配电室检修和技改时，可通过不停电或短时停电手段将移动变电站接入电网，替代原站相关设备，实现负荷转供，减少停电时间，同时不改变电网的运行方式。

针对 220kV 变电站双母停电检修或改造等特殊场景，通过研制了 220kV 移动式负荷转供装置，装置由承载车辆、组合电器、避雷器、汇控柜及相关辅助设备集成，如图 4 所示。可以替代原变电站主变进线间隔给 220kV 主变进线供电，降低下级电网停电范围，采取方法为从原站架空进线回路 T 接至负荷转供装置进线侧，含避雷端，主变侧通过变压器门型构架接至主变高压侧。接地方面，通过移动式负荷转供装置的接地端子接入原变电站接地网。二次方面为增加移动式负荷转供装置的实用性，采取兼容非智能站和智能站设计，接入非智能站时，移动式负荷转供装置电压电流信号、机构箱控制信号以及报警信号等通过负荷转供装置汇控柜接入原变电站需替代的间隔的汇控柜，并通过原站汇控柜接入综自系统，如图 5(a)所示，接入智能站时，电压电流信号、机构箱控制信号以及报警信号等通过装置汇控柜接入原站智能终端相关端子，再利用智能终端通过光纤上传至原站综自系统。

另外，将移动式负荷转供法和跳线转接法进行结合使用，前者可以维持 220kV 网架的稳定性，本方法可以满足原站内主变不停电，能有效解决 220kV 变电站母线全停检修负荷转供难等问题。

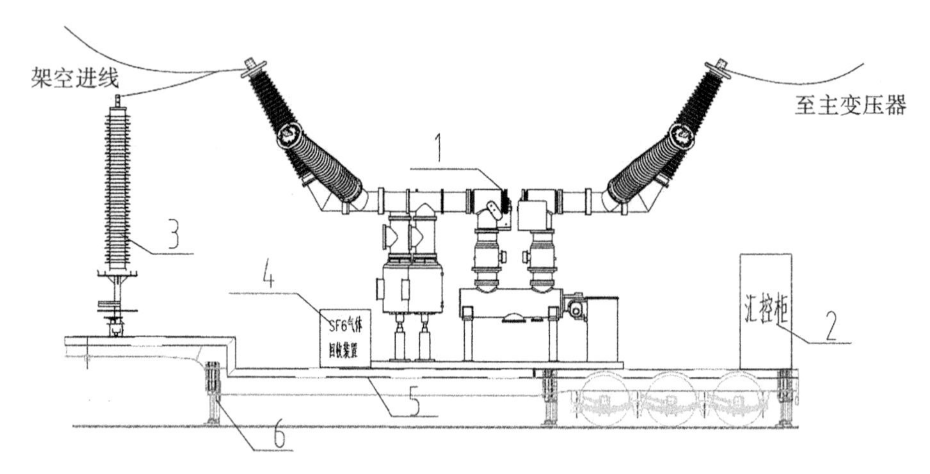

1. 220kV 组合电器；2. 汇控柜；3. 避雷器；4. SF_6 气体回收装置；5. 承载车辆；6. 液压支腿

图 4　移动式负荷转供装置

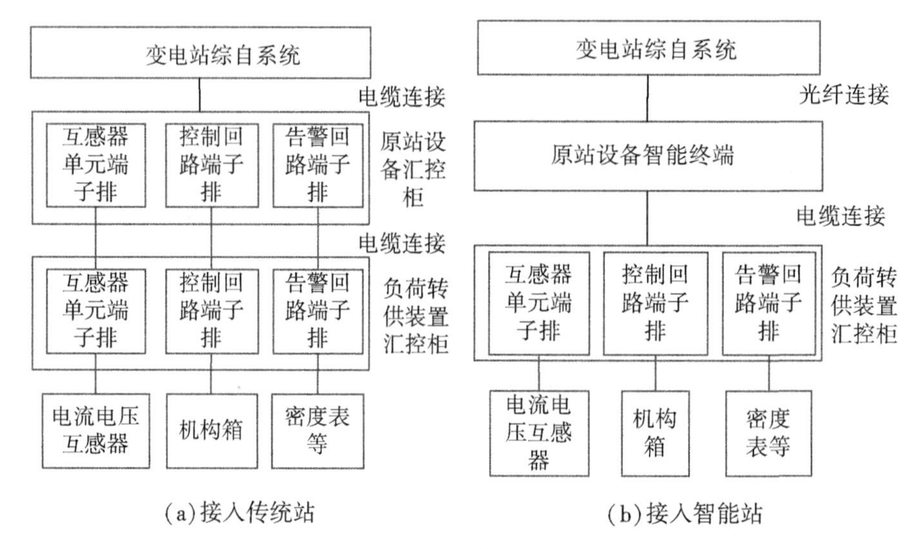

(a)接入传统站　　(b)接入智能站

图 5　二次接入方案

5　总结

本文探讨了 220kV 变电站检修等情况下负荷转供技术，重点对人工倒闸法、备自投技术法、跳线转接法、移动式负荷转供法进行了分析，并总结了其优缺点和各自适用范围，见表 1。以上四种方法各具优缺点和适应场景，实际上通过这四种方法的综合应用能解决 220kV 变电站负荷转供问题。另外，随着我国 220kV 电网网架的增强和装备技术的发展，负荷转供也将变得更加简单可靠和经济。

表 1　负荷转供技术比较分析

方法	优点	不足	适用范围
人工倒闸法	简单、经济，不需要额外投资	依赖变电站主接线形式，操作时间较长，存在误操作、PT 反充等风险	适用于双母接线中单母停电检修，不适合于双母全停检修
备自投技术法	简单可靠，误操作等风险低，操作时间短	依赖变电站主接线形式，需增加负荷转供装置	适用范围和人工倒闸法基本一致
跳线转接法	可以解决变电站全停情况下，电网结构稳定性问题	换位导线进线可能需要搭建临时杆塔，同时需要调整线路继保装置等二次装置，停电施工时间较长	主要解决变电站母线全停电网稳定性问题
移动式负荷转供法	可移动性，可应用于不同 220kV 变电站负荷转供	现场接入相对复杂，需要增加移动式负荷转供装置一次性投入	替换主变间隔或线路间隔，可与跳线转接法配合

◎ 参考文献

[1]赵昆，张印，罗雅迪，等．地区电网负荷转供辅助决策系统设计开发[J]．华东电力，2013，41(8)：1675-1677.

[2]Singh M K，Jilka C，Chauhan S，et al. A review on selection of proper busbar arrangement for typical substation (Bus-Bar Scheme)[J]. International Research Journal of Engineering and Technology (IRJET)，2017，04(2)：1191-1196.

[3]单瑞卿，杨海晶，龚人杰，等．省地协调的母线等效负荷预测及调度计划制定方法研究[J]．电力科学与技术学报，2018，33(4)：29-34.

[4]张玉军，韩文庆，杨旭，等．220kV 变电站典型设计综述[J]．山东电力技术，2017(6)：10-13.

[5]刘振亚．国家电网公司输变电工程典型设计 220kV 变电站分册[M]．北京：中国电力出版社，2005.

[6]吴炯．双母接线倒闸操作的危险点分析与控制[J]．电力讯息，2017(11)：229-230.

[7]Wang N，Cai Y，Wang L，et al. Power loads fast transfer & control of dynamic lightning protection of smart grids[C]. 25th International Lightning Detection Conference & 7th International Lightning Meteorology Conference，2018，Florida，USA：1-5.

[8]程晓磊，邓昆玲，郭厚静．220kV 电网结构不合理引发的减负荷问题分析及解决措施[J]．内蒙古电力技术，2013，31(3)：12-15.

[9]陈涛威，邓红雷，朱凌．一种电网负荷损失的危险性评估方法[J]．电力科学与技术学报，2018，33(3)：50-56.

[10]吕昆霍，艾莉．变电站倒闸操作中的危险点分析及防范[J]．大众用电，2020(2)：40-41.
[11]钟文华，李增辉．220kV母线倒闸误操作引起的PT反充电事件分析[J]．电工技术，2020(15)：84-85.
[12]陈宇晖．倒闸操作时防PT反充技术措施探讨[J]．电力大数据，2017，20(11)：66-69.
[13]陈立，陈刚，戚峰．220kV变电站增设220kV负荷转供装置探讨[J]．电工技术，2016(6)：30-31.
[14]220kV变电站负荷转供装置技术规范：DL/T 2040—2019[S]．北京：中国电力出版社，2019.
[15]戚峰，陈刚，钱碧甫，等．220kV终端变电站负荷转供策略研究[J]．浙江电力，2016，35(9)：15-19.
[16]文正其，张伟，张雷，等．一种紧凑型移动箱变车的研制[J]．高压电器，2019，55(8)：244-248.
[17]文正其，宋友，杜玮，等．移动箱变车智能化技术研究[J]．电工电气，2020(5)：68-70.
[18]孙浩，张伟．110kV移动变电站技术研究[J]．电工电气，2015(8)：61-62.

基于AR技术的线路智能巡检典型缺陷培训方法研究

杨帅[1]，陈俊安[1]，郑洪涛[1]，胡宇轩[2]，贝嘉鹏[3]，何传群[1]，王思潮[1]，林渝淇[1]

（1. 中国南方电网海南电网有限责任公司海口供电局输电管理所，海口，570000；

2. 中国南方电网广东电网有限责任公司肇庆供电局输电管理所，肇庆，526000；

3. 中国南方电网海南电网有限责任公司海口供电局配电管理中心，海口，570000）

摘　要：无人机作为一种线路巡检的智能设备，已在我国电网运维中开始大范围应用，其中南方电网已提出用“机巡”代替“人巡”，无人机的应用极大地提高了输电线路的运维效率。无人机智能巡检是一种专业性强且比较复杂的技能，已逐步成为线路巡检中的必要手段之一。在无人机智能巡检的过程中，主要应用无人机开展线路的日常巡视，一般是在巡检任务完成后统一处理巡检照片，进行线路的缺陷处置。这种方式减少了巡检工作量、提升了巡检效率，但存在缺陷处理滞后、缺陷种类认识不足、缺陷等级辨识不明等问题，难以全面发挥出线路智能巡检的优势。为此，本文提出基于AR技术的线路智能巡检典型缺陷培训方法，在接近真实的混合现实环境中，开展线路智能巡检典型缺陷的学习，反复强化缺陷的辨识和处置能力，在巡视的过程中通过图传就能够对缺陷进行定级。数据处理员也能够做到独立、准确地进行数据分析，进一步提升人员的智能巡检水平。

关键词：无人机；输电线路；AR技术；缺陷定级；及时分析；智能巡检

0　引言

近年来无人机的应用越来越广泛，信号传输效果也越来越好，南方电网也将其大力地应用于输电线路的运维工作，包括自动巡视、红外测温、夜间巡视、激光清障、故障查找、应急巡视、新建线路验收等等。传统的输电线路运维主要是依靠“人巡”，无人机的出现使输电线路的运维模式发生转变，逐渐由“机巡”代替“人巡”，从而提高一线班组的巡视效率。无人机巡检技术是一种专业性强且比较复杂的技能，目前，针对无人机巡检技能的培训手段主要包括理论培训、实操培训、仿真培训，培训内容大多以无人机的飞行操控技能为主，仿真培训也是以纯虚拟的环境为主，培训过程缺乏与结合巡检应用的线路工况和周围环境，学员完成培训后还需要在运行现场大量进行巡检作业，积累现场机巡作业经验。

电网推进无人机应用至今，已有大量飞手能够独立进行无人机日常作业，大多数飞手以年轻人为主，作业时通常是拍完一个点再拍下个点，一味地追求作业速度，很多时候是在图传信号刚刚清楚就拍完了，在巡视过程中出现的紧急、重大的缺陷隐患很难直接判断出来，在屏幕上辨别不出缺陷，回去处理资料时判断紧急、重大这些缺陷也要请教老师傅才能定级准确。

本文针对这一情况，提出基于 AR 技术的线路智能巡检典型缺陷培训方法研究，旨在让年轻飞手加深对输电线路紧急、重大缺陷的学习，让飞手在巡视过程中通过图传就能准确判断这些缺陷，及时地进行上班消缺，提高线路的安全运行。资料员在处理数据时，能够独立准确地对缺陷定级，提高线路的健康度。

1 基于无人机巡视过程中及时发现紧急、重大缺陷的方法研究

1.1 制作线路走廊典型场景沙盘

输电线路的长度一般在十几至几十千米不等，个别线路能达到上百千米，跨越不同的环境，每基塔的高度均不相等，相邻杆塔的实际情况也各不相同，杆段下的跨越物有线、树、房、工地等。针对这一情况去制定特定场景下的真实输电线路环境，利用垂直起降固定翼等大型无人机对实际输电线路进行扫描，每秒拍摄频率越高，则生成的线路走廊越逼真，越符合实际，如图 1、图 2 所示。在环境空旷的地方无人机信号较好，能够较顺利地完成巡视任务，但在部分恶劣环境下，飞手完成飞行任务都有一定困难，心理、天气、情绪等综合因素都影响飞行效果，通过此操作系统反复进行练习，检验飞手在不同环境下的机巡成果，至其能胜任任何场景下的机巡任务达成。

图 1　线路走廊典型场景沙盘实景数据采集

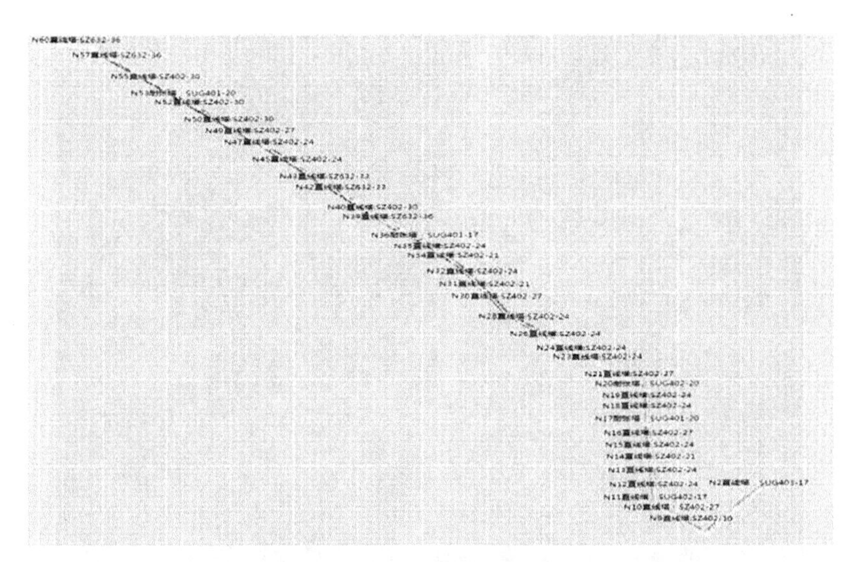

图2　线路走廊典型场景沙盘数字数据生成

1.2　构建典型杆塔三维模型

输电线路杆塔主要分为耐张塔和直线塔两大类，涵盖铁塔和水泥塔，包括杆塔的全部组合工具，架空地线、导线等，悬垂线夹、球头、延长环等金具全部按现场实际制作，根据典型杆塔金具的组成构件，实现自动化三维建模方法，以输电金具仓库为对照依据，整理扫描的各类工具模型，模型与仓库中实际应用在现场作业中的金具组件型号一致，模型数据化后不用再担心其生命周期。如图3～图5所示为典型杆塔三维模型。

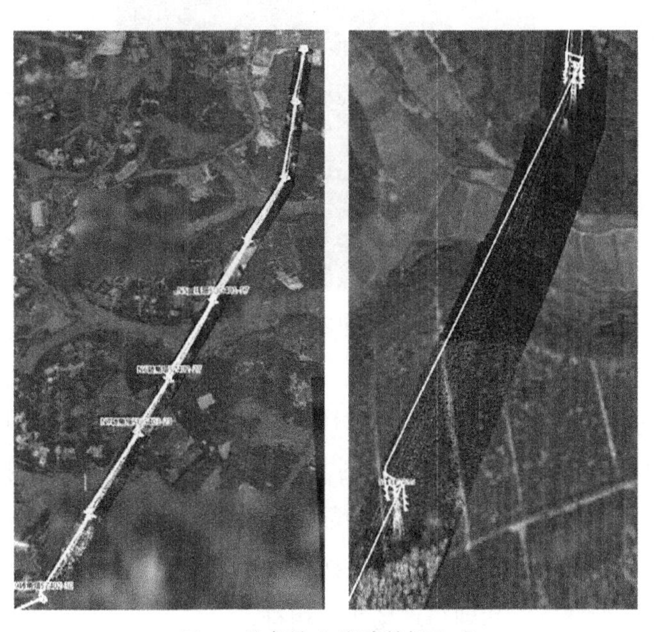

图3　整条输电线路数据生成

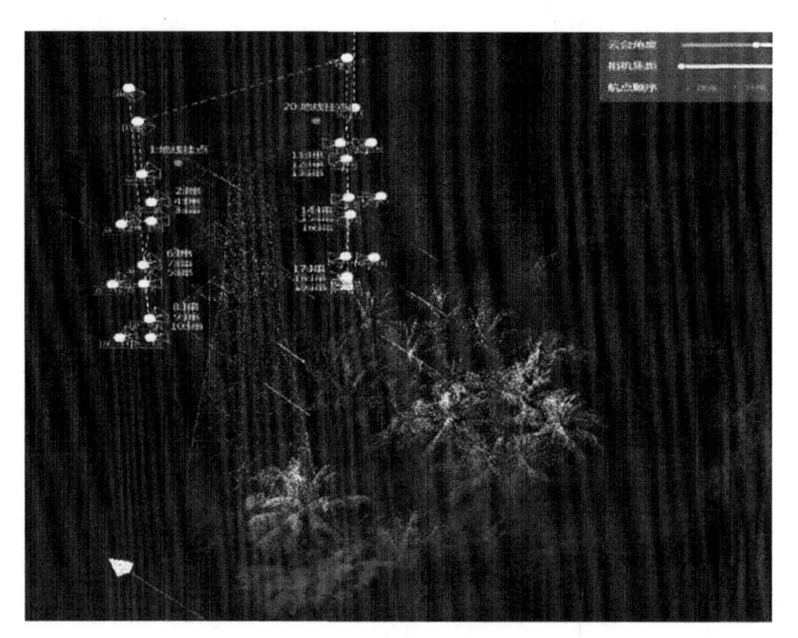

图 4　直线塔三维模型

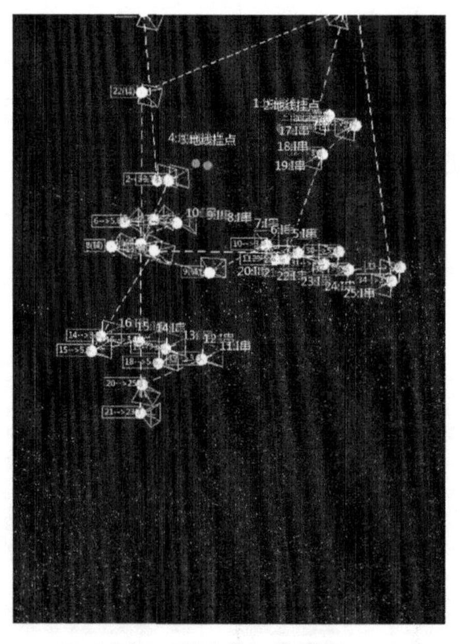

图 5　耐张塔三维模型

其中无人机智能巡检的智巡通软件能够进行杆塔扫描，能够低成本高效地拍摄大量照片用于建模，如图 6 所示。还可以用激光雷达测量系统对杆塔进行采集，激光线发射水平激光扫描金具本体，通过光感传感器收集几何信息，生成每帧的数据，对每个点都进行 360°的全方位采集，精准构建每一个数字组件，以三维形式呈现出来，在条件允许的情况下定期对杆塔进行采集，实现线路的动态追踪，掌握线路的实时状态，达到与现场实际相符。

图6 采集杆塔三维模型轨迹

1.3 设置三类输电线路典型缺陷案例

输电线路是输送电能的重要通道，运维单位如未对紧急、重大缺陷及时消缺，极有可能造成大范围停电事故，所以及时发现紧急、重大缺陷并消缺，才能够保障广大客户的用电安全。本项目研究方向就是让飞手能够直接发现典型缺陷，减少跳闸事件的发生。

构建输电模型完成后，在其中设计出一定的紧急、重大缺陷，包括安全距离不足、导线断股股数、悬垂线夹螺帽脱落等典型缺陷，让无人机飞手模拟日常巡检路径，检验其是否能够及时准确地发现缺陷。同时要求资料员处理数据时能够及时发现并上报。

无人机飞手在日常巡视过程中通常关注线路本体较多，缺乏对交叉跨越、线下廊道情况的重视(图7)，每年都会发生线下野蛮施工、植被安全距离不足等原因跳闸的事故，针对这一情况，特设定指定树种离线距离，如线下有一棵木麻黄离下相导线不足1m，导线的中间有刺竹离线约0.5m，线下面有大芭蕉树，大风天气，风将叶子上吹导致安全距离不足出现放电等类似情景，由操作的飞手自己去判断，直至能独立判断出树障隐患。线下有施工的要看是否能碰到导线或触及线路保护区，线下的水泥罐车、挖掘机等作业车严禁触及线路保护区，发现后应第一时间进行管控，在现场对施工车辆进行安全管控，对触及线路保护区的施工要有输电所的人在时方可开始，并通知相关班组及外力破坏小组等专职人员进行安全交底，确保此杆段不发生外破跳闸。

导线断股也是一个较为被忽略的隐患点(图8)，飞手在巡视时极容易忽略，因此本系统特意制作此模块(图9)，意在让飞手和资料员同样关注此类缺陷，一旦线路某一个点断股数量较多，超过50%时就需重点关注，进行特巡特维，七天内缺陷，如断股超70%则需24h内进行缺陷，否则有断线隐患，如遇台风暴雨等天气极易发生跳闸事故，本培训模块能极大地减少此类事件发生。

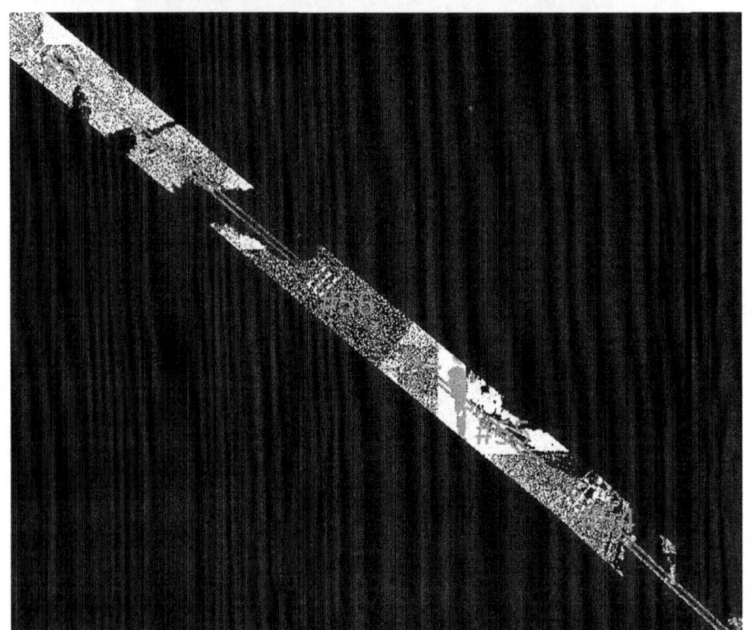

图 7　交叉跨越、线下廊道模型

图 8　导线断股、外破原型

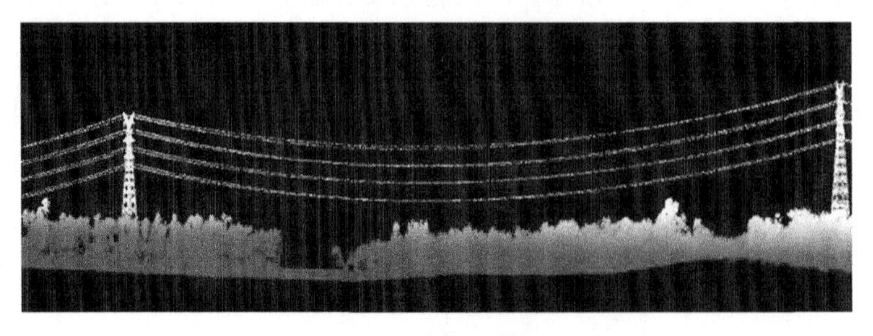

图 9　导线断股模型

出现金具问题是最容易导致线路跳闸的(图 10)，巡视人员常常忽视，巡视过程对金具的锈蚀程度判断也不统一，生锈、锈蚀、爆锈等情况又要具体问题具体分析。本模块将金具锈蚀的种类进行分类，尽量做到完全，悬垂线夹、U 形挂环、抱箍，小至螺栓螺帽垫片等都列入其内，目的就是要飞手和资料员能找出存在的紧急、重大缺陷。好多一线飞手巡视时发现了架空地线悬垂线夹固定螺栓没有插销螺帽脱出都有掉线隐患了，经验不足的飞手同样是当作没有插销的一般缺陷，飞手通过此模块的反复练习，能够准确发现类似隐患。巡视十条线路也可能发现不了一处，而一旦发现，巡视缺陷的准确率就达到 100%，做到精准维护。

图 10　典型金具缺陷模型

2　开发 AR 培训系统模块

2.1　建立基于 AR 技术的输电线路增强虚拟现实场景

开发基于 AR 技术的线路智能巡检典型缺陷培训方法模块，在接近真实的混合现实环境中，开展线路智能巡检典型缺陷的学习，反复强化缺陷的辨识和处置能力，进一步提升人员的智能巡检水平(图 11)。将 AR 技术应用于线路智能巡检训练中，通过典型数字沙盘场景和虚拟杆塔相结合的方式，在混合现实环境中开展模拟操作，能够大幅提升学员对线路智能巡检缺陷辨识的培训效率，提高识别缺陷的准确度。

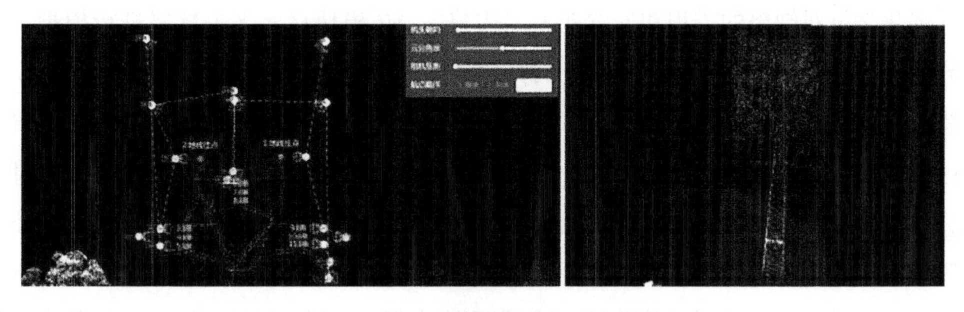

图 11　输电线路增强虚拟现实场景

将现场实际信息与采集的虚拟信息无缝契合，灵敏摄取视觉信息，通过滤镜技术绘制动静态之间的视觉效果，追踪缺陷信息，三维可视化动态驱动，能在接近真实的线路场景中，反复开展线路典型缺陷的辨识训练，进一步增强学员对线路缺陷的辨识和处置能力，在PC端核心层以高性能图像信息呈现与姿态重建，光学与视频渲染双重显示，系统根据动态追踪技术随机模拟缺陷，建立区域视觉系统后，进给量增进，应用层解析，稳定、无扭曲地呈现出相关的立体缺陷，动态绘制杆塔造型与缺陷纹理，汇入绘制模块接口，数据输送至后台合成导出，虚实结合，提高日常工作效率，整体提升线路运维水平(图12)。系统的开发同样留有开放扩展体系与现实灵活动态追踪管理。

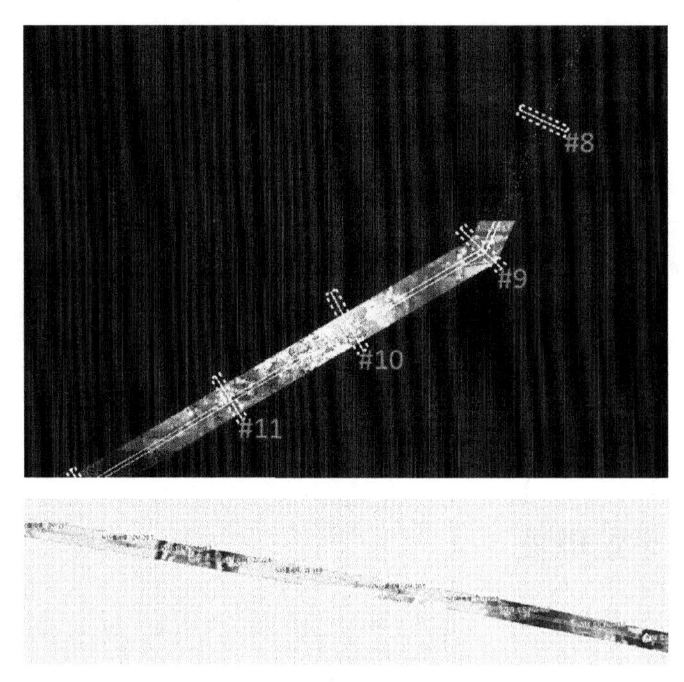

图12　杆塔动态追踪

目前拥有大量的飞手，能够进行机巡作业，但对缺陷数据的定级有时不够准确，无人机飞手通过对输电线路缺陷的深度学习，能够提高识别缺陷的准确度，提高输电线路的消缺率和健康度。

2.2　开展线路智能巡检缺陷辨识和定级训练

在场景中设置典型缺陷，模拟无人机线路巡检作业流程，开展线路智能巡检缺陷辨识和定级的训练，反复强化学员对缺陷的辨识和处置能力。构建完AR模块后，飞手反复进行模拟练习，进行杆塔端、导线端、金具端、基础端等端到端的具体训练，重点在于发现重大、紧急缺陷，通过学习后，对训练数据资料进行整理，不断改善，提高三维模型性能，加深学习印象，飞手在日常巡视过程中，通过屏幕就能判断出来拍摄的是哪一类缺陷，如若发现了重大、紧急缺陷就能立即上报到相关责任人，安排停电消缺，大大地降低了输电线路跳闸事件发生，跳闸主要有安全距离不足、金具严重锈蚀等原因，此训练平台就解决了因树、金具等问题的跳闸事件，按照日常巡检轨迹查找缺陷，精度更高，对异常数据进行具体分析，完成系统内循环，实现闭环管理，提升数字化建设水平，提高了线路的安全运维水平。

即使是飞手在巡视中没有发现缺陷，回来后数据上传系统，资料处理员通过照片分析也能够第一时间发现此缺陷，进行上报，由所部安排消缺。

500kV 龙泉换流站阀低压加压试验研究

王亮，杜振波，杨华云，康健

（国网电力科学研究院武汉南瑞有限责任公司，武汉，430070）

摘　要：本文结合 500kV 龙泉换流站阀低压加压试验，详细介绍换流阀低压加压试验原理、参数计算及试验方法，强调低压加压试验在换流阀分系统调试中的实用性、重要性。低压加压试验过程中出现波形异常的问题，分析为晶闸管触发脉冲故障导致，后经试验证实。

关键词：龙泉换流站；换流阀；低压加压；触发脉冲

0　引言

换流站阀低压加压试验是对换流阀控制保护系统功能进行的整组模拟试验。试验应在换流变本体试验、换流阀本体试验及阀控系统联调试验、换流站控制保护装置试验及极控与阀控联调试验完成后进行。低压加压试验的目的是检查换流变一次接线的正确性，换流阀触发同步电压与触发控制电压的正确性，检查一次电压的相序正确性及阀组触发顺序关系的正确性，检查阀控系统监测信号正确性，检查 12 脉动换流器输出的正确性。

1　试验条件

为保证试验顺利进行，做换流阀低压加压试验前，需确认被试系统满足下述条件：

(1) 换流变压器试验已经完成，试验结果合格；

(2) 换流阀接线、保护控制系统安装调试完毕；

(3) 水冷系统运行正常、冷却水运行参数满足技术要求；

(4) 换流阀设备厂家完成单阀的检查测试，控制保护设备厂家完成试验程序和保护出口的临时设置；

(5) 换流阀主回路有关的开关、刀闸具备操作条件；

(6) 低压加压试验负责单位做好了试验设备的技术准备。试验使用的设备处于有效期内，仪器、仪表检验合格。

应将整流侧与交流系统隔离，直流侧与运行直流系统和对侧隔离。

2 试验准备

2.1 参数计算

根据阀结构及试验目的，考虑到阀生产厂家试验阀配置及对试验条件的要求，龙泉换流站阀低压加压试验采用的试验参数需满足：换流变阀侧阀体上交流线电压有效值大于500V（选用1片晶闸管级），换流阀直流负载电流平均值宜大于2.0A。换流变压器参数：

LY 换流变压器容量为297.5MVA，额定电压为$\frac{525}{\sqrt{3}}/\frac{210.4}{\sqrt{3}}$kV；

LD 换流变压器容量为297.5MVA，额定电压为$\frac{525}{\sqrt{3}}/210.4$kV。

试验前根据现场阀触发电压计算试验电源所需容量以及直流侧接入的电阻值。本次试验根据以上试验电路和换流变压器参数进行计算，参数计算中用到下述符号：

U_d 表示换流阀直流侧电压(V)；R_d 表示直流侧试验用电阻(Ω)；P_d 表示试验电阻的功率(W)；U_1 表示换流变网侧线电压(V)；U_2 表示换流变阀侧线电压(V)；N_1 表示 LY 换流变压器变比；N_2 表示 LD 换流变压器变比；U_{test}表示三相升压变压器输出试验电压。

本次试验拟采用每个单阀中选取1片晶闸管级开展试验，施加500V电压，这样直流侧输出波形便于分析试验结果，也可降低试验电压来降低试验风险。

$$U_2 = \sqrt{3} \times 500 = 866(\mathrm{V})$$

试验时，将换流站分接开关调至额定挡(变比额定挡位)，LY 换流变压器变比 N_1 为2.495。

$$U_{test} = N_1 \times U_2 = 2.495 \times 866 = 2161(\mathrm{V})$$

$$\text{选择试验电压 } U_{test} = 2200(\mathrm{V})$$

$$U_2 = 2200 \div 2.495 = 882(\mathrm{V})$$

对于电阻性负载，换流阀直流电压 U_d 可按照下式计算：

$$U_d = 2 \times \frac{3\sqrt{2}}{\pi} U_2 \cos\alpha \quad (0° \leqslant \alpha \leqslant 60°)$$

$$U_d = 2 \times \frac{3\sqrt{2}}{\pi} U_2 [1 + \cos(60° + \alpha)] (60° \leqslant \alpha \leqslant 120°)$$

试验触发角分别选为0°、60°、90°、120°、150°，当触发角为0°时，U_d 最大，因此以0°触发角计算试验参数。

$$U_d = 2 \times \frac{3\sqrt{2}}{\pi} U_2 \cos 0° = 2383(\mathrm{V})$$

输出直流电流 I_d 在能连续通过可控硅阀的前提下尽可能小，建议 I_d 取2~10A，取3A。

$$R_d = \frac{U_d}{I_d} = \frac{2383}{3} = 794(\Omega) \text{ (现场选取 } 800\Omega)$$

$$\text{电阻器热容量：} P_d = R_d \times I_d^2 = 7.2(\mathrm{kW})$$

2.2 试验设备

根据换流变压器参数计算确定试验设备仪表如下：

感应调压器 200kVA，380/(0～420)V；三相升压变压器 200kVA，400/5000V；自耦调压器 20kVA，380/(0～420)V；大功率电阻 800Ω，5000W；滑动变阻器 0～50Ω，5000W；换流阀低压加压试验录波仪；伏安表；万用表；钳表。

3 试验接线

在换流阀每个单阀中任取一片晶闸管级，用临时短接线将其他晶闸管级短路，临时连接组成 12 脉动整流接线方式，将直流侧正负极电压引出，根据计算，在直流侧接入相应的直流负载电阻。

按图 1—图 3 进行试验接线，将试验变压器的高压侧接入换流变网侧，注意到阀组点火控制单元的相序要正确，试验电源与换流变压器的原边相序要一致，调整换流变压器的有载调压器在额定挡位。

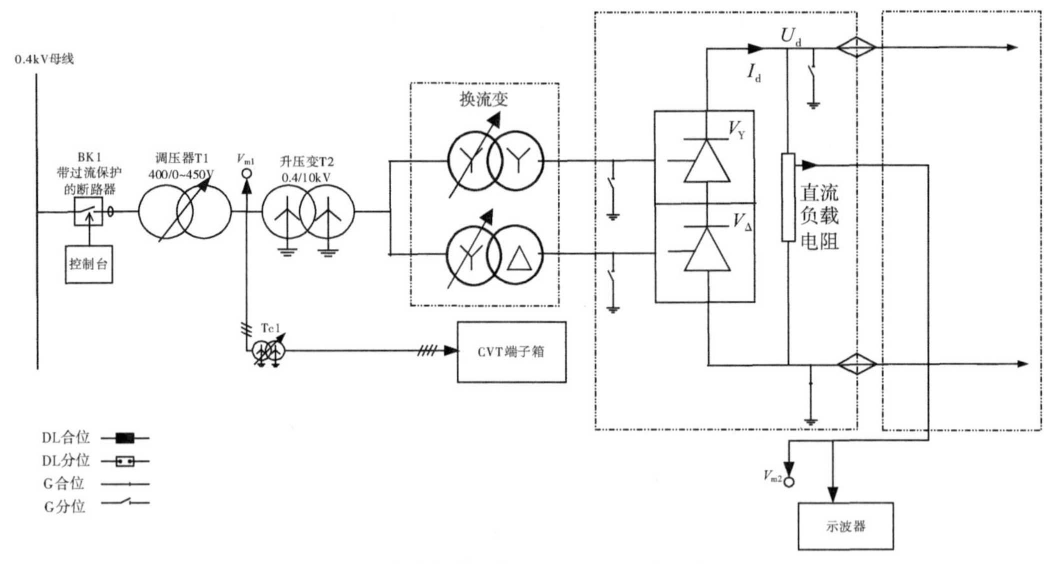

图 1 换流阀低压加压试验主回路接线图

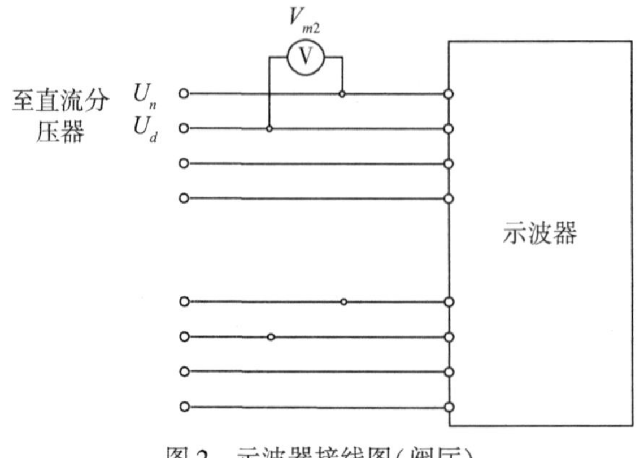

图 2 示波器接线图(阀厅)

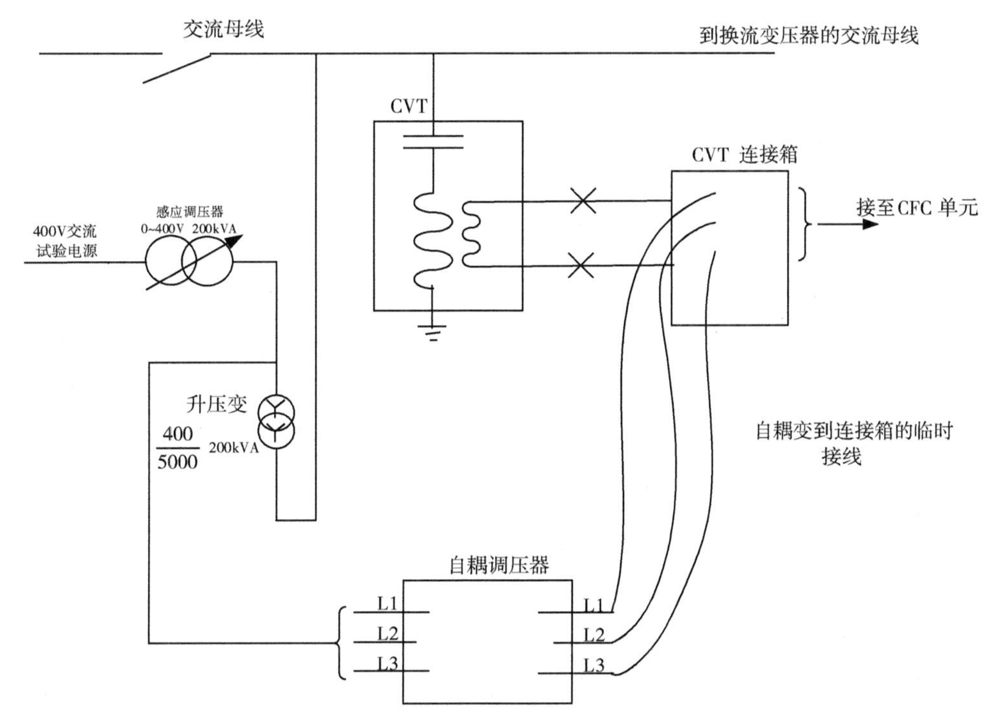

图 3　阀低压加压试验 PT 二次回路改接线示意图

4　试验步骤

4.1　同步(控制)电压检查

(1)断开感应调压器 T1 至升压变压器 T2 的连接线；

(2)检查感应调压器 T1 和同步调压器 TC1 的电压调整旋钮均回归 0 的位置后，合上站用电电源开关；

(3)合上试验控制开关 BK1，缓慢调节感应调压器 T1 副边电压，使之升高至 120V(线电压)，再缓慢调节同步调压器 TC1 副边电压，使之升高至 100V(线电压)；

(4)记录换流变保护柜、测量屏屏柜上的电压。测量所加电压幅值、相位，检查结果是否正确；

(5)分别将感应调压器 T1、同步电压调压器 TC1 的电压调整旋钮调回 0 的位置；

(6)断开试验控制开关 BK1，拉开站用电电源开关。恢复感应调压器 T1 至升压变压器 T2 的连接线。

4.2　利用 A 套控制器实施换流阀低压加压试验

在试验指挥人员指挥下，按照下述步骤完成测试工作：

(1)将本站极控主机 A 切换至运行状态，将极控主机 B 切换至测试状态。将对应的两台极保护主机切换至测试状态。

(2)检查感应调压器 T1 和同步调压器 TC1 的电压调整旋钮均回归 0 的位置后，合上站用电备用分支开关。

(3)合上试验控制开关 BK1，缓慢调节调压器 T1，升高 T2 副边电压至换流变网侧线电压约 2200V(换流变在额定变比下)。

(4)调整同步调压器 TC1 副边电压为 100V(线电压)，注意试验中禁止 TC1 副边电压超过 105V(线电压)。

(5)检查换流变无异常，检查阀厅被试设备无异常。

(6)检查控制接口屏同步(控制)电压正确；检查示波器记录信号正确并录波；检查触发脉冲正确并录波。

(7)改变触发角指令值，分别在极 Y/Y 换流器阀控 VCE 屏和端 Y/D 换流器阀控 VCE 屏处完成下述测试：

(a)检查阀闭锁状态时触发脉冲；

(b)在触发为 150°指令下解除闭锁，记录波形及试验数据；

(c)极控发出触发角为 120°指令，记录波形及试验数据；

(d)极控发出触发角为 90°指令，记录各测点波形及试验数据；

(e)极控发出触发角为 60°指令，记录各测点波形及试验数据；

(f)极控发出触发角为 45°指令，记录各测点波形及试验数据；

(g)试验完成后，极控发出闭锁指令，将感应调压器 T1、同步调压器 TC1 的电压旋钮回归 0 处。断开试验电源开关 BK1。断开站用电备用分支开关。

5 试验结果

阀低压加压试验波形如图 4 所示。

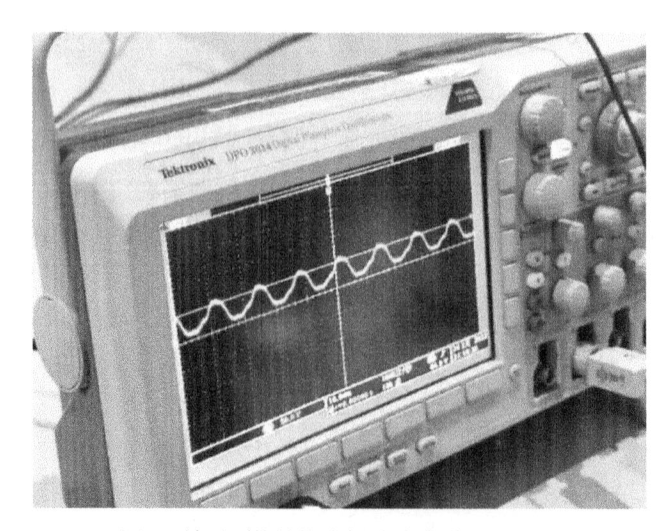

图 4 端子更换前换流阀试验波形($\alpha=60°$)

由图 4 可以看出，触发角设定为 60°时，直流负载上的电压波形呈现出规律的波形，与正常波形相差较大。

通过电压幅值和相角，分析得极I_{YY}阀塔整流功能出现故障，不能正常整流。可能原因是上桥臂和下桥臂触发脉冲信号端子插反，导致换流阀无法正常工作。更换桥臂触发脉冲信号端子后重新试验，结果如图 5 所示，直流电压在 20ms 内 12 个波峰清晰可辨，波形连贯，换流阀整流功能正常。

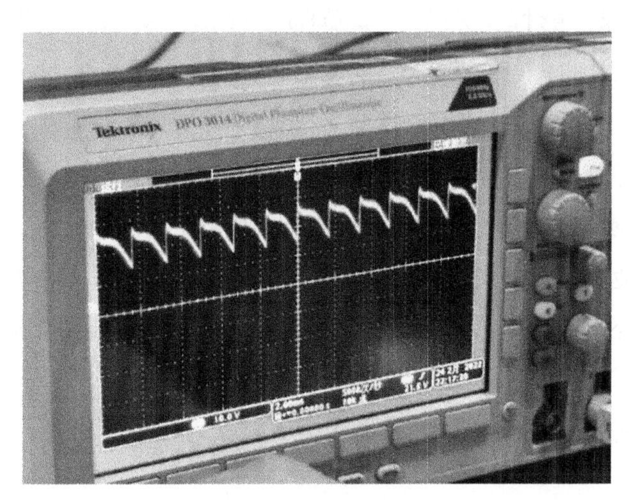

图 5　端子更换后换流阀试验波形($\alpha=60°$)

6　结语

换流阀低压加压试验有功效多、模拟性强的优点，能够在较低电压的情况下检测换流阀以及控制保护系统工作的正确性。本文简要对龙泉换流站阀低压加压试验原理、步骤等方面进行了阐述，并对试验过程中发现的问题进行了分析，希望对后续工程能有借鉴之处。

◎ 参考文献

[1]王定刚．±800kV 换流阀低压加压试验方法研究[J]．中国高新科技，2019，38(2)：72-73.

[2]毛绍全，杨灿，袁翎，等．±800kV 韶山换流站换流阀低压加压试验概述[J]．湖南电力，2017，37(S1)：71-73.

[3]果家礼，李玉玺，魏忠明．高压直流输电换流阀组低压加压现场试验方法[J]．云南电力技术，2017，45(3)：125-128.

[4]刘振亚．特高压直流输电理论[M]．北京：中国电力出版社，2009.

[5]赵婉君．高压直流输电工程技术[M]．北京：中国电力出版社，2004.

[6]康健，金涛．高压直流换流阀的低压加压试验研究[J]．湖北电力，2003(12)：20-26.

电网企业如何为新能源提供并网服务的探讨

姚旭，张晓春，彭程，刘军，吴英帅，袁奔，姚遥，宋先琴，蔡仲银

（贵州电网有限责任公司安顺供电局，安顺，561000）

摘　要：新能源并网是实现绿色清洁能源大面积应用的关键步骤之一，如何做好并网相关技术服务保障，需要电网在电网运行方式上进行科学策划和合理安排。本文从专业支撑、特色服务、责任担当三个方面进行了全面的论述，建议贯彻新发展理念，立足实际探索和实践，助力打通新能源消纳堵点。

关键词：新能源；并网服务；运行方式

0　引言

对当前新能源发展趋势，电网企业不仅要搭建起一个相互沟通交流的平台，而且还要为新能源产业做好入网服务。贵州电网安顺供电局在积极承担新能源入网谋合作与共赢中，促进了地方新能源行业发展。特别是在新能源、新政策、新形势驱动下，该局借助科技创新管理经验，抱团取暖服务理念去面对和解决新能源入网遇到的实际难题。发挥凝聚与交流作用，团结一心，互助协作，形成有专业、有特色、有担当的良好电网企业形象。

1　注重专业支撑

为积极响应国家大力发展新能源要求，贯彻落实贵州省新能源发展思路，满足安顺市大规模新能源消纳接入电网需求，安顺供电局切实结合区域情况，大力支持新能源合理、有序开发建设，且积极提供新能源入网消纳空间。

新能源、清洁能源全额接纳虽说是国家基本政策，但也是增强主配电网网架结构的外援点。作为电网企业就应该科学策划运行方式，以便解决电网与新能源接入的拖延问题。由大唐贵州镇宁风电开发有限公司赠送的“攻坚克难　创新务实”“排忧解难　心系光明”两面锦旗背后，就有着安顺供电局专业技术人员提供优质服务、创新带电搭火的暖心故事。

当初设计的大唐贵州安顺市镇宁县革利风电场新能源入网，就需要将安顺电网紫云变 110kV 母

线停电，由此可能导致紫云县城大面积停电，对紫云县的经济民生用电造成较大影响，同时也给地方供电部门增供扩销工作造成极大损失。安顺供电局本着为客户创造价值服务理念，充分发挥电网纽带作用，多次组织专业技术人员深入研讨，提出母线负荷转移方案，及时解决了带电过程中出现的难题。有效制定出在安顺电网紫云变 110kV 紫双黄线 106 开关靠母线侧与 110kV 紫干Ⅱ线 104 开关靠母线侧，通过高跨引流线连接入网方案，确保了革利风电场新能源投运。

2 提供特色服务

安顺供电局结合电网网架结构及电源结构，总结出大规模新能源接入对安顺电网网架结构、电力调峰及安全稳定运行的可靠，合理评估出新能源消纳空间，以实现新能源产业与电网协调发展。新能源入网成效，不仅推动了新能源发展规划与电网建设规划相互协调，而且在大大促进新能源高质量发展中，共同保障电网安全稳定地运行。

在围绕新能源入网面临的问题中，安顺供电局加强责任感。遇到新能源接入电网服务方面，从不在政策上搞电价抬杠，而是通过合情合理的沟通来接纳新能源入网，进一步减小区域电网调峰压力。

为深入了解光伏发电客户需求，更好地做好客户服务工作，安顺供电局专业人员多次赶赴关岭县考察调研分布式光伏电站运行管理有关工作。此种类型的新能源电站，属用户自建光伏电站。它不仅容量小、数量多，在生产安全管理上存在一定难度。通过协作，完善发电设施安健环、GIS 单线图的绘制、签订调度协议，提高了运维的安全性。

3 主动担当责任

近年来，为推动清洁能源风力发电、光伏发电行业的快速发展，安顺供电局积极为区域内的风力发电、光伏发电项目提供技术和人力支持。在提升真诚服务的同时，又助力于新能源企业发展。在新能源项目实施过程中，时时组织相关专业人员统一行动、紧密配合，按照时间节点保证入网运行。

在安顺市关岭县岗乌卓阳农业光伏电站建设期间，仅当地群众就业 800 余人次。安顺市关岭县新铺光伏电站，每年拨付土地流转费在 50 余万元。并通过当地供电部门的介绍，还解决村边 30 余名青壮年就业问题。大力支持绿色能源项目的建设和发展，既高效环保又让村民从中受益，形成了一种绿色能源驱动长效致富新模式。

大力宣传新能源的好处，为村民讲解在自有房屋屋顶建一个 5.5 伏光伏电站，每年每户家庭会增加 8000 元左右的收入。按照目前首批建成并网发电的农户已有 325 户来算，年共发电量 47 万余度。为了做好光伏发电，电网员工利用节假日和周末，逐户对已经建好的分散式光伏发电进行排查，确保光伏项目正常并网发电，保好收入不丢失。

在电网优化调度上，安顺供电局为 27 名新能源电厂运行值班人员进行了受令资格培训。根据

《贵州电网调度系统运行人员受令资格动态管理规定实施细则(试行)》的工作要求，对区域内新能源临时受令资格培训。通过本次培训，解决了电厂人员变动较大无法满足值班的需求，解决了新并入电网的新能源电厂人员无受令资格的情况，体现了电网企业为客户创造价值的责任担当。

4 结束语

电网企业就应该本着“为客户创造价值、为社会创造效益”的理念，主动担责，以精湛的技术水平和优良服务为新能源顺利入网把关。唯有及时协调解决遇到的难题，才能让新能源惠及人民大众。为此，建议贯彻新发展理念，立足实际探索和实践，助力打通新能源消纳堵点。

新型数字化传感器技术与应用

卢加宏

（贵州万峰电力股份有限公司，兴义，562400）

摘　要：现阶段，对于机电一体化技术的应用发展速度非常快，技术内容也越来越成熟，对传感器技术的实际应用也不断扩大，这是机电一体化应用的主要构成部分。本文首先对传感器的分类进行阐述，然后对其在机电一体化中的应用进行探讨，最后着重介绍数字传感器的应用。

关键词：数字化传感器技术；机电一体化；传感器

0　引言

传感器是“能够感受规定的被测量信息，并将测量的结果按一定规律转换成可用输出信号的装置或器件”。传感器技术的发展主要可以分为三个阶段：第一代传感器是结构型传感器；第二代传感器是固体传感器，是在20世纪70年代才开始发展起来的；第三代是智能传感器，也是我们目前所用到的传感器技术。随着人们对数据的准确性和精准度的要求提高，传感器技术与机电一体化的联系也更加紧密，成为机电一体化的重要组成部分。

1　传感器的分类

传感器应用主要是在信息感知技术应用基础上建立的，采用信息感知技术的有效应用，将传感器的应用效果体现出来，因为传感器在实际的应用当中，其自身的技术感知有着不同，需要对实际的传感器种类进行明确，这样才能够在对传感器技术的应用当中，根据传感器技术种类进行相应技术应用要点的对应。通常，传感器设计需要按照不同的设计要求和设计技术应用，所产生传感器技术应用方式也不同。具体的分类主要有以下几点：

第一，根据传感器能量转化原则，其主要分为能量转化和能量控制传感器，在实际的应用中，主要采用对能量转化实现控制，以此确保能量转化控制当中的相关技术合理应用。第二，根据所测的参量进行制造区分的设计，可以分为三种，有物性参量、机械量参量以及热工参量。第三，根据传感器生产材料的不同，可以分为晶体结构和物理结构。在实际的应用中，主要是根据其应用中不同的技术来选择，在对技术应用控制分析中，需要能够根据技术应用要求对相应的技术要点进行选择，采用对技术要点的优化，将技术应用能力提升。

2 传感器技术在机电一体化中的实际应用

2.1 智能化

智能化主要体现在机器人应用方面，它充分体现出了机械电子产业发展的趋势。机器人的智能化更加能够促使机器人对观察到的对象进行准确的判断。机器人在没有具体指令的情况下，能够进行更为准确的判断。这些判断能够帮助机器人运行更具针对性的指令，使得机器人在完成各种不同类型的任务方面表现出良好的适应性。如今传感器技术飞速发展，市场对传感器提供的功能需求越来越多，对其所提供的对象信息不但有了种类多样性的要求，还有了高度精确性的要求。智能化的发展趋势中，传感器在信息采集和传输这一方面发挥出了重要作用。

2.2 数字化

数字化就是将自然界中的各种物理数据，从不可度量的主观感受转化为更为精确的数字，并通过一定的技术，进一步构建出数学模型。从而真实明了地反映出来。而传感器的有效应用，就是实现信息采集以及传输的关键。以前，面对这些不可测量的事物，我们束手无策。随着传感器技术的普及，以及在机电方面的应用，曾经多数无法进行度量的事物以具体数值表现出来。现阶段，在对数据进行提取的过程中，在数据的精度、数量以及维度等方面我们都取得了不小的进步。而传感器的发展会进一步推动数字化精度和维度的提升。

2.3 绿色化

在当今环境污染日益加剧的情况下，绿色发展显得尤为重要。机械设备在使用过程中难免会出现故障问题，随着使用时间的增长，就会存在设备老化的现象，从而导致资源利用率降低、污染加剧。但是传感器的产生改变了这一局面，它是以产生的数据为基础，优化资源配置，实施停用相关的生产设备，从而降低污染物的排放，增加资源利用率，使机电设备向着更为绿色化的方向发展。

2.4 网络化

在传感器应用的过程中，一个最主要的特点是网络接口的集成。它将物联网设备作为主体，在传输的过程中，通过4G、5G、WiFi等传输方式，将传感器与互联网相连接。互联网的加入和应用，帮助操作者和监控者不受地理位置的限制，自由地操控机电设备。互联网还帮助实现了各个传感器之间形成网络，实现了数据共享和协同工作。传感器为网络化的实现提供了特定的接口，物联网中机电设备的重要地位在网络化的过程中得到了明显体现。

3 机电一体化系统中传感器技术的应用分析

3.1 传感器技术在工业机器人中的应用分析

在工业自动化生产中，工业机器人是非常重要的技术之一。在工业机器人中应用传感器技术可以将工业生产的灵活性提升，同时对于机器人的适应能力能够很好地得到提升。在工业机器人中对传感器技术的具体应用主要表现在：第一，机器人的视觉传感器应用，这主要就是给机器人进行相应视觉系统的增设，采用传感器技术对机械零部件进行识别，对零件的具体位置准确辨别；对机器人进行视觉装置的安装，可以使机器人在对一些危险材料运输和道路情况以及导航工作中能够有效很好地支撑。第二，机器人自身的触觉传感器，可以起到对机械手进行触摸的作用，采用视觉和触觉传感器，可以对一些详细的参数进行明确，以此来提升工业生产的准确性。

3.2 传感器技术在数控机床中的应用

在当前的机械制造生产过程中，最为主要的就是数控机床技术，其和当前的机械制造生产自动化设备有着直接的联系，在装备制造行业的发展中有着很好的应用。在数控机床中对传感器技术有着很好的应用，可以对一些数控机床相关的参数进行自动化测量。第一，传感器主要在数控机床温度检测中应用，在对工件加工过程中，往往会产生一定的热量，由于每一个部位的热量分布不是很均匀，相应的热量差会对数控机床有着很大的影响，并且还会对工件加工精度产生影响。第二，在机床压力检测过程中对于传感器技术的有效应用，这主要就是应对一些工件夹紧力信号的检测，并且可以对控制系统进行相应预警信号的传输，从而将偏差降低。除此之外，传感器技术还可以对机床的切削力变化状态实现感应。

3.3 传感器技术在汽车控制系统中的应用

汽车的制造以及正常行驶是人们所重视的主要内容，在汽车的控制系统中应用传感器技术，以此使得汽车实现自动化变速以及自动制动抱死，从而将汽车性能提升。对于新型的传感器技术的合理应用，可以将汽车性能改善，将汽车的油耗量以及尾气排放降低，从而为人们带来人性化的服务。

4 Σ-△型莱姆开环数字输出电流传感器

Σ-△型 A/D 转换器基于过采样 Σ-△调制和数字滤波，利用比奈奎斯特采样频率大得多的采样频率得到一系列粗糙量化数据，并由后续的数字抽取器计算出模拟信号所对应的低采样频率的高分辨率数字信号。其表现出的优点是元件匹配精度要求低，电路组成以数字电路为主，能有效地用速度换取分辨率，无需微调工艺就可获得较高位数的分辨率，制作成本低，适合于标准 CMOS 单片集成技术。

设备需要使用一个数字滤波器来处理比特流，如图1所示。其优点是接口简单，而且设备可以选择和定义滤波器，以便输出格式适用具体的应用和匹配系统的需求。

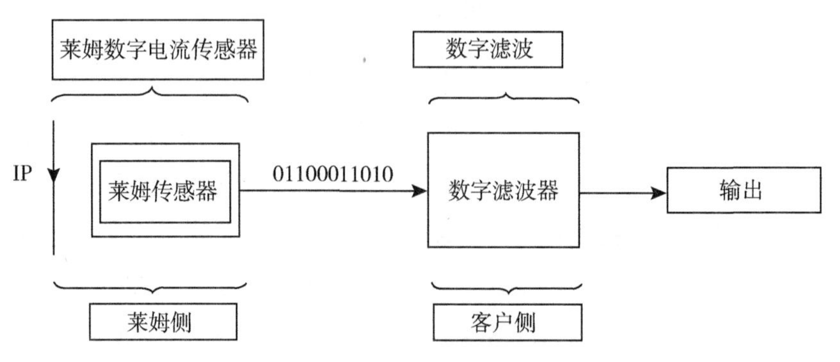

图1　数字传感器及滤波应用框图

对一个给定的比特流，用户可以采用几个不同的滤波器。例如：为实现“电流环”功能，如果采用sinc3滤波器、512的过采样率(OSR)，则可得到有效分辨率为12位，带宽为5.5kHz的信号。同样地，为实现“超限检测”功能，如果采用sinc2滤波器、16的OSR，对应相同的比特流则可得到分辨率为6位，5.5μs响应时间的信号。另外，为了提高设备的安全性，HO系列传感器还具有过流检测(OCD)功能，它可以在A/D变换器前级检测过流信号，并给出相应的输出值，使系统快速启动保护电路，达到保护目的，OCD的响应时间为2μs。

5　结语

随着当前科学技术的不断发展，机电一体化的发展也非常快，逐渐地融入我们的生活和生产。传感器技术作为机电一体化的重要技术，在未来的传感器技术发展中，其会逐渐朝向更好的方向发展，并且为人们的工作和生活带来更多的帮助。

◎ 参考文献

[1]黄永林．传感器技术在机电一体化的应用研究[J]．科技视界，2014(24).
[2]李文悦，刘彬．传感器技术在机电一体化中的应用[J]．黑龙江科技信息，2013(24).

后　　记

一、本书由中国电力设备管理协会电网运维技术培训工作委员会联合多个单位共同征文汇编而成，其中，主要联合单位包括：

中国电力设备管理协会电气设备状态检修工作委员会

国网电力科学研究院输变电设备监测运维技术中心专家委员会

华中电网(直属)电力科学研究所专家委员会

武汉东湖新技术开发区智能电网产业技术创新协会

湖北省标准化学会智能电气专业标准化技术委员会

《高电压技术》杂志社

《电力设备管理》杂志社

二、中国电力设备管理协会电网运维技术培训工作委员会和国网电力科学研究院武汉南瑞有限责任公司负责组织具体的编辑工作。

主编单位

中国电力设备管理协会电网运维技术培训工作委员会

中国电力设备管理协会是经国务院批准成立，在民政部登记的全国性一级行业协会。中国电力设备管理协会电网运维技术培训工作委员会(以下简称“委员会”)是中国电力设备管理协会的分支机构，委员会坚持以习近平新时代中国特色社会主义思想为指导，践行新发展理念，充分发挥工作委员会在电网运维技术培训领域的专业聚集优势，打造电网运维技术培训交流平台，联合电网运维、技术服务、培训服务、人才测评等相关企业，建立一个联系密切、组织有序的网络系统，加强各企业间技术交流、整合技术培训力量、共享培训资源，推动电网运维技术培训发展。其组织架构为：

主任委员：焦保利

副主任委员：朱　晔　王　剑　陈家宏　邬　雄

秘书长：孟　刚

副秘书长：翟文苑　王敬一　刘　迪

委员：(以姓氏笔画为序)

万德春　于庆斌　小布琼　王　森　王生杰　王凯睿　王保山　王晓峰　阮　羚
李小勤　李建建　杨建龙　吴　峡　吴夕科　何文林　何俊佳　张　赟　张　曦
张潮海　周文俊　胡　伟　钟俊涛　聂德鑫　侯兴哲　徐　涛　高　强　涂长庚
陶风波　黄　华　黄立才　康　健　章述汉　蒋　琪　辜　超　蔡　巍　蔡汉生
谭　进　熊晓方

秘书：刘春翔　詹　浩　皮本熙　胡胜男　陈　诚　刘　博

国网电力科学研究院武汉南瑞有限责任公司

国网电力科学研究院武汉南瑞有限责任公司(以下简称“武汉南瑞”)是南瑞集团有限公司(国网电力科学研究院)旗下智能化电气一次设备领军企业，2015年与上海置信电气重组上市，位于武汉市东湖新技术开发区。武汉南瑞传承原国网武汉高压研究院深厚的文化底蕴和雄厚的科技实力，经过不断创新发展，现业务范围涵盖智能电网运维产品与服务、电力新材料、节能与工程服务、智能电气设备四大领域，是专业从事智能电网输变电相关产品研发、设计、制造和工程服务的高新技术企业。武汉南瑞拥有雷电监测与防护技术国家电网公司湖北省重点实验室，作为武汉市首批创新型企业，获批国家认定企业技术(分)中心，是国家电网公司输变电设备状态评价指导中心、湖北省电力新材料工程技术研究中心、配电网智能化与节能环保产品湖北省工程研究中心的依托单位。

武汉南瑞是中国电力设备管理协会电网运维技术培训工作委员会、中国电力设备管理协会电气设备状态检修工作委员会、湖北省标准化学会智能电气专业标准化技术委员会、武汉东湖新技术开发区智能电网产业技术创新协会的秘书处所在单位，也是国网电力科学研究院输变电设备监测运维技术中心专家委员会和华中电网(直属)电力科学研究所专家委员会主要牵头单位。武汉南瑞坚持以习近平新时代中国特色社会主义思想为指导，践行新发展理念，充分发挥各委员会在电网各领域的专业聚集优势，联合相关企业、研究所、高校等组织，建立一个联系密切、组织有序的网络系统，加强行业技术交流、整合优质力量、共享前沿资源，推动新型电力系统高质量发展。

联合单位

中国电力设备管理协会电气设备状态检修工作委员会

全国电气设备状态检修工作委员会(以下简称“工作委员会”)是中国电力设备管理协会领导下的工作机构，工作委员会遵守中国电力设备管理协会的章程和管理办法，以国家相关部门的规定和要求为准则，以电气设备状态检修技术服务为纽带，组织行业内各单位申请、编制、发布团体标准；推广带电检测、在线监测、状态评估和诊断等先进技术、先进经验、先进装备在状态检修领域的应用；开展设备状态检修全过程、全寿命周期的技术服务和咨询、专业培训、设备安装调试、监理、运维检修，设备抽检与试验等专业比武竞赛等；加强与国际、国内相关组织和团体的交流，促进行业信息资源共享。

国网电力科学研究院输变电设备监测运维技术中心专家委员会

国网电力科学研究院输变电设备监测运维技术中心专家委员会作为监测运维中心的学术领导和技术咨询组织，严格遵守国家电网公司及国网电科院专家管理的有关办法，主要负责为检测运维中心的发展规划、战略目标、重大决策等提供咨询意见；为输变电设备集中监测、数据分析、异常诊断、现场技术分析、检测管理、技术培训等提供技术指导和顾问咨询；为相关项目实施方案的合理性、技术路线的把握、项目实施的组织管理等进行评估和审核；为受委托的方案、报告、标准以及规范等专业资料进行评审；为扩大监测运维中心与外界专业方面相互沟通的渠道和覆盖面，提高专家委员会的影响力。

华中电网(直属)电力科学研究所专家委员会

华中电网(直属)电力科学研究所专家委员会是国网华中分部与国网电力科学研究院武汉南瑞有限责任公司共建而成，专委会紧密围绕国家电网公司建设“具有中国特色国际领先的能源互联网企业”的战略目标和“一体四翼”发展布局，以解决分部直属资产管理精益化要求与专业支撑力量严重缺乏的矛盾为己任，依托武汉南瑞在理论研究、工程实践、技术创新、人力资源等方面的优势，聚焦分部现代设备管理体系建设、直属资产精益化管控和数字化转型领域，支撑分部提升华中主网资产设备管理水平。华中电科所咨询专家委员会是华中电科所运营和发展中的技术咨询与专业指导组织，协助分析设备管理领域的重大问题；参与异常设备诊断和现场技术分析，对设备诊断评估报告进行指导；负责对设备状态监测情况进行综合评估；负责指导制修订相关技术标准及规程等。

武汉东湖新技术开发区智能电网产业技术创新协会

武汉东湖新技术开发区智能电网产业技术创新协会由武汉中国光谷从事智能电网领域技术研究和产业发展的公司、研究机构、社会团体等组织自发成立。协会致力于电力行业的发展，立足智能电网新技术、新材料、新装置的研发应用及新能源、先进节能服务领域，有效整合本地区行业产、学、研等各方资源，通过成员间信息沟通、产业合作、技术分享与交流，完善产业链，打造区域智能电网产业集群，提升整体竞争实力。

湖北省标准化学会智能电气专业标准化技术委员会

湖北省标准化学会智能电气标准化委员会是湖北省标准化学会领导下的工作机构，委员会在国家有关方针政策的指导下，向国家标准化管理委员会提出在智能电气设备制造、新能源装备、输变配设备运行与检修、电力电工新材料、电网防灾减灾等方面，标准化工作的方针、政策和技术措施的建议；按照制修订国家标准的原则，提出本领域制修订国家标准的建议；根据国家标准化主管部门批准的计划，组织开展本领域内国家标准和行业标准的制修订工作，并对已发布标准开展宣贯、培训、定期复审和修订工作；为企业标准化工作提供咨询和服务。

《高电压技术》杂志社

《高电压技术》(月刊)创刊于 1975 年，由国家电网有限公司主管，国家高电压计量站与中国电机工程学会主办，中国电力科学研究院有限公司承办。期刊宗旨为报道高电压及其相关交叉学科研究进展，致力于促进学术交流、引领科技进步。《高电压技术》是国内外高电压科技领域具有重要影响力的学术期刊，是《工程索引》(Ei Compendex)、中国科学引文数据库(CSCD)及《中文核心期刊要目总览》的核心期刊，是《科学文摘》(SA，INSPEC)、《化学文摘》(CA)、《文摘杂志》(AJ)、《剑桥科学文摘》(CSA)及日本科学技术社数据库(JST)、Scopus 数据库收录期刊。

《电力设备管理》杂志社

《电力设备管理》(月刊)由全国电力行业设备管理专业机构中国电力设备管理协会主办，由国家电网公司、南方电网公司、五大发电集团公司等 15 大电力央企集团公司协办。杂志面向电力行业、提供优质服务的宗旨，充分发挥中电联络各方面技术优势和行业唯一性特色，密切联系政府有关部门、电力企业、电力用户、科研院所和煤炭、装备等上下游企业，以报道全面的全国技术和管理现状分析，及时的全国性安全、可靠、经济、环保数据分析和新成果评价等方式，充分体现电力技术发展方向性、全局性、时效性和前瞻性。

致　谢

本书由“2022年中国输变电设备运维技术学术年会”征文汇编而成。首先，对提供最新研究成果的作者及单位表示感谢，这些单位包括国网电力科学研究院武汉南瑞有限责任公司、中国电力科学研究院有限公司、国网湖南省电力有限公司、国网上海市电力公司、国网安徽省电力有限公司、国网河南省电力公司直流中心、国网新疆电力科学研究院、国网内蒙古东部电力有限公司、广东电网公司佛山供电局、云南电网有限责任公司、海南电网有限责任公司海口供电局、贵州电网有限责任公司安顺供电局、武汉大学、西安交通大学、武汉理工大学、三峡大学、湖北工业大学、贵州万峰电力股份有限公司、山东电力设备有限公司、厦门加华电力科技有限公司等。

其次，本书是靠编委会集体的力量共同努力完成的，刘斯颉和焦保利同志对本书的整体目的意义和规划布局提供了指导性建议，蔡炜同志对本书整体内容大纲进行了策划，朱晔、王剑、陈家宏、邬雄、孟刚、翟文苑等同志最后对各章节的内容进行审查、修改、定稿成书，吴峡、聂德鑫、康健等同志根据文章内容对征文进行了整体分类，王敬一等完成了本书的整体汇编整理工作，梁文勇等完成了本书的特性分析与研究类、新设备和新技术的设计与研制类文章的汇编工作，刘春翔等完成了隐患诊断与故障分析类、运维监测、检测与试验类文章的汇编工作，王兆晖等完成了管理与应用、交流园地类文章的汇编工作。在此对编委会各位成员的辛勤付出表示感谢！

最后，在本书的编写过程中，《高电压技术》杂志社和《电力设备管理》杂志社提供了诸多宝贵建议并给予了大力支持，在此也表示衷心感谢。

由于时间仓促，书中难免有疏漏和不当之处，欢迎读者批评指正。